2016年制定

トンネル標準示方書

［共通編］・同解説／［シールド工法編］・同解説

土木学会

STANDARD SPECIFICATIONS FOR TUNNELING-2016,

Shield Tunnels

July, 2016

Japan Society of Civil Engineers

改訂の序

『トンネル標準示方書』は，昭和44年に『シールド工法指針』として発刊され，昭和52年には，『トンネル標準示方書［シールド編］・同解説』として改訂，発刊された．その後，昭和61年，平成8年の改訂を経て，平成18年(2006年)には『トンネル標準示方書［シールド工法］・同解説』として発刊され，現在，広く利用されている．

しかし，この2006年制定の標準示方書の発刊以降10年が経過し，シールド工法の技術においては，道路トンネルや長大鉄道トンネルへの適用が進んだことによってトンネル断面が大型化し掘進延長も長距離化し，大深度地下への適用も進められている．このような需要に対して，新技術，新工法の開発などの技術革新も著しく，これらの技術や知見を標準示方書に取込む必要性が生じてくるとともに，コスト縮減や環境面への配慮，施工条件の複雑化等から，標準示方書の充実が求められている．

このような状況を受けて，土木学会では，2010年にトンネル工学委員会に示方書改訂小委員会を設置し，そのもとに山岳，シールド，開削の3分科会を設けて，学識者，関係機関等への改訂に係わるアンケート調査等を実施し，改訂の方向付けを行った．この結果を受けて2012年より示方書改訂小委員会シールドトンネル小委員会および，そのもとに5分科会を設置し，総勢百名を超える関係者の参加のもと改訂作業を開始した．その後3年間にわたり慎重な審議を行い，ここに『［2016年制定］トンネル標準示方書［シールド工法編］・同解説』を発刊する運びに至った．

今回の改訂にあたっては，近年，大規模な地震を経験し，耐震設計の重要性が見直されるとともに設計対象の地震動も大きくなっており，耐震設計に限界状態設計法の適用を進める必要性が高まっていることや，シールドトンネル以外の構造物の設計法の性能規定や限界状態設計法への移行が進んでいること，シールドトンネルの設計，施工等の技術が進歩していることから，トンネルライブラリー第19号の「シールドトンネルの耐震検討」や第23号の「セグメントの設計［改訂版］」の検討成果も取り入れて，「覆工」編および「限界状態設計法」編の充実を図った．

さらに，2012年2月に発生した岡山県倉敷市での海底シールドトンネル掘削工事現場での事故を受けて，「シールドトンネル施工技術安全向上協議会」の「中間とりまとめ」（2013年3月）において公表された，安全性の向上や技術的な改善等の内容を可能な限り反映させている．

以上のように，今回の『［2016年制定］トンネル標準示方書［シールド工法編］・同解説』の発刊に際しては，2006年制定の示方書の内容の一層の充実を図るとともに，各種のトンネルライブラリーを発刊し，それらと関連性をとって最近のトンネル技術の詳述に努めている．

また，近年ではISO規格による構造設計の体系が国際標準化され，その流れは構造物の設計・施工段階から運用段階までの要求事項の明確化を要請している段階までに至っている．一方，国内におけるトンネル分野での国際標準対応の動きはようやくそれに着手した段階であり，国際標準に対応する明確な基準やマニュアル等はこれから検討され作成されることが予想される．このような状況と，トンネル標準示方書の改訂サイクルである10年程度先を見据え，今回の改訂では国際標準対応の端緒を開く目的で，現時点で可能な範囲で国際標準に要求される事項を整理し，「共通編」として新たに改訂版に反映することとした．

このたび改訂した標準示方書が，シールドトンネルの調査，計画，設計，施工に携わる技術者の座右で活用され，トンネル技術の普及と更なる発展に役立つことを念願するとともに，今回の改訂作業にあたって，ご尽力頂いた委員各位に厚く御礼申し上げる．

2016年7月

土木学会トンネル工学委員会

委員長　木村　宏

『[2016年制定]トンネル標準示方書[シールド工法編]・同解説』改訂の主旨と概要

　今回の『[2016年制定]トンネル標準示方書[シールド工法編]・同解説』での改訂の主旨を列記すると以下のとおりである．

　近年，大規模な地震を経験し，耐震設計の重要性が見直されるとともに設計対象の地震動も大きくなっており，耐震設計に限界状態設計法の適用を進める必要性が高まっている．今回の改訂では，シールドトンネル以外の構造物の設計法の性能規定や限界状態設計法への移行が進んでいること，シールドトンネルの設計，施工等の技術が進歩していることから，トンネルライブラリー第19号の「シールドトンネルの耐震検討」や第23号の「セグメントの設計[改訂版]」の検討成果も取り入れて，「覆工」編および「限界状態設計法」編の充実を図っている．

　また，改訂に先立って実施したアンケート調査で要望の多かった維持管理については，章を新たに設けて，供用期間中の維持管理が適切に実施できるように，具体的な記述を行っている．

　さらに，従来，「荷重」として表記していたものを「作用」と改め，施工時荷重については，「シールドトンネル施工技術安全向上協議会」の「中間とりまとめ」において公表された，安全性の向上や技術的な改善等の内容を可能な限り反映し解説している．

　各編のおもな改訂内容を以下にあげる．
1) 第1編　総　論
    ① 近年，重要性が増している維持管理について章を設けたうえで，シールドトンネルの調査，計画，設計および施工にあたって，供用期間中の維持管理が適切に実施できるように，考慮すべき事項等について具体的に記述した．
    ② 覆工の設計法として，許容応力度設計法と限界状態設計法の内容を充実したうえで併記して取り扱うこととした．
    ③ シールドトンネルの計画にあたり，そのフローを示すとともに内空断面，線形（ルート），土被り，立坑といった主要な要素の関係を例示し，計画時に考慮すべき施工時と完成後のリスクを列挙した．
    ④ 立坑の計画に関する条文を第4編から移し，その機能，位置，構造形式，大きさや形状ならびに施工法について概要を示した．
    ⑤ 工事の計画では，全体の流れが明確になるようにそのフローを例示するとともに，安全，品質とシールド形式に関する事項を加えたうえ，工程計画や発進基地などについて大幅に見直しを行った．なお，シールド形式の選定に関する詳細については第3編に移した．
    ⑥ 冒頭に本書の構成を示したほか，用語の定義，断面形状の比較，水路トンネルの内空，併設トンネルの施工実績および関連するトンネルライブラリー等を追加した．
2) 第2編　覆　工
    ① 覆工構造の選定においては，近年の使用実績が多い合成セグメントを採り上げ，その特徴等について記述し，採用が殆ど無くなったダクタイルセグメントを削除した．
    ② 従来，荷重として表記していたものを作用とあらため，作用のうち覆工に直接的に力としてかかるものを荷重として定義した．また作用として，環境の影響，地中切り拡げの影響等を取り扱うとともに，施工時荷重については（国土交通省安全協議会の中間報告を鑑みて）解説を大幅に追記した．
    ③ 材料は最新のJISとの整合をはかっている．また許容応力度の一部について，これまでの実績を踏まえて見直した．

④ セグメントの形状寸法では，最新の施工実績を踏まえて，その寸法の範囲について見直をした．
⑤ セグメントの構造計算では，はり-ばねモデルによる計算法についてより詳細な解説をするとともに，併設シールドトンネルの影響検討等でFEM解析を適用する場合の注意点について解説した．
⑥ セグメントの設計細目では，近年の実績を踏まえて継手構造の特徴や適用する際の留意点等を具体的に記述した．
⑦ 覆工の耐久性では，とくに止水性に関して，設計上の考え方や留意が必要となる項目等について具体的に記述した．
⑧ 土被りが小さい工事が増加に伴い，トンネルの安定性を確保するための浮き上がりに対する検討を具体的に示し，その対策についても記述した．

3) 第3編　シールド
① シールド工事の経験が浅い技術者にも配慮し，基本的な事項についても解説を充実した．
② 特殊シールドの条文に支障物切削シールドおよび回収シールドを追加した．また，巻末資料の特殊シールドについて編集の見直しを行った．
③ シールドの保守管理に関しては、施工に関する事柄であることから第4編に移した．

4) 第4編　施工
① 最近の特徴的な不具合である，セグメントの損傷やKセグメントの抜け出し等に対する注意喚起や対策について追記した．とくに，施工時荷重に大きく影響のあるテールクリアランスの確保やテールシール部の安全性確保について解説した．
② シールド工法の掘進管理では，切羽圧力に急激な変動があった場合，原因を究明し，適切な対策をとる必要性があることや，土圧式シールドにおけるカッターチャンバー内土砂の塑性流動性は，排土性状や排土効率等を確認しながら管理する必要性があることを記述した．
③ 立坑については，近年のセグメントの幅広化，軸方向挿入型Kセグメントの採用，大深度および長距離化に伴うテールシール段数の増加等により，シールド機長が長くなる傾向にあるため，立坑長さ等について十分に考慮したうえで，立坑の内空寸法を検討することを追記した．
④ シールドの設備の保守管理として，設備の複雑化にともない，故障部位の特定化が難しくなってきており，トラブル発生時にすみやかな処置をするために，必要な主要設備の点検項目を解説した．
⑤ シールド工事に伴う発生土の適正な処理と処分については，「土壌汚染対策法の一部を改正する法律」およびガイドラインに基づき，土壌汚染対策法の概要および手続についても解説した．

5) 第5編　限界状態設計法
① 最新の知見を取り入れて条文と解説を見直した．とくに耐震設計については，想定する地震動に対してトンネルの横断方向と縦断方向ごとに構造物の安全性，使用性，修復性および安定性を確認する照査方法を示すなど，大幅に見直した．
② 第5編は，第2編と共通する事項については省略している．そこで，読者の利便を考慮し，第5編と第2編との条文の対応表を示した．
③ 実験等のデータを分析し照査に用いる安全係数を一部見直した．
④ シールドトンネルの安定性の検討について，浮上がりに対する具体的な照査方法を示した．

『昭和44年制定シールド工法指針「序」』

　都市再開発の有力な手段として，地下鉄道，上下水道，電力，通信，ガス，共同溝および地下道など都市内におけるトンネル工事の必要性がますます高まっていることは，周知のとおりである．

　最近，都市内の路面交通確保の必要性，振動，騒音，等の公害防止および地下既設構造物との交差または近接作業の困難性，等のため，工事施工条件が急激に変化し，開さく工法に代るものとして，シールド工法の開発が促進されたといえよう．

　シールド工法は，元来河底や海底トンネルなどの，きわめて悪質の地盤における高度のトンネル技術として考案され，また開発されたものであるが，最近は上記の理由から，都市内において広く用いられるようになったので，さらにいろいろの問題点が明らかになり，したがって，その研究と解明の必要にせまられてきた．

　土木学会トンネル工学委員会では昭和39年3月，山岳トンネルを主体としたトンネル標準示方書を制定以来，シールドトンネルについても昭和40年9月シールド工法小委員会を設け，調査研究を行なってきたが，現時点におけるシールド工法の実態と傾向を知るために，昭和41年11月「わが国シールド工法の実施例・第1集」が刊行された．その後標準示方書作成の足がかりとしてシールド工法指針の作成準備にとりかかり，4分科会を設置し，委員各位の非常なご努力により今回「シールド工法指針」を刊行する運びとなったのであるが，周知のごとくシールド工法は，今なお進歩発展の途上にあるもので，今回の指針も，標準示方書のごとく，シールド工事の当事者を拘束するものではなく，あくまで指針にとどまって，将来，本工法発展の足がかりを与えようとするものである．

　幸いに本指針の刊行を契機として，トンネル技術の研究が活発となり，近い将来に指針が改訂され，さらに標準示方書が制定される機運に至ることを委員一同念願してやまないのである．

　トンネル工事の企業者，施工業者の各位が本指針の精神をくみとられ，安全に，より経済的に工事が行なわれることを祈願して序にかえる次第である．

　昭和44年11月

土木学会トンネル工学委員会

委員長　藤　井　松太郎

『昭和52年版トンネル標準示方書(シールド編)・同解説「制定の序」』

　昭和44年,土木学会は各方面の要望にこたえてシールド工法指針を制定し,幸いにも各方面に広く利用されてシールド工法によるトンネル技術の進歩に寄与して今日に至っているのであるが,すでに制定後7か年の歳月が流れ,その間における技術の普及と進歩発展は,同指針をあきたらないものとし,その早急な改訂を必要とするに至った.

　土木学会においてはシールド工法指針制定後も,日本下水道協会と協力して「シールド工事用標準セグメント」を昭和48年に制定・刊行したが,各方面においてもシールド工法に関連して,ますます活発な動きが見られる状況となった.昭和49年8月に至り今回の改訂のためシールド工法小委員会を再編成再開し,最近までのシールド工法実施例の実態の再調査作業と併行して,小委員会の下に4分科会を設置して約2か年,数十次にわたり,慎重な検討・審議を重ねた結果,今回のトンネル標準示方書(シールド編)・同解説が得られたのである.

　今回のトンネル標準示方書(シールド編)・同解説の制定によって,シールド工法または,これに準じるトンネル技術が更にいっそう進歩発展し,より安全に,より経済的にトンネル工事が施工されることを念願するものである.なお,そのためには計画時の調査結果が,トンネルの設計施工によく利用され,他方トンネル施工時の各種の経験が,その後の調査,設計に反映することが必要であろうと考えられる.

　おわりに,今回のトンネル標準示方書(シールド編)・同解説の制定にあたって,終始大変なご努力を払われた委員各位に対し,深甚の敬意と謝意を表して,制定の序とする.

　昭和52年1月

　　　　　　　　　　　　　　　　　　　　　　　　　　土木学会トンネル工学委員会

　　　　　　　　　　　　　　　　　　　　　　　　　委員長　　比 留 間 豊

『昭和61年版トンネル標準示方書(シールド編)・同解説「改訂の序」』

　土木学会の『トンネル標準示方書（シールド編）・同解説』は，昭和44年に制定されたシールド工法指針をもとに昭和52年1月に制定された．

　この示方書は各方面に広く利用されてシールド工法によるトンネル技術の進歩に寄与して今日に至っているのであるが，すでに制定後9年を経過している．その間にシールド工法は新型シールドの開発と実用化，これに合わせたシステム化等長足の進歩をしてきたので，この進歩に合せて示方書の改訂が必要となった．

　土木学会では，昭和58年6月に，今回の改訂のためシールドトンネル小委員会を再編成再開し，小委員会のもとに4分科会を設置して2年余り，数十次にわたり慎重な検討・審議を重ねた結果，今回の『トンネル標準示方書（シールド編）・同解説』を得るに至った．

　今回の『トンネル標準示方書（シールド編）・同解説』の改訂によってシールド工法または，これに準じるトンネル技術がいっそう進歩発展し，より安全により経済的にトンネル工事が施行されることを念願するものである．

　なお，今後におけるシールド工法の著しい進歩を考えると，この61年版の改訂が必要となる時期が到来するものと思われるので，トンネル工学委員会では改訂についての調査・研究を継続する予定である．

　おわりに，『トンネル標準示方書（シールド編）・同解説』の制定にあたって終始大変なご努力を払われた委員各位に厚くお礼申し上げる．

　昭和61年6月

土木学会トンネル工学委員会

委員長　山本　稔

『平成8年版トンネル標準示方書[シールド工法編]・同解説「改訂の序」』

　『トンネル標準示方書（シールド編）・同解説』は，シールド工法指針以来2回の改訂を経て，昭和61年版が制定されて広く利用されてきている．しかし，その後シールド工法の技術は急速に発展し，密閉型シールドが普遍的に採用されるようになり，工法の自動化・システム化も行われてきている．さらに，施工条件がより厳しい箇所でのトンネル工事や従来にない断面形状を必要とするトンネル工事等への適用も増加してきており，これらに対応するための技術改良や特殊シールドの開発などの技術革新も著しい．このようなシールド工法の進展に対し，従来用いられてきた検討方法では，万全を期することが難しいところも生じてきており，示方書を改める必要が生じてきた．

　このような状況にあって，土木学会では『トンネル標準示方書・同解説』の改訂には十分な検討期間を要すると考え，そのための第一段階として昭和63年にトンネル工学委員会示方書小委員会およびそのもとに山岳，シールド，開削の3分科会を設置し，学識者，関係機関等に対する改訂および工法の実績についてのアンケート調査の実施等の調査検討を行い，改訂の方向付けを行った．これを受けて，平成5年に示方書改訂小委員会シールド小委員会およびそのもとに5分科会を新たに設置し，具体的な改訂作業を進めてきた．その後，3年余りの間，数十次にわたる慎重な審議を行い，その結果，今回の『トンネル標準示方書（シールド工法編）・同解説』を得るに至ったものである．

　今回の改訂にあたっては，従来と同様に，シールド技術の進展に対応し，より安全でより経済的に工事を施工できるように考慮したことはもちろんであるが，単位に関する法律の改正，部材設計法の進展等，前回の改訂以降に工法を取りまく情勢の大きく変化した事項も考慮して内容を改めた．しかしながら，新技術についてはなお年を経るとともに発展しつつあり，示方書において現状の技術レベルに固定化するような記述をすることは弊害があると考え，今後の技術開発の進展に期待し，資料として整理するにとどめた．

　さらに，今回の改訂作業の最終段階において，地下構造物にも未曾有の被害をもたらした兵庫県南部地震による不幸な災害が発生した．トンネル工学委員会としても現地に調査団を派遣し，その被害の実態の把握に努めた．その結果により，耐震設計に関する記述の見直しが必要であると判断し，現時点で記述できる範囲で条文と解説を見直した．しかし，トンネルの耐震設計については，現在，関係機関等で行われているものを含め，さらに調査研究が必要であり，トンネル工学委員会としても引き続き検討を進める予定である．

　このような経緯により改訂されたこの示方書が安全で経済的なシールドトンネルの建設に広く活用されるとともに，今後の工法の改良と革新のための一助となることを念願するものである．

　おわりに，『トンネル標準示方書（シールド工法編）・同解説』の改訂にあたって終始大変なご努力を払われた委員各位に厚くお礼申し上げる．

平成8年5月

土木学会トンネル工学委員会

委員長　猪瀬　二郎

『[2006年制定]トンネル標準示方書[シールド工法]・同解説「改訂の序」』

　『トンネル標準示方書』は，昭和44年に『シールド工法指針』として発刊され，昭和52年には，『トンネル標準示方書[シールド編]・同解説』として改訂，発刊された．その後，昭和61年の改訂を経て，平成8年には『トンネル標準示方書[シールド工法編]・同解説』として発刊され，現在，広く利用されている．

　しかし，この平成8年版の発刊以降10年が経過し，シールド工法の技術においては，開放型シールドや圧気工法の採用件数が激減し，密閉型シールドが普遍的に採用されるようになってきた．また，新技術，新工法の開発などの技術革新も著しく，これらの技術や知見を標準示方書に取込む必要性が生じてくるとともに，コスト縮減や環境面への配慮，施工条件の複雑化等から，標準示方書の充実が求められている．

　このような状況を受けて，土木学会では，平成11年にトンネル工学委員会に示方書改訂小委員会を設置し，そのもとに山岳，シールド，開削の3分科会を設けて，学識者，関係機関等への改訂に係わるアンケート調査を実施し，改訂の方向付けを行った．この結果を受けて平成14年より示方書改訂小委員会シールドトンネル小委員会および，そのもとに5分科会を設置し，総勢百名近くの関係者の参加のもと改訂作業を開始した．その後3年間にわたり慎重な審議を行い，ここに『[2006年制定]トンネル標準示方書[シールド工法]・同解説』を発刊する運びに至った．

　今回の改訂にあたっては，近年，トンネル以外の種々の構造物において，設計の合理化の目的で，限界状態設計法が導入されてきている背景を受けると共に，トンネルライブラリー第11号の「トンネルへの限界状態設計法の適用」の検討成果も取り入れて，実績は少ないが，新たに「限界状態設計法」編を設けた．

　また，覆工構造の検討にあたって，施工時荷重の影響や新しい形式の二次覆工についての記述を充実，追加するとともに，特殊シールドについては，新たに章を設けて，内容を解説することとし，近年，重要性が増している大土被り施工，長距離施工，高速施工，地中接合，地中切拡げ，近接施工などについて詳述することとした．

　さらに前述のアンケート調査で標準示方書に維持管理の内容も盛り込むよう要望が多数あった結果を受けて，技術小委員会のもとに「維持管理部会」を設置し，山岳，シールド，開削の3工法に関わる現状の維持管理技術のとりまとめを行い，トンネル・ライブラリー第14号としてその成果を公表するとともに，示方書には維持管理に関する条を新たに設けて，その必要性を説くこととした．

　以上のように，今回の『[2006年制定]トンネル標準示方書[シールド工法]・同解説』の発刊に際しては，平成8年版の内容の一層の充実を図るとともに，各種のトンネル・ライブラリーを発刊し，それらと関連性をとって最近のトンネル技術の詳述に努めている．

　このたび改訂した標準示方書が，シールドトンネルの計画，調査，設計，施工に携わる技術者の座右で活用され，トンネル技術の普及と更なる発展に役立つことを念願するとともに，今回の改訂作業にあたって，ご尽力頂いた委員各位に厚く御礼申し上げる．

2006年7月

土木学会トンネル工学委員会

委員長　矢萩　秀一

『[2016年制定]トンネル標準示方書[シールド工法編]・同解説』の適用について

　シールド工法は，都市域におけるトンネル工事の有効な工法として位置付けられ，その適用範囲は特殊な断面形状や特殊条件下に至るまで拡大している．その結果，シールド工法は地質条件や施工条件に応じて多種多様な形式や施工法がとられるに至っている．しかし，各種形式のシールド工事にはおのずと共通した事項が多いため，この示方書では，最近の各種の工事事例をもとに共通点を整理し，安全かつ経済的なシールド工法によるトンネル構築法の標準を示すこととした．標準的な対象は，円形かつ密閉型シールドとしたが，今後の適用範囲の拡大に応じて，その他のシールド工法についても施工条件を十分に考慮して準用することができることとした．

　なお，この示方書はシールド工法によるトンネル工事を前提としてまとめられているが，トンネルの施工法にはシールド工法のほかにも多くのものがあり，適切なトンネル工法を選定することは，トンネルを安全かつ経済的に造るためにはきわめて重要である．トンネル工法を選定する場合には，それぞれの特徴，特質を十分に比較検討する必要があるので，おもなトンネル工法の適用性について，その概略比較を「第1編 総論 第1章 総則」に示した．

　先に述べたとおり，この示方書はシールド工法を選定した場合における一般的原則を示したものであるが，この示方書ですべての場合を網羅することはできない．その適用にあたっては，この示方書の精神をよく理解し，必要があれば実験やその他の研究を行ったうえで適切な修正を加えて，活用を図らなければならない．とくに，近年地震動の規模が大きくなっていることに適応するために，耐震設計に限界状態設計法や性能規定を導入する必要が生じていることから「限界状態設計法」編の内容を充実させている．将来的に性能規定へ移行する際には，この示方書を足がかりとして，さらに総合的な検討を実施して適用を図られたい．

　なお，示方書は，工事の企業者が施工者に条件として示し，両者の権利義務を明らかにするために用いられるのが通常であるが，この示方書の各条では，すべて両者を区分しないで広義の工事担当者がシールド工法によるトンネル工事にあたって守らなければならない事項および参考とすべき事項が示されている．したがって，これを請負工事に適用する際は，必要に応じて適宜条件を加除して用いる必要がある．

土木学会　トンネル工学委員会　委員構成

（平成 27 年度）

相談役

| 飯田 廣臣 | 串山 宏太郎 | 小泉 淳 | 小山 幸則 |
| 久武 勝保 | 三浦 克 | 矢萩 秀一 | |

委員長
木村 宏

副委員長兼運営小委員長
赤木 寛一

技術小委員長
杉本 光隆

論文集Ｆ１特集号編集小委員長
土橋 浩

示方書改訂小委員長
服部 修一

幹事長
齋藤 貴

専門委員

| 芥川 真一 | 朝倉 俊弘 | 入江 健二 | 橲尾 恒次 | 京谷 孝史 | 小島 芳之 |
| 小西 真治 | 清水 満 | 中田 雅博 | 西村 和夫 | 西村 高明 | 真下 英人 |

職域委員

浅田 浩章	浅野 剛	居相 好信	池田 匡隆	砂金 伸治	江戸川 修一
太田 裕之	岡井 崇彦	岡野 法之	塩谷 智弘	進藤 裕之	杉野 文秀
鈴木 明彦	鈴木 雅行	竹原 孝	田嶋 仁志	谷本 俊哉	築地 功
手塚 仁	豊澤 康男	西本 吉伸	野焼 計史	畑田 正憲	増野 正男
松井 誠司	丸山 修	三隅 宏明	森岡 宏之	守山 亨	八木 弘
安光 立也	山本 拓治				

土木学会　トンネル工学委員会
トンネル標準示方書改訂小委員会　委員構成

委員長　　　服部 修一（(独) 鉄道建設・運輸施設整備支援機構）
　　　　　　［入江 健二（東京地下鉄（株））］
　　　　　　［中山 範一（(独) 鉄道建設・運輸施設整備支援機構）］

幹事長　　　太田 裕之（応用地質㈱）

委　員

砂金 伸治（国立研究開発法人 土木研究所）　　関 伸司　（清水建設（株））
海瀬 忍　（(株) 高速道路総合技術研究所）　　竹村 次朗（東京工業大学）
橿尾 恒次（東京交通サービス（株））　　　　　田坂 幹雄（(株) 大林組）
久多羅木 吉治（東亜建設工業（株））　　　　　中村 隆良（大成建設（株））
小泉 淳　（早稲田大学）　　　　　　　　　　西岡 和則（鹿島建設（株））
小西 真治（東京地下鉄（株））　　　　　　　　西村 和夫（首都大学東京大学院）
駒村 一弥（パシフィックコンサルタンツ（株））　野焼 計史（東京地下鉄（株））
坂口 秀一（西松建設（株））　　　　　　　　　増野 正男（パシフィックコンサルタンツ（株））
坂根 良平（東京都）

［岩尾 哲也（(株) 高速道路総合技術研究所）］　　［萩原 智寿（鹿島建設（株））］
［大塚 正博（鹿島建設（株））］　　　　　　　　［福家 佳則（鹿島建設（株））］
［角湯 克典（(独) 土木研究所）］　　　　　　　［湯浅 康尊（(財) 先端建設技術センター）］
［北川 隆　（西松建設（株））］　　　　　　　　［渡辺 志津男（東京都下水道局）］
［中野 清人（(株) 高速道路総合技術研究所）］　［渡辺 浩（パシフィックコンサルタンツ（株））］
［西村 高明（メトロ開発（株））］

オブザーバー

石川 善大（(株) 復建エンジニヤリング）　　斉藤 正幸（日本シビックコンサルタント（株））
倉持 秀明（パシフィックコンサルタンツ（株））

（50音順，［　］は交代委員前任者および当時の所属）

国際標準対応 WG　委員構成

主　　査　木村　定雄（金沢工業大学）
副 主 査　海瀬　　忍（(株) 高速道路総合技術研究所）
　　　　　［岩尾　哲也（(株) 高速道路総合技術研究所）］
副 主 査　小島　謙一（(公財) 鉄道総合技術研究所）
幹 事 長　土門　　剛（首都大学東京大学院）
幹　　事　野本　雅昭（西松建設 (株)）

委　　員

新井　　泰（東京地下鉄 (株)）　　　　　土橋　　浩（首都高速道路 (株)）
砂金　伸治（(国研) 土木研究所）　　　　二村　　亨（東海旅客鉄道 (株)）
石川　善大（(株) 復建エンジニヤリング）　野城　一栄（(公財) 鉄道総合技術研究所）
小池　　進（東京都下水道局）　　　　　山崎　貴之（(独) 鉄道建設・運輸施設整備支援機構）
齊藤　正幸（日本シビックコンサルタント (株)）　吉本　正浩（東京電力 (株)）
神部　道郎（パシフィックコンサルタンツ (株)）
［蓼沼　慶正（(独) 鉄道建設・運輸施設整備支援機構）］

(50 音順，[　] は交代委員前任者および当時の所属)

土木学会　トンネル工学委員会
トンネル標準示方書改定小委員会
シールド工法小委員会　委員構成

委 員 長　坂根　良平（東京都下水道局）
副委員長　関　　伸司（清水建設(株)）
幹 事 長　齊藤　正幸（日本シビックコンサルタント(株)）

委　　員

岩波　基　　（第一工業大学）	多田　幸夫（鹿島建設(株)）
木村　定雄　（金沢工業大学）	土橋　浩　　（首都高速道路(株)）
小泉　淳　　（早稲田大学）	花岡　泰治（日立造船(株)）
小西　真治（東京地下鉄(株)）	藤橋　知一（東京都下水道局）
末富　裕二（東京地下鉄(株)）	守屋　洋一（(株)大林組）
杉本　光隆（長岡技術科学大学）	吉本　正浩（東京電力 (株)）

第1（総論）分科会　委員構成

主　　査　木村　定雄（金沢工業大学）
副 主 査　小西　真治（東京地下鉄(株)）
幹　　事　名倉　浩　((株)安藤・間)

委　　員

秋山　眞樹（大成建設(株)）
砂金　伸治（(国研)土木研究所）
大島　正資（阪神高速道路(株)）
鹿島　竜之介（清水建設(株)）
小池　進（東京都下水道局）
［佐山　順二（東京電力(株)）］
鈴木　一弘（東京都交通局）
［住吉　英勝（首都高速道路(株)）］
立澤　延泰（東京都建設局）

鶴田　浩一（鹿島建設(株)）
寺島　善宏（首都高速道路(株)）
二村　亨（東海旅客鉄道(株)）
野本　一美（東京地下鉄(株)）
野本　雅昭（西松建設(株)）
［山崎　康弘（大成建設(株)）］
［山本　努（東京地下鉄(株)）］
綿引　秀夫（東京電力(株)）

（50音順，［　］は交代委員前任者および当時の所属）

第2（覆工）分科会　委員構成

主　　査　土橋　浩　（首都高速道路(株)）
副 主 査　多田　幸夫（鹿島建設(株)）
幹　　事　清水　幸範（パシフィックコンサルタンツ(株)）

委　　員

阿部　眞也（都築コンクリート工業(株)）
石村　利明（(国研)土木研究所）
泉谷　信夫（東京都下水道局）
入田　健一郎（清水建設(株)）
岩波　基（第一工業大学）
岩橋　正佳（(株)横河住金ブリッジ）
臼田　利之（大阪市政策企画室）
［荻野　竹敏（東京地下鉄(株)）］
長田　光正（首都高速道路(株)）
勝見　哲史（佐藤工業(株)）
黒川　信子（日本工営(株)）
小嶋　賢（日本コンクリート工業(株)）
小嶋　勉（(株)建設技術研究所）
斉藤　仁（東京電力(株)）

高松　伸行（東急建設(株)）
千代　啓三（(独)鉄道建設・運輸施設整備支援機構）
寺田　武彦（中央復建コンサルタンツ(株)）
土門　剛（首都大学東京）
橋本　博英（(株)IHI建材工業）
藤沼　愛（東京地下鉄(株)）
松岡　馨（JFE建材(株)）
松本　貴士（日本シビックコンサルタント(株)）
三木　章生（(株)安藤・間）
三戸　憲二（西松建設(株)）
水上　博之（メトロ開発(株)）
焼田　真司（(公財)鉄道総合技術研究所）
和内　雅弘（NTTインフラネット(株)）
脇本　景（横浜市環境創造局）

（50音順，［　］は交代委員前任者および当時の所属）

第3（シールド）分科会　委員構成

主　　査　末富　裕二（東京地下鉄(株)）
副 主 査　花岡　泰治（日立造船(株)）
幹　　事　岩下　篤（大成建設(株)）

委　員

市川　政美（戸田建設(株)）	行天　善幸（川崎重工業(株)）
伊藤　広幸（ジャパントンネルシステムズ(株)）	土井　充（(独)鉄道建設・運輸施設整備支援機構）
岩切　満行（(株)小松製作所）	野田　節（日立造船(株)）
上田　潤（(株)大林組）	［長谷川　浩靖（川崎重工業(株)）］
奥田　和男（大豊建設(株)）	村上　賢（三菱重工メカトロシステムズ(株)）
葛西　孝周（東京都下水道局）	安光　立也（前田建設工業(株)）

（50音順，［　］は交代委員前任者および当時の所属）

第4（施工）分科会　委員構成

主　　査　藤橋　知一（東京都下水道局）
副 主 査　守屋　洋一（(株)大林組）
幹　　事　早川　淳一（佐藤工業(株)）

委　員

石堂　暁（日本水工設計(株)）	小坂　琢郎（鹿島建設(株)）
磯崎　智史（(株)フジタ）	高橋　悠一郎（(独)鉄道建設・運輸施設整備支援機構）
伊藤　昌弘（東京都交通局）	中谷　誠一（東京都水道局）
上田　直人（東京地下鉄(株)）	早川　英一（飛島建設(株)）
牛田　貴士（(公財)鉄道総合技術研究所）	原　忠（清水建設(株)）
大森　久義（西松建設(株)）	［宮澤　昌弘（前田建設工業(株)）］
落合　栄司（首都高速道路(株)）	森　芳樹（前田建設工業(株)）
河越　勝（(株)熊谷組）	安原　真人（東海旅客鉄道(株)）
木下　茂樹（(株)奥村組）	［湯田坂　幸彦（首都高速道路(株)）］

（50音順，［　］は交代委員前任者および当時の所属）

第 5（限界状態設計法）分科会　委員構成

　　　　　　主　　査　岩波　基　（第一工業大学）
　　　　　　副主査　吉本　正浩（東京電力（株））
　　　　　　幹　　事　阿南　健一（東電設計(株)）

委　　員

入田　健一郎（清水建設(株)）　　　　　　服部　佳文（大成建設(株)）
岩田　和実（ジオスター(株)）　　　　　　［平野　隆（東京地下鉄(株)）］
宇波　邦宣（メトロ開発(株)）　　　　　　藤沼　愛（東京地下鉄(株)）
大江　郁夫（西松建設(株)）　　　　　　　本田　諭（東日本旅客鉄道(株)）
小泉　卓也（日本シビックコンサルタント(株)）　三宅　正人（新日鐵住金(株)）
小林　一博（(株)IHI建材工業）　　　　　山根　勝悟（日本シビックコンサルタント(株)）
髙橋　健（パシフィックコンサルタンツ(株)）　吉田　公宏（(株)大林組）
津野　究（(公財)鉄道総合技術研究所）

　　　　　　　　　　　　　　　　　（50音順，[ ]は交代委員前任者および当時の所属）

編集WG　委員構成

　　　　　　主　　査　坂根　良平（東京都下水道局）
　　　　　　副主査　関　伸司（清水建設(株)）
　　　　　　幹　　事　齊藤　正幸（日本シビックコンサルタント(株)）

委　　員

阿南　健一（東電設計(株)）　　　　　　　髙橋　健（パシフィックコンサルタンツ(株)）
石堂　暁（日本水工設計(株)）　　　　　　多田　幸夫（鹿島建設(株)）
泉谷　信夫（東京都下水道局）　　　　　　立澤　延泰（東京都建設局）
岩下　篤（大成建設(株)）　　　　　　　　名倉　浩（(株)安藤・間）
葛西　孝周（東京都下水道局）　　　　　　野田　節（日立造船(株)）
鹿島　竜之介（清水建設(株)）　　　　　　早川　淳一（佐藤工業(株)）
木下　茂樹（(株)奥村組）　　　　　　　　吉本　正浩（東京電力（株））
清水　幸範（パシフィックコンサルタンツ(株)）

英訳部会　委員構成

部 会 長　土橋　浩（首都高速道路(株)）
副部会長　津野　究（(公財)鉄道総合技術研究所）
幹　　事　松本　貴士（日本シビックコンサルタント(株)）

委　員

秋山　眞樹（大成建設(株)）　　　　　高岡　誠司（ジャパントンネルシステムズ(株)）
磯崎　智史（(株)フジタ）　　　　　　鶴田　浩一（鹿島建設(株)）
上田　潤（(株)大林組）　　　　　　三木　章生（(株)安藤・間）
牛田　貴士（東海旅客鉄道(株)）　　　森　芳樹（前田建設工業(株)）
奥田　和男（大豊建設(株)）
川上　季伸（(株)大林組）　　　　　　オブザーバー
小西　真治（東京地下鉄(株)）　　　　関　伸司（清水建設(株)）
澤上　晋（大成建設(株)）

共通編

2016年制定

トンネル標準示方書 [共通編]・同解説

目　次

第1章　総　則 …………………………………………………………………………………… 1
　1.1　基　本 ………………………………………………………………………………………… 1
　1.2　用語の定義 …………………………………………………………………………………… 2
第2章　トンネル構造物の性能規定 ……………………………………………………………… 3
　2.1　一　般 ………………………………………………………………………………………… 3
　2.2　要求性能 ……………………………………………………………………………………… 4
　2.3　照　査 ………………………………………………………………………………………… 5

第1章 総　則

1.1 基本

本共通編は，山岳工法，シールド工法，開削工法の三工法に共通するトンネル構造物の性能規定に関する基本的な考え方を示すものである．

【解　説】　トンネル標準示方書は，共通編（以下，本編），山岳工法編，シールド工法編，開削工法編により構成される．このうち本編では，トンネル構造物の使用目的，機能，要求性能，照査にいたるプロセスを性能規定の枠組みとして提示し，その枠組みを構成する各事項に関して解説する．

公共性の高い構造物には，建設時はもとより供用中においても，その安全性，経済性，品質の確保等について社会への説明が求められる．

これらを実現する方策のひとつが構造物に要求される性能を規定することである．これにより，新技術も受け入れやすくなり，その結果として技術力の向上による品質の確保が可能となる．さらに，国際競争力の向上も期待できる．

構造物における性能規定の枠組みは，土木・建築構造物の設計の基本的考え方を記したISO2394（構造物の信頼性に関する一般原則）[1]に示されている．わが国でもそれに追随して整合を図るべく，土木・建築にかかる設計の基本（国土交通省）[2]や，土木構造物の設計に特化した土木学会のCode PLATFORM（包括設計コード）[3]が発行されている．とくにCode PLATFORMは，さまざまな土木関連分野における技術基準類の大きな隔たりが，国際化に対する障壁になるとの認識のもとに，設計法の調和を目指して策定されている．

国内外でのこうした流れに沿うように，土木関連各分野である鋼構造，コンクリート，地盤などの各分野では性能規定にもとづく基準類が策定されてきている．これらの中には設計法のみならず，施工や維持管理に係わる性能規定化を試みているものもある．

さらに，ISOでは既存構造物の劣化予測の信頼性評価等を原則とする性能保証の枠組みを提示したISO13822（構造物設計の基礎－既存構造物の評価）[4]や，ISO55000シリーズ（アセットマネジメントシステム）[5]など，構造物の維持ならびに運用の管理にまで踏み込んだ国際標準が発行されている．

トンネル標準示方書は，昭和39年の初版から，条文が構造物に求められる機能や性能を示し，解説がその内容の説明とそれを実現する方法とを提示する構成となっており，これまで改訂を重ねてきている．そこで，本編では，トンネル構造物の標準的な技術を対象に，三工法に共通する性能規定の枠組みとその基本的な考え方をより明確に示すこととした．

参考文献

1) ISO，日本規格協会：構造物の信頼性に関する一般原則（General principles on reliability for structures），日本規格協会，1998．
2) 国土交通省：土木・建築にかかる設計の基本，2002．
3) 土木学会・包括設計コード策定基礎調査委員会：性能設計概念に基づいた構造物設計コード作成のための原則・指針と用語　第1版（code PLATFORM ver.1），2003．
4) ISO，日本規格協会：構造物の設計の基礎－既存構造物の評価（Bases for design of structures - Assessment of existing structures），日本規格協会，2010．
5) ISO，日本規格協会：アセットマネジメント－概要，原理及び用語（55000：Asset management - Overview, principles and terminology），マネジメントシステム－要求事項（55001：Management systems --Requirements）ほか，日本規格協会，2014．

1.2 用語の定義

使用目的……トンネル構造物の用途.

機能……トンネル構造物がその使用目的を果たすための役割.

性能……トンネル構造物が持っている能力.

要求性能……機能に応じてトンネル構造物に求められる能力.

法的規準……事業ごとに策定された規準.法律,政令,省令等.

個別基準……事業ごとの法的規準に則り策定されるトンネル構造物の技術基準.

照査(性能照査)……トンネル構造物の要求性能が満足されているかを確認する行為.

照査アプローチ A……対象となるトンネル構造物の要求性能を適切な方法および信頼性で満足することを証明する性能の照査法.

照査アプローチ B……対象となるトンネル構造物の事業者が指定する個別基準類に基づいて,そこに示された手順(設計計算など)に従う性能の照査法.

適合みなし規定……従来の実績から妥当と見なされる個別基準類に指定される材料選定・構造寸法,解析法,強度予測式等を用いた照査法.

第2章 トンネル構造物の性能規定

2.1 一般

トンネル構造物がその機能を発揮して使用目的を達成するために，機能に応じた要求性能を設定し，これを満足していることを照査することを基本とする．

【解 説】 トンネル構造物の性能規定の枠組みを解説 図 2.1.1に示す．

性能規定の枠組みは，トンネル構造物の使用目的，機能，要求性能，照査にいたる一連のプロセスにより構成される．

トンネル構造物にはそれぞれに使用目的があり，機能はトンネルの使用目的に応じて定められる．すなわち，道路，鉄道，電力，通信，ガス，上下水道，地下河川等の使用目的に応じて，車両，歩行者，列車，電線，ガス管，水道用水，雨水，汚水等を安全かつ適切に通すことが，主な機能である．

機能を確保するための要求性能は，その上位にある法的規準（法律，政令，省令等）で記述されるものや，その下位にある各事業者が独自に定める土木構造物の建設や維持管理に関する実務を示す個別基準で記述されるものがある．

照査の方法には，照査アプローチAと照査アプローチBとがある．照査アプローチAはトンネル構造物の要求性能を適切な方法および信頼性で満足することを証明する照査法である．照査アプローチBは各事業者が独自に定める個別基準類で記載される手順により照査する方法であり，本編ではこれを適合みなし規定としている．

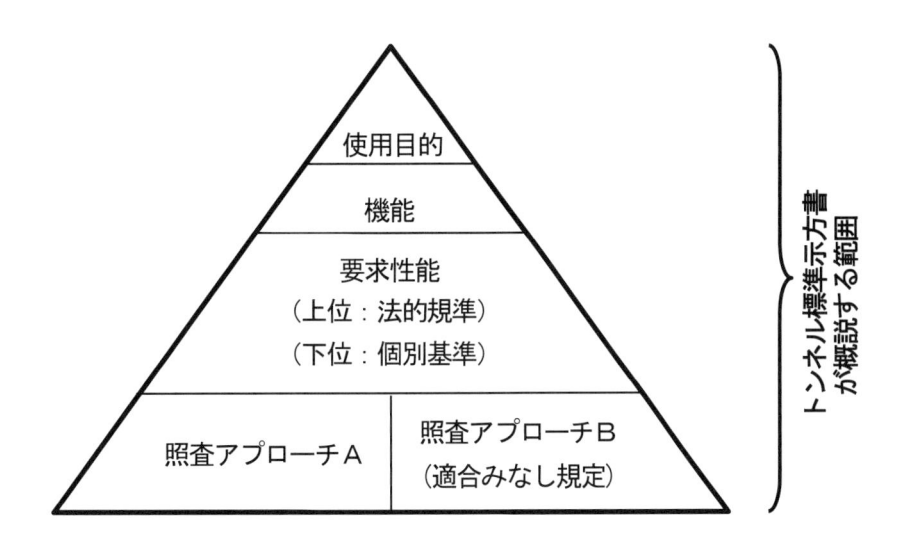

解説 図 2.1.1 トンネル構造物の性能規定の枠組み

2.2 要求性能

要求性能は，トンネル構造物の機能から要求される性能を規定するものである．

【解 説】　これまでトンネル構造物は，要求性能を明確に意識して計画，設計，施工および維持管理等の各段階を実施するには至っていなかったが，昨今では，トンネルの機能を維持するために必要な要求性能が，法や事業者の基準類あるいは手引き等に徐々に示されるようになってきた．

構造物がトンネルとなる場合，構造的な安全性などにかかわる機能は基本的な機能となる．また，トンネルの使用目的に応じて要請される機能もあわせて個々に定められる．したがって，要求性能はそれらの機能に応じて個々に設定される．一般に要求性能を照査することを前提にすると，要求性能は細分化されることから，個々の使用目的に応じて要求性能を階層化するなどして定めることになる．

要求性能はその上位に法的規準（法律，政令，省令等）が位置する．道路トンネルを例にとると，法律として道路法，政令として道路法施行令および道路構造令，省令として道路法施行規則および道路構造令施行規則等が定められている．

一方，法的規準を細分化した下位の要求性能として，構造物の建設や維持管理に関する実務を行う各事業者が定める個別基準がある．トンネル構造物の設計，施工および維持管理に係る実務は，一般に各事業者が定める個別基準をもとに行われ，トンネルの使用目的に応じて取り扱う具体的な要求性能は様々である．

国土交通省の「土木・建築にかかる設計の基本（2002.10）」では構造物の基本的要求性能として「安全性」，「使用性」および「修復性」を確保することとされている．

① 安全性：想定した作用に対して構造物内外の人命の安全などを確保すること．
② 使用性：想定した作用に対して構造物の機能を適切に確保すること．
③ 修復性：想定した作用に対して適用可能な技術でかつ妥当な経費および期間の範囲で修復を行うことで継続的な使用を可能とすること．

これは，土木・建築構造物全般を対象として定義されている．

ここでは参考として，その使用目的を俯瞰して，トンネル構造物に求められる基本的な要求性能を示す．

① 利用者が安全かつ快適にトンネルを利用するために求められる性能
② 想定される作用に対して構造の安定を維持するために求められる性能
③ 想定される劣化要因に対して供用期間中を通じて機能を満足するために求められる性能
④ 管理者が適切な維持管理を行うために求められる性能
⑤ トンネル周辺の人，環境，物件等への影響を最小限に抑えるために求められる性能

実務においては，トンネルの使用目的に応じて機能や要求性能を設定し，これらの要求性能が満たされることを各段階の照査によって確認することとなる．

2.3 照査

トンネル構造物の照査は，規定された要求性能に対して，構造物の性能が満足していることを確認することを基本とする．

【解　説】　トンネル構造物の性能の照査は，要求性能に対して，構造物の性能が満足していることを確かめることにより行う．性能の照査は，原則として各事業者が定める個別基準をもとに行われる．照査においては，一般に，構造物に規定された要求性能を適切な信頼性で満足することを証明すればよい．ここにおいては，対象構造物ごとに別途検討を行って要求性能を満足することを証明する方法（**解説 図 2.1.1** の照査アプローチA）や，行政機関や各事業者が経験と実績に基づき指定する手順に基づいて，性能照査を行う方法（**解説 図 2.1.1** の照査アプローチB）がある．ここで，トンネル構造物では，性能や照査の方法を明確に表示できない場合も多く，経験的に設定された要求性能を満足することが確認されている仕様をあらかじめ明示する方法が多用されている．

開削工法によって構築されるトンネル構造物では 2006 年制定から限界状態設計法を取り込んでおり，2016 年制定においては「性能規定」の枠組みとし，基本的には，コンクリート標準示方書と同レベルの体系であるといえる．一方，各事業者が定めた個別基準には許容応力度設計法を用いる方法もある．また，仮設構造物の設計においても許容応力度設計法が採用されている．これらは照査アプローチ B（適合みなし規定）といえる．

シールド工法によって構築されるトンネル構造物では，2006 年制定からその主構造物であるセグメントの設計に対して許容応力度設計法と限界状態設計法を併記し，その設計においていずれの照査方法を採用することも可能となっている．一般的な設計ではセグメントの耐荷性能や耐久性能などを個別基準などに準拠して照査しているのが実態であり，これらは照査アプローチ B（適合みなし規定）といえる．

山岳工法によって構築されるトンネル構造物では，地山が本来保有する支保機能が最大限発揮されるように設計および施工を行わなければならない．支保工，覆工およびインバートの設計は，一般に各事業者の施工実績に基づく「標準設計の適用」で行われる．一般的に標準設計の適用にあたり，まず事前地質調査結果に基づき地山分類がなされ，地山等級を特定する．次に地山等級に応じた標準的な支保パターンや覆工およびインバートの構造を決定し，これを当初設計として施工計画や工程計画，工事費積算等を行う．施工段階では，施工中の詳細な切羽観察と計測管理により地山および支保部材の安定を確認するとともに，その結果を支保工，覆工およびインバートの設計に反映し，トンネルの地質条件と施工条件に適合するトンネル構造を構築していくことになる．これらは照査アプローチ B（適合みなし規定）といえる．

一方，個別基準の対象範囲を超える構造物の規模や新たな材料や構造を採用する場合などでは，照査アプローチ B（適合みなし規定）による照査が適用できない場合がある．このような場合には，新たに基準や照査の手法等を定める必要があり，委員会等を設立し，解析や実物大の実験などによって得られる情報を審議し，性能の照査を行うことがある．これは，照査アプローチ A に相当するもののひとつといえる．

シールド工法編

2016年制定

トンネル標準示方書［シールド工法編］・同解説

目　次

第1編　総　論

第1章　総　則 …………………………………………………………………… 1
　1.1　適用の範囲 ……………………………………………………………… 1
　1.2　用語の定義 ……………………………………………………………… 3
　1.3　関連法規 ………………………………………………………………… 4
　1.4　トンネル工法の選定と検討事項 ……………………………………… 6
第2章　調　査 …………………………………………………………………… 8
　2.1　調査の基本 ……………………………………………………………… 8
　2.2　立地条件調査 …………………………………………………………… 8
　2.3　支障物件等調査 ………………………………………………………… 9
　2.4　地形および地盤調査 …………………………………………………… 10
　2.5　環境保全のための調査 ………………………………………………… 13
第3章　計　画 …………………………………………………………………… 14
　3.1　トンネル計画の基本 …………………………………………………… 14
　3.2　トンネルの内空断面 …………………………………………………… 16
　3.3　トンネルの線形 ………………………………………………………… 23
　3.4　トンネルの土被り ……………………………………………………… 25
　3.5　立坑の計画 ……………………………………………………………… 27
　3.6　覆　工 …………………………………………………………………… 30
　3.7　工事の計画 ……………………………………………………………… 32
　3.8　環境保全計画 …………………………………………………………… 35
第4章　維持管理 ………………………………………………………………… 36
　4.1　調査，計画，設計および施工時に考慮すべき事項 ………………… 36
　4.2　記録および性能の確認 ………………………………………………… 38

第2編　覆　工

第1章　総　則 …………………………………………………………………… 39
　1.1　適用の範囲 ……………………………………………………………… 39
　1.2　名　称 …………………………………………………………………… 39
　1.3　記　号 …………………………………………………………………… 43

1.4	覆工構造の選定	46
1.5	設計の基本	48
1.6	設計計算書	51
1.7	設計図	51

第2章 作用

2.1	作用の種類	52
2.2	鉛直土圧および水平土圧	52
2.3	水圧	55
2.4	覆工の自重	56
2.5	上載荷重の影響	56
2.6	地盤反力	57
2.7	施工時荷重	58
2.8	環境の影響	61
2.9	浮力	62
2.10	地震の影響	62
2.11	近接施工の影響	64
2.12	併設トンネルの影響	65
2.13	地盤沈下の影響	66
2.14	内水圧の影響	67
2.15	内部荷重	67
2.16	その他の作用	68

第3章 材料

3.1	材料	69
3.2	材料の試験	74
3.3	材料のヤング係数およびポアソン比	75

第4章 許容応力度

4.1	許容応力度	77
4.2	許容応力度の割増し	82

第5章 セグメントの形状寸法

5.1	セグメントの形状寸法	84
5.2	継手角度および挿入角度	87
5.3	テーパーリング	88

第6章 セグメントの構造計算

6.1	構造計算の基本	90
6.2	横断方向の構造計算	91
6.3	縦断方向の構造計算	98
6.4	スキンプレートの有効幅	102
6.5	主断面の応力度	102
6.6	継手の計算	105

6.7	スキンプレートの計算	107
6.8	縦リブの計算	108
6.9	トンネルの安定	109

第7章 セグメントの設計細目 111

7.1	主断面および主桁構造	111
7.2	鉄　筋	112
7.3	継手構造	114
7.4	継手の配置	117
7.5	縦リブ構造	118
7.6	注入孔	118
7.7	吊　手	119
7.8	その他の設計細目	119

第8章 セグメントの製作 124

8.1	一般事項	124
8.2	製作要領書	124
8.3	寸法精度	125
8.4	検　査	126
8.5	マーキング	128

第9章 セグメントの貯蔵,運搬および取扱い 129

9.1	一般事項	129
9.2	貯　蔵	129
9.3	運搬および取扱い	129

第10章 二次覆工 131

10.1	一般事項	131
10.2	断面力および応力度	133
10.3	設計細目	134

第11章 覆工の耐久性 136

11.1	耐久性の基本	136
11.2	止　水	137
11.3	ひび割れ幅の検討	139
11.4	防食および防せい	140

第3編　シールド

第1章 総　則 143

1.1	適用の範囲	143
1.2	名　称	143
1.3	シールドの計画	144

第2章 設計の基本 148

2.1	作　用	148
2.2	構造設計	149
2.3	シールドの質量	150

第3章　シールド本体 ································· 151
3.1	シールド本体の構成	151
3.2	シールドの外径	151
3.3	シールドの長さ	153
3.4	フード部	154
3.5	ガーダー部	154
3.6	テール部	155
3.7	テールシール	156

第4章　掘削機構 ································· 158
4.1	掘削機構の選定	158
4.2	カッターヘッドの形式	158
4.3	カッターヘッドの支持方式	159
4.4	カッター装備能力	160
4.5	カッターヘッドの開口	161
4.6	カッタービット	162
4.7	カッター駆動部	164
4.8	余掘り装置	165

第5章　推進機構 ································· 167
5.1	装備推力	167
5.2	シールドジャッキの選定と配置	168
5.3	シールドジャッキのストローク	169
5.4	シールドジャッキの作動速度	169

第6章　セグメント組立て機構 ································· 170
6.1	エレクターの選定	170
6.2	エレクターの能力	171
6.3	セグメント組立て補助機構	171

第7章　油圧, 電気, 制御 ································· 173
7.1	油　圧	173
7.2	電気機器	173
7.3	制　御	173

第8章　付属機構 ································· 175
8.1	姿勢制御装置	175
8.2	中折れ装置	175
8.3	姿勢計測装置	177
8.4	同時裏込め注入装置	177
8.5	後続台車	178

8.6	潤滑装置	178

第9章 土圧式シールド
9.1	土圧式シールドの計画	179
9.2	土圧式シールドの構造	179
9.3	切羽安定機構	180
9.4	添加材注入機構	181
9.5	混練機構	181
9.6	排土機構	182

第10章 泥水式シールド
10.1	泥水式シールドの計画	184
10.2	泥水式シールドの構造	184
10.3	切羽安定機構	185
10.4	送排泥機構	186

第11章 特殊シールド
11.1	特殊シールド	187

第12章 シールドの製作, 組立ておよび検査
12.1	製 作	191
12.2	組立ておよび輸送	191
12.3	検 査	192

第4編 施 工

第1章 総 則
1.1	適用の範囲	195
1.2	施工計画	195

第2章 測 量
2.1	坑外測量	196
2.2	坑内測量	196
2.3	掘進管理測量	197

第3章 施 工
3.1	立 坑	199
3.2	発進および到達	199
3.3	掘 進	202
3.4	土圧式シールド工法の掘進管理	204
3.5	泥水式シールド工法の掘進管理	207
3.6	一次覆工	210
3.7	裏込め注入工	211
3.8	防水工および防食工	212
3.9	二次覆工	214

3.10	補助工法	216
3.11	地盤変位とその防止	217

第4章　各種条件下の施工 ·· 220
 4.1 小土被り施工 ·· 220
 4.2 大土被り施工 ·· 220
 4.3 急曲線施工 ··· 221
 4.4 急勾配施工 ··· 223
 4.5 長距離施工 ··· 224
 4.6 高速施工 ·· 225
 4.7 カッタービット交換 ··· 227
 4.8 地中接合および地中分岐 ·· 227
 4.9 断面変化 ·· 229
 4.10 地中切拡げ ·· 230
 4.11 地中支障物対策 ·· 232
 4.12 近接施工 ··· 233
 4.13 併設シールドトンネルの施工 ··· 236
 4.14 海底および河川横断 ··· 237

第5章　施工設備 ··· 239
 5.1 施工設備一般 ·· 239
 5.2 ストックヤード ·· 240
 5.3 掘削土砂搬出設備 ··· 240
 5.4 材料搬送設備 ·· 242
 5.5 電力設備 ·· 242
 5.6 照明設備 ·· 243
 5.7 連絡通信設備 ·· 243
 5.8 換気設備 ·· 243
 5.9 可燃性および有害ガス対策設備 ·· 244
 5.10 安全通路および昇降設備 ··· 244
 5.11 給排水設備 ·· 245
 5.12 防火設備および消火設備 ··· 245
 5.13 シールドの発進到達設備および回転設備 ·· 246
 5.14 一次覆工設備 ··· 246
 5.15 裏込め注入設備 ·· 246
 5.16 作業台車 ··· 247
 5.17 二次覆工設備 ··· 248
 5.18 土圧式シールド工法の運転制御設備 ··· 249
 5.19 泥土処理設備 ··· 249
 5.20 泥水式シールド工法の運転制御設備 ··· 250
 5.21 流体輸送設備および泥水処理設備 ·· 251

5.22	礫処理設備	253
5.23	設備の保守管理	254

第6章　施工管理 257
- 6.1　工程管理 257
- 6.2　品質管理 258
- 6.3　出来形管理 259

第7章　安全衛生管理 261
- 7.1　安全衛生一般 261
- 7.2　作業環境整備 264
- 7.3　労働災害防止 266
- 7.4　緊急時対策および救護対策 268

第8章　環境保全対策 270
- 8.1　一般事項 270
- 8.2　騒音防止 270
- 8.3　振動防止 271
- 8.4　水質汚濁防止 272
- 8.5　地下水対策 273
- 8.6　有害ガス対策 273
- 8.7　発生土の有効な利用の促進 274
- 8.8　発生土の適正な処理および処分 274

第5編　限界状態設計法

第1章　総　則 279
- 1.1　適用の範囲 279
- 1.2　記号および用語の定義 281

第2章　設計の基本 283
- 2.1　一般事項 283
- 2.2　設計耐用期間 284
- 2.3　設計の前提 284
- 2.4　限界値および応答値の算定 285
- 2.5　安全係数 285
- 2.6　修正係数 286

第3章　材料の設計値 287
- 3.1　一般事項 287
- 3.2　強度 287
- 3.3　応力－ひずみ曲線 293
- 3.4　ヤング係数 294
- 3.5　その他の材料設計値 295

第4章　作　用　……　297
4.1　一般事項　……　297
4.2　設計作用の種類と組合せ　……　297
4.3　作用の特性値　……　298

第5章　安全係数　……　299
5.1　一般事項　……　299
5.2　材料係数　……　299
5.3　部材係数　……　300
5.4　作用係数　……　301
5.5　構造解析係数　……　301
5.6　構造物係数　……　302

第6章　構造解析　……　303
6.1　一般事項　……　303
6.2　構造解析に用いるモデル　……　303

第7章　終局限界状態の照査　……　309
7.1　一般事項　……　309
7.2　鉄筋コンクリート製セグメント主断面の照査　……　310
7.3　鉄筋コンクリート製セグメント継手部の照査　……　312
7.4　鋼製セグメント主断面の照査　……　313
7.5　鋼製セグメント継手部の照査　……　314
7.6　安定の照査　……　315

第8章　使用限界状態の照査　……　316
8.1　一般事項　……　316
8.2　応力度の算定　……　318
8.3　応力度の照査　……　319
8.4　ひび割れ幅の照査　……　320
8.5　セグメントリングの変形の照査　……　321
8.6　継手部の変形の照査　……　322

第9章　耐震設計　……　323
9.1　一般事項　……　323
　9.1.1　耐震設計の基本　……　323
　9.1.2　耐震性に配慮したトンネル計画　……　324
　9.1.3　設計で想定する地震動　……　325
　9.1.4　耐震性能　……　325
　9.1.5　耐震設計の手順　……　327
9.2　地震時作用　……　328
　9.2.1　考慮すべき作用　……　328
　9.2.2　設計地震動　……　328
9.3　地震時の地盤挙動の算定　……　329

9.3.1	地盤応答解析	329
9.3.2	耐震設計上注意を要する地盤	330
9.4	応答値の算定	330
9.4.1	応答値の算定の基本	330
9.4.2	横断方向の応答値の算定	331
9.4.3	縦断方向の応答値の算定	333
9.4.4	解析モデル	335
9.5	耐震性能の照査	338
9.5.1	耐震性能の設計限界値と照査方法	338
9.5.2	安全係数	340
9.5.3	安定の照査	341
9.6	耐震対策	341

資料

1. セグメント … 343
2. 慣用計算法および修正慣用計算法によるセグメント断面力の計算式 … 353
3. 特殊シールド … 355
4. ダクタイルセグメントの強度の特性(限界状態設計法) … 365

第1編 総　　論

第1章 総　　則

1.1 適用の範囲

この示方書は，シールド工法の調査，計画，設計，施工についての一般的な標準を示すものである．

【解　説】　この示方書は，従来の理論や実績から判断して適用が妥当と考えられるシールド工法の一般的な標準を示したものであり，供用後の維持管理のしやすさについても視野に入れながら，調査から施工に至るまでの建設段階に考慮すべき事項について記述している．**解説 図 1.1.1**はこの示方書の構成を示したものである．

この示方書は，円形断面を有するトンネルを前提として記述している．ただし，円形断面以外のものについても適用性を検討のうえ，この示方書を準用してよい．覆工の設計は，許容応力度設計法と限界状態設計法により行う場合があり，その基本をそれぞれ第2編と第5編に示した．

この示方書に示していない事項については，以下の示方書や指針類に準拠されたい．これらの示方書や指針類は最新のものを使用するとともに，新たに発行されるものや変更されるものがあるので，十分に注意する必要がある．

① シールド工事用標準セグメント（2001）（社）土木学会・（社）日本下水道協会
② トンネル標準示方書［山岳工法編］・同解説（2016年制定）（公社）土木学会
③ トンネル標準示方書［開削工法編］・同解説（2016年制定）（公社）土木学会
④ コンクリート標準示方書［基本原則編］（2012年制定）（公社）土木学会
⑤ コンクリート標準示方書［設計編］（2012年制定）（公社）土木学会
⑥ コンクリート標準示方書［施工編］（2012年制定）（公社）土木学会
⑦ コンクリート標準示方書［維持管理編］（2013年制定）（公社）土木学会
⑧ コンクリート標準示方書［規準編］（2013年制定）（公社）土木学会
⑨ シールドトンネル設計・施工指針（2009）（社）日本道路協会
⑩ 道路橋示方書（Ⅰ〜Ⅴ）・同解説（2012）（社）日本道路協会
⑪ 共同溝設計指針（1986）（社）日本道路協会
⑫ 日本工業規格（JIS）日本工業標準調査会
⑬ 鉄道構造物等設計標準・同解説　SI単位版（シールドトンネル）（2002）（公社）鉄道総合技術研究所
⑭ 鉄道構造物等維持管理標準・同解説（構造物編トンネル）（2007）（公社）鉄道総合技術研究所

また，示方書や指針類以外に参考となる文献としては以下のトンネルライブラリー等が発行されているので参照されたい．

⑮ シールドトンネル施工技術安全協議会 中間とりまとめ（平成25年3月）国土交通省，（独法）土木研究所，（公社）土木学会
⑯ トンネルライブラリー第14号 トンネルの維持管理（2005年発行）（社）土木学会
⑰ トンネルライブラリー第17号 シールドトンネルの施工時荷重（2006年発行）（社）土木学会
⑱ トンネルライブラリー第19号 シールドトンネルの耐震検討（2007年発行）（社）土木学会
⑲ トンネルライブラリー第21号 性能規定に基づくトンネルの設計とマネジメント（2007年発行）（社）土木学会
⑳ トンネルライブラリー第23号 セグメントの設計［改訂版］−許容応力度設計法から限界状態設計法まで−（2010年発行）（社）土木学会
㉑ トンネルライブラリー第27号 シールド工事用立坑の設計（2015年発行）（公社）土木学会

㉒　トンネルライブラリー第28号 シールドトンネルにおける切拡げ技術（2016年発行），（公社）土木学会
㉓　トンネルライブラリー第26号 トンネル用語辞典（2013年発行）（公社）土木学会
㉔　シールドトンネル技術情報作成マニュアル（2011年発行）（公社）土木学会

なお，TBM（Tunnel Boring Machine）については，「トンネル標準示方書［山岳工法編］・同解説」（2016年制定）を参照のこと．

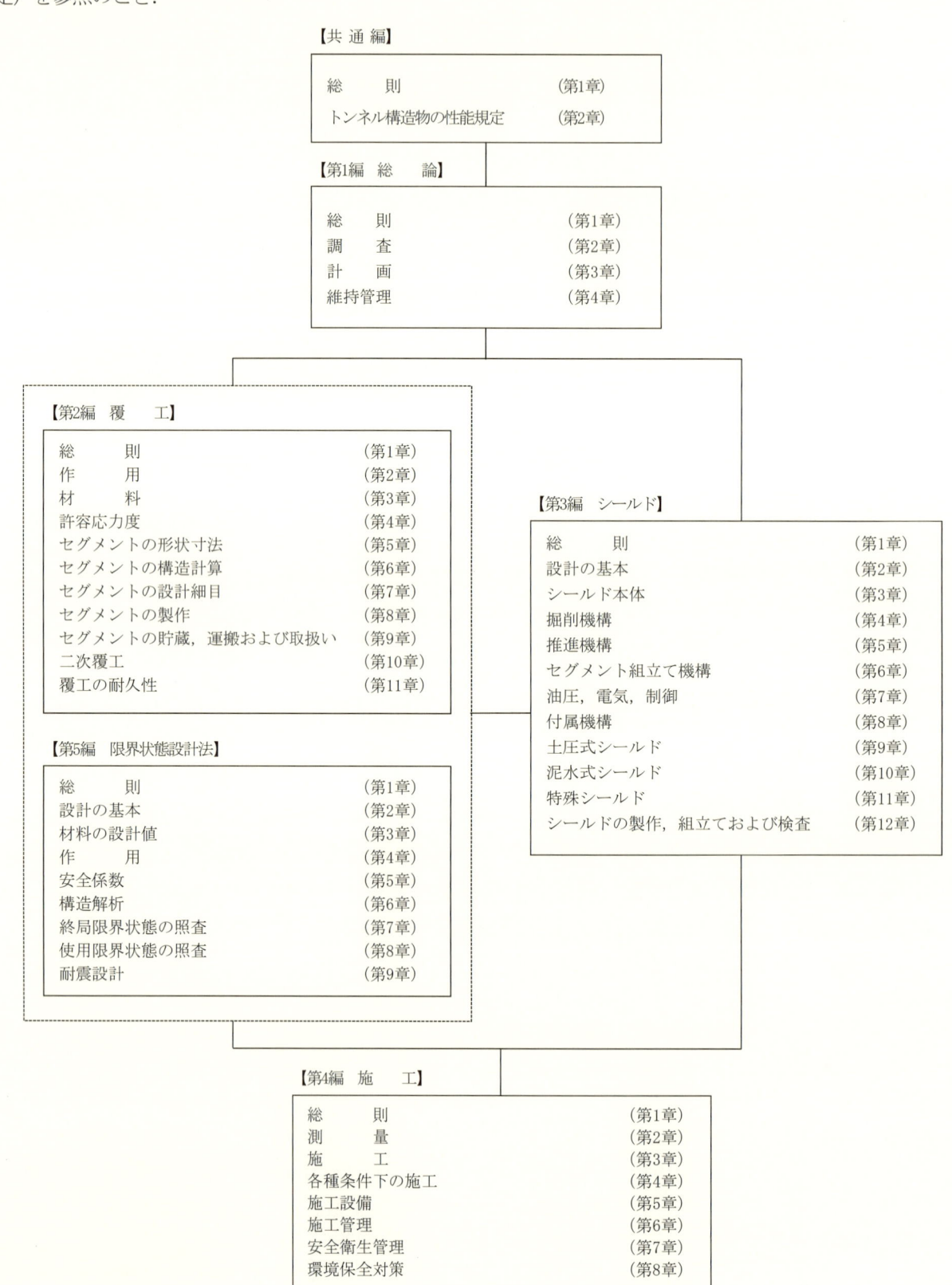

【共通編】

| 総　　則 | （第1章） |
| トンネル構造物の性能規定 | （第2章） |

【第1編 総　論】

総　　則	（第1章）
調　　査	（第2章）
計　　画	（第3章）
維持管理	（第4章）

【第2編 覆　工】

総　　則	（第1章）
作　　用	（第2章）
材　　料	（第3章）
許容応力度	（第4章）
セグメントの形状寸法	（第5章）
セグメントの構造計算	（第6章）
セグメントの設計細目	（第7章）
セグメントの製作	（第8章）
セグメントの貯蔵，運搬および取扱い	（第9章）
二次覆工	（第10章）
覆工の耐久性	（第11章）

【第3編 シールド】

総　　則	（第1章）
設計の基本	（第2章）
シールド本体	（第3章）
掘削機構	（第4章）
推進機構	（第5章）
セグメント組立て機構	（第6章）
油圧，電気，制御	（第7章）
付属機構	（第8章）
土圧式シールド	（第9章）
泥水式シールド	（第10章）
特殊シールド	（第11章）
シールドの製作，組立ておよび検査	（第12章）

【第5編 限界状態設計法】

総　　則	（第1章）
設計の基本	（第2章）
材料の設計値	（第3章）
作　　用	（第4章）
安全係数	（第5章）
構造解析	（第6章）
終局限界状態の照査	（第7章）
使用限界状態の照査	（第8章）
耐震設計	（第9章）

【第4編 施　工】

総　　則	（第1章）
測　　量	（第2章）
施　　工	（第3章）
各種条件下の施工	（第4章）
施工設備	（第5章）
施工管理	（第6章）
安全衛生管理	（第7章）
環境保全対策	（第8章）

解説 図 1.1.1　トンネル標準示方書［シールド工法編］・同解説（2016年制定）の構成

1.2 用語の定義

シールド工法……泥土あるいは泥水で切羽の土圧と水圧に対抗して切羽の安定を図りながら，シールドを掘進させ，覆工を組み立てて地山を保持し，トンネルを構築する工法である．

シールド……シールド工法によりトンネルを構築する際に使用する機械で，カッターヘッド，フード部，ガーダー部，テール部からなっている．シールド機とも呼ばれている．シールドは，切羽安定機構により密閉型および開放型に大別される．開放型シールドは，隔壁を設けずに人力または掘削機械を使用して地山を掘削するものであるが，現在ではほとんど施工例がなくなった．

立坑……シールドトンネルを施工するためシールドの投入と組立て，方向転換，解体と搬出，掘進中の土砂の搬出，資機材の搬入と搬出等を行うシールド工事用立坑のことをいう．立坑には，その機能，目的によって発進立坑，中間立坑，方向転換立坑および到達立坑がある．

トンネルの線形……トンネル路線の形状のことで，平面線形と縦断線形がある．

トンネルの曲線半径……トンネルの中心線を水平面，鉛直面に投影した曲線の半径をいう．

トンネルの土被り……地表面から覆工天端までの深さをいう．

覆工……シールドトンネル周辺地山の土圧と水圧を受け，トンネル内空を確保するための構造体を覆工という．覆工には一次覆工と二次覆工とがある．一般に一次覆工はセグメントを組み立てた構造体であるが，セグメントに代えてコンクリートを直接打設し，覆工とする場合もある（場所打ちライニング工法）．一方，二次覆工は一次覆工の内側に構築される構造体で，おもに現場打ちのコンクリートが用いられている．

セグメント……シールドトンネルの一次覆工に用いる工場製作の部材をいう．一般に鉄筋コンクリート製，鋼製およびこれらを合成した製品等に分類される．

内空断面……トンネルの覆工の内側の断面をいう．その寸法はトンネルの用途によって決まる．

裏込め注入……シールドトンネルのセグメントと地山との間の空隙（テールボイド）に充填材を注入することをいう．

作用……覆工に対して応力および変形の増減，材料特性に経時変化をもたらすすべての働きを含むものとする．

荷重……各作用のうち，覆工に対して直接的に力としてかかるものをいう．

許容応力度設計法……作用によって構造部材に生じる最大応力度が，材料の種類に応じた部材ごとに許容応力度以下であることを確かめることによって構造物の安全性を照査する方法である．弾性設計法ともいう．

限界状態設計法……構造物または部材がその性能を果たさなくなり，使用目的を満足しなくなるすべての限界状態について照査する方法である．

併設トンネル……複数のトンネルが一定の区間において平面的，あるいは立体的に並行し，近接して設置される場合をいう．

【解 説】 シールド工法に関する用語は，トンネルライブラリー第 26 号 トンネル用語辞典に記載されているので参照されたい．

1.3 関連法規

シールド工事の実施にあたっては，遵守すべき法規の有無，その内容，手続きおよび対策等を事前に十分調査しなければならない．

【解 説】 工事の実施は法規による規制を受けるので，工事に対する規制の程度，諸手続き，対策等について事前に十分に調査，検討し，関係諸官庁や管理者に対して諸手続を行い，許認可または承認を得なければならない．なお，諸手続きおよび許認可，承認には日数を要する．また，関連法規類には都道府県等によって差異がある場合，新たに発行される場合や変更される場合があるので，十分注意する必要がある．

おもな関連法規類には，**解説 表 1.1.1** のようなものがある．

解説 表 1.1.1　おもな関連法規類

法令名称，（　）内はこの示方書における略称	おもな規制事項	公布年月日および法令番号
［建設業法関係］		
建設業法	請負契約の適正化	昭24.5.24　法100
公共工事の入札及び契約の適正化の促進に関する法律	契約情報の公開，施工体制の適正化	平12.11.27　法127
公共工事の品質確保の促進に関する法律	公共工事の品質確保	平17.3.31　法18
［都市計画関係］		
都市計画法	都市計画区域，風致地区，土地区画整理事業施行区域内の行為の制限	昭43.6.15　法100
地下の公共利用の基本計画の策定等の推進について	地下空間の利用方法の調整	平元9.18　建設省
道路地下空間利用計画の策定について		平元9.22　建設省
大深度地下の公共的使用に関する特別措置法（大深度地下使用法）	大深度地下の使用方法に関する基準	平12.5.26　法87
都市再生特別措置法	都市の再生の推進に関する基本方針	平14.4.5　法22
［環境保全関係］		
自然公園法	国立公園，国定公園，都道府県立自然公園内の行為の規制	昭32.6.1　法161
都市公園法	都市公園内の行為の規制	昭31.4.20　法79
文化財保護法	史跡，名勝，天然記念物埋蔵文化財包蔵地内の行為の制限	昭25.5.30　法214
環境基本法	環境の保全に関する施策の基本	平5.11.19　法91
環境影響評価法	事業の実施による環境へ及ぼす影響評価を規定	平12.5.19　法73
大深度地下の公共的使用における環境の保全に係わる指針	大深度地下の環境保全	平16.2.3　国土交通省
騒音規制法	工事騒音に対する規制	昭43.6.10　法98
振動規制法	工事振動に対する規制	昭51.6.10　法64
水質汚濁防止法	公共用水域に対する排水の規制	昭45.12.25　法138
廃棄物の処理および清掃に関する法律（廃棄物処理法）	廃棄物に対する処理の規制	昭45.12.25　法137（平3.10.5　法95）
薬液注入工法に関する暫定指針		昭49.7　建設省
建設工事に伴う騒音振動対策技術指針		昭51.3　建設省
地下水の水質汚濁に係る環境基準について	地下水の水質汚濁に係る環境基準	昭59.7.27　法61
ダイオキシン類対策特別措置法	ダイオキシン類による環境汚染防止及びその除去等に関する基準	平12.5.31　法91
土壌汚染対策法	特定有害物質による土壌汚染の状況把握，土壌汚染対策の実施を規定	平14.5.29　法53
土壌汚染対策法の一部を改正する法律	自然由来の有害物質を含む汚染土壌を規制	平21.4.24　法23

法令名	内容	公布日・番号
[海, 河川関係]		
海岸法	海岸保全地域の行為の制限	昭31.5.12　法101
河川法	河川区域内の行為の制限	昭39.7.10　法167
港湾法	港湾区域内の工事等の制限	昭25.5.31　法218
公有水面埋立法	河川, 湖沼, 海等, 公共用水域または水面の占用及び行為の制限	大10.4.9　法57
海洋汚染および海上災害に関する法律	廃棄物に関する処理規制	昭45.12.25　法136
[道路交通関係]		
道路法	道路の占用	昭27.6.10　法180
道路交通法	道路の使用	昭35.6.25　法105
[航空関係]		
航空法	航空機に対する建造物の高度制限	昭27.7.15　法231
[資源関係]		
資源の有効な利用の促進に関する法律（リサイクル法）	資源の有効な利用の確保, 廃棄物の発生の抑制及び環境の保全 発生土の活用判断基準	平3.4.26　法48
建設業に属する事業を行う者の再生資源の利用に関する判断の基礎となるべき事項を定める省令		平3.10.25　建設省
循環型社会形成推進基本法	製品等が廃棄物等となることを抑制, 適正な循環的な利用の規制	平12.6.2　法110
建設工事に係わる資材の再資源化等に関する法律（建設リサイクル法）	建設資材の再資源化を促進	平12.5.31　法104
国等による環境物品等の調査の推進等に関する法律	環境物品等の調達の推進	平12.5.31　法100
[災害防止関係]		
宅地造成等規制法	宅地造成工事規制区域内の行為の制限	昭36.11.7　法191
地すべり等防止法	地滑り防止区域内の行為の制限	昭33.3.31　法30
急傾斜地の崩壊による災害防止法	急傾斜地の崩壊による災害防止区域内の制限	昭44.7.1　法57
消防法		昭23.7.24　法186
火薬類取締法	火薬類の製造, 販売, 運搬その他取扱いの規制	昭25.5.4　法149
労働安全衛生法（安衛法）		昭47.6.8　法57
労働安全衛生規則（安衛則）	災害防止のため遵守する安全措置	昭47.9.30　労32
高気圧作業安全衛生規則		昭47.9.30　労40
ボイラーおよび圧力容器安全規則		昭47.9.30　労33
圧力容器構造規則		昭34.3.27　労告11
酸素欠乏症等防止規則		昭47.9.30　労42
建設工事公衆災害防止対策要綱		平5.1.12　建設省
電気機械器具防爆構造規格	電気機械器具に関する防爆構造の規格	昭44.4.1　労16
機械等検定規則	特定機械以外の機械で労働安全衛生法42条で定める防爆構造電気機械器具を含む機械等の検定に関する手続き等の規則	昭47.9　労45
作業環境測定法	適正な作業環境を確保するための作業環境測定の実施を規定	昭50.5.1　法28
じん肺法	粉じん作業労働者の健康の保持	昭35.3.31　法30
健康増進法	国民の栄養の改善その他の国民の健康の増進を図るための措置	平14.8.2　法103
シールド工事に係わるセーフティ・アセスメント指針	シールド工事におけるガス爆発等による重篤な災害の防止	平7.2.24　労働省
大深度地下の公共的使用における安全の確保に係わる指針		平16.2.3　国土交通省
[建築基準関係]		
建築基準法	建築物の敷地, 構造, 設備および用途に関する基準	昭25.5.24　法201
[電気関係]		
電気事業法	電気工作物の工事, 維持および運用に関する規制	昭39.7.11　法170
電気設備技術基準		昭40.6.15　通産61

1.4 トンネル工法の選定と検討事項

(1) トンネル工法の選定にあたっては，地盤条件，立地条件，周辺環境への影響，施工の安全性，工期および経済性等について検討しなければならない．

(2) シールドトンネルの建設にあたっては，調査，計画，設計および施工について十分な検討を行わなければならない．

(3) 現場の条件から，万一事故が発生した場合に想定される被害の状況を考慮して，リスクに配慮した総合的なシールドトンネルの設計，施工を行わなければならない．

【解　説】　（1）について　トンネルの施工法にはシールド工法のほかにも山岳工法，開削工法といったそれぞれの特徴をもったものがあり，適切なトンネル工法を選定することは，トンネルを安全かつ経済的に建設するためにきわめて重要である．トンネル工法を選定する場合には，それぞれの特徴，特質を十分に比較検討しなければならない．**解説 表 1.1.2**は，シールド工法と山岳工法，開削工法の適用性について，その概略の比較を示したものである．

なお，道路トンネルの分岐合流部等の地中切拡げ工事等，シールド工法と開削工法または山岳工法を組み合わせた適用事例がある．

解説 表 1.1.2　おもなトンネル工法の比較表

	シールド工法	山岳工法	開削工法
工法概要	泥土あるいは泥水等で切羽の土圧と水圧に対抗して切羽の安定を図りながら，シールドを掘進させ，セグメントを組み立てて地山を保持し，トンネルを構築する工法である．	トンネル周辺地山の支保機能を有効に活用し，吹付けコンクリート，ロックボルト，鋼製支保工等により地山の安定を確保して掘進する工法である． 周辺地山のグラウンドアーチが形成されること，および掘削時の切羽の自立が前提となり，それらが確保されない場合には補助工法が必要となる．	地表面から土留め工を施しながら掘削を行い，所定の位置に構造物を築造して，その上部を埋め戻し，地表面を復旧する工法である．
適用地質 （標準的な実績，地山条件等の変化への対応性）	一般的には，非常に軟弱な沖積層から，洪積層や，新第三紀の軟岩までの地盤に適用される． 地質の変化への対応は比較的容易である．また，硬岩に対する事例もある．	一般には，硬岩から新第三紀の軟岩までの地盤に適用される．条件によっては，未固結地山にも適用される． 地質の変化には，支保工，掘削工法，補助工法の変更により対応可能である．	基本的に地質による制限はない．地質の変化への対応は，各種地質に適応した土留め工，補助工法等を選定する．
地下水対策 （切羽の安定性 掘削面の安定）	密閉型シールドでは，発進部および到達部を除いて，一般には補助工法を必要としない．	掘削時の切羽の安定性，地山の安定性に影響するような湧水がある場合には，地盤注入等による止水，ディープウェル，ウェルポイント，水抜きトンネル等の補助工法が必要となる．	ボイリングや盤ぶくれの対策として，土留め壁の根入れを深くしたり，地下水位低下工法や地盤改良等の補助工法が必要となる場合が多い．
トンネル深度 （最小土被り 最大深度）	最小土被りは，一般には1.0〜1.5D（D：シールド外径）といわれている．これまでの実績では0.5D以下の事例もあるが，地表面沈下やトンネルの浮上がり等の検討が必要となり，地下埋設物についても十分な調査が必要となる． 最大深度は岩盤で約200m（水圧0.69MPa）の実績があるが，砂質土等の未固結地盤では100m以下の実績が多い．	未固結地山では，土被り／トンネル直径比(H/D)が小さい場合（2未満程度）には，天端崩落や天端沈下量を抑制する有効な補助工法が必要となる． 我が国の山岳部では約1 200mの深度で適用した例がある．	施工上，最小土被りによる制限はない． 最大深度は，40m程度の実績が多いが，それ以上となる大深度の施工実績も少しずつ増えている．
断面形状	円形が標準である．特殊シールドを用いて複円形，楕円形，矩形等も可能． 複数の断面を組み合わせ，大断面のトンネルを構築する施工法もある． 施工途中での断面形状の変更は，一般には困難である．	掘削断面天端部にアーチ形状を有することを原則とする．その限りでは，かなりの程度まで自由な断面で施工可能であり，施工途中での断面形状の変更も可能である．	矩形が一般的であるが，複雑な形状にも対応できる．

断面の大きさ (最大断面積変化への対応)	トンネル外径の実績は，最大で17m程度である．施工途中での外径の変更は一般には困難であるが，径を拡大あるいは縮小する工法の実績もある．	一般には150m²程度までの事例が多く，370m²程度の実績もある．支保工や掘削工法の変更により，施工途中での断面積変更が可能である．	断面の大きさおよびその変化に対して，施工上からの制限はない．ただし，断面が変化する隅角部は，十分な補強を行う必要がある．
線形 (急曲線への対応)	曲線半径とシールド外径の比が3～5程度の急曲線の実績がある．	施工上の制約はほとんどない．	施工上の制約はない．
周辺環境への影響 (近接施工，路上交通，騒音振動)	近接施工の場合は，近接の度合いにより補助工法や既設構造物の補強を必要とすることもある．路上交通への影響は，立坑部を除き，きわめて少ない．騒音，振動は，一般には立坑付近に限定され，防音壁，防音ハウス等で対応している．	近接施工の場合は，補助工法が必要である．山岳部では渇水に留意し，都市部等では掘削や地下水位低下に伴う地表面沈下に留意が必要である．路上交通への影響は，立坑部を除き，一般に少ない．騒音や振動は，坑口付近に限定され，一般に防音壁，防音ハウス等で対応している．	近接施工の場合は，土留め工の剛性の増大を図るとともに，近接度合いにより補助工法を用いることもある．施工区間に作業帯を常時設置するため，路上交通への影響は大きい．騒音や振動は，各施工段階において対策が必要であり，低騒音，低振動の工法や低騒音，低振動建設機械の採用，防音壁等で対応している．

＊ 国際年代層序表の変更(International Commission on Stratigraphy：国際層序委員会，2012)に伴い，国内でも(一社)日本地質学会他の見解として，「沖積世」，「洪積世」の使用の廃止(「完新世」，「更新世」を使用)等が定められている．しかし本示方書では，出版時点において各機関のトンネルの設計や施工に関連する基準書等で「沖積層」，「洪積層」の用語が使用されていること，「沖積世」，「洪積世」と「完新世」，「更新世」との年代が完全に一致しておらず土木工学的な地層の取扱いに際して混乱が生じる恐れがあることから，必要な箇所では従来の「沖積層」，「洪積層」の呼び名を継承して表記している．

（2）について

1) 調査　計画，設計，施工および維持管理の各段階における検討に必要な基礎資料が得られるように，調査を行わなければならない．

2) 計画　シールドトンネルの用途，地盤条件，立地条件，周辺環境に与える影響，工事の安全，経済性等を考慮して計画を行わなければならない．

3) 設計　地盤条件，地表の状況，地震の影響，周辺への影響，近接工事の影響，維持管理等の条件を十分に考慮したうえで，適切に設計を行わなければならない．また，種々の設計条件のうち，その使用目的やトンネルの立地条件，環境条件について十分に把握し，安全性，経済性，施工性，耐久性等を総合的に判断して，適切に設計しなければならない．

4) 施工　工事の目的，規模，工期を十分認識し，設計図書，特記仕様書にしたがい，地盤条件，環境条件等を精査して，設計者の意図を理解した上で安全で経済的な施工計画にもとづき，適切に施工しなければならない．

（3）について　シールドトンネルは，施工の影響を受ける構造物であり，工事開始から地山内で安定するまでの間に受ける様々な影響を可能な限り設計で考慮する必要がある．また，シールドトンネルを施工する現場の条件によって，万一事故が発生した場合の被害の度合いが大きく異なると考えられる．とくに，河川下や海底下で施工するシールドトンネルに事故が発生した場合には，大量出水等の大きな被害が発生することが想定できる．

このように，現場条件に応じたリスクを想定したうえで，適切な安全性を有する設計を実施する．さらに，受容したリスクが顕在化し，万一想定した被害が生じた場合でも，適切な対応が可能となるように施工計画ならびに施工管理を総合的に実施しなければならない．

第2章 調　　査

2.1 調査の基本

調査は，シールド工法を安全かつ経済的に実施するために行うものである．
調査を大別すると次のとおりである．
1）立地条件調査
2）支障物件等調査
3）地形および地盤調査
4）環境保全のための調査

【解　説】　調査は，計画，設計，施工および維持管理の各段階における検討に必要な基礎資料を得るために行うものである．

調査の結果は，トンネルのルート選定，シールド工法採用の可否，トンネルの設計，環境保全対策等の検討に利用される．そして，調査資料は，トンネル完成後の維持管理のための貴重な資料になるので，保存する必要がある．

ここにいう調査以外の工事に関連する諸測定や観測記録については，第1編 3.7（8）を参照のこと．

2.2 立地条件調査

立地条件調査は，次の項目について行わなければならない．
1）土地利用および権利関係
2）将来計画（都市計画施設等）
3）道路種別と路上交通状況
4）工事基地用地およびその周辺の調査
5）河川，湖沼，海の状況
6）工事用電力および給排水施設

【解　説】　立地条件調査とは，ここに掲げる項目についてトンネル通過地付近の周辺環境を調査するもので，おもにルート選定とシールド工法の採用の可否の決定，トンネルの設計に用いられ，施工上の資料としても利用される．

<u>1）について</u>　土地利用の調査とは，各種地図，現地調査により，市街地，農地，山林，河川，海等の用途別土地利用の現況，とくに市街地の場合には用途地域（住居，商業，工業等）や市街化の程度等を調べるものである．土地の権利関係の調査とは，まず，公共用地であるか民地であるかを把握し，それに応じてその土地に関係する各種の権利について調べるものである．とくに市街地における民地の権利関係は複雑な場合が多く，入念な調査が必要である．また必要に応じて文化財の有無等の調査を実施し，トンネル周辺での地上，地下の制約条件について十分把握しておかなければならない．

<u>2）について</u>　工事地域における都市計画施設および都市計画以外の施設の規模，工期，規制事項等を調査し，ルート選定，覆工構造，施工計画および維持管理計画に十分反映させる必要がある．

<u>3）について</u>　シールド工法を道路下で用いる場合に，その道路種別と重要度，また，路面規制の有無および路上の交通量等を調査するものである．とくに工事用立坑の設置位置は，道路交通に最も影響を与えるものであり，その位置選定にあたっては，供用時の利用計画とも合わせて，道路への設置の可否，掘削土処分や諸機材搬出入等を十分検討しておかなければならない．また，シールド施工により路面変状が生じた場合に周辺に与える影響についても，事前に検討しておくことが必要である．

なお，工事用の仮設配管を道路下に設置する場合は，一時的なものであっても道路管理者への道路占用手続きが必要となるので，注意が必要である．

4)について　立坑部の作業基地は，トンネルの工事着手の段階から工事完了までを通じて，用地として最も重要なものである．この確保にあたっては，地図，踏査等により十分な調査を実施し，工事実施中の立坑への資材の搬入に支障がないように計画する必要がある．また，発生土の適切な処理，処分が必要であるので，処分場，運搬路の調査も行い，設計，施工計画に反映させなければならない．

5)について　河川下または河川に近接してトンネルを計画する場合，河川断面や堤防の構造，および，河川や橋梁の改修計画を調査し，十分な深度や離隔をとることが必要である．また，状況に応じて河川の水文，河川内構造物，河床等の調査が必要である．

一方，湖沼や海底下のトンネルを計画する場合は，護岸構造物，湖沼底，海底等の調査を行う．また，港湾等では不発弾等を探査するために磁気探査等の特殊な調査を行うことがある．

6)について　工事用電力の確保のための調査をするほか，必要に応じて予備電源の確保についても検討しなければならない．また，給排水施設の計画にあたっても，取水可能な上水道の位置，管径，流量および放流先（下水道，河川，海等），放流可能量や水質基準等を調査しなければならない．

2.3　支障物件等調査

支障物件等調査は，次の項目について行わなければならない．
1) 地上および地下構造物
2) 埋設物
3) 井戸および古井戸
4) 残置物，構造物や仮設工事の跡
5) その他

【解　説】　ルートの選定に先だち，シールドトンネルに支障する，または，影響範囲にある諸物件について，十分に調査しなければならない．

この調査は，トンネル周辺諸施設の保全とシールド工法の安全性の確保との両面を目的に行うものであり，構造物の変状，地下水の水位や水質への影響，泥水や裏込め材の噴発と逸泥，構造物の基礎耐力や建物荷重によりトンネルに作用する上載荷重等の諸荷重について検討するものである．

1)について　地上構造物については，構造形式，基礎構造，地下室の有無，基礎の根入れ深さ等を，地下構造物（地下駐車場，地下街，地下鉄等）については，構造形式，構造物の土被り，形状寸法，利用状況等について調査しておくことが必要である．

2)について　ガス管，上下水道管，電力ケーブル，通信ケーブル等の埋設物については，あらかじめルートに沿って調査を行う必要がある．とくに，立坑の設置位置では切回し等が必要となる場合があるので，十分に調査を行わなければならない．

調査は，各管理者や道路管理者の所有する台帳等の図書を参照するだけでなく，試掘や場合によっては地中探査により，現地で実際の位置，規模，深さ，老朽度等を確認しておく必要がある．

3)について　井戸および古井戸については，トンネル施工時の泥水や裏込め材の噴発と逸泥等の危険性を調査する必要がある．

調査内容としては，位置，深さ，利用状況等があるが，渇水や汚濁が懸念される場合は，年間の水位変化や水質について測定，調査を行うことが望ましい．また，古井戸については，所有者の話をもとに，現地と照合して確認する必要がある．

4)について　シールド掘進中に杭や土留め壁等の支障物に遭遇し除去する必要が生じることがある．また，構造物や仮設工事の跡等では地山が著しく乱れていることがあり，シールドの掘進に悪影響を及ぼすことがある．

道路下の残置物については道路管理者に届け出ることになっているので，台帳の確認を行う．一般に構造物および仮設工事の跡についての調査は難しいが，できるだけ土地の管理者等から事情を聞いておくことが望ましい．

<u>5) について</u>　構造物や埋設物等の計画がある場合には，その規模，深さ等を調査し，相互に支障が少なくなるように構造，施工方法，工程等について十分協議しておく必要がある．

また，不発弾の残存が懸念される地域では，周辺住民からの情報を入手し，必要に応じて磁気探査，地中レーダ探査等の調査を実施し，工事の安全を確保する必要がある．

2.4　地形および地盤調査

地形および地盤調査は，次の項目について行わなければならない．

1) 地　　形
2) 地層構成
3) 土　　質
4) 地 下 水
5) 酸欠空気，有害ガスの有無，その他

これらの調査は，踏査，ボーリング等を適切な方法により行うものとし，調査位置や調査項目等については，周辺環境，工事内容，規模等を考慮して決めるものとする．

【**解　説**】　地形および地盤条件は，シールド工法の設計ならびに施工の難易を大きく左右するので，その調査は入念に行う必要がある．シールド工事で一般に行われる地形および地盤調査の概要は，**解説 表 1.2.1**に示すとおりである．ただし，工事の内容や規模に応じて，項目が省略されたり追加されたりする場合がある．

予備調査では既存資料の収集整理，踏査等を行い，路線全体の全般的な地盤状況の把握を行う．この予備調査により，地層構成が単純であるか，複雑であるか，工事の施工上問題となる地盤の条件が予想されるかどうかなどの全体的な状況を把握する．この予備調査結果にもとづき，基本調査の必要な規模および内容を決定する．

基本調査においては，標準貫入試験を伴うボーリングを主体とした地盤調査を行う．ボーリングの本数，間隔，深さ等は地形条件と予備調査から推定される地山条件，トンネルの土被りおよび環境条件等によって決め，一般に200m間隔程度で行われることが多い．ただし，民地下を通過する場合や市街化が進展しボーリング用地の確保が困難な場合等は，別の調査で補完することが望ましい．これらの調査結果にもとづいて路線に沿う土質縦断図を作成し，土質縦断図は水平方向1/1 000～1/5 000，鉛直方向を1/200～1/500程度の縮尺のものが便利である．土質縦断図が作成され地層の構成と各層のN値等が判明すれば，シールド工法に関係ある地盤工学上の問題点が明確となるので，これにもとづいて代表的な箇所や問題箇所について，必要とされる詳細調査を実施する．なお，ボーリングをはじめとする各種調査孔は，シールド工事中に逸泥，噴発の原因となりやすく，調査孔位置の選定や埋戻しを十分配慮して行う必要がある．

詳細調査は予備調査や基本調査を補足するものであり，調査地点の追加や設計，施工上問題となる地盤の詳細な調査，地震，その他特殊条件の場合の設計資料を得るための調査等である．これらには，たとえば大口径調査孔による最大礫径調査，孔内水平載荷試験，PS検層等がある．

周囲の地形変化が激しい地形等では，地盤条件の急激な変化が予測される場合があるので，ボーリング調査を追加する必要がある．立地条件等によりボーリング調査の追加が難しい場合には，ジオトモグラフィー，小型動的貫入試験，回転圧入試験等のボーリング調査孔間を補完する調査を実施することが望ましい．また，地表部から地盤の連続性を確認する方法として微動アレイ等の物理探査手法が開発されている．

柱状図等の地盤や土質に関するデータベースは，土木研究所（国土地盤検索サイト「**Kunijiban**」）や東京都（東京の地盤（Web版））等の地方自治体でも整備されているので，参考にすることができる．

<u>1)について</u>　地形は地下の地山条件を反映していることが多いので，調査は，まず地形の観察と把握から行う．調査地点が丘陵地や台地であれば，一般にその地下には沖積層は存在せず，軟弱な地層は少ない．また，低い沖

積平地でも詳細な地形の観察や地形的環境条件から地層構成をある程度推定することも可能である．

また，河川近傍や台地から低地に地形が移行する地域や断層が存在する地域等，地盤が急変する場合は，地層構成，地盤条件，地下水の条件も著しく変化していることが予測され，ボーリング間隔を縮めるなどの対策が必要となる．

<u>2) について</u>　地形調査とあわせて，まず，資料収集と踏査を行い，比較路線を含む広い範囲にわたり地層構成を把握する必要がある．収集できる代表的な資料としては地盤図，土地利用図，古地図，近傍での工事記録，ボーリング，土質調査結果等がある．最近では，既存資料の少ない山間部地域や地形変化の激しい山間部等でのシールド工事も増加している．そこで，これらの既存情報が乏しい場合は，ボーリング調査を追加するなど，正確な地盤情報を把握する必要がある．

次に，標準貫入試験を伴うボーリングを主体とした基本調査を行い，地層の構成を記入した土質縦断図を作成する．その結果，シールド工法に関する地盤上の問題点が明確になるので，地盤状況に応じて必要な詳細調査を行う．

解説 表 1.2.1　シールド工法における地形および地盤調査

調査の種別	予 備 調 査	基 本 調 査	詳 細 調 査
調査の目的	地形，土質，地層構成の概要 問題となる土質の予測および以後の調査資料	路線全体の地層構成および地盤状況の把握 地盤工学的諸性質の把握 土質縦断図の作成	地盤調査の充実 設計施工上問題となる地盤の詳細調査 地震，その他の特殊条件の場合の設計資料
調査の手法	① 既存資料の収集，整理 ② 近傍類似工事にかかわる資料収集整理 ③ 文献調査 ④ 現地調査による観察	① ボーリング調査 ② 標準貫入試験 ③ サンプリング ④ 地下水位調査 ⑤ 間隙水圧試験 ⑥ 室内土質試験	① ボーリング調査 ② 標準貫入試験 ③ サンプリング ④ 間隙水圧測定 ⑤ 透水試験 ⑥ 室内土質試験 ⑦ 孔内水平載荷試験 ⑧ 酸欠空気，有毒ガス，可燃性ガス調査 ⑨ 大口径調査孔 ⑩ PS検層 ⑪ ジオトモグラフィー ⑫ 小型動的貫入試験 ⑬ 回転圧入試験 ⑭ 微動アレイ
調査の内容	地図類等の文献調査（地形，土質，地盤図，地歴，断層） 地盤調査記録 既設構造物の工事記録 井戸，地下水 現地における地形，土質，周辺状況の観察 地盤沈下	地層構成 N値 透水係数 地下水位，間隙水圧 粒度分布 含水比 土粒子の密度 土の湿潤密度 一軸圧縮強さ 液性限界および塑性限界 強度定数（粘着力，内部摩擦角） 圧密特性 重金属等の有害物質調査	詳細な地層構成 N値 透水係数 地下水位，間隙水圧 粒度分布 含水比 土粒子の密度 土の湿潤密度 一軸圧縮強さ 液性限界および塑性限界 強度定数（粘着力，内部摩擦角） 圧密特性 地下水の流速，流向，塩分 遊離ガスおよび溶存ガスの種類と濃度 巨石，粗石の径 地盤反力係数 地盤の変形係数 弾性波速度 耐震設計上の基盤 地盤初期剛性 せん断剛性低下率 自然由来の重金属等の有害物質調査

3)について　覆工やシールドの設計，ならびに安全で経済的な施工のため，地盤の工学的な諸性質の把握が必要である．

覆工の設計においては，作用の設定のために，土の湿潤密度，強度定数等が必要である．また，地震時における液状化の可能性，埋立て等による上載荷重の変化による圧密沈下の可能性，地下水の変動による地盤沈下の可能性について調査を行う必要がある．圧密沈下等の可能性が考えられる場合は，詳細な調査や試験が必要になることがある．

シールドの設計においては，作用の設定のために，土の湿潤密度，強度定数等が必要である．また，カッタービットやスクリューコンベヤー（土圧式シールドの場合），排泥管（泥水式シールドの場合）等の設計のために，粒度分布や礫の形状，寸法，含有率および硬さ，透水係数等の調査が必要である．

施工においては，切羽の安定を確保するために，土の湿潤密度，強度定数，粒度分布や礫の形状，寸法，含有率および硬さ，透水係数等の調査が必要である．

なお，地盤中には自然由来による重金属等の有害物質を含むことがあるので，その調査内容については第1編 2.5 6)に記述した．

4)について　地下水位および被圧水頭の調査とともに地下水の水質（塩分や鉄分等のイオン化物，有害物質の有無および濃度）調査も重要である．

地下水位は，通常，ボーリング調査の際に測定されるが，中間に介在する粘土，シルト層等の不透水層の下に砂層，砂礫層等の帯水層が存在しているときは，これらの帯水層中の地下水圧は必ずしも同一の静水圧分布をしているとは限らないので，各帯水層についてそれぞれの間隙水圧を測定しておくことが必要である．山地や台地の近くや扇状地等の砂礫層内では，地表面よりも高い被圧地下水頭をもつこともある．一方，市街地等では深井戸等による揚水のため，トンネル天端よりも低い水頭をもつ場合もあり，ときには全く水頭をもたないこともある．これらの地下水位や被圧地下水頭は，季節的な変動や人工的要因による変動をしていることが多いので，調査，測定時の水頭がどのような条件のときのものであるかを確認し，長期的な地下水位の変動に留意しておく必要がある．地形によっては季節や長雨によって大きく変動していることがあるので，とくに注意が必要である．

また，地下水に塩分が含まれているときは，シールドトンネルの劣化が激しいので，塩害対策が重要であり，地下水の塩分調査を必ず実施する必要がある．

5)について　深井戸，揚水等により地下水位が大きく変動した履歴を有する砂礫層や不透水層下に存在する砂層においては，これらの層の間隙中に有害ガスや酸素が欠乏した空気が含まれていることがある．災害防止の観点からガス湧出の可能性を調べる必要がある（第4編 7.2参照）．

有害ガスのうちメタンガスの湧出や坑内への湧水から遊離するメタンガスは爆発事故につながるおそれが高い．メタンガスに関する予備的な調査として，掘削対象土層がメタンガスを生成する可能性のある土層（腐植土層等）でないか，付近に天然ガスや石炭，石油の採掘地がないかなどの地質学的な確認とともに，近傍での工事記録を調査することが有効である．

その他の有害ガスとしては硫化水素や窒素酸化ガス等がある．硫化水素が確認された場合には覆工等の防食対策にも留意することも必要である．

一方，酸欠空気は，不飽和になった土層の土粒子中の鉄分や有機物が間隙中の空気により酸化作用を起こし，酸素を消費するとともに，外界からの新鮮な空気の供給が不足するために酸素欠乏の状態になったものと推定されている．

このような条件が予想される場合には，間隙中のガスの成分，濃度，含有量を調べ，警報装置の設置と十分な換気対策を行い，さらに必要に応じて防爆対策を考慮する必要がある（第4編 7.3参照）．

2.5　環境保全のための調査

周辺環境保全のための調査は，次に示す項目について行わなければならない．
1) 騒音，振動
2) 地盤変状，埋設物（近接構造物）への影響
3) 地下水
4) 薬液注入，泥水および裏込め注入等の地下水への影響
5) 建設副産物の運搬経路，処理方法および再利用
6) 土壌汚染
7) その他

【解　説】　環境保全のための調査は，シールド工事により周辺環境へ影響を及ぼすと予測される事項に対して，施工前と施工中に調査を実施し，設計および施工管理の資料として用いる．

これらの項目は必要に応じて施工後も調査し，周辺環境の変化を把握しなければならない．

1)について　トンネルの施工に伴って発生する騒音，振動の影響を正確に把握するため，施工中の騒音，振動はもちろん，施工前の騒音，振動を測定，評価しなければならない．関連法規を遵守，熟知するとともに，病院，学校，スタジオ，ホール等の静穏を必要とする施設や精密機器等の設置されているような建物等については，事前に調査しなければならない．とくに，鉄道や道路トンネルについては，トンネル完成後の振動問題等の環境影響を計画中に正確に把握するように努める必要がある．

2)について　トンネルの施工に伴って生じる地盤の隆起，沈下等の変状の程度，また，変状によって近接する家屋，構造物，埋設物等に与える影響を詳細に把握し，対策の必要性を判断する材料とするため，施工前の状況と施工中および施工後の地盤の変状調査および家屋調査を行わなければならない．

3)について　地下水位の変動は，地盤への影響はもとより，自然環境，住民の生活にかかわる問題に発展しかねないことから，影響が予測される範囲の井戸の利用状況，また，井戸，観測井および湧水等の水位や水質等を測定しなければならない．これは季節によって変化するので，調査と施工時期の関連を考慮する必要がある．また，施工期間まで含めた長期観測を念頭におき，調査段階から降雨量と地下水位の関係を把握しておくことが望ましい．

さらにトンネル完成後においても，施工されたトンネルによる地下水流の阻害により，上流側地下水位の上昇，下流側地下水位の低下といった地下水環境への影響が懸念される場合もあり，施工箇所の近傍のみでなく広範囲の影響評価が必要な場合もある．

4)について　注入した薬液の漏洩が予測される範囲の井戸，河川等の水質を調査し，施工中および施工後も水質の変化状況を監視しなければならない．また，泥水式シールドの逸泥や裏込め注入等による地下水への影響が予測される場合にも同様の措置が必要である．

5)について　円滑な施工と生活環境の保全のため，建設副産物の発生の抑制ならびに再資源化の促進に努めるとともに，運搬経路，最終処分地等の調査をしておく必要がある（第4編 8.7参照）．

6)について　建設工事において，自然由来の重金属等を含有する岩石，土壌，あるいはそれらの混合物に起因する人の健康への影響の恐れが新たに発生する場合，土壌汚染対策法にもとづく「建設工事における自然由来重金属等含有岩石・土壌への対応マニュアル（暫定版）（2010年）国土交通省」による調査を行う必要がある．

7)について　工事車両の通行により，立坑周辺道路の一般交通および周辺環境への影響を考慮し，工事車両の通行ルートを選定するため，交通量調査，工事車両台数の予測をする必要がある．また環境の保全を目的として環境影響評価が義務づけられている場合がある．

第3章 計　画

3.1 トンネル計画の基本

> トンネルを計画するにあたっては，調査によって得られた条件をもとに安全性，経済性，工期，維持管理性等を考慮し，事業計画に応じたトンネルの内空断面，線形，土被り，立坑，覆工，工事の計画，環境保全計画等を決定しなければならない．

【解　説】　トンネルの計画は，事業計画に応じて，調査の結果によって得られた立地条件，支障物条件，地形および地盤条件，環境保全条件をもとに安全性，経済性，工期，維持管理のしやすさなどを考慮して内空断面，線形（ルート），土被り，立坑（位置および配置）等の各要素を計画し，計画した要素にもとづいて設計や工事計画を実施するのが一般的である．**解説 図 1.3.1**にシールドトンネルの基本的な計画フローの例を示す．事業の内容や規模によっては，このフローの中で都市計画決定や環境影響評価等の手続きが必要となる．

　各要素の計画にあたっては，要素どうしが互いに与える影響を考慮しなければならない．たとえば，下水道の場合，自然流下を前提にするのが一般的であるため，縦断線形が重要な要素となる．しかし，既設管路等との接続の必要性から縦断線形が制約を受け，それが土被りに影響を与えるとともに立坑の位置や深度にも影響することが考えられる．鉄道の場合，都市間を結ぶ長距離鉄道では，列車の運行速度に大きく影響するため，線形の計画が重要であり，その後，両端部が立坑となる駅の位置を決定していくことが多い．また，都市部の地下鉄道では，既設駅との接続や占用できる空間の制約から駅の位置が重要となることが多い．

　さらに，施工時における出水，大幅な蛇行，沈下や陥没，支障物等のリスクや供用後に起こりうる地震，覆工の変形や漏水等のリスクを抽出し，これらのリスクを考慮したうえで必要に応じて計画や設計，工事計画に反映させることも重要である．**解説 表 1.3.1**にリスクの例を示す．たとえば，鉄道の場合，線形の決定においては，一般的にはできる限り急曲線を使用しないことが望ましい．しかし，やむを得ず急曲線の線形となる場合は，シールドが蛇行するリスクが高まることを考慮して内空断面を計画する必要がある．

　なお，シールドトンネルを計画する際には，供用期間を通じて保有すべき性能を維持するための点検，調査，補修等の作業空間，容易性，経済性を考慮し，適切な維持管理ができるようにしなければならない．あわせて維持管理に必要な設備の設置についても考慮する必要がある（第1編 第4章 維持管理参照）．

解説 表 1.3.1　計画で考慮するリスクの例

段　階	施工時	供用時
リスク事象	・用地の確保や関係機関との協議，関係工事や計画の遅れ ・環境基準を超えた汚染土 ・巨礫，岩盤の出現や可燃性ガス ・地中支障物 ・立坑や坑内からの出水，地上の冠水による水没 ・大幅な蛇行，出来形不良 ・施工時荷重等によるセグメントの重大な損傷 ・大きな地表面沈下や陥没 ・シールドの重大な故障や破損 ・労働災害の発生 ・発進基地やシールドからの騒音，振動の発生 ・周辺住民からのクレームや訴訟等	・漏水，覆工の劣化や変形 ・大地震等の自然災害 ・近接施工，周辺地盤の沈下や地下水位の大幅変動等に伴う荷重条件の変化 ・改良工事や新たな計画による荷重や構造の変化 ・坑内火災，浸水等の重大な災害の発生 ・法律，基準類の変更に伴う要求性能の変化 ・計画能力に対する需要の大幅増減等

第1編 総　論

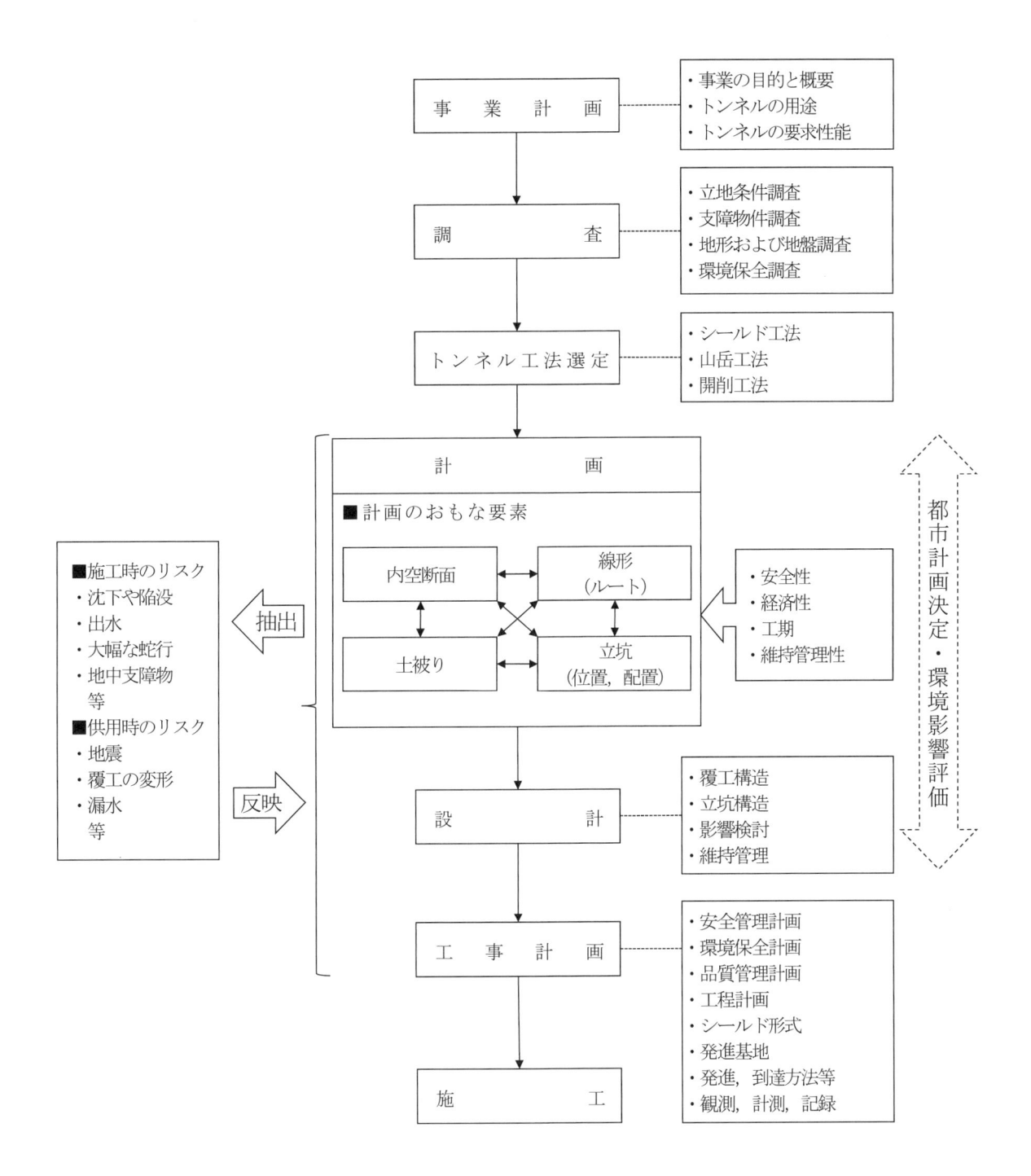

解説 図 1.3.1　シールドトンネルの基本的な計画フローの例

3.2 トンネルの内空断面

(1) シールドトンネルの断面形状は円形を基本とし，用途等に応じて他の形状を選定することもできる．

(2) トンネル内空は，用途や維持管理等に応じた大きさを確保するとともに，施工上の要件も考慮して決定しなければならない．

【解　説】　(1)について　シールドトンネルの断面形状としては円形断面を用いるのが一般的である．そのおもな理由は，以下のとおりである．

① 外圧に対して一般に強固である．
② 施工を行ううえでシールドの掘進やセグメントの製作，組立てに有利である．
③ セグメントがローリングしても断面利用上支障が少ない．

しかし，断面の有効利用，用途や用地，近接構造物との離隔距離，土被り等に対する制約等から円形断面が最適とはいえない場合もあり，複円形，矩形等の特殊断面が用いられるようになってきている(**解説 表 1.3.2**参照)．それらの特殊断面を用いる場合は，シールドとセグメントの強度や形状および施工上の課題について十分に検討しておかなければならない．

解説 表 1.3.2　シールド工法における断面形状の種類と特徴

項目		円形	矩形	楕円，複合円形	二連形	三連形
断面形状		○	□	○○	⊂⊃	⊂⊃⊃
特徴	長所	・力学的に安定した構造であり，覆工厚も他の形状と比較して薄い． ・掘削機構が単純である． ・ローリング修正しやすい．	・道路や鉄道等建築限界を有するトンネルに対して，一般的には不要な断面が最小となる． ・土被りや支障物との離隔を小さくできる．	・円形と比較すると不要断面が小さく，一般的に占有幅も小さい． ・矩形に比べ発生断面力が小さい．	・円形の双設トンネルと比較すると，占有幅が小さい． ・従来の円形を複合させたことから比較的安定した掘削が可能である． ・矩形に比べ発生断面力が小さい．	・占有高さが小さい． ・従来の円形を複合させたことから比較的安定した掘削が可能である． ・矩形に比べ発生断面力が小さい． ・非開削で幅広の地下構造物の施工が可能である
	短所	・用途によっては不要な断面が大きくなる場合がある． ・占有幅や高さが大きい．	・隅角部等の断面力が大きく，高耐力の覆工が必要となる． ・掘削機構が複雑となる． ・ローリング修正が難しい．	・掘削機構が複雑となる． ・ローリング修正が難しい．	・ローリング修正が難しい ・一般に掘削機構が複雑となる． ・一般にセグメントの組立てが複雑となる．	・ローリング修正が難しい ・一般に掘削機構が複雑となる． ・一般にセグメントの組立てが複雑となる．
用途の例		・シールドトンネル全般	・道路 ・鉄道 ・通路 ・水路 ・共同溝等	・鉄道 ・下水道 ・水路 ・通路	・鉄道 ・共同溝 ・水路	・鉄道駅部

(2)について　トンネル内空断面の大きさは，用途に応じた内空と軌道敷設やガス導管等の配管等の施設設置作業に必要な断面を考慮し，決定しなければならない．また，供用後の維持管理作業に必要な空間も考慮する必要がある．さらに，シールド工事では，セグメントの耐久性，水膨張性シール材による止水性能ならびに施工精度等が向上したことから，工事費の縮減，工期の短縮ならびに掘削土量の低減等の環境負荷の低減を目的として，二次覆工を施さない事例が増えている．

<u>1) 鉄道の場合</u>　内空断面は，建築限界および軌道中心間隔のほか，二次覆工の有無，維持管理のための余裕，

軌道構造，保守待避用空間，電車線，信号通信，照明，換気および排水等の諸設備に要する空間を考慮し，さらに，上下左右の蛇行，変形および不同沈下等のシールド工事の施工誤差を勘案し，決定される．施工誤差については，一般に中心から上下左右に50～150mm程度が見込まれるが，掘削断面の大きさ，地盤条件，シールドの操縦性，曲線と勾配といった施工条件を考慮して決めなければならない（**解説 図 1.3.2**参照）．二次覆工を施さない場合には，トンネル断面の縮小が可能となるが，鉄道トンネルでは防食，防水対応用のスペースとして計画段階で二次覆工代を確保する場合もある．また，単線トンネルの併設もしくは複線トンネルかの選択にあたっては，立地条件，支障物件，地形および地盤条件，地下駅の計画等の総合的な検討が必要である．一般に，単線併設型のトンネルは，トンネル外径が小さく土被りが大きくとれる点で有利である．複線トンネルについては，占用の幅が少ないという点で有利であり，内空断面に余裕があるという利点もある．なお，開削工法によるポンプ室等の設置が用地や環境等の条件により困難な場合があり，複線トンネル内にポンプ室を設ける例も見られる．

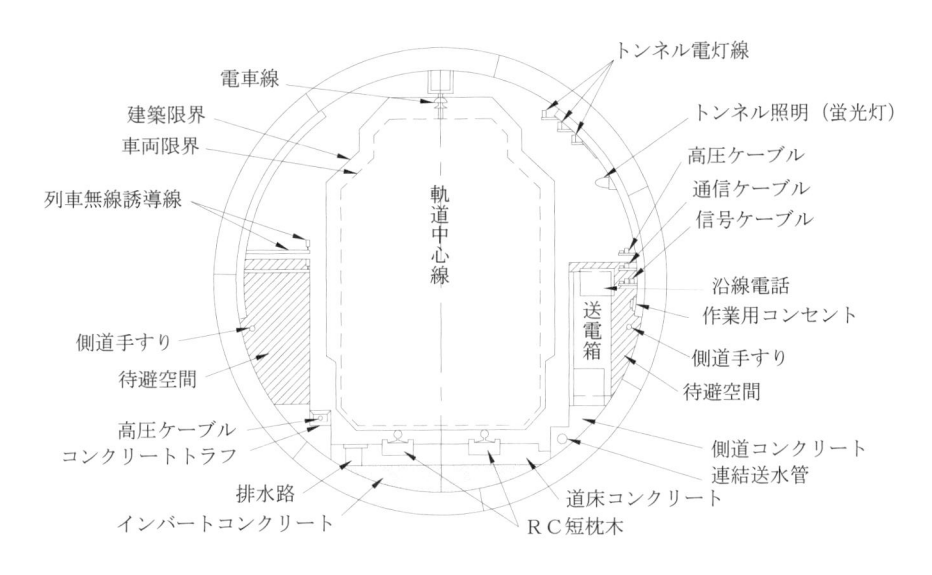

(a) 単線トンネル施設構造の例

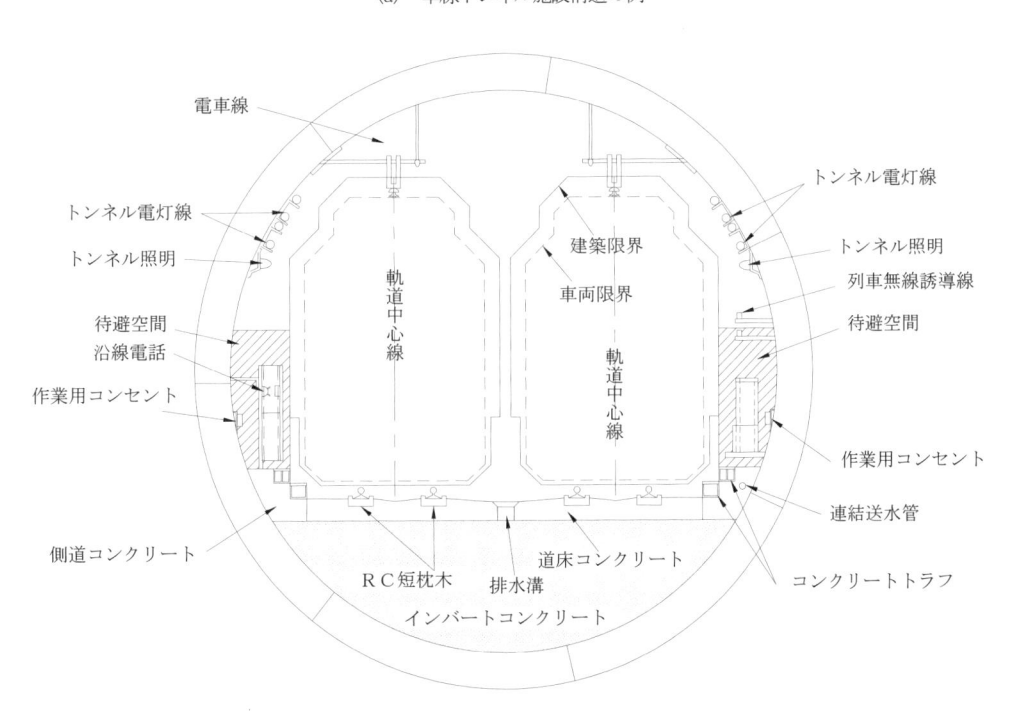

(b) 複線トンネル施設構造の例

解説 図 1.3.2 鉄道トンネル断面図の例

2) 道路の場合　内空断面は，道路構造令が定める道路区分に応じた建築限界と道路施設によって決められる断面に，シールド施工誤差（上下左右の蛇行，変形および不同沈下等），補修と補強の余裕，内装や耐火材が必要となる場合はその設置スペース等の余裕代を考慮し，決定される（**解説 図 1.3.3参照**）．道路施設としては，避難通路と非常口，保守点検用通路，換気ダクトおよびジェットファンまたはフリュー設置用空間，消火栓，非常電話等の防災設備，ケーブル設置スペース等の管理設備，照明設備，監視設備，標識等の付帯設備等がある．

一般に道路トンネルでは，道路構造令に従い，かつ経済性を考慮するため，路肩を縮小し一定間隔で非常駐車帯を設けることが多い．この際，部分的な断面の拡幅が必要となるが，シールドトンネルでは，建設コスト，施工性，工期等から制約を受ける場合が多い．その場合には，非常駐車帯相当空間とみなせる全路肩等についても検討し，トンネルの安全性および経済性を考慮して総合的に決定する必要がある．

また，道路トンネルにおいても，建設時の経済性等の観点から掘削断面の縮小が可能な二次覆工を施さないケースが多くなっている．この際，トンネル火災時の一次覆工への耐火対策，漏水等への対策，継手，ボルト等への防食対策等の耐久性確保と，建築限界と道路施設から決められる内空断面を確保するための余裕代の設定に配慮する必要がある．余裕代は，それぞれの要因に対し単純に加算するのではなく，施工性，経済性，耐久性，二次覆工の有無を総合的に検討し決定しなければならない．二次覆工を施さない場合には，一般的に100〜150mmとする場合が多い．

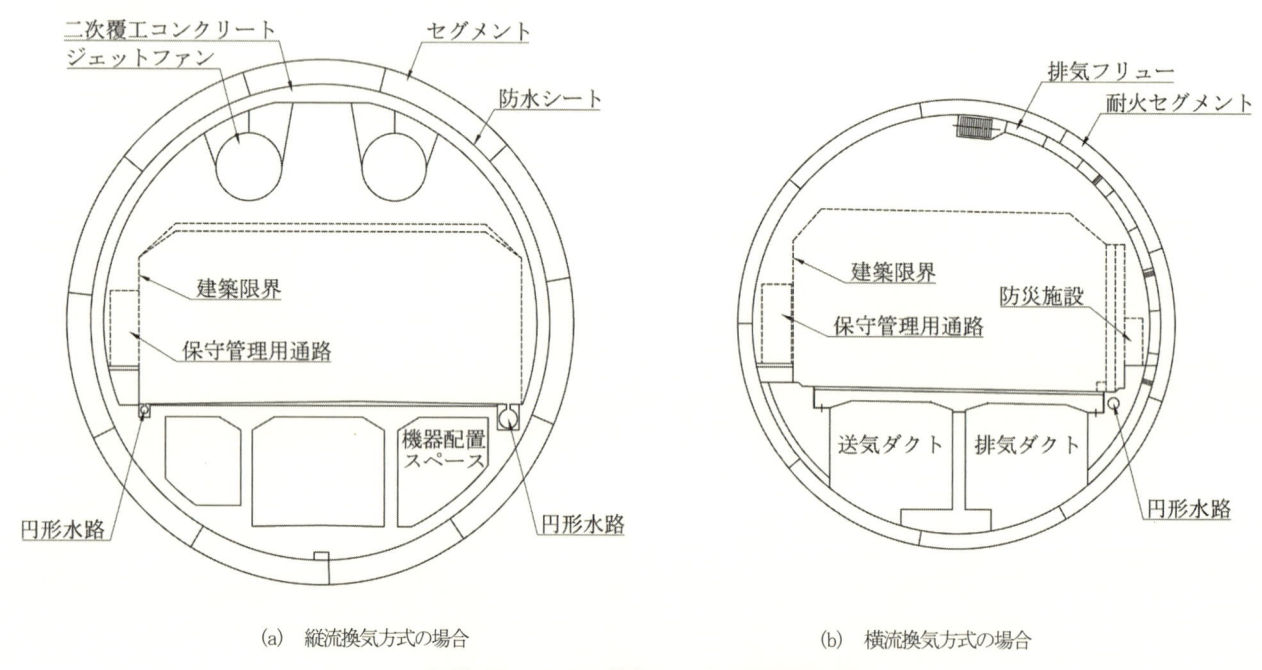

(a) 縦流換気方式の場合　　(b) 横流換気方式の場合

解説 図 1.3.3　道路トンネル断面図の例

3) 下水道の場合　内空断面は，許容される流速の下に計画流量を遅滞なく流下させることができるよう決定される．なお，下水道トンネルには二次覆工を施すのが一般的である（**解説 図 1.3.4(a)参照**）．二次覆工は型枠を使用してコンクリートを打設する方法が一般的である．そのほかに，FRPM管等の内挿管を設置しセグメントとの間にエアーモルタル等の中込め材を間詰めする方法，シート状ないしパネル状の被覆材（ライニング材）をセグメント内面に一体化させる方法等がある．また，汚水と雨水の分離等のために内空断面を分割する必要がある場合には仕切り壁を設けた複断面管渠とすることがある（**解説 図 1.3.4(b)参照**）．

鉄道や道路トンネルでは二次覆工を施さないケースが多くなっているが，下水道トンネルでは，硫化水素や化学物質等が流下する特有の環境条件に対して防食性の対策が必要であるので，二次覆工を施さない場合はとくに注意を要する．

二次覆工を施さない場合には，一次覆工に防食層を有しない方法（**解説 図 1.3.4(c)参照**）と，一次覆工に防食層を有する方法（**解説 図 1.3.4(d)参照**）とがある．これらの適用にあたっては，下水道トンネルの使用環境

に応じて**解説 表** 1.3.3を参考にすることができる．

なお，一次覆工に防食層を有する方法は，通常の鉄筋のかぶりに加えて，構造計算上の耐荷力を期待しないかぶりを追加して，将来補修可能な防食層を施したものである．また，一次覆工に防食層を有しない方法を使用する場合には，使用環境を踏まえ必要な鉄筋のかぶりを設定しなければならない．

解説 表 1.3.3 二次覆工を施さない方法の適用範囲の例

適用可能な方法	使用環境	適用管渠の例
一次覆工に防食層を有しない方法 （**解説図** 1.3.4(c)参照）	乾湿の繰返しがある場合	・雨水管渠 ・処理水放流管渠
一次覆工に防食層を有する方法 （**解説図** 1.3.4(d)参照）	乾湿の繰返しに加えて，硫化水素や化学物質等の影響による腐食が考えられる場合	・汚水管渠 ・合流管渠

(a) 一般断面　　(b) 複断面

(c) 一次覆工に防食層を有しない方法　　(d) 一次覆工に防食層を有する方法

解説 図 1.3.4 下水道トンネル断面図の例

<u>4) 上水道の場合</u>　一部の導水路を除いて圧力管路が大部分である．圧力管路は，一次覆工の内側にコンクリートで二次覆工しただけでは，水圧に抵抗することができないので，トンネル内にダクタイル鋳鉄管または鋼管を配管する方式がとられる．その方式として代表的なものは，次のとおりである．なお，どちらの方式も振動や浮力対策として管固定バンド等を設置する場合が多い．

① **充填方式**　一次覆工内に水道管を配管後，一次覆工と水道管の空隙にエアーモルタル等を充填する方式．内空断面は，水道管の直径より650〜700mm程度大きい断面とする．ただし，内空断面は，配管作業のスペース以外に曲線部の軌道設備や可燃性ガス対策用の風管スペースから決まる場合もあるので，施工上の要件を考慮し決定される．一次覆工と水道管の空隙の充填材は，これまでコンクリートが主であったが，施工性の向上を図るために，現在はエアーモルタル等を使用する方法が一般的である（**解説 図** 1.3.5(a)参照）．

② 点検通路方式　トンネル内に水道管と点検通路を併設する方式．この方式は他企業との共同トンネルで採用される場合がある．一次覆工を築造後，厚さ200～300mmのコンクリートで二次覆工を行う．二次覆工の内空断面は，点検通路幅を750mm以上確保するため，水道管の直径より1.5～2.0m程度大きい断面とする（**解説 図 1.3.5**(b)参照）．

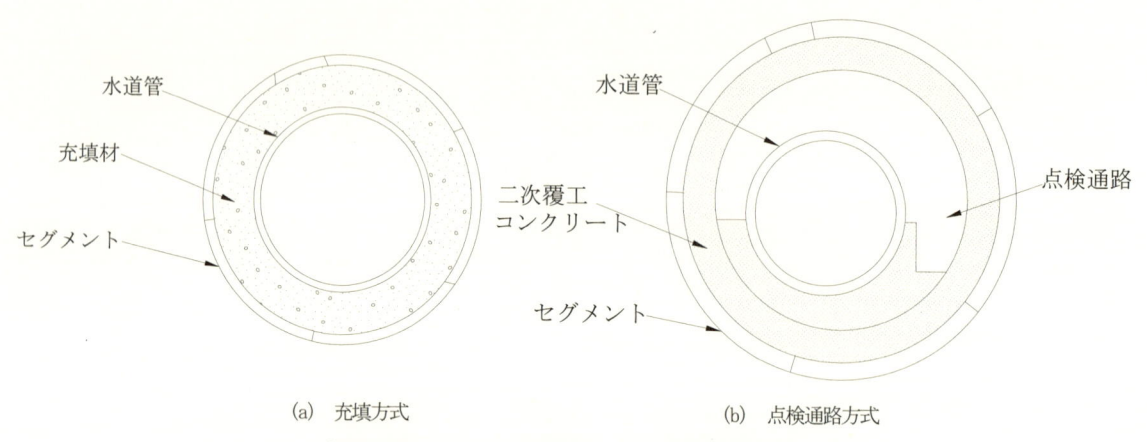

解説 図 1.3.5　上水道トンネル断面図の例

5) 電力の場合　シールドトンネルの利用形態として洞道式と管路式がある．

① 洞道式　一次覆工内にケーブル支持金物によって電力ケーブルを布設する方式．この方式は発電所や変電所の出入り口や基幹ケーブル系統等で電力ケーブルが多条数となる場所で採用される．内空断面は，電力ケーブル，水冷管，照明や排水設備等のスペースおよび通路スペースを考慮して決定される（**解説 図 1.3.6**(a)参照）．

② 管路式　一次覆工内に電力ケーブルを引き入れる管路を布設し，一次覆工と管路の空隙を中詰め材で充填する方式．内空断面は，電力ケーブルを収容する管路条数，配置および収容作業スペースから決定される（**解説 図 1.3.6**(b)参照）．

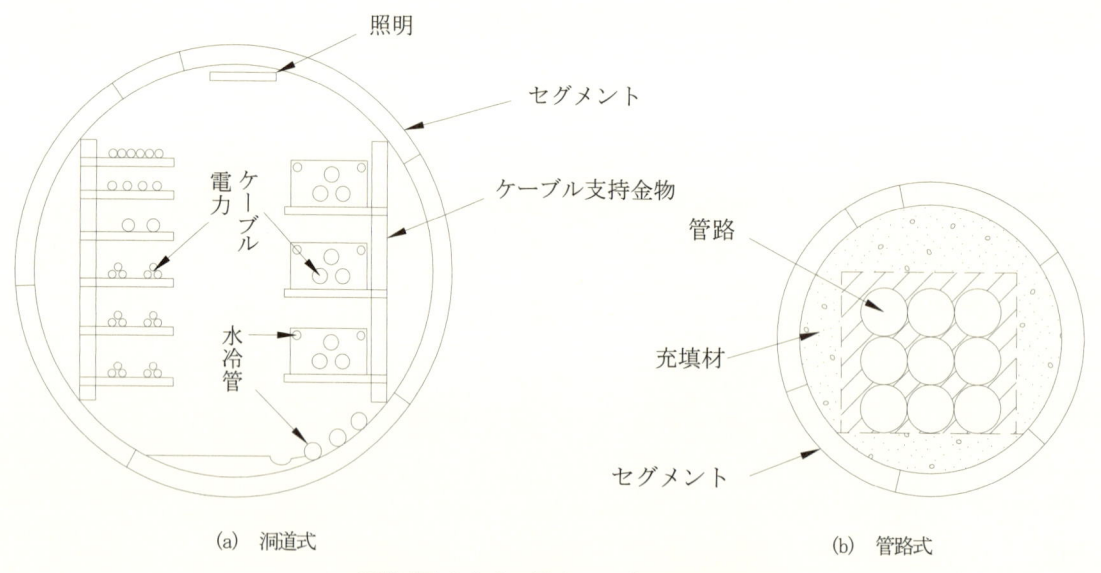

解説 図 1.3.6　電力トンネル断面図の例

6) 通信の場合　内空断面は，収容ケーブル条数，ケーブル設置用金物，照明，換気，排水等の設置スペースと，点検用通路，ケーブル布設および接続用作業スペースを考慮し決定される（**解説 図 1.3.7**参照）．

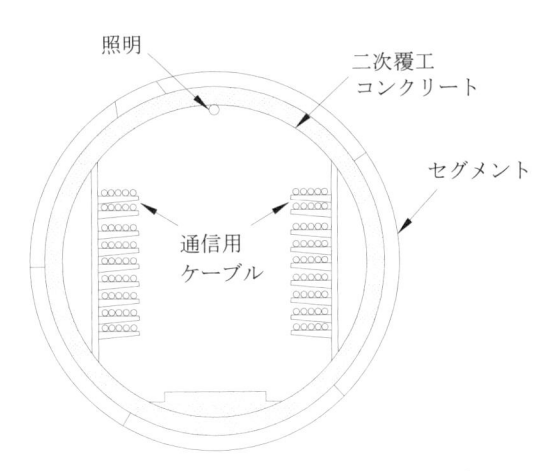

解説 図 1.3.7　通信トンネル断面図の例

7)　ガス導管の場合　トンネル利用方式は，鋼管等の耐圧管をトンネル内に配管する方法がとられる．その方式として現在用いられている代表的なものは次のとおりである．

①　充填方式　ガス導管の口径より1 300～1 500mm程度大きな内径の一次覆工を構築後，溶接鋼管等のガス導管を順次搬入してトンネル内で配管接合し，さらに一次覆工とガス管との空隙をモルタル，砂，エアーモルタル等で充填する方式．内空断面は，配管の溶接スペースを考慮し，シールドトンネルが蛇行してもガス導管を所定の位置に設置できるよう決定される（**解説 図 1.3.8**(a)参照）．

②　点検通路方式　ガス導管の口径より半径で1 900～2 100mm程度大きな内径の一次覆工を施工し，二次覆工を築造後，溶接鋼管等のガス導管を配管する方式（**解説 図 1.3.8**(b)参照）．

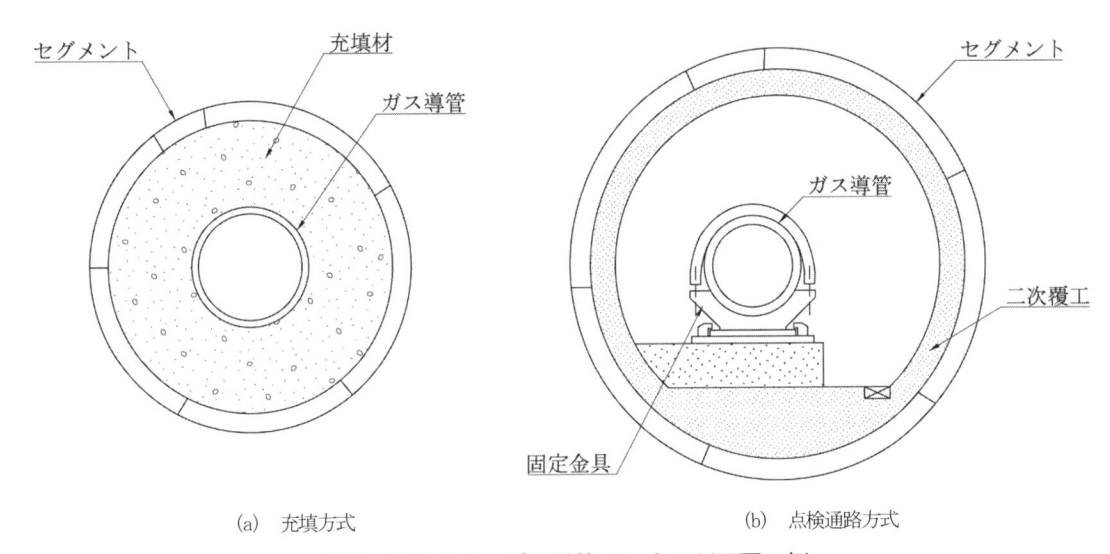

(a)　充填方式　　　　　　(b)　点検通路方式

解説 図 1.3.8　ガス導管トンネル断面図の例

8)　共同溝の場合　共同溝は，道路管理者が共同溝の整備を行うことにより，道路の保全と円滑な道路交通を図ることを目的として，二つ以上の公益事業者の占用物件を同一のトンネル内に収容するものである．内空断面は，電力ケーブルの電圧と条数，通信ケーブルの条数，上下水道管やガス導管の管径等の各公益事業者の収容物件を組み合わせて決定されるが，トンネル本体および占用物件の維持管理用スペース（通路幅，付帯設備等）や将来の補修用作業スペースも考慮する必要がある（**解説 図 1.3.9**参照）．

一般的にはトンネル内の仕切壁については，構造体として考慮しない．各公益事業者毎の空間の確保について，二次覆工を施さない時には，プレキャスト版等による仕切り壁で仕切る場合がある．なお，ガス導管を併設する場合は，隔壁において分離することを原則とし，付帯設備は防爆型を使用するものとしている．

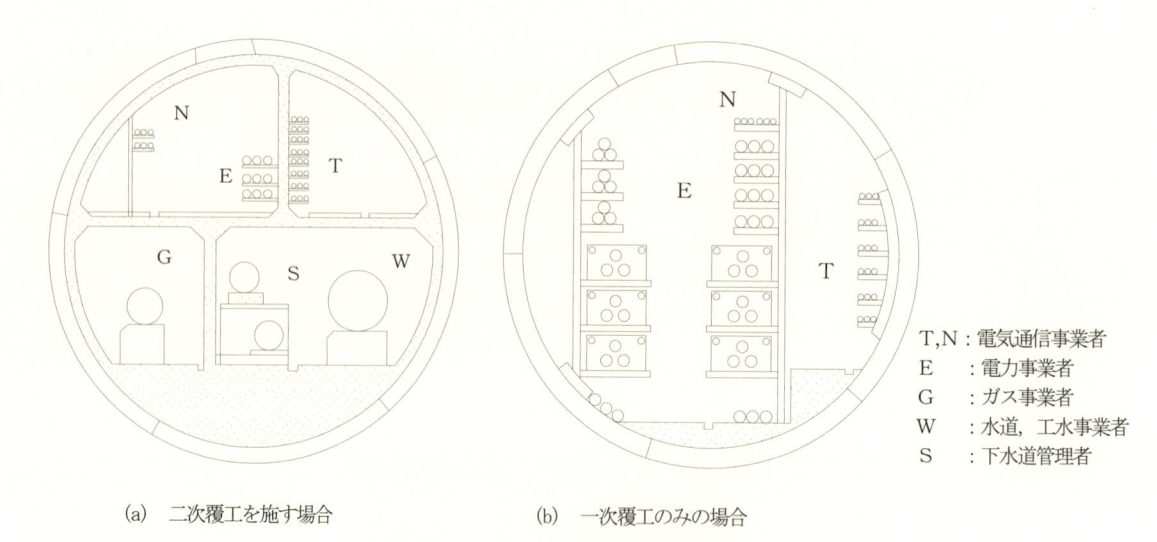

(a) 二次覆工を施す場合　　　(b) 一次覆工のみの場合

T,N：電気通信事業者
E　：電力事業者
G　：ガス事業者
W　：水道, 工水事業者
S　：下水道管理者

解説 図 1.3.9　共同溝の断面図の例

9) **水路トンネルの場合**　水路トンネルとしては地下河川，地下調節池，雨水貯留管，伏越し管等がある．内空断面は，必要となる貯留量や流量から決定されるが，断面決定にあたり，洪水流入後の清掃作業や補修作業に必要なインバート等の維持管理施設を考慮する必要がある（**解説 図 1.3.10参照**）．

　また，水路トンネルにおいても，最近では一次覆工のみの構造とすることが多い．ただし，利用形態により，トンネルに外からの水圧よりも大きな内水圧が作用する場合がある．その場合，鉄筋コンクリート製セグメントを適用すると軽微な損傷が内水圧によって大きく成長する可能性がある．そのため，補修，補強を行った場合に貯留量が減少することを考慮し，あらかじめ，余裕代を確保しておくことが望ましい．

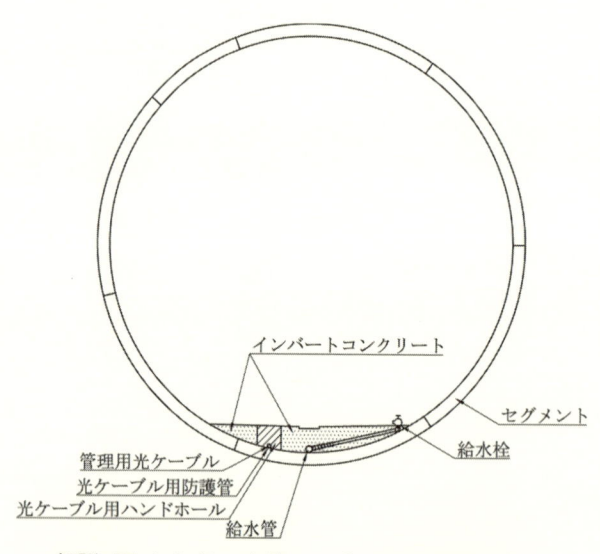

解説 図 1.3.10　水路トンネルの断面図の例

3.3 トンネルの線形

トンネルの線形は，平面線形と縦断線形があり，トンネルの使用目的，使用条件等を考慮して計画するとともに，立地条件，支障物件および地山の条件を含めた施工上の要件も考慮しなければならない．また，地下空間の有効利用に関する他事業者の将来計画等を考慮して計画しなければならない．

（1）　トンネルの平面線形は，用地条件を考慮しできるだけ直線あるいは緩やかな曲線とし，小さい曲線半径を用いる場合は，設計，施工に関して十分な検討を行わなければならない．

（2）　トンネルの縦断線形は，使用目的，維持管理，既設構造物や計画されている構造物との位置関係等を考慮し適切な勾配を決定しなければならない．

（3）　トンネルを2本以上併設する場合，また他の構造物等に近接してトンネルを設置する場合は，相互の影響についてとくに注意して線形を決定しなければならない．

【解　説】　トンネルの線形は，使用目的，使用する設計条件，シールドの掘進等の面からできるだけ直線とし，曲線とする場合でも曲線半径の大きな線形が望ましい．

シールド工法は一般に公共用地で用いられることが多いことから，シールド通過位置はおもに立坑位置，地表面の利用状況，支障物件，近接構造物への影響等からその範囲を制約されるが，切羽の安定，曲線施工や有害ガス等も考慮し計画することが望ましい．

また，地下空間の有効利用に関する他事業者の将来計画やトンネル完成後における維持管理についても十分に考慮しておく必要がある．

なお，公共用地内に計画し，線形に制約が多くなる場合は，「大深度地下使用法」を適用することにより，線形の自由度を上げることも可能である．

(1)について　シールドを曲線掘進する場合の施工性は，シールド通過位置の地盤条件，掘削断面の大小，シールドの長さ，シールド形式，シールドの各種機構，セグメントの種類，幅，テーパー量等の要素により影響を受けるため，次の事項について留意しなければならない．

1)　通常の曲線半径　シールドに中折れ装置等の装備や補助工法の併用等を必要とせずに掘進可能な曲線半径は，前述の各要素の総合的な影響を受ける．また，この曲線半径より小さな曲線を急曲線と呼ぶ．ただし，その限界の曲線半径については必ずしも明確ではない．なお，密閉型シールドにおける最小曲線半径とシールド外径との関係の施工実績を**解説 図 1.3.11**に示す．

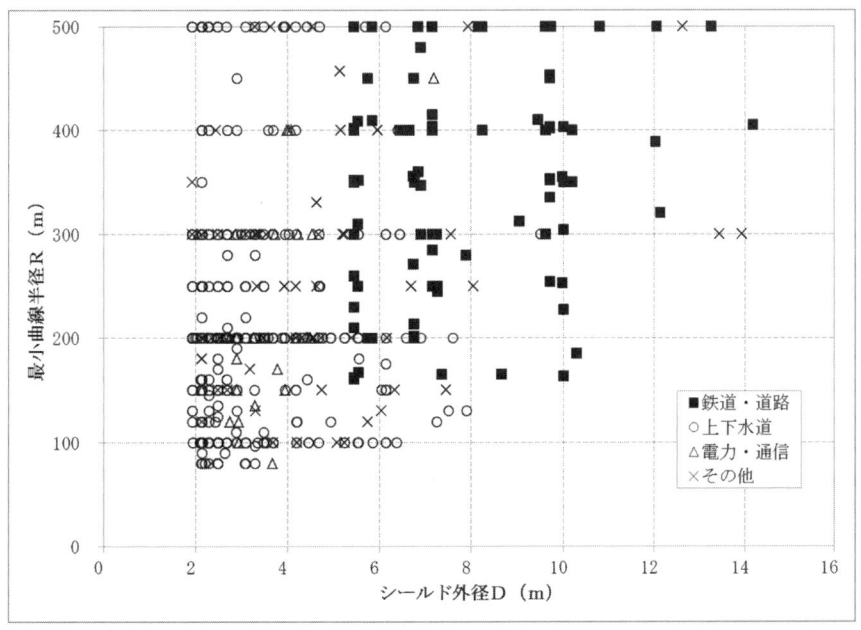

解説 図 1.3.11　最小曲線半径とシールド外径（中折れ無し）との関係の実績
（データ出典　シールド工法技術協会　昭和58～平成25年度データ）

2) 急曲線の場合　シールドの中折れ装置，余掘り装置やセグメントの種類，幅等の形状寸法の対策について検討する必要があり，地盤条件によっては，薬液注入等による地山安定のための補助工法の検討も必要である．（第3編 8.2，第4編 4.3参照）．中折れ装置を採用した場合の最小曲線半径とシールド外径との関係の施工実績を解説 図 1.3.12に示す．

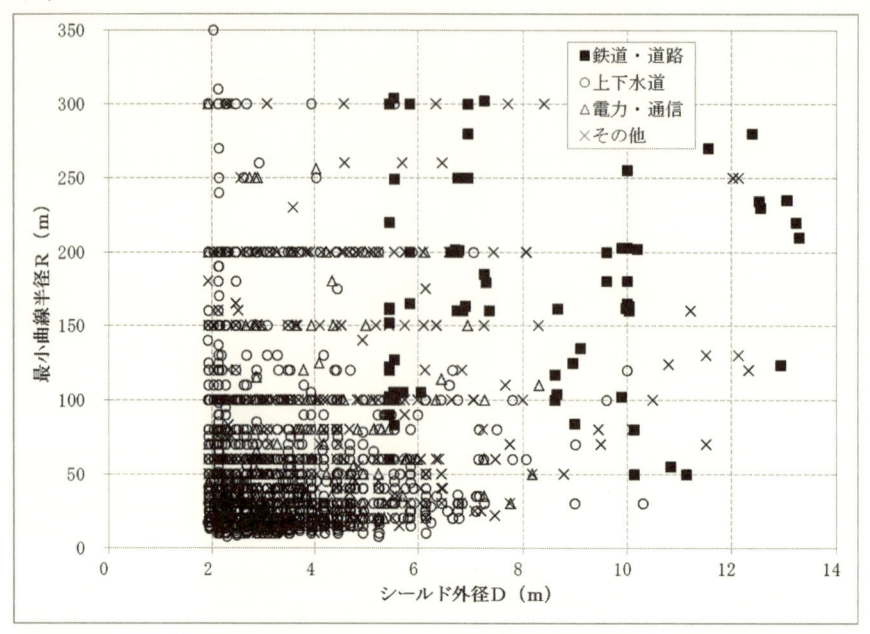

解説 図 1.3.12　最小曲線半径とシールド外径（中折れ有り）との関係の実績
（データ出典　シールド工法技術協会　昭和58～平成25年度データ）

　上下水道や電力，通信等のトンネルでは，交差点等において，きわめて小さい曲線半径を設けたり，シールド相互の接続を必要とする場合がある．この際，道路状況や支障物件等の各種条件を考慮したうえで，上記の急曲線対策のほか，方向転換用立坑や接続用立坑の構築，あるいはシールドとシールドの地中接合を行うことがある．
　鉄道トンネルと道路トンネルは，技術基準類[1],[2]が整備されているので，それらに従い計画しなければならない．
　（2）について　トンネルの勾配は，本来，その使用目的によって決められるべきであるが，一般には，河川，地下構造物，埋設物等の支障物件や他事業者の将来計画等の制約から決定されることが多い．
　施工上の留意点として，立地条件や支障物件の制約から比較的大きな勾配となる場合は，安全面に十分注意し，必要な対策を講じる必要がある．なお，労働安全衛生規則第202条で，軌道での動力車は5％以下の勾配で使用することが定められているため，これを超える勾配では通常の軌道との摩擦によらない搬送設備を採用する必要がある（第4編 4.4参照）．完成後のトンネルの勾配は，道路，鉄道，電力，通信等のトンネルでは，漏水を自然流下できる勾配とするのが原則であり，このためには 0.2％程度以上の勾配を設けることが望ましい．
　使用目的に対する留意点として，下水道の場合，目的に応じた流下量，流速等により定められた勾配としなければならない．上水道の場合，隣接する両立坑間は管内排水および排気の関係上，中間部に凹凸が生じないよう片勾配としなければならない．
　平面線形と同様に鉄道トンネルと道路トンネルは，技術基準類[1],[2]が整備されているので，それらに従い計画しなければならない．
　また，縦断線形に自由度がある場合は，設置位置の土質が掘進のトラブルが発生しやすい巨石，粗石層，地震時に影響を受ける液状化層，トンネル変状のリスクが大きい圧密層，汚染土層，ガスだまりを避けるなど，地盤条件も考慮する必要もある．
　（3）について　トンネルを2本以上併設する場合は，後続シールドの掘進に伴う一時的な荷重や裏込め注入圧，さらには単独トンネルの場合とは異なった土圧が作用することから，地盤沈下や隣接トンネルの変状を防止し，後続トンネルの施工を安全に行うために適切な離隔が必要になる．この場合におけるトンネル相互の離隔距離は，地盤条件，掘削断面の大きさ，掘削方法，トンネルの配置等により異なり，いちがいには定められないが，

トンネル相互の影響を検討し，道路幅，支障物件等の制約から，安全な相互の離隔距離を確保できない場合は，必要に応じてセグメントの補強または地盤改良や変形防止工等の補助工法を併用することもある（第2編 2.12，第4編 4.13参照）．なお，離隔が小さい併設トンネルの施工実績を**解説 表 1.3.4**に示す．

　橋脚，橋台，中高層建造物または鉄道や地下埋設物等に近接して施工する場合，構造物の設計条件や現状を十分調査してこれらに偏圧，沈下および振動等の悪い影響を与えないよう，上下や左右方向に必要な離隔をとるのが望ましい．また，十分な離隔を確保できない場合には，近接構造物への影響を検討し，必要に応じて地盤強化やアンダーピニング等の対策を考慮しなければならない．また，シールドトンネルの施工時または完成後に他の構造物が近接して施工される場合には，その影響を検討しておくとともに，必要に応じてセグメントの補強等の対策を考慮しなければならない（第2編 2.11，第4編 4.12参照）．

解説 表 1.3.4　離隔が小さい併設トンネルの施工実績

用途	形式	おもな土質	トンネル外径(m)	離隔(m)	離隔/外径	併設延長(m)
下水道	泥水式	砂質土	3.15（上），2.75（下）	0.2（上下）※	0.06（上下）	約150（上下）
下水道	泥水式	固結砂質土	8.8（大），4.0（小）	0.3※	0.03	278
鉄道	土圧式	砂質土	7.3	0.3〜4.0	0.04〜0.55	899（左右）
下水道	土圧式	砂質土	3.98×4.98（矩形）	0.4〜0.6	0.08〜0.12	310（左右）
鉄道	泥水式	粘性土，砂質土礫	8.25	0.4〜0.8	0.05〜0.10	119（左右）
鉄道	土圧式	礫層，固結砂層，固結粘性土	6.70×4本	0.4（斜め） 1.0（上下）	0.06（斜め） 0.15（上下）	379 424 （上下左右）
鉄道	土圧式 泥水式	沖積粘性土	6.75	0.4〜3.0（上下）	0.06〜0.44（上下）	約300（上下）
道路	土圧式	固結粘性土	12.3×2本 9.5×2本	0.5（左右） 3.4（上下）	0.04（左右） 0.28（上下）	300（上層） 300（下層）
鉄道	土圧式	沖積粘性土	6.80	0.6〜1.2	0.09〜0.18	576
鉄道	泥水式	粘性土，砂質土	7.10	0.6〜2.8	0.08〜0.39	984
鉄道	土圧式	粘性土	5.74×4本	0.7（上下） 2.5（左右）	0.12（上下） 0.44（左右）	437 （上下左右旋回）
鉄道	泥水式	粘性土，礫層	10.1	1.0（上下）	0.10（上下）	432

※　連結分岐シールド工法による．

参考文献

1) 国土交通省鉄道局：鉄道に関する技術上の基準を定める省令等の解釈基準，2002
2) （社）日本道路協会：道路トンネル技術基準（構造編）・同解説，2003

3.4　トンネルの土被り

　トンネルの土被りは，地表や地下構造物の状況，地山の条件，掘削断面の大きさ，施工方法等を考慮して決定しなければならない．

【解　説】シールドトンネルの深度は施工時の作業能率（掘削土や資機材の搬出入，作業員の昇降）のよさ，立坑工事の容易さ，地下水圧対策や水処理の容易さ，完成後の構造物の維持管理および運用面等から一般に浅い方がよいが，各項目について慎重な検討を加え，周辺に悪い影響を及ぼさないよう必要な土被りを確保しなければならない．

　1) 小土被り　必要な最小土被りは，道路下，河川下を占用する場合，管理者の規定を優先し，一般には1.0〜1.5D（D：シールド外径）といわれている．シールドトンネルの使用目的や既設構造物の支障等によって縦断線形が決定されることも多く，これより小さい土被りでの施工例も多い（**解説 表 1.3.5参照**）．

小さい土被りで掘進を行う場合は，陥没，泥水や裏込め材の地表面への漏えい，地中支障物との遭遇等の危険性が高くなるため，計画にあたっては，必要に応じて補助工法の採用も検討しなければならない．施工にあたっては適切な掘進管理を行うことが重要である（第4編 4.1参照）．河川や海底下等の地下水位が高い場合は，トンネルの浮上がりに対する検討を行うとともに，十分な土被りを確保することが望ましい（第4編 4.14参照）．

また，近年，地上発進やきわめて小さい土被りの実績が増加しているが，課題も多いため採用にあたっては慎重な検討が必要である．

解説 表 1.3.5　小土被り施工のおもな実績

用途	形式	おもな土質	最小土被り Hmin(m)	シールド外径 D(m)	Hmin/D	備考
道路	土圧式	粘性土，砂質土，礫	0.0	13.60	0.00	地上発進，到達
下水道	土圧式	粘性土，砂質土	0.54	2.75	0.20	
鉄道	土圧式	粘性土，砂質土	2.5	11.44	0.22	
鉄道	土圧式	砂質土，岩盤	3.0	11.30	0.27	
下水道	泥水式	岩盤	1.0	2.72	0.37	
下水道	土圧式	砂質土，礫	2.3	6.14	0.37	
道路	泥水式	粘性土，砂質土，岩盤	4.3	10.82	0.40	
共同溝	土圧式	岩盤	2.0	4.88	0.41	
道路	泥水式	粘性土，砂質土，岩盤	5.2	12.40	0.42	
下水道	土圧式	粘性土，岩盤	0.92	2.13	0.43	

2) 大土被り　近年，大都市地域の道路等の公共用地では，鉄道，道路，上下水道等の地下利用が進み，新設されるシールドトンネルはこれらを避けて計画されるため深くなる傾向にある．また「大深度地下使用法」を適用した場合，適用範囲が支持層の10m以下または地表から40m以下のいずれか深い位置となるため，大深度での施工となる．このような，トンネルの土被りが著しく大きい場合には，とくにセグメントとシールドについて，高水圧に対応した設計と施工管理が必要である（第4編 4.2参照）．

さらに，高水圧下での発進や到達工では，出水事故が発生する可能性が高いため，出水のリスクを低減できる施工方法の採用について検討することが必要である．また，供用後の維持管理や火災発生時の避難経路とその方法等の防災対策についても慎重な検討が必要である．

大土被り，高水圧下でのおもな施工実績を**解説 表 1.3.6**に示す．

解説 表 1.3.6　大土被り，高水圧のおもな実績

用途	形式	おもな土質	最大土被り (m)	シールド外径 (m)	最大水圧 (MPa)
下水道	泥水式	岩盤	209.0	2.72	0.69
道路	泥水式	岩盤	180.0	4.97	1.00
電力	泥水式	岩盤	117.5	3.55	0.77
下水道	泥水式	砂質土，泥岩	102.5	3.28	0.88
鉄道	土圧式	砂質土	90.0	11.30	0.40
水道	複合式	砂礫，固結シルト	89.5	2.52	0.40
下水道	泥水式	粘性土，砂質土	85.0	12.14	0.76
電力	泥水式	粘性土，砂質土	66.3	8.18	0.72
道路	泥水式	岩盤，土砂	64.7	10.82	0.39
水道	土圧式	粘性土，岩盤	57.1	3.48	0.44

3.5 立坑の計画

（1） 立坑の計画にあたっては，完成後の役割だけでなく施工時の機能にもとづき，構造形式や位置を適切に計画しなければならない．

（2） 立坑の位置は，シールドトンネルの端部，地上とのアクセス地点や内空断面の変化点等の基本的な計画のほか，立地条件，交通状況，用地の確保や施工延長等の施工条件を考慮して選定されなければならない．

（3） 立坑の構造形式は，立地条件や施工条件を考慮し，安全かつ効率的に施工が行えるように計画されなければならない．

（4） 立坑の形状寸法は，シールド施工時の機能，完成後の機能等を考慮して決定されなければならない．

（5） 立坑の施工法は，地盤条件，立坑の大きさと深度，周辺への影響等を考慮のうえ，安全かつ経済的に施工できるように選定されなければならない．

【解　説】　（1）について　シールド工事用の立坑は，施工時の機能からシールドの発進立坑，中間立坑，方向転換立坑および到達立坑等に分類される（**解説 図 1.3.13**参照）．なお，トンネル完成後の各立坑は，駅部の一部，換気，避難路，管理用人孔，取水と排水，ケーブル等の分岐といったトンネルの付属施設や設備の設置スペースとして扱うことが一般的である．

1）　発進立坑　シールドの搬入と組立て，セグメント等の材料および諸機械器具の搬入，掘削土の搬出，作業員の出入等に用いる．

2）　中間立坑　シールドの点検のために設け，さらに，材料投入や搬出口として用いることもあり，到達と発進を行うことでシールドを通過させることが一般的である．一方，トンネルの使用目的に応じ，シールド路線の中間に構造物を構築するために設けることも多い．

3）　到達立坑　トンネルの終点にシールドの解体あるいは搬出のために設ける．

4）　方向転換立坑　急曲線でシールド掘進による方向転換が不可能な場合，または，1台のシールドで併設する2本のトンネルを掘進する場合に立坑内でシールドをUターン等の方向転換するために設けられる．

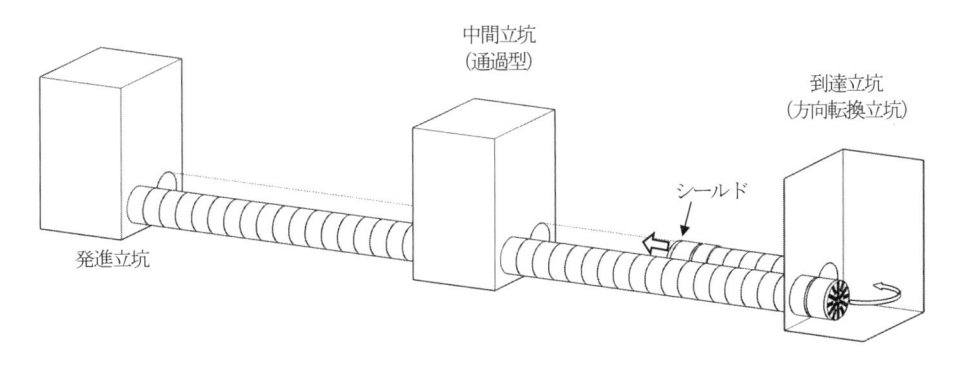

解説 図 1.3.13　立坑の種類

（2）について　立坑は，鉄道の地下駅や，道路の地上からの斜路区間，分合流部等の開削トンネルとシールドトンネル区間の端部に設けられる．また，換気，排水や管理用のほかに，長大トンネルでは避難や救助といった防災の観点から立坑間隔が決められることもある．一方，上下水道や共同溝等では，流入と排水や分水地点やケーブルの分岐地点に立坑の位置を決めることが多く，トンネルの必要な内空断面の段階的な変化を伴う場合が多い．さらに，シールドトンネル区間の延長が長い場合には，工期や施工性から定められる1スパンの最大延長から立坑のおおよその位置が定められることもある．

そのうえで，立地条件や立坑用地の取得の難易度，支障物の有無，掘削土や材料の搬出入にかかわる道路交通の状況，ヤードとして使用可能な道路や公共用地の有無等，立坑ならびにシールドトンネルの施工性等を考慮し

て，なるべく経済的かつ効率的となるように，立坑の位置を選ばなければならない．

とくに，発進立坑にはシールドの発進基地が設けられることから，比較的広い用地を必要とし，長期にわたって周辺環境に影響を与える．これらを考慮し，発進と到達立坑の配置や両方向への発進といった掘進方向を決める．なお，市街地等で適当な立坑用地や作業基地が得られない場合には，長距離施工（第4編 4.5参照），地中接合と地中分岐（第4編 4.8参照）や断面変化（第4編 4.9参照）といったさまざまな施工法により立坑を省略する場合もある．

（3）について　上下水道，河川，電力，共同溝等のシールド工事用の立坑は，鉛直方向に細長い構造をしていることが多い．一方，鉄道や道路等の開削トンネル端部でシールドトンネルを接続する場合，この端部もシールド施工ならびに接続構造として一般部に比べ深くなることから，これも立坑構造として扱う．ここでは，前者を独立構造形式の立坑，後者を併設構造形式の立坑と称する（**解説 図 1.3.14参照**）．

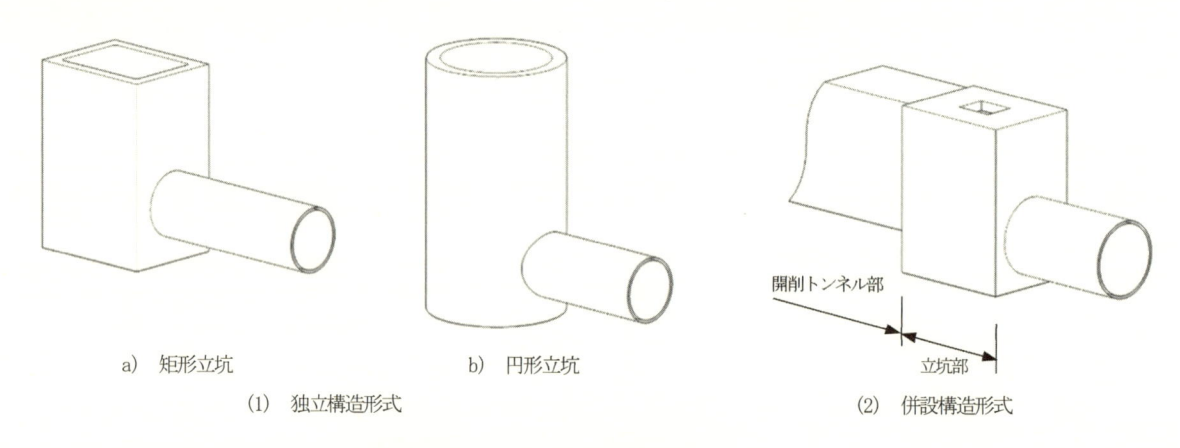

a) 矩形立坑　　b) 円形立坑
(1) 独立構造形式

(2) 併設構造形式

解説 図 1.3.14　立坑の構造形式

通過型の中間立坑とは別に，シールドトンネルと地上もしくは地表付近の施設とアクセスするためにシャフト形式の小型立坑が，シールドトンネルの長距離化や大深度化の進展に伴い増えてきている（**解説 図 1.3.15参照**）．用途としては，鉄道や道路における換気，排水，避難用に，下水道や河川における流入，排水用に，共同溝，電力，通信におけるケーブル等の分岐，換気用等に用いられる．

シールドトンネルの直上や，その脇に設けられ短い横坑で接続するといった構造形式が多く，シールドトンネルとは切拡げ施工で接合することが多い（第4編 4.10参照）．

なお，シールドトンネルと立坑は，坑口において異なる構造が地中で接合することから，接合部における止水性の確保と，地震時には相互に影響を及ぼすことから必要に応じて耐震性の検討が求められる．

解説 図 1.3.15 シャフト形式の立坑

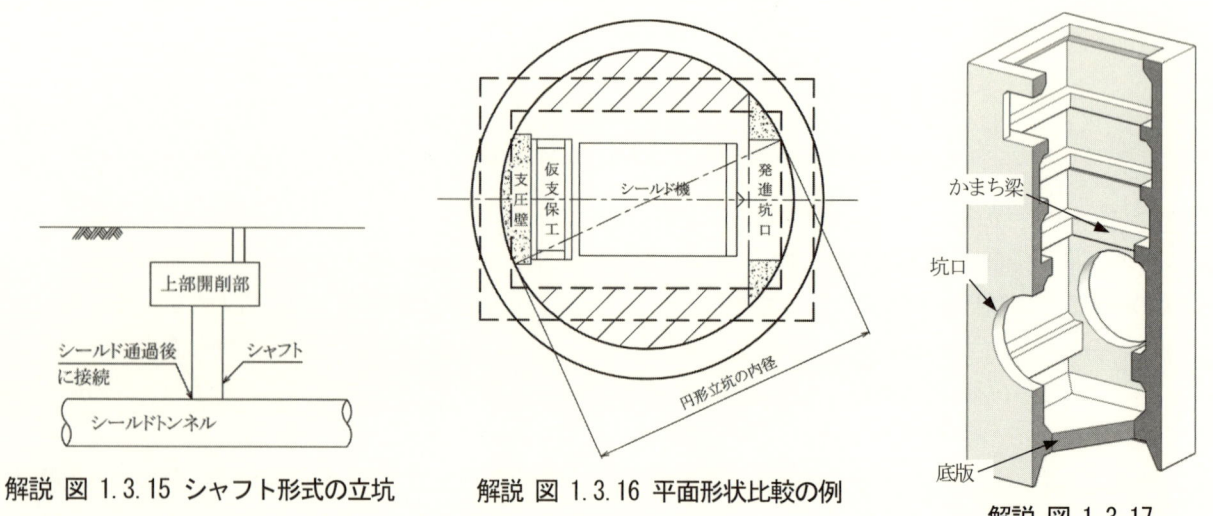

解説 図 1.3.16 平面形状比較の例

解説 図 1.3.17 立坑の躯体構造の例

（4）について
1) 平面寸法　立坑の平面寸法は，シールドトンネル断面，シールドトンネルとの坑口における接続方法，および，完成時の使用目的と施工時の機能等を考慮して決める．

発進立坑では，シールドの投入と組立て，坑口等の仮設備，掘進時の掘削土砂の搬出と資材の投入空間を考慮する．また，到達立坑では，坑口等の到達用仮設備とシールドの引抜きや残置処理等の到達後のシールドの取扱いにより異なる．

中間立坑や方向転換立坑では，前述した到達と発進に必要な寸法のほか，ビット交換等の作業やシールドの方向転換等に必要な寸法を考慮する．

このうち施工時に必要な発進立坑の内空およびその詳細については第4編3.1を参照されたい．なお，ガスや水道等のパイプラインでは，シールドトンネル内に設置する長尺なパイプの投入に必要なスペースから決まる場合もある．

2) 深度　立坑の深度は，トンネルの縦断線形，坑口寸法と底版躯体の厚さ，発進と到達等の施工に必要な寸法から決まる．上下水道や共同溝等で縦断線形の最下点に立坑を設ける場合には，排水ピット等の施設も考慮する必要がある．

3) 平面形状　無駄な空間が少ない矩形形状が一般的であるが，立坑の深度が深くなるにつれ構造的に有利な円形形状が増える（**解説 図 1.3.16参照**）．深度以外にもトンネルの取付け方向や用地，用途等を考慮して形状を検討する必要がある．それぞれの形状の特性の比較を**解説 表 1.3.7**に示す．

なお，矩形と円形以外にも，シールドトンネルの取付け方向，用地の制約や埋設物の状況等からベース型等の多角形や小判型，馬蹄形等の変則的な平面形状を採用する場合がある．このような場合は，立坑の施工だけでなく，シールドの投入と組立て，仮設備の配置や斜め方向への発進や到達等に対して十分に注意する必要がある．

解説 表 1.3.7　立坑の形状による特性の比較

特性＼形状	矩　形	円　形
平面的な配置	発進立坑の場合，無駄がなく有利である．	発進立坑の場合，側部に余剰空間が生じる．
用地制限範囲への対応	都市内，とくに用地が制限される道路内においては，小型立坑を除き，矩形が一般的である．	小型立坑を除き，道路外に用地が確保されている場合に適用されることが多い．
トンネルの取付け方向	一般的には4方向に制約される．	任意の方向にトンネルを取り付けることができる．
深度に対する立坑構造の特性	深い場合，側圧により側壁に大きな断面力が生じ，壁厚を大きくするか，中壁や中床版，梁を細かく配置することが必要となる．	立坑が深く側圧が大きくなる場合，軸力が卓越するため構造的に有利（壁厚が薄い）となる．また，構造的な中壁や中床版は必要ない．
シールド施工時の空間	切梁等の土留支保工に加えてかまち梁が必要な場合もあり，開口部が制約される．	切梁等が不要で施工性は良い．ただし，開口を伴う坑口の補強のためにかまち梁等が必要となる．
近接構造物への影響度	一般に土留め工の3次元的効果は期待できず，円形断面に比べると土留め壁の変位が大きくなりやすい．	開削工法の場合，土留め工の3次元的な形状効果が得られ，立坑掘削時の変位は比較的小さい
用途別の適用性	鉄道，道路を中心に一般的な形状である．	上下水道，河川，電力，共同溝等の深い立坑やシャフト形式の小型立坑に適用されることが多い．

（5）について　立坑は，一般に開削工法やケーソン工法で施工される．また，立坑をシールド工法で築造する施工法もある（第4編4.8参照）．

立坑の施工法の選定にあたっては，立坑の規模と深度，地盤条件，路面等の地表面の条件，交通量，環境等とシールド施工時における内空の確保の方法を考慮して，工期内に安全で経済的に施工できる工法をとらなければならない．

その上，シールドの組立て，発進，通過やUターン等の施工に伴い大きな空間を確保することが必要となる．そのため，土留め壁の剛性の向上や，切梁，中間杭や路面覆工等の仮設構造部材の配置の工夫が必要となる．さ

らにトンネルの断面や土被りが大きくなると，かまち梁，底版コンクリートや側壁等の躯体の一部または全部を先行する場合がある（**解説図 1.3.17参照**）．

また，シールドトンネルの坑口は大きな開口部でもあることから，躯体の設計についても一般的な開削トンネルとは構造が異なることが多く，シールドの施工に支障する床版や中壁をシールド施工後に構築する必要がある．

なお，併設構造形式の立坑の施工は，立坑と背面側の開削トンネルを同時に施工することが一般的であるが，立坑の施工を先行し，そのあとで開削トンネルを掘削する場合もある．この際，掘削に伴う立坑への影響，ならびに，その構造系の変化を考慮し，立坑の安定性をはじめ構造的な安全性を確保する必要がある．

これらの立坑の設計と施工法の選定の詳細については，トンネル標準示方書［開削工法編］（2016年制定） 第2編 第13章，第4編第17章ならびにトンネルライブラリー第27号 シールド工事用立坑の設計を参照されたい．

3.6 覆　　工

（１）覆工の構造

覆工は周辺地山の土圧，水圧および施工時等の作用に耐え，所定のトンネル内空を確保するとともに，トンネルの使用目的，維持管理および施工条件に適合した機能を有する安全かつ堅固な構造物でなければならない．

（２）覆工の設計

覆工の設計は，許容応力度設計法，または限界状態設計法とする．なお，両者の設計法を混用してはならない．

【解　説】　（1）について　覆工の役割は主として，次の3つに大別される．

　① トンネル内空を確保するため，トンネルに対する作用に十分に抵抗すること
　② トンネルの使用目的，維持管理に適合した機能と耐久性を有すること
　③ トンネルの施工条件に適合した覆工構造を有すること

シールドトンネルにおける覆工は，一次覆工と二次覆工からなる．一般に，一次覆工はいくつかのセグメントをリング状に組み立てた構造からなる．また，二次覆工は一次覆工の内側に打設されるコンクリート構造からなる．

①については，一次覆工を主体構造とする考え方が一般的である．また，一次覆工と二次覆工で作用を分担する考え方もある．一方，一次覆工内に上水道管やガス導管等を設置する場合等で一次覆工を仮設扱いとする考え方もある．

②については，トンネル供用開始後の維持管理の容易さとトンネルの長寿命化は重要な事項であり，覆工部材の水密性，防水性および耐久性を十分に検討する必要がある．

③については，一次覆工はシールド掘進にあたってその反力部材になるとともに，裏込め注入圧等の施工時荷重に対抗することになる．また，シールドテールが離れたあとは，ただちにトンネルの覆工体としての役割も果たす．

なお，セグメントを使用しない現場打ちコンクリートを用いた場所打ちライニング工法による覆工も施工されている（第3編 11.1参照）．

一方，近年では，トンネル用途によっては一次覆工に二次覆工の機能を受け持たせたりして，二次覆工を施さないことが多くなってきている．従来，二次覆工は，一次覆工を保護して，その防食と補強との役割を果たし，蛇行修正，防水，その他トンネルの使用目的に応じた機能を有する構造として施工されてきた．また，二次覆工を施さない場合，二次覆工の機能を一次覆工に受け持たせる必要があり，二次覆工が担うべき機能を兼ね備えていることが可能か，十分に検討しなければならない（第2編 10.1参照）．

さらに，シールドトンネルは長期にわたって供用されるため，供用後の維持管理にも十分留意する必要がある．このような観点からも周辺地盤の条件はもとより，セグメントの本体および継手部の止水性，防水，防食等のト

ンネルの耐久性に影響する要因についてはとくに十分な配慮が必要である（第2編 11.1～11.4参照）．

　(2) について　設計手法は，許容応力度設計法，または限界状態設計法のいずれかによるものとする．許容応力度設計法は，従来からの採用実績も豊富であり，また，部材を弾性範囲内で取り扱う簡便な設計法である．

　一方，限界状態設計法は，使用材料の品質のばらつき，構造物に対する作用の変動，採用する構造計算法の不確実性を，それぞれの安全係数として設定できる設計法である．

　「トンネル標準示方書［シールド工法］・同解説」の2006年版では，限界状態設計法が編として導入されたものの，事例が少ないことから覆工の設計は原則として許容応力度設計法とした．しかしながら，これ以降，トンネルライブラリー第23号 セグメントの設計［改訂版］に具体的な設計計算例が示され，レベル2地震動に対する耐震設計を行う場合や，軟弱地盤等で常時荷重の作用の変動が想定される場合の覆工の設計に限界状態設計法を適用する事例が増えてきたことで，実務的な知見が充実してきた．また，今回の第5編 限界状態設計法では，既往の実験等のデータを収集し，分析することで，照査に用いる安全係数の一部見直しが行なわれ，より実用性が高いものに改訂された．このようことから，2016年版では両設計法を併記することとした．

　ただし，両者の設計を都合の良いように混用してはならない．なお，常時およびレベル1地震動に対する検討を許容応力度設計法により設計する場合でも，レベル2地震動に対して照査を行う場合は，限界状態設計法を用いてよい．許容応力度設計法については第2編 覆工を，限界状態設計法については第5編 限界状態設計法を参照のこと．

3.7 工事の計画

(1) 工事計画の基本

トンネルの計画に対し，立地条件，地盤条件，環境条件，支障物件等に適した施工法や機械設備を検討し，工事の安全性と環境保全，経済性と工程確保が図れるよう工事計画を立てなければならない．

(2) 安全管理計画

工事の安全を確保するために，関連法規や各事業者の基準等を遵守し，労働災害やシールド工事特有の災害および，第3者災害を防止できる安全管理計画を立てなければならない．

(3) 品質管理計画

工事の品質を確保するために，トンネルの要求性能を満足する品質規格や基準を定めてそれを満足するような計画を立てるとともに，トンネル構築に使用する材料および製品の管理と日常作業の管理に対する品質管理計画を立てなければならない．

(4) 工程計画

工事規模，施工順序，工期および施工条件等を考慮し安全かつ効率的な計画工程を定めるとともに，その進捗を管理する方法も定めなければならない．

(5) シールド形式

地山の条件，断面形状および寸法，施工延長，トンネルの線形，基地面積等の諸条件に配慮し，切羽の安定を保つことができ，安全で経済的に施工できるシールド形式を選定しなければならない．

(6) 発進基地

立地条件，環境条件や施工条件を考慮して，施工が安全かつ効率的に行えるよう，適切な位置に必要な機能を備えた規模で発進基地を計画し，必要な仮設備を配置しなければならない．

(7) 発進，到達方法および補助工法

発進，到達部では切羽の安定および止水性の確保のため，その地点の地山条件，施工条件等を考慮し，適切な施工方法を選定しなければならない．また，トンネルの施工に伴い，周辺の既設構造物に沈下や隆起，損傷等の変状を与えるおそれがある場合は，その防護のために必要な対策を事前に検討しなければならない．

(8) 観測，計測および記録

シールド工事にあたっては，安全，品質を確保し，環境保全等を図るため，観測，計測について計画しなければならない．また，必要に応じて計測結果の記録を保存しなければならない．

【解説】　(1)について　シールド工事は施工中に断面形状や寸法の変更が困難であるため，施工法を十分に検討する必要がある．工事計画を立てるにあたっては，関連法規類を遵守し，トンネル断面，トンネル線形，覆工構造等に対し，立坑とトンネルの立地条件，地盤条件，環境条件および支障物件等に適応し，所定の工期内で，安全で環境保全が図れ，経済的で必要な品質を確保できる施工法，施工機械，施工設備等の計画を行わなければならない．**解説 図 1.3.18**に工事の計画フローの例を示す．なお，環境保全に関する計画については，第1編 3.8を参照のこと．

第1編 総　論

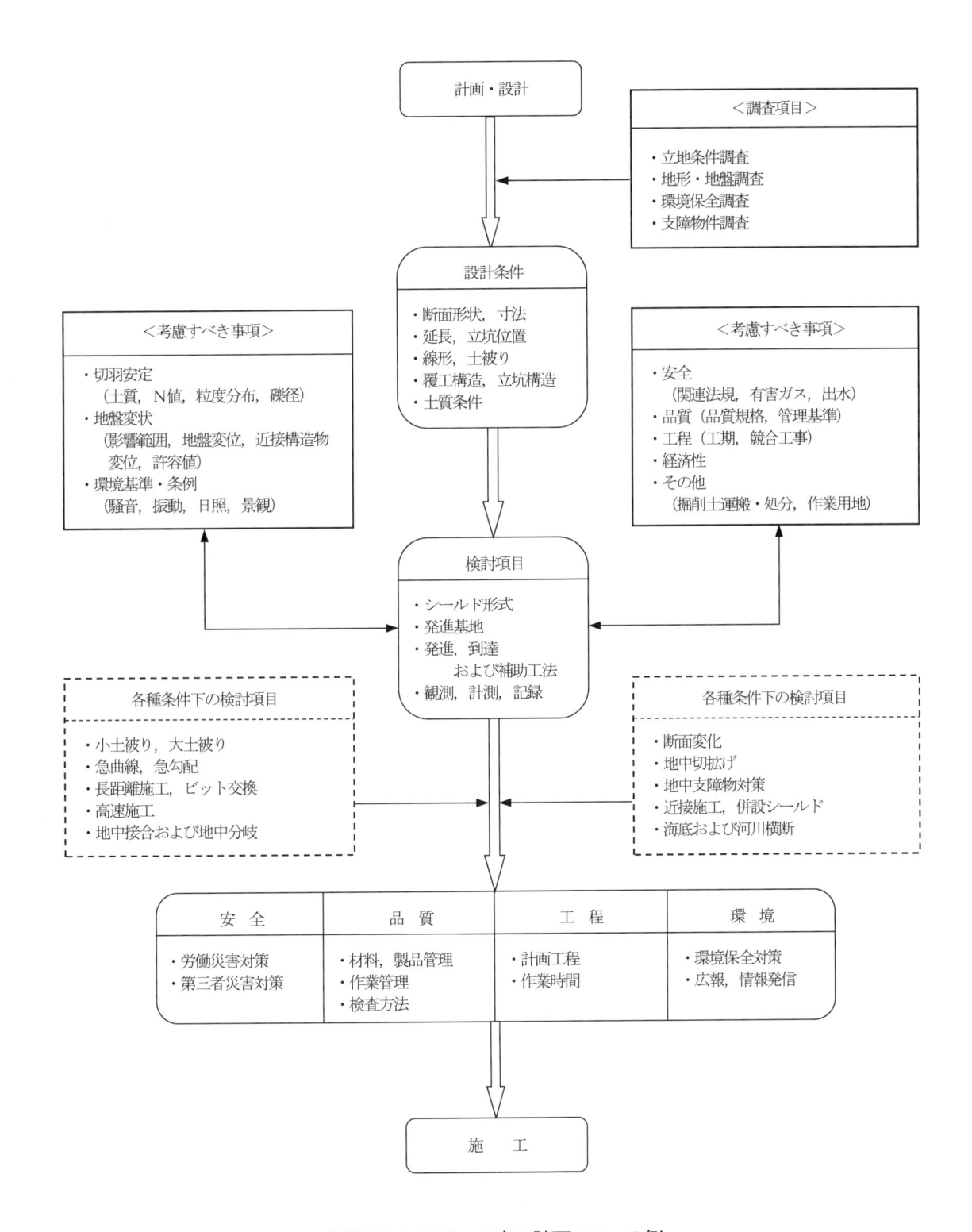

```
           ┌──────────┐
           │ 計画・設計 │
           └────┬─────┘
                │         ＜調査項目＞
                │        ・立地条件調査
                │        ・地形・地盤調査
                ▼        ・環境保全調査
           ┌──────────┐  ・支障物件調査
           │  設計条件  │
           │・断面形状，寸法│
           │・延長，立坑位置│
           │・線形，土被り │
           │・覆工構造，立坑構造│
           │・土質条件   │
           └────┬─────┘
                ▼
＜考慮すべき事項＞        ＜考慮すべき事項＞
・切羽安定             ・安全
　(土質，N値，粒度分布，礫径) 　(関連法規，有害ガス，出水)
・地盤変状             ・品質 (品質規格，管理基準)
　(影響範囲，地盤変位，近接構造物 ・工程 (工期，競合工事)
　変位，許容値)         ・経済性
・環境基準・条例         ・その他
　(騒音，振動，日照，景観)    (掘削土運搬・処分，作業用地)
                
           ┌──────────┐
           │  検討項目  │
           │・シールド形式│
           │・発進基地  │
           │・発進，到達 │
           │　および補助工法│
           │・観測，計測，記録│
           └────┬─────┘
                ▼
各種条件下の検討項目      各種条件下の検討項目
・小土被り，大土被り      ・断面変化
・急曲線，急勾配        ・地中切拡げ
・長距離施工，ビット交換    ・地中支障物対策
・高速施工            ・近接施工，併設シールド
・地中接合および地中分岐    ・海底および河川横断
```

安　全	品　質	工　程	環　境
・労働災害対策 ・第三者災害対策	・材料，製品管理 ・作業管理 ・検査方法	・計画工程 ・作業時間	・環境保全対策 ・広報，情報発信

```
           ┌──────────┐
           │  施  工   │
           └──────────┘
```

解説 図 1.3.18　工事の計画フローの例

　（2）について　シールド工事は，トンネルの掘削工事であること，作業箇所が切羽付近であることなど，作業空間が狭隘であるという特徴を有する．このため，墜落，転落，挟まれ，巻込まれ等の労働災害のほか，火災，ガス爆発，酸欠，水没等のシールド工事特有の災害に注意が必要となる．また，地表面の陥没や交通事故等の第3者災害を引き起こす可能性もあることから，これらの災害も防止でき，かつ，現場の状況に応じた計画を立てなければならない（第4編 第7章 安全衛生管理参照）．
　（3）について　工事の品質とは，トンネル構築に使用する材料や製品の管理のみならず，日常作業管理や出来形管理も含むものである．トンネル構築に使用する材料や製品のうち，試験および検査を要するおもなものには，セグメント，シールド，裏込め注入材，防水材等がある．これらについては，要求性能を満足する規格を定

め，製造や検査の計画，切羽管理や掘進管理等の作業管理や出来形管理の基準値を決めておくなどの措置が必要である（第4編 6.2，6.3参照）．

（4）について　工程に直接影響を与える工種としては，シールドの製作と組立て，セグメントの製作，立坑の構築，発進到達防護，シールドトンネルの施工（掘削，土砂搬出，セグメント組立て，発進と到達，二次覆工），施工設備の据付と撤去等があり，とくに掘進サイクルタイムは全体工程に与える影響が大きいので十分な検討が必要である．さらに，工事用地の確保，各種許認可，関係機関との協議，競合他工種との調整等に必要な期間も考慮して計画工程を定める必要がある．また，想定外の土質や支障物との遭遇等の条件の変更や，シールドの故障等の施工上のトラブル，関連工事や協議の遅れ等により工程に遅延が生じる場合に備えて，工程を回復する手段も計画しておくことが望ましい（第4編 6.1参照）．

（5）について　シールドは，密閉型および開放型に大別される．密閉型シールドは土圧式シールドと泥水式シールドに分けられる（**解説 図 1.3.19**参照）．シールド形式の選定にあたって最も留意すべき点は，切羽の安定が図れる形式を選定することである．また，安全性や経済性，用地，立坑の周辺環境，施工性等についても十分検討しなければならない（第3編 1.3参照）．シールド形式の選定を誤ると掘進不能等のトラブルや工程の遅延が発生することがある．

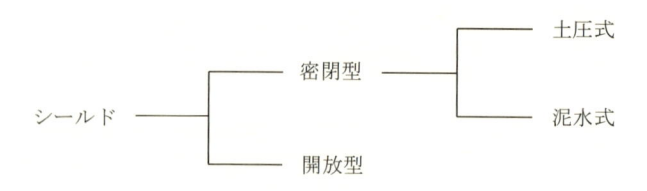

```
                                   ┌── 土圧式
                    ┌── 密閉型 ──┤
シールド ──────┤              └── 泥水式
                    └── 開放型
```

解説 図 1.3.19　シールド形式の分類

（6）について　発進基地の位置は，発進立坑付近に確保する．発進基地の規模は，立坑の施工ヤードとともに，シールド施工の坑外設備，掘削土および資機材のストックヤードのため，十分な面積を確保する必要がある．なお，用地確保が困難な場所では，坑外設備を立体的に配置する場合や，用地を分散化して対応している場合もある．施工設備の詳細については，第4編 第5章 施工設備を参照のこと．

（7）について　発進，到達部では，出水や水没に対する安全性の確保，周辺への影響低減や工程遅延を防止するためにも，適切な施工法を選定しなければならない．とくに近年はシールドトンネルの大土被り化に伴い出水のリスクが高まっているので留意が必要である．

シールド発進部や到達部で地山を解放する場合は，薬液注入工法，高圧噴射撹拌工法，凍結工法等の補助工法が一般的に必要となる．一方，地山を開放しないで土留め壁等をシールドで直接切削する場合も，切削時の地山の緩み防止等の目的で土留め壁背面等の限定的な範囲に補助工法を用いることが多い．

現在，密閉型シールド工法においては，一般的な条件下の掘進で補助工法は必要ない．しかし，小土被り，支障物の存在，急曲線等の特殊条件下で，そのままではシールドの施工が困難な場合や，地中接合部，地中切拡げ部等の地山を開放する場合には，補助工法の検討が必要となる．そのほか，シールド掘進に伴う既設構造物への影響が懸念される場合にも補助工法を採用することがある（第4編 3.2，3.10，第4章参照）．

（8）について　シールド工事における観測，計測および記録等のおもな目的は，次のとおりである．
① シールド工事の安全を確保する
② シールド工事の品質を確保する
③ 施工中の環境保全のための技術資料とする
④ 工事による事故や紛争が発生した場合の原因究明や補償の資料とする
⑤ 完成後の施設の維持管理および補修等のための技術資料とする
⑥ 将来のシールド工法の改善，発展等のための技術資料とする

このように種々の利用方法があるので，できるだけ正確で詳細な記録をとることが必要である．また，これらのデータを整理し保存に努め，以後も活用できるようにしておくことが必要である．

シールド工事における観測，計測および記録の例を**解説 表 1.3.8**に示す．

解説 表 1.3.8　観測，計測および記録の例

①	調査および観測	家屋調査，井戸調査，支障物調査，地盤調査，地表面変状，埋設物等の変状
②	安全衛生管理における計測と記録	可燃性ガス濃度，酸素濃度，有毒ガスの有無，坑内温度，トンネル内風速，トンネル内換気状況
③	品質管理における計測と記録	工場検査記録，受入検査記録，トレーサビリティ記録，トンネル出来形，真円度，目開き，目違い
④	環境保全における計測と記録	地盤変位，地下水位の変化，騒音，振動，水質，マニフェスト
⑤	施工管理における計測と記録	切羽土圧，切羽水圧，泥水性状，ジャッキ推力，カッタートルク，シールドの姿勢，裏込め注入，排土量，土砂性状
⑥	維持管理のための記録	漏水，ひび割れ調査記録，補修記録
⑦	工事記録	工事説明資料，実施工程，写真，動画，竣工図

3.8　環境保全計画

トンネルの工事を行う場合は，周辺環境および地球環境の保全に十分に注意を払い，法規を遵守したうえ建設副産物の削減と有効利用，適正な処理，処分に努めるように環境保全計画を立てなければならない．

【解　説】　一般にシールド工法は，トンネル工法の中では周辺に及ぼす影響が比較的少ないことから，市街地で民地に接近して，昼夜連続で施工される場合が多い．

とくに発進基地周辺では立坑構築，シールド掘進時のクレーン，泥土または泥水処理設備等から発生する騒音や振動により，周辺に影響を及ぼすことがあるため，適切な処置をとらなければならない．発進基地は鋼板等の防音壁や防音ハウスで覆われることが多いが，その際，周辺地域との調和を考えた配慮も必要となってくる．

その他周辺に与える影響としてシールド発進基地の地上設備による日照阻害，シールドの通過による地盤の沈下や隆起，騒音や振動，発進，到達防護工等の地盤改良や泥水や裏込め注入による水質の変化，地上や地下の構造物や埋設物への影響，地上への噴発による第三者への影響等が挙げられる．これらについては事前に十分な調査検討を行い，適切な対策を講じ，周辺環境の保全に努めなければならない（第4編 8.1～8.6参照）．

また，トンネル完成後の，地下水流動の阻害，付属施設物（換気塔等）による日照阻害や電波障害，騒音振動，大気汚染等による環境への配慮を十分に行う必要がある．さらに，地球環境の保全のため，工事において採用する工法，使用する材料，機械については，環境負荷の少ないものを選定するよう努めなければならない．

シールド工事では，掘削に伴い生じる大量の発生土あるいは建設汚泥を適切に処理，処分しなければならない．たとえば，余剰泥水に固化材を加えインバート材に利用することや，発生土に水と固化材を適切に配合し流動化処理土として再利用することも行われている．建設汚泥の再生利用には，自ら利用，有償売却，個別指定制度，再生利用認定制度の4つの制度が設けられている（第4編 8.7参照）．

指定基準を超過した特定有害物質(自然由来のものを含む)により汚染された地盤を掘削し搬出する場合には，土壌汚染対策法に従い，その汚染の程度により適切な措置と処分を行わなければならない（第4編 8.8参照）．

第4章 維持管理

4.1 調査，計画，設計および施工時に考慮すべき事項

シールドトンネルの調査，設計および施工にあたっては，供用期間中の維持管理が適切に実施できるように，シールドトンネルの構造や設備について考慮しなければならない．

【解　説】　シールドトンネルは，長期の環境作用による経年劣化に加え，調査，計画，設計および施工時点で想定した環境条件や使用条件の変化等により，性能が低下し，補修，補強が必要となる場合がある．具体的な性能低下としては，漏水，コンクリートの劣化，ひび割れ，断面欠損，過大な変形および鋼材の腐食によるトンネル耐力の低下や覆工コンクリートの剥落等の不具合がある．とくに，道路や鉄道トンネルの場合は剥落が即時に利用者の安全性を損なうものであることを十分留意しなければならない．一方，トンネルは更新が難しい構造物であるとともに，トンネル内は狭隘な空間であり維持管理のための作業時間が制約されることが多いことから，供用期間中に適切な維持管理ができるよう配慮し，長期にわたり使用できることが重要である．

一般的なトンネルの維持管理では，点検，調査を計画的に行い，この結果にもとづき診断および対策工等の実施の必要性を判定し，対策工を実施している．このような適切な維持管理が実施できるように，建設段階の調査，計画，設計および施工の各段階で，維持管理での点検，調査，補修，補強が確実かつ容易に行える構造や設備について考慮する必要がある（**解説 図 1.4.1**参照）．

おもな留意事項を以下に示す．

1) <u>調査段階について</u>　調査段階では，トンネルの使用環境条件，地盤や地下水の環境条件を適切に評価しなければならない．シールドトンネルでよく起こる不具合は，ひび割れや漏水に起因するセグメントの劣化や被りコンクリートの剥落である．これらは中性化や塩害を助長しトンネルの寿命を短くする場合もある．このため，流下する物質，地下水の塩分量や土壌の性状等が，劣化を促進するかどうか評価することが必要である．

2) <u>計画段階について</u>　計画段階では，維持管理での点検，調査と清掃が容易な構造や設備，また，補修，補強が可能な構造や設備を考慮しなければならない．維持管理での点検，調査については，足場，照明，換気，非常時の連絡方法，安全施設等を含む点検対象物，点検方法，点検頻度を考慮する必要がある．

清掃については，トンネル内への導水を設計上考慮しない場合，漏水や滞水が鉄筋や鋼材等の構造部材，あるいはトンネル内設備を腐食させることで，それらの耐久性低下を促進させる要因となる．このため，漏水や滞水に対して，ゴミが溜まりにくく，容易に清掃が可能となる排水構造や設備を検討する必要がある．

また，補修，補強については，供用開始後，トンネル構造物の長期の環境作用による経年劣化，地下水の変動および近接施工の影響等，使用条件の変化等で性能が低下することにより必要となる場合がある．トンネルの内側から補修，補強作業が行えるトンネルでは，これらの作業が可能となる空間の確保や設備を検討する必要がある．このような余裕がないトンネルでは，補修，補強による内空断面の縮小が許容されない場合や，将来，維持管理コストの増加につながる場合もあることに留意しなければならない．

3) <u>設計段階について</u>　覆工の設計において，耐久性に影響を及ぼす地下水中の塩分等の地盤条件や長期的な作用の変動を考慮する必要がある．また，一次覆工であるセグメントは，シールドを推進させるために大きなジャッキ反力を受け，テール部で地山に押し出された後には地下水圧以上の大きな裏込め注入圧を受ける．これにより施工時にセグメントや防水材料に損傷が発生する事例や，漏水による構造物の劣化や剥落が見られる．したがって，施工時荷重を考慮した適切な覆工とシールドの設計を行い，施工によるセグメントや防水材料の損傷を抑止しなければならない．

4) <u>施工段階について</u>　施工時には，供用開始後のトンネル構造物の性能低下の要因となり得る損傷や漏水の発生を排除することが重要である．そのため，適切な品質管理を行い，セグメントやシール材等の止水に関する部材の品質を確保するとともに，損傷の発生を防止しなければならない．また，損傷が起きた場合の後付け補修部分は後で剥落しやすいため，安易な補修は避け，長期的な耐久性が十分得られる補修により品質を保つ必要が

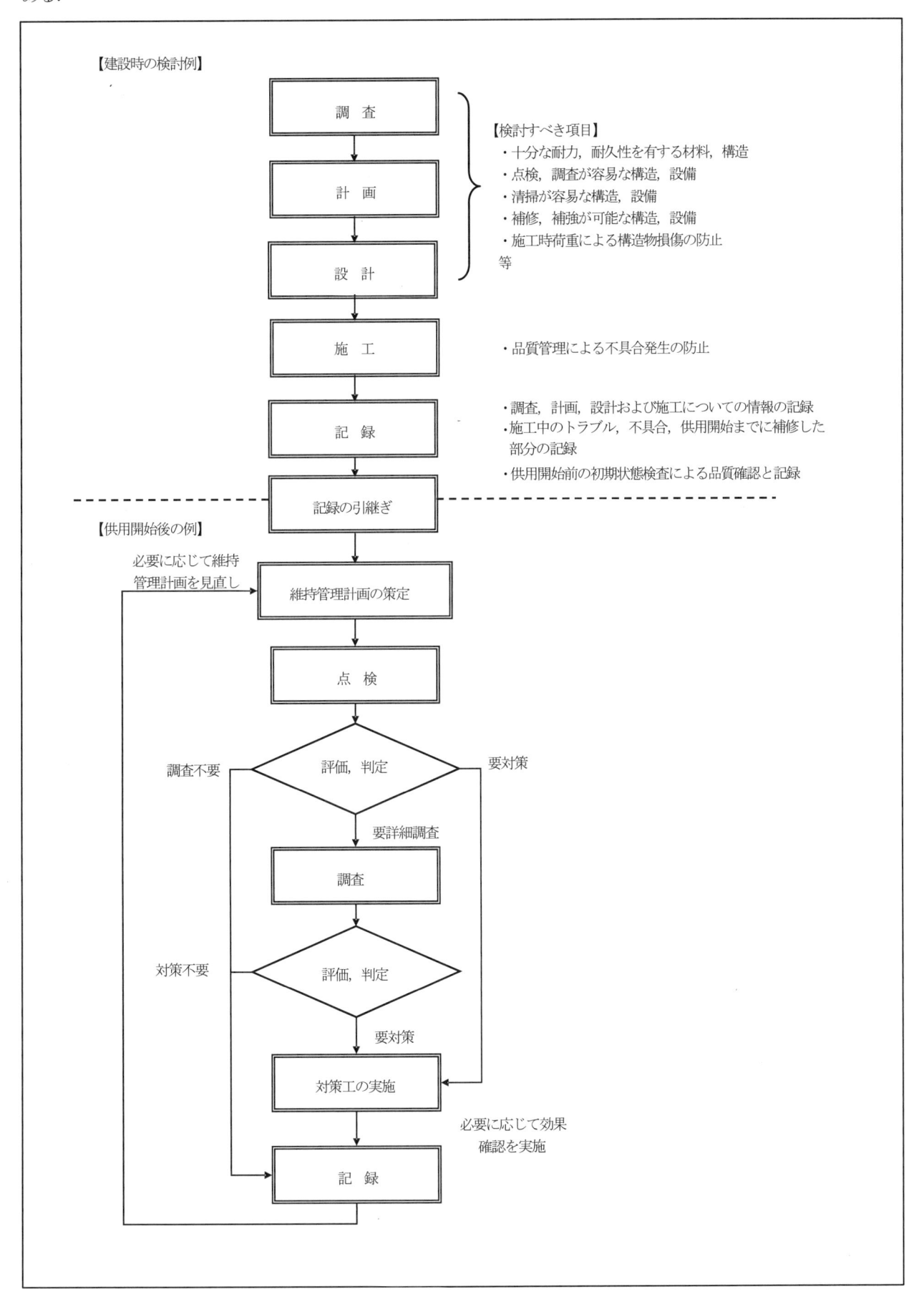

ある.

【建設時の検討例】

調査
↓
計画
↓
設計

【検討すべき項目】
・十分な耐力，耐久性を有する材料，構造
・点検，調査が容易な構造，設備
・清掃が容易な構造，設備
・補修，補強が可能な構造，設備
・施工時荷重による構造物損傷の防止
等

↓
施工　　・品質管理による不具合発生の防止
↓
記録
・調査，計画，設計および施工についての情報の記録
・施工中のトラブル，不具合，供用開始までに補修した部分の記録
・供用開始前の初期状態検査による品質確認と記録

- - - - - - - - - 記録の引継ぎ - - - - - - - - -

【供用開始後の例】

必要に応じて維持管理計画を見直し → 維持管理計画の策定
↓
点検
↓
評価，判定　（調査不要／要対策／要詳細調査）
↓
調査
↓
評価，判定（対策不要／要対策）
↓
対策工の実施
↓
記録（必要に応じて効果確認を実施）

解説 図1.4.1　建設から維持管理に至る一般的な手順

4.2 記録および性能の確認

(1) 調査，計画，設計および施工についての情報を適切に記録，保存しなければならない．
(2) シールドトンネルの維持管理にあたり，供用開始時の構造物の性能を確認しなければならない．

【解　説】　供用開始後，シールドトンネルを将来にわたり適切に維持管理していく上で，建設段階の調査，計画，設計および施工の各段階における情報は重要であり，施工中のトラブルや不具合等を含め必要な情報を施設管理者に引き継げるようにするため，適切に記録し保存しなければならない．

また，施工中の各種計測データは，維持管理等のための基礎資料だけでなく，シールドトンネル技術の向上等に欠かせない貴重な技術的な財産であり，これらの記録データを有効に活用するためにデータベースとして保存することが重要である．

(1)について　調査，計画，設計および施工の各段階で検討した情報は，シールドトンネルを適切に維持管理していくうえで有益である．地盤，環境等の調査資料，覆工の構造計算，構造図，配筋図等の設計資料，施工段階の各種の計測結果等の施工資料等は，必要に応じて施設管理者に引き継げるようにしておかなければならない．とくに，シールドトンネルは覆工背面等の目視できない部分が重要な機能を持っており，維持管理段階にこれらの部分の状態を推測するためにも，これらのことは重要である．

また，施工段階で生じた損傷等のデータも維持管理において必要な情報である．損傷が施工段階に生じたものか，劣化により生じたものかの違いは，損傷の今後の進行を予測し補修，補強の必要性を判断するポイントとなる情報である．とくに施工中のトラブルや不具合，供用開始までに補修した箇所等は供用開始後にトンネルの変状等の原因となりやすいことから，これを記録として保存し，施設管理者に引き継げるようにしておく必要がある．

(2)について　シールドトンネルを含む土木構造物は，建設段階で有していた性能が供用中に経年とともに低下していくことから，適切な維持管理が必要となる．ここでいう維持管理とは，定期的に点検を実施し，その結果を評価して，必要に応じて補修等の措置を講じたうえで，それらの結果を記録として残していくというサイクルを繰り返すことである（**解説 図 1.4.1**参照）．このため，供用に際して初期の点検で供用開始時の性能を確認することは非常に重要な意味を持っている．また，この初期点検によって万が一不具合が確認された場合は，適切な措置を講じる必要がある．

第2編 覆　　工

第1章 総　　則

1.1 適用の範囲

　本編は，円形断面を有するシールドトンネルを対象に，その覆工に関する許容応力度設計法による設計ならびに製作の基本となる事項を示すものである．なお，円形断面以外のシールドトンネルに対しては適用性を検討のうえ準用してよい．

【解　説】　シールドトンネルでは，地山条件はもとより，トンネルの断面形状，施工法等によってその力学的挙動が相違すると考えられる．覆工の設計は，これらに応じて行うことを原則とし，第2編ではその方法を許容応力度設計法によるものとする．なお，大規模地震の検討を行う場合には，第5編　限界状態設計法による．

　実績によれば，シールドトンネルの断面形状は円形が圧倒的に多く，単にシールドトンネルといえば，円形断面を指すのが実状である．このため，この示方書においては円形断面のシールドトンネルを建設する場合を対象としてその基準を提示するにとどめ，複円形，楕円形，矩形等，円形以外の断面形状をもつものに対しては，適当と認められる事項を準用してよいこととした．なお，適当と認められる事項には，たとえば，第2編 第3章　材料や第4章　許容応力度があるが，第2編 第2章　作用の側方土圧係数など断面形状と密接に関連のある事項は，その適用にあたって十分に検討しなければならない．

1.2 名　　称

　覆工に関する用語は次のとおりとする．

（1）　覆工厚

　覆工の厚さの総和で一次覆工厚と二次覆工厚とからなる（図 2.1.1参照）．

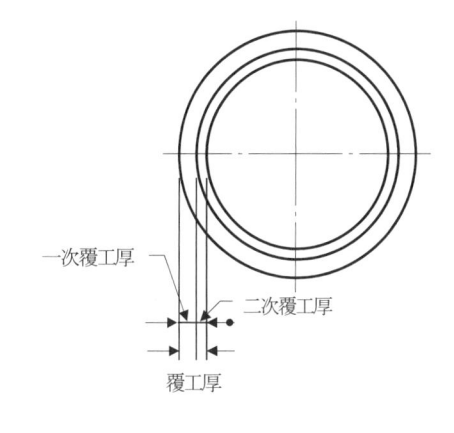

図 2.1.1　覆工

（2）　鋼製セグメント

　鋼材を加工した主桁と継手板，縦リブおよびスキンプレートを溶接によって接合した，箱型形状のセグメントをいう（図 2.1.2, 2.1.3 参照）．

（3）　鉄筋コンクリート製セグメント

　鉄筋コンクリート製の充実断面をもつ平板形状のセグメントをいう（図 2.1.2, 2.1.3 参照）．

（4）　合成セグメント

　鋼材とコンクリートを一体化させた平板形状のセグメントをいう（図 2.1.2, 2.1.3 参照）．鋼製セグメントの内面側の凹部にコンクリートを充填したものや，鉄筋のかわりに鋼材を用いたりする．鋼材とコンクリートを一体化させていないコンクリート中詰め鋼製セグメントは，鋼製セグメントに分類される．

a) 鋼製セグメント　　　b) 鉄筋コンクリート製セグメント　　　c) 合成セグメント

図 2.1.2　セグメント断面の例

a) 鋼製セグメント　　　b) 鉄筋コンクリート製セグメント　　　c) 合成セグメント

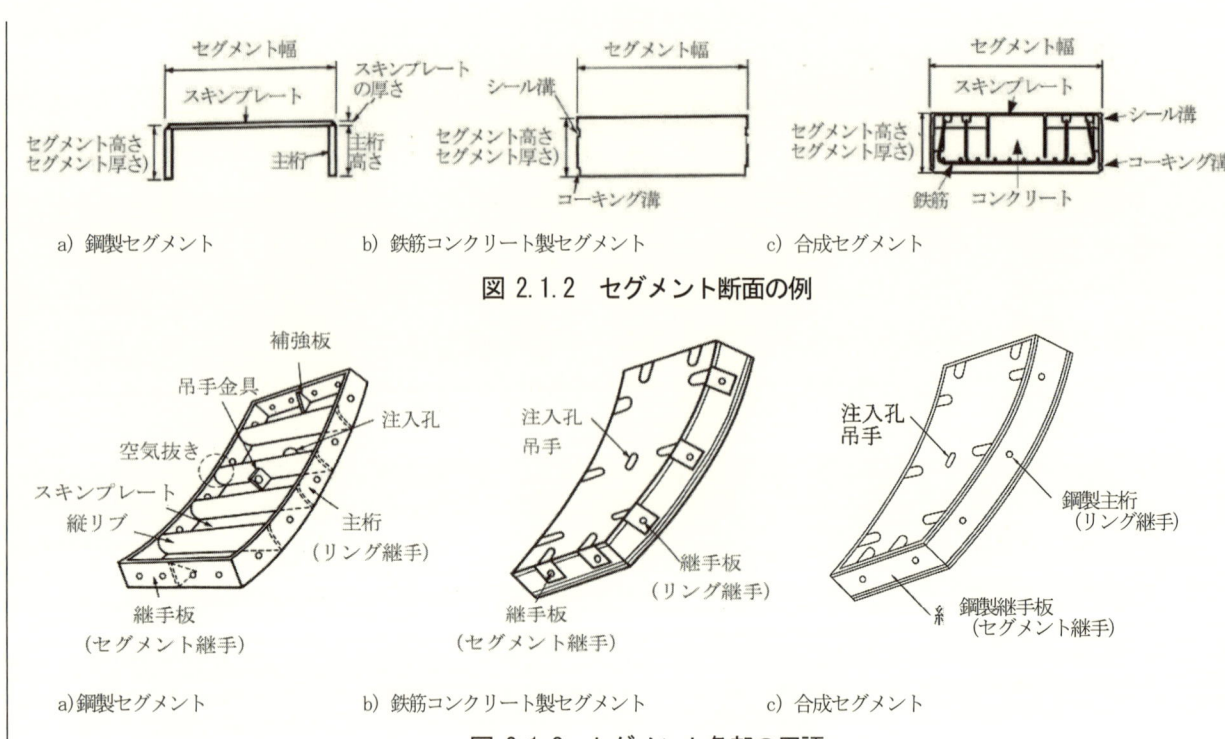

図 2.1.3　セグメント各部の用語

（5）セグメントリング

セグメントリングとは，A，BおよびKセグメントで構成される，一次覆工を形成するリングをいう．Aセグメントは，両端のセグメント継手に継手角度を有しないセグメントである．Bセグメントは，片方のセグメント継手に継手角度もしくは挿入角度を有するセグメントである．Kセグメントは，両端のセグメント継手に継手角度a_rもしくは挿入角度a_ℓまたはその両方を有し，セグメントリングを閉合させるセグメントである．

Kセグメントの中心角は，その製作方法から，鋼製セグメントでは外径側弧長を基準とし，鉄筋コンクリートセグメントおよび合成セグメントでは内径側弧長を基準としている．ただし，外周面を鋼材で覆われたタイプの合成セグメントについては，その製作方法から，鋼製セグメントと同様に外径側弧長を基準としている場合もある．

Kセグメントには，トンネル半径方向にテーパーをつけてトンネル内側から挿入するもの（半径方向挿入型Kセグメント）およびトンネル軸方向にテーパーをつけてトンネル縦断の切羽側から挿入するもの（軸方向挿入型Kセグメント）がある（**図 2.1.5** 参照）．

鋼製セグメント　　　鉄筋コンクリート製セグメント　合成セグメント

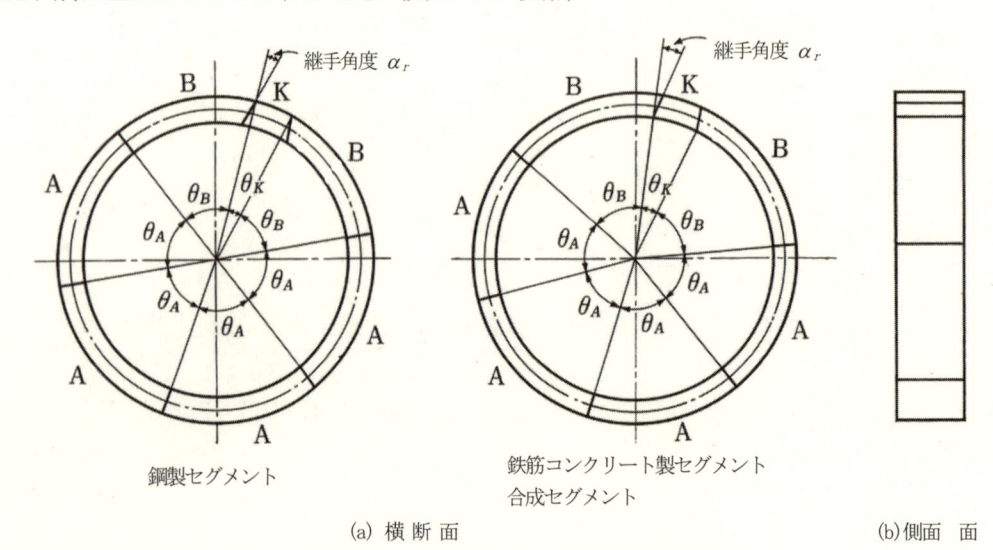

(a) 横断面　　　(b) 側面面

図 2.1.4　セグメントリングの構成例

(a) 半径方向挿入型　　(b) 軸方向挿入型

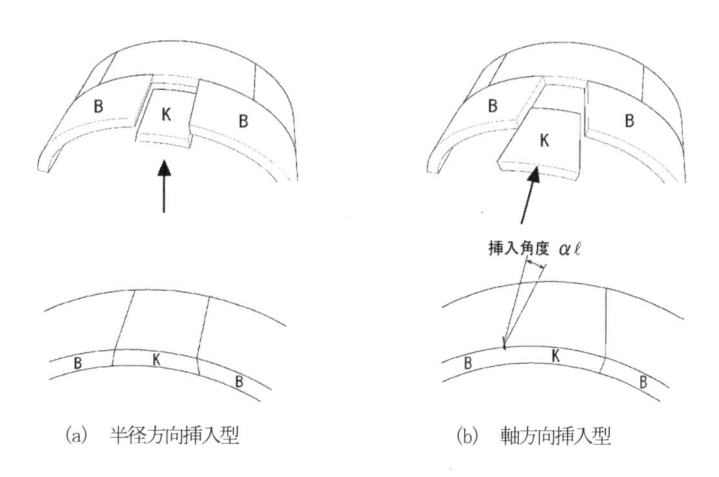

図 2.1.5　Kセグメントの種類

（6）　分割数

1リングを構成するセグメントの数をいう．

（7）　いも継ぎおよび千鳥組

セグメント継手面がトンネル縦断方向に連続する場合をいも継ぎといい，セグメント継手面がトンネル縦断方向に千鳥配置となる場合を千鳥組という（**図 2.1.6** 参照）．

（8）　テーパーリング

曲線部の施工および蛇行修正に用いるテーパーのついたリングをいう（**図 2.1.7** 参照）．とくに幅の狭い板状のものはテーパープレートリングという．

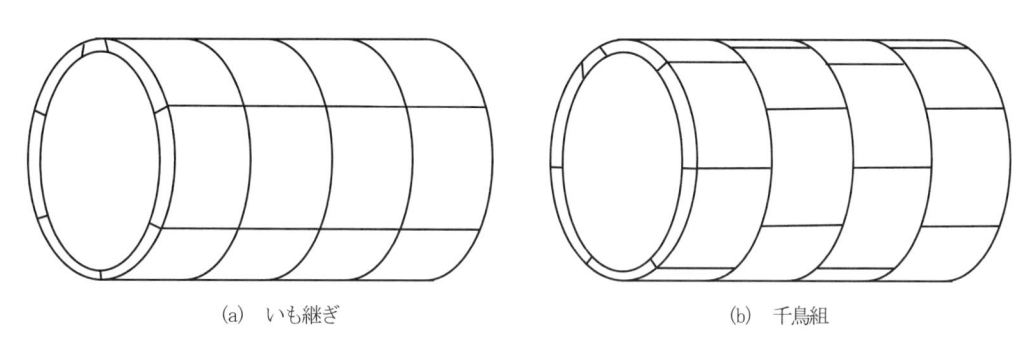

(a) いも継ぎ　　(b) 千鳥組

図 2.1.6　いも継ぎおよび千鳥組

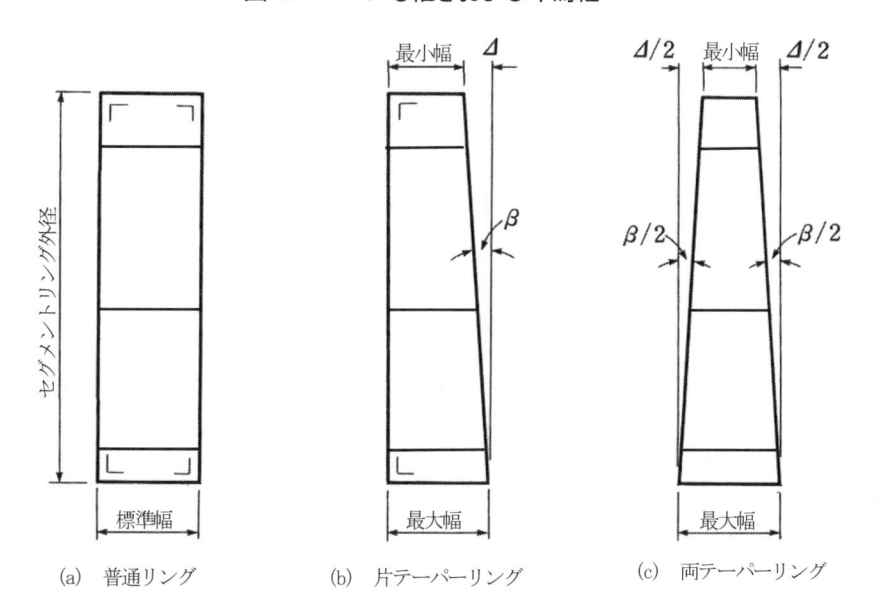

(a) 普通リング　　(b) 片テーパーリング　　(c) 両テーパーリング

図 2.1.7　テーパーリング

(9) テーパーセグメント
テーパーリングを構成するセグメントをいう．

(10) テーパー量（Δ）
テーパーリングにおける最大幅と最小幅との差をいう（図 2.1.7 参照）．

(11) テーパー角（β）
図 2.1.7に示す角度 β をいう．

(12) 継手角度（α_r）
図 2.1.4, 2.1.8に示すとおりで，主に半径方向挿入型Kセグメントの場合に用いられる．

(13) 挿入角度（α_ℓ）
図 2.1.5に示すとおりで，軸方向挿入型Kセグメントの場合に用いられる．

(14) セグメント幅
トンネル縦断方向に測ったセグメントの寸法をいう（図 2.1.2 参照）．

(15) セグメント長さ
トンネル横断方向に測ったセグメントの弧長をいう（図 2.1.8 参照）．

(16) セグメント高さ（厚さ）
図 2.1.2に示すとおりである．なお，セグメント厚さともいう．

(17) 主桁
鋼製セグメントにおいてトンネルの横断面を主体的に形成する部材をいう（図 2.1.2 参照）．

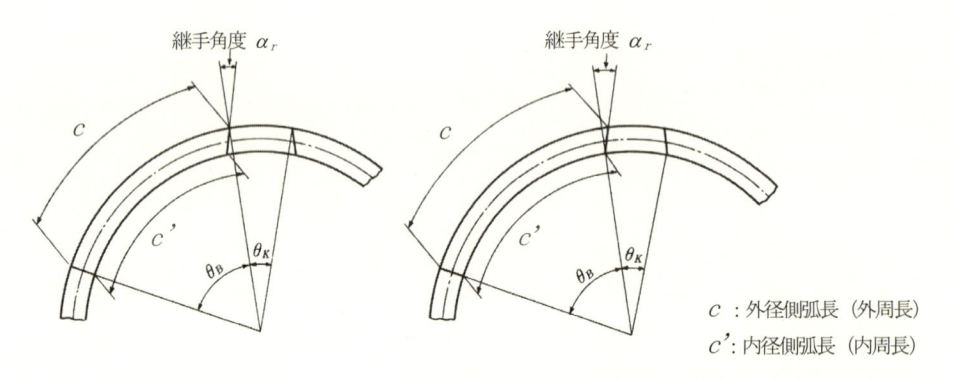

c：外径側弧長（外周長）
c'：内径側弧長（内周長）

(a) 鋼製セグメント　　　(b) 鉄筋コンクリート製セグメント

※合成セグメントについては，内径基準および外径基準の両者がある．

図 2.1.8　セグメントリングの断面

(18) セグメント継手
トンネル横断方向にセグメントを連結し，リングを形成する継手をいう．

(19) リング継手
トンネル縦断方向にリング相互を連結し，トンネルを形成する継手をいう．

(20) 継手板
継手の連結に利用する板または板状の構造部材をいう（図 2.1.3 参照）．

(21) スキンプレート
鋼製セグメントおよび合成セグメントにおいて，主桁と継手板で周辺を支持され，縦リブで中間部を支持された板をいう（図 2.1.2, 図 2.1.3 参照）．ただし，合成セグメントにおいては，スキンプレートを支持する縦リブを省略したものもある．

(22) 縦リブ
鋼製セグメント，合成セグメントにおいて，トンネルの縦断方向に配置した部材をいう（図 2.1.3 参照）．

(23) セグメント継ぎボルト
リングを形成するためにセグメント相互の連結に用いるボルトをいう．
(24) リング継ぎボルト
リング相互の連結に用いるボルトをいう．
(25) シール溝
シール材を貼付するためにセグメントの継手面に設けた溝をいう（**図 2.1.2** 参照）．
(26) コーキング溝
コーキングのためにセグメントの継手面の内側に設けた溝をいう（**図 2.1.2** 参照）．
(27) 注入孔
裏込め注入等を行うためにセグメントに設けた孔をいう（**図 2.1.3** 参照）．
(28) 吊手
エレクターが把持するためにセグメントに設けた金具等のことで，鉄筋コンクリート製セグメントにおいては，注入孔と兼用する場合が多い（**図 2.1.3** 参照）．
(29) 補強板
鋼製セグメントにおいて，継手板を補強する板をいう（**図 2.1.3** 参照）．
(30) 取付覆工
シールドスキンプレート内および接続部に構築する覆工をいう．取付覆工は，場所打ち鉄筋コンクリートの場合が多い（第2編 **10.1** 参照）．

1.3　記　　号

覆工形状，材料の性質等の記述や構造計算に用いる記号は，次のとおりとする．

A ： セグメント主断面の断面積
A_v ： 区間sにおけるスターラップの総断面積（第2編 **6.5** 参照）
a ： 鋼製セグメントのスキンプレートのライズ（第2編 **6.7** 参照）
b ： セグメント幅
B_T ： テーパーリングの最大幅（第2編 **5.3** 参照）
b_e ： 鋼製セグメントまたは合成セグメントのスキンプレートの有効幅（第2編 **6.4** 参照）
c ： 土の粘着力
C ： セグメント1ピースの外径側弧長（外周長）（**図 2.1.8** 参照）
C' ： セグメント1ピースの内径側弧長（内周長）（**図 2.1.8** 参照）
c_o ： 鉄筋コンクリート製セグメントの主鉄筋のかぶり
D_o ： 一次覆工（セグメント）の外周直径（**図 2.1.9** 参照）
d ： 鉄筋コンクリート製セグメントの構造計算における有効高さ
E_c ： コンクリートのヤング係数（第2編 **3.3** 参照）
E_d ： 球状黒鉛鋳鉄のヤング係数（第2編 **3.3** 参照）
E_s ： 鋼および鋳鋼のヤング係数（第2編 **3.3** 参照）
E_p ： PC鋼材のヤング係数（第2編 **3.3** 参照）
g ： セグメントの単位長さあたりの重量
H ： 覆工外周の頂点における設計上の土被り（**図 2.1.9** 参照）
H_w ： 覆工外周の頂点における設計上の圧力水頭（**図 2.1.9** 参照）
h ： セグメント高さ．鋼製セグメントにおいては主桁の高さ（第2編 **5.1** 参照）
h_1 ： 一次覆工（セグメント）の覆工厚（**図 2.1.9** 参照）
h_2 ： 二次覆工の覆工厚（**図 2.1.9** 参照）

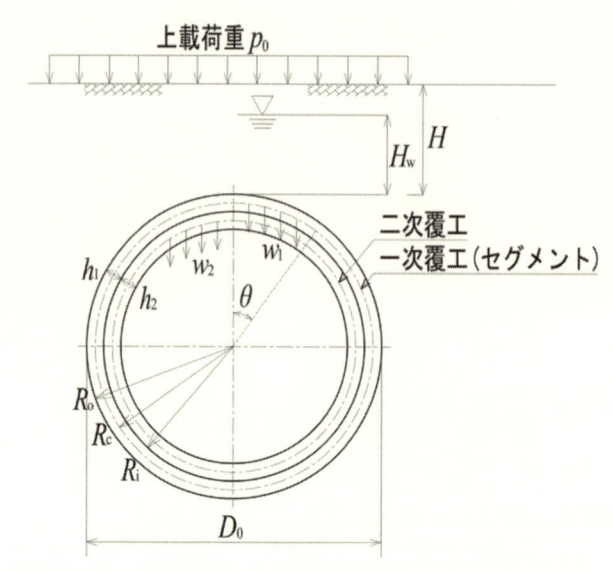

図 2.1.9　一次覆工，二次覆工の形状寸法に関する記号

I ： セグメント主断面の断面二次モーメント
k ： 地盤反力係数（第2編 2.2, 2.6 参照）
k_θ ： セグメント継手の回転ばね定数（第2編 6.2 参照）
k_r ： リング継手の半径方向のせん断ばね定数（第2編 6.2 参照）
k_t ： リング継手の接線方向のせん断ばね定数（第2編 6.2 参照）
M ： 曲げモーメント（断面力の符号は図 2.1.10に示す方向を正とする）
N ： 軸力（断面力の符号は図 2.1.10に示す方向を正とする）

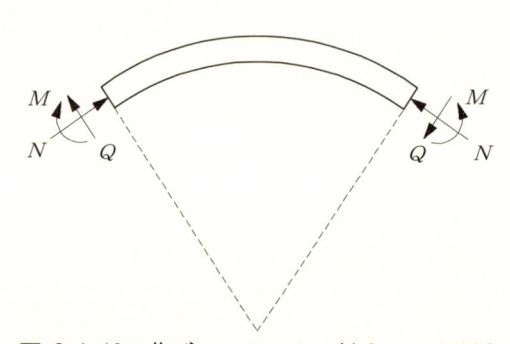

図 2.1.10　曲げモーメント，軸力，せん断力

P ： 鉛直方向の荷重強度（第2編 6.2 参照）
p_0 ： 上載荷重（図 2.1.9 参照）
p_w ： 鉄筋比(%)（第2編 4.1 参照）
Q ： せん断力（断面力の符号は図 2.1.10に示す方向を正とする．）
q ： 水平方向の荷重強度（第2編 6.2 参照）
Q_c ： コンクリートが受け持つせん断力（第2編 6.5 参照）
Q_v ： スターラップが受け持つせん断力（第2編 6.5 参照）
R_o ： 一次覆工の外周半径（図 2.1.9 参照）
R_c ： 一次覆工の図心半径（図 2.1.9 参照）
R_i ： 一次覆工の内周半径（図 2.1.9 参照）
s ： 鉄筋コンクリート製セグメントのスターラップの間隔（第2編 6.5 参照）
S ： 鋼製セグメントのスキンプレートのスパン（第2編 6.7 参照）

t	: 鋼製セグメントのスキンプレートの板厚（第2編 6.4 参照）
t_r	: 鋼製セグメントの主桁の板厚（第2編 4.1 参照）
U	: 主鉄筋の周長の総和（第2編 6.5 参照）
W_1	: 一次覆工の自重（トンネル縦断方向の単位長さあたり）（第2編 2.4 参照）
W_2	: 二次覆工の自重（トンネル縦断方向の単位長さあたり）（第2編 2.4 参照）
w_1	: 覆工の図心線に沿った単位周長あたりの一次覆工の自重（図 2.1.9 参照）
w_2	: 覆工の図心線に沿った単位周長あたりの二次覆工の自重（図 2.1.9 参照）
α_ℓ	: Kセグメントの挿入角度（図 2.1.5, 第2編 5.2 参照）．軸方向挿入型で設定
α_r	: Kセグメントの継手角度（図 2.1.4, 第2編 5.2 参照）．主に半径方向挿入型で設定
β	: テーパーリングにおけるテーパー角度（図 2.1.7, 第2編 5.3 参照）
γ	: 土の単位体積重量
γ'	: 土の水中単位体積重量
γ_w	: 水の単位体積重量
δ	: セグメントリングの水平直径点の水平方向変位（地山側へ向かうものを正とする）（参考資料 付図 2.1 参照）
Δ	: テーパーリングにおけるテーパー量（図 2.1.7, 第2編 5.3 参照）
η	: 曲げ剛性 EI の有効率（第2編 6.2 参照）
ζ	: 曲げモーメント M の割増し率（第2編 6.2 参照）
θ	: 断面力等の計算位置の角度（トンネル頂点から時計まわりを正とした中心角）（図 2.1.9 参照）
θ_k	: Kセグメントの中心角（第2編 5.2 参照）
λ	: 側方土圧係数（第2編 2.2 参照）
ν_c	: コンクリートのポアソン比（第2編 3.3 参照）
ν_d	: 球状黒鉛鋳鉄のポアソン比（第2編 3.3 参照）
ν_s	: 鋼および鋳鋼のポアソン比（第2編 3.3 参照）
σ_{ba}	: コンクリートの許容支圧応力度（第2編 4.1 参照）
σ_{ca}	: コンクリートの許容曲げ圧縮応力度（第2編 4.1 参照）
σ_{ck}	: コンクリートの設計基準強度（第2編 4.1 参照）
σ_{sta}	: 鋼材の許容引張応力度（第2編 4.1 参照）
σ_{sca}	: 鋼材の許容圧縮応力度（第2編 4.1 参照）
σ_{ta}	: 現場打ち無筋コンクリートの許容引張応力度（第2編 4.1 参照）
τ_a	: コンクリートの許容せん断応力度（第2編 4.1 参照）
τ_o	: コンクリートの許容付着応力度（第2編 4.1 参照）
σ_v	: Terzaghiの緩み土圧（第2編 2.2 参照）
ϕ	: 土の内部摩擦角（第2編 2.2 参照）
ω	: 半径方向挿入型の場合のKセグメントの挿入に余裕として必要な角度（第2編 5.2 参照）

【解 説】 覆工形状，材料の性質等の記述や構造計算に用いる記号の統一を図ったものである．同じ記号が異なる意味で使用されると混乱が生じるので，記号はできるだけ統一するのが望ましい．しかし，すべての記号を掲載することはかえって煩雑になるので，一般に使用されている記号のみを示した．したがって，同じ記号を異なる意味に使用している箇所や本項に示されていない記号を用いているところもあるが，これらの記号については，それぞれの項において説明を加えている．

> **1.4 覆工構造の選定**
>
> 　覆工は，トンネルの使用目的に応じた機能を満足するとともに，地山の条件および施工法等に適合し，かつ防水，防食等の耐久性を考慮して，その構造，材質，形式等を選定しなければならない．

【解　説】　トンネルの覆工は，地山を直接支持して所定の内空を保持するとともに，トンネルの使用目的に合致し，施工上必要な機能を有するものであることが要求される．

　トンネルの覆工は，元来は一次覆工と二次覆工とで構成され，主に力学的な機能を一次覆工に，耐久的な機能を二次覆工に受けもたせることが一般的であった．しかし，社会的な背景から，最近では経済性や施工性の向上等を目的に，二次覆工の機能を一次覆工に受けもたせるか，もしくは代替措置を施した一次覆工のみからなる構造が用いられるようになってきている．本解説では，一次覆工と二次覆工に分けて，各々の機能と選定にあたっての注意事項を記載することとする．

　1)　一次覆工の機能および種類　一次覆工は，トンネルに作用する土水圧，自重，上載荷重の影響，地盤反力などに耐えうる主体構造であるとともに，ジャッキ推力，裏込め注入圧などの施工時荷重にも耐えうるなどの力学的な機能を要求され，また，組立ての確実性，作業性および止水性などの施工上の機能も要求される．さらに，トンネルの使用目的に応じて，建設後の耐久性および維持管理のしやすさについても考慮しなければならない．

　一次覆工は，工場製品であるセグメントをトンネル横断方向および縦断方向にボルト継手等で連結し形成するのが一般的である．

　セグメントの種類は材質から鉄筋コンクリート製，鋼製およびこれらを合成した製品等に分かれ，それぞれ特徴がある．なお，ダクタイルセグメントは，現在，国内調達が困難であり，また，中子型セグメントもすでに製造されていないため本章では取り扱わない．しかし，過去にダクタイルセグメントや中子型セグメントを使用して建設されたトンネルは少なくない．したがって，将来の維持管理などに資することに配慮し，ダクタイルセグメント，中子型セグメントに関しては，参考資料に記載するためこれを参照されたい．

　鉄筋コンクリート製セグメントは，耐久性に富み，耐圧縮性に優れているため，土圧，ジャッキ推力等に対して座屈の発生が少なく，また，剛性が高く，施工に留意すれば水密性に優れている．一方，その重量が大きく，引張強度が小さいため，セグメント端部が損傷しやすく，製造時の脱型，運搬，および施工時の取扱いには十分な注意が必要である．

　鋼製セグメントは，材質が均一で強度も保証され，優れた溶接性を有し，比較的軽量であるため，施工性に富み，現場における加工や修正が容易である．しかし，鉄筋コンクリート製セグメントに比較して変形しやすく，ジャッキ推力や裏込め注入圧等が過大となるときは，座屈およびスキンプレートの変形に対する配慮が必要である．合成セグメントは，鋼材と鉄筋コンクリートまたは鋼材と無筋コンクリートとを組み合わせたものが一般的に用いられているが，鉄筋の代わりにラチストラスや平鋼，形鋼等を用いた鉄骨コンクリートセグメントも開発されている．ここで合成セグメントとは，さまざまな作用に対してセグメント断面に発生する断面力（軸力，曲げモーメント，せん断力等）に対し，半径方向および円周方向に鋼材とコンクリートが一体となって挙動する，いわゆる「鋼コンクリート合成構造」を形成することが基本であり，発生断面力に対する弾性範囲内の挙動において平面保持の仮定が成立し，鉄筋コンクリート理論による断面設計が可能であるものをいう（第2編 7.1 参照）．したがって，鋼製セグメントの内側にコンクリートを打設し，コンクリートをジャッキ推力のみに抵抗させるコンクリート中詰め鋼製セグメントなどはこれに当たらない．

　合成セグメントは，同じ断面であれば高い耐力と剛性を付与することが可能なことから，鉄筋コンクリート製セグメントに比べてセグメント高さを低減できる利点がある．このため，地山の条件や施工条件などから高い耐力を必要とするトンネルや一般部に比較して大きな荷重が作用する区間がある場合などに鉄筋コンクリート製セグメントに替えて配置されることが多い．

　セグメントは，セグメント間およびリング間の継手構造やセグメントの平面形状からも分類できる．

　セグメントの継手構造は，従来から使用されているボルト継手に加えて，ヒンジ継手，くさび継手，ピン挿入

型継手，ほぞ継手等が用いられている．くさび継手，ピン挿入型継手，ほぞ継手等は，簡易な接合方法やジャッキ推力を活用するなど，従来からのボルト締め作業を自動化，省力化することができ，施工性に優れている．ただし，従来のボルト継手に比べて，剛性が低いものもあるため，適用地盤にあった継手構造を選択する必要がある．とくに地山の条件や施工条件などから，セグメント組立て時や裏込め注入材の硬化前等の過程でセグメントの安定性が問題となる場合には，シールドにセグメントに締結力を有する継手構造を選定するなどの対策とともに，シールドに形状保持装置を装備するなどの注意が必要である（第2編 7.3 参照）．

　セグメントの平面形状は，従来から使用されている矩形のものに加えて，六角形，台形，平行四辺形，およびそれらを混合したものも用いられている．これら特殊な形状のセグメントには，シールドを掘進しながら，セグメントを連続して組立てたり，セグメント分割を偶数分割とし，半数ずつのセグメントを同時に組立てながらシールドを掘進できるなどの特徴があり，施工効率の向上が図られているものもある．なお，最近ではセグメントの形状によらず，掘進途中にセグメントを組立てる空間が確保された時点からセグメントの組立てを開始する方法が用いられることが多い．

　2) 二次覆工の機能および種類　二次覆工は，一般に現場打ちコンクリートを一次覆工の内側に巻き立てて構築される．一次覆工をトンネルの主体構造とする通常の場合には，二次覆工がもつべき機能はトンネルの使用目的や使用条件，使用環境条件等により異なり，おおむね次のように分類できる（第2編 第8章 二次覆工 参照）．

① セグメントの防食
② 防水
③ 線形の確保
④ 内面平滑性の確保
⑤ 摩耗対策
⑥ セグメントの補強および変形防止
⑦ 浮上がりの防止
⑧ 防振，防音
⑨ 耐火
⑩ 内部施設の設置，固定
⑪ 隔壁
⑫ その他

従来，二次覆工は現場打ちコンクリートを用いて構築する場合が多かったが，近年では，経済性や施工性の向上等を目的とした代替措置の事例として，たとえば，以下のような方法が用いられている．

① 内挿管を設置し一次覆工との間に間詰め材を充填する方法
② 一次覆工の内側に吹付けコンクリート等を施す方法
③ 分割されたシート状の被覆材を一次覆工の内側に貼付したり，パネル状の被覆材を一次覆工の内側に沿って組立て，一次覆工との間に間詰め材を充填する方法
④ 合成樹脂等のシート状の被覆材を一次覆工の内面に一体化させてセグメントを製作する方法
⑤ セグメントの内面に被覆材を塗布または含浸する方法

　一方，二次覆工の機能を一次覆工にもたせ，二次覆工を施工しない場合には，トンネルの使用目的，使用環境条件，トンネルを構築する周辺地盤の性状，トンネルに作用する荷重の変動，トンネルのライフサイクルコスト（LCC）等を考慮し，トンネルの一次覆工は主体構造としての力学的な役割に加え，二次覆工が担うべき機能を付与することが可能か否かを十分検討しなければならない．二次覆工の機能を一次覆工に付加することが困難と考えられる場合には，工事費縮減等の社会的な流れにとらわれることなく，従来どおり二次覆工を施工することが必要である．

　3) 覆工構造の選定　覆工構造の選定にあたっては，供用時の維持管理を考慮しなければならない．トンネルの使用目的やトンネル内の使用環境，周辺環境等に応じて，供用年数を考慮した構造上の耐久性ならびに維持管理および補修や補強の容易さを考慮した構造設計等について十分検討する必要がある．

二次覆工の機能を一次覆工にもたせ，二次覆工を施工しない場合にも，将来的な維持管理としての補修や補強が施工可能な空間を一次覆工の内側に確保し，トンネル内空断面に余裕をもたせることなども選択肢のひとつである．

<u>4) セグメントの選定</u>　これらの特徴を踏まえて，トンネルの使用目的，地山の条件，使用環境条件および施工法等に適合するよう，セグメントの材質および形式の選定を行う．上下水道や電力通信等の中小断面は，鉄筋コンクリート製セグメントおよび鋼製セグメントを主として用い，「シールド工事用標準セグメント」(2001) から選定するか，これを参考にセグメントの選定，設計を行っている例が多い．鉄道および道路等の大断面では，鉄筋コンクリート製セグメントを主として用い，そのほかにダクタイルセグメント，厚肉の鋼製セグメントを用いていたが，最近ではダクタイルセグメントの国内での調達が困難になっていることに伴い，これに替えて合成セグメントを用いている．なお，鉄道および道路等の大断面のセグメントは，トンネルの使用目的から，「シールド工事用標準セグメント」(2001) によらずに，各事業者が独自に材質および形式を選定している場合が多い．その場合には，地盤にかかわらず，一般的に鉄筋コンクリート製セグメントを選定し，急曲線部，一般部よりも大きな内空確保が必要な場合や用地の制約からセグメント高さを小さく抑えたい場合，開口等によりセグメントリングが欠円となる場合，特殊作用に対する配慮が必要な場合等に，鋼製セグメントや合成セグメントを選定している．

セグメントリングの断面力を算定する際には，使用するセグメントの種別，継手形式，千鳥組による添接効果の大小など，覆工構造の特性を適切に評価することが重要である．セグメントリングの断面力算定法は，セグメントリングを剛性一様リングとして取扱う考え方，多ヒンジ系リングとして取扱う考え方，セグメント本体を梁，セグメント継手を回転ばね，リング継手をせん断ばねにモデル化し，千鳥組による添接効果を再現した2リングまたは複数リングとして取扱う考え方（はり－ばねモデル）に大別され，これらの考え方は，トンネルの使用目的や地山条件はもとより，覆工構造の特性とも密接に関連する．したがって覆工構造の選定にあたっては，採用するセグメントの構造計算方法との関係にも十分配慮することが重要である．

大土被りとなるシールドトンネルを構築する場合のセグメントの選定においては，地下水圧を考慮した止水性を検討するとともに，とくに高水圧下では，ジャッキ推力，裏込め注入圧，テールグリース圧等の施工時荷重が著しく大きくなる場合があるため，それらを十分に考慮して設計を行う必要がある（**第2編 2.7 参照**）．

地下河川や導水路等のようにトンネルが内水圧を受ける場合のセグメントの選定においては，セグメント継手やセグメント本体に引張力が働くことが想定される．このため，継手部の剛性を高めたり，鉄筋コンクリート製の二次覆工を施工して，漏水防止のために防水シート等の防水層を設けて対応する場合もある．

1.5 設計の基本

本編における覆工の設計は，許容応力度設計法によるものとする．また，覆工の設計は，良質な材料を用い，適切な施工が行われることを前提として，トンネルの使用目的に対して構造の安全性が確認できることを基本としなければならない．

【**解　説**】　覆工の設計に対する基本姿勢を示したものである．作用の設定とそれに対する構造モデルの選択は，経験と理論とに根ざして現象をできるだけ正しく説明できるようにすべきである．トンネルの力学的挙動は複雑であることから，多少でも不明な点がある場合には，少なくとも構造の安全性が確認できることを基本としなければならない．

覆工の設計においては，鉄道，道路，上下水道，電力，通信等のトンネルの使用目的に応じ，必要とされる耐荷性，耐久性を確認することはもちろんのこと，ジャッキ推力や裏込め注入圧等の施工途中における荷重に対しても安全性を確認することが重要である．また，施工時においてセグメントが受ける荷重は，その状況により複雑に作用することから，その挙動を十分に把握して設計に反映することが重要である．とくに，大深度や大断面のトンネルでは，従来から想定していなかった大きな施工時荷重が作用することもあるので，想定外の作用に対

してセグメントが耐えることができるよう，安全に余裕を持たせた形状寸法や材料の採用が望ましい．

　覆工の設計に対する基本的な立場は，設計で意図されたとおりの材料を用い，意図されたとおりの施工がなされることを前提としている．一般に，第2編 第3章 材料，第9章 セグメントの製作および第4編 施工の規定にしたがって，つねに適切な管理のもとに施工されることが重要である．

　許容応力度設計法は，従来からの採用実績も豊富であり，また，部材を弾性範囲内で取り扱うことから簡便であり優れた設計法である．そこで，本編では，許容応力度設計法にもとづき設計を行うことを基本とした．ただし，レベル2地震動に対する検討においては，部材非線形の領域まで取り扱う必要があり，この場合には限界状態設計法による．なお，許容応力設計法にもとづく場合においても，せん断耐力を向上させるなど，部材が脆性的な破壊とならないように配慮することも重要である．

　解説 図 2.1.1は，許容応力度設計法による覆工の設計の流れを示す．

　安全で経済的な覆工の設計を行うためには，トンネルの挙動を正しく把握する必要があり，つねに研究を怠らず，その成果を設計に反映させるよう努めなければならない．

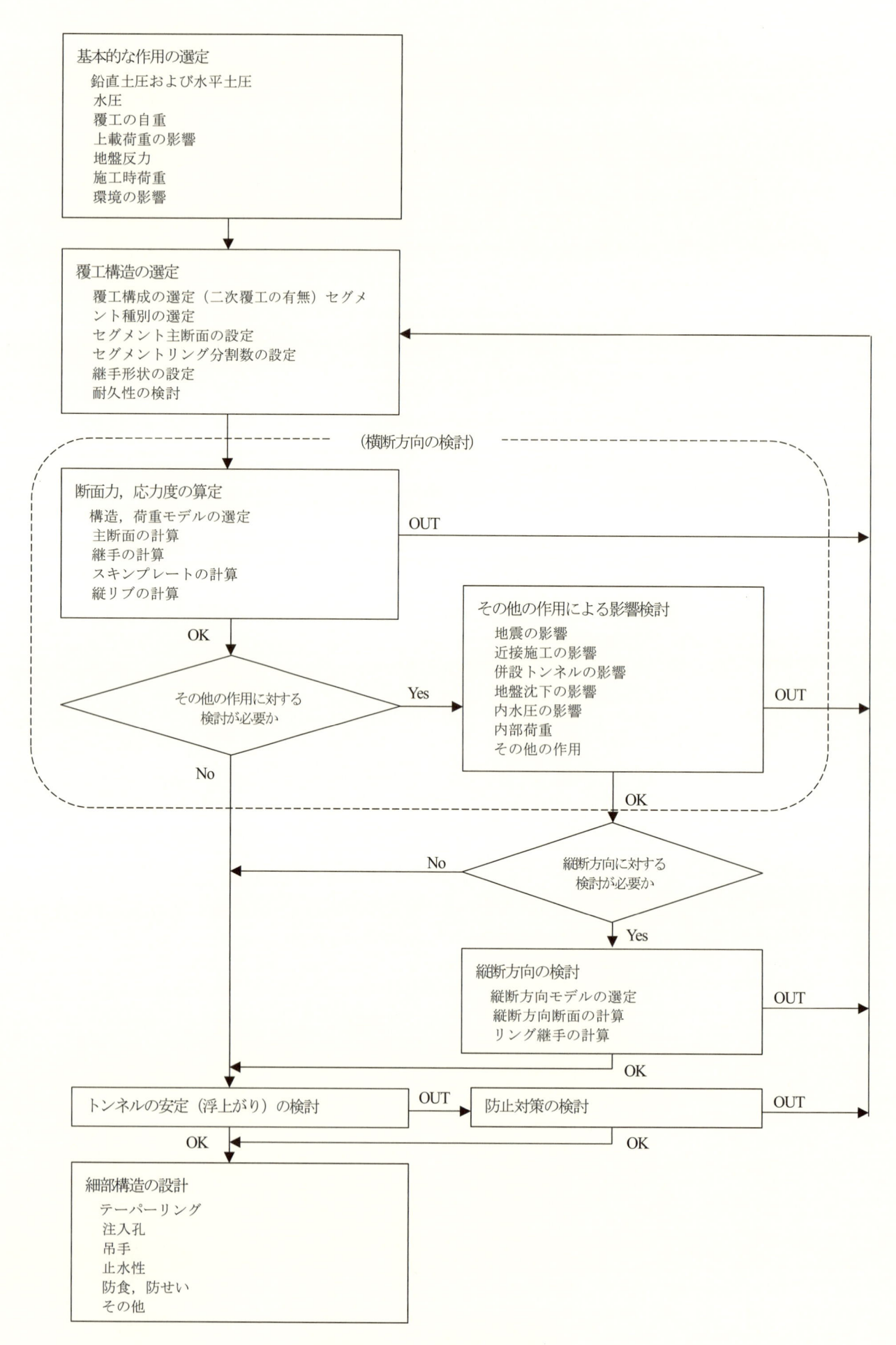

```
┌─────────────────────────────┐
│ 基本的な作用の選定          │
│   鉛直土圧および水平土圧    │
│   水圧                      │
│   覆工の自重                │
│   上載荷重の影響            │
│   地盤反力                  │
│   施工時荷重                │
│   環境の影響                │
└─────────────┬───────────────┘
              ↓
┌─────────────────────────────────────────────┐
│ 覆工構造の選定                              │
│   覆工構成の選定（二次覆工の有無）セグメ    │
│   ント種別の選定                            │
│   セグメント主断面の設定                    │
│   セグメントリング分割数の設定              │
│   継手形状の設定                            │
│   耐久性の検討                              │
└─────────────┬───────────────────────────────┘
```

（横断方向の検討）

```
┌─────────────────────────┐
│ 断面力，応力度の算定    │        OUT
│   構造，荷重モデルの選定│ ─────────────→
│   主断面の計算          │
│   継手の計算            │
│   スキンプレートの計算  │
│   縦リブの計算          │
└──────────┬──────────────┘
           │ OK
           ↓                      ┌─────────────────────────┐
        ◇その他の作用に対する◇   │ その他の作用による影響検討│
         検討が必要か      Yes→  │   地震の影響            │
                                  │   近接施工の影響        │    OUT
                                  │   併設トンネルの影響    │ ─────→
                                  │   地盤沈下の影響        │
            │ No                  │   内水圧の影響          │
                                  │   内部荷重              │
                                  │   その他の作用          │
                                  └──────────┬──────────────┘
                                             │ OK
                                             ↓
                          ◇縦断方向に対する◇
                    ← No─ 検討が必要か
                                             │ Yes
                                             ↓
                                  ┌─────────────────────────┐
                                  │ 縦断方向の検討          │    OUT
                                  │   縦断方向モデルの選定  │ ─────→
                                  │   縦断方向断面の計算    │
                                  │   リング継手の計算      │
                                  └──────────┬──────────────┘
                                             │ OK
┌─────────────────────────┐  OUT  ┌──────────────┐  OUT
│ トンネルの安定（浮上がり）│ ───→ │ 防止対策の検討│ ────→
│ の検討                  │       └──────┬───────┘
└──────────┬──────────────┘              │ OK
           │ OK ←──────────────────────────┘
           ↓
┌─────────────────────────┐
│ 細部構造の設計          │
│   テーパーリング        │
│   注入孔                │
│   吊手                  │
│   止水性                │
│   防食，防せい          │
│   その他                │
└─────────────────────────┘
```

解説 図 2.1.1　覆工の設計の流れ

1.6 設計計算書

（1） 設計計算書には，覆工の安全性，耐久性等を照査する際に設定した計算上の条件，考え方，仮定，計算過程および設計結果を明示しなければならない．

（2） 設計計算書には，原則として以下に示す設計計算の基本事項を明記しなければならない．

　1) 地山および地下水の条件
　2) 設計で考慮する作用
　3) 使用材料の種類および特性
　4) 許容応力度または安全率
　5) 施工条件
　6) 設計責任者
　7) 設計年月日
　8) 適用した基準等の名称

【解説】　（1）について　設計計算書の作成にあたっては，設計者の意図を施工者や工事竣工後の維持管理者に十分に伝達する必要がある．このため設計計算書には，計算過程や設計結果のみならず，覆工の安全性，耐久性を照査する際に設定した条件や考え方，仮定等を明記しなければならない．これらは，施工途中における覆工の安全性の確保や問題が生じた場合の対策工の立案，実施，さらには完成後の維持管理，補修および補強等に対しても有効な情報となる．

　（2）について　設計条件は設計計算書のはじめに明記し，設計と施工との間に条件の差異がないことが容易に確認できるようにしておく必要がある．とくに設計者が各施工段階において想定した施工方法，施工条件，それらにもとづく施工時荷重は，施工者が施工計画や施工管理の参考にするとともに施工途中における覆工の安全性を確認するために重要である．

1.7 設計図

（1） 設計図には，トンネルの設置位置，覆工の形状，寸法および断面の強度に関する諸量を明示しなければならない．

（2） 設計図には，必要に応じて以下に示す設計計算の基本事項，施工および維持管理上必要な事項等を明記しなければならない．

　1) 地山および地下水の条件
　2) 設計で考慮する作用
　3) 使用材料の種類および特性
　4) 許容応力度または安全率
　5) 施工および維持管理上の必要な事項
　6) 設計責任者
　7) 設計年月日
　8) 縮尺，形状寸法および単位
　9) 適用した基準等の名称

【解説】　（1）について　設計図は，トンネルとその周囲の物件との平面および縦断を示す位置関係が明瞭であり，かつ覆工の形状，寸法と構造細目等の部材の詳細についても不明な点がないように図示する必要がある．

　（2）について　設計条件は図面にも図示し，設計と施工との間に条件の差異がないことが容易に確認できるようにしておく必要がある．さらに設計図には，坑内仮設備の配置等，施工にあたり配慮すべき事項や完成後の維持管理，補修等に必要な事項を明記し，施工現場での対応しやすくしておく必要がある．

第2章　作　用

2.1　作用の種類

覆工の設計にあたって考慮する作用は，次のとおりとする．

1) 鉛直土圧および水平土圧
2) 水圧
3) 覆工の自重
4) 上載荷重の影響
5) 地盤反力
6) 施工時荷重
7) 環境の影響
8) 浮力
9) 地震の影響
10) 近接施工の影響
11) 併設トンネルの影響
12) 地盤沈下の影響
13) 内水圧の影響
14) 内部荷重
15) その他の作用

【解　説】　覆工は，トンネルとして使用目的に供された後はもちろん，施工中についてもその安全性と機能とが満たされるように設計されなければならない．これらの観点から，設計の対象として考慮する作用を列挙したものである．作用とは，覆工に対して応力および変形の増減，材料特性に経時変化をもたらすすべての働きを含むものとする．なお，荷重は，各作用のうち，力として置き換えられるものをいう．これらの作用のうち鉛直土圧および水平土圧，水圧，覆工の自重，上載荷重の影響，地盤反力，ジャッキ推力や裏込め注入圧等の施工時荷重，環境の影響は，設計にあたり常に考慮しなければならない基本的な作用である．これに対し，浮力，地震の影響，近接施工の影響，併設トンネルの影響，地盤沈下の影響，内水圧，内部荷重等は，トンネルの使用目的，施工条件および立地条件等に応じて配慮すべき作用である．

通常，これらの作用は，設計にあたって静的作用として処理されるが，地震の影響については，動的な解析手法も導入され，その結果を考慮した設計例も増えてきている．

2.2　鉛直土圧および水平土圧

（1）　土圧の算定にあたって水の取扱いは，地山の条件に応じ，次のどちらかの考え方によるものとする．

1) 土と水とを分離して取扱う考え方
2) 水を土の一部として包含する考え方

（2）　鉛直土圧は，覆工の頂部に作用する等分布荷重とすることを基本とする．その大きさは，トンネルの土被り，トンネルの断面形状，外径および地山の条件等を考慮して定めるものとする．

（3）　水平土圧は，覆工の両側部にその横断面の図心直径にわたって水平方向に作用する等変分布荷重とすることを基本とする．その大きさは，その深さの鉛直土圧に側方土圧係数を乗じて算定するものとする．

【解　説】 覆工に作用する土圧は複雑で，これらを正確に推定することは困難である．したがって本条文では，設計計算用の土圧として通常用いられている一般的な考え方を示したもので，トンネルにかかる土圧のうち，トンネルの変形に関係なく定める設計計算用の土圧を規定したものである．また，トンネル底部に作用する土圧は，トンネル変形に関係なく，これを反力の土圧として第2編 **2.6**で取り扱う．

（1）について　土圧の算定にあたって，土と水とを分離して取扱う考え方（土水分離）と水を土の一部として包含する考え方（土水一体）とがある．一般的に，1)は砂質土において，また 2)は粘性土において採用される傾向にあるが，自立性が高い硬質粘土や固結シルトでは土水分離として取扱う場合もある．実際の地盤における土中水の挙動を正確に把握することは困難であり，設計に際して土を土水分離として取り扱うか，土水一体として取り扱うかを明確に区分するのは困難な場合がある．土と水の力学的挙動があきらかに互いに独立であると考えることができる地盤において 1)を採用することは矛盾がないように思われる．しかし，一般には土水分離か土水一体かを明確に区別することはできないので，トンネル周辺の土質条件や地下水位等の条件のほか，既往のトンネルにおける適用実績を考慮して慎重に判断しなければならない．明確に区分できない場合には，1)，2)の両者について検討し，覆工に生じる応力度に対して安全側となる考え方を採用するなどの配慮が必要である．

1)においては，土の単位体積重量は，地下水位以上では湿潤重量，地下水位以下では水中重量を用いる．2)においては，地下水位以上では 1)と同じであるが，地下水位以下では水を含めた単位体積重量を用いる．土の単位体積重量は，土質調査結果等から決定することが望ましい．

（2）について　鉛直土圧は，覆工の外周の頂部に作用する等分布荷重とすることを基本としている．設計基準によっては，設計上の便宜から土被りを覆工の図心軸の頂部と考えて鉛直土圧を算定する場合もあり注意が必要である．また，円形トンネルにおける頂部から側部までの間の隅角部の土荷重は考慮しない．この影響については，試設計では，これを考慮することが必ずしも安全側の設計とはならないことから，従来どおりの鉛直荷重として規定する．なお，円形以外のトンネル，大断面トンネル，切り拡げを行うトンネル等で，これら隅角部等の荷重の影響が大きいと考えられる場合は，別途これを考慮する必要がある．

長年にわたってトンネルに作用する土圧は，土被りがトンネルの外径に比べて小さい場合には，土のアーチング効果は期待できないので，粘性土はもちろん，砂質土においても，設計計算用土圧に緩み土圧を採用することは問題となる．これらのトンネルでは，一般に，鉛直土圧として全土被り土圧を採用するのが適当である．土被りがトンネルの外径に比べて大きくなると，土のアーチング効果が高まることから，設計計算用土圧に緩み土圧を採用することも可能になる．

砂質土では，土被りが$1 \sim 2D_o$（D_o：セグメントリング外径）以上の場合に緩み土圧を採用していることが多い．粘性土では，硬い粘性土（$N \geqq 8$）の良質地盤で土被りが$1 \sim 2D_o$以上の場合に緩み土圧を採用していることが多い．また，中位の粘性土（$4 \leqq N < 8$）あるいは軟らかい粘土（$2 \leqq N < 4$）の場合では，トンネルの全土被り重量が土圧として作用する場合もあり，緩み土圧の採用にあたっては，土被り，周辺地盤の強度等を詳細に検討する必要がある．

緩み土圧の算定法には，一般にテルツァーギ（Terzaghi）の式を採用している．緩み土圧の計算にあたり粘着力を考慮すると，計算上は緩み土圧が非常に小さくなったり，負となる場合があるので，式の適用には注意を要する．一般に鉛直土圧として緩み土圧を採用する場合には，施工過程での荷重やトンネル完成後の荷重変動を考慮して，これに下限値を設けることが多い．この鉛直土圧の下限値は，トンネルの用途によって異なるが，下水道，電力および通信等のトンネルにおいては，トンネル外径の2倍に相当する高さの土荷重，鉄道トンネルにおいては，トンネル外径の1.0～1.5倍に相当する土荷重を採用している例がある．なお，テルツァーギ（Terzaghi）の式にはすでに上載荷重の項が含まれているので，設計上の上載荷重の取扱いについて，この式で評価できるものとできないものを区別したうえで，評価できない上載荷重の影響については適切に判断する必要がある．

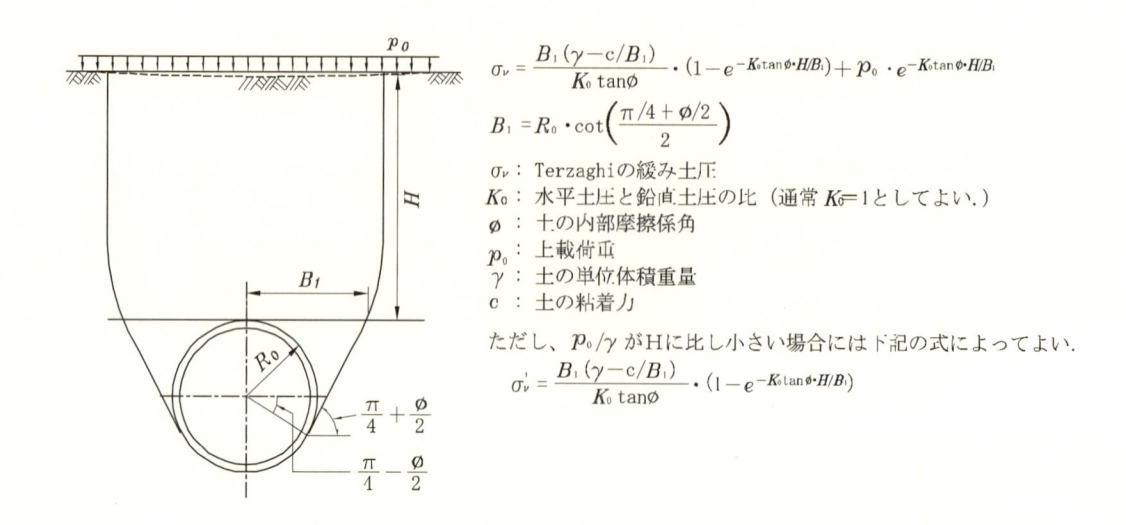

$$\sigma_v = \frac{B_1(\gamma - c/B_1)}{K_0 \tan\phi} \cdot (1 - e^{-K_0 \tan\phi \cdot H/B_1}) + p_0 \cdot e^{-K_0 \tan\phi \cdot H/B_1}$$

$$B_1 = R_0 \cdot \cot\left(\frac{\pi/4 + \phi/2}{2}\right)$$

σ_v ：Terzaghiの緩み土圧
K_0 ：水平土圧と鉛直土圧の比（通常 $K_0=1$ としてよい．）
ϕ ：土の内部摩擦係角
p_0 ：上載荷重
γ ：土の単位体積重量
c ：土の粘着力

ただし，p_0/γ がHに比し小さい場合には下記の式によってよい．

$$\sigma_v' = \frac{B_1(\gamma - c/B_1)}{K_0 \tan\phi} \cdot (1 - e^{-K_0 \tan\phi \cdot H/B_1})$$

解説 図 2.2.1 緩み土圧

互層地盤では，構成する地盤の支配的な土層をもとに単一土層として仮定する方法や，互層のまま緩み土圧を計算する方法等が採用されているが，互層地盤における緩み土圧は各層の性状および層厚とトンネル位置の関係によって異なってくる．このため，単一地盤の場合よりその評価は難しく，とくにトンネル上部に軟弱な粘性土層や緩い砂層がある場合の緩み土圧の評価には注意を要する．

円形以外の断面の場合にも緩み幅（B_1）を適当に評価すればテルツァーギ（Terzaghi）の式から緩み土圧が計算できるが，荷重の分布形状等はトンネルの断面形状に応じて異なると考えられるため，慎重に判断する必要がある．なお，このような場合の土圧の評価にあたっては，現場計測値等が参考となるので，類似の条件での土圧や水圧等の実績と併せて判断することが望ましい．

（3）について　水平土圧も鉛直土圧と同様，これを正確に推定することは困難である．側方土圧係数を乗ずる鉛直土圧は，設計計算用土圧と整合するものであって，トンネルの掘削前の地山全土被りが作用した初期地圧でないことに注意しなければならない．すなわち，たとえば緩み土圧等，（2）で決定した設計計算用土圧が，トンネル頂点を通る水平面の上載荷重として作用するとし，これにトンネル頂点から測った深さに比例する土の自重を加えた鉛直土圧を採用してよい．

地盤反力が期待できない場合は，側方土圧係数として，施工条件を考慮したうえで静止土圧係数の数値まで採用することが可能である．一方，地盤反力が期待できる場合には，側方土圧係数に主働土圧係数をあてるか，または上述の静止土圧係数を多少割り引いた数値とするのが一般的である．側方土圧係数は，土質はもちろんのこと，設計計算法や施工法との関連において定めるべきであるが，これを的確に設定することは非常に困難であり，一般には**解説 表 2.2.1**に示す範囲で地盤反力係数との関連において定めている．セグメントの設計用断面力は，鉛直方向荷重と水平方向荷重との微妙なバランスでいかようにも算定できるため，側方土圧係数（λ）および地盤反力係数（k）は，地盤条件やトンネルの用途等を十分に考慮したうえで慎重に定めることがとくに重要である．地盤条件のデータが乏しい海底下や河床下のトンネルの場合には，側方土圧係数や地盤反力係数を過大に評価すると，土圧に比して水圧が大きいこともあり，バランスのとれた作用状態となる．このため，覆工に生じる設計用断面力が極端に小さくなり，必要な覆工厚や継手の剛性を過小に評価することとなる．また，何らかの要因で，鉛直土圧と水平土圧のバランスが崩れた場合にも，覆工の最低限の安全性や耐久性が確保できるような配慮がとくに重要である．

中位の粘性土の，土水の扱いにおける分類については，従来どおり土水分離と土水一体の両方への属性を考慮する．一般的にN値が8未満の粘性土は，土中水が独立した挙動をすることは想定しがたい．一方，硬い粘性土，または固結した粘性土が土水分離に分類されているのは，土そのものの透水性というよりも発達した亀裂等による透水性を想定したものである．中位の粘性土は，砂分の含有の程度や土の組成の影響を受け，コンシステンシ

一の面でこの分類の境界に位置しており，挙動として土水分離または土水一体の両方を想定することは合理的である．土水分離と分類される中位の粘性土のλが硬い粘性土と同等と評価されていることから，土水一体と分類される中位の粘性土のλを軟らかい粘性土と同等と評価することは受入れやすいと考えられる．

解説 表 2.2.1　側方土圧係数（λ）および地盤反力係数（k）

土水の扱い	土の種類	λ	k (MN/m³)	N値による目安
土水分離	非常によく締まった砂質土	0.35～0.45	30～50	30≦N
	締まった砂質土	0.45～0.55	10～30	15≦N<30
	緩い砂質土	0.50～0.60	0～10	N<15
	固結した粘性土	0.35～0.45	30～50	25≦N
	硬い粘性土	0.45～0.55	10～30	8≦N<25
	中位の粘性土	0.45～0.55	5～10	4≦N<8
土水一体	中位の粘性土	0.65～0.75	5～10	4≦N<8
	軟らかい粘性土	0.65～0.75	0～5	2≦N<4
	非常に軟らかい粘性土	0.75～0.85	0	N<2

　大深度領域のように良好な地盤中にトンネルを建設する場合には，**解説 表 2.2.1**によらず適切に側方土圧係数や地盤反力係数を定める必要がある．深度が深い位置の土圧は，初期地圧は大きいものの掘削による応力解放に伴い覆工に作用する土圧は相当に小さくなるものと考えられる．また，土の粘着力や内部摩擦角も大きく，ほぼ自立する状態を呈すると推測できる．一方，地盤反力は相当に大きく期待できると考えられ，円形トンネルの場合はこの地盤反力を適切に評価して覆工構造を検討する必要がある．

2.3　水　　　圧
（1）　水圧はトンネルの施工中および将来の地下水位の変動を想定し，安全な設計となるような地下水位を設定して定めなければならない．
（2）　水圧は静水圧とし，その分布形状は構造計算モデルにより選定しなければならない．

【解　説】　ここでは，第2編 2.2の土圧の算定において土と水とを分離して考える場合に適用する．
　覆工には，トンネルが通過する土層の間隙水圧が作用するが，トンネルの施工後は，長期の間に自然あるいは人為的な影響により間隙水圧が変動するので，作用する水圧の予測は非常に困難である．円形トンネルの場合，鋼製セグメントでの主桁の仕様は，鋼材の圧縮応力で決まることが多いが，鉄筋コンクリート製セグメントにおける部材の仕様は，コンクリートの圧縮応力ではなく鉄筋の引張応力で決まることが多いため，設計計算上，地下水位を高く採ることが必ずしも安全側の設計とならない場合がある．これらのことから，水圧の計算に用いる地下水位の設定については，十分検討を行うことが重要であり，どちらが支配的となるか判断できない場合は，両者に対して設計を行い，安全側の結果を採用する等の配慮が必要である．
　地下水位以下における土の重量に水中重量を用いる場合は，水圧には静水圧を採用するのが妥当である．慣用計算法では，設計計算の簡略化を図るために，水圧の分布形状と大きさを土圧にならって鉛直方向および水平方向にそれぞれ別々に作用させている．鉛直方向の水圧は等分布荷重とし，その大きさは，覆工頂部ではその頂点に作用する静水圧，底部ではその底点に作用する静水圧を，水平方向の水圧は等変分布荷重とし，その大きさは静水圧としている．はり－ばねモデルによる計算法では，断面力の算定を行う際に，覆工の図心位置における地下水圧をトンネル半径方向に作用させる方法を採用している例が増えてきており，とくに大断面トンネルでは，合理的な設計となることが多い．しかし，はり－ばねモデルによる計算法を採用した場合でも，これまでの実績から慣用計算法と同様に鉛直方向の水圧を等分布荷重とし，水平方向の水圧を等変分布荷重としていることもあ

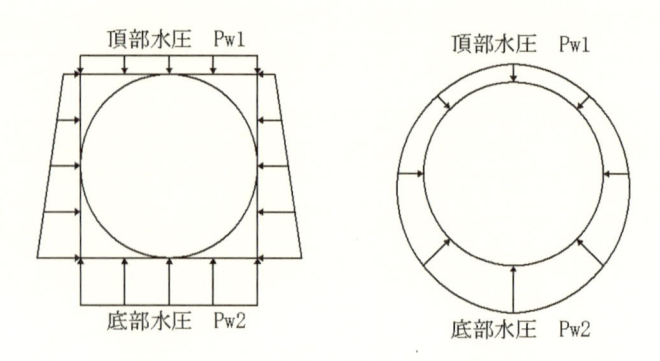

る．

```
     頂部水圧 Pw1              頂部水圧 Pw1


     底部水圧 Pw2              底部水圧 Pw2
  ①  鉛直，水平方向それぞれに作用させる方法    ②  半径方向に作用させる方法
```

解説 図 2.2.2 設計水圧の考え方

2.4 覆工の自重
自重は，覆工の図心線に沿って分布する鉛直方向下向きの荷重とする．

【解　説】　一次覆工の自重は次式で計算する．

$$w_1 = \frac{W_1}{2\pi \cdot Rc}$$

鋼製セグメントや合成セグメントのように，自重の分布が図心線に沿って一様でない場合には，平均重量を用いることができる．

二次覆工の施工時期は，一般にセグメントリングがある程度安定した後であり，かつ，二次覆工自体もリング状あるいはアーチ状であることから，二次覆工の自重は二次覆工自体で受けもつものと考え，一次覆工の設計においてはこれを無視するのが一般的である．ただし，トンネル補強等を目的として二次覆工が一次覆工と共同して荷重を受けもつ場合には，二次覆工の自重を考慮して一次覆工の計算をしなければならない．

覆工の自重を計算する場合の単位体積重量については，**解説 表 2.2.2**を使用してよいが，実重量の明らかなものは，その値を用いるのがよい．過去の実績によれば，合成セグメントは単位体積重量26.0～31.0kN/m³のものが多く使用されている．なお，浮き上がりの検討において**解説 表 2.2.2**を用いると危険側となる場合があるので注意が必要である．また，自重の反力については，第2編 2.6を参照のこと．

解説 表 2.2.2 覆工の単位体積重量

	一次覆工			二次覆工	
	鉄筋コンクリート製セグメント	鋼製セグメント	合成セグメント	無筋コンクリート	鉄筋コンクリート
単位体積重量 (kN/m³)	26.0	77.0	26.0～31.0*	23.0	24.5

* 合成セグメントの単位体積重量は合成セグメントの種類によって異なるため実重量を用いるのがよい．

2.5 上載荷重の影響
路面交通荷重，建物荷重，盛土荷重等による上載荷重の影響は覆工に作用する荷重の実際の状況を再現できるよう載荷するものとし，土中の応力伝播を考慮して定めなければならない．

【解　説】　覆工へ影響する上載荷重の作用は，荷重の種類，トンネルの土被り，載荷の位置と範囲，あるいは建物や構造物の基礎形式，応力伝播の媒体となる地盤性状等によって異なる．したがって，設計に用いる荷重の

評価法を一意的に規定することは困難であるが，地表面の荷重が覆工に伝達される過程は，基本的に土中での応力の分散であるので，上載荷重の影響の評価にあたっては土中の応力伝播の特性を考慮することを基本とする．なお，土中への応力伝播を評価するには，ブーシネスク（Boussinesq）やウェスターガード（Westergaard）等の理論解の適用が有効であり，多くの設計事例がみられる．また，FEM解析手法が適用される事例も増えてきているが，地盤の変形係数やポアソン比等の地盤定数や解析領域等には十分な注意が必要である．

シールドトンネルは一般に道路下に建設されることが多いため，上載荷重として路面交通荷重を考慮することが多い．「シールド工事用標準セグメント」（2001）においても，道路橋の設計に用いるT-25程度の荷重が満載されることを想定し，全土被り土圧を採用する場合は上載荷重の影響としてトンネル頂部で$10kN/m^2$を，緩み土圧を採用する場合には緩み土圧の算定の際の上載荷重として$10kN/m^2$を用いている（**解説 図2.2.2参照**）．路面交通荷重の影響があるトンネルにあっては，これら既往の実績を考慮するほか，土被りが浅い場合には，衝撃の影響についても考慮する必要がある．

一方，建物荷重は，実重量や基礎の設計反力等が明確な場合にはそれを用いるが，用途地域，容積率，建ぺい率等から建築物の階層を想定せざるを得ないことも多い．この場合，建物荷重の目安は，$20kN/m^2$/階として算定することが多い．なお，トンネルがいわゆる大深度に位置する場合には，「大深度地下使用技術指針・同解説」において，都市計画法の第1種および第2種低層住居専用地域の場合とそれ以外の場合とで，建物荷重の評価を実績から規定しているので，それを参考にして適切に設定する必要がある．

シールドトンネルの施工時または完成後に，他の構造物が上部に施工される場合等の状況が予想される場合には，第2編 2.11と同様に，当該トンネルに与える影響を十分に検討し，これをあらかじめ設計に反映することが望ましい．

2.6 地盤反力

地盤反力の発生範囲，分布形状および大きさは，側方土圧係数および断面力の算定法との関連から定めなければならない．

【解 説】 地盤反力は，覆工に作用するすべての荷重のうち，独立に設定される鉛直土圧，水平土圧および水圧等の荷重に対する設計計算用の地盤反力の総称である．地盤反力は，通常，地盤の変位に独立に定まる反力と，地盤の変位に従属して定まる反力とに区別して考えられている．前者については，与えられた荷重につり合う反力としてその分布形状をあらかじめ設定するのが一般的である．後者は，たとえばウィンクラー（Winkler）の仮定等セグメントリングの地盤側への変位に関連して発生すると考えるものである．

これらの地盤反力の発生範囲，分布形状および大きさは，断面力の算定法と強く関連し，その考え方が異なる．以下には，実例として慣用計算法およびはり－ばねモデルによる計算法（第2編 6.2 参照）等における地盤反力の考え方を示す．

慣用計算法では，鉛直土圧，水圧，覆工自重および上載荷重に対する鉛直方向の地盤反力は地盤の変位に独立であるとし，これらの荷重につり合う等分布荷重として定めている．地下水位以下にトンネルを設ける場合で，頂部の土圧と水圧および自重の和が底部の水圧よりも小さくなる場合には，トンネル頂部においてこれにつり合う等分布反力として設定する．一方，トンネルの側方に作用する水平方向の地盤反力は，基本的にセグメントリングの地盤側への変位に伴って発生すると考え，セグメントリングの水平直径に対して上下45°の中心角の範囲に水平直径点を頂点とする三角形分布の荷重として定めている．その大きさは水平直径点上の地盤反力がセグメントリングの地盤側への水平変位に比例するものとしている（参考資料 **付図 2.1 参照**）．慣用計算法によって断面力を算定する場合には，水平方向の地盤反力係数は土質条件により**解説 表 2.2.1**を参考としてよい．

はり－ばねモデルによる計算法では，地盤の変位に従属して定まる地盤反力をセグメントリングと地山の相互作用と位置づけ，地盤をばねにモデル化して地盤反力を評価している．この場合，基本的にセグメントリングが地盤側へ変位すると地盤は受働的な挙動を示し，またトンネル内空側に変位すると地盤は主働的な挙動を示すと

考えられ，これらの挙動によって生じる荷重を地盤反力として合理的に表現する必要がある．

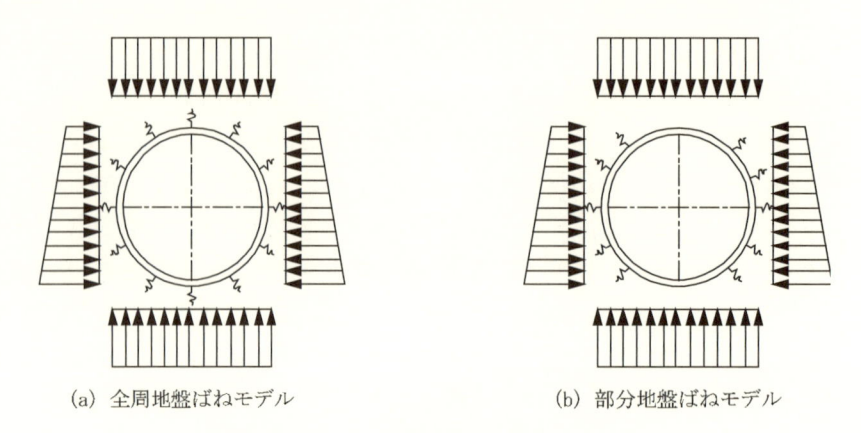

(a) 全周地盤ばねモデル　　　　(b) 部分地盤ばねモデル

解説 図 2.2.3　地盤ばねモデルの例

　欧米諸国等においては，地盤の受働的な挙動と主働的な挙動によって生じる反力の両者をモデル化した全周地盤ばねモデル（**解説 図 2.2.3**(a)）を用いた例が多く，わが国では地盤の受働的な挙動のみによって生じる反力をモデル化した部分地盤ばねモデル（**解説 図 2.2.3**(b)）を用いた例が多い．地盤の受働的な挙動を評価する受働地盤ばねのばね定数は，周辺地盤を弾性体等に仮定してその地盤の変形係数やポアソン比および裏込め注入の影響等を考慮して定める方法，または慣用計算法における地盤反力係数を参考にして定める方法がある．地盤ばねは半径方向と接線方向とに分けてモデル化されるのが一般的であるが，設計の安全を考え半径方向のみを有効とした例が多い．なお，はり－ばねモデルによる計算法における地盤ばねの設定方法は第2編 6.2 3) 参照のこと．

　多ヒンジ系リングは，それ自体が不安定構造物であるため，セグメントリングの変形に伴う地盤反力の発生により安定な構造となる．この計算もはり－ばねモデルによる計算法と同じ方法によって地盤反力を評価することができる．

　近年では，密閉型シールドにおいて，セグメントの裏込め注入工に同時注入方式が採用されることが多くなってきている．このようなシールドを用い，かつ形状保持装置やジャッキ推力を適正に用いれば，従来考慮していなかったセグメントの自重による変形に対しても地盤反力を考慮できると考える場合もある．シールド内で組立てられたセグメントリングの挙動は現時点では明確になっていないが，このような条件を前提に，鉄道や道路等の大断面トンネルでは自重による変形に対してある程度の地盤反力を考慮することが多い．なお，具体的な地盤反力の評価方法については第2編 6.2 5) を参照のこと．

2.7　施工時荷重

　セグメントの設計にあたっては，地山の条件や施工条件を考慮したうえで，シールド施工時の各段階毎の施工時荷重に対して，セグメントの安定性，部材の安全性について検討を行わなければならない．

【**解　説**】　セグメント組立て時，シールド掘進時，裏込め注入時までの各施工段階，さらには裏込め材が硬化するまでの間に，組立て中のセグメントやすでに組立てられたセグメントにはさまざまな荷重が作用する．また，曲線部等では裏込め材の硬化後においてもジャッキ推力やそれに伴って発生する地盤反力等の影響を受けることがある．ここでは，主としてシールド掘進等に伴ってセグメントに作用する一時的な荷重を総括して施工時荷重と呼ぶ．

　セグメントの設計にあたっては，地山の条件や施工条件を考慮したうえで，以下に示す各施工段階における施工時荷重に対し，セグメントの安定性や部材の安全性について照査しなければならない．施工時荷重によってセグメントの安定性が損なわれたり，セグメントに過大な応力や変形が生じると判断される場合には，セグメントの構造，材質，形式や施工設備等の計画を含めた見直しを行い，供用後に有すべき覆工の性能が損なわれること

のないよう十分に注意する必要がある．
1) セグメント組立て時
2) シールド掘進時
3) 裏込め注入時
4) その他

とくに，トンネルの大断面化や大深度化に伴ってジャッキ推力や裏込め注入圧等の施工時荷重による影響が大きくなるので注意が必要である．また，大深度化等に伴ってトンネルが設置される地盤が堅固な硬質地盤となる場合に，土水圧等の荷重に対する設計では，セグメントの厚さが既往の実績に比べて薄くなる傾向がある．このような条件下では，大きな地下水圧の作用に対抗するため大きなジャッキ推力や裏込め注入圧が必要となることから，これらの施工時荷重の影響による部材の損傷やそれに伴う漏水の発生等，供用後の覆工の性能に悪影響を与えることがあるので注意が必要である．

さらに，近年多く見られる二次覆工の省略，セグメントの幅広化，セグメント分割数の低減によるセグメントの大型化，突合せ等継手の簡略化，急曲線，急勾配等のトンネル線形の採用等に伴い，施工時荷重によりセグメントが損傷しやすくなるので十分に注意しなければならない．

<u>1)について</u>
① Kセグメントの安定に関する検討

セグメント組立て時には，これからセグメントの組立てを行おうとする位置に干渉するシールドジャッキを既設のセグメントリングから一時的に解放することになる．このためシールドジャッキ解放時のセグメントの安定性について十分に検討する必要がある．とくに，軸方向挿入型のKセグメントを採用する場合には，シールドジャッキの解放時にセグメントの円周方向の軸圧縮力により，Kセグメントが切羽側に抜け出す現象が生じる可能性がある．Kセグメントの抜出しの要因となるセグメント円周方向に軸圧縮力を生じさせる施工時荷重として，シールドテール内でのテールブラシ圧やテールグリース圧，シールドテール外での土圧，水圧，裏込め注入圧等が考えられる．これらの荷重は，曲線施工時や蛇行修正時等のシールドの姿勢変化，テールクリアランス，セグメントのシールドテール内へのかかり代等によって大きく異なるため注意が必要である．また，Kセグメントの抜出し力に対する抵抗力も，セグメント継手，リング継手の種別や強度はもとより，セグメント継手面に作用する摩擦抵抗力によっても影響を受ける．摩擦抵抗力の評価においては，セグメント継手面のシール材の影響やKセグメント挿入時に施工性を向上させるためにシール材等に滑材を塗布する場合があり，注意を要する．このため，Kセグメントの安定の検討にあたっては，セグメントに作用する外荷重のみならず，シールドの仕様や施工条件も考慮し，抜出し力と抵抗力，検討モデル等を適切に評価し検討を行う必要がある．

Kセグメントの抜出し対策としては，抵抗力のある継手の採用やKセグメントの挿入角度の低減等，Kセグメントの形状寸法や継手構造の選定において配慮するほか，リング継手にピン挿入型継手，セグメント継手にくさび継手，ほぞ継手等の締結力の小さい継手を採用する場合には，棒鋼等の仮設部材によりKセグメントを一時的に固定する方法等が採用されている．

また，半径方向挿入型のKセグメントを採用する場合には，セグメント組立て時のKセグメントの半径方向の落込みについて，シールドテール内でのテールブラシ圧やテールグリース圧，シールドテール外での土圧，水圧，裏込注入圧等の施工時荷重に対して検討を行う必要がある．

② エレクター操作荷重に対する検討

セグメントを組立てる際には，エレクターによりセグメントピースを把持する必要がある．この際にセグメントに作用するエレクターの操作荷重は，その吊手の検討に用いるほか，セグメントの組立て中にセグメント各部に与える影響についても検討を要する荷重である．最近では，セグメントの大型化，セグメント組立ての自動化等によってエレクターの装備能力が大きくなる傾向にある．したがって，セグメントの組立て時には，引込み，押し下げ，旋回，摺動等のエレクター装備能力に対し，衝撃等を考慮してセグメントの健全性を確認する必要がある．

セグメント吊手は把持金具のほかにボルト孔や注入孔等を用いる場合がある．また，これらが施工中の後方設

備や機材の吊下げ等,施工時の反力受けとして利用されることもある.「シールド工事用標準セグメント」(2001)ではこれを考慮し,セグメントに対して,吊手はセグメント1リングの重量相当の荷重を完全に支持できる構造とするよう,吊手金具の材質,ねじの形状,ねじ込み深さ,アンカー筋,溶接の仕様等について検討しなければならないものと規定している.近年,トンネルの大断面化に伴いセグメントが大型化する傾向にあり,このような場合には前述した1リングの重量相当よりも小さい荷重を想定した把持構造としている実績もある.したがって,大断面のトンネル等の吊手金具の設計荷重は,実際の施工条件に合わせて施工上問題が生じない範囲で適切に評価するのが合理的である.

<u>2)について</u>

① ジャッキ推力に対する検討

シールド掘進時には,シールドジャッキの推力に対する反力としてセグメントにジャッキ推力が作用する.ジャッキ推力は,一時的な荷重であるものの,作用する荷重が大きく,施工時荷重のうちセグメントに与える影響が大きい.ジャッキ推力に対するセグメントの検討においては,施工条件を考慮したジャッキ推力の大きさ,作用位置,および作用方向等を適切に評価することが重要である.「シールド工事用標準セグメント」(2001)では,シールドジャッキの偏心量を10mmとしているが,実際の施工では,状況によって30～40mm程度の偏心量となる例もある.とくに,曲線施工時においてはセグメントリングの変形やジャッキ作用方向の変化等によってジャッキの偏心量が大きくなる.また,部分的に桁高の小さい鋼製セグメントや縮径セグメント等,直線部と異なる形状のセグメントを使用することによってもセグメントに対するジャッキの偏心量が増大することがあるので注意が必要である.

② 急曲線施工時の安定に関する検討

急曲線施工時にはセグメントリングに対してジャッキ操作に伴う偏荷重による偏心モーメントが作用するため,曲線の内側のリング継手部分に過大な引張力が作用することで継手面に目開きが生じたり,セグメントの移動等によりシールドのテール部とセグメントが干渉することもある.また,リング継手断面に生じる曲げ引張力およびせん断力はボルト等によって対応することとなるためボルト等の破断が起こりやすい.曲線の外側では,過度の圧縮力によって,鉄筋コンクリート製セグメントにおける稜線部,隅角部の欠けや鋼製セグメントの縦リブの変形が生じた例もある.したがって,急曲線部においては,事前に余掘り量,テーパーセグメントの割付け,ジャッキ作用角等を想定したシールド掘進シミュレーションを実施し,セグメントのテールクリアランスが確保されることを確認するとともに,シールド掘進時のジャッキ推力に対するトンネル縦断方向の検討(第2編 6.3 参照)を実施し,必要に応じて対策を行い覆工の健全性を確保する必要がある.急曲線部の対策としては,セグメント幅の縮小,鋼製セグメントへの変更,主桁,縦リブ,リング継手の補強等がある.また,急曲線前後の直線部にも曲線部に用いるセグメントを配置して,偏心荷重や競りの影響によるセグメントの不具合を防止している例もある.

② その他

セグメント組立て時のKセグメントの落ち込みや挿入不足等により生じる継手面の目違い,シールドジャッキスプレッダーの剛性不足や追随不良,セグメント継手面の止水シール材の過大な反発力等により,ジャッキ推力の作用時に局所的な応力集中が生じてセグメントが損傷する場合がある.このため,セグメントの組立て精度の確保やジャッキスプレッダーの追随状況等に注意を払うとともに,セグメントの設計においては,シール溝の配置や形状,シール材の選定にも注意する必要がある.

<u>3)について</u> 裏込め注入工はシールド掘進時にシールドテール部に設置された同時裏込め注入装置からセグメントリングがテールから脱出すると同時にテールボイドと呼ばれるセグメント外周と地山の隙間に直接注入されるか,またはセグメントに設置された裏込め注入孔より注入される.裏込め注入圧は,一般に泥水圧,泥土圧より200kN/m²程度大きい値を標準とする場合が多い.また,注入圧は注入孔付近ではさらに大きな値となるので注意が必要である.このため,セグメントに裏込め注入圧が作用した場合のトンネルの安定性等についてセグメントの検討が必要となる.裏込め注入圧に対するセグメントの検討にあたっては,上記に示した地山条件や施工方法を考慮して裏込め注入圧および注入圧分布を評価することが重要である.また,同時注入方式,即時注入方

式等の裏込め注入方法の違いによる注入時期や注入位置等にも考慮して，検討方法や検討モデルを設定する必要がある．

　半径方向挿入型Kセグメントを使用する場合には，裏込め注入圧が作用することによるKセグメントの脱落に対する検討を行う必要があり，とくにKセグメントの大きさ（弧長）がA，Bセグメントの1/3以上と大きくなる場合やKセグメントを支える継手のせん断抵抗力が少ない場合には慎重な検討が必要となる．さらに，鋼製セグメントを使用する場合には，裏込め注入圧に対するスキンプレートの照査を行って施工時の安全性を確保する必要がある（第2編 **6.7** 参照）．

　<u>4)について</u>　施工時荷重としては，上記のほかにも，後続台車，セグメント搬送台車および土砂運搬台車等の自重の影響，形状保持装置の操作の影響，カッター回転力の影響等があるが．一般に，このような施工時荷重に対する検討は実施しないことが多い．シールドテールとセグメントの接触については，大断面化，大深度化に伴うジャッキ推力の増大，セグメントの幅広化によるシールドテール長およびシールドジャッキ長の増大に伴ってテールクリアランスの減少の影響が無視できなくなる場合があるため，必要に応じてこれらの施工時荷重に対する検討を行う必要がある．

　また，海底横断，河川横断のトンネル等の地下水位が高く，土被りが小さい場合には，裏込め注入材の注入時期が遅れるとテール脱出後のセグメントリングがテールボイド内で浮き上がり，セグメント本体，継手部に過大な力が作用する場合がある．このため，必要に応じてこれらの施工時荷重に対する検討を行う必要がある．このような条件下では，出来るだけ早期に裏込め注入を実施できるよう裏込め注入方法，機械設備の計画を行うとともに，施工時の浮き上がりの検討を実施するなどの留意が必要である．

2.8　環境の影響

　トンネルの使用条件や立地条件等のトンネル内外の環境作用により，供用期間中に覆工に対して材料劣化を生じさせるなど，所定の耐久性を損なうおそれのある要因に対し適切に考慮しなければならない．

【解説】　トンネル内部の環境や使用状況，外部の土中の状況に応じて，鋼材の腐食やコンクリートの劣化を生じさせる要因を適切に考慮し，対策を行う．トンネルの使用用途や内部の環境，補修等の容易さ，トンネルが設置される地質環境等はさまざまであり，それぞれの特性に対応して適切に考慮する必要がある．

　従来は，一次覆工セグメントを保護する役割として二次覆工が施工されてきたが，近年では，二次覆工を施工しない場合が増えており，一次覆工の劣化に対する対策の重要性が増している．

　シールドトンネルに用いられる鉄筋コンクリート製セグメントは，水セメント比が低いコンクリートを使用しているため，中性化に対する抵抗性は高く，第2編 **7.2** に示す所定の鉄筋かぶりを確保することにより中性化に対する抵抗性は確保されているとして，一般的には中性化に対する検討は省略できる．

　鉄筋コンクリート製セグメントにおいては，トンネル内の環境に応じて，有害なひび割れにより生ずる漏水やトンネル内部の乾湿の繰り返しによる作用について考慮する必要がある．また，地下水に塩分が多く含まれる地域においては，トンネル外側だけでなく，漏水によりトンネル内面より塩害が生じた例もあるので注意が必要である．下水道トンネルにおいては，硫化水素等の化学的因子等による作用を考慮し，鉄筋被りや二次覆工厚を決定する必要がある．

　鋼製セグメントや合成セグメント，コンクリート中詰め鋼製セグメントにおいては，二次覆工が施工されない場合は，トンネル内の環境作用を適切に考慮し鋼材が露出する部分について防食をおこなう必要がある．また，地山と接するトンネル外側に対しては，土中には酸素が少ないため鋼材の腐食は生じにくい環境下であるが，腐食代を考慮して対応している場合がある．

2.9 浮力

地下水以下のトンネルでは浮力が作用するため，施工中および完成後のトンネルの浮上りに対する検討を行わなければならない．

【解　説】　トンネルにより取り除かれた水の重量，すなわちトンネルの体積と水の単位体積重量の積は浮力としてトンネルに作用する．施工中および完成後のトンネルに作用する上載土の荷重，覆工の自重，内部荷重等との和が浮力より小さい場合には，浮き上がりが生ずる可能性がある．たとえば，海底横断，河川横断部等の土被りが小さく地下水位の高い場所や，地震時に液状化するおそれのある地盤では浮力によるトンネルの浮上りが懸念されることから，適切な安全率を確保できるようにトンネルの安定性を確認する必要がある．具体的な検討手法については第2編 6.9を参照すること．

また，地下水位や土被りにかかわらずシールド掘進時においては，裏込め注入材の注入時期が遅れると，テール脱出後のセグメントリングがテールボイド内で浮上り，セグメント本体および継手部に過大な力が作用する場合がある．施工設備等の関係で早期の裏込め注入ができない場合には上記現象を十分考慮したうえで，セグメント本体および継手構造を選定するなどの配慮が必要である．

2.10 地震の影響

地震の影響が考えられる場合は，トンネルの使用目的やその重要度に応じて，立地条件，地山の条件，地震動の規模，トンネルの構造と形状およびその他の必要な条件を考慮し検討を行わなければならない．

【解　説】　地下構造物では，一般にトンネルの質量が，トンネルの構築により排除された土の質量と比較して小さいため，地震時にトンネルに作用する慣性力が周辺地山の慣性力よりも小さくなる．また，地震動による振動エネルギーが周辺地盤によって吸収される逸散減衰が大きいため，地上構造物のように慣性力による共振現象は生じにくい．トンネルの土被りがある程度以上ある場合には，トンネルは地盤の変形にほぼ追従すると考えられるので，地震の影響は比較的小さいと考えてよい．しかしながら，兵庫県南部地震において一部の開削トンネルに崩壊が生じたことから，設計地震力を大きく設定することや，部材のじん性を高めること等，地下構造物の耐震設計の考え方が見直された．

一方，シールドトンネルは兵庫県南部地震や新潟県中越沖地震，東北地方太平洋沖地震において，主体構造のごく一部に若干の損傷があったものの，兵庫県南部地震の開削トンネルとは異なり主体構造が崩壊するには至らなかった．これは，シールドトンネルが比較的深い地盤中にトンネルを構築する施工法であること，構造的に安定している円形であること，また，多くの継手を有し地盤の変位に追従しやすい構造であること等によると考えられる．そこで，土被りが大きく良好な地盤中のトンネルでは，一般に地震の影響の検討を省略してもよい．しかし，次の条件にあてはまる場合は，トンネルが地震の影響を受けるものと考えられ，とくに慎重な検討が必要である．

① 地中接合部，分岐部，立坑取付部等のように覆工構造が急変する場合
　　（セグメントの種類の変化，二次覆工の有無等も含む．）
② 軟弱地盤中の場合
③ 土質，土被り，基盤深さ等の地盤条件が急変する場合
④ 急曲線部を有する場合
⑤ 緩い飽和砂地盤で，液状化の可能性がある場合

これらのうち，①の場合は，トンネル構造が一様ではなく，構造の変化部に大きな断面力が発生すること，②の場合は，地盤変位が通常の地盤に比べてかなり大きくなること，③の場合は，トンネル縦断方向に地盤変位が一様とならずトンネル縦断方向に断面力が発生すること，④の場合は，地震波の入射方向とトンネル縦断方向が

急激に変化するためトンネル縦断方向に断面力が発生することから地震の影響を無視できないと考えられる．さらに，シールドトンネルを液状化が生じる可能性のある地盤中に計画しないことが望ましいが，⑤の場合は，周辺地盤全体が液状化した場合にはトンネルの浮上りが懸念されることからその影響を無視できないと考えられる．

①の場合，トンネル構造と立坑構造は，まったく異なる構造であり，トンネル一般部に比べてかなり大きな断面力が発生することは避けられないので，状況により，この部分にはトンネル縦断方向の剛性を低下させるための可とうセグメントやリング継手を柔構造にするための弾性ワッシャー等の配置について検討することが望ましい．また，②の場合，二次覆工に有害なひび割れが発生すると予想される場合は，二次覆工に鉄筋を配置するなどの対策を講ずることが望ましい．

なお，シールドトンネルは静力学的に安定な円形断面を採用することが多いが，荷重のバランスがその基本的な条件であり，地震時のように非対称な外力や変形を受ける場合には，必ずしも安定な構造であるとはいえない．また，最近では複円形のシールドに代表されるように，円形断面以外のシールドの採用も多く，これらのシールドトンネルではさらに複雑な挙動が想定されるので，慎重な検討が必要である．

地震の影響を検討する場合，一般には，中規模地震動（レベル1地震動）に対しては，一時的な荷重と考え，部材に発生する応力度を割増しした許容応力度以内におさめる必要がある．また，大規模地震動（レベル2）に対しては，トンネルの内空断面を確保する観点から部材の局所的な損傷は許容して設計するのが一般的である．大規模地震動に対して検討を行う場合には，第5編 限界状態設計法を参照されたい．

<u>1） 地震の影響の検討手順とモデルについて</u>　トンネルの耐震検討には，応答変位法が広く用いられている．また，条件によっては応答震度法や動的解析法が用いられることもある（第5編 **解説 図 5.9.2**および**解説 図 5.9.3**参照）．

表層地盤の応答値の算定には，応答スペクトルによる方法，一次元重複反射理論による方法やFEM動的解析による方法等，構造解析モデルの選定に応じて選定する必要がある．また解析モデルの選定にあたっては，立地条件や地盤条件はもとより，シールドトンネルの継手を多く有する構造的特性を十分に考慮して，慎重に検討する必要がある．トンネルの構造解析には，第2編 6.2や第2編 6.3に示す構造モデル等を用いる．応答変位法のように，セグメントリングの骨組解析により断面力を算定する場合は，剛性一様リングやはり－ばねモデル等，設計条件や求められる解析精度に応じて適宜選択する必要がある．

また，地盤とトンネルとを連成させたFEMモデルにおいては，セグメントリングを剛性一様なはり要素としてモデル化することが一般的であるが，はり－ばねモデルをFEMに組込んだ例もある．これらの詳細については，第5編 限界状態設計法を参照されたい．

なお，トンネルの計画時点で土質調査を綿密に行い，耐震性を考慮したうえで路線の位置を決定することも地震対策として考えるべき方法の一つである．また，軽微な補修および補強で必要内空を確保できるように内空断面を拡大しておくことも有効な方法であると考えられる．これらの詳細については，第5編 限界状態設計法を参照されたい．

<u>2） トンネルおよびトンネル周辺地盤の安定性の検討について</u>　液状化のおそれがある地盤中にトンネルがある場合，液状化した土はそのせん断強度を失い，また一時的な過剰間隙水圧が上向きの浸透流を生じさせ，トンネルに作用していた上方からの有効荷重が減少するため，トンネルの浮力に抵抗する力が失われることとなる．このようなことから，液状化によるトンネルの浮上りに関する照査，側方流動に関する照査，地震後の地山の脱水圧密に伴うトンネルの沈下による影響，また液状化した地盤の圧力変動によるトンネル応力の照査等が必要となる（**解説 図 2.2.4** 参照）．液状化の予測と判定法には，簡易的な方法として限界N値法，液状化抵抗比（FL）法，詳細に判定する方法として有効応力を考慮したFEM解析等がある．これらの手法の選択にあたっては，立地条件，土質条件，当該地区の液状化の履歴等を十分に考慮しなければならないが，とくに地山の粒度分布や相対密度は液状化と密接に関係することから，入念に調査する必要がある．

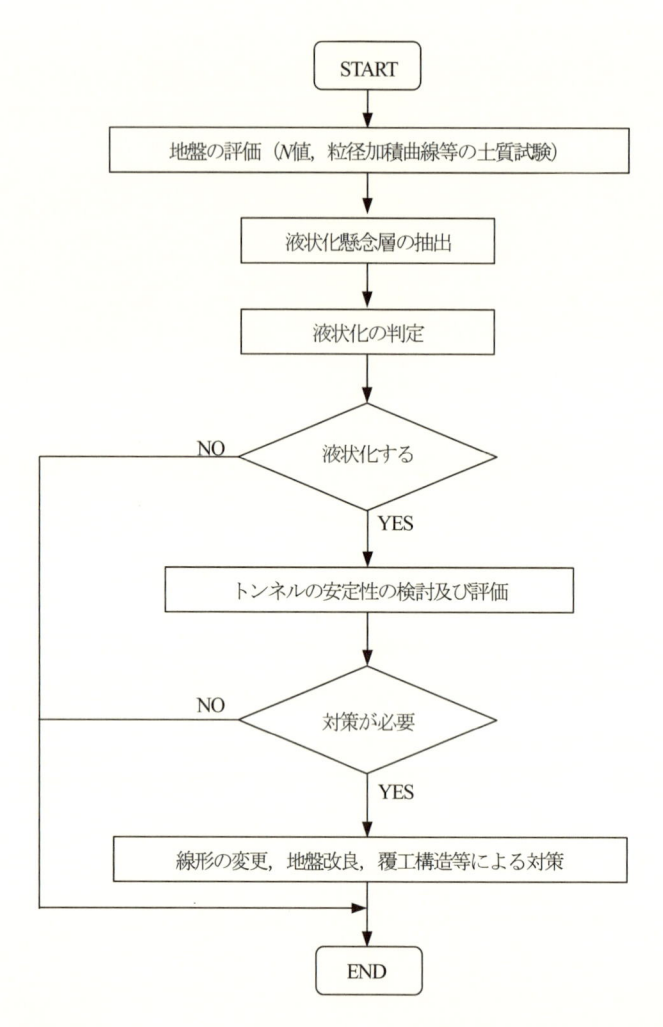

```
                    START
                      │
          ┌───────────▼───────────────────┐
          │ 地盤の評価（N値，粒径加積曲線等の土質試験）│
          └───────────┬───────────────────┘
                      │
              ┌───────▼───────┐
              │ 液状化懸念層の抽出 │
              └───────┬───────┘
                      │
                ┌─────▼─────┐
                │ 液状化の判定 │
                └─────┬─────┘
                      │
         NO      ┌────▼────┐
    ◄────────────┤ 液状化する │
    │            └────┬────┘
    │                 │YES
    │         ┌───────▼──────────┐
    │         │ トンネルの安定性の検討及び評価 │
    │         └───────┬──────────┘
    │                 │
    │   NO       ┌────▼────┐
    ├────────────┤ 対策が必要 │
    │            └────┬────┘
    │                 │YES
    │       ┌─────────▼──────────────┐
    │       │ 線形の変更，地盤改良，覆工構造等による対策 │
    │       └─────────┬──────────────┘
    │                 │
    └─────────────►  END
```

解説 図 2.2.4 トンネルおよびトンネル周辺地盤の安定性の検討例

2.11 近接施工の影響

シールドトンネルの施工時，または完成後に他の構造物が近接して施工されることがあらかじめ予想される場合には，その影響を十分に検討しなければならない．

【解　説】　設計の対象となるシールドトンネルの施工時または完成後に，他の構造物が近接して施工される場合には，当該のトンネルは近接施工に伴う周辺の地山の乱れの影響や，作用する荷重の変動の影響を受けるため，必要に応じて覆工を補強したり，適切な防護工や地盤改良を行うことが必要となる．このような状況が予想される場合には，当該のトンネルに与える影響を十分に検討し，これをあらかじめ設計に反映することが望ましい．また，上部にシールドトンネルが施工される場合，上部のトンネルの受けた荷重が下部のトンネルに作用し，下部のトンネルに損傷を与えた事例があるので注意する必要がある．

とくに，以下に示すような場合には，その影響が大きいと考えられるため，荷重の評価を適切に行うとともに，荷重の経時的変化を考慮した合理的な計算方法（荷重履歴や覆工の応力履歴）を検討する必要がある．また，将来の荷重変動に対して二次覆工を構造部材として評価する場合には，その適切な構造計算モデルを十分に検討することが必要である．

① トンネルの直上またはその近傍に新たな構造物が建設され，上載荷重が大きく変化する場合
② トンネルの直上，直下またはその近傍が掘削され，鉛直土圧や水平土圧等の荷重条件および地山の物性が大きく変化する場合
③ トンネルの側方の地盤が乱され，側方土圧または地盤反力が大きく変化する場合

④ トンネルに作用する水圧が大きく変化する場合

これらの場合において，その影響が一時的なものと，長期にわたるものとがあるので，検討に際しては，慎重にこれを見極める必要がある．なお，シールドトンネルが併設して施工される場合の検討は，第2編 2.12を参照のこと．

2.12 併設トンネルの影響

トンネルを近接して併設する場合には，地山の条件および施工条件等を考慮し，必要に応じてトンネルの相互干渉および施工時の影響について検討しなければならない．

【解 説】　ここでいう併設トンネルは，複数のトンネルが一定の区間において上下，左右，斜めに並行し，近接して設置される場合を想定するものであり，このような場合には，複数のトンネルの相互干渉による土圧の偏りや地盤の緩みの影響，あるいは切羽圧や裏込め注入圧等の施工時荷重による影響について検討する必要がある．前者はシールド施工後も永続する長期的な作用，後者はシールド施工時のみの短期的な作用である．これらの作用に対し，必要に応じて覆工の補強または地盤改良や変形防止工等の補助工法を併用するなど適切な対策を講じなければならない．

近年，都市部のシールドトンネルは他の地下構造物との近接，狭あいな地下空間での施工等の種々の制約を受け，複数のトンネルを併設する場合に，離隔距離を小さくして構築する事例が増えており，鉄道トンネルの場合30cm程度，道路トンネルの場合でも50cm程度の離隔距離で施工された実績もある．これらの併設トンネルでは地山の条件，トンネル相互の位置関係，トンネルの外径，トンネル相互の施工時期およびシールドの形式等によって，トンネルの横断方向または縦断方向に単設トンネルとは異なる変位や応力が発生し，状況によってはトンネル覆工の安全性に影響を与える場合もある．併設トンネルの影響を検討する場合にはこのことを十分認識するとともに，影響を与える各種の要因についても十分な調査が必要である．

一般の場合，併設トンネルの検討にあたり配慮すべき主な事項は次のとおりである．

1) トンネル相互の位置関係
2) 周辺地盤の性質
3) トンネルの外径
4) 後続トンネルの施工時期
5) シールドの形式
6) 施工時の荷重

<u>1)について</u>　併設するトンネルの位置が水平方向，上下方向いずれの場合においてもその離隔距離が後続するトンネルの外径（1Do）以内となる場合には十分な検討が必要である．トンネルの離隔距離が小さくなるほどその影響は増大することが判明しており，とくに離隔距離が0.5Do以下となる場合には詳細な検討を行う必要がある．トンネルを上下方向に併設する場合で，後続シールドが上を通過する場合には，その影響は比較的小さい．後続シールドを下に施工する場合，上のトンネルには掘削に伴い，地盤の緩みに起因する鉛直荷重の増加や不同沈下が考えられる．このような場合には横断方向と併せて縦断方向の検討も必要になる．ただし，上下トンネルともに硬質地盤中に構築する場合，後続シールドを下に施工しても，上のトンネルにほとんど影響が生じなかった事例もある．

<u>2)について</u>　併設トンネルの相互干渉の影響はトンネル周辺地盤の土質によって異なり，とくに鋭敏比の高い軟弱地盤，自立性の乏しい砂地盤において顕著に現れる．このような場合は，地盤の緩みに関してとくに慎重な検討が必要である．また，地盤が良好な場合や地盤改良を行った場合においても，トンネルの離隔距離が小さい場合には，後続トンネルの推力等の影響が大きくなることが知られている．密閉型シールドを用いる場合にこの傾向が顕著であり，併設トンネルの検討にあたっては地盤と施工法との関連にも十分な注意が必要である．

<u>3)について</u>　先行トンネルへの影響は，後続トンネルの外径が大きいほど大きい．そのため，各トンネル外径

の影響についても留意して検討しておく必要がある.

4)について　後続トンネルの施工は，先行トンネルの施工後，地山が安定した後，または同時に行われることが望ましい．工事工程等の条件から十分な地山の安定のための時間を確保できない場合には，先行トンネルの掘削の影響が残っている状態で，後続トンネルが施工されることになる．このような場合は，1)で述べたようなトンネルの相互干渉の影響が顕著であるため，トンネル相互の施工時期についても十分な検討が必要である．

5)について　併設してトンネルを施工する場合，後続シールドが先行トンネルに与える影響はシールドの形式によって大きな差がある．トンネルを水平方向に併設する場合は，先行トンネルには，後続シールドの切羽が通過中に切羽圧や裏込め注入圧が過大な偏圧として作用する．このことは，過去に用いられた開放型シールドの場合に，切羽の開放による地山の緩みの影響を受けて一時的に側方土圧や地盤反力が減少した現象と対照的である．併設トンネルの施工時の影響を検討する場合には，周辺地盤の性質やトンネルの位置関係とあわせてシールド形式による挙動の差異についても留意して慎重に行う必要がある．

6)について　先行トンネルに影響を与える後続トンネルの施工時の荷重は主として泥水圧または泥土圧，裏込め注入圧，推力等の影響であるが，これらの荷重はトンネル間の土を介して先行トンネルに偏圧として作用し，横断方向および縦断方向に大きな変位や応力を発生させることがある．また，施工時荷重の影響は，後続トンネルの掘削による地山応力の再配分と同時に生じる場合が多いので，その定量的な評価には十分な注意が必要である．施工時の荷重によって覆工等の応力の検討を行う場合には，第2編 4.1に定める許容応力度を割増ししてもよい．許容応力度の割増しについては，第2編 4.2に示す留意事項を参照し適切な値を採用すべきである．

併設トンネルによる相互干渉の影響，施工時の荷重の影響については，地盤を平面ひずみ要素，覆工をはり要素でモデル化し，施工ステップを考慮した解析等によって評価される場合が多い．他の手法としては，トンネルの掘削による周辺地盤の緩みを土圧係数の低減，地盤反力係数の低減あるいは鉛直土圧の割増し等によって評価する方法もある．併設トンネルの影響を検討する場合には，これらの評価手法も含め過去の研究，実験，計測結果等を参考にし，安全性の確保を基本として適切な評価を行うことが重要である．

2.13　地盤沈下の影響

軟弱地盤中にトンネルを構築する場合には，必要に応じて地盤沈下の影響を検討しなければならない．

【解　説】　軟弱地盤中にトンネルを構築する場合には，シールドの施工過程に起因する沈下とは別に，地盤特性がもたらす沈下の影響に留意しなければならない．この場合は，必要に応じて以下に示すようにトンネル部やトンネルと立坑との接合部等への地盤沈下による影響を検討する．

1)トンネル部について　トンネル部への地盤沈下の影響に対する検討は次の2つに分けて行っている．
　①　地盤の圧密沈下に伴うトンネル横断方向の検討
　②　地盤の不同沈下に伴うトンネル縦断方向の検討

いまだ圧密過程にある地盤中にトンネルが構築されると，トンネルには周辺地盤の沈下に伴って杭のネガティブフリクションに相当する力が作用する．したがって，トンネルは周辺地盤からそれに相当する強制変位を受けることになる．全土被り荷重を用いて設計されたトンネルにおいても圧密沈下の影響により，トンネルの扁平化や二次覆工に大きなひび割れを生じた事例もあるため，とくに軟らかい粘性土地盤中におけるトンネルについては地盤沈下の影響を考慮することが重要である．一方，トンネル縦断方向の剛性の変化部や良質地盤との境界付近，さらに，トンネルが同じ軟弱地盤中にあっても，その地盤が圧密沈下の進行中あるいは将来圧密沈下を生ずる可能性がある場合で，トンネル下部の軟弱地盤の層厚が大きく変化する付近等では不同沈下の影響が大きいものと考えられる．これらに関するトンネルの力学的挙動は，必ずしも明確ではないが，構造物の安全上重大な問題であり，慎重な検討が必要である．

①については，トンネル横断方向の構造モデルに配した地盤ばねを介して強制変位を与える考え方や鉛直土圧の増加でこれを評価し，覆工の強度を検討する方法がある．また，②については，トンネル縦断方向の構造モデ

ルに，トンネル位置における地盤沈下量を地盤ばねを介して与え，地盤の不同沈下に対するトンネルの挙動を検討する場合が多く，必要に応じてトンネル縦断方向の剛性の低減，地盤改良による沈下量の軽減，トンネル内空断面の拡大等の対策を検討する．

<u>2) トンネルと立坑との接合部について</u>　トンネルと立坑との接合部は，異種の構造物を接続するため相対変位を生じやすい．このため，必要に応じて継手を可とう構造等にして，応力が集中するのを防ぐ，あるいは立坑の基礎を浮き基礎にし，かつ一定区間のトンネルのリング継手を柔構造にすること等により，不同沈下の影響を軽減することが望ましい．また，軽微な補修で必要内空断面の確保ができるようにあらかじめ内空断面を拡大しておくことも有効である．なお，トンネルと立坑との接合部の構造については「トンネル標準示方書[開削工法編]・同解説」（2016年制定）を参照のこと．

2.14　内水圧の影響

内水圧は，地下河川や雨水貯留管等に利用するトンネルにおいて完成後に覆工の内側に作用する荷重であり，トンネルの使用条件や内水圧による軸力の変動を考慮して定めなければならない．

【解　説】　地下河川や雨水貯留管等に利用するトンネルの場合には，トンネル内に内水圧が作用するため，通常のシールドトンネルに比べ，覆工に作用する軸力が変動することから，覆工構造には十分な留意が必要である．

内水圧を受けるトンネルの場合，二次覆工を含めて適切な構造モデルを選定し，荷重の履歴やトンネルに発生する応力の履歴を十分に考慮して必要な検討を行うべきである．内水圧が作用するトンネルでは，地下水位，内水位等の条件により必ずしも作用土圧が大きいほど，覆工応力が厳しくなるとは限らないため，考えられる土水圧の範囲内における最大土水圧および最小土水圧を考慮する必要がある．覆工の検討にあたっては，作用土圧，地下水圧の大小，内水圧の大小および覆工構造等の条件によって，部材に最大応力が生じる荷重の組み合わせを考慮し，すべての部材が安全になるような覆工構造とする必要がある．「内水圧が作用するトンネル覆工構造設計の手引き」（1999）に荷重の組み合わせが示されているので参照されたい．

内水圧作用時の耐震検討を行う必要がある場合には，トンネルの利用形態に応じて，適切な内水位を設定しなければならない．

2.15　内部荷重

内部荷重は，トンネルの完成後に覆工の内側に作用する荷重であり，覆工に大きな影響を与える場合には，その必要に応じて定めなければならない．

【解　説】　内部荷重は，トンネルの使用目的によって異なり，これらが覆工に作用した場合においても構造の安全性が確かめられなければならない．

鉄道車両のように覆工の底部に載る内部荷重については，裏込め注入材が硬化していることから，とくに柔らかい地盤を除いて，周辺地盤によって直接支持されると考え，検討は一般に省略されている．ただし，床版の支点反力，トンネル内部に集中的に作用する荷重，トンネル内に懸架される荷重等，覆工の強度と変形に影響すると考えられる内部荷重については，実状に応じて荷重を設定し，検討を行う必要がある．また，二次覆工を施工しない道路トンネル等では，天井板，ジェットファンまた道路床版の支承部分やその他の付帯設備はセグメントに直接設置することもある．その場合，セグメントにはこれらを取り付けるためのアンカー等が設置されることが多いため，実状に応じて荷重を設定し，検討を行う必要がある．なお，引張力を主体として期待しているアンカーは，あと施工アンカーではなく，あらかじめセグメントに埋め込ませたインサート金物等の使用を基本とする．

2.16 その他の作用

覆工が，本章に定めた以外の作用を受ける場合には，それぞれの実状に応じて作用，荷重等を設定し，必要な検討を行わなければならない．

【解　説】　すでに定めた作用は，覆工の設計計算にあたり主体となるものであるが，すべてを網羅したものではない．これら以外でも，考慮すべき作用について，使用条件等に応じて適宜検討を行う必要がある．その他の作用の例としては，以下に示すものが挙げられる．

① セグメントの貯蔵，運搬および組立て時に発生する一時的な荷重

セグメントの支持位置や運搬時の衝撃の影響等について，必要に応じて検討を行う必要がある．

② シール材の反発力

シール材の材質や寸法，シール溝の位置や寸法等を考慮し，セグメントのひび割れや欠け等の発生について，必要に応じて検討を行う．

③ 地形，土質の状況による偏圧

地表の傾斜や地層の不陸等を考慮し，構造物に作用する偏圧が生じる場合は検討を行う必要がある．

④ 地中切拡げの施工において発生する荷重

シールド周辺地盤の掘削に伴う偏圧等により，施工ステップごとに変化する荷重状態を考慮し，設計を行う必要がある．

⑤ 開口部を設けることにより発生する荷重

開口部周辺において，土圧等に抵抗する際の負担が増加することを考慮し，設計を行う必要がある．

⑥ 地盤改良や凍結の影響

止水等を目的に補助工法として行われる地盤改良や凍結により，構造物に局所的な圧力が作用することがあり，注意を要する．

⑦ 火災の影響

火災による熱は，鋼材やコンクリートの強度を著しく低下させ，場合によってはシールドトンネルの崩壊を招く可能性があるため，火災の規模が大きくなる可能性がある道路トンネルの場合等においては，適切な耐火対策を検討する必要がある．

第3章 材　　料

3.1 材　　料

覆工に使用する材料は，表 2.3.1 の規格に適合するものを標準とする．

無筋および鉄筋コンクリートの材料については，表 2.3.1 に定めるもののほか，「コンクリート標準示方書（規準編）」（2012年制定）の規定による．

表 2.3.1　使用材料規格

種　類	規　格
(1) セメント	JIS R 5210　ポルトランドセメント JIS R 5211　高炉セメント JIS R 5212　シリカセメント JIS R 5213　フライアッシュセメント
(2) 骨　材	JIS A 5005　コンクリート用砕石および砕砂 JIS A 5308　レディーミクストコンクリート（附属書1レディーミクストコンクリート用骨材）
(3) 混和材料	JIS A 6201　コンクリート用フライアッシュ JIS A 6202　コンクリート用膨張材 JIS A 6204　コンクリート用化学混和剤 JIS A 6206　コンクリート用高炉スラグ微粉末 JIS A 6207　コンクリート用シリカヒューム
(4) 鋼　材	JIS G 3101　一般構造用圧延鋼材 JIS G 3106　溶接構造用圧延鋼材 JIS G 3140　橋梁用高降伏点鋼板 JIS G 4051　機械構造用炭素鋼鋼材 JIS G 4052　焼入性を保証した構造用鋼鋼材（H鋼） JIS G 7101　耐候性構造用鋼 JIS G 4401　炭素工具鋼鋼材 JIS G 3131　熱間圧延軟鋼板および鋼帯 JIS G 3141　冷間圧延鋼板および鋼帯 JIS G 4304　熱間圧延ステンレス鋼板および鋼帯 JIS G 4305　冷間圧延ステンレス鋼板および鋼帯 JIS G 4801　ばね鋼鋼材 JIS G 4802　ばね用冷間圧延鋼帯
(5) 鋳造品	JIS G 5101　炭素鋼鋳鋼品 JIS G 5102　溶接構造用鋳鋼品 JIS G 5501　ねずみ鋳鉄品 JIS G 5502　球状黒鉛鋳鉄品 JIS G 5503　オーステンパ球状黒鉛鋳鉄品 JIS G 5705　可鍛鋳鉄品
(6) 棒鋼および鋼線	JIS G 3112　鉄筋コンクリート用棒鋼 JIS G 3505　軟鋼線材 JIS G 3506　硬鋼線材 JIS G 3507-1　冷間圧造用炭素鋼線材　第1部：線材 JIS G 3507-2　冷間圧造用炭素鋼線材　第2部：線 JIS G 3521　硬鋼線 JIS G 3532　鉄線 JIS G 3536　PC鋼線およびPC鋼より線 JIS G 3538　PC硬鋼線 JIS G 3547　亜鉛めっき鉄線 JIS G 4314　ばね用ステンレス鋼線 JIS G 4315　冷間圧造用ステンレス鋼線
(7) ボルト，ナットおよび座金	JIS B 1051　炭素鋼および合金鋼製締結用部品の機械的性質－第1部：ボルト，ねじおよび植込みボルト JIS B 1052-2　鋼製ナットの機械的性質　第2部：保証荷重値　規定ナット-並ねじ JIS B 1052-6　鋼製ナットの機械的性質　第6部：保証荷重値　規定ナット-細目ねじ JIS B 1180　六角ボルト JIS B 1181　六角ナット

種　類	規　格
(7) ボルト, ナットおよび座金	JIS B 1186　摩擦接合用高力六角ボルト・六角ナット・平座金のセット JIS B 1256　平座金
(8) 鋼管, プラグ	JIS B 2301　ねじ込み式可鍛鋳鉄製管継手 JIS B 2302　ねじ込み式鋼管製管継手 JIS G 3444　一般構造用炭素鋼鋼管 JIS G 3445　機械構造用炭素鋼鋼管 JIS G 3452　配管用炭素鋼鋼管 JIS G 3454　圧力配管用炭素鋼鋼管 JIS G 3455　高圧配管用炭素鋼鋼管 JIS K 6920-1　プラスチック−ポリアミド(PA)成形用および押出用材料 　　　　　　　第1部：呼び方のシステムおよび表記の基礎 JIS K 6920-2　プラスチック−ポリアミド(PA)成形用および押出用材料 　　　　　　　第2部：試験片の作り方および諸性質の求め方 JIS K 6921-1　プラスチック−ポリプロピレン (PP)成形用および押出用材料 　　　　　　　第1部：呼び方のシステムおよび表記の基礎 JIS K 6921-2　プラスチック−ポリプロピレン (PP)成形用および押出用材料 　　　　　　　第2部：試験片の作り方および諸性質の求め方
(9) 溶接棒および溶接ワイヤ	JIS Z 3211　軟鋼, 高張力鋼および低温用鋼被覆アーク溶接棒 JIS Z 3312　軟鋼, 高張力鋼および低温用のマグ溶接ソリッドワイヤ JIS Z 3313　軟鋼, 高張力鋼および低温用鋼用マグ溶接フラックス入りワイヤ JIS Z 3351　炭素鋼および低合金鋼用サブマージアーク溶接ソリッドワイヤ JIS Z 3352　サブマージアーク溶接フラックス
(10) Oリング, パッキン	JIS B 2401-1　Oリング　第1部：Oリング JIS B 2401-2　Oリング　第2部：ハウジングの形状・寸法 JIS B 2401-3　Oリング　第3部：外観品質規準 JIS B 2401-4　Oリング　第4部：バックアップリング JIS K 6380　ゴムパッキン材料
(11) 塗　料	JIS K 5621　一般用さび止めペイント JIS K 5551　構造用さび止めペイント JIS K 5664　エポキシ樹脂塗料 JIS K 6894　金属素地上のふっ素樹脂塗膜 JIS H 8641　溶融亜鉛めっき
(12) その他	JIS A 5905　繊維板 JIS A 6005　アスファルトルーフィングフェルト JIS A 6208　コンクリート用ポリプロピレン短繊維 JIS E 1118　PCまくらぎ用レール締結装置 JIS K 7015　繊維強化プラスチック引抜材

【解　説】　覆工などに用いる材料の品質を規定したが，下記の事項に注意して材料を選定することが必要である．海外製材料（JIS規格採用品を除く）や，耐火やコンクリート剥落防止対策として使用実績が多い鋼繊維や合成繊維など，本文に規定のない材料については，材料の諸物性を確認したのちに使用しなければならない．
　（1）について　覆工には，**解説 表 2.3.1**に示すJISの規格品を一般に使用している．

解説 表 2.3.1　セメントの種類

規　格	区　分
ポルトランドセメント JIS R 5210	普通，早強
高炉セメント JIS R 5211	A種，B種
フライアッシュセメント JIS R 5213	A種，B種

このほかJISに掲げられている超早強ポルトランドセメント，中庸熱ポルトランドセメント，高炉セメントC種および耐硫酸塩ポルトランドセメント等は，早強性や耐久性，化学抵抗性等に特徴があるが，まだセグメントで

は使用実績をみるに至っていない．しかし，地山の化学的性質によっては，その特徴を生かした使用も考えられる．シリカセメント，フライアッシュセメントは，その特徴を活かして二次覆工または裏込め注入に使用された実績がある．

なお，このほか特殊セメントとして，JISにはないが耐酸セメントがある．これは化学抵抗性に優れているので，条件によってはセグメントに使用することも考えられるが，その場合は適性を十分に調査しなければならない．

（2）について　覆工に用いる砕石および砕砂の種類は，粒の大きさにより**解説 表 2.3.2**のとおりに区分されている．とくに鉄筋コンクリート製セグメントおよび合成セグメントにおいては，砕石2005が多く用いられている．

解説 表 2.3.2　粒の大きさによる区分

粒の大きさによる区分	粒の大きさの範囲　（mm）
砕石4005	40〜5
砕石2505	25〜5
砕石2005	20〜5
砕石1505	15〜5
砕砂	5以下

なお，砕石および砕砂の物理的性質は，**解説 表 2.3.3**の規定を満足しなければならない．**解説 表 2.3.3**は「コンクリート標準示方書（規準編）」（2012年制定）のJIS A 5005「コンクリート用砕石及び砕砂」およびJIS A 5308「レディーミクストコンクリート−付属書1（規定）レディーミクストコンクリート用骨材」で規定されている品質のうち，厳しい規準を採用した．また，アルカリシリカ反応性試験を行い，その結果が無害であることを確認しなければならない．

解説 表 2.3.3　砕石および砕砂の物理的性質

試　験　項　目	砕　石	砕　砂
絶　乾　密　度　g/cm³	2.5以上	2.5以上
吸　水　率　％	3.0以下	3.0以下
安　定　性　％	12以下	10以下
すりへり減量　％	40以下	−
微　粒　分　量　％	1.0以下	3.0以下

（3）について　混和材料としては，フライアッシュ，膨張材，化学混和剤，高炉スラグ微粉末，シリカフューム，石灰石粉などがある．このうち，コンクリート用化学混和剤の種類はAE剤，減水剤，AE減水剤，高性能AE減水剤がある．さらに塩化物イオン（Cl⁻）量により，Ⅰ種〜Ⅲ種に区分されている．セグメントに使用する場合，減水剤を用いている例が多い．高炉スラグ微粉末はアルカリ総量の抑制や塩分環境のために使用された実績がある．また，石灰石粉は高流動コンクリートの添加材として使用される場合があり，材料の品質等は，日本コンクリート工学協会「石灰石微粉末の特性とコンクリートへの利用に関するシンポジウム」（1998）に詳述されている．

（4）について　鋼材は**解説 表 2.3.4**および2.3.5に示すJISの規格品を一般に使用しており，とくに溶接構造では一般構造用圧延鋼材SS400，溶接構造用圧延鋼材SM490Aを多く用いている．**解説 表 2.3.4**および2.3.5以外の鋼材についてはJIS製品と同等以上であることを確認のうえ使用してよい．

なお，覆工に使用する鋼材の形状，寸法，質量に関しては，JIS G 3192「熱間圧延形鋼の形状，寸法，質量及びその許容差」，JIS G 3193「熱間圧延鋼板および鋼帯の形状，寸法，質量及びその許容差」，JIS G 3194「熱間圧延平鋼の形状，寸法および質量並びにその許容差」によるものとする．

解説 表 2.3.4 鋼材の機械的性質（その1）

規　　格	記　号	引張強さ (N/mm²)	降伏点または耐力 (N/mm²)			
			厚さ，径，辺または対辺距離 (mm)			
			16以下	16を越え 40以下	40を越え 100以下	100を越える もの
一般構造用圧延鋼材 JIS G 3101	SS400	400～510	245以上	235以上	215以上	205以上
	SS490	490～610	285以上	275以上	255以上	245以上

解説 表 2.3.5 鋼材の機械的性質（その2）

規　　格	記　号	引張強さ (N/mm²)	降伏点または耐力 (N/mm²)			
			厚さ，径，辺または対辺距離 (mm)			
			16以下	16を越え 40以下	40を越え 75以下	75を越える もの
溶接構造用圧延鋼材 JIS G 3106	SM400A, B	400～510	245以上	235以上	215以上	215以上
	SM490A, B	490～610	325以上	315以上	295以上	295以上
	SM490YA, YB	490～610	365以上	355以上	335以上	325以上
	SM520C	520～640	365以上	355以上	335以上	325以上
	SM570	570～720	460以上	450以上	430以上	420以上

（5）について　継手や付属品の使用実績を考慮し，現状において使用されているJIS材料は，解説 表 2.3.6 のとおりである．

解説 表 2.3.6 鋳造品の機械的性質

規　　格	記　号	引張強さ (N/mm²)	降伏点または耐力 (N/mm²)	伸び (%)
炭素鋼鋳鋼品 JIS G 5101	SC 450	450以上	225以上（降）	19以上
溶接構造用鋳鋼品 JIS G 5102	SCW 480	480以上	275以上（降）	20以上
ねずみ鋳鉄品 JIS G 5501	FC200	200以上	—	—
	FC250	250以上	—	—
球状黒鉛鋳鉄品 JIS G 5502	FCD 450-10	450以上	280以上（耐）	10以上
	FCD 500-7	500以上	320以上（耐）	7以上
オーステンパ球状黒鉛鋳鉄品 JIS G 5503	FCAD 900-8	900以上	600以上（耐）	8以上
可鍛鋳鉄品 JIS G 5705	FCMB 27-05	270以上	165以上（耐）	5以上

　鋳造品のうち，継手はJIS G 5502「球状黒鉛鋳鉄品」や，JIS G 5503「オーステンパ球状黒鉛鋳鉄品」が使用されているが，球状黒鉛鋳鉄品のFCD 600以上は規定の伸びが小さいので使用にあたっては注意する必要がある．また，オーステンパ球状黒鉛鋳鉄品については，耐力以上の荷重状態において水脆化による引張強さおよび伸びの低下の報告例があり，使用条件によっては注意する必要がある．またJIS G 5501「ねずみ鋳鉄品」は鋼製セグメントの注入プラグに使用されている．

　（6）について　「コンクリート標準示方書（規準編）」（2012年制定）に準拠し，覆工に適合する棒鋼および鋼線を解説 表 2.3.7に示す．鉄筋コンクリート用棒鋼は，SD 295 A，SD 345の実績が多い．

　鋼線および硬鋼線は引張強さが線径によって異なることから，その使用にあたっては品質別に機械的性質，溶接性および継手等について十分な検討を行う必要がある．

解説 表 2.3.7　棒鋼および鋼線の機械的性質

	規　格	記　号	降伏点 (N/mm²)	引張強さ (N/mm²)
鉄筋コンクリート用棒鋼 JIS G 3112	熱間圧延棒鋼	SR 235	235	380～520
		SR 295	295	440～600
	熱間圧延異形棒鋼	SD 295 A	295	440～600
		SD 295 B	295～390	440以上
		SD 345	345～440	490以上
		SD 390	390～510	560以上
		SD 490	490～625	620以上
鉄　　線 JIS G 3532	普通鉄線	SWM-B		320～1 270
	なまし鉄線	SWM-A		260～560
	くぎ用鉄線	SWM-N		490～1 270
硬　鋼　線 JIS G 3521	硬鋼線	A種　SW-A		930～2 450
		B種　SW-B		1 030～2 790
		C種　SW-C		1 230～3 140

　（7）について　六角ボルトおよびナットはJISに示す等級により，仕上げ程度は並，ねじの等級は8gのものを用いるのが普通である．また，セグメントに使用するボルトは，摩擦接合ではなく，引張を主体としていることから，一般にJIS B 1051に規定されているもののうち**解説 表 2.3.8**に示すものを多用している．この場合の座金は**解説 表 2.3.9**（JIS B 1256）によりボルトの強度に適合したものを使用する．

解説 表 2.3.8　鋼製六角ボルトの機械的性質

強　度　区　分		4.6	4.8	6.8	8.8	10.9
引張強さ	最小値 (N/mm²)	400	400	600	830	1 040
降伏点または耐力	最小値 (N/mm²)	240	340	480	660	940

解説 表 2.3.9　平座金の硬さ

ボルト強度区分 （ ）内はナット強度区分	平座金硬さ区分
4.6（4または5）	100～200HV
4.8（4または5）	
6.8（6）	140～300HV
8.8（8）	200～370HV
10.9（10）	

※本表はJIS B 1256　1978年版と2008年版を包含している．

　（8）について　セグメントの裏込め注入孔または吊手として用いる注入孔は，**解説 表 2.3.10**，**解説 表 2.3.11**，**解説 図 2.3.1**に示す鋼管または鋳鉄品を使用している．鋼製セグメントのねじはJIS B 0203「管用テーパーねじ」に規定されている平行めねじを基本とする．また，鉄筋コンクリート，合成およびコンクリート中詰め鋼製セグメントのねじは旧JIS B 0216メートル台形ねじ」に準じたものを基本とする．台形ねじを使用する場合は防水用パッキンを使用し漏水防止を図る．また，これに取り付ける注入孔栓は，JIS B 2301「ねじ込み式可鍛鋳鉄製管継手」またはJIS B 2302「ねじ込み式鋼管製管継手」による規格品や，ポリフェニレンエーテル（PPE）などの合成樹脂および鋳鉄品が用いられている．合成樹脂製品の場合は，締付け力や保管時・トンネル環境条件による劣化への耐久性を考慮したものでなければならない．

解説 表 2.3.10　鋼管の機械的性質

規　　格	記　号	降伏点または耐力 (N/mm²)	引張強さ (N/mm²)
一般構造用炭素鋼鋼管 JIS G 3444	STK 400	235以上	400以上
機械構造用炭素鋼鋼管 JIS G 3445　13種／14種	STKM 13 A／STKM 14 A	215以上／245以上	370以上／410以上
配管用炭素鋼鋼管 JIS G 3452	SGP	290以上	—
圧力配管用炭素鋼鋼管 JIS G 3454	STPG 370／STPG 410	215以上／245以上	370以上／410以上
高圧配管用炭素鋼鋼管 JIS G 3455	STPG 370／STPG 410	215以上／245以上／275以上	370以上／410以上／480以上

解説 表 2.3.11　注入孔および注入孔栓の種類

種　別	規　　格	
注入孔	JIS B 2302	ねじ込み式鋼管製管継手
注入孔栓	JIS B 2301	ねじ込み式可鍛鋳鉄製管継手
	JIS K 6921	プラスチック－ポリプロピレン（ＰＰ）成形用および押出用材料

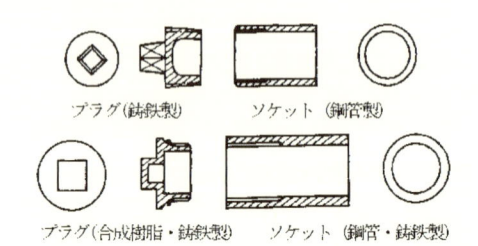

解説 図 2.3.1　注入孔および注入孔栓

（９）について　溶接用材料は溶接部が十分な機械的性質をもち，溶接欠陥を生じない作業性のよいものを選定しなければならない．

溶接法には，手溶接，半自動アーク溶接，自動アーク溶接等がある．手溶接に用いる被覆アーク溶接棒は，JIS Z 3211によるものとする．半自動アークおよび自動アーク溶接に用いるワイヤには，炭酸ガス溶接用鋼ワイヤおよびオープンアーク溶接用ワイヤがあり，炭酸ガス溶接用鋼ワイヤには，ソリッドワイヤとフラックス入りワイヤとがある．これらの溶接用ワイヤはそれぞれ，JIS Z 3312およびJIS Z 3313によるものとする．

（１０）について　Oリングおよびゴムパッキンの使用材料は，締付け時にき裂，はく離，摩耗に耐えられるものを選定しなければならない．セグメントに使用するOリングは，JIS B 2401の規格においては固定用（ガスケット）として分類されている．

（１１）について　セグメントに使用する塗料としては，防錆，防食，耐薬品性の向上のために用いられる．使用実績としては，一般用さび止めペイントやふっ素樹脂塗装を用いて継手部材を塗装した実績がある．また，ボルト，ナット，座金等の継手部材に防食を目的として亜鉛メッキや亜鉛末クロム酸化成被膜処理（ダクロタイズド処理）などを施した実績もある．

3.2　材料の試験

材料の品質を確認するために，材料の各種試験を実施しなければならない．

【解　説】　材料の試験方法の主なものは解説 表 2.3.12のとおりである．解説 表 2.3.12以外の試験については，「コンクリート標準示方書（規準編）」（2012年制定）の規定による．なお，規格証明書つきの材料については試験を省略することができる．また，3.1に規定されていない材料については，物性に関する試験，および類似の試験方法に準拠して実施しなければならない．海外製材料（JIS規格採用品を除く）については，海外規格（基準）と規格証明書を確認したのち，必要に応じて物性に関する試験，およびその他の試験を類似の試験方法に準拠して実施し，JISと同等かそれ以上の性能を有することも確認しなければならない．

解説 表 2.3.12 材料の試験方法

種　別	規　格
鋼材および鋳造品	JIS Z 2241　金属材料引張試験方法 JIS Z 2248　金属材料曲げ試験方法
骨材および コンクリート	JIS A 1102　骨材のふるい分け試験方法 JIS A 1103　骨材の微粒分量試験方法 JIS A 1104　骨材の単位容積質量および実績率試験方法 JIS A 1105　細骨材の有機不純物試験方法 JIS A 1109　細骨材の密度および吸水率試験方法 JIS A 1110　粗骨材の密度および吸水率試験方法 JIS A 1121　ロサンゼルス試験機による粗骨材すりへり試験方法 JIS A 1122　硫酸ナトリウムによる骨材の安定性試験方法 JIS A 1145　骨材のアルカリシリカ反応性試験方法（化学法） JIS A 1146　骨材のアルカリシリカ反応性試験方法（モルタルバー法） JIS A 1101　コンクリートのスランプ試験方法 JIS A 1115　フレッシュコンクリートの試料採取方法 JIS A 1118　フレッシュコンクリートの空気量の容積による試験方法（容積方法） JIS A 1132　コンクリートの強度試験用供試体の作り方 JIS A 1108　コンクリートの圧縮強度試験方法

3.3 材料のヤング係数およびポアソン比

　覆工に用いるコンクリートのヤング係数は，その設計基準強度に応じて表 2.3.2のとおりとする．鋼，鋳鋼，球状黒鉛鋳鉄およびPC鋼材のヤング係数は，表 2.3.3のとおりとする．また，材料のポアソン比は，表 2.3.4のとおりとする．

表 2.3.2　セグメントに用いるコンクリートのヤング係数

設計基準強度 σ_{ck} (N/mm²)	42	45	48	51	54	57	60
ヤング係数 E_c (kN/mm²)	33	36	39	42	45	47	48

表 2.3.3　鋼, 鋳鋼, 球状黒鉛鋳鉄およびPC鋼材のヤング係数

材	ヤング係数(kN/mm²)
鋼および鋳鋼　E_s	200
球状黒鉛鋳鉄　E_d	170
PC鋼材　E_p	195

表 2.3.4　ポアソン比

	ポアソン比
コンクリート　ν_c	0.17
鋼および鋳鋼　ν_s	0.3
球状黒鉛鋳鉄　ν_d	0.27

【解　説】　本編では，覆工の設計を許容応力度設計法によることにしている．このため，セグメントに用いるコンクリートのヤング係数は「コンクリート標準示方書」(1980年制定)を基本としているが，これまでの設計上の実績，最近の知見および覆工の安全性を考慮して定めた．

表 2.3.2に示す以外の設計基準強度を用いる場合は，σ_{ck} =42〜60N/mm²の範囲において，比例補間したヤング係数を用いてよい．これを超える設計基準強度を用いる場合は，覆工の安全性を考慮した上で，圧縮試験などを参考に定める必要がある．二次覆工を構造部材とみなす場合のコンクリートのヤング係数は，「コンクリート標準示方書」(1980年制定) に準拠して**解説 表** 2.3.13のとおり定めた．これ以外の設計基準強度を用いる場合は，σ_{ck} =18〜30N/mm²の範囲において比例補間したヤング係数を用いてよい．なお，若材齢のコンクリートのヤング係数は「コンクリート標準示方書（設計編）」(2012年制定) を基本にしてよい．

これらのヤング係数は不静定力または弾性変形の計算に用いる．断面算定や応力度の算定に用いるコンクリートのヤング係数は，鉄筋とコンクリートとのヤング係数比n=15として定める．

解説 表 2.3.13　二次覆工に用いるコンクリートのヤング係数

設計基準強度 σ_{ck} (N/mm²)	18	24	30
ヤング係数 E_c (kN/mm²)	24	27	30

セグメントに用いるコンクリートのポアソン比はその圧縮強度により異なるが，一般に0.14〜0.2程度と考えられる．本示方書ではポアソン比の一般に用いられている値である1/6をまるめて**表** 2.3.4の値とした．

第4章 許容応力度

4.1 許容応力度

覆工に用いる材料の基本的な許容応力度は次のとおりとする．なお，ここに示していない強度区分等の許容応力度は，実験や解析等により適切に定めなければならない．

（1） セグメントのコンクリート

セグメントに用いるコンクリートの許容応力度は**表 2.4.1**を基本とする．

表 2.4.1 セグメント用コンクリートの許容応力度 (N/mm²)

設計基準強度	σ_{ck}	42	45	48	51	54	57	60
許容曲げ圧縮応力度	σ_{ca}	16	17	18	19	20	21	22
基準の許容せん断応力度　曲げによるせん断*1	τ_a	0.73	0.74	0.76	0.78	0.79	0.81	0.82
許容付着応力度（異形鉄筋）	τ_0	2.0	2.1	2.1	2.2	2.2	2.3	2.3
許容支圧応力度　全面載荷の場合	σ_{ba}	15	16	17	18	19	20	21
許容支圧応力度　局部載荷の場合*2	σ_{ba}	\multicolumn{7}{c}{$\sigma_{ba} \leq 1/2.8 \cdot \sigma_{ck}\sqrt{A/A_a}$ ただし $\sigma_{ba} \leq \sigma_{ck}$}

*1 τ_a は，セグメントの有効高さ $d=20\text{cm}$，引張鉄筋比1%として算出したものであるので，以下により補正すること．

①有効高さおよび引張鉄筋比による補正

次式による係数 α を乗じて補正する．

$$\alpha = \sqrt[3]{p_w} \times \sqrt[4]{20/d}$$

ここで，p_w：鉄筋比（%），d：有効高さ（cm）

ただし，$p_w \leq 3.3\%$，$d \geq 20\text{cm}$，$d<20\text{cm}$ の場合は $d=20\text{cm}$として求める．

②許容せん断応力度の割増し

セグメントは曲げモーメントと軸圧縮力が同時に作用しているので，次式による係数 β_n を乗じて割増しすることができる．

$$\beta_n = 1 + M_0/M_d \leq 2$$

ここで M_d：設計曲げモーメント，M_0：設計曲げモーメント M_d に対する引張縁において，軸力によって発生する応力を打ち消すのに必要な曲げモーメント

*2 A は，コンクリートの支圧分布面積，A_a は支圧を受ける面積で**図 2.4.1**による．

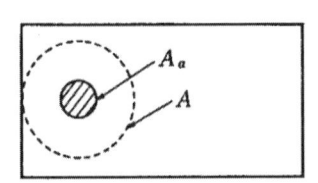

図 2.4.1 支圧分布

（2） 現場打ち鉄筋コンクリート

二次覆工を現場打ちの鉄筋コンクリートとする場合，コンクリートの許容応力度は**表2.4.2**を基本とする．

なお，中床版や中壁等を現場打ち鉄筋コンクリートとする場合は，それらの設計法に応じた照査項目と許容値（もしくは限界値）を適切に設定しなければならない．

表 2.4.2 現場打ち鉄筋コンクリートにおけるコンクリートの許容応力度 (N/mm²)

設計基準強度	σ_{ck}	18	21	24	27	30
許容曲げ圧縮応力度	σ_{ca}	7	8	9	10	11
基準の許容せん断応力度 曲げによるせん断 *1	τ_a	0.55	0.58	0.60	0.63	0.65
許容付着応力度（異形鉄筋）	τ_0	1.4	1.5	1.6	1.7	1.8
許容支圧応力度 全面載荷の場合	σ_{ba}	6	7	8	9	10
許容支圧応力度 局部載荷の場合 *2	σ_{ba}	$\sigma_{ba} = 1/3 \cdot \sigma_{ck}\sqrt{A/A_a}$ ただし $\sigma_{ba} \leq \sigma_{ck}$					

*1 τ_a は，有効高さd=20cm，引張鉄筋比1%として算出したものであるので，セグメントのコンクリートの場合と同様に補正すること．

*2 A，A_a はセグメントのコンクリートの場合と同様である．

（3） 現場打ち無筋コンクリート

現場打ち無筋コンクリートの許容応力度は表 2.4.3を基本とする．

表 2.4.3 現場打ち無筋コンクリートの許容応力度 (N/mm²)

設計基準強度	σ_{ck}	18	21	24	27	30
許容曲げ圧縮応力度	σ_{ca}	5.5	6.3	7.0	7.8	8.5
許容引張応力度	σ_{ta}	0.72	0.80	0.87	0.95	1.00
許容支圧応力度 全面載荷の場合	σ_{ba}	6	7	8	9	10
許容支圧応力度 局部載荷の場合 *1	σ_{ba}	$\sigma_{ba} = 1/3 \cdot \sigma_{ck}\sqrt{A/A_a}$ ただし $\sigma_{ba} \leq \sigma_{ck}$					

*1 A，A_a はセグメントのコンクリートの場合と同様である．

（4） 鉄 筋

鉄筋の許容応力度は表 2.4.4を基本とする．

表 2.4.4 鉄筋の許容応力度 (N/mm²)

鉄筋の種類	SD295A, B	SD345	SD390
許容応力度	180	200	220

（5） 鋼材および溶接部

鋼材および溶接部の許容応力度は，表 2.4.5～2.4.7を基本とする．表2.4.5は座屈を考慮しない場合の値であり，表 2.4.6は座屈を考慮する場合の値である．

鋼製セグメントの局部座屈に対する許容応力度は表 2.4.7を基本とする．なお，強度の異なる鋼材を接合する場合は強度の低い鋼材に対する値を用いるものとする．

表 2.4.5 鋼材および溶接部の許容応力度 (N/mm²)

応力度の種別			鋼種	SS400 SM400 STK400				SM490 STK490				SM490Y SM520				SM570			
			記号	A				A, B				A, B, C				C			
			板厚	$t \leq 16$	$16 < t \leq 40$	$40 < t \leq 75$	$75 < t \leq 100$	$t \leq 16$	$16 < t \leq 40$	$40 < t \leq 75$	$75 < t \leq 100$	$t \leq 16$	$16 < t \leq 40$	$40 < t \leq 75$	$75 < t \leq 100$	$t \leq 16$	$16 < t \leq 40$	$40 < t \leq 75$	$75 < t \leq 100$
構造用鋼材	許容引張応力度	軸方向応力度		160	155	140	140	215	210	195	195	240	235	220	215	295	290	275	270
		曲げ応力度																	
	許容圧縮応力度	軸方向応力度																	
		曲げ応力度																	
	許容せん断応力度	総断面につき		90	90	80	80	125	120	110	110	140	135	125	120	170	165	160	155
	許容支圧応力度	鋼板と鋼板		220	215	195	195	300	290	270	270	335	325	305	300	395	390	370	360
溶接部	工場溶接	開先溶接	許容引張応力度	160	155	140	140	215	210	195	195	240	235	220	215	295	290	275	270
			許容圧縮応力度																
			許容せん断応力度	90	90	80	80	125	120	110	110	140	135	125	120	170	165	160	155
		すみ肉溶接	ビード方向の許容引張・圧縮応力度	160	155	140	140	215	210	195	195	240	235	220	215	295	290	275	270
			のど厚に関する許容引張・圧縮・せん断応力度	90	90	80	80	125	120	110	110	140	135	125	120	170	165	160	155
	現場溶接			上記の90%を原則とする															

表 2.4.6 座屈許容応力度 (N/mm²)

応力度の種別		鋼種	SS400, SM400 SMA400, STK400	SM490, STK490	SM490Y SM520	SM570	
圧縮応力度・総断面につき	軸方向応力度		$0 < \ell/r \leq 9 : \sigma_{sca}$ $9 < \ell/r \leq 130 :$ $\sigma_{sca} - 0.91(\ell/r - 9)$	$0 < \ell/r \leq 8 : \sigma_{sca}$ $8 < \ell/r \leq 115 :$ $\sigma_{sca} - 1.42(\ell/r - 8)$	$0 < \ell/r \leq 8 : \sigma_{sca}$ $8 < \ell/r \leq 105 :$ $\sigma_{sca} - 1.68(\ell/r - 8)$	$0 < \ell/r \leq 7 : \sigma_{sca}$ $9 < \ell/r \leq 95 :$ $\sigma_{sca} - 2.39(\ell/r - 7)$	①*1
	曲げ応力度		(1)強軸まわりの曲げに対して 　上記の ℓ/r の代わりに次の式で示す等価細長比 $(\ell/r)_e$ を用いる. 　　$(\ell/r)_e = F \cdot \ell/b$ 　　ここで, I形断面の場合　$F = \sqrt{12 + 2\beta/\alpha}$ 　　　　箱形断面の場合 　　　　$\beta < \beta_0 : F = 0$ 　　　　$\beta_0 \leq \beta < 1 : F = \dfrac{1.05(\beta - \beta_0)}{1 - \beta_0}\sqrt{3\alpha + 1} \cdot \sqrt{b/\ell}$ 　　　　$1 \leq \beta < 2 : F = 0.74\sqrt{(3\alpha + \beta)(\beta + 1)} \cdot \sqrt{b/\ell}$ 　　　　$\beta \geq 2 : F = 1.28\sqrt{3\alpha + \beta} \cdot \sqrt{b/\ell}$ 　　　　$\beta = \dfrac{14 + 12\alpha}{5 + 21\alpha}$ 　　U形断面の場合　$F = 1.1\sqrt{12 + 2\beta/\alpha}$ (2)弱軸まわりの曲げに対して : σ_{sca}				②*2

*1 ①における ℓ は部材の座屈の長さを, r は考える軸についての総断面の断面二次半径を示す.

*2 ②における ℓ はフランジ固定点間距離を, b はI形断面の場合にはフランジの幅を, また箱形断面およびU形断面の場合には, 腹板中心間隔を示す.
　　α はフランジの厚さ (t_f) と腹板の厚さ (t_w) の比 (t_f/t_w), β は腹板高さ (h) とフランジ幅 (b) との比 (h/b) である.

表 2.4.7 鋼製セグメントの局部座屈に対する許容応力度(N/mm²)

鋼種	記号	板厚 (mm)	局部座屈の影響を受けない場合 幅厚比 (板幅／板厚)	局部座屈の影響を受けない場合 許容応力度 (N/mm²)	局部座屈の影響を受ける場合 幅厚比 (板幅／板厚)	局部座屈の影響を受ける場合 許容応力度 (N/mm²)
SS400 SM400 STK400	A B	$t \leq 16$	$h/(t_r \cdot f \cdot K_r) \leq 12.5$	160	$12.5 \leq h/(t_r \cdot f \cdot K_r) \leq 16$	$25900 \cdot \left(\dfrac{t_r \cdot f \cdot K_r}{h}\right)^2$
SS400 SM400 STK400	A B	$16 < t \leq 40$	$h/(t_r \cdot f \cdot K_r) \leq 12.7$	155	$12.7 \leq h/(t_r \cdot f \cdot K_r) \leq 16$	
SS400 SM400 STK400	A B	$40 < t \leq 75$	$h/(t_r \cdot f \cdot K_r) \leq 13.3$	140	$13.3 \leq h/(t_r \cdot f \cdot K_r) \leq 16$	
SS400 SM400 STK400	A B	$75 < t \leq 100$	$h/(t_r \cdot f \cdot K_r) \leq 13.3$	140	$13.3 \leq h/(t_r \cdot f \cdot K_r) \leq 16$	
SM490 STK490	A B	$t \leq 16$	$h/(t_r \cdot f \cdot K_r) \leq 10.8$	215	$10.8 \leq h/(t_r \cdot f \cdot K_r) \leq 16$	$25900 \cdot \left(\dfrac{t_r \cdot f \cdot K_r}{h}\right)^2$
SM490 STK490	A B	$16 < t \leq 40$	$h/(t_r \cdot f \cdot K_r) \leq 11.0$	210	$11.0 \leq h/(t_r \cdot f \cdot K_r) \leq 16$	
SM490 STK490	A B	$40 < t \leq 75$	$h/(t_r \cdot f \cdot K_r) \leq 11.4$	195	$11.4 \leq h/(t_r \cdot f \cdot K_r) \leq 16$	
SM490 STK490	A B	$75 < t \leq 100$	$h/(t_r \cdot f \cdot K_r) \leq 11.4$	195	$11.4 \leq h/(t_r \cdot f \cdot K_r) \leq 16$	
SM490Y SM520	A B C	$t \leq 16$	$h/(t_r \cdot f \cdot K_r) \leq 10.2$	240	$10.2 \leq h/(t_r \cdot f \cdot K_r) \leq 16$	$25900 \cdot \left(\dfrac{t_r \cdot f \cdot K_r}{h}\right)^2$
SM490Y SM520	A B C	$16 < t \leq 40$	$h/(t_r \cdot f \cdot K_r) \leq 10.4$	235	$10.4 \leq h/(t_r \cdot f \cdot K_r) \leq 16$	
SM490Y SM520	A B C	$40 < t \leq 75$	$h/(t_r \cdot f \cdot K_r) \leq 10.7$	220	$10.7 \leq h/(t_r \cdot f \cdot K_r) \leq 16$	
SM490Y SM520	A B C	$75 < t \leq 100$	$h/(t_r \cdot f \cdot K_r) \leq 10.8$	215	$10.8 \leq h/(t_r \cdot f \cdot K_r) \leq 16$	
SM570	C	$t \leq 16$	$h/(t_r \cdot f \cdot K_r) \leq 9.1$	295	$9.1 \leq h/(t_r \cdot f \cdot K_r) \leq 16$	$25000 \cdot \left(\dfrac{t_r \cdot f \cdot K_r}{h}\right)^2$
SM570	C	$16 < t \leq 40$	$h/(t_r \cdot f \cdot K_r) \leq 9.2$	290	$9.2 \leq h/(t_r \cdot f \cdot K_r) \leq 16$	
SM570	C	$40 < t \leq 75$	$h/(t_r \cdot f \cdot K_r) \leq 9.4$	275	$9.4 \leq h/(t_r \cdot f \cdot K_r) \leq 16$	
SM570	C	$75 < t \leq 100$	$h/(t_r \cdot f \cdot K_r) \leq 9.5$	270	$9.5 \leq h/(t_r \cdot f \cdot K_r) \leq 16$	

$$f = 0.65\varphi^2 + 0.13\varphi + 1.0 \qquad \varphi = \dfrac{\sigma_1 - \sigma_2}{\sigma_1} \quad (\sigma_2 \leq \sigma_1 : 圧縮を正とする)$$

$$K_r = \sqrt{\dfrac{2.33}{(\ell_r/h)^2} + 1.0}$$

ここに,

- ℓ_r : 主桁の座屈長さ (mm) (縦リブの純間隔または縦リブとリング継ぎボルトの間隔)
- h : 主桁の高さ (mm)
- t_r : 主桁の板厚 (mm)
- f : 応力勾配による補正
- K_r : 座屈係数の比
- σ_1, σ_2 : 主桁の縁応力度 (N/mm²)

（6） 球状黒鉛鋳鉄

球状黒鉛鋳鉄の許容応力度は，表 2.4.8を基本とする．

表 2.4.8 球状黒鉛鋳鉄の許容応力度 (N/mm²)

応力度の種別 \ 種類	FCD450-10	FCD500-7	FCAD900-8
許容曲げ引張応力度	170	190	310
許容曲げ圧縮応力度	200	220	310
許容せん断応力度	110	130	240

（7） 溶接構造用鋳鋼品

溶接構造用鋳鋼品の許容応力度は，表 2.4.9を基本とする．

表 2.4.9 溶接構造用鋳鋼品の許容応力度 (N/mm²)

応力の種別 \ 鋼種	SCW480
許容曲げ引張応力度	180
許容曲げ圧縮応力度	180
許容せん断応力度	100

(8) ボルト

ボルトの許容応力度は，表 2.4.10を基本とする．

表 2.4.10　ボルトの許容応力度(N/mm²)

応力度の種別 ＼ 鋼種	4.6	4.8	6.8	8.8	10.9
許 容 引 張 応 力 度	120	150	210	290	380
許 容 せ ん 断 応 力 度	90	100	150	200	270

【解　説】　（1）について　許容曲げ圧縮応力度は，$\sigma_{ca}=\sigma_{ck}/2.8+1$ N/mm²として定めた．

曲げによる基準の許容せん断応力度については「コンクリート標準示方書（構造性能照査編）」（2002年制定）の棒部材の設計せん断耐力の算定法に準じて，セグメントの有効高さ$d=20$ cm，引張鉄筋比1％のセグメントを基準として定め，これをもとに許容せん断応力度を補正して求めることとした．また，セグメントには曲げモーメントと軸圧縮力が同時に作用するため，これによる割増しができることとした．なお，応力度の照査には，平均せん断応力度を用いる．

許容支圧応力度の全面載荷の場合については，$\sigma_{ca}=\sigma_{ck}/2.8$ N/mm²として定めた．

なお，最近では設計基準強度が60N/mm²を超えるような高強度コンクリートを用いる事例も見られる．このような場合には，表 2.4.1を単純に比例補外して許容応力度を定めるのではなく，試験結果などにもとづいて適切な許容応力度を定めることを原則とする．

（2）について　許容曲げ圧縮応力度は，$\sigma_{ca}=\sigma_{ck}/3+1$ N/mm²として定めた．基準の許容せん断応力度およびその割増しについては，セグメントのコンクリートの場合と同様に扱うものとした．許容支圧応力度の全面載荷の場合については，$\sigma_{ca}=\sigma_{ck}/3$ N/mm²として定めた．

（3）について　許容曲げ圧縮応力度は，$\sigma_{ca}=\sigma_{ck}/4+1$ N/mm²として定めた．
許容曲げ引張応力度は，$\sigma_{ta}=0.42\cdot\sigma_{ck}^{2/3}/4$ N/mm²として定めた．
許容支圧応力度の全面載荷の場合については，現場打ち鉄筋コンクリートにおけるコンクリートと同様に，$\sigma_{ca}=\sigma_{ck}/3$として定めた．

（4）について　「コンクリート標準示方書」（1980）によった．なお，著しい腐食性環境下のトンネルでは耐久性を考慮して，ここに示す許容応力度より減じた値とすることもある．

（5）について　引張，圧縮に対する鋼材の許容応力度は，各鋼材の降伏点に対して安全率を1.5として定めた．SM570材については，引張強さと降伏点の比が他の鋼材に比べ小さいことから安全率を1.55として定めた．

また許容せん断応力度は，せん断ひずみエネルギー説により許容引張応力度の$1/\sqrt{3}$倍として定めた．許容支圧応力度については，「道路橋示方書・同解説　鋼橋編」（2012）を参考にして，許容引張応力度を高めに設定していることから，許容引張応力度の1.4倍とした．ただし、SM570材については1.35倍とした．シールドトンネルは地中構造物であることから，活荷重を直接支持することがないと考え安全率を低減したものである．厚さが100mmを超える場合は，鋼材の種類，降伏点に応じて許容応力度を別途定める必要がある．なお，繰返し荷重，衝撃等を受ける部材および変形により定まる部材については別途検討する必要がある．

現場溶接における溶接部の許容応力度は，作業の信頼度の低下や環境の影響が大きいことなどを考えて，工場溶接の90％を原則とした．工場溶接と同等以上の施工管理が確保される場合，または現場と同様な施工条件のもとで施工試験がなされ，工場溶接と同等の品質が確認された場合は，「道路橋示方書・同解説　鋼橋編」（2012）と同様に必ずしも許容応力度を低減しなくてもよい．

表 2.4.6の座屈許容応力度は，鉄道橋等の基準にもとづいて定めた．

表 2.4.7に示す局部座屈に対する許容応力度は，「道路橋示方書・同解説　鋼橋編」（2012）の自由突出板の局

部座屈に対する許容応力度の考え方を基本として，基準耐荷力曲線の式より降伏点に対する安全係数1.5（ただし、SM570材については1.55）を考慮して定めた．

（6）について　球状黒鉛鋳鉄の特徴は，引張強度より圧縮強度が大きいこと，その他の鋳鉄に比較して引張強度および伸びが大きいことなどである．

材料の特質と使用実績をふまえ，通常の球状黒鉛鋳鉄（FCD材）の許容曲げ引張応力度は，耐力に対する安全率を1.7とし，許容曲げ圧縮応力度は，許容曲げ引張応力度の2割増しとした．また，許容せん断応力度は，材料の強さに対する最大ひずみ説によって定めた．

高強度の球状黒鉛鋳鉄（FCAD材：オーステンパ球状黒鉛鋳鉄）は，特殊な環境下では水脆化により耐力を越えると強度や伸びが低下するとの報告もあることから，許容曲げ引張応力度は，耐力に対する安全率を1.9とし，許容曲げ圧縮応力度は安全を考慮し，許容曲げ引張応力度と同じとした．また，許容せん断応力度は，材料の強さに対する最大ひずみ説によって定めた．

（7）について　「道路橋示方書・同解説」（2002）をもとに，地中構造物であることを考慮して降伏点に対する安全率を1.6として定めた．

（8）について　シールドトンネルは，防水上の観点からセグメント相互が継手部で目開きを起こさないことが望ましい．このためには，セグメント相互をつなぐボルトの締付け効果により，継手部に曲げに伴う引張力が作用しても継手部が離間しないことが必要となり，ボルトの締付け効果が有効な範囲内でボルトの許容応力度を定めることが合理的である．したがって，ボルトの許容応力度の設定にあたっては，使用するボルトの降伏点応力度を基準に導入軸力を決定し，これを適当な安全率で除して定めるのが引張接合としての本来の方法である．しかしながら個々のボルトの締付け力を確実に管理することが困難なことや，施工上の制約等から，ボルトの許容応力度はその導入軸力に関係なく，ボルトの降伏点または耐力をもとに定めざるをえない実情にある．

この実情を考慮したうえで，「道路橋示方書・同解説」（2002）の仕上げボルトの許容応力度を参考に，強度区分4.6のボルトでは降伏点に対する安全率を1.5とし，強度区分4.8以上のボルトでは降伏比（σ_y/σ_B）が高いことを考慮して安全率を若干高めに設定した．

表 2.4.10に示すボルトの許容応力度は複数ボルトの配置によるてこ反力*の影響を考慮して，さらにこれらの値を安全率1.25で除したものである．このため，てこ反力が発生しない継手の場合，表 2.4.10の許容引張応力度を1.25倍して用いてよい．また，ボルトの許容せん断応力度は，せん断ひずみエネルギー説によりてこ反力による影響がないものとして基準の許容引張応力度を1.25倍した値の$1/\sqrt{3}$として定めた．

* てこ反力：鋼製セグメント等の箱形セグメントや平板形セグメントのうちセグメント継手1か所に一段あたり2本以上のボルトが配置されている継手の場合，継手部に引張力が作用したとき，ボルト間に継手板の曲げ剛性に起因する反力が発生する．この反力をてこ反力という．継手部が引張力を受けた場合，てこ反力が発生すると，てこ反力が発生しないときに比べ，ボルトの軸力が増加する（解説 図 2.4.1参照）

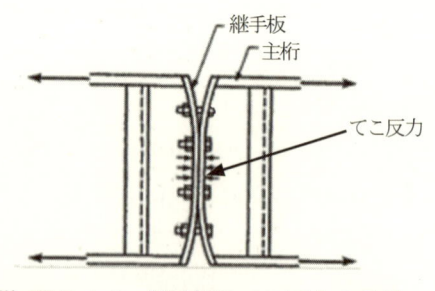

解説 図 2.4.1　継手板のてこ反力の効果

4.2　許容応力度の割増し

一時的な荷重に対しては，第2編 4.1に定める許容応力度を割増しすることができる．

【解　説】　一時的な荷重には第2編 2.7で規定する施工時荷重，第2編 2.10で規定する地震の影響，および第2

編 2.16で規定したその他の作用のうちセグメントの貯蔵および運搬あるいは特殊な組立方法によって発生する作用などがある．また，第2編 2.11で規定する近接施工の影響，第2編 2.12で規定する併設トンネルの影響，および第2編 2.14で規定する内水圧の影響においては使用条件によって，一時的な荷重と恒久的な荷重に分類される．

　これらの作用に対する許容応力度の割増しは，本来トンネルの設計条件，施工条件，完成後の維持管理に与える影響，セグメントの使用条件等を考慮し，作用の種類と組合せに対して定められるべきであるが，個々の作用が同時に作用する可能性やそれらの影響が累積する可能性はあまり高くないことから個々の作用条件に対して許容応力度を以下のように割増しすることができる．

1)　コンクリートおよび鉄筋は許容応力度の50%を上限とする．
2)　鋼材，球状黒鉛鋳鉄および溶接構造用鋳鋼品は降伏点または耐力を上限とする．
3)　ボルトは許容応力度の50%を上限とする．
4)　溶接部は許容応力度の50%を上限とする．

ただし，コンクリート部材の許容せん断応力度を割り増す場合は，その破壊性状を考慮して慎重に検討する必要がある．

第5章　セグメントの形状寸法

5.1　セグメントの形状寸法

セグメントの形状寸法は，使用目的を考慮し，施工性がよく経済的となるよう，これを定めなければならない．なお，決定にあたっては，構造計算のほか，類似工事の実績も勘案し，十分検討したうえで決定しなければならない．

【解　説】　セグメントの形状寸法を定めるおもな要素とこれらを定める一般的な考え方は次のとおりである．なお，セグメントの形状・寸法の決定にあたっては，構造計算のほか，類似工事のセグメントの厚さと外径の比率，セグメント幅と厚さの比等の実績も勘案し，十分検討したうえで決定する必要がある．

（1）セグメントリング外径について　セグメントリングの外径の大きさは，トンネル内空と覆工厚（セグメント高さ，二次覆工厚等）から決められる．

（2）セグメント高さ（厚さ）について　セグメント高さは，トンネル断面の大きさに対して，土質条件，土被り等，主として荷重条件から決まるが，トンネルの使用目的や施工性あるいは，二次覆工の有無等に支配される場合もある．シールド工事用標準セグメントでは，鉄筋コンクリート製セグメントの幅1 200mm定めるにあたって，セグメント厚さ・外径比率4%以上，セグメント厚さ175mm以上，セグメント幅とセグメント厚さの比が7以下を制限の目安として標準化している．

標準的なセグメントである外径1 800mm以上かつ幅750mm以上のセグメントを対象とし，調査を実施した．セグメント高さはセグメント外径の4%前後の寸法であることが多いが現在までの施工実績によればセグメント高さと外径の比は，鉄筋コンクリート製セグメントでは3～8%，鋼製セグメントでは3～6%，合成セグメントでは3～6%が多く使用されている．4%を下回るデータについては良質地盤での施工実績データであり，セグメント高さ（厚さ）の決定にあっては，施工時荷重，耐久性等に十分に留意する必要がある．

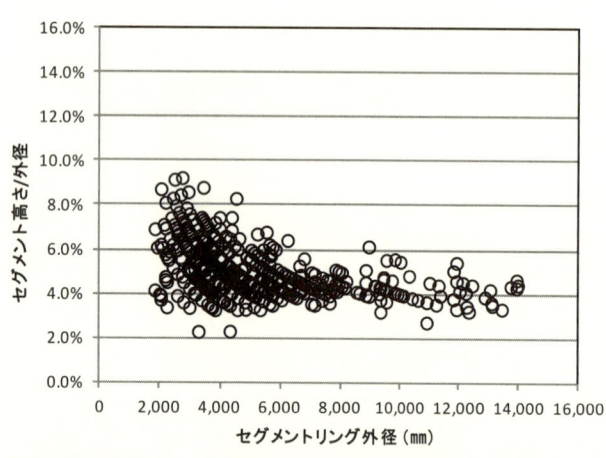

解説 図 2.5.1　鉄筋コンクリート製セグメント高さ（厚さ）の実績

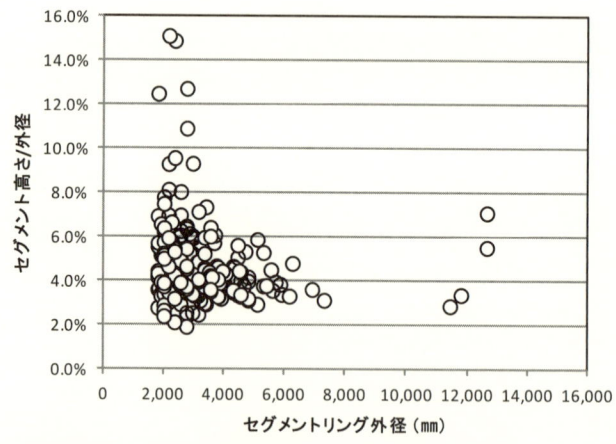

解説 図 2.5.2　鋼製セグメント高さ（厚さ）の実績

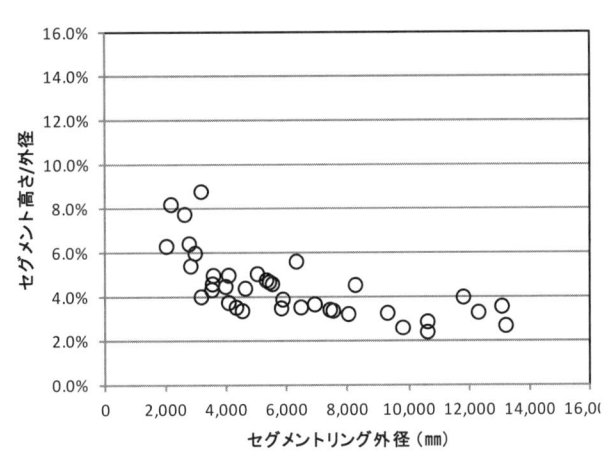

解説 図 2.5.3 合成セグメント高さ（厚さ）
の実績

(3) セグメント幅について　セグメント幅は，その運搬および組立上の容易さ，トンネルの曲線区間の施工性，シールドテールの長さ等からは小さい方が望ましく，一方，トンネル延長あたりのセグメント製作費の低減，漏水などの弱点となりやすい継手箇所，継手の総延長やボルト孔の減少，施工性等からは大きい方が望ましい．したがって，セグメント幅はトンネル断面に応じて施工実績を勘案し，さらに構造，経済性，施工性を考慮したうえで決定する必要がある．

わが国における現在までの実績によれば，セグメントは幅広化する傾向にあり，トンネルの断面にもよるが，セグメントの幅は一般的には，750～2 000mmの範囲にある．このうち，鉄筋コンクリート製セグメントでは1 000～1 500mm，鋼製セグメントでは750～1 300mm，合成セグメントでは1 000～1 500mm多く使用されている．なお，急曲線区間では，300mm，500mmの鋼製セグメントが多く用いられている．（解説 図 2.5.4～2.5.6 参照）．また，セグメント幅とセグメント高さ（厚さ）の比は，鉄筋コンクリート製セグメントで3～8，鋼製セグメントで3～15，合成セグメントで3～8が比較的多く用いられている（**解説 図 2.5.7～2.5.9 参照**）．

なお，最近はとくに大断面のトンネルにおいて幅広のセグメントが多く採用されているが，小断面のトンネルにかぎらず幅広のセグメントを使用する場合には，坑内でのセグメントの運搬や方向転換等を考慮して決定する必要がある．

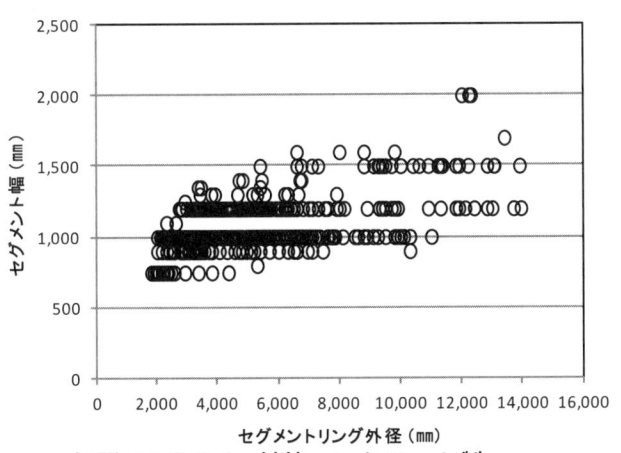

解説 図 2.5.4　鉄筋コンクリート製
セグメント幅の実績

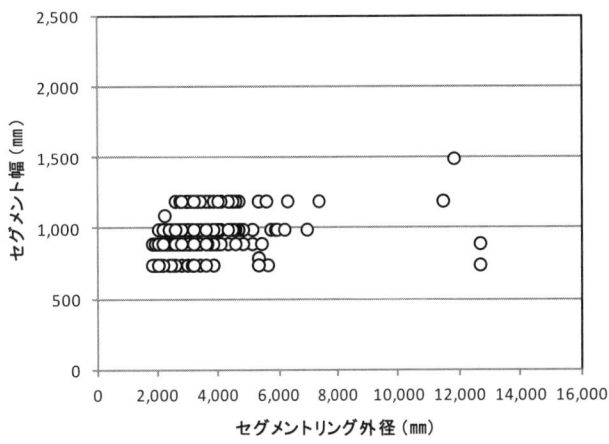

解説 図 2.5.5　鋼製セグメント幅の実績

解説 図 2.5.6 合成セグメント幅の実績

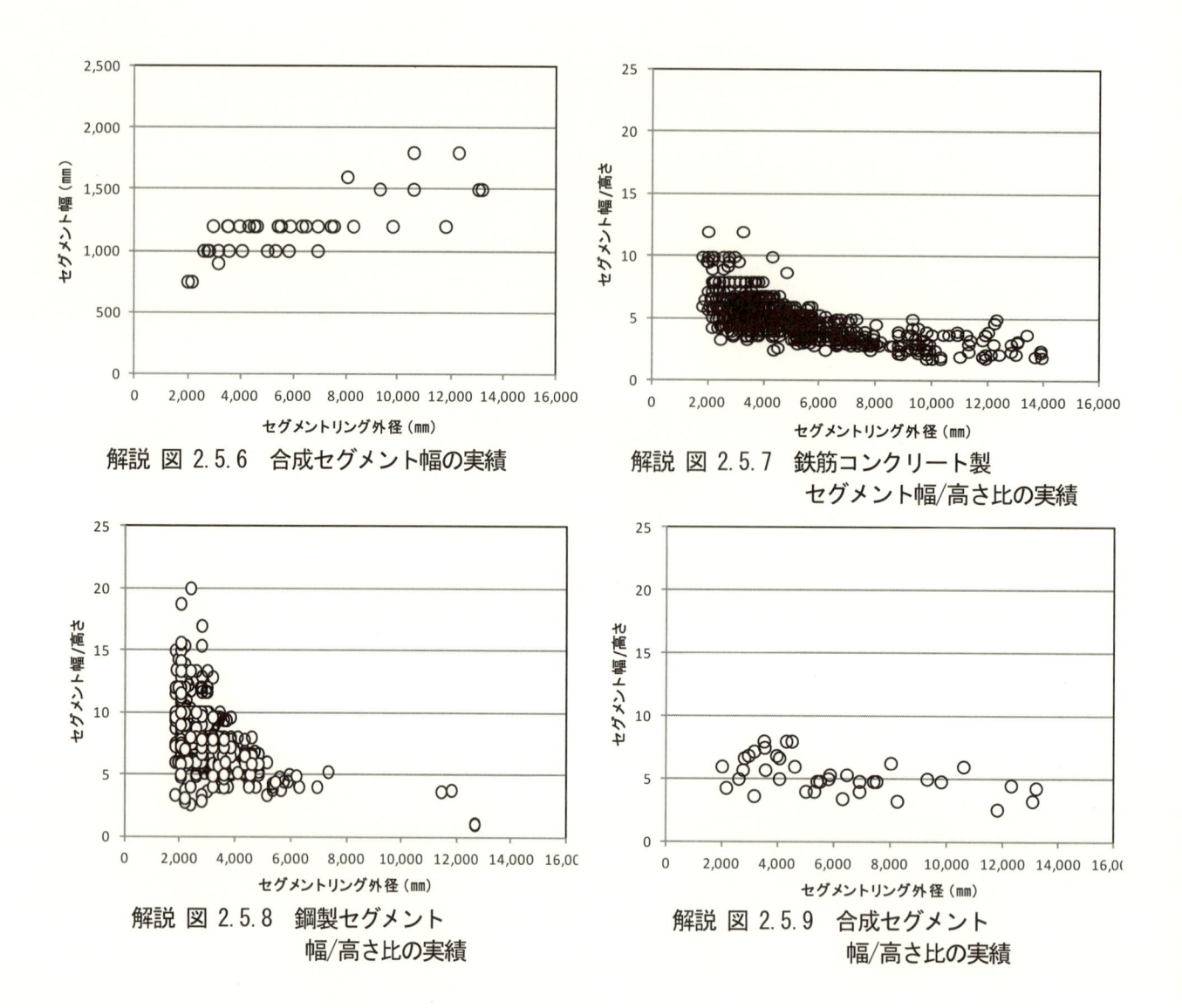

解説 図 2.5.7 鉄筋コンクリート製セグメント幅/高さ比の実績

解説 図 2.5.8 鋼製セグメント幅/高さ比の実績

解説 図 2.5.9 合成セグメント幅/高さ比の実績

（4）セグメントリングの分割について　セグメントリングの構成は，数個のAセグメントと2個のBセグメントおよび頂部付近で最後に組立てられるKセグメントからなるのが一般的である．

Kセグメントには，トンネル内側から挿入する半径方向挿入型とトンネル軸方向から挿入する軸方向挿入型がある（第2編 1.2 図 2.1.5 参照）．半径方向挿入型では，Kセグメントをトンネル内空側から挿入するため，その継手角度の大きさから，土水圧や裏込め注入圧によりトンネル内面側へ落ち込みやすい形状であることに注意を要する．なお，半径方向挿入型のKセグメントの弧長はA，Bセグメントに比べて小さくするのがよい（第2編 5.2 参照）．一方，軸方向挿入型では，Kセグメントをトンネル軸方向から挿入するため，土圧や裏込め注入圧によるKセグメントのトンネル内面側への落ち込みを生じない．また，トンネル軸方向からの挿入となるため，ボルト継ぎ手以外のピン挿入型継ぎ手等を採用することができる．しかしながら，挿入代を確保するためにシールド機長が長くなることに留意する必要がある．

過去の実績では，セグメントリングの外径に応じて，大断面トンネルでは6〜10分割，中断面および小断面のトンネルでは5〜7分割程度となっており，外径が大きくなるにつれ分割数も増加する傾向にある．また，Kセグメントの弧長をA，Bセグメントと同程度の大きさにした等分割セグメントが使用される場合もある．この場合は，Kセグメントの挿入時にKセグメントの両継手面を見わたせないため，組立にあたっては，セグメントにひびわれや欠け等が生じないよう十分な注意が必要である．また大断面のシールドトンネルについては，セグメントピースが一般的な運搬車両で搬送可能かどうかを考慮し，分割数を検討する必要がある．

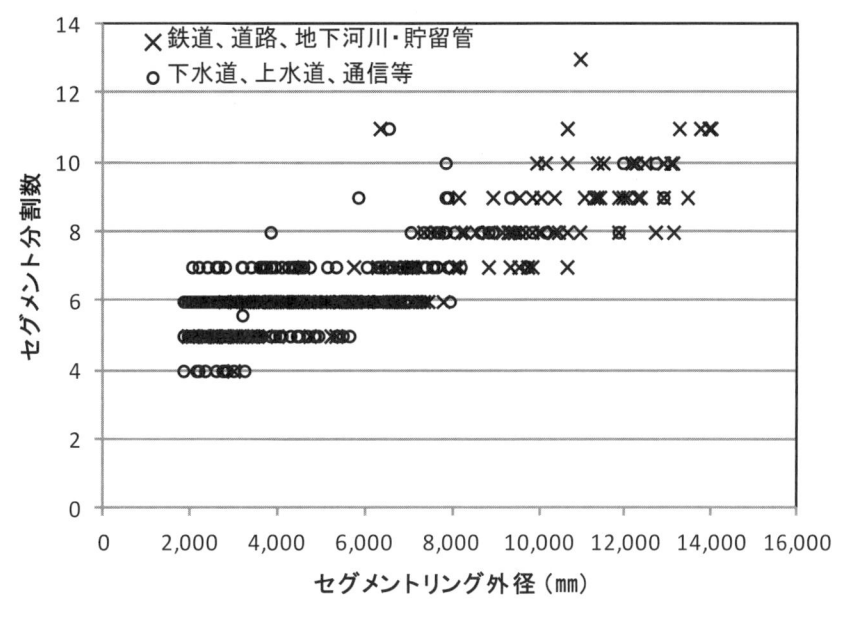

解説 図 2.5.10　セグメント分割数の実績

5.2　継手角度および挿入角度

　Kセグメントの継手角度および挿入角度は，断面力の伝達，継手種類，組立の作業性，施工条件およびセグメントの製作性等を考慮して定めなければならない．

【解　説】　半径方向挿入型の場合，Kセグメントの継手角度α_rは次式で表される（**解説 図 2.5.11 参照**）．

$$\alpha_r = \theta k/2 + \omega$$

　ωはKセグメントの挿入の余裕として必要な角度で，鉄筋コンクリート製セグメントおよび鋼製セグメントともに一般には2.5〜3.5°としているのが実状であるが，作業性を損なわないかぎり小さくする方が望ましい．なお，Kセグメントの中心角は，鉄筋コンクリート製セグメントでは内径を基準に，鋼製セグメントでは外径を基準に定めているのが一般的である．

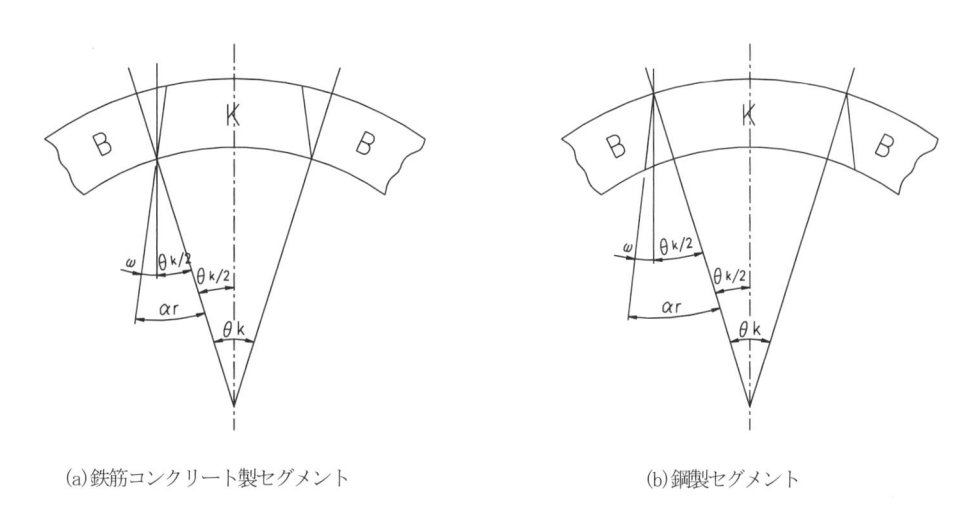

(a) 鉄筋コンクリート製セグメント　　　　(b) 鋼製セグメント

解説 図 2.5.11　半径方向挿入型Kセグメント

　セグメント継手面には，曲げにともなうせん断力の影響のほかに，軸力によるせん断力も発生し，継手角度が大きくなると継手面が滑動しやすくなる．このため，Kセグメントの中心角は小さくすることが必要である．と

くに小断面のトンネルでは継手角度が大きくなる傾向にあり，注意が必要である．

軸方向挿入型セグメントの場合，Kセグメントの挿入角度$α_ℓ$は，継手の種類，シールドの機長を含めた施工条件およびセグメント継手とリング継手との干渉等を考慮して設定する必要がある（**解説 図 2.5.12 参照**）．Kセグメントの継手角度$α_r$は一般には不要となるが，Kセグメントの中心角やセグメント高さが大きい場合には，挿入角度が大きくなりすぎたり，あるいはシールドの機長が長くなるため，軸方向挿入型であってもKセグメントの継手角度を設けることが多い．継手角度や挿入角度が大きくなると，組立時にセグメントにひび割れや欠けが生じやすくなる．また，挿入角度が大きくなると，トンネル円周方向の軸力によりKセグメントが切羽側に抜けだしやすくなる．このため，挿入角度は完成時はもちろん，施工時においてもリング継手の締結力，シール材による摩擦力の低減等を十分考慮してリング継手に目開きが生じないよう配慮するとともに継手角度とのバランスを考慮して適切に設定する必要がある．

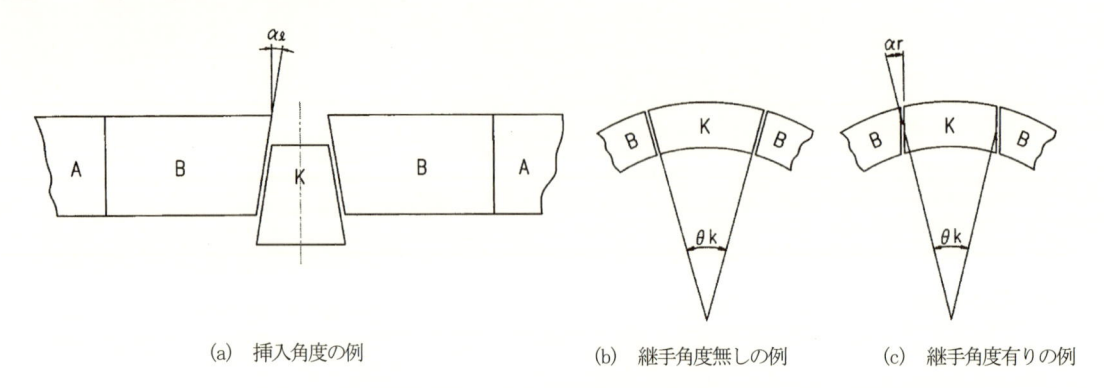

(a) 挿入角度の例　　(b) 継手角度無しの例　　(c) 継手角度有りの例

解説 図 2.5.12　軸方向挿入型Kセグメント

5.3　テーパーリング

（1）　曲線施工時に必要となるテーパーリングは，トンネルの線形のほか，セグメントの製作性，施工余裕等を考慮して，その数，幅，テーパー量を定めなければならない．

（2）　蛇行修正時に必要となるテーパーリングは，トンネルの線形管理の方法やシールドの操作性のほか，セグメントの製作性，施工余裕等を考慮したうえで，その数，幅，テーパー量を定めなければならない．

【解説】（1）について　テーパーリングの形状は，リング継手面の片面だけがテーパーとなっている片テーパー形と両側がテーパーとなっている両テーパー形がある．曲線半径が小さく，大きなテーパー量が必要な場合は両テーパー形を使用し，それ以外は片テーパー形を使用することが一般的である．

テーパー量およびテーパー角の実績は**解説 表 2.5.1**に示すような範囲にあるが，セグメントの製作性を考慮し，セグメントの幅，外径，曲線半径，およびテーパーリングと標準リングの組み合わせにより決定される．なお，テーパー量の算定方法については，トンネル・ライブラリー23　セグメントの設計【改訂版】（2010）などを参照するとよい．

解説 表 2.5.1　テーパー量とテーパー角の実績

		$D_o<4m$	$4m\leqq D_o<6m$	$6m\leqq D_o<8m$	$8m\leqq D_o<10m$	$D_o\geqq 10$
標準セグメント (鋼製セグメント)	テーパー量 (mm)	15～90	15～80	—	—	—
	テーパー角 (度)	0.25～2.0	0.2～1.1	—	—	—
標準セグメント (鉄筋コンクリート製セグメント)	テーパー量 (mm)	15～60	20～75	25～90	—	—
	テーパー角 (度)	0.25～1.0	0.2～0.9	0.2～0.75	—	—
実績	テーパー量 (mm)	15～110	15～90	25～90	20～90	30～80
	テーパー角 (度)	0.25～2.33	0.2～1.3	0.27～0.8	0.1～0.75	0.1～0.4

　テーパー量を過度に大きくした場合，あるいはテーパーリングを連続して使用した場合には，シールドテールとセグメントが競りやすくなるとともに，ジャッキ推力が不均一に作用しやすくなるため，セグメントの損傷の原因になる．したがって，テーパー量の大きさは慎重に決定するとともに，テーパーリングは普通リングと適度に組み合わせることが望ましく，セグメントリングがいも継ぎにならないことを考慮し設定することが重要となる．**解説 図 2.5.13**は，テーパーリング（T）と普通リング（S）の組み合わせを，m：n=2：1とした場合の例である．なお，テーパーリングと普通リングの組み合わせによっては，縦断線形に影響を与える場合もあるので注意が必要である．

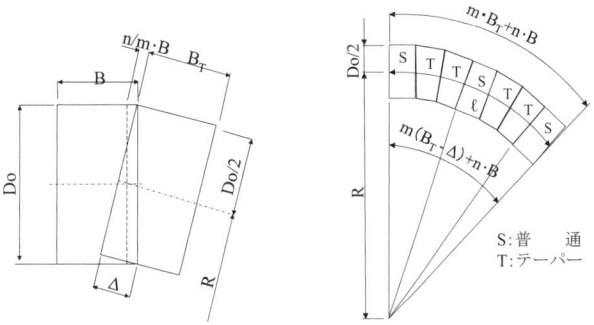

B_T：テーパーリングの最大幅，B：普通リングの幅，D_o：セグメント外径，
Δ：テーパーリングのテーパー量，$m\cdot n$：リング数

解説 図 2.5.13　曲線部におけるセグメントの組み合わせの例

　急曲線用のテーパーリングは，一般的に鋼製セグメントが使用され，その最小幅は曲線の程度に応じて300mm程度まで用いられている．また，軸方向挿入型の場合，右カーブ用と左カーブ用でそれぞれテーパーリングが必要になる．なお，曲線半径がきわめて小さい施工を行う場合には，ジャッキ推力が偏心することからリング継手の個数を部分的に増やすことで継手の剛性を確保する場合や，テーパー量を有する縮径セグメントを用いてテールクリアランスを確保する場合などがある．とくに，縮径セグメントを用いる場合には，テールシール内に裏込め注入材などが侵入して固化し，セグメントや掘進制御に悪影響を及ぼす可能性があるので，テールシールの形状や材質なども含めて検討する必要がある．

　(2)について　蛇行修正時のテーパーリングのテーパー量は，トンネルの線形管理の方法やシールドの操作性を考慮し検討する必要があるが，一般的には，緩曲線用のテーパーリングと兼用させ，テーパーリングの種類が多くならないように設計することが多い．また，そのリング数は，直線区間に使用するリング数の3％程度であることが多い．

　蛇行修正用のテーパーリングについても，セグメントリングがいも継ぎにならないように考慮し使用する位置を検討する必要がある．

第6章　セグメントの構造計算

6.1　構造計算の基本

（1）　トンネルの構造計算は，横断方向と縦断方向に分けて行うものとする．

（2）　トンネルの構造計算は，施工途中の各段階および完成後の状態に応じた作用に対して，安全側となるように行わなければならない．

（3）　トンネル横断面の構造計算で考慮する作用は，設計の対象となるトンネルの区間内の最も不利な条件をもとに定めなければならない．

（4）　不静定力または弾性変形の計算におけるセグメントの曲げ剛性や軸剛性は，セグメントの種類に応じて適切に計算しなければならない．

【解　説】　（1）について　シールドトンネルは，一般にセグメント継手とリング継手を用いて複数のセグメントをトンネル円周方向と軸方向に連結して構築する筒状構造物である．そのため，覆工の設計で考慮する作用の種類，トンネルの線形，トンネルの拘束条件および地盤の変形等によっては，トンネルの横断面内の変形と縦断方向の変形とが同時に生ずることとなる．しかし，構造計算の簡便さと発生断面力への影響の度合いとを考慮して，トンネルを横断方向と縦断方向に分けてモデル化し各々独立に構造計算してよいものとした．なお，構造計算は横断方向を主として行い（第2編 6.2 参照），縦断方向の構造計算は必要に応じて行う（第2編 6.3 参照）．

（2）について　トンネルの主体構造となるセグメントの設計は，トンネルの完成後に長期にわたって生じる作用に対して行うほか，必要に応じて以下の検討も行う．

① セグメント組立直後から裏込め注入材が硬化するまでの間のセグメントリングの安定性，断面力および変形に対する検討
② ジャッキ推力によるセグメントの断面力と変形に対する検討
③ 裏込め注入圧によるセグメントの断面力と変形に対する検討
④ 急曲線施工時の検討
⑤ 地盤が急変する場合の検討
⑥ トンネルと立坑接合部の検討
⑦ 将来予想される荷重変動の影響，近接施工時の影響等，各種状況に応じた検討
⑧ 内水圧等の内部荷重によるセグメントの断面力と変形に対する検討

施工途中の各段階および完成後の状態に応じて考慮すべき作用の組合せは，第2編 2.1に示す作用の中から，覆工のおかれている状況に応じて定める必要がある．一般には，覆工に作用する土圧は大きいほどセグメントの断面力は大きくなるが，たとえば内水圧が作用するトンネルでは，常時には上記のように設計最大土圧を対象として設計しなければならないが，トンネルに作用する内水圧の影響によって，逆にトンネルに作用する土圧が小さいほどトンネルにとって厳しくなる．このように，作用の組合せは，覆工のおかれている状況に応じて設定しなければならない．

大土被りのトンネルにおいては，土水圧による断面力は軸力卓越となるため，鉄筋コンクリート製セグメントでは設計上は有利となりセグメント厚さを薄くできるが，地下水圧が大きくなることによってシールドの切羽圧力が大きくなるために，ジャッキ推力がこれまで以上に大きくなることや裏込め注入圧も大きくなることで，①，②，③についてはとくに慎重な検討が必要となる．

また，セグメントの設計用断面力は，鉛直方向荷重と水平方向荷重のバランスに影響されるため，地盤条件，トンネルの用途，施工時荷重等を十分に考慮したうえで慎重に作用の組合せを定めることが重要である．

（3）について　トンネルに生じる作用を設定するのに必要な土被り，地山の条件，トンネル位置の間隙水圧，および上載荷重の影響等は，トンネル縦断方向に沿って変化するのが一般的である．しかし，トンネル縦断方向の些細な作用条件の変化に応じて覆工を逐一設計することは，施工性と経済性との観点から好ましくない．作用

の条件が著しく変わる区間では，経済性を考慮してトンネルを縦断方向に区分し，区分したそれぞれの区間で最も不利となる条件で覆工の設計を行うことが望ましい．

<u>（4）について</u>　鉄筋コンクリート製セグメントでは，不静定力または弾性変形の計算に用いる断面積や断面二次モーメントは，鉄筋を無視しても，これによる誤差は小さい．したがって，計算の簡便さを考慮して，鉄筋の影響を無視しコンクリートの全断面を有効として計算してよい．ただし，主断面部材に多量の鋼材を使用する合成セグメントの場合では，その鋼材の断面二次モーメントの割合が無視しえないほど大きくなるため，これを考慮する必要がある．この場合，鋼材を等価なコンクリート断面に換算して断面二次モーメントを求める．その際に用いるヤング係数は，第2編 3.3 **表 2.3.2**，**表 2.3.3** によるものとする．

　鋼製セグメントでは，大断面トンネルの場合，スキンプレートの有効幅，シール溝やコーキング溝を含む主桁の断面形状を適切に考慮したうえで，断面積や断面二次モーメントを計算するのが一般的である．中小断面トンネルの場合では，シール溝やコーキング溝を設けないことも多く，主桁の断面形状を矩形として評価し断面積や断面二次モーメントを計算することが多い．なお，鋼製セグメントにおいて，コンクリートを中詰めしたものは，通常その中詰めコンクリートに防食，内面の平滑性の付与，ジャッキ推力への抵抗等を期待し，曲げモーメントや軸力に対する抵抗部材として評価しないため，中詰めコンクリートを無視した鋼材の断面積および断面二次モーメントのみを有効として計算してよい．

　一般に，セグメントに発生する曲げモーメントは，その曲げ剛性が大きいほど大きくなる．そのため，鉄筋や鋼材を無視した断面二次モーメントを用いれば危険側の計算となる．一方，ひび割れの発生を無視しコンクリートの全断面を有効とすれば安全側の設計となる．このため許容応力度設計法を基本とする本編では，両者の特質を勘案し，計算の簡便さを考慮して上記のような取り扱い方を定めたものである．なお，レベル2地震の影響を検討する場合には，広範囲のひび割れを許容することから，ひび割れの発生による曲げ剛性の低下が著しいため，曲げ剛性の低下を考慮した部材の非線形性を考慮して構造計算を行うことが望ましい．レベル2地震に対する検討については，第5編 限界状態設計法を参照されたい．

6.2　横断方向の構造計算

　セグメントリングの横断方向の断面力は，施工途中の各段階および完成後における作用の状態やセグメントの構造特性を考慮して計算しなければならない．

【解　説】　構造計算に用いるセグメントリングの軸線は，セグメントの図心軸を基本とする．

　横断方向の断面力は，セグメントリングの構造のモデル化によるのはもちろん，作用の設定，とくに地盤反力（第2編 2.6 参照）の考え方によっても差異が生じるため，構造計算にあたってはこれらを明確にしておく必要がある．

　シールドトンネルを構成するセグメントリングは，通常いくつかのセグメントをボルト等の継手で連結することによって組立てられるため，セグメント主断面と同じ剛性をもつ剛性一様なリングと比べて変形しやすい．これはセグメントの継手部分の曲げ剛性が，セグメント主断面の曲げ剛性に比べて低下していることに起因している．この継手部分の剛性の低下をどのように評価するかが，セグメントリングの断面力を算定するうえで重要となる．さらに，このような継手を有するリングは先に述べたように変形が大きくなるため，わが国の現状ではトンネルの縦断方向にもボルト等の継手を用いて連結し，いわゆる千鳥組による添接効果を期待する場合が多い．この場合には，千鳥組による添接効果をどのように評価するかが，セグメントの設計で重要となる．

　セグメントリングの構造モデルを，継手部分の剛性の力学的な取扱いによって分類すると，おおむね次のとおりである．

<u>①　セグメントリングを曲げ剛性一様なリングと考える方法</u>
　i)　完全剛性一様リング
　セグメント継手部分の曲げ剛性の低下を考慮せずに，セグメントリングは全周にわたって一様にセグメント主

断面と同一の曲げ剛性をもつ，曲げ剛性一様なリング（完全剛性一様リング）と考える方法である．この方法には，理論解により断面力を簡便に算出するため，**解説 図 2.6.2**(a)に示す慣用的な荷重系を用いる方法（これを慣用計算法という，参考資料 **付図 2.1** 参照）と，任意の荷重系を作用させ平面骨組み解析により断面力を算出する方法とがある．

ⅱ）　平均剛性一様リング

継手の存在による曲げ剛性の低下を，リング全体の平均的な曲げ剛性の低下として評価し，セグメントリングの曲げ剛性を ηEI（曲げ剛性の有効率 $\eta \leqq 1$）の一様なリング（平均剛性一様リング）と考える方法である．千鳥組による隣接するセグメントリングに伝達される継手部の曲げモーメントの配分（添接効果）を考慮するため，算定された断面力のうち，曲げモーメントを ζ（曲げモーメントの割増し率 $\zeta \leqq 1$）だけ増減して，$(1+\zeta)M$ を主断面，$(1-\zeta)M$ をセグメント継手の設計用曲げモーメントとして，応力度照査を行う．この方法は①ⅰ）の方法に曲げ剛性の有効率および曲げモーメントの割増し率を取り入れ，これを修正したものであり，$\eta=1$，$\zeta=0$ とすると，①ⅰ）の方法と一致する．①ⅰ）と同様に，慣用的な荷重系を用いる方法（これを，修正慣用計算法という）と平面骨組み解析を用いる方法とがある．

②　セグメントリングを弾性のはり部材とばねでモデル化する方法

セグメント主断面を弾性の円弧ばりまたは直線ばりで，セグメント継手を回転ばねで，リング継手をせん断ばねでモデル化して継手の曲げ剛性の低下および千鳥組による添接効果を評価する計算法である（以下，はり－ばねモデルによる計算法と呼ぶ）．この計算法は，リング継手のせん断ばね定数をゼロとした上で，セグメント間の回転ばね定数をゼロとすれば後述の多ヒンジ系リングと一致し，また，無限大とすれば前述の剛性一様なリングと一致するため，これら両者の考え方を包含する方法とも考えられる．

③　セグメントリングを多ヒンジ系リングと考える方法

この方法は，比較的良好な地山を対象として用いられる計算法である．セグメントリングは，セグメント継手位置を千鳥配置にせずトンネル縦断方向に通して，いわゆるいも継ぎとなるように組立てられ（多ヒンジ系構造），トンネルの変形に伴う地盤反力を期待して構造体としての安定性を保たせるものである．

セグメントリングに発生する断面力を算定するにあたり，どの方法を採用するかは，トンネルの用途，地山の状況，対象とする作用，セグメントの構造，要求される解析精度，要求される安全性の照査項目等各種の条件によって異なるため，十分な検討が必要となる．**解説 表 2.6.1**は横断方向の断面力の計算法について，その特徴を示したものである．

解説 表 2.6.1 横断方向の断面力の計算法の特徴

計算法		概　要	主な特徴
曲げ剛性一様リングによる計算法	完全剛性一様リングによる計算法	セグメント継手の剛性の低下を考慮せず，セグメント主断面の曲げ剛性をもつ完全剛性一様リングとして取り扱う． このうち，解説図2.6.2の(a)に示す慣用的な作用を取扱うものを慣用計算法という．	・セグメント継手の剛性の低下を考慮しないことから，主断面の設計断面力は過小評価に，セグメント継手の断面力は過大評価の傾向にある． ・セグメントリングの正確な変形量やリング継手の断面力は求められない． ・慣用計算法では，非対称の作用，内水圧および内部作用の状態を取扱うことができない．これらの作用を考える場合には，地盤ばねを導入した荷重系（解説図 2.6.2の(c)）による平面骨組み解析が必要になる． ・慣用計算法による断面力の算定は簡便である．
	平均剛性一様リングによる計算法	セグメント継手の剛性の低下をリング全体の曲げ剛性の低下として評価し，セグメント主断面の曲げ剛性に有効率ηを乗じた平均剛性一様リングとして取り扱う．また，セグメントリングを千鳥に組むことにより，継手部の曲げモーメントがセグメント主断面に配分されることを考慮し，主断面の曲げモーメントを割り増し（割増し率ζ），継手の曲げモーメントをその分低減する． 解説図 2.6.2の(a)に示す慣用的な作用を取扱うものを修正慣用計算法という．	・$\eta=1$，$\zeta=0$とすると，完全剛性一様リングの計算法と一致する． ・慣用計算法に比べ，主断面の設計断面力は大きめ，セグメント継手の断面力は小さめとなる． ・リング継手や荷重系については，完全剛性一様リングと同様である． ・ηやζの設定には十分な検討が必要である． ・セグメントリングの正確な変形量やリング継手の断面力は求められない． ・慣用計算法と同様に修正慣用計算法では，非対称の作用，内水圧および内部作用の状態を取扱うことができない．これらの作用を考える場合には，地盤ばねを導入した荷重系（解説図 2.6.2の(c)）による平面骨組み解析が必要になる ・修正慣用計算法による断面力の算定は，慣用計算法と同程度に簡便である．
はり－ばねモデルによる計算法		継手構造に応じたセグメント継手の回転剛性，リング継手のせん断剛性を取り入れ，地盤ばねを導入した荷重系を用いる（解説図 2.6.2 (b)(c)(d)等）．	・継手の力学的特性やわが国の実状に合わせた千鳥組の効果を合理的に評価できる． ・慣用計算法や修正慣用計算法に比べ，セグメントリングの実際の挙動に近い合理的な計算法である．ただし，細部にわたり条件設定を行う必要があり，とくに断面力に影響を及ぼす継手の剛性を適切に設定する必要がある． ・擬似三次元解析であるため，セグメントリングの変形量やリング継手の断面力が求められる． ・非対称の作用，内水圧および内部作用等，さまざまな作用を取り扱うことが可能である． ・解説図 2.6.2に示す荷重系の他，自重に対する地盤反力を考慮しない方法や，特定な施工条件下において小さな地盤ばねで評価する方法等がある． ・セグメントの幅方向の断面力分布を考慮するため，セグメントをはり部材ではなくシェル要素で表現し，はり－ばねモデルと同様に，セグメント継手の回転剛性，リング継手のせん断剛性を取り入れたシェル－ばねモデルが適用される事例が出てきている．
多ヒンジ系リング計算法		セグメント継手をヒンジ結合とし，地盤ばねを導入した荷重系を用いる（解説図 2.6.2 (b)）．	・セグメント継手を積極的にヒンジ結合とし，構造モデルは多ヒンジの不安定構造であるが，地山の地盤反力を考慮することによって外的不静定構造となり解析が可能である． ・主断面の設計断面力は，慣用計算法および修正慣用計算法に比べかなり小さくなる傾向にある． ・トンネル周辺地山の地盤反力が期待できない軟弱地盤では適用が難しい．また，継手構造（止水性の維持）や施工性に十分な配慮が必要である． ・断面力の算定は，理論解による方法と平面骨組み解析による方法があるが，慣用計算法および修正慣用計算法に比べやや複雑である．

　解説 図 2.6.1は，各計算法の構造モデルの概念を，また解説 図 2.6.2はそれらの計算法で用いる荷重系を示した図である．解説 表 2.6.2には，各計算法で適用可能な荷重系を示している．これらの計算法のうち数値解析を行うものでは，地盤反力を評価した地盤ばねはウィンクラー(Winkler)の仮定に従うものとして収束計算を行っている．

(a) 完全剛性一様リング
および
平均剛性一様リング

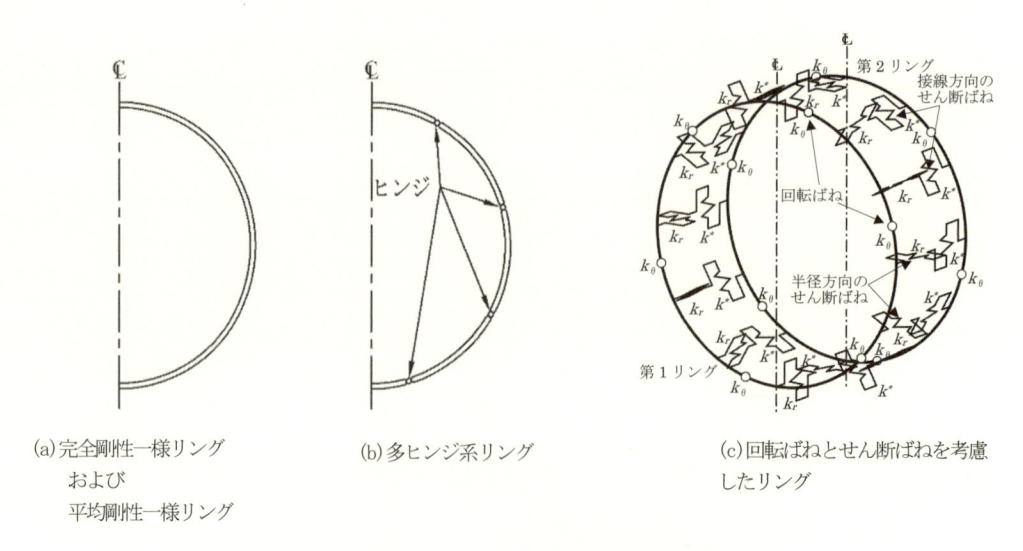

(b) 多ヒンジ系リング

(c) 回転ばねとせん断ばねを考慮
したリング

解説 図 2.6.1 セグメントリングの構造モデルの概念図

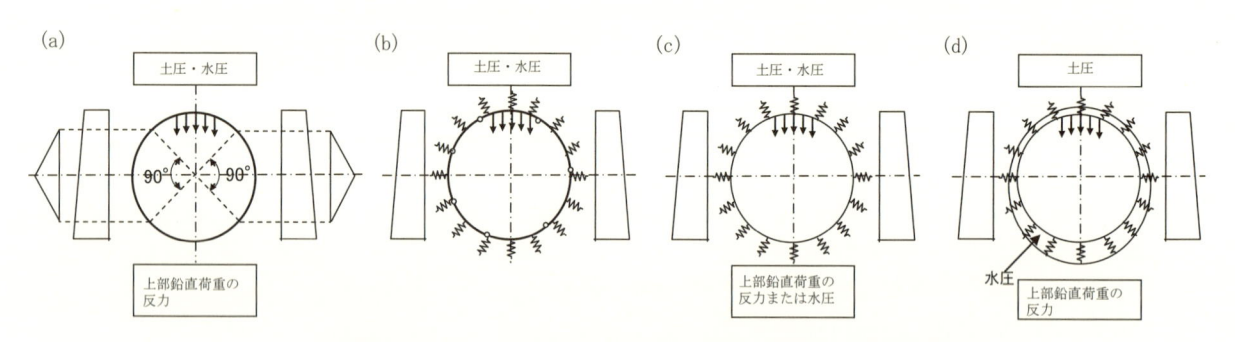

解説 図 2.6.2 横断方向の断面力の計算に用いる荷重系の例

解説 表 2.6.2 各計算法と適用可能な荷重系との関係

計 算 法	適用可能な荷重系
慣用計算法	(a)
修正慣用計算法	(a)
平面骨組み解析による計算法	(b), (c), (d) 他
はり－ばねモデルによる計算法	(b), (c), (d) 他
多ヒンジ系リング計算法	(b), (c)

以下に，これらの断面力の計算法の概要や構造計算において留意すべき事項について詳述する．

1) 計算法の概要

① 慣用計算法について　完全剛性一様リングによる計算法のうち，慣用計算法の考え方は1960年頃に提案され，国内で広く用いられてきている計算法である．参考資料 付図 2.1は，慣用計算法で用いられる荷重系を示した図であり，鉛直方向の地盤反力は等分布荷重に，また水平方向の地盤反力は，リングの頂部から左右45°～135°に分布する等変分布（三角形）荷重に仮定している．慣用計算法および後述する修正慣用計算法による断面力は，参考資料 付表 2.1に示した計算式を用いて算出することができる．

② 修正慣用計算法について　セグメントを千鳥組にすればセグメント継手の存在による剛性の低下を補うことができるが，慣用計算法が用いられるようになってきた1960年代においてはその添接効果をどのように評価すればよいのかが課題であった．そこで，ボルト継手を有するセグメントリングの変形特性に関する載荷実験が数多く行われた．これらの実験結果と解析結果とを比較することにより，初めて曲げ剛性の有効率 η，および曲げモーメントの割増し率 ζ という概念が導入された．

セグメントリングを千鳥組にしても，変形は完全剛性一様リングの場合に比べて大きい．地山条件が悪い場合は，リングの変形に伴う地盤反力が期待できないため，曲げ剛性の有効率 η を変えても，断面力の算定結果に大き

な差はないが，地山条件が比較的良い場合は，リングの変形に伴う地盤反力が期待できるため，断面力に与えるηの影響は大きい．ηはセグメントの種類，セグメント継手の構造特性，隣接するリングとの相互の千鳥組の方法およびその構造特性等によって異なる値となるほか，とくに周辺地山の影響を顕著に受けるため，数多くの実績や地上における実験結果等を勘案し，経験的に定めているのが実状である．

修正慣用計算法によって断面力を算定する場合，ηを過小に評価することは地山の地盤反力を過大に期待することになり，リングに発生する断面力を小さめに見積る結果となるため，十分な注意が必要である．

一方，セグメント継手はヒンジ的な挙動を示すので，曲げモーメントはすべてがセグメント継手を通じて伝達されず，その一部はリング継手のせん断剛性により千鳥に組まれた隣接セグメントに伝達されると考えられる．曲げモーメントの割増し率ζは，**解説 図 2.6.3**に示すように継手に隣接するセグメントに伝達される曲げモーメントM_2と$\eta \cdot EI$なる曲げ剛性一様リングに発生する曲げモーメントMとの比M_2/Mである．この値はηと同様に実験結果等をもとに，経験的に定めているのが実状である．

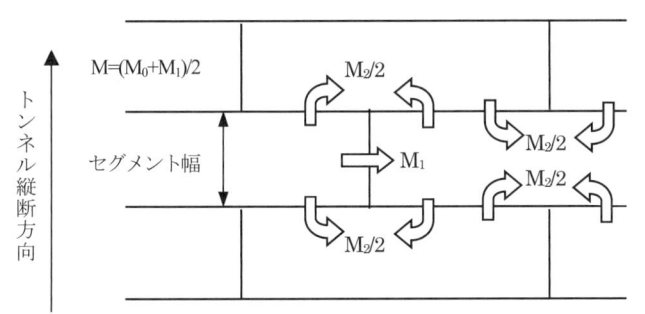

解説 図 2.6.3 継手による曲げモーメントの伝達のイメージ

曲げ剛性の有効率ηと曲げモーメントの割増し率ζは，それぞれ地山条件や構造特性に応じて設定する必要がある．ただし，継手の曲げ剛性が主断面と同一$\eta=1$）になれば隣接セグメントへの曲げモーメントの伝達はなく（$\zeta=0$），逆に継手がヒンジであれば隣接セグメントがすべて曲げモーメントを分担する（$\zeta=1$）ことから，ηとζは互いに関連を持ち，ηが1に近づけばζはゼロに，ηが小さくなればζは1に近づくことが推定できる．なお，セグメント継手がヒンジであっても，トンネル周辺に地山があれば，圧縮軸力が生じるため，見かけのηは有限の値でありゼロにはならない．

地山で囲まれた実際のセグメントリングでは地上における載荷実験の場合より大きい軸力が作用するため，一般にηは実験値より大きめに，ζは小さめになる傾向があることが確認されている．それに加えて作用の設定にも不確定要素が残るため，$\eta=1$，$\zeta=0$として設計計算した実績が多い．「シールド工事用標準セグメント」(2001)では，平板形セグメントについて$\eta=1$，$\zeta=0$の場合を主に取り扱い，$\eta=0.8$，$\zeta=0.3$の場合を例示している．これは地上で千鳥組したセグメントの載荷実験の結果が，おおよそ$\eta=0.8\sim0.6$および$\zeta=0.3\sim0.5$程度であることによる．

なお，完全剛性一様リングによる計算法や平均剛性一様リングによる計算法で，**解説 図 2.6.2**の(b)，(c)に示す荷重系や非対称の作用，内水圧および内部作用等，慣用計算法および修正慣用計算法が適用できない作用を取り扱う場合には，地盤反力を地盤ばねのばね反力とみなして平面骨組み解析による計算を実施する場合もある．

③ **はりーばねモデルによる計算法について** この計算法は，セグメントの分割数や分割位置，セグメント継手の回転剛性，リング継手の配置およびせん断剛性，千鳥組の配置の方法等によって千鳥組による添接効果の差異が忠実に反映できるため，力学的には，セグメントリングが保有する耐荷機構を表現できる有効な方法である．前記の修正慣用計算法で述べたように，セグメント継手と隣り合うセグメントの主断面に対しては，セグメント継手の回転ばね定数とリング継手のせん断ばね定数の大きさの程度によって，隣接セグメントから伝達される曲げモーメントの大きさが異なるが，それを数値的に求めることができる点が他の計算法との大きな相違である．

解説 図 2.6.2 (b)，(c)，(d)では地盤反力としてセグメントリングの法線方向のみを示しているが，接線方向に生じる地盤反力も同時に考慮することもある．この場合の接線方向の地盤反力係数は，法線方向の地盤反力係

数の1/3程度を用いることが多い．これらの方法を用いると非対称の作用に対しても断面力の算定がより合理的に行える．

　はり－ばねモデルによる計算法では，セグメント継手の回転ばね定数およびリング継手のせん断ばね定数の設定が重要である．回転ばね定数の設定方法には，継手部の力のつり合い条件や変形の適合条件をもとに，理論的に算定する方法や，載荷実験による方法があるが，新規に開発された継手では，載荷実験による方法が多く用いられている．セグメント継手がボルト締結の場合，初期締付け力の大きさや継手板の変形モードにより，回転ばね定数は変化する．さらに継手部に発生する軸力や曲げモーメントの大きさによっても，回転ばね定数が変化するため，回転ばね定数の非線形性を考慮していることがある．また，載荷実験では設計断面の条件を考慮して軸力を導入している場合があるため，載荷実験で決定したばね定数を別の事例に適用する場合は，実験の条件を十分に精査することが必要である．

　一方，せん断ばね定数の設定方法については，リング継手で連結したセグメント本体の半径方向の曲げたわみ性や周方向のせん断変形性を考慮して理論的に算定する方法や，載荷実験による方法等がある．

　リング継手のせん断ばね定数を小さめに評価すると，主断面の曲げモーメントが小さく計算されるため，注意する必要がある。主断面の設計上の安全を考慮する場合，リング継手のせん断ばね定数を無限大とする方法もある．

　はり－ばねモデルによる計算法の適用範囲は広く，円形トンネルに加え，非円形断面のトンネルにも適用されており，**解説 図 2.6.2**に示すほとんどの荷重系を作用させることができる．また，多くの継手構造のセグメントに対応可能であり，この例として，下水道の中小断面トンネルで適用されているヒンジ構造のセグメント継手を有した鉄筋コンクリート製セグメントが挙げられる．

　さらに，はり－ばねモデルの疑似三次元性を拡張して複数リングのセグメントリングをモデル化し，シールドトンネルに開口を設けて枝管を設置する場合の開口補強の解析や，シールド掘進に伴いテール内およびテール外に出たセグメントに対し裏込め注入圧等の施工時荷重の影響を検討する際に適用されている事例もある．

　なお，はり－ばねモデルによる計算法を三次元に拡張し，セグメント主断面をシェル要素で評価するシェル－ばねモデルによる計算法がある．この計算法は，セグメントの幅広化に伴い考案されたものであり，セグメントの幅方向（縦断方向）への断面力の分散やそれを考慮した継手の断面力をより忠実に計算できる．三次元解析であるため，セグメント主断面，継手や地盤のばね定数，作用の大きさ等を3方向の成分で考慮する必要がある．

　④　多ヒンジ系リング計算法について　諸外国において，トンネル周辺地山が良好な場合を対象として用いられている計算法であり，セグメント継手をヒンジ構造として計算する．

　多ヒンジ系リングは，それ自体では不安定構造物であるが，覆工に作用する荷重，とくに地盤反力の影響を受けて，はじめて安定構造となる．したがって，リングに作用する荷重の分布ならびに地盤反力の評価が重要であるとともに，トンネル周辺の地山の広範な反力を期待するので，この計算法が適用可能な地盤にはとくに留意する必要がある．セグメントリングの変形に独立して作用する荷重は，前述した慣用的な荷重系を採用し，リングの変形や変位に伴って発生する地盤反力については，ウィンクラー(Winkler)の仮定を用いることが多い．

　多ヒンジ系リング計算法では，**解説 図 2.6.2** (b)に示す荷重モデルの円形トンネルに対して，リングの分割数やヒンジの位置に応じておのおの解析解が求められている．

　最近でははり－ばねモデルによる計算法において，回転ばね定数をゼロにすることにより，数値的に解く方法もある．

　この計算法を用いれば主断面の曲げモーメントが相当に低減し，経済的な設計が可能になる．反面，トンネルの安全性は，覆工と周辺地山との相互作用のバランスの良し悪しに支配される．このため，トンネル完成後の近接施工，漏水等による偏圧状態の発生やトンネルの防水等に対しても十分な検討が必要となる．

　2)　シールドのテール内のセグメントに対する自重の影響について

　平面骨組み解析による計算や，はり－ばねモデルによる計算，多ヒンジ系リング計算法では，これまでは裏込め注入材料や裏込め注入方法の実状から，シールドテール付近において覆工自重によるセグメントリングの変形を拘束する地盤反力は期待できないと考え，地盤ばねをゼロ（非常に弱いばね）と設定して覆工自重による断面

力を計算してきた．しかし，近年のトンネルの大断面化に伴い，鉄筋コンクリート製セグメントでは覆工自重による断面力が設計断面力を支配して不合理な設計結果を与える事例が見受けられるようになった．裏込め注入材料や裏込め注入方法の進歩によって，セグメントリングは組立後早期に周辺地山によって拘束されること，切羽側に組立てられたセグメントリングの自重による変形を拘束するための形状保持装置を使用する場合があることから，下記条件が満たされている場合には覆工自重による地盤反力を考慮し地盤ばねの値を設定してもよいこととした．

① 　適切な裏込め材料と裏込め注入方法が採用されること（第4編 3.7, 5.15 参照）
② 　形状保持装置が採用されること（第3編 6.3 参照）

シールドテール付近における覆工自重によるセグメントリングの変形を拘束する地盤ばねについては，上記①，②の条件を満足する近年の大断面トンネルにおいて，地山の地盤反力係数と同程度～1/10程度の値を見込むことができるという計測報告がある．

覆工の自重による地盤反力を考慮しない場合には，覆工の自重による断面力と，それ以外の作用によるセグメントリングの変位や変形に伴う地盤反力を受けた場合の断面力をそれぞれ求め，それらの和を設計断面力とする．自重による断面力を算定する際は継手のばね定数の設定やセグメントリングを非常に弱いばねで支えるなどの工夫が必要である．中小断面のシールドでは，シールド内の空間上の制限から形状保持装置を設置することができない場合が多く，覆工の自重による地盤反力を考慮できない場合が多い．

3） FEM解析等の適用について

FEM解析等はセグメントの横断方向の構造計算において，直接利用する場合と間接利用する場合がある．前者は，FEM解析により直接セグメントリングの断面力や変形を算定し，形状や材質等の決定に用いる方法で，セグメントの切り拡げの検討等に用いられている．一方，後者はこれらの特殊な施工条件の影響をFEM解析で別途計算し，これらの影響を，自重，土圧，水圧等の作用による横断方向の構造計算結果に重ね合わせて反映させるものである．

FEM解析のモデルを作成する場合は，解析精度の低下を招かぬように，モデルを構成する平面ひずみ要素等の要素の形状や配置に注意するとともに，セグメントにとって危険側にならないように，トンネル周辺の地盤条件や境界条件等の解析条件について十分検討する必要がある．

4） 環境の作用について

設計において適切な配慮を行った覆工は耐久性に優れる構造体であるが，それでも鉄筋コンクリート製セグメントでは，コンクリートの劣化や鉄筋の腐食による耐力の低下が生じる場合がある（第2編 第11章 覆工の耐久性参照）．また，鋼製セグメントでは塩害による部材の腐食に伴う耐力の低下が生じる場合がある．既設のトンネルや設計対象のトンネルの劣化したセグメントリングの検討を行う場合，劣化した部材を考慮した構造計算や照査を行う必要がある．鉄筋コンクリート製セグメントの構造計算で，主断面の断面積や断面二次モーメントに劣化した部分を断面の欠損とみなして健全な部分のみを考慮した有効断面を計算に反映する場合や，応力度照査において有効断面で実施することが考えられる．また，鋼製セグメントや鋼板を用いた合成セグメントでも，腐食した鋼材や劣化した部材の部分を除いた有効断面での断面諸量を構造計算に考慮することや，応力度照査を有効断面で実施する．環境の作用を受け，劣化したセグメントリングを検討する場合，十分な調査を行い，上記のように構造部材を適切に評価して，断面力を算定しなければならない．セグメントリングは円周方向に局所的に剛性や耐力が低下していることが予想されるため，これらを評価できる計算法を適用することが重要である．

1），2）で述べたように，セグメントに生じる断面力を求めるには各種の計算法があるが，いずれの計算法においても，セグメントリングの変位や変形に応じた地盤反力が評価されモデル化されている．地盤反力のモデル化は，第2編 2.6のように地盤反力の大きさ，作用方向，作用範囲等，セグメントリングと周辺地盤の相互作用の考え方に応じて多種多様である．加えてテールボイドを充填する裏込め注入の材料や方法も地盤反力の評価方法を左右する要因となる．また，セグメントの継手のモデルや千鳥組の考え方にも，セグメントリングの剛性を低下させηやζで考慮する方法や，回転ばねやせん断ばねを構造計算モデルに導入する方法がある．これら地盤反力の評価方法や継手のモデル化は，従来から行われてきている計算実績とその結果得られた構造物の実態とを比較

し再評価するなどして，前述した各種の断面力の計算法の精度とバランスのとれたものとする必要がある．

　非常に軟弱な粘性土中に建設したシールドトンネルの中には，セグメントリングが大きく変形し覆工にひび割れ等が生じた事例もある．このような地山に建設するシールドトンネル横断方向の構造計算において，剛性一様リングによる計算法を適用する場合，セグメント継手の曲げ剛性を適切に考慮してセグメントリングの変形性能を評価することが難しい．このため，大きな曲げ剛性を有する継手を採用する，変形に対する部材の安全率を大きく設定するなどの注意が必要である．一方，はり－ばねモデルを適用する場合，非常に軟弱な地山に対応できるセグメント継手およびリング継手の選定をはじめ，選定した継手の回転剛性やせん断剛性を既往の事例や載荷実験等により設定し，セグメントリングの変形特性や継手の構造特性，地山の特性を十分に配慮した構造計算を行うことが重要である．

6.3　縦断方向の構造計算

　トンネルの縦断方向の断面力は，施工途中の各段階および完成後における荷重の作用状態や覆工の構造特性を考慮して，必要に応じて計算するものとする．

【解　説】　セグメントリングからなるトンネルの縦断方向の構造計算は，次に示す場合など，諸条件に応じたリスクを想定し，適切な安全性を有するよう必要に応じて行う．また，セグメントの形状や寸法の決定にあたっては，構造計算のほか，類似工事の実績等も参考にして検討する．

　① 急曲線施工（第2編 2.7 参照）の場合
　② 地震の影響（第2編 2.10 参照）を受ける場合
　③ 近接施工の影響（第2編 2.11 参照）を受ける場合
　④ 併設トンネルの影響（第2編 2.12 参照）を受ける場合
　⑤ 地盤沈下の影響（第2編 2.13 参照）を受ける場合
　⑥ 内部荷重（第2編 2.15 参照）の影響を受ける場合

　リング継手によってセグメントリングを軸方向に連結したことを特徴とするシールドトンネルの縦断方向の断面力を算定する場合，セグメントリングの縦断方向の構造のモデル化，地盤のモデル化および作用力の評価が必要となる．最近では，これらを三次元FEM解析により評価する場合もある．

　セグメントリングの縦断方向の構造解析モデルには，次の二種類がある．

　1)　セグメント主断面をはり，リング継手を軸方向ばね，回転ばねおよびせん断ばねでモデル化する方法（縦断方向はり－ばねモデル）

　2)　リング継手によるトンネルの縦断方向の剛性低下を考慮して，等価な一様剛性を有するはりに置換する方法（縦断方向等価剛性はりモデル）

　1)の方法は，トンネル縦断方向の詳細な検討に用いる場合に適しており，リング継手部の断面力や変位を直接的に求めることができる．リング継手のばね定数は，継手の形状とその剛性から計算により求める．2)の方法は，1)の方法に比べモデル化が簡単で，計算での入力が容易であるなどの利点があり，地震の影響に対する検討等の場合に利用されている．とくに有限要素法を用いた計算では，節点数や要素数の関係と継手部のモデル化の関係で，簡便な2)の方法が用いられることが多い．等価軸引張剛性は，セグメントリングとリング継手を直列に配置したばねと考えて定める．等価曲げ剛性は，リング継手断面における力のつり合いと変形の適合条件より定める．また，計算量や計算時間を考慮して，1)，2)を併用する場合もある．構造解析モデルは計算目的，要求される精度，解析手法等を考慮して決定する必要がある．

　地盤はセグメントリングをモデル化したはり要素に対して，トンネル軸直角方向に連結される軸直角方向ばねと，トンネル縦断方向に連結される軸方向ばねでモデル化する場合が多い．これらのばね定数の算定にあたっては，地盤の物性値と影響範囲が課題となるが，慣用的な算定式によって求めるもの，地盤を平面要素でモデル化して求めるもの等がある．また場合によっては，平面要素でモデル化した地盤中にトンネルの縦断方向の構造モ

デルを組込み，断面力を直接的に算定する例もある．

作用力には，荷重等の力による場合と不同沈下や地震時応答変位等の変位による場合とがある．作用力は検討すべきトンネルの実状を十分に考慮したうえで，その大きさ，作用方向をモデル化する必要がある．具体的には，前述したセグメントリングの縦断方向の構造モデルと地盤モデルで構成される解析モデルに対して，適切な境界条件や初期条件を設定した後に，適切な作用力を与えて数値解析を実施することになる．作用方法には，セグメントリングをモデル化したはりに作用力を直接与えるもの，地盤ばねを介して与えるものなどがある．

急曲線施工の場合の荷重は，シールドの後胴とセグメントリングの軸方向軸のずれに伴って生ずるセグメントリング接線方向に角度を持った軸力，シールド中心軸から偏心して作用するシールドジャッキの使用状況（ジャッキパターン）に伴って生ずる曲げモーメントである．これらのうち，軸力と曲げモーメントが作用する場合の構造モデルの例を**解説 図 2.6.5**に示す．

解説 図 2.6.6は，地震の影響を受ける場合の解析モデルの例である．作用力は応答変位法により定める場合と動的解析法により定める場合とがある．

シールドトンネルは，みかけの単位体積重量が周辺地盤に比べて小さいため周辺地盤の変形によってその挙動が支配されることから，応答変位法が用いられる場合が多い．応答変位法における地盤変位は，表層地盤の固有周期および地域特性を考慮して下式により簡易的に求める場合もある．

$$u_h(z) = \frac{2}{\pi^2} S_V T_S \cos\left(\frac{\pi z}{2H}\right)$$

ここに，　$u_h(z)$：深度zにおける水平方向変位振幅（m）
　　　　　S_V　：応答速度（m/s）
　　　　　T_s　：表層地盤の固有周期（s）
　　　　　H　：表層地盤の層厚（m）

動的解析法は，構造モデルに地盤ばねを介して地盤の応答変位を時刻歴で入力し，セグメントリングとリング継手における応答値を算出する方法である．その際の地盤の時刻歴応答変位を求める方法には，ばね質点系モデルやFEMモデルによる動的解析法がある．**解説 図 2.6.4**は，動的解析モデルの例である．

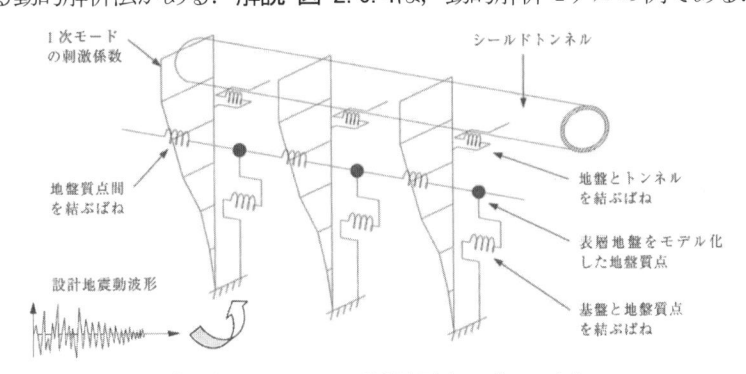

解説 図 2.6.4 動的解析モデルの例

また，地震の影響を受ける場合には，立坑との接続部における被害事例が見られるため，検討の必要性も含めて慎重に考慮することが重要である．

本来，シールドトンネルはセグメントリングがリング継手で連結された縦断方向に柔軟な構造を有する．この特性を適切に評価しなければ，いたずらに過大な設計となったり，場合によっては設計不能の事態を招きかねない．そのような事態を避けるために，セグメントリングの縦断構造のモデル化，ならびに地盤のモデル化，作用力のモデル化を適切に行うことが重要であることは前述したとおりである．

なお，大規模地震を想定したレベル2地震動に対する縦断方向の構造計算を行う場合は，セグメントの主断面やリング継手の非線形性を考慮して実情にあった検討を行う必要がある．

近接施工，併設トンネルの影響および地盤沈下の影響を受ける場合には，トンネル縦断方向の変形に伴ってシールドトンネルに地盤反力が作用する．その地盤反力を横断方向の付加荷重として評価し横断面の検討に加える場合があることに留意する必要がある．

解説 図 2.6.5，2.6.6は，急曲線施工時，地震時において縦断方向の構造計算を行う場合，**解説 図** 2.6.7は地盤急変部においてトンネルの縦断方向に相対変位や曲げ変形が発生する場合のモデルの例である．なお，図中の記号は以下のとおりである．

EA, EI, GA ：トンネルの軸剛性，曲げ剛性，せん断剛性
$(EA)eq, (EI)eq, (GA)eq$ ：トンネルの等価軸剛性，等価曲げ剛性，等価せん断剛性
Kgu, Kgu' ：トンネル軸方向の地盤ばね
Kgv, Kgv' ：トンネル軸直角方向地盤ばね
$Ku, Ks, K\theta$ ：リング継手の軸方向ばね，せん断ばね，回転ばね
$K'u, K's, K'\theta$ ：立坑との接合部における軸方向ばね，軸直角方向ばね，回転ばね

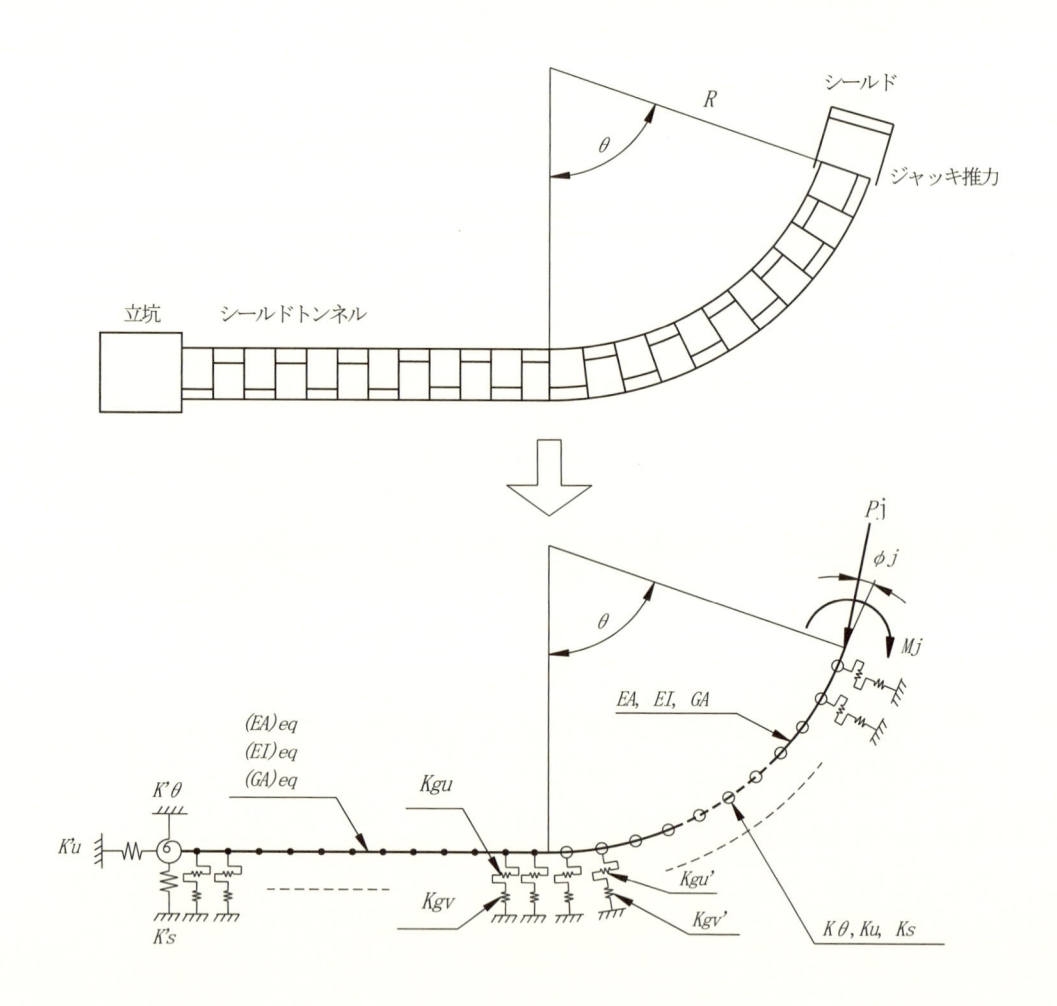

R：トンネルの曲線半径
Pj：ジャッキ推力
Mj：ジャッキ推力の偏心により発生するモーメント
ϕj：ジャッキ推力の作用角

解説 図 2.6.5 急曲線施工時の縦断方向の構造解析モデルの例

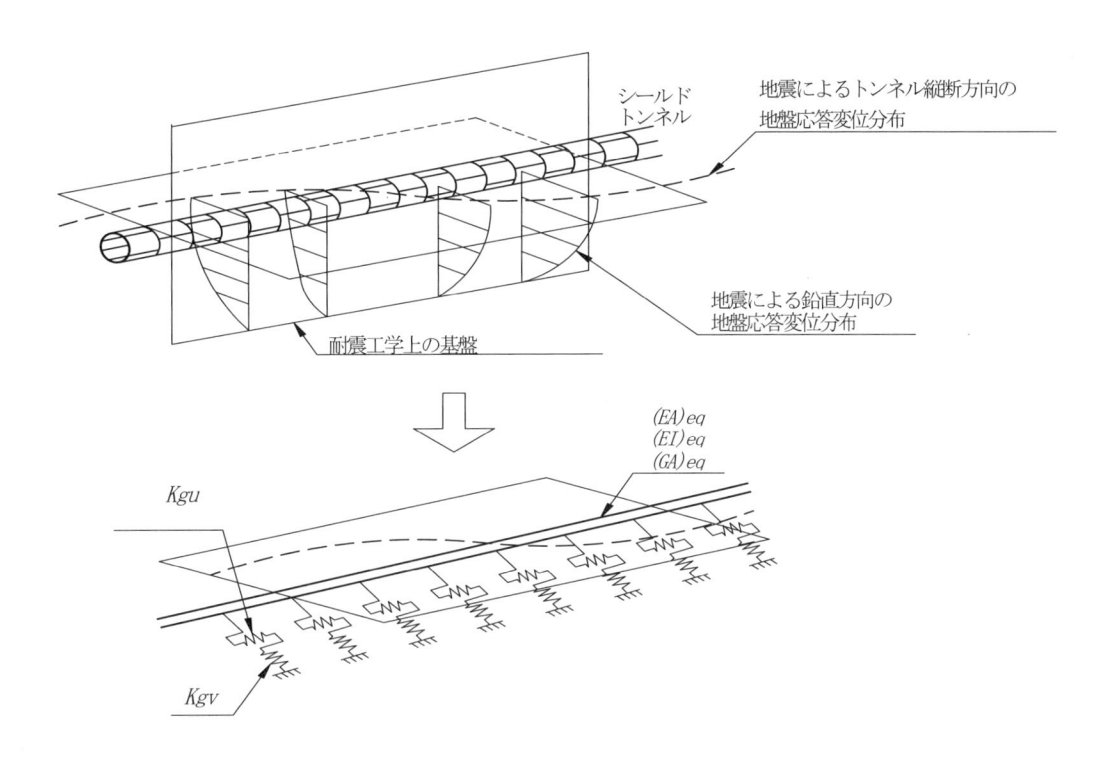

解説 図 2.6.6　地震時における縦断方向の構造解析モデルの例

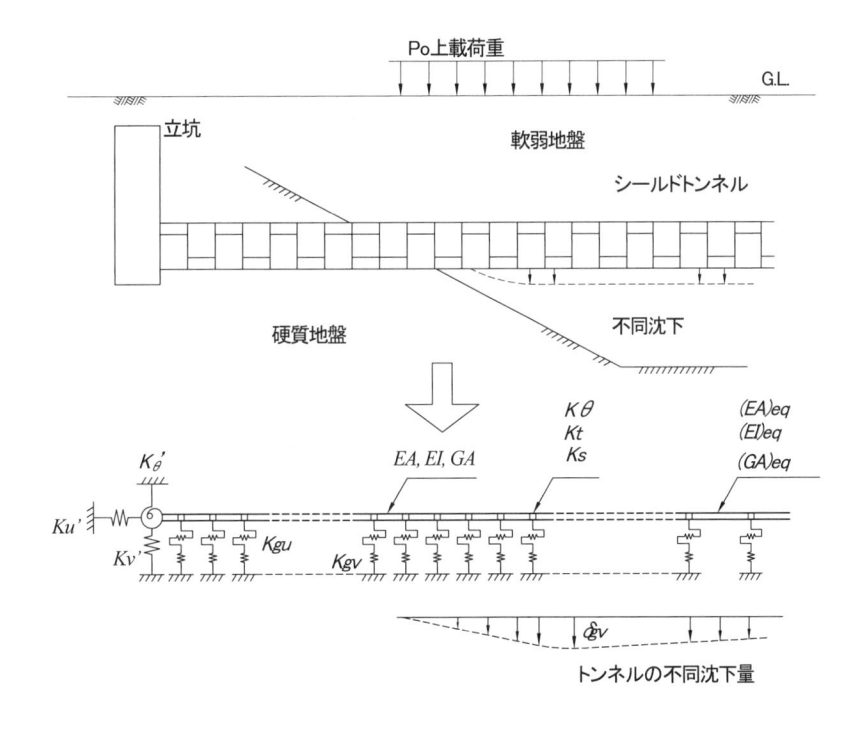

解説 図 2.6.7　地盤急変部を通過するトンネルの縦断方向の構造解析モデル

6.4 スキンプレートの有効幅

スキンプレートの有効幅は，その構造に応じて定めなければならない．

【解 説】 主桁，縦リブおよび継手板は，スキンプレートの一部と協働して荷重を支える．この場合，スキンプレートの有効幅は，対象とする応力の状態，スキンプレートの板厚，主桁，縦リブおよび継手板の寸法，主桁，縦リブおよび継手板とスキンプレートとの結合方法等によって異なり，統一的には決めにくいので，その構造や発生する断面力の実状に応じて定める必要がある．

<u>1) 鋼製セグメントのスキンプレートについて</u>　鋼製セグメントで主桁および縦リブとスキンプレートとが強固に結合されている場合の有効幅b_eは，次に示す値を用いてよい．

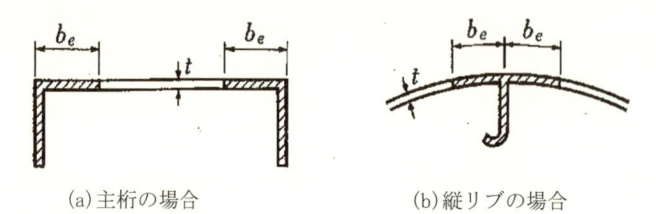

解説 図 2.6.8 鋼製セグメントにおけるスキンプレートの有効幅

（a）主桁の場合　　（b）縦リブの場合

① 主断面の曲げ剛性，軸剛性および曲げ応力度の計算にあたっては，主桁1枚あたり片側を次式とする．

$$b_e = 25t$$

ただし，$2b_e$は主桁間隔を超えてはならない．また，tはスキンプレートの板厚（腐食代を考慮する場合は，その控除後の板厚）である．

② ジャッキ推力による縦リブまたは継手板の応力度の計算にあたっては，縦リブまたは継手板のそれぞれ1枚あたり片側を次式とする．

$$b_e = 20t$$

ただし，$2b_e$は縦リブの間隔または縦リブと継手板との間隔を超えてはならない．また，tはスキンプレートの板厚である．この場合，腐食代は考慮しなくてよい．

③ 主桁のせん断応力度の計算にあたっては，スキンプレートを無視する．

一般の円形トンネルでは，主桁に作用するせん断力が卓越して大きくなることはほとんどないため，せん断応力度の照査を省略することが多い．しかし，中壁や中柱を有する円形トンネルや複円形トンネルのように，支点となるような部位がある場合には，その位置におけるせん断力が卓越して大きくなるため，せん断応力度の大きさに注意する必要がある．この場合，一般の鋼構造の設計と同様に，せん断力の作用方向と直交するスキンプレートは無視して計算しなければならない（第2編 6.5 参照）．

なお，鋼製セグメントは主桁，縦リブおよび継手板等による一種の格子桁構造であることから，縦リブの間隔が大きくなり過ぎる場合には主桁の局部座屈の問題ともあわせて，①，②のスキンプレートの有効幅を適切に定める必要がある．

<u>2) 合成セグメントのスキンプレートについて</u>　合成セグメントのスキンプレートの有効幅は，鋼製セグメントと同様に$b_e=25t$とする場合と，スタッドジベル等のずれ止め部材により鋼板とコンクリートとを一体化した構造では全幅とする場合がある．

6.5 主断面の応力度

セグメントの主断面の応力度は，最大の発生断面力を用い，真直なはり部材として計算することを基本とする．

【解 説】 セグメントの主断面の応力度は，第2編 6.2に述べたセグメントリングの断面力の計算法に応じて算

出された断面力のうち，正または負の最大曲げモーメントとそれらの発生位置における軸力ならびに最大せん断力を用いて計算する．修正慣用計算法では，セグメント継手に作用する曲げモーメントの一部がリング継手を介して隣接するセグメントに伝達されると考えているため，主断面の応力度の計算に用いる曲げモーメントは，割増し率ζを考慮しておく必要がある．

はり－ばねモデルによる計算法では，正曲げ，負曲げのそれぞれの最大位置を示す節点位置に着目し，これらの正または負の最大曲げモーメントとその位置に発生する軸力を組み合わせて照査を行う．

非円形断面トンネルや大土被りトンネルの場合，せん断力や軸力に対する配慮も必要である．

セグメントは曲がりばりであるが，その半径に対するセグメント高さの比は通常1/10程度以下であり，また，鋼製セグメントの主桁は一般に縦リブで十分に補剛されているため，主断面の計算にあたっては単純に曲げモーメントと軸力ならびにせん断力を受ける真直なはりと考えて計算してよい．ただし，半径に対するセグメント高さの比が大きくなると，真直なはりと曲がりばりとでは応力度の計算結果に大きな差が生じるため注意を要する．

<u>1）鋼製セグメントの主断面</u>は，主桁とスキンプレートによって構成されるが，曲げモーメントと軸力とに対する有効断面は**解説 図 2.6.9**に示すとおりである．主桁の板厚を定めるにあたっては局部座屈の影響を検討する必要がある．また，せん断力に対する有効断面は主桁のみであるが，曲げモーメントおよび軸力に対して設計された断面は十分なせん断耐力を有することが多く，一般にせん断力に対する検討は省略している．なお，コンクリート中詰鋼製セグメントの主断面は鋼製セグメントと同様に鋼の部分のみを主断面として扱う．

主桁構造には2本主桁と3本主桁とがある．3本主桁の場合の中主桁にはリング継手がないことから，主桁の座屈長が外主桁よりも大きくなるので注意が必要である．

また，腐食代を考慮する断面の場合，構造計算上は防食層等を控除しない全断面で計算し，応力度照査では，腐食代を控除した有効断面で照査する必要がある．

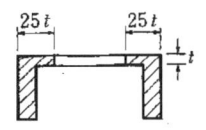

解説 図 2.6.9 鋼製セグメントの曲げモーメントと軸力に対する有効断面（2本主桁の場合）

<u>2）鉄筋コンクリート製セグメントの主断面</u>は，矩形断面である．ただし，ボルト継手等で継手部の断面欠損が大きい場合はT形断面とすることもある．

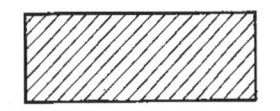

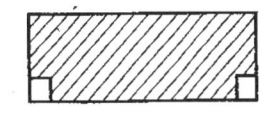

(a)鉄筋コンクリート製セグメント（全断面）　　(b)鉄筋コンクリート製セグメント（T形断面）

解説 図 2.6.10 鉄筋コンクリート製セグメントの有効断面

また，防食層等を有する断面の場合，構造計算上は防食層等を控除しない全断面で計算し，応力度照査では，防食層等を控除した有効断面で照査するなどの配慮が必要である．

曲げモーメントと軸力に対する応力度の計算においては，一般にコンクリートの引張断面を無視し，維ひずみは断面の中立軸からの距離に比例するものとして取扱ってよい．また，せん断応力度は次式により計算してよい．

$$\tau = \frac{Q}{b \cdot d}$$

ここに，Q　：最大せん断力
　　　　b　：矩形断面にあっては全幅，T形断面にあっては腹部の幅
　　　　d　：有効高さ

なお，せん断応力度が許容せん断応力度τ_aを超える場合には，次式で求めた断面積以上のスターラップを配置

する必要がある．

$$A_v = \frac{Q_v \cdot s}{\sigma_{sa} \cdot d}$$

$$Q_v \geqq Q - Q_c$$

$$Q_c = 1/2 \cdot \tau_a \cdot b \cdot d$$

ここに，　A_v　：区間 s におけるスターラップの総断面積
　　　　　s　：スターラップの間隔
　　　　　Q_v　：スターラップが受けもつせん断力
　　　　　Q_c　：コンクリートが受けもつせん断力

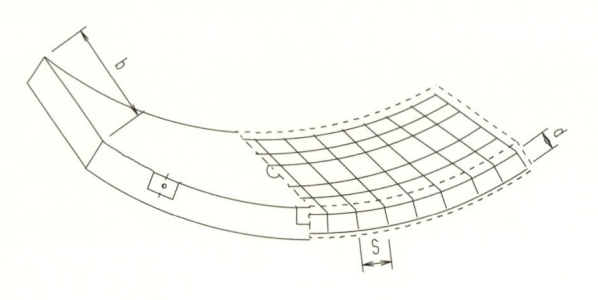

解説 図 2.6.11　スターラップ

一般の円形トンネルで引張鉄筋比が1%程度以下であれば，通常，せん断応力度が許容せん断応力度 τ_a を超えることはまずない．中壁または中柱を有する円形トンネルや複円形トンネルのように，支点となるような部位がある場合，または矩形トンネルの隅角部では，その位置におけるせん断力が卓越して大きくなるため，せん断応力度の大きさに注意する必要がある．この場合，上式を用いて必要なスターラップを配置し，じん性を確保する必要がある．

また，主鉄筋のコンクリートに対する付着応力度 τ_0 は，次式により計算する．

$$\tau_0 = \frac{Q}{U \cdot d}$$

ここに，U は主鉄筋の周長の総和である．なお，スターラップを併用してせん断力を受けもたせる場合には，Q はその値の1/2としてよい．

一般の円形トンネルで鉄筋比が1%以下程度で異形鉄筋を使用していれば，主鉄筋のコンクリートに対する付着応力度 τ_0 が許容付着応力度を越えることはまずないため，その計算を省略することが多い．ただし，せん断応力度が大きくなる場合には付着応力度も大きくなるため注意が必要である．

3）　合成セグメントの主断面は，鋼殻内部にコンクリートを充填したもの，鋼殻とコンクリートをスタッドジベル等で一体化したもの，鋼材と鉄筋をコンクリートで被覆したもの等がある．主断面の有効断面はずれ止めの方法で**解説 図 2.6.9**に示す鋼製セグメントと同様に扱う必要がある場合と**解説 図 2.6.12**に示す全断面有効として扱ってよい場合があることに注意が必要である．通常，後者を合成セグメントと呼ぶ．主断面を全断面有効とみなせる合成セグメントの構造については，第2編 1.4を参照されたい．

曲げモーメントと軸力に対する応力度の計算においては，一般に鉄筋コンクリート製セグメントと同様に取扱ってよい．ただし，鉄筋コンクリート製セグメントに比べて鉄筋比が大きいため，せん断応力度の扱いには注意が必要である．

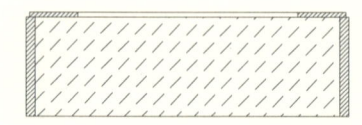

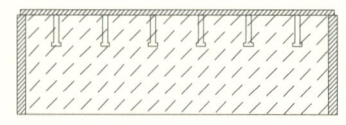

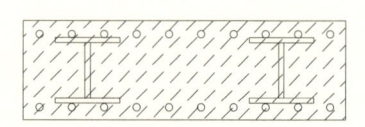

(a) 鋼製系合成セグメント　　　　(b) 被覆系合成セグメント

解説 図 2.6.12　合成セグメントの有効断面

6.6 継手の計算

セグメントの継手の計算は，セグメントリングの断面力の算定方法に応じて行わなければならない．

【解 説】 剛性一様なリングとしてセグメントリングの断面力を算定する場合は，セグメント継手にはセグメント主断面と同程度の強度と剛性とを付与するべきである．したがって，慣用計算法ではセグメント継手の設計に用いる断面力は，セグメントリングに発生する正または負の最大曲げモーメントおよびその位置における軸力ならびに最大せん断力となる．しかし，セグメントの主断面と同程度の強度と剛性とを一般に用いられている継手形式で満たすことは困難であるから，セグメントリングを千鳥組し隣接セグメントの添接効果で補うのが実状である．この場合には，セグメント継手を通じて伝達される曲げモーメントは第2編 6.2に述べたように，隣接するセグメントで分担される分だけ軽減されることになる．したがって，修正慣用計算法では継手の設計用断面力のうち，曲げモーメントについては曲げモーメントの割増し率ζを考慮して割り引きして取扱うことができる．

はり－ばねモデルによる計算法では，セグメント継手位置における断面力が直接計算できるため，それらのうち最大のものについて曲げモーメント，軸力およびせん断力を適宜組み合わせて設計を行うことになるが，円形トンネル以外の場合や内水圧が作用するトンネル等においては，最小軸力についても考慮する必要がある．はり－ばねモデルによる計算法では，セグメント継手は断面力の算出に用いた回転ばね定数の算定条件と合致する，あるいは継手に対して安全側となるように設計する必要がある．例えば，軸力を無視して求めた回転ばね定数を用いて計算した場合，継手に発生する最大曲げモーメントは，軸力の影響を受けたセグメント継手に発生する曲げモーメントより小さくなる傾向にある．応力度の照査のみに軸力を考慮することは危険側の設計になることが多いため，その取り扱いには注意が必要である．

リング継手はセグメントリングを千鳥組し，これによる添接効果を期待する場合には，リング継手はセグメント継手における曲げモーメントの減少分を隣接セグメントへ伝達できる剛性と強さを有することはもちろん，その配置についても十分な配慮が必要である．

リング継手は，地震の影響や地盤沈下等によるトンネル縦断方向の挙動および施工の影響に対しても対策を講じておくことが望ましい．また，継手がトンネルの止水性や施工性との関連において定まることもあるため注意を要する．とくに，リング継手の引抜き耐力は曲線施工や蛇行修正時についても配慮して設計する必要がある．

軸方向挿入型のKセグメントに対して，大深度や高水圧等の条件下で高い裏込注入圧が作用する場合や締結力の入らないセグメント継手あるいは引張剛性の小さいリング継手を採用する場合などでは，セグメント組立て時にKセグメントの抜出し現象が生じやすいため，継手形式や強度，施工状況に留意して決定する必要がある．また，半径方向挿入型のKセグメントで継手角度が大きい場合には，Kセグメントの脱落に対する検討が必要である．Kセグメントの安定に関する検討については，第2編 2.7を参照のこと．

1) 鋼製セグメントについて　鋼製セグメントでは**解説 図 2.6.13**に示すように，設計断面力に対して，セグメント縁端を回転中心としたモデルでボルトの応力度を算出する．このとき，ボルトの配置によっては**解説 図 2.6.14**のように，てこ反力が発生し，中央部のボルトには計算された引張力が発生しないので注意を要する．継手板の設計は，**解説 図 2.6.15**に示すように継手板を主桁で固定された両端固定はりとしてモデル化し，ボルト引張力を荷重として継手板に生じる曲げモーメントを用いて行う．

セグメント継手は，慣用計算法では，セグメント継手に発生する断面力を直接求めることはできないため，「シールド工事用標準セグメント」(2001)では，正負の最大曲げモーメントと軸力の組合わせによりボルトの計算を行い，継手板については，従来の経験等をもとにセグメント継手の継手板の厚さを主桁と同一寸法とすることで，構造計算を省略している．また，修正慣用法では，曲げモーメントの割増率ζを用いることで千鳥組による添接効果を考慮し，継手の計算に使用する断面力は，断面力計算で求められた正負の最大曲げモーメントをMとすれば，$(1-\zeta) \cdot M$とする．軸力については，正負の最大モーメント発生位置での値をそのまま使用している．なお，はり－ばねモデルによる計算法では，各セグメント継手に発生断面力により計算する．

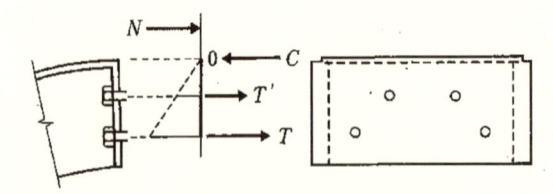

解説 図 2.6.13　鋼製セグメントにおける
継手部における力のつり合い

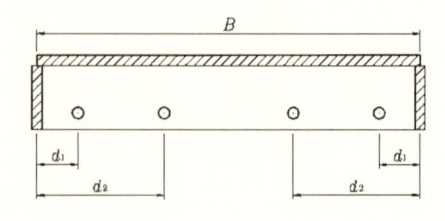

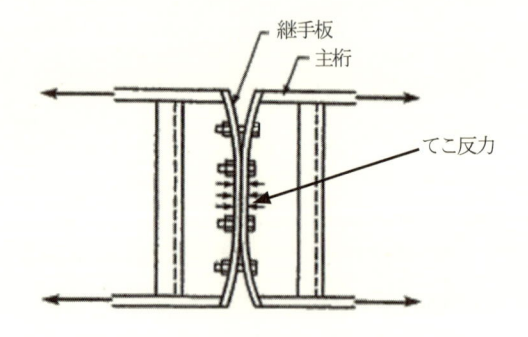

解説 図 2.6.14　継手板のてこ反力の効果

解説 図 2.6.15　継手板の構造モデル

　リング継手については，はり－ばねモデルによる計算法以外では，リング継手に生じる設計用断面力を計算することができない．慣用計算法や修正慣用計算法では，リング継ぎボルトはセグメント継ぎボルトと同等の性能を有するものを用いることが多く，また若干小径のものとしたり，強度の低いものとすることもある．はり－ばねモデルによる計算法では，半径方向および接線方向のリング間ばねに作用する力の合力としてリング継手のせん断力を求める．

　2)　鉄筋コンクリート製セグメントについて　セグメント継手には，解説 図 2.6.16に示すように，ボルトを引張鉄筋とみなした鉄筋コンクリート断面としてセグメント継手部のコンクリートおよびボルトを設計している．ボルト継手における継手板の計算は，解説 図 2.6.17に示すように継手板を両端固定梁としてモデル化し，ボルトに作用する引張力を荷重として継手板に作用する曲げモーメントを計算し，板厚を決定している．

　慣用計算法では継手の断面力を直接求めることができないので，「シールド工事用標準セグメント」(2001)では，セグメント継手の許容モーメントがセグメント主断面の抵抗モーメントの60%以上となるように耐力の割合で性能を規定している．また，修正慣用法では鋼製セグメントと同様，曲げモーメントの割増率ζを用い断面力計算で求めた結果を用いている．はり－ばねモデルによる計算法では各セグメント継手に発生断面力により計算するが，近年採用の増えているくさび式継手等の場合は，それぞれの継手形式に応じて適切な回転ばね値の設定や照査を行う必要がある．

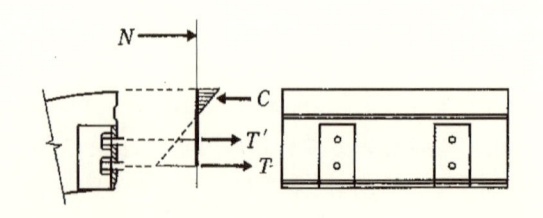

解説 図 2.6.16　鉄筋コンクリート製セグメントにおける
継手部における力のつり合い

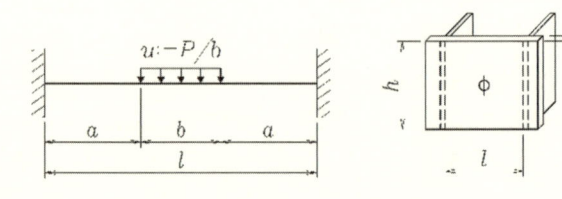

解説 図 2.6.17　継手板の設計モデル

リング継手については，慣用計算法および修正慣用計算法で断面力を算出した場合，リング継ぎボルトにはセグメント継ぎボルトと同等もしくは若干小径や低強度とすることが多く，継手板については1ランク程度薄い板厚としていることが多い．はり－ばねモデルによる計算法では，鋼製セグメントと同様にリング継ぎボルトに作用するせん断力を計算して設計する．その際には，セグメント継手と同様に，継手形式に応じて適切な計算モデルを用いて設計する必要がある．

<u>3) 合成セグメントについて</u>　合成セグメントの継手の計算は，使用している継手構造，断面力の伝達機構を考慮して行う必要がある．鋼製セグメントと同様，継手板を介して力を伝達させるボルト継手の場合と，継手部材がコンクリートに定着されている場合等で計算方法が異なるので注意を要する．

6.7 スキンプレートの計算
スキンプレートは，等分布荷重を受ける部材として，セグメントの材料特性および構造特性に応じて設計しなければならない．

【解　説】　トンネルに作用する荷重は，鋼製セグメントでは，スキンプレートを通じて主桁，縦リブおよび継手板等へ伝達される．したがって，スキンプレートは，構造的には周辺を支持された板であり，その寸法から荷重は全面に作用する等分布荷重として取扱うことができる．一般に鋼製セグメントでは，縦リブの間隔がセグメント幅およびセグメントの半径に比して小さいことなどを考慮して，以下の①および②に示す方法によってスキンプレートの耐荷力を計算している．

鋼製セグメントを長年の使用に耐えるように設計する場合には，スキンプレートに腐食代を考慮するか，適当な防食工を施す必要がある．

解説 図 2.6.18に示すように，スキンプレートをアーチ形状とした場合，裏込注入圧や高水圧等の作用を受けて，アーチリブの曲率が反転し，引張り部材としての釣合い状態となる飛び移り座屈を起こすことがある．飛び移り座屈が起きると溶接部に応力が加わり溶接の品質に影響を与える．また，維持管理の観点からも飛び移り座屈が起こらないよう，スキンプレートの板厚の検討に配慮を要する．

① 相対二辺で固定支持した矩形板の極限設計法

$$P = 1.1 p_p \sqrt{F}$$

$$F = \frac{\sigma_y \cdot t \cdot s^2}{\dfrac{4E_s \cdot I}{1-v_s^2}}$$

$$p_p = 4\left(\frac{t}{s}\right)^2 \sigma_y$$

ここに，
- P：単位幅あたりの極限荷重
- σ_y：スキンプレートの降伏点
- t：スキンプレートの有効板厚
- s：スキンプレートのスパン
- E_s：スキンプレートのヤング係数
- I：単位幅あたりのスキンプレートの断面二次モーメント
- v_s：スキンプレートのポアソン比（=0.3）

② 相対二辺で単純支持したケーブルの極限設計法

i) 両端ヒンジの直ケーブル（曲げ剛性無視）の張力による応力度が材料の降伏点応力度まで耐荷できるものとすればそのPは下式で示される．

$$P = \frac{8t \cdot \sigma_y}{s} \cdot \sqrt{\frac{3\sigma_y}{8E_s}}$$

ii) 両端ヒンジのアーチは，荷重の増加とスキンプレート外面の拘束とから，裏込注入圧や高水圧等により飛移り現象を起こすことも考えられる．この状態でi)と同様なことを考えると，そのPは下式で示される．

$$P = \frac{8t \cdot \sigma_y}{s} \cdot \sqrt{\frac{3\sigma_y}{8E_s} + \left(\frac{a}{s}\right)^2}$$

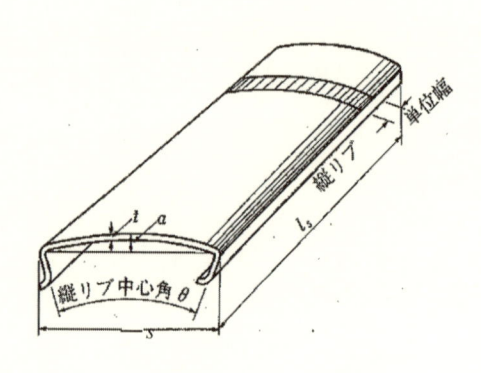

解説 図 2.6.18 鋼製セグメントのスキンプレートと縦リブ

6.8 縦リブの計算

シールドジャッキの推力に対する縦リブの設計は，覆工の半径方向にのみ偏心した軸力を受ける短柱として行うことを基本とする．

【解 説】 縦リブは，シールドジャッキの推力を受ける短柱として設計されるが，主桁の座屈に対する補剛にも有効に働く．

鋼製セグメントの場合，ジャッキ推力は，スプレッダーで覆われる縦リブまたは継手板およびスキンプレートの一部を含む有効断面で受持たれる．スプレッダーとシールドジャッキのピストン先端部との連結部は球座となっているため，ジャッキ推力を適正に伝達するように，シールドジャッキ1本の推力を少なくとも2本の縦リブまたは1本の縦リブと2枚の継手板で支持するよう，縦リブおよびシールドジャッキを配置しなければならない（**解説 図 2.6.19**，第2編 7.5 参照）．

上記の有効断面が受け持つ分担荷重は，ジャッキと縦リブまたは継手板との位置関係によって変化するが，簡便的にはシールドのジャッキ推力を第2編 7.5に述べる縦リブおよびセグメント継手の数で除した平均値をあてることができる．

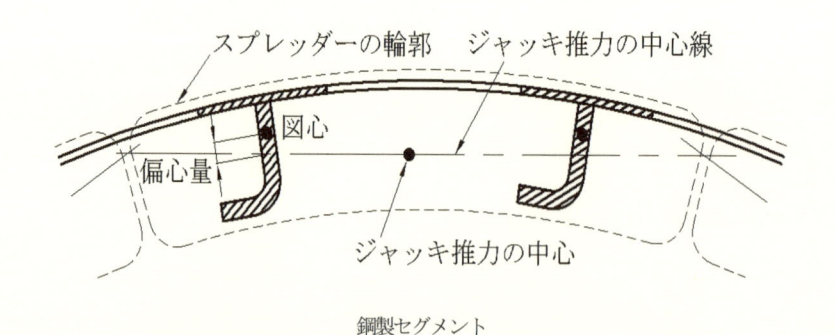

解説 図 2.6.19 ジャッキ推力と縦リブとの関係

ジャッキ推力の作用点は，一般に上述の有効断面の図心に対し，セグメントリングの半径方向はもちろん接線方向にも偏心するが，後者の縦リブの応力に与える影響は比較的小さいと判断されるので，これを無視して計算できるものとした（**解説 図 2.6.19** 参照）．

また，半径方向の偏心距離の両極値は，シールドテール内で組立てられたセグメントの変形により，その頂部と底部に生ずることが多いので注意を要する．とくに，急曲線施工時には左右の偏心量も多くなることから細心の注意が必要である（第2編 2.7 参照）．なお，「シールド工事用標準セグメント」（2001）では，ジャッキ推力の半径方向の偏心量は，設計計算上主桁中心から内側に10mmとしている．ジャッキ推力の偏心量が過大とな

ると，縦リブの座屈による損傷が発生するばかりでなく，この偏心力によってセグメントリング全体に曲げモーメントや軸引張力が作用することがあるので注意を要する．上記の半径方向偏心量は，**解説図2.6.19**に示すように求めてよい．すなわち，ジャッキ推力は，ジャッキ推力の中心を挟む左右の縦リブに伝達されるが，そのジャッキ推力の縦リブへの作用点は，ジャッキ推力の中心を通り，ジャッキ推力の中心とセグメントリングの中心とを結ぶ直線と直交する直線と縦リブ中心軸との交点として求め，この交点と有効断面の図心との差を偏心量とするものである．

急曲線部や図心の異なる鋼製セグメントと鉄筋コンクリート製セグメントが混合する箇所等，偏心量が大きくなることが想定される場合には，施工条件を踏まえ偏心量を設定することが肝要である．

鋼製セグメントを3本主桁構造とする場合には，継手板の座屈に対する検討も重要である．一般に，鋼製セグメントを製作する際には，主桁と継手板とは同じ厚さの板を用いる．したがって，同じ曲げ剛性をもつ2本主桁のセグメントと3本主桁のセグメントとを比較すると，3本主桁の場合の継手板の厚さは，2本主桁の場合のそれの2/3程度になる．また，継手板にはシール材が貼付されているため，セグメント継ぎボルトを締め付けると，ボルト間の継手板はシール材の反発力によって目開きが生じ，初期たわみがある状態でジャッキ推力を受けることになる．これらのことから3本主桁の鋼製セグメントで，外径が小さくジャッキ推力の偏心量が大きい場合や主桁が薄い場合，大土被りで大きなジャッキ推力が必要となる場合などには，継手板を厚くしたり，セグメント継ぎボルトの本数を増やしたりして，縦リブの剛性や強度とのバランスをよくするなどの対策を検討する必要がある．

ジャッキ推力と同時に裏込め注入圧が作用する場合には，縦リブまたは継手板およびスキンプレートの一部を含む有効断面は，ジャッキ推力のほかに注入圧による曲げモーメントを受けるため，その実状に応じて曲げモーメントと軸圧縮力を受ける部材としての検討も必要となる．大土被りの場合には地下水圧や裏込め注入圧が大きくなるため，この点に留意することが肝要である．

縦リブの許容耐力を，セグメントの推力試験によって定める場合もある．なお，防水工として用いるシール材は，その材質，硬度，形状寸法，貼付の良否等が，セグメントの組立に際して，継手の目違い，目開きおよび継手面の不陸を生じさせ，ジャッキ推力を受けるセグメントは複雑な応力状態になることがある．セグメント単体の推力試験では，これらの状況を把握しにくいため，セグメント単体を用いた推力試験のほかに，シール材を貼付したセグメントを2段に重ねて行った推力試験の例も見られる．

6.9 トンネルの安定

地下水位以下で，構造物の規模に比べて土被りが小さい場合は，施工時および完成後のトンネルの浮上がりの検討を行い，必要に応じて適切な対策を講じなければならない．

【解　説】 地下水位以下で，構造物の規模に比べて土被りが小さい場合は，浮力によってトンネルが浮上がり，トンネルの安定性が損なわれるおそれがあるため，施工時および完成後に対するトンネルの浮上がりの検討を行い，適切な安全率が確保されているかを確認する必要がある．浮力は，トンネルの体積と水の単位体積重量の積で求められ，浮力に抵抗する作用としては，覆工の自重，内部荷重，上載土の重量およびせん断抵抗があるが，上載土のせん断抵抗は見込まないのが一般的である．浮上がりに対する安全率の算出として，次式を用いて検討する場合がある．

$$F_s = \frac{2R_o\{\gamma'(H_w+R_o)+\gamma(H-H_w)\}-\pi\gamma'R_o^2/2+2\pi R_c g + P_i}{\pi\gamma_w R_o^2}$$

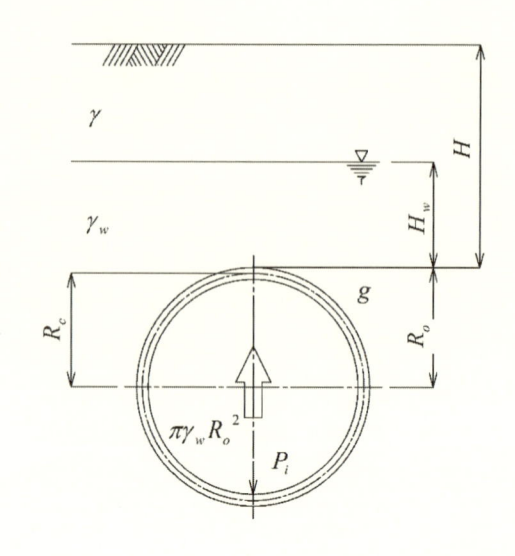

ここに，F_s ：浮上りに抵抗する荷重を浮力で除した安全率
 H ：土被り(m)
 H_w ：地下水位までの土被り(m)
 g ：覆工の単位面積あたりの自重(kN/m²)
 P_i ：内部荷重(kN/m)
 R_o ：トンネル外半径(m)
 R_c ：トンネル図心半径(m)
 γ ：土の単位体積重量(kN/m³)
 γ' ：土の水中単位体積重量(kN/m³)
 γ_w ：水の単位体積重量(kN/m³)

解説 図 2.6.20　トンネルの浮上がりを検討する際の概念図

　浮上がりの検討の結果，必要な安全率を満足しない場合は，浮上がりを防止するための対策が必要となる．一般には，覆工の厚さを増やすことや二次覆工を設けることなどによりトンネル自体の重量化を図ることで対処するが，施工時では，トンネル内に仮設鋼材等で重量を増加させることやトンネル周辺地盤の改良等の対策も考えられる．

　また，鉄筋コンクリート製セグメントで構成される円形のシールドトンネルでは，構造計算上，地下水位を低く設定して設計することが安全側の結果を得ることとなる場合が多いが，トンネルの浮上がりの検討に対しては，地下水位を低く設定すると危険側の結果となるため，地下水位の設定あたっては注意が必要である．

第7章　セグメントの設計細目

7.1　主断面および主桁構造

> セグメントの主断面および主桁構造は，必要な強度を有するとともに，製作性，施工性および止水性を考慮して定めなければならない．

【解　説】　セグメントの主断面および主桁は，設計荷重に対して主体となる構造部材であり，所要の強度および剛性を有することはもちろんのこと，製作や施工にあたって不具合が生じないような形状寸法を確保するとともに，止水性についても十分に考慮することが重要である．セグメントの形状寸法の決定は，第2編 5.1を参考にするとよい．鋼製セグメントおよび合成セグメントの構造の例を解説 図 2.7.1に示す．

　1)　鉄筋コンクリート製セグメントについて　鉄筋コンクリート製セグメントは設計で定められたセグメント厚さを確保し，鉄筋が配置可能な寸法とすることが重要である．主断面の幅は，力学的特性および施工性を考慮して慎重に定めなければならない．セグメントの幅広化によりリング継手に発生する添接荷重がセグメント端部に集中するため，応力度が主断面に均一に分布しないことがある．「シールド工事用標準セグメント」(2001)では，セグメント幅を1 000mmから1 200mmに拡幅するにあたって，実験および解析を実施し，その安全性を検証している．また曲線部に多く発生するひび割れとセグメント幅には密接な関係があり，曲線半径，テールの長さ，テールクリアランス等からセグメントとテールとの競りについて検討を実施し，セグメント幅を決定することが望ましい．

　2)　鋼製セグメントについて　鋼製セグメントには2本主桁と3本主桁とがある．また開口部等を設ける部分で4本主桁を使用する例がある．セグメント幅を広くする場合には，縦リブの座屈長さを短くする目的で3本主桁を使用する例もある．したがって選定にあたっては，設計断面力や製作性を考慮しなければならない．主桁の高さは設計断面力から定めるが，セグメント継手板の厚さは，「シールド工事用標準セグメント」(2001)に準拠して主桁の厚さと同様にしている場合が多い．これは板厚の種類を多くすると不経済になるためであるが，継手に大きな断面力が発生する場合や，大きいジャッキ推力，ジャッキ偏心量が大きい場合では，継手板の座屈に留意して継手板の厚さやボルトの配置を決定しなければならない．大断面シールドに適用する鋼製セグメントでは，板厚が厚くなるため溶接ひずみが大きくなること，切り出し加工となるため経済性に劣ることなどの課題があり，採用にあたっては十分に検討する必要がある．セグメントの幅広化に対するセグメント端部への応力集中に関しては，2本主桁の場合は問題ないが，3本主桁の場合はリング継ぎボルトのない中主桁へ添接荷重の応力伝達が均等に行われるか課題となる．この課題に対して「シールド工事用標準セグメント」(2001)では，セグメント幅を1 000mmから1 200mmに幅広化するにあたって，実験および解析を実施し，その安全性を検証している．なお，鋼製セグメントの主桁は8mmを最小板厚としている．

　一方「シールド工事用標準セグメント」(2001)以外では，3本主桁の鋼製セグメントにおいて中主桁の厚さを両側の主桁の約2倍の厚さとしている例がある．中主桁はリング継手がないことから，外主桁よりも座屈長が大きくなり，局部座屈の影響を考慮する必要がある．

　4本主桁を使用する場合は，3本主桁と同様に中主桁への応力伝達に関して検討するとともに，経済性，製作加工性やセグメントの組立て時の施工性について十分検討し，板厚を決定する必要がある．

　3)　合成セグメントについて　合成セグメントは，鋼材と鉄筋コンクリートまたは鋼材と無筋コンクリートとを組み合わせた構造である．鉄筋コンクリート製セグメントの鉄筋の代わりにラチストラスや平鋼，形鋼を使用してコンクリートで被覆した構造のセグメントや，鋼殻の内部にコンクリートを充填した構造のセグメントがある．この内，鋼殻で覆われた合成セグメントには，計算上主桁およびスキンプレートを鉄筋とみなしているもの，主桁にフランジを持つ特殊形鋼を使用してフランジを鉄筋とみなしたもの，鋼殻と内部に配置した鉄筋によって鉄筋コンクリート断面とみなしたもの等があるが，何れも鋼材とコンクリートが一体となって挙動し，鉄筋コンクリートの断面計算の方法を適用して主断面を設計できるものでなければならない．このため，ずれ止め機能を

持った縦リブやコンクリートとスキンプレートの付着を向上させるスタッドジベル等が必要であり，トンネル周方向および半径方向のずれ止め機能を十分に検討して仕様を決定しなければならない．厚板の使用や鉄筋の使用により高耐力を得ることが可能であり，他の形式のセグメントよりセグメント厚さが薄くできる場合がある．

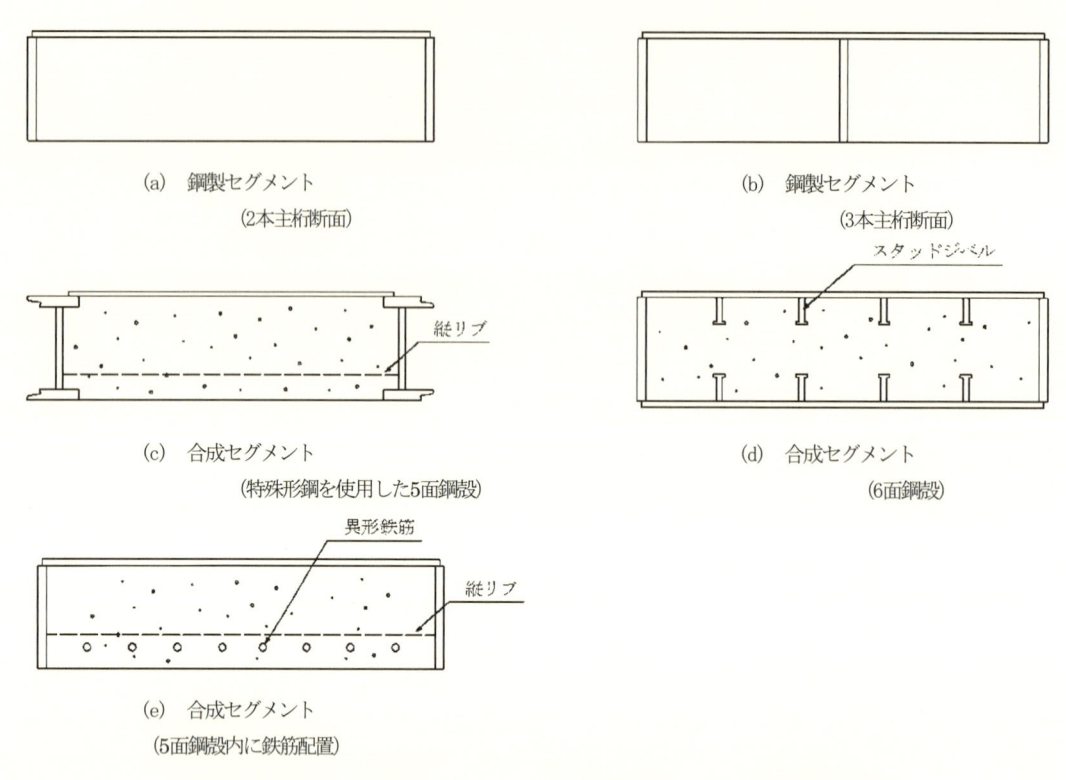

(a) 鋼製セグメント（2本主桁断面）

(b) 鋼製セグメント（3本主桁断面）

(c) 合成セグメント（特殊形鋼を使用した5面鋼殻）

(d) 合成セグメント（6面鋼殻）

(e) 合成セグメント（5面鋼殻内に鉄筋配置）

解説 図 2.7.1　鋼製セグメントおよび合成セグメントの構造の例

7.2　鉄筋

（1）　鉄筋の曲げ形状は，鉄筋の所要の性能が発揮され，曲げ加工性，コンクリートの充填性および配筋のおさまり等に十分に配慮したものでなければならない．

（2）　セグメントの主鉄筋の水平のあきは，粗骨材最大寸法の5/4以上，主鉄筋の直径以上としなければならない．

（3）　鉄筋の継手は，原則として設けないこととする．やむをえず設ける場合は，鉄筋の種類，直径，継手構造等に応じて適切な方法を選び，継手部と隣接する鉄筋とのあき，または継手部相互のあきは，コンクリートの充填性を考慮して定めなければならない．

（4）　定着のために用いられる鉄筋端部は，コンクリート中に十分埋め込んで鉄筋とコンクリートの付着力によって定着するか，フックをつけて定着するか，また機械的に定着するかしなければならない．

（5）　かぶりは，コンクリートの品質，鉄筋の直径，トンネル内外の環境条件，セグメントの製作精度等を考慮して定めなければならない．

（6）　セグメントには，セグメントがぜい性的な破壊性状を示さない鉄筋量，および製作時の配筋のしやすさやコンクリートの充填性を考慮した鉄筋量を配置しなければならない．

（7）　継手金物や注入孔等の周囲には用心鉄筋等を適切に配置し，応力集中その他によるひび割れを防止しなければならない．

【解　説】　（1）について　「コンクリート標準示方書（設計編）」（2012）には鉄筋のフックの曲げ端部からまっすぐ延ばす長さは，フックが有効に働くように，また，鉄筋を曲げる加工が容易であるように定められている．フックの曲げ内半径は，コンクリートを十分にゆきわたらせること，鉄筋の材質をいためないこと，フック

の働きが十分確実なものとなること等を考慮して定められている．ただし，配筋や製作の都合上やむをえずこれらによらない場合は，類似事例を参考にしたり，実験等によって鉄筋の性能，曲げ加工性，コンクリートの充填性等を確認する必要がある．過去の実績では，鉄筋の曲げ内半径を「コンクリート標準示方書（設計編）」(2012)に示される値より0.5φ程度ずつ小さくし，セグメントの隅角部や稜線部の無筋となる範囲を小さくするなどの配慮をした事例もある．

（2）について　主鉄筋のあきを粗骨材の最大寸法の5/4以上，主鉄筋の直径以上としたのは，コンクリートを主鉄筋の周囲に十分にゆきわたらせるために必要な最小寸法を考慮したためである．なお，テーブルバイブレーターを用いずに，またはこれと併用して内部振動機を用いコンクリートを締め固める場合は，それが挿入できるように鉄筋のあきを確保しておく必要がある．また，継手部の鉄筋のあきは（3）による．

（3）について　セグメントの鉄筋には，主鉄筋，スターラップ，配力筋，組立筋のほかにアンカー筋や補強鉄筋および用心鉄筋等があり，これに加えて鉄筋の継手を設けることは鉄筋のあきを十分に確保する観点から一般に困難である．このため，鉄筋に継手を設けないことを原則とした．鉄筋相互の継手は重ね継手が多いが，継手部付近は他の部分よりも鋼材量が多くなるため，コンクリートの充填性が阻害されやすい傾向にある．そのため，継手部と隣接する鉄筋とのあき，または継手部相互のあきは，コンクリートの充填性を考慮して定めなければならない．この場合，一般に粗骨材の最大寸法以上とすればよい．

また，主鉄筋を直接セグメントの継手金物に溶接して直結する場合もあるが，この場合には，応力の伝達性等が確実でなければならないため，溶接性に配慮し，鉄筋の種類，継手形式に応じて適切なものを選ぶ必要がある．なお，主鉄筋に鋼板または平鋼を使用する場合には，シアコネクタまたはタイバーを用いてコンクリートと一体化を図る必要がある．

（4）について　セグメントにおいて定着のために用いられる鉄筋には，継手のアンカー筋と吊手金具のアンカー筋とがある．これらの鉄筋の強さを確実に発揮させるためには，鉄筋端部がコンクリートから抜け出さないように十分な定着長をとるか，フックまたは定着具をつけてコンクリート中に確実に定着しなければならない．なお，セグメント継手のアンカー筋は，本来主筋との重ね継手として設計されるべきであるが，これを便宜上定着のための鉄筋として設計することも多い．アンカー筋を異形鉄筋で設計する場合の定着長は，「シールド工事用標準セグメント」(2001)では，試験結果にもとづき，鉄筋直径の12倍以上とし，鉄筋の端部にフックをつけずに用いることができるとしている．

（5）について　鉄筋をコンクリートで包むことは，鉄筋の十分な付着強度の確保や，鉄筋の防せい等に必要である．したがって，かぶりはコンクリートの品質，鉄筋の直径，トンネル内外の環境条件，部材の寸法，製作精度，構造物の重要度や耐久性等から判断してこれを定める必要がある．「シールド工事用標準セグメント」(2001)では，トンネルの二次覆工の有無や，トンネル内の環境条件からかぶりを区分している．二次覆工を施す場合，セグメントの鉄筋の最小かぶりは原則として13mm以上としているが，テーパーセグメントのリング継手面に限り10mm以上と規定している．二次覆工を施さない場合は，一般の環境下で25mm以上，腐食性環境下で35mm以上をそれぞれ最小かぶりとして規定している．

鉄筋コンクリート製セグメントにおいて，組立て時の位置合わせのためのマークやセグメントを識別するためのマーキングの目的で，型枠に直接細工を施し，セグメントにこれを印刻している例がみられるが，これが深い場合にはあらかじめ考慮して鉄筋のかぶりを定める必要がある．

（6）について　鉄筋コンクリート製セグメントにおいて引張鉄筋比が極端に小さい場合，ひび割れの発生後ただちに鉄筋が降伏するなどのぜい性的な破壊性状を示すことがある．このため，セグメントにはこの種の破壊を避けることができる鉄筋量を配置する必要がある．

一方，引張鉄筋の量があまりに多い場合には，コンクリートの圧縮破壊が先行してぜい性的な破壊性状を示すことや工場製作時の配筋のしやすさ，コンクリートの充填性を阻害すること等が懸念される．このためセグメントの最大鉄筋比は，これらを考慮したものとする必要がある．「シールド工事用標準セグメント」(2001)では，セグメントの製作性を確保する観点から，引張鉄筋比の上限を1.2％程度とすることが示されている．近年はセグメントの引張鉄筋比を0.4〜1.8％の範囲で製作した実績が多くなっている．この範囲を大きく超える鉄筋を配置

する場合には，充填性の高いコンクリートを用いるのが望ましい．

　(7) について　継手金物や注入孔等の周囲は，シールドジャッキの推進力や施工時のセグメントの取扱い等の影響によりひび割れを生じやすい．ひび割れは維持管理上問題になることがあるため，これらの周囲には応力集中その他によるひび割れを防止する目的で，用心鉄筋を適切に配置する必要がある．最近ではこれに加えてセグメントの内面にラス網や繊維シート等を配置し，想定外の荷重によるはく落等を防止する事例も見られる．

7.3 継手構造

　セグメントの継手構造は，施工時および完成後の作用に対し所要の強度と剛性を有するとともに，組立ての確実性，作業性および止水性を考慮して定めなければならない．

【解　説】　セグメントの継手には，セグメントを円周方向に結合するセグメント継手と，トンネル縦断方向に結合するリング継手とがある．一般にトンネル覆工の主構造となるセグメント本体および継手構造は，トンネルの完成後に必要となる機能はもちろんのこと，施工途中においても安全性が満足できるよう設計されなければならない．トンネルの用途，設計荷重のほか，セグメントの形状，継手の締結機構等によって異なるが，セグメントの継手が有すべき性能は以下に示すとおりである．

①　継手部に作用する施工時および完成後の作用に対し，安全性と耐久性を損なわないこと．
②　確実に組立てることができ，組立て後に形状を保持できること．
③　締結が容易で施工性に優れていること．
④　継手面に作用する水圧に対し，常時の荷重や地震時の影響による継手の目開き量，目違い量を考慮した上で確実な止水ができること．
⑤　施工途中に作用する泥水圧や裏込め注入圧等の一時的な作用に対して，確実な止水ができる構造とすること．

　おもな継手構造には，ボルト継手構造，ヒンジ継手構造，くさび継手構造，ピン挿入型継手構造等がある．これらの継手構造にはそれぞれ特徴があり，その選択を誤ると，セグメントリングの組立て精度や作業効率が低下し施工上の不具合を誘発する可能性があり，ひいては継手の性能を損ない覆工の弱点となる場合がある．したがって，継手構造の選定にあたっては，所用の耐力や剛性を考慮するのはもちろんのこと，組立ての確実性や作業性，施工時の荷重に対する安全性についても十分な検討が必要になる．なお，剛性一様なリングとして計算する場合は，継手によるセグメントリングの剛性低下を防止するために千鳥組による添接効果を期待していることから，セグメント継手だけでなくリング継手も相応の剛性が必要となる．

　1) ボルト継手構造について　ボルト継手構造は，**解説 図 2.7.2**(a)に示すように「シールド工事用標準セグメント」（2001）に代表される鋼製の継手板を短いボルトで締め付けてセグメントリングを組立てる引張接合構造であり，セグメント継手およびリング継手に一般的に使用されている構造である．鉄筋コンクリート製セグメントでは，片側の継手板およびナットのかわりに袋ナットやインサートをコンクリート本体に埋め込んだものも使用されている．また，長いボルトを使用して継手部のコンクリートを締め付ける構造もある．

　ボルト継手を有するセグメントリングを剛性一様なリングとして取り扱う場合は，セグメントの千鳥組を考慮して，リング継手はセグメント継手に準ずる構造とするのが一般的である．

　ボルト径に比べてボルト孔径が大きすぎると，セグメントに大きな目違いが発生し，施工時荷重の影響が大きくなるので注意しなければならない．ボルト孔径の標準は，鋼製および鉄筋コンクリート製セグメントのように，セグメント相互の継手構造を短いボルトを用いて接合する場合は，**解説 表 2.7.1**，鉄筋コンクリート製セグメントで長いボルトを用い結合する場合は，**解説 表 2.7.2**に示すとおりである．なお，長いボルトを用いる場合でも，さや管をボルト孔として埋め込む場合は，**解説 表**

2.7.1に準じている.

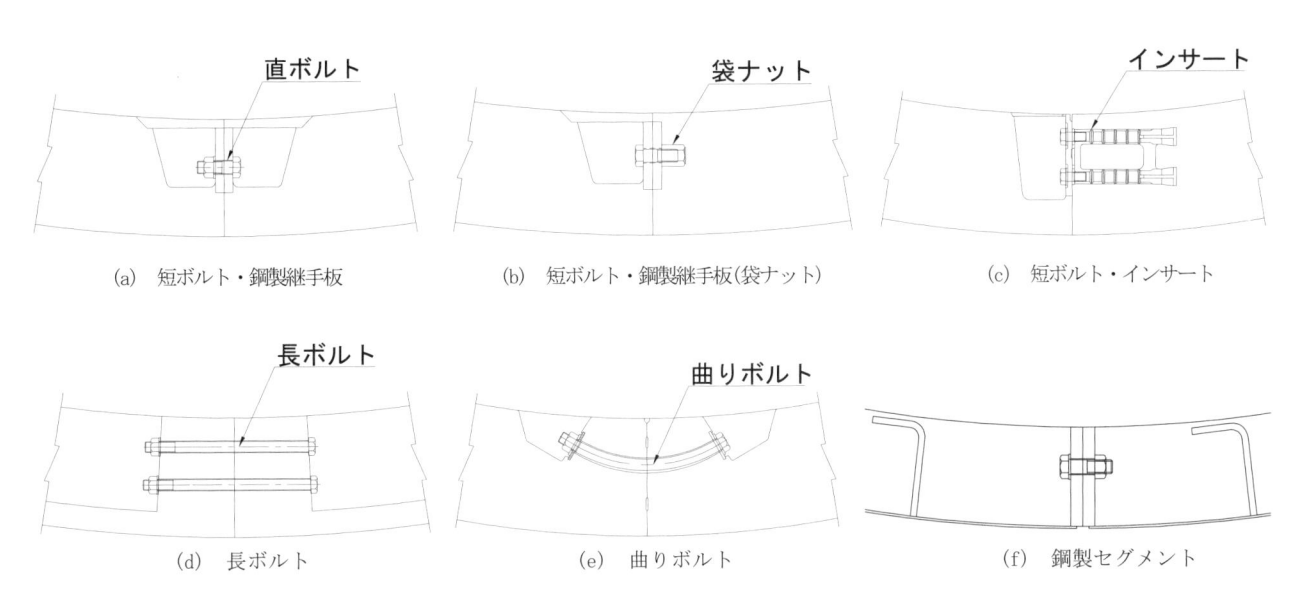

解説 図 2.7.2 ボルト継手構造の例

(a) 短ボルト・鋼製継手板
(b) 短ボルト・鋼製継手板(袋ナット)
(c) 短ボルト・インサート
(d) 長ボルト
(e) 曲りボルト
(f) 鋼製セグメント

<u>2) ヒンジ継手構造について</u>　鉄筋コンクリート製セグメントにおいて多ヒンジ系リングのセグメント継手として用いられ，ナックルジョイント構造が代表的であり，地盤の良いイギリスやロシアでは多く用いられる構造である．セグメント継手部には曲げモーメントがほとんど発生せず軸圧縮力が支配的となるため地盤の良い場合は合理的である一方で，力学的に静的な高い3ヒンジ構造の小断面トンネルの継手構造として普及しつつある（**解説 図 2.7.3参照**）．なお，このタイプの継手には一般に締結力が期待できないことから，セグメント組立てから裏込め注入材が硬化するまでの変形を防止する対策が必要になるとともに，耐震性や止水性に関しても十分な検討が必要となる．

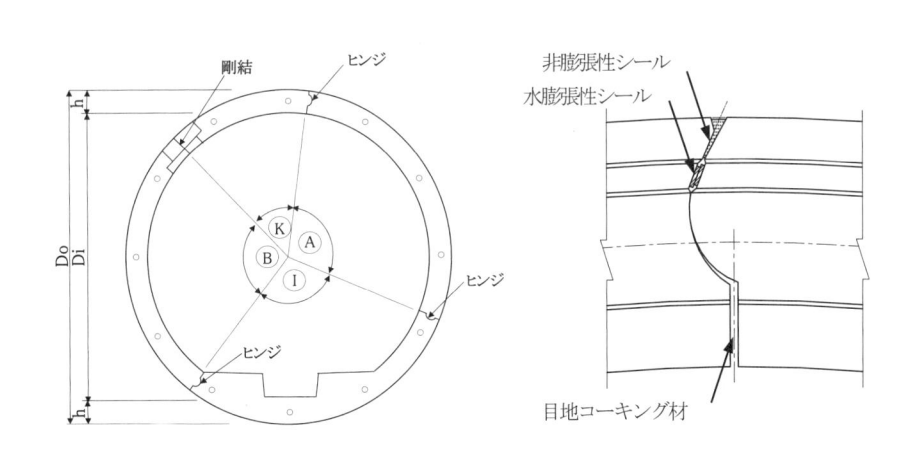

解説 図 2.7.3 ヒンジ継手構造の例

<u>3) くさび継手構造について</u>　主にセグメント継手に用いられる継手構造であり，代表的な例を**解説 図 2.7.4**に示す．くさび作用を用いてセグメントを引き寄せて締結する継手であり，継手の回転剛性が比較的大きいことからセグメントリングの変形を生じにくい特徴がある．当初は，トンネル内側から半径方向にくさびを打ち込む形式やトンネル軸方向にくさびを打ち込む形式が多かったが，最近では組立て時間を短縮するためにくさびを先付けする形式のものが主流となりつつある．トンネル軸方向にくさびを設ける構造ではトンネル内面に継手鋼材が露出しない特長を有する．この継手構造

は，鉄筋コンクリート製セグメントを対象として開発されたが，最近ではコンクリート中詰め鋼製セグメントや合成セグメントに用いられる事例もある．

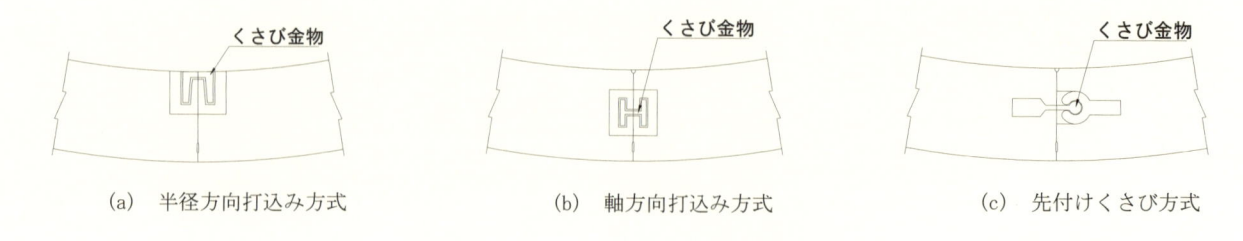

(a) 半径方向打込み方式　　(b) 軸方向打込み方式　　(c) 先付けくさび方式

解説 図 2.7.4　くさび継手構造の例

4) ピン挿入型継手構造について　主に鉄筋コンクリート製セグメントのリング継手として用いられる継手構造であり，代表的な例を**解説 図 2.7.5**に示す．一般に，リング継手はセグメントリングを千鳥組する場合の添接効果の確保（隣接リングからのせん断力の伝達）が主な機能であるが，トンネル縦断方向の連続性，耐震性能の確保，防水上の観点から締結力が必要となることもある．

ピン挿入型継手は，エレクターもしくはシールドジャッキを用いて隣接するセグメントリングにセグメントを押し付けることで締結が完了することから一般に作業効率がよい継手構造である．ピンとピン孔径の余裕は，**解説 表 2.7.1**に準ずることが多いが，この余裕が大きいと締結力が弱くなりセグメントリングの変形が大きくなる傾向にある．一方，余裕が小さいと鉄筋コンクリート製セグメントでは施工時にひび割れが発生することもあり，この余裕を適切に設定する必要がある．また，ピン継手構造の場合は，セグメントの組み直しが困難であるため，慎重な組立て管理が要求される．

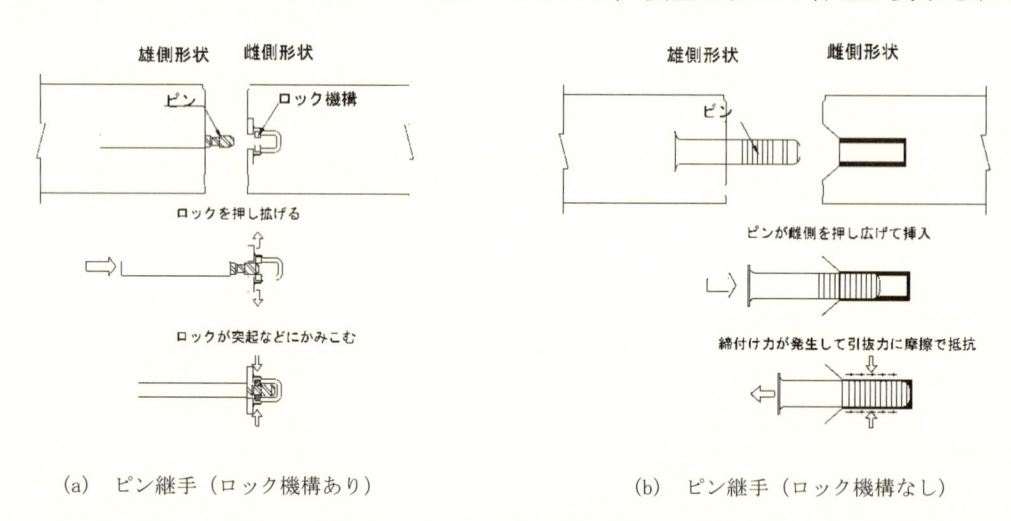

(a) ピン継手（ロック機構あり）　　(b) ピン継手（ロック機構なし）

解説 図 2.7.5　ピン挿入型継手構造の例

5) ほぞ継手構造について　主に鉄筋コンクリート製セグメントのリング継手に用いられる構造であり，継手面に凹凸をつけ，これをかみ合わせることで力を伝達する．代表的な例を**解説 図 2.7.6**に示す．リング継手として用いる場合は，セグメントリングの組立て精度が良い反面，その構造の特徴から十分な組立て管理が要求される．また，トンネル縦断方向の連続性，耐震性能の確保，防水上の観点から締結力を有する継手構造と併用するのが一般的である．

(a) 台形ほぞ　　　　　　　　　　(b) 円形ほぞ

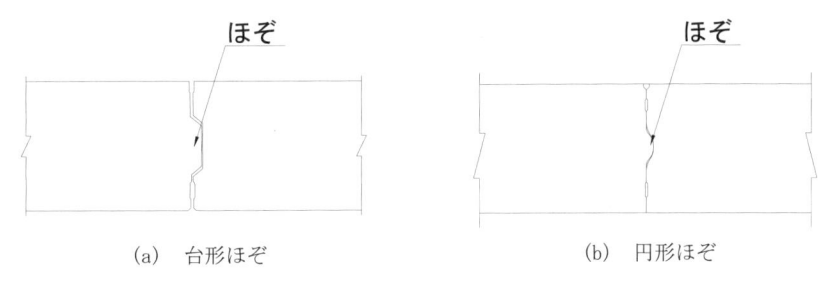

解説 図 2.7.6　ほぞ継手構造の例

解説 表 2.7.1　ボルト継手のボルト径とボルト孔径（短ボルトの場合）

ボルト径*1 (mm)	16	18	20	22	24	27	30	33	36
ボルト孔径*2 (mm)	19	21〜23	23〜25	25〜27	27〜29	30〜32	33〜35	36〜38	39〜41

ボルト径*1 (mm)	39	42	45	48	52	56	60	64
ボルト孔径*2 (mm)	42〜44	45〜47	48〜50	51〜53	55〜57	59〜61	63〜65	67〜70

*1　ねじの呼び径
*2　最も狭い部分の孔径

解説 表 2.7.2　ボルト継手のボルト径とボルト孔径（長ボルトの場合）
（さや管を用いない場合）

ボルト径*1 (mm)	27	30	33
ボルト孔径*2 (mm)	32〜33	35〜38	38〜41

*1　ねじの呼び径
*2　最も狭い部分の孔径

7.4　継手の配置

継手の配置は，覆工構造に要求される強度や剛性が確保されるように考慮するとともに，セグメントの製作性，組立て時の施工性および止水性に配慮して定めなければならない．

【解　説】　セグメント組立て用の継手には，セグメント継ぎボルトとリング継ぎボルトとがある．ボルトのかわりに，ピン挿入型継手，くさび継手等を用いる場合もあるが，基本的な考え方および継手の配置はボルト継手と同様である．

継手には通常，数個のボルトを1段あるいは2段に配置するが，組立て時にボルトの締付け作業が困難にならないよう注意するとともに，その配置がセグメントの製作性，完成時と施工時の強度と剛性および止水性を損なわないよう配慮する必要がある．また，構造計算によってボルト本数と継手配置を決定するほか，類似事例の実績等を参考にして慎重に検討することが重要である．

セグメント継ぎボルトは，セグメントの種類を問わず，セグメント高さが小さい場合には1段，大きい場合には強度や剛性の確保から2段に配置するのが一般的である．鋼製セグメントの場合，セグメント幅方向のボルトの配置の自由度は高いが，強度および剛性を確保しながら，セグメント継手面が均等に締付けられるように止水性にも配慮して，ボルトの配置を定める必要がある．「シールド工事用標準セグメント（2001）」では，これらの点を考慮したボルトの標準的な配置を定めている．鉄筋コンクリート製セグメントでは，とくに継手部の応力伝達や配筋上の制約，テーパーセグメントへの対応等の製作性および断面欠損部のバランス等を考慮して，セグメント幅方向のボルトの配置を定める必要がある．

リング継ぎボルトは，セグメントの千鳥組を考慮して等間隔とし，セグメントの種類やセグメント高さを問わず1段でセグメントの内側からセグメント高さの1/4〜1/2の位置に配置する例が多い．鋼製セグメントの場合，円

周方向には，リング継手面の防水上から各縦リブ間の中央に配置しているのが一般的である．鉄筋コンクリート製セグメントでは，剛性が大きいこと，断面欠損を少なくすることおよびリング継手とセグメント継手のアンカー筋の干渉を回避すること等を考慮しながら，経験的に円周方向の間隔を定めているのが実状である．

なお，急曲線部ではジャッキ推力等の施工時荷重により曲線内側のリング継ぎボルトに引張力が作用する．このため急曲線検討を行い必要なボルトを配置する必要がある．とくにコンクリート中詰め鋼製セグメントの場合，ボルトボックスを配置するスペースが必要なことから鋼製セグメントよりもボルト本数が少なくなる傾向があるので，ボルト径や強度区分のアップ等の検討をすることが望ましい．

7.5 縦リブ構造

鋼製セグメントでは，ジャッキ推力が適正に伝達でき，スキンプレートに作用する土水圧が主桁へ確実に伝達できるように，縦リブの配置を考慮しなければならない．

【解　説】　鋼製セグメントの縦リブは，等間隔になるように配置し，その数はジャッキ推力の適正な伝達を図るため，少なくとも2本の縦リブで1つのスプレッダーを支持するような構造としなければならない．縦リブの数が少ないとジャッキ推力が第2編 6.8に述べるように適正に伝達されず，主桁等に不測の応力が発生することや，縦リブの間隔が大きいと土水圧や裏込め注入圧によりスキンプレートに大きな変形が発生することがあるので注意が必要である．

また，ジャッキ推力による主桁の面外の曲げ応力の発生を防ぐために，縦リブは，トンネル軸方向に連続するように配置する必要がある．一般に，接合した2枚の継手板は1本の縦リブとみなしているが，軸方向挿入型Kセグメントの場合，解説 図 2.7.7に示すようにB－K間の継手板は軸方向に斜めとなりかつ連続しない構造となる．そのため，縦リブと同等の性能を保有していないことから，推力の大きさによっては継手板とは別に推力を受ける部材を設けることを検討する必要がある．

なお，縦リブの形状は断面性能のほか，セグメントの製作時における精度の確保や変形の防止，組立ておよび二次覆工の施工性も考慮して定める必要がある．鋼製セグメントの縦リブの形状はL形，平鋼形およびT形があるが，「シールド工事用標準セグメント」（2001）ではL形を採用している．

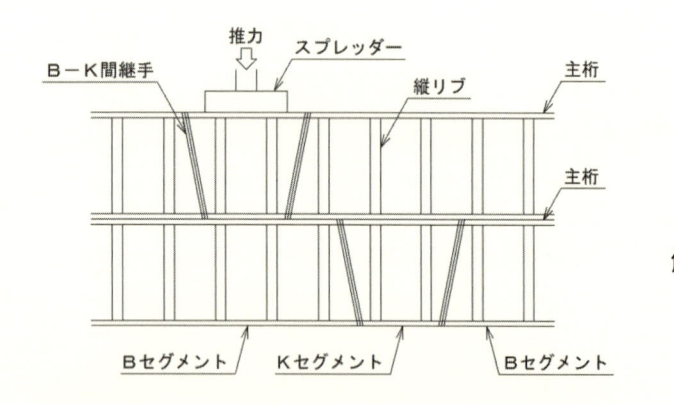

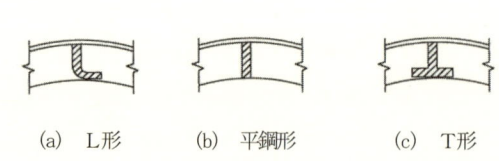

解説 図 2.7.8　鋼製セグメントの縦リブの形状

解説 図 2.7.7　軸方向挿入型鋼製セグメントの縦リブ

7.6 注 入 孔

セグメントには，裏込め注入が均等にできるように必要に応じて注入孔を設けるものとする．

【解　説】　裏込め注入を均等に行うため，注入孔の配置について検討する必要がある．各セグメントに注入孔を設ける場合もあるが，注入孔は漏水が発生する原因となることがあり，リングを構成する一部のセグメントのみ注入孔を設ける場合もみられる．最近の中断面以上のシールドトンネルでは，シールドテール部に設置した同

時裏込め注入装置からの注入により注入孔の数を少なくするか設けない場合も増えている．注入孔には逆止弁を設置するのが一般的である．

注入孔の径は，使用する注入材を考慮して定めなければならないが，一般には内径50mm程度を用いている．注入孔栓は，締付け力や止水性を考慮してその材質，形式，形状および寸法を決めなければならない．注入孔や注入孔栓は腐食により漏水を引き起こすこともあり耐久性を考慮した材質とする必要がある．二次覆工を施さない場合の鉄筋コンクリート製セグメントでは，セグメント内面と平滑となるような注入孔栓が用いられる場合がある．

7.7 吊　手
セグメントには移動，運搬，組立て等の目的で吊手を設けなければならない．

【解　説】　鉄筋コンクリート製セグメントや合成セグメントでは，裏込め注入孔を吊手として兼用することが多いが，大断面のセグメントでは裏込め注入孔と吊手を別に設ける場合もある．鋼製セグメントでは，吊手用の金具を裏込め注入孔とは別に設けている．吊手は，セグメントを吊り上げたときのバランスを考慮し，なるべくセグメントの重心位置の近くへ取付けなければならない．

いずれのセグメントにおいても，吊手は運搬や組立て時の作用に対して，安全であるように設計しなければならない．なお，「シールド工事用標準セグメント」(2001)では，鉄筋コンクリート製セグメントに対してはセグメント1リング分の重量を完全に支持できる構造，鋼製セグメントに対してはセグメントの自重および衝撃に耐える構造とするように定めている．一方で，近年の大断面の鉄筋コンクリート製セグメントや合成セグメントでは，セグメント1リング分の重量が非常に大きくなり，吊手が極端に大きくなる場合があるため，トンネルを構成する最大セグメント重量に適切な安全率を設定して設計することもある．

また，セグメントの自動組立てを行う場合には，セグメントをエレクターへ確実に固定することが要求される．このため，セグメントに特殊な把持具を設ける場合がある．

7.8　その他の設計細目
（1）　溶　接
溶接は所要の品質が確保できる作業方法や手順によって正確かつていねいに行わなければならない．
（2）　空気抜き
鋼製セグメントに二次覆工コンクリートを打設する場合，縦リブにはあらかじめ空気抜きを設けなければならない．
（3）　補強板
鋼製セグメントではセグメント継手の継手板を補強し，継手剛性を高めることを目的とした補強板を必要に応じて設けなければならない．
（4）　欠け防止
鉄筋コンクリート製セグメントでは，原則として面取り等の欠け防止策を施さなければならない．
（5）　シール溝
セグメントには，止水性の確保を目的として必要に応じてセグメントの継手面にシール溝を設け，これにシール材を貼付しなければならない．
（6）　コーキング溝
セグメントの内面には，止水性の確保，漏水の導水，端部の割れや欠けの防止等を目的に必要に応じてコーキング溝を設けるものとする．

【解　説】　(1)について　鋼構造物にとって溶接部の品質は構造物の信頼性を直接左右することから，溶接

は所要のビード形状および強度が確保できる作業方法や手順によって正確かつていねいに行い，所定のセグメントの形状寸法を確保しなければならない．

参考として「シールド工事用標準セグメント」（2001）で用いている鋼製セグメントの溶接サイズの例を**解説 表 2.7.3**に，また溶接の要領および寸法を**解説 図 2.7.9**に示す．また，鉄筋コンクリート製セグメントの継手金物等における溶接部の一般的サイズを**解説 表 2.7.4**に，継手金物等の溶接を**解説 図 2.7.10**に示す．

なお，**解説 表 2.7.3**に示す以上の板厚となる場合，引張りが作用しない継手部のすみ肉溶接は「道路橋示方書・同解説 II鋼橋編」（2012）にもとづき脚長＝$\sqrt{2 \times 厚い方の板厚}$以上，薄い方の板厚以下とする．引張が作用する継手に対しては十分な検討が必要となる．

また，板厚が大きくなる場合は所定の性能を確保するために，溶接部の溶込みを確実にしなければならない．この場合，状況によっては溶接部に開先を設ける等の処置が必要となる．

また，高水圧下や急曲線部において，二次覆工を施さず重防食塗装を実施する鋼製セグメントでは，スキンプレート等の止水に関する溶接を内外両面から行った方が良い場合もある．

解説 表 2.7.3　鋼製セグメントにおけるすみ肉溶接部の脚長

溶接箇所	対象とする部材と板厚 (mm)		脚長 (mm)	寸法の許容差 (mm)
主桁・補強版 とスキンプレート	継手板	8 9 10 12 14 16 19 22	6 6 6 6 7 8 8 8	+規定せず -1.0
主桁・吊手金具 と縦リブ	縦リブ	7 8 9 10 12	6 6 6 6 6	+規定せず -1.0
主桁，継手板，縦リブ，補強板，吊手金具 とスキンプレート	スキンプレート	3 3.5 4	3 3.5 4	+規定せず -0.5
スキンプレートと注入孔	注入孔	—	3	+規定せず -0.5

解説 表 2.7.4　鉄筋コンクリート製セグメントの継手金物における溶接部の脚長

溶接箇所	対象とする部材と板厚 (mm)		脚長 (mm)
継手板とブラケット	ブラケット	6 9 12 14 16 19	4 6 7 8 9 10
ブラケットとアンカー筋	アンカー筋	D13 D16 D19 D22	(のど厚) 5 6 7 8

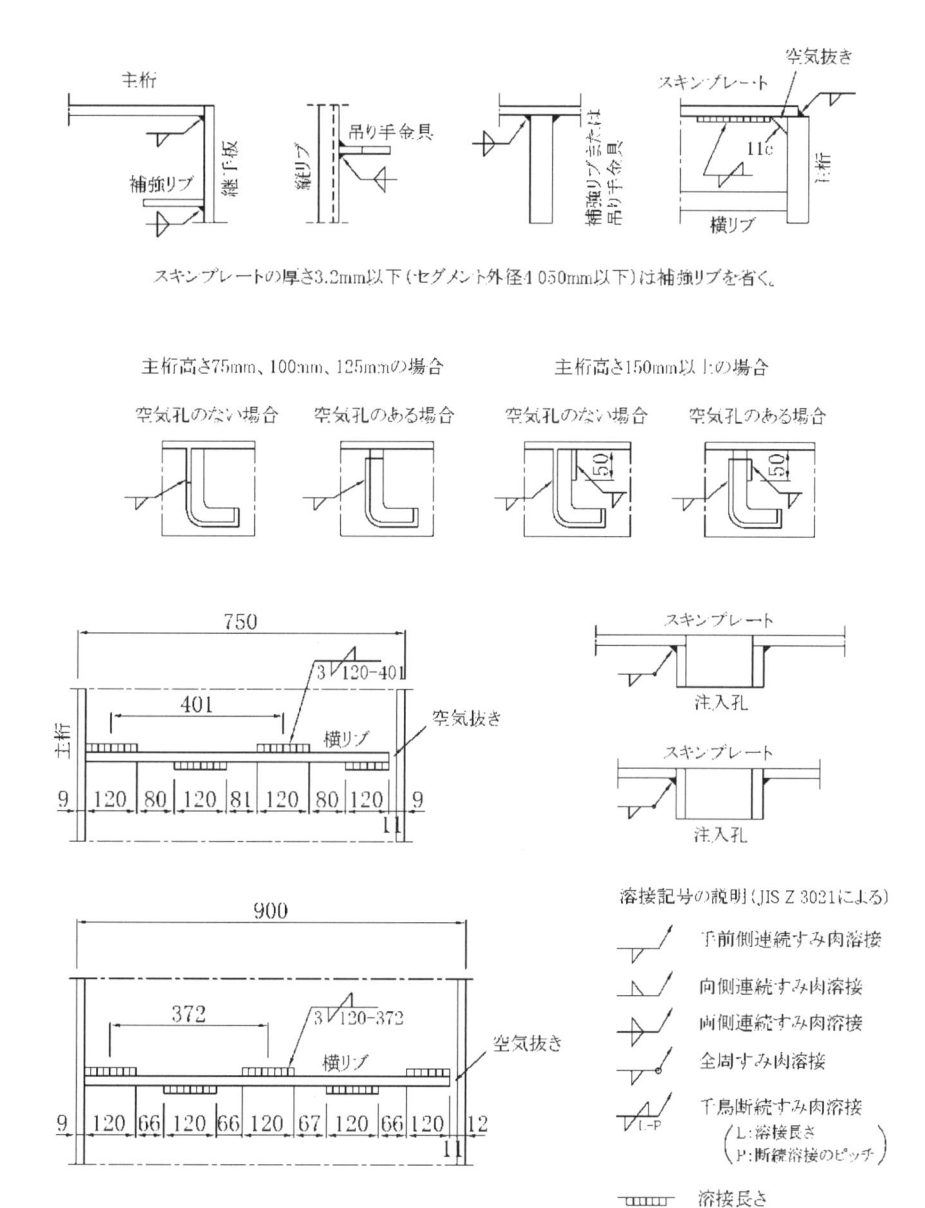

解説 図 2.7.9 鋼製セグメントの溶接

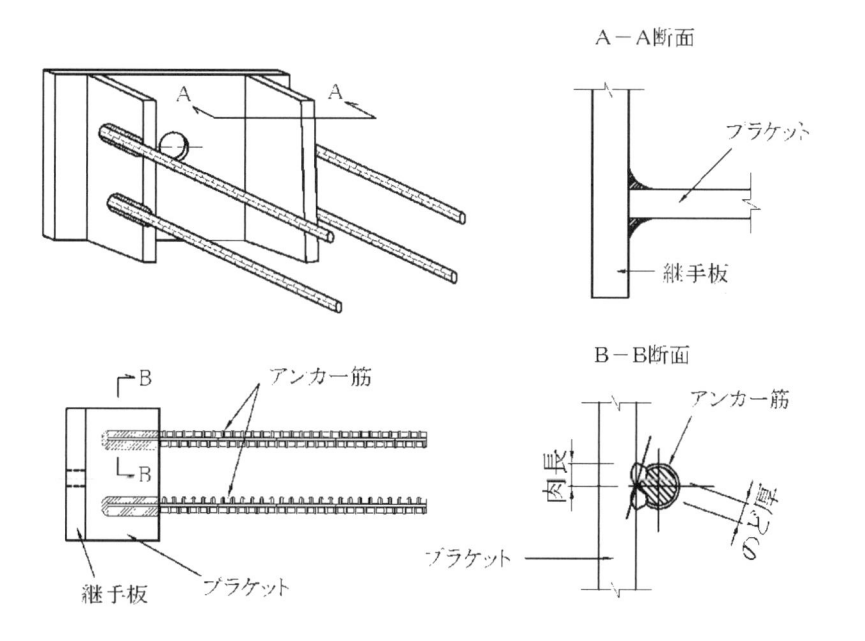

解説 図 2.7.10 鉄筋コンクリート製セグメントの継手金物等の溶接

（2）について　鋼製セグメントを一次覆工として用いるシールドトンネルでは原則として二次覆工を行う．二次覆工のコンクリートを打設する際に縦リブの下側部分には空気が残留して，コンクリートを完全に充填することが困難となる．この残留空気を抜くために**解説 図 2.7.11**に示すように鋼製セグメントでは縦リブの片側に切欠きを設けている．なお空気抜き用の切欠きを設けても，セグメントリング頂部では**解説 図 2.7.12**に示す滞留線より上の空気は除去できない．そこでこの滞留空気を除去する方法として**解説 図 2.7.13**に示すようなセグメントやリング間にUパイプおよび型枠外に排出するUパイプを使用することが望ましい．

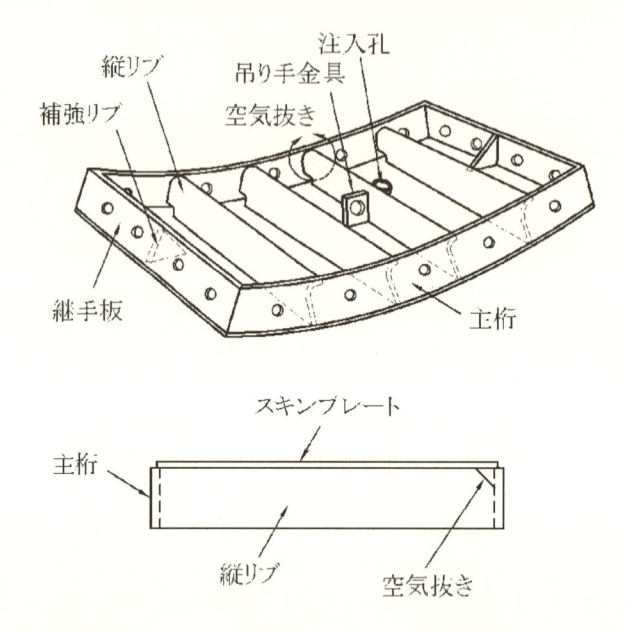

解説 図 2.7.11　鋼製セグメントの空気抜き

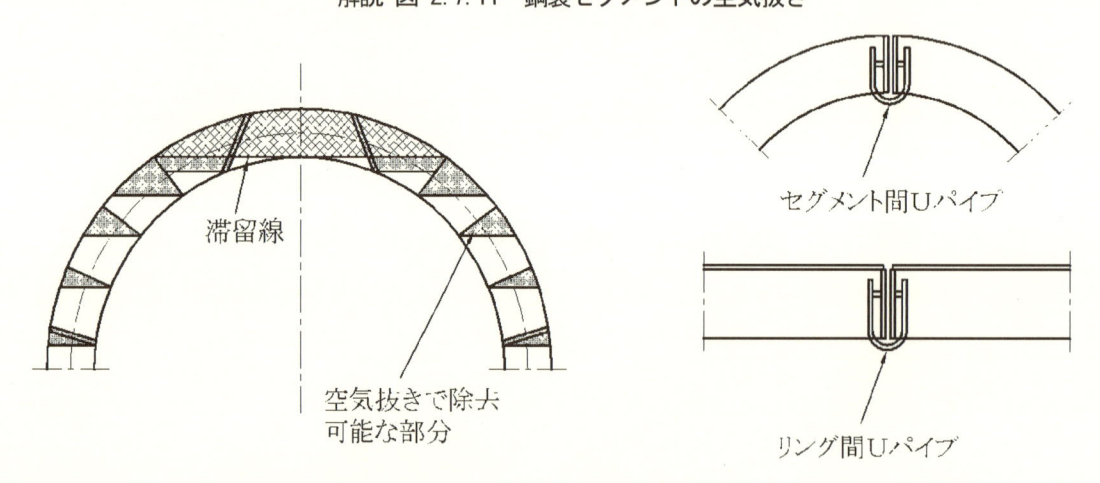

解説 図 2.7.12　二次覆工施工時の空気の滞留　　**解説 図 2.7.13　セグメント間およびリング間Uパイプ**

　（3）について　鋼製セグメントではセグメント継手の継手板を補強し，継手の剛性を高める目的で**解説 図 2.7.14**に示すような補強板を設けることがある．ただし，スキンプレートが薄い鋼製セグメントの場合に補強板を設けると，補強板を支点としてスキンプレートが破損することがあるため，「シールド工事用標準セグメント」(2001) では，載荷試験の結果をもとにスキンプレート厚さ3.0mm以下では補強板を設けないこととしている．

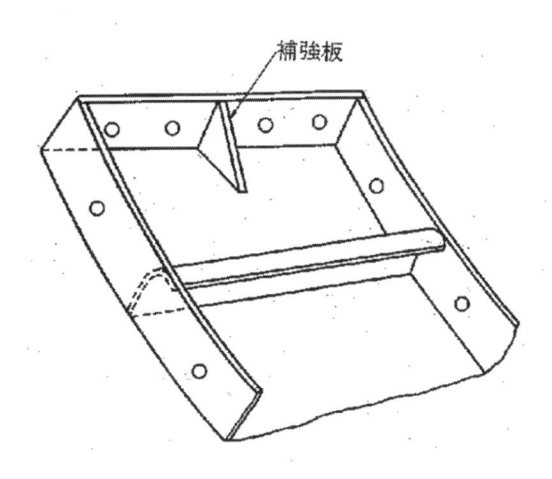

解説 図 2.7.14　補強板

　(4)について　鉄筋コンクリート製セグメントの稜線部は運搬時や組立時に欠けやすい．このため稜線部には原則として面取り等の欠け防止対策を施す必要がある．内面側の稜線部はコーキング溝を欠け防止対策と兼用していることも多く，また稜線部や隅角部にラス網を配して損傷を少なくする場合もある．また，耐久性の向上，ひび割れ，隅角部の欠けや割れを防止するため，鋼繊維や樹脂繊維を混入したコンクリートセグメントや，樹脂系材料で被覆を施したコンクリートセグメントの採用例もある．

　(5)について　シール溝はセグメントの組立精度や止水性の向上が求められる場合に設けなくてはならない．シール溝を設ける場合は、シール溝の位置，寸法や形状およびシール材の形状や種類は，セグメントが損傷しない，かつ，十分な止水効果が得られるように配慮する必要がある．

　シール溝を設けずにシール材を貼付した場合，セグメントの組立精度に影響することや，セグメント組立時にシール材がずれることが懸念されるため，鉄筋コンクリート製セグメントの場合，シール溝を設けるのが一般的である．シール溝には，シール材の接触によってセグメント端部に欠けやひび割れが生じる可能性があり，特に水膨張性シール材を採用する際は，セグメント組立後のシールの膨張圧によりセグメント端部が損傷する可能性がある．シール溝は可能な限りセグメント内外面からの距離をとり，必要であれば補強筋を配置する．あるいは，低膨張率のシール材を選定する等の配慮が必要である．また，高水圧下でのシールド工事ではシール材により高い止水性能が要求されるため，シール材が十分に止水性能を発揮できるように，シール溝の形状を決定する必要がある．

　鋼製セグメントについても，高水圧下や高い止水性が要求される場合には，主桁厚さを考慮したうえで，シール溝を設ける必要がある．

　(6)について　コーキング溝は，一般にはシール材により完全に止水ができない時にコーキング工を行う場合や，漏水をインバート部に導水する場合に使用される．鉄筋コンクリート製セグメントの場合には，コーキング溝がセグメント端部の割れや欠けの防止にも寄与している．また，下水道や地下河川における二次覆工を施さないトンネルでは，トンネル内面からのコーキングにより、継手の防食に用いられることもある．

第8章　セグメントの製作

8.1　一般事項

(1)　セグメントの製作にあたって必要となる図書は以下のとおりである．
  1) 製作要領書
  2) 製作図
  3) 製作工程表
  4) その他

(2)　セグメントの製作にあたっては，所要の性能を確保することはもちろん，とくに寸法精度に留意しなければならない．

【解　説】　(1)について　製作要領書には，本示方書はもちろんのこと，セグメントの製作に係わる特記仕様書，および第2編 1.1 **適用の範囲**に示される示方書類等に準拠してセグメントの材料，製作，検査等に関する必要事項をもれなく記載するものとする．また，製作工程表は，製作工程の全容が容易に把握できるようにまとめる必要がある．

セグメントの発注者と製作者は，あらかじめこれらの図書について十分な協議を行い，互いに疑義がないようにしておく必要がある．また，これらの製作要領書，製作図，製作工程表に加えて，品質管理に関する計画書や検査に関する計画書などが必要となる場合もある．

(2)について　セグメントの寸法精度は，セグメントの組立精度や施工中および完成後のトンネルの力学的性能に大きな影響をあたえることから，慎重な検討が必要である．セグメントの寸法精度は鋼製セグメントおよび鋼殻を有する種類の合成セグメントにあたっては治具と溶接ひずみ，鉄筋コンクリート製セグメントおよび型枠を用いて製作するような外表面がコンクリートで被覆される種類の合成セグメントにあたっては型枠の精度に支配されることが多い（第2編 8.3参照）．

8.2　製作要領書

製作要領書には，セグメントの材料，製作方法，検査等の詳細を記載しなければならない．

【解　説】　セグメントの製作にあたってとくに注意すべき点および製作要領書に記載する事項の概要を示せば次のとおりである．

<u>1)　鋼製セグメントについて</u>　鋼製セグメントは，鋼製の部材を溶接によって接合し，セグメントを製作することから，その製作過程において溶接は重要であり，その管理にはとくに注意する必要がある．

製作要領書に記載する細目は，材料の明細，切断，加工，仮組立，溶接（溶接工の資格，溶接材料，溶接姿勢，溶接順序，溶接上の注意事項等），検査，塗装および記号等である．なお，コンクリート中詰め鋼製セグメントは合成セグメントの項を準用することが望ましい．

<u>2)　鉄筋コンクリート製セグメントについて</u>　鉄筋コンクリート製セグメントは，その製作過程においてコンクリートに関する変動要因が多いことから，品質管理にはとくに注意する必要がある．

製作要領書に記載する細目は，製作工場の概要，設備，材料の明細（水，セメント，混和材料，骨材，鉄筋または鉄骨，副材料等）と受入および保管方法，型枠，コンクリートの配合，製作方法（鉄筋等の加工組立，締固め方法，養生方法等），品質管理方法，検査，記号，貯蔵および運搬方法等である．

溶接を必要とする主要部材の製作にあたっては1) 鋼製セグメントの項，鋳造によって製作する継手等の主要部材の製作にあたっては参考資料のダクタイルセグメントの項による．

二次覆工を施工しない場合，繊維などをコンクリートに混入して耐火や剥落防止などの特殊な機能を有するセグメントがあるが，コンクリートの配合や品質管理についてはとくに注意が必要である．

3) 合成セグメントについて　合成セグメントは，それぞれに要求される力学的特性および材料特性に応じていろいろな種類がある．合成セグメントの種類については，第2編 7.1を参照されたい．

鋼殻を有する種類の合成セグメントで，鋼材の組立に溶接を必要とする場合は，1)鋼製セグメントの項，コンクリート，鉄骨，鉄筋等については2)鉄筋コンクリート製セグメントの項を準用することが望ましい．外表面がコンクリートで被覆される種類の場合，2)鉄筋コンクリート製セグメントの項を準用することが望ましい．

8.3 寸法精度

セグメントは所要の寸法精度を確保しなければならない．また，必要な寸法精度は，セグメントの製作に先立ち，事前に定めておかなければならない．

【解　説】　セグメントの寸法精度はセグメントの種類，使用材料，製作方法，使用目的により異なり，それぞれ特徴があるため統一的に定めにくいが，現行の寸法許容差の例を**解説 表 2.8.1**に，水平組立時の真円度の例を**解説 表 2.8.2**に，寸法の測定例を**解説 図 2.8.1**に示す．

寸法の計測には，ゲージ板，鋼尺および鋼巻尺等を用いる．なお，外径が12mを超える大断面のセグメントおよび特殊形状のセグメント，また，自動や半自動組立装置を採用するセグメントの場合等については，従来の実績との違いなどをあらかじめ十分に検討のうえ，寸法許容差や真円度を個別に定めることが望ましい．

解説 表 2.8.1　寸法許容差の例 (mm)

項目＼種類	鋼製セグメント[*1]	合成セグメント[*2]	鉄筋コンクリート製セグメント
セグメント高さ (h)	±1.5	+5.0 / −1.0 [*3]	+5.0 / −1.0 [*3]
セグメント幅 (b)	±1.5	±1.5	±1.0
弧長[*4] (c)	±1.5	±1.5	±1.0
ボルト孔ピッチ (d, d')	±1.0	±1.0	±1.0

[*1] 鋼材の各部肉厚は，JIS G 3192, 3193, 3194に規定された鋼材の公差による．
[*2] 5面鋼殻の内面側にコンクリートを打設して構成される合成セグメントの寸法許容差の例を示すものである．
　　6面鋼殻の合成セグメントの寸法許容差は鋼製セグメントの寸法許容差に準じている例が多い．
[*3] 合成セグメントおよび鉄筋コンクリートセグメントで−1mmは局部的な肉厚の減少の限界を示したものである．
[*4] 鉄道事業者においては，弦長の許容差として+3，−2とした例もある．
※　各記号は**解説 図 2.8.1**を参照．

解説 表 2.8.2　水平組立時の真円度の例 (mm)

セグメントリング外径 D_0 (m)	$D_0<4$	$4≦D_0<6$	$6≦D_0<8$	$8≦D_0<12$
ボルトピッチサークル径	±7	±10	±10	±15
セグメントリング外径	±7	±10	±15	±20

※　水平組立時の真円度はセグメントを1段または2段積みして測定する．

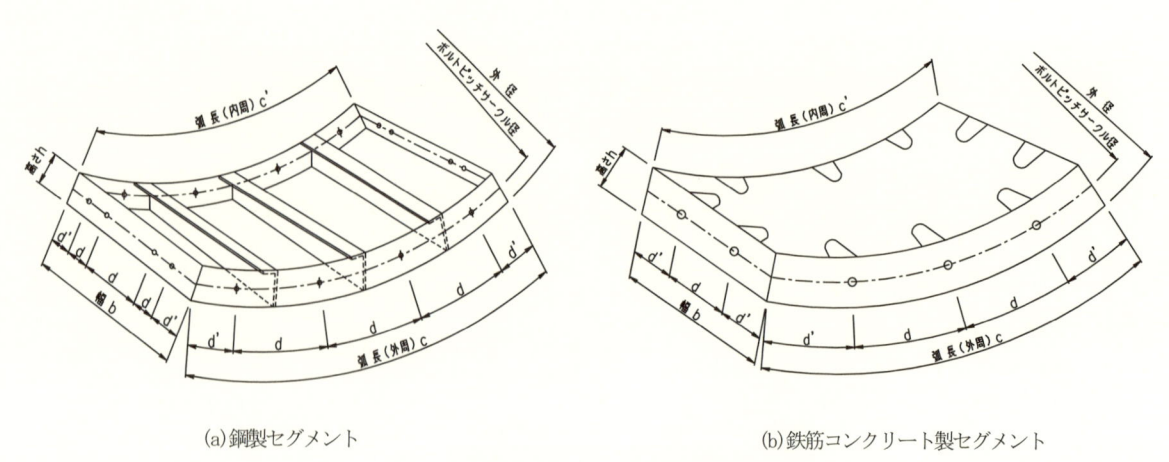

(a)鋼製セグメント　　　　　　　　　　　(b)鉄筋コンクリート製セグメント

解説 図 2.8.1　寸法の測定の例

8.4　検　　査

セグメント製作者が品質管理のため行う検査は，次のとおりとする．
1) 材料検査
2) 外観検査
3) 形状寸法検査
4) 仮組検査
5) 性能検査
6) その他の検査

【解　説】　セグメントの製作過程における鋼製セグメント，鉄筋コンクリート製セグメント，合成セグメントの検査の例を**解説 図 2.8.2～2.8.4**に示す．

　合成セグメントの場合には，その構造によって検査方法が異なり，これらをすべて例示するのは困難であるが，材料の入荷からセグメントの出荷までの製作過程に応じて，**解説 図 2.8.4**を参考にその検査項目を定めることが望ましい．

　検査はセグメント製作者の自主検査を基本とする．また，品質が確実に確保できるもの，または品質確認としてほかに代用できるものがあれば，検査を省く場合もある．なお，発注者の特記仕様書で定められた検査は必要に応じて立会い検査を行うものとする．

　検査結果は記録として保管するものとする．

　各検査の概要は以下のとおりである．

　1)　について　セグメントの製作に使用する主な材料についてJISおよびその他の規定により行う検査である．

　2)　について　製作されたセグメントについて，鋼製セグメントの場合は溶接検査や塗装の膜厚検査とし，鉄筋コンクリート製セグメントの場合は目視によるひびわれや表面の滑らかさ等の検査である．合成セグメントの場合はこれらから必要な検査を選定するものとする．

　3)　について　製作されたセグメントについて適切な検査器具を用いて形状および寸法の測定を行う検査である．

　4)　について　水平な定盤上にセグメントリングを水平に1段または2段に仮組みして，真円度などの測定を行う検査である．

　5)　について　単体曲げ試験，継手曲げ試験，推力試験および吊手金具の引抜き試験等により，各種の性能を確認する検査である．これらの試験は，主に鉄筋コンクリート製セグメントや合成セグメントのように外観や形状寸法からだけではその性能が明確にならないセグメントの場合や特殊な形状のセグメントの場合などに行われる．

6) について　1)〜5)項の検査以外にセグメントの使用条件を考慮して，必要により行う検査である．道路トンネルなどのセグメントは耐火性能を確認する検査が必要となる場合がある．

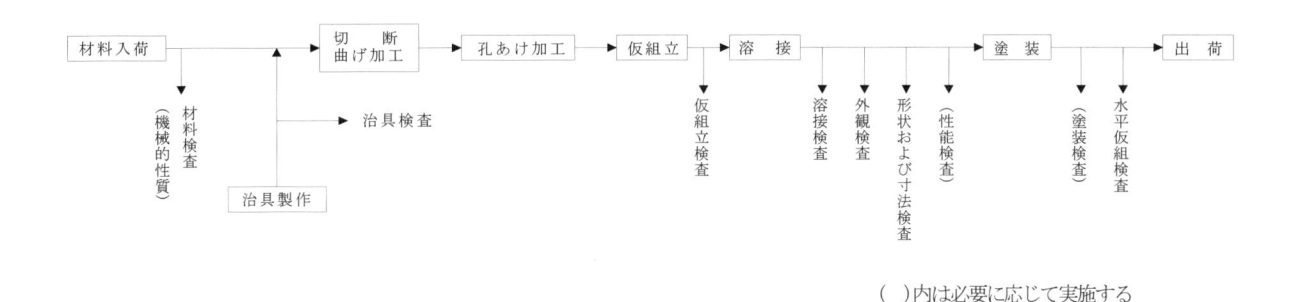

（　）内は必要に応じて実施する

解説 図 2.8.2　鋼製セグメントの場合

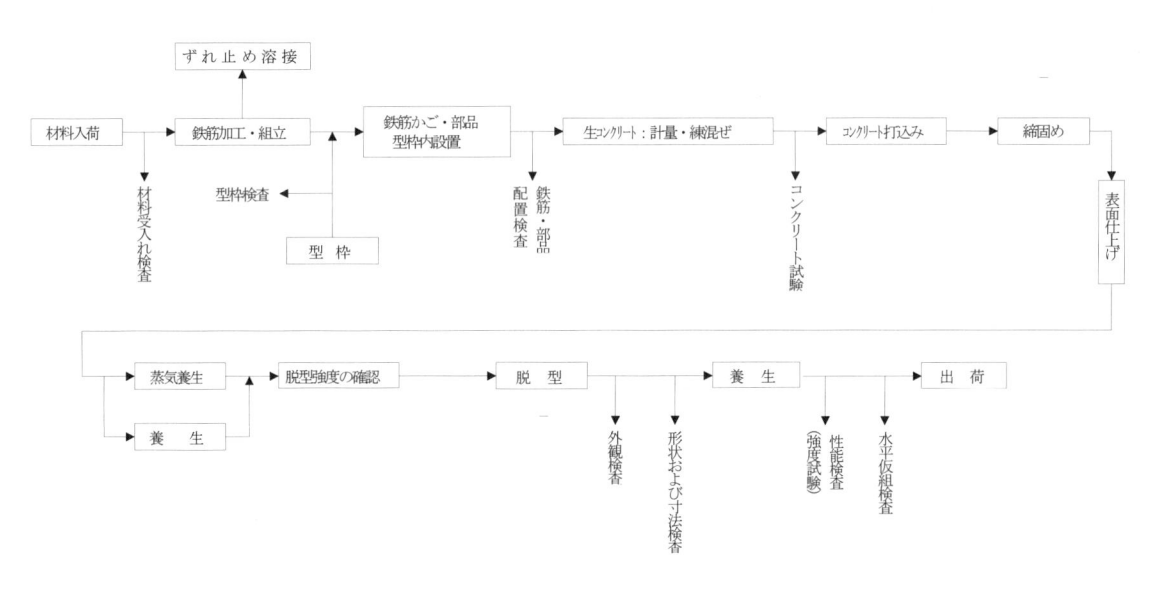

（　）内は必要に応じて実施する

解説 図 2.8.3　鉄筋コンクリート製セグメントの場合

【鋼殻部の製作】

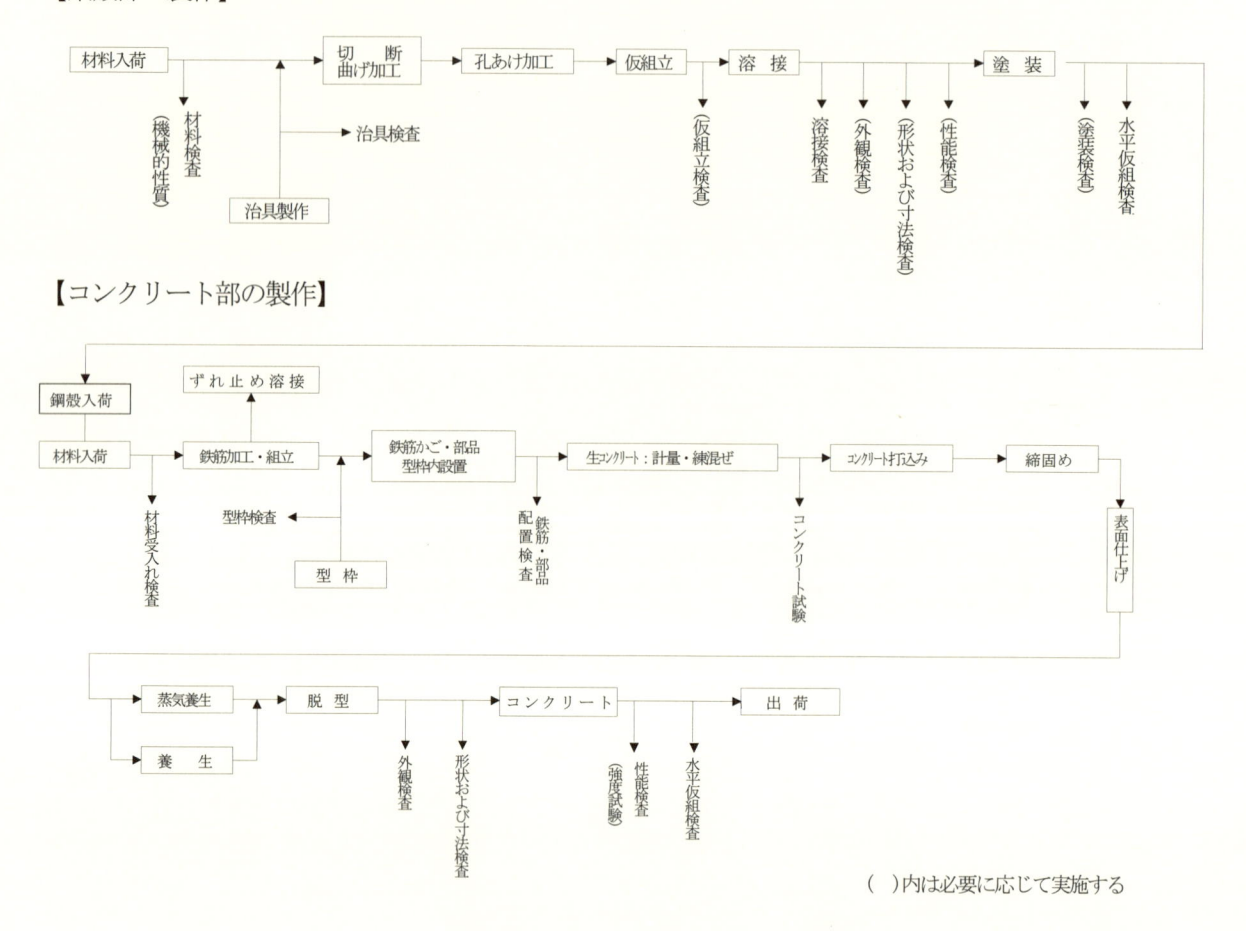

材料入荷 → (機械的性質) 材料検査 → 切断曲げ加工 → 孔あけ加工 → 仮組立 →(仮組立検査) 溶接 →(溶接検査)(外観検査)(形状および寸法検査)(性能検査) 塗装 →(塗装検査) 水平仮組検査

治具製作 → 治具検査

【コンクリート部の製作】

鋼殻入荷 → ずれ止め溶接
材料入荷 →(材料受入れ検査) 鉄筋加工・組立 → 鉄筋かご・部品型枠内設置 → 生コンクリート：計量・練混ぜ → コンクリート打込み → 締固め → 表面仕上げ
型枠検査 ← 型枠
配置検査 ← 鉄筋・部品
コンクリート試験

蒸気養生／養生 → 脱型 →(外観検査)(形状および寸法検査) コンクリート →(性能検査)(強度試験) → 水平仮組検査 → 出荷

（　）内は必要に応じて実施する

解説 図 2.8.4　合成セグメントの場合

8.5　マーキング

すべてのセグメントには，必要なマーキングを行うこととし，これらは，容易に消失するものであってはならない．

【解　説】　セグメントには，必要なマーキングを内面または側面の見やすい場所に，現場組立が終わるまで，消滅したり，識別しにくくならないように適切な方法で明記しなければならない．

とくに，貯蔵期間が長くなる場合には，マーキングの消失に十分注意する必要がある．

マーキングの内容は，製作番号，製作者名(略号)，普通またはテーパーセグメントの別，A，B，Kセグメントの別およびテーパーリングの合わせ方の表示等である．また，鉄筋コンクリート製セグメントでは製作日を表示することが多い．なお，鉄筋コンクリート製セグメントにおいて表面にくぼみを設けてマーキングする場合は，鉄筋のかぶりを確保する観点から，その深さが深くなり過ぎないようにすることや主鉄筋の直下を避けるなど，その位置と深さに十分注意する必要がある．

第9章　セグメントの貯蔵，運搬および取扱い

9.1　一般事項

セグメントおよび付属品の貯蔵，運搬および取扱いにあたっては，適切な計画書を作成し，セグメントの損傷や汚損等の防護に努めなければならない．

【解　説】　計画書に記載する事項は，貯蔵場所，貯蔵方法，製品の受渡しおよび運搬方法等である．セグメントの発注者と製作者は，あらかじめ計画書を作成し，これについての十分な協議を行い，相互に疑義のないようにしておく必要がある．

9.2　貯　　蔵

セグメントおよび付属品の貯蔵にあたっては，その耐久性の確保はもちろんのこと，損傷，腐食および汚損等のないよう適切な防護対策を講じなければならない．

【解　説】　セグメントおよび付属品の貯蔵は，セグメント等に有害なひびわれ，腐食，永久変形等を生じないように十分注意しなければならない．

1)　セグメントについて　鉄筋コンクリート製セグメントや合成セグメントは重量が大きく，かつ損傷しやすいので，自重による置場の不同沈下や台木の変形等によって，不測の応力や変形が生じないように貯蔵する場所や方法を定める必要がある．なお，使用するセメント，骨材，貯蔵時の直射日光，風雨等によって表面に変色が発生することがある．これらによる変色はセグメントの継手等の力学的な性能を阻害するものとは考えられないのでそのまま使用することが多い．

貯蔵時には，地震，台風などの自然災害やセグメント形状が原因で転倒して損傷が生じることがある．とくに，Kセグメントは転倒しやすいので，セグメントの貯蔵方法と取り扱いに十分注意する．

鋼製セグメント，鉄筋コンクリート製セグメントの継手金具等や合成セグメントの鋼材については機能を阻害するような腐食を生じることのないよう注意して貯蔵しなければならない．

2)　継手，シール材等の付属品について　セグメント継手やリング継手に用いるボルト，ナット，座金ならびにボルト用防水パッキンおよびシール材等の付属品は，それぞれ梱包し，紛失しないように一定の場所に保管しなければならない．また，付属品は雨水や夜露などの湿気があたらないよう注意し，さびの発生，ほこり，砂等の付着によって品質の低下が生じないようとくに注意して保管することが必要である．

とくに，セグメントにシール材が貼付されている場合には，シール材を損傷しないように十分に注意する必要がある．水膨張性のシール材を用いる場合には，セグメントに貼付する前はもちろん貼付後においても，雨水等によってシール材が膨張しないように注意し，防水シートで覆うなど，適切な対策を講じておかなければならない．

また，貯蔵に関する注意は製作工場，施工現場を問わず適用されるものである．

9.3　運搬および取扱い

セグメントは，損傷しないように注意して運搬および取扱いをしなければならない．運搬および取扱い中に損傷を受けたものについては，その損傷の程度に応じて適切な処置を講じなければならない．

【解　説】　鉄筋コンクリート製セグメント等の陵線部および隅角部やセグメントに貼付したシール材は，損傷を受けることのないように運搬に際し適切な防護措置を講じるとともに，積込み，荷降し等の取扱いには，十分に注意しなければならない．セグメント継手やリング継手に用いるボルト，ナット，座金，ボルト用防水パッキ

ンおよびシール材等の付属品は，それぞれ梱包して内容物の種別，数量を明記して運搬しなければならない．また，梱包1個の重量は取扱い方法に応じて定める必要がある．

　運搬の計画書には輸送経路，荷姿，緊急時連絡先等を明記しなければならない．なお，運搬および取扱いに関する注意事項は製作工場内，製作工場から施工現場および施工現場内においても同様とする．運搬および取扱い中に損傷したセグメントはその損傷の程度に応じて，廃棄，補修等の処置を講じなければならない．

第10章　二次覆工

10.1　一般事項

二次覆工は，以下に示す項目について検討を行い，対象となるトンネルの用途や施工箇所等に応じた機能等を満足しなければならない．
1) 二次覆工の機能
2) 二次覆工の形式
3) 二次覆工が必要となる箇所

【解　説】　本項ではトンネルの用途や施工箇所等に応じた二次覆工の設計の考え方を述べる．ただし，二次覆工を施工しないトンネルの場合は，一次覆工に二次覆工が担うべき機能を持たせなければならないため，一次覆工の設計では本項を参考にして検討を行うことが望ましい．

二次覆工は，一般的に現場打ちコンクリート等を巻き立てる場合が多い．この場合，一次覆工は土圧や水圧等の外荷重を受けもつトンネルの主体構造として設計する一方，二次覆工は防食，内面平滑性の確保等，一次覆工とは異なる役割をもたせて設計し，構造部材としては評価しないのが一般的である．

1)　二次覆工の機能について　二次覆工の設計にあたっては，対象となるトンネルの用途や使用環境に応じ，二次覆工にもたせる機能を明確にしなければならない．

①　セグメントの防食　鉄筋コンクリートには，塩害，中性化，化学的なコンクリート侵食等，様々な劣化が生じる．また，セグメント継手等の金属部分や鋼製セグメントにはさびが発生する．二次覆工はこれらの劣化因子に対する保護層となり，劣化がセグメントに及ぶことを防止または遅延させる．

②　トンネルの防水　トンネル内への漏水防止は，裏込め注入層，一次覆工および二次覆工の三段階に大別できる．一般に一次覆工で止水することが基本であり，二次覆工による止水は漏水の遅延や漏水量の減少等の二次的な効果が期待できる．

③　線形の確保　二次覆工により，一次覆工の施工時に生じたトンネルの計画線形，計画勾配からの蛇行を修正する．

④　平滑性の確保　下水道や地下河川のトンネルでは，流下能力の確保のために，トンネル内面を平滑にする必要がある．トンネルでは，セグメント内面のボルトボックスや継手目地，注入孔等により内面の平滑性が損なわれるため，二次覆工によりこれらの不陸等を解消する．

⑤　セグメントの補強　前述のように，一次覆工であるセグメントをトンネルの主体構造と考えて設計し，二次覆工は構造部材としては評価しないのが一般的であるが，結果として一次覆工であるセグメントを補強する効果が期待できる．また，将来予期せぬ荷重の変動，周辺地盤の圧密沈下，液状化等によるトンネルの変形防止対策として二次覆工が施されることもある．

⑥　浮上がりの防止　地下水位が高く，土被りが少ない場合，トンネルの浮上防止の目的で，二次覆工を施し，トンネルの重量を増加させる場合がある．

⑦　内部施設の設置　電力，ガス，通信および共同溝等で，ケーブルやガス導管等の設置のための架台として，あるいは照明設備，安全設備等を固定する目的で，二次覆工を施す場合がある．

⑧　仕切り壁　トンネルの内空断面を分割し，複断面にする必要がある場合，二次覆工を利用して，仕切り壁を設ける場合がある．

⑨　摩耗対策　下水道や地下河川のトンネルにおいて，流水中の流砂やキャビテーションによりトンネルの表面が摩耗等を受ける場合，一次覆工を保護する．

⑩　防振，防音　鉄道トンネルで振動や騒音が問題となる場合，軌道に対策を行うほか，二次覆工を施工しトンネルの重量を増加させて振動や騒音の低減を図ることもある．

⑪ 耐火　道路トンネル内で火災が生じた場合，二次覆工が耐火材の役割を担い，火災によるセグメントの損傷や劣化を防ぐ．

⑫ その他　上記以外に，一次覆工と二次覆工との間に設置する防水シートを抑える機能等がある．

なお，「シールド工事用標準セグメント」（2001）では，各事業者へのアンケートをもとにトンネルの用途別の機能を整理したものが示されている．

これを**解説 表 2.10.1**に示す．詳細は同書を参照されたい．

解説 表 2.10.1　トンネルの用途別二次覆工の機能（参考）

	下水道（汚水）	下水道（雨水）	下水道（合流）	電力	通信	ガス	共同溝	地下河川	鉄道	道路
① セグメントの防食	◎	○	◎	◎	◎	◎	◎	◎	◎	◎
② トンネルの防水	○	○	○	◎	◎	◎	◎	◎	◎	◎
③ 線形の確保	◎	◎	◎	—	—	—	—	◎	—	—
④ 平滑性の確保	◎	◎	◎	—	—	—	—	◎	—	—
⑤ セグメントの補強	○	○	○	○	○	○	○	○	○	○
⑥ 浮上防止	○	○	○	○	○	○	○	○	○	○
⑦ 内部施設の設置	—	—	—	◎	◎	◎	◎	—	◎	◎
⑧ 隔壁 *1	○	○	○	○	○	○	○	—	○	○
⑨ 摩耗対策	○	◎	◎	—	—	—	—	◎	—	—
⑩ 防振・防音（参考）	—	—	—	—	—	—	—	—	◎	—
⑪ 耐火（参考）	—	—	—	—	—	—	—	—	—	◎

※　◎は主目的である機能．○は付加的あるいは特殊な場合の機能．
*1　上表の隔壁は，本示方書の仕切り壁と同一の機能を示す．

2) **二次覆工の形式について**　二次覆工は現場打ちコンクリートにより構築することが一般的であるが，工事費の縮減や工期の短縮等を図るため二次覆工の厚さを薄くすることのできる内挿管形式やシートやパネル形式等の二次覆工も増えてきている．これらは，耐食性，内面の平滑性，耐摩耗性等の特徴を考慮して，下水道や地下河川を対象としたものが多いが，鉄道トンネル等の維持，補修，補強に用いられる例もある．

これらの二次覆工には，①内挿管を設置し一次覆工との間に間詰め材を充填する，②一次覆工の内側に吹付けコンクリート等を施す，③分割されたシート状ないしパネル状の被覆材（ライニング材）を一次覆工の内側に沿って組立て，一次覆工との間に間詰め材を充填する，④合成樹脂等のシート状の被覆材を一次覆工の内面に一体化させる，⑤セグメントの内面に被覆材を塗布する等がある．

内挿管の場合には鋼管，ダクタイル管，FRPM管等を用いる．吹付けコンクリートの場合には合成樹脂を主成分とするものもある．被覆材を用いる場合には合成樹脂材料がよく用いられている．

また，鉄筋コンクリート製セグメントの内面のかぶりを一般の場合より大きくし，かぶりの一部分を二次覆工部とみなすものもある．

二次覆工の形式選定にあたっては，これらの持つ性能が，対象とするトンネルの用途に応じた機能を十分に満足するか，工事費ならびに維持管理，補修および補強の費用に代表されるトンネルのライフサイクルコスト等についても，慎重に検討を行う必要がある．

3) **二次覆工が必要となる施工箇所について**

① **鋼製セグメントを使用する箇所**　「シールド工事用標準セグメント」（2001）では，鋼製セグメントを用いる場合には二次覆工を巻き立てることとしている．また，トンネルの途中で枝管や分岐構造物が接続する部分や急曲線部に鋼製セグメントを用いる場合等では二次覆工を設けることもある．

② **内水圧が作用するトンネル**　内水圧が作用するトンネルでは，通常，土圧や地下水圧等の外荷重および内

水圧は一次覆工のセグメントに受けもたせるのが一般的であるが，鋼管，FRPM管等を内挿し，外荷重と内水圧との作用を分けて設計する場合もある．

③ 取付け覆工部　到達立坑においてシールドを引き出さず，到達立坑との取付け位置に残置する場合やシールドを地中接合する場合は，シールドの内部装置や設備を撤去し，スキンプレートの内側に現場打ち鉄筋コンクリートを巻き立てる場合が多い．この場合，一般にシールドのスキンプレートを仮設構造とみなすので，取付け覆工は荷重を負担するトンネルの主体構造となり，一次覆工と同様な考え方にもとづいて構造計算を行ったうえで設計されるが，セグメントを用いた構造ではなく，鉄筋コンクリート構造となることに留意して設計する必要がある．また，取付け覆工のコンクリート厚は，中折れ機構等，シールドの構造により厚みが変化することも考慮して設定する必要がある．

一方，セグメントを設置する場合はトンネルの主体構造はセグメントであるため，現場打ちコンクリートは二次覆工とみなすことができ，その機能は1)項の①～⑫を考慮すればよい．

また，最近ではシールドのスキンプレートをトンネルの主体構造とみなし，現場打ちコンクリートと合わせた覆工の設計を行う場合もある．

10.2　断面力および応力度

二次覆工を主体構造の一部として用いる場合は，トンネルの作用の状態および覆工の構造特性，一次覆工と二次覆工との接合状況を考慮して，断面力の算定を行い，応力度の照査により安全性を確保しなければならない．

【解　説】　二次覆工を一次覆工と合わせてトンネルの主体構造とする場合は，作用の設定，構造モデル等，慎重な検討を必要とする事項が少なくない．設計の具体的な取扱いについては，実績，研究結果および現場計測等により，安全の確認を基本として十分検討を行わなければならない．

1)　一次覆工をトンネルの主体構造とする場合について　一般に断面力および応力度の計算を省略する場合がほとんどであるが，外水圧，および型枠脱型時の二次覆工自身の自重に対して設計する例がある．型枠脱型時の自重に対する検討では，二次覆工コンクリートが若材齢であるため，型枠および支保工の取り外しに必要な若材齢コンクリートの強度を慎重に検討する必要がある．この場合，二次覆工は防食，蛇行修正，防水および防振等のために施工されているが，結果として一次覆工であるセグメントを補強する効果も期待できる．

2)　二次覆工を一次覆工と合わせてトンネルの主体構造とする場合について　局部的な作用が大きい場合，周辺地盤の掘削等により作用が変動する場合，土圧等の作用の経時的な変化が明らかな場合，トンネル縦断方向の剛性を高くする必要がある場合等，二次覆工をトンネルの主体構造の一部として用いる例がある．このような場合，トンネルへの作用の種類，性状，履歴等を考慮して設計を行わなければならない．とくに，二次覆工の完成後に増加する作用，除去される作用および他の構造物の近接施工の影響等については，一次覆工と二次覆工とが協同してその作用を受けると考えられることから，一次覆工と二次覆工との接合面の状態を十分に考慮しなければならない．これは，一次覆工と二次覆工との接合面の状態によって，重ね構造，合成構造またはその中間的な構造であるかが異なり，両覆工の作用の分担や応力挙動が異なるためである．

鉄筋コンクリート製セグメントや合成セグメント等内面が平滑なセグメントに二次覆工を施した場合には，重ね構造に近い挙動となるため，設計では一次覆工と二次覆工の剛性に応じて作用を分担させる方法も行われている．一方，実験，研究等の結果によれば，トンネルの覆工が閉合した構造であるため，単純なはりの重ね構造としての評価とはその挙動は異なるとし，一次覆工と二次覆工との変位の適合性を考慮して両者の作用のやりとりを評価した二層リングモデル(**解説 図 2.10.1**)等の構造解析手法も提唱されている．

鋼製セグメントに二次覆工を施す場合や，上記のような内面が平滑なセグメントに相当量のジベル筋を配置した場合には，合成構造に近い挙動となるので，一体構造と仮定して計算することもできる．ただし，ジベル筋を

用いる場合,ジベル筋の配置や量は,接合面に作用するせん断力を十分に伝達できるように決定する必要がある.

また,接合面に凹凸を設ける場合には両者の中間的な挙動を示すようである.この場合にも,接合面に作用するせん断力の拘束効果がみられるため,せん断力に対する何らかの検討を行うことが必要であるが,適切な凹凸を設けて各種の実験や検討を行ったうえで一体構造として設計した例もある.

なお,二次覆工の完成後に変動する作用に対して覆工の設計を行う場合,一次覆工はすでに土圧や水圧等の作用を受けていることから,覆工の断面力および応力度の計算は作用の履歴を考慮することも重要となる.

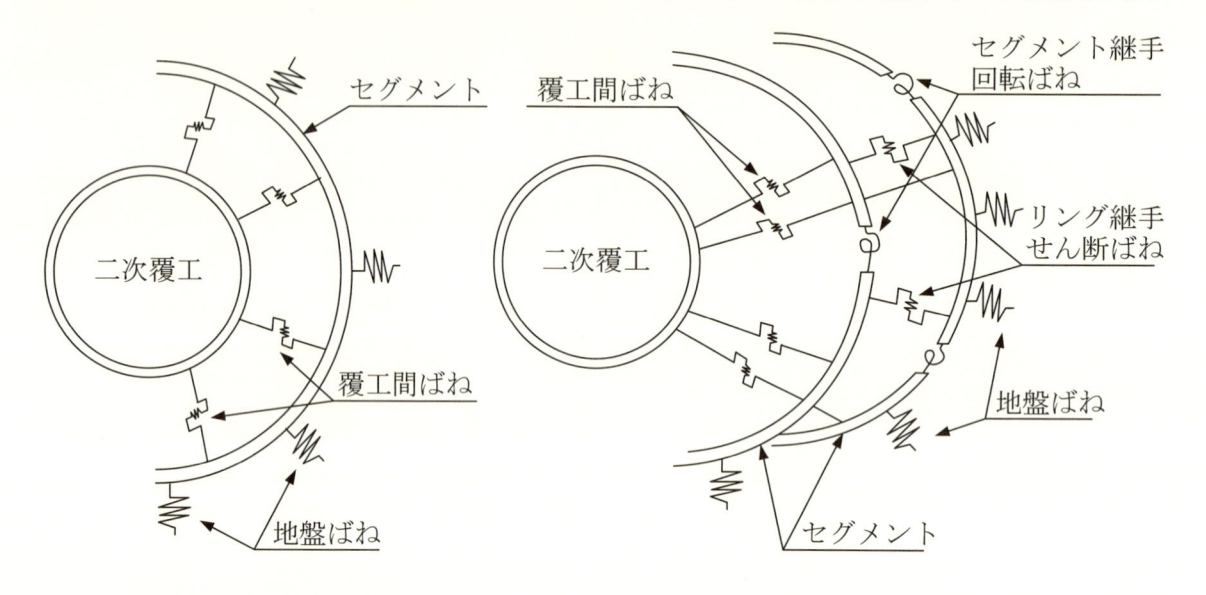

(a) セグメントを剛性一様としたモデル　　(b) セグメントの千鳥組を考慮したモデル

解説 図 2.10.1　2層リングモデルの概要

3)　<u>二次覆工を単独でトンネルの主体構造とする場合について</u>　到達立坑においてシールドを引き出さず,シールドのスキンプレートを到達立坑との取付け位置に残置する場合には,シールドの内部装置や設備を撤去して現場打ち鉄筋コンクリートを巻き立てる場合が多い.この場合,一般にシールドのスキンプレートを仮設構造とみなすので,二次覆工は荷重を負担するトンネルの主体構造となり,一次覆工と同様な考え方にもとづいて構造計算を行った上で設計される.

10.3　設計細目

> 二次覆工の設計においては,トンネルの用途を十分に考慮してその細目を決定しなければならない.

【解　説】　二次覆工が構造部材となる場合はコンクリート標準示方書の設計細目に準じる.ここでは,構造部材にならない場合を示す.材料に場所打ちコンクリートを用いる場合,トンネルの用途に応じた機能を満足するために留意する項目として,コンクリートの特性,覆工厚,配筋(鉄筋径,かぶり),防水層の設置等がある.

1)　<u>コンクリートの特性について</u>　コンクリートの強度は,これまで設計基準強度が18～30N/mm^{2}のコンクリートが用いられている.水セメント比等の配合,コンクリートの運搬方法,打設方法,打設のサイクルタイム等から,材料の分離抵抗性,型枠への充填性,強度発現性等,コンクリートの特性を検討する必要がある.

トンネルの用途や径,覆工の厚さにより差異があるが,若材齢のコンクリート強度が1.0～3.0N/mm^{2}程度で型枠脱型を行っていることが多い.若材齢のコンクリートがはく離やはく落等を起こさないようにコンクリート強度の発現特性に十分に留意する必要がある.

2)　<u>覆工厚について</u>　二次覆工の厚さは150～300mmのものが多い.外径が10mを超える大断面トンネルでは鉄筋コンクリート製セグメントの内側に厚さ350mmの現場打ちコンクリートを巻き立てたものもある.一般に,

二次覆工の厚さは実績等をもとに定められる場合が多い．これらは一次覆工の蛇行の修正や，曲線部において型枠の位置とトンネル線形との幾何的なずれを考慮したものである．また，防食に対しては供用期間におけるコンクリートの劣化に対する検討，摩耗に対する検討，耐火については火災時のコンクリートの爆裂深さを検討して，トンネルの主体構造であるセグメントに影響を与えない二次覆工の厚さを定める必要がある．

　3）　配筋について　かぶりは，防食，摩耗，耐火等に関するコンクリートの劣化の深さ等を十分に考慮しなければならない．なお，鉄筋コンクリート製セグメント等で，内面のかぶりを一般の場合より大きくし，かぶりの一部分を二次覆工と同等とみなすものについては，第2編 10.1に述べるトンネルの用途に応じた二次覆工の機能を十分に考慮して，かぶりを設定する必要がある．

　二次覆工がトンネルの主体構造ではない場合，二次覆工は無筋コンクリートによる場合が多いが，鉄道や道路等のトンネルでは，ひび割れ幅の抑制やひび割れに伴うはく落の防止を目的としてラス筋またはD10，D13の鉄筋によって最小鉄筋量を目安として配筋する場合がある．また，トンネル途中で枝管や分岐構造物が接続する箇所においては，開口補強やひび割れ幅の抑制を目的に配筋を行う場合がある．なお，配筋にあたっては，ひび割れ幅の抑制やはく落の防止を目的に用いる鉄筋を適切な位置に固定するための組立筋等にも留意する必要がある．

　4）　防水層の設置について　海底トンネルにおいて，一次覆工から万が一漏水が発生した場合に速やかな排水を促すことを目的に，一次覆工と二次覆工の間に導水タイプのシート防水工を施した事例がある．大深度等の高水圧下や塩分等の劣化因子が地下水に含まれる場合においては，通常の漏水対策を確実に行うとともに，防水層の設置等による更なる対策を検討することが望ましい．

　5）　その他の設計細目について　トンネル内に設備を設置するため，二次覆工に固定用の金物を設ける場合の金物の材質や設置深さ等，その他の設計細目についても，十分に検討する必要がある．

　また，二次覆工の材料として，現場打ちコンクリート以外のものを用いた事例では，内挿管を挿入する方法やモルタルを吹付ける方法等がある．前者については，ガラス繊維等で補強された樹脂製等の内挿管を一次覆工内に設置し，一次覆工との隙間をコンクリートやエアモルタル等で充填している事例がある．

　内挿管と一次覆工との隙間にコンクリート等を充填して二次覆工を構築する場合の覆工厚については，一次覆工の内側への漏水を想定して，二次覆工の外側に水圧を作用させた場合に力学的に許容されるように，内挿管と間詰めコンクリート等とを二次覆工と考えてその厚さを定める方法や，また，内挿管のみが水圧を受けもつとして内挿管の断面を定め，間詰めコンクリートは構造体と見なさずにその厚さを定める方法があるので，トンネルの用途等を十分考慮して決定する必要がある．

第11章　覆工の耐久性

11.1　耐久性の基本

一次覆工（セグメント）および二次覆工は，トンネルの用途，トンネル内の環境，周辺地盤の環境を考慮して，耐久性を確保しなければならない．

【解　説】　一般に，一次覆工であるセグメントは覆工の主体構造であり，十分に管理された工場で製作されるため，品質も均一で耐久性も高い製品である．しかしながら，長期にわたる供用中にセグメントの所要の耐久性が低下すると，トンネルの用途に応じた使用性や構造上の安全性等，セグメントの機能に影響を与える．したがって，セグメントの設計，製作および施工にあたっては，事前にセグメントの長期にわたる耐久性について十分に検討する必要がある．

一般に，セグメントの耐久性を検討するにあたって考慮すべき項目は，以下のとおりである．

①　トンネルの用途
②　トンネルの供用期間
③　トンネル内の環境
④　周辺地盤の環境条件とその変動予測
⑤　セグメントの品質

セグメントの耐久性の低下は，トンネルの用途に応じて異なるが，おもにトンネル内への漏水や有害物質への曝露等により促進され，セグメントを形成する鋼材やコンクリート等が劣化することによって起こる．また，使用用途により覆工構造に耐火性能を求められる場合には，前述の内容に加えて耐火性，耐熱性等についてもあわせて検討する必要がある．

鉄筋コンクリート製セグメントでは，中性化，塩化物イオンの浸入，硫化水素等による化学的腐食，トンネル内の流下物による摩耗の物理的損傷等が劣化要因としてあげられる．しかしながら，トンネルの用途に応じてその使用環境が異なり，各種の劣化要因が複雑に関連していることから，現状では劣化のメカニズムが十分に解明されているとはいいがたい．したがって，トンネルの環境条件やその有すべき機能に応じて，劣化要因を推定するとともに，その要因に応じて耐久性の検討を十分に行うことが重要である．また，一次覆工として合成セグメントを使用する場合についても同様である．

鋼製セグメントでは，通常，二次覆工を施すため，その劣化進展が遅延すると考えられるが，トンネルの周辺地盤の状況を十分に考慮し，鉄鋼材の腐食や二次覆工自体の耐久性についても検討する必要がある．

セグメントの耐久性の検討では，コンクリート，鉄筋，鋼材等からなるセグメント本体，鋼材等からなる継手，注入孔の部品の耐久性を確認する．これらの部材や部品の耐久性の確認にあたっては，第2編 11.2, 11.3, 11.4に示される事項を参考にするとよい．また，二次覆工の有無を検討するにあたっては，第2編 第10章 二次覆工を参考にするとよい．

二次覆工は一般に現場打ちコンクリートによって構築されるが，主体構造であるセグメントの内表面を覆うことから，セグメントの耐久性を向上させる効果が期待できる．したがって，覆工の耐久性は，一次覆工であるセグメントと二次覆工の両者を考慮して総合的に検討することが重要である．また，二次覆工が鉄筋コンクリート構造となる場合は，とくに二次覆工そのものの耐久性についても検討する必要がある．

> **11.2 止水**
>
> （1） セグメント本体部は，水密性を確保しなければならない．
> （2） セグメントの継手面には，トンネルとしての止水性を確保するために，シール材等による止水工を施さなければならない．
> （3） 立坑やトンネル開口部等，トンネルと異種構造物との接続部には，止水性を確保するために，止水工を施さなければならない．

【解　説】　工事中の施工性，完成後の使用目的および地山の脱水による地中や地表への影響等を考慮すると，トンネル内への漏水を防止することは重要である．

トンネル内への漏水は，覆工の劣化を早め，その耐久性を損なう原因となるので十分な配慮が必要である．漏水により，漏水経路の鉄筋や鋼材の腐食を促進する場合があるので注意が必要である．とくに，地下水に塩分や有害物質が含まれる場合には，漏水すると鉄筋や鋼材への腐食の影響が著しく大きくなること，坑内環境に悪影響を与える可能性があることから，一次覆工に対する止水対策に十分に留意する必要がある．海底下や感潮河川下のシールドトンネルでは，一次覆工に十分な止水対策を講じることが重要であるが，さらに漏水リスクに配慮して二次覆工を講じている場合が多い．また，海底下の道路トンネルでは，アイソレーション，防水を目的に，二次覆工背面に防水シートを設置している場合もある．

漏水はトンネルの周辺地山を乱し，当初の設計条件を変化させる可能性もあるので注意を要する．とくに，軟弱粘性土では，漏水により粘性土中の間隙水圧の低下～有効土被り圧の増加に伴い圧密沈下が促進され，一次覆工に作用する荷重が増加して一次覆工のひびわれ～変形が進行することで，耐荷性および耐久性が低下する場合があるので注意を要する．また，漏水にともないトンネル周囲の地盤から細粒分等の土粒子が流出すると地盤が緩み，一次覆工のひび割れ～変形が進行する場合があるので注意を要する．

また，二次覆工による止水性向上効果を発揮させるためには，一次覆工に漏水箇所がある場合には二次覆工打設前に漏水箇所の止水処理を十分に行なうこと，施工条件に適した二次覆工コンクリートの打設方法とすること，密実なコンクリートとなるように水セメント比，施工方法等に留意したコンクリート配合とすることが重要である．

（1）について　セグメント本体部からの漏水は，トンネルの機能に影響を与えるばかりでなく，セグメント本体の劣化を促進するため，防止しなければならない．セグメント本体部は，地下水圧に対して十分な水密性を確保しなければならない．

鉄筋コンクリート製セグメントでは，製作時のコンクリートの密実性の確保，継手金物等とコンクリート界面の止水性確保，製作～運搬～組立時の有害なひび割れ発生の防止が重要である．高水圧下のトンネルでは，セグメント本体の水密性向上を目的に高炉スラグを用いてセグメント本体の透水性を低くする対策を施した例や，継手金物や注入孔まわりの漏水およびセグメント背面からの浸透水を防止する目的で，これらの部分もしくは背面全部にエポキシ系樹脂等の漏水防止剤を塗布した例がある．合成セグメントも基本的には鉄筋コンクリート製セグメントと同様であるが，内面以外の5面が鋼板で覆われているタイプでは，鋼板および鋼板同士の溶接部で水密性を確保することが可能である．鋼製セグメントでは，主桁，継手板，背面スキンプレートとそれぞれの溶接部で水密性を確保する必要がある．

（2）について　シールドトンネルにおける漏水の発生箇所は，そのほとんどがセグメント継手やリング継手であり，とくに継手面での止水が重要となる．

止水工はセグメントの継手面にシール溝を設け，これにシール材を貼付することにより行うのが一般的である．また，シール材による止水が完全にできない時に備えて，セグメント内縁にコーキング溝を設け，コーキング工を行う場合もある．

シール材に必要な特性には，以下のようなものがある．

① 設計上許容される目開き，目違いに対して止水性が確保できること
② 設計上考えられる作用水圧に対して止水性が確保できること
③ シールドジャッキ推力が繰り返し作用したり，セグメントリングが変形することにより止水性を失わないこと
④ シールドジャッキの推力およびボルトの締付け力に耐えること
⑤ セグメントの組立精度に悪影響を与えないこと
⑥ セグメントの組立時および完成後においてセグメント本体部に影響を与えないこと
⑦ 耐候性，耐薬品性に優れていること
⑧ 貼付時の作業性がよいこと

　かつては，シール材による止水は，継手目地の隙間をシール材の体積でふさぐとともに，その粘着性を期待するという考え方で使用されてきたが，これによる十分な止水効果は得られなかった．現在では，種々の研究成果から，シール材が圧縮されることによりセグメントの継手面に発生する応力（以下，接面応力と呼ぶ）が作用水圧以上であれば漏水しないという考え方にもとづいて止水設計がなされている．設計水圧は，施工時，供用時でそれぞれ最も大きい圧力をもとに設定する必要がある．施工時の設計水圧には，泥水圧，裏込め注入圧，その他テール脱出時の地下水圧等が考えられる．供用時の設計水圧は，将来の地下水位の変動や地形の変化等を十分に考慮して設定する必要がある．また，シール材の接面応力は，セグメントの継手面の目開き量や目違い量により異なるため，これらを十分に考慮したうえで設計しなければならない．

　鉄筋コンクリート製セグメントや合成セグメントでは，シール材を貼り付けることでセグメントの組立精度等に悪影響を与えないように，原則としてシール溝を設け，シール材がシール溝の中に封入されるように，シール材の断面積をシール溝の断面積の80%程度から100%未満としている．鋼製セグメントでは，かつては，シール溝を省略するのが一般的であったが，最近では止水性の観点から主桁厚さを考慮したうえで，シール溝を設けることが多くなってきている．

　シール材による止水工の検討においては，シール材の形状とシール溝の形状とのバランスやシール材の硬さ等に配慮する必要がある．シール材を貼付するシール溝は，シール材の接面応力によりセグメント端部に欠けやひび割れが生じない位置に設ける．とくに，水膨張性シール材を選定した場合には，組立後の膨張圧の影響等によってセグメント端部に損傷を与えないようシール溝位置を設定する必要がある．このほかに，セグメントの継手面に注入孔を設け，セグメントの組立後，不定形の止水材を充填する方法もある．

　また，大深度（高水圧），内水圧等，特殊条件下のトンネルでは，以下の点に留意して，一次覆工の止水構造および仕様を検討する必要がある．

①　大深度（高水圧）では，シール材に大きな反発力が要求されることから，この反発力を考慮に入れてシール溝の形状や配置の工夫，溝周囲の補強，シール2条配置等の検討を行う必要がある．

②　内水圧が作用するトンネルでは，シール材を2条配置する場合，内水圧作用時の検討に加えて排水時の検討が重要となる．排水時には，内圧が作用しないため継手面に作用する軸力が増えること，内側シール材の反発力にこの軸力増加の影響が加算されることに留意し，シール溝に作用する力に対してシール溝周囲のセグメント本体のせん断抵抗のみで抵抗できるか検討を行う必要がある．とくに，水膨張性シール材を使用する場合には，その膨張圧の影響に留意する必要がある．

　その他の止水工としては，ボルト孔，裏込め注入孔（吊手），セグメント背面等を対象としたものがある．ボルト孔の止水には，一般にパッキンを用いている．裏込め注入孔の止水には，パッキンを用いた注入孔栓の止水と，止水リング（ゴム輪）を用いた注入パイプ外側における止水とがある．セグメント背面の止水工は，エポキシ系樹脂等を用いて，その全面または継手金物の上面や注入孔周辺に施す（第2編 3.9 参照）．

　(3) について　トンネルと立坑との接続部やトンネルどうしの接続部は，止水上の弱点となるので，施工性や経済性を考慮して十分な止水構造を検討する必要がある．

シールド発進部については，施工中の止水性を確保するためのエントランスパッキン段数およびその抑え構造，完成後の止水性を確保するための止水構造を考慮に入れて，坑口構造を検討する必要がある．シールド到達部については，シールド到達防護工とシールドテール部のセグメント数リングの間の裏込め注入で施工中の止水性を確保し，シールドを到達部に残置するのが一般的である．この場合には，シールド内部に覆工コンクリートを打設し，到達立坑の躯体とシールドテール部セグメントとの間を接続する．シールドテール部セグメントとスキンプレート間の止水構造，シールド本体と到達立坑躯体との接続部止水構造により，到達部本体としての止水性を確保する．近年，シールドトンネルの適用範囲の拡大に伴い，枝管接続部の施工，分岐合流部の切り拡げ施工等，特殊条件への対応が求められている．このような特殊条件下のトンネルでは，一次覆工の止水構造および仕様は，その用途，設計や施工の条件，構造的な特徴等を考慮に入れて検討する必要がある．また，施工手順を十分に考慮に入れて，シール材の配置，開口部のセグメントの切断方法，切断後の切断面周囲の追加止水対策工等の検討を行う必要がある．

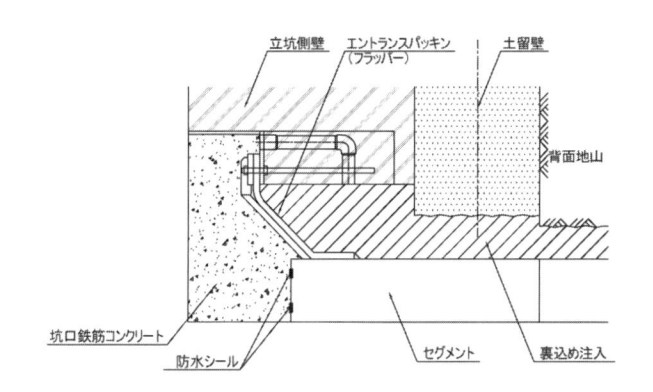

解説 図 2.11.1 シールド発進部，坑口構造の例　　解説 図 2.11.2 シールド到達部，坑口部構造の例

11.3 ひび割れ幅の検討

トンネルの供用期間中の機能および使用目的等を損なわないように，セグメントに発生するひび割れ幅について十分な検討を行わなければならない．

【解 説】　セグメントに発生するひび割れは，水密性の低下や漏水ならびにそれに伴う鉄筋の腐食により，覆工の耐久性を低下させる原因となる．とくに，二次覆工が施工されないトンネル，乾湿が繰り返される環境条件下のトンネル，セグメント厚が薄いあるいは作用荷重が大きい等の理由でひび割れが発生しやすいトンネルでは，供用期間中の機能および使用目的等を損なわないように，適切な方法によりひび割れ幅について検討しなければならない．

セグメントにひび割れが生じる原因には，一般に次のものが考えられる．
① 曲げモーメントや軸引張力等の断面力に起因するもの
② シールドのジャッキ推力およびセグメントの運搬や組立時の取扱い等の施工に起因するもの
③ コンクリートの乾燥収縮や反応性骨材等使用材料に起因するもの
④ コンクリートの中性化や塩化物イオンのセグメント中への浸入による鋼材の腐食に起因するもの

これらのうち，①については，許容応力度を低減し，ひび割れ幅を制御する等の方法により検討する例が多い．②については，第2編 10.3，第4編 3.3および第4編 3.7に定める適切な施工管理によりひび割れの発生を防止するのが基本であるため，本条の対象としていない．ただし，第2編 2.7に示されるジャッキ推力に対する検討からの結果，ひび割れが発生すると考えられる場合には，適切な方法により検討しなければならない．③については，セグメントの製造から出荷までに数ヶ月から半年以上経過していることが多いことや，日本工業規格（JIS），日本下水道協会規格，「コンクリート標準示方書（施工編）」（2012年制定）の規定を遵守した工場でセグメントは製作

されることが多いことから，本項の対象としていない．④については，一般的なシールドトンネルではその影響が小さいと考えられるため，その検討を省略してもよい．ただし，トンネル内外の環境条件からコンクリートの中性化やセグメント中への塩化物イオンの浸入が懸念される場合は，「コンクリート標準示方書（設計編）」（2012年制定）等を参考にして適切な方法によりこれを検討する必要がある．

ひび割れ幅の検討を行う場合のひび割れ幅算定方法は（第5編 8.4）を参照のこと．許容ひび割れ幅は，構造物の機能，重要度，供用期間，使用目的およびトンネル内外の環境条件や周辺地山の状況等を考慮して設定する．

許容ひび割れ幅や水密性に関するひび割れ幅の設計限界値の目安の設定事例は下記のものがある．

<u>1） 許容ひび割れ幅の設定事例</u>　「シールド工事用標準セグメント」（2001）では**解説 表 2.11.1**に示すトンネル内の環境条件のもとで，**解説 表 2.11.2**に示す許容ひび割れ幅を設定している．

<u>2） 水密性に関するひび割れ幅の設計限界値の目安の設定事例</u>　コンクリート標準示方書［設計編］（2012年制定）では水密性に関するひび割れ幅の設計限界値として，**解説 表 2.11.2**，**解説 表 2.11.3**に示す目安値を設定している．

解説 表 2.11.1　トンネル内の環境条件の区分例

「シールド工事用標準セグメント」（2001）

環境区分	内　　　　容
一般の環境	・常に乾いているか満水状態になる等，乾湿の繰り返しを受けない環境にある場合 ・とくに耐久性について考慮する必要がない場合
腐食性環境	・乾湿の繰り返しがある場合 ・有害な物質に直接セグメントが曝される場合 ・その他耐久性を考慮する必要のある場合

解説 表 2.11.2　許容ひび割れ幅の例(mm)

「シールド工事用標準セグメント」（2001）

鋼材の種類	環境条件	
	一般の環境	腐食性環境
異形鉄筋，普通丸鋼	0.005c	0.004c

c：主鉄筋のかぶり（mm）

解説 表 2.11.3　水密性に関するひび割れ幅の設計限界値の設定事例(mm)

コンクリート標準示方書［設計編］（2012年制定）

要求される水密性の程度		高い水密性を確保する場合	一般の水密性を確保する場合
卓越する 断面力	軸引張力	—	0.1
	曲げモーメント	0.1	0.2

11.4　防食および防せい

セグメントには，必要に応じて防食および防せいの処理を行うものとする．

【解　説】　鋼製セグメントや合成セグメントには必要に応じて防食や防せいのための処理を行う．防食および防せいの処理は一般に塗装による場合が多いが，腐食代を設定する例もある．

塗装による場合の処理は，塗装面のスラグ，油，ちり等を清掃し，これらを除去したのち，さび止め用ペイント等により行う．とくに，防食性を必要とする場合の塗装として，変性エポキシ樹脂，エポキシモルタルおよび

アクリル樹脂等が使用されている．

　腐食代を考慮する場合は，トンネルの用途や供用期間に応じて，セグメントの外面に1mm程度を設定することが多く，構造計算上は腐食代を考慮した断面で計算し，応力照査では腐食代を控除した断面で照査するのが基本である．

　鉄筋コンクリート製セグメントにおけるコンクリートの劣化には，中性化，塩害，凍害によるものや，酸性物質，硫酸イオン等による化学的腐食，アルカリ骨材反応等がある．したがって，これらの要因やトンネルのおかれる環境，用途を考慮し，適切な防食の処理や対策を検討する必要がある．

　鉄筋コンクリート製セグメントでは，止水性の向上を目的に，セメント系あるいは樹脂系等の材料をセグメント背面に塗布した例がある．

　また，鉄筋コンクリート製セグメントを用いたトンネルでは，二次覆工を施さない場合が多くなってきている．二次覆工を施す場合には，二次覆工自体がセグメント本体や継手金物を防食する機能を果たすと考えられる．一方，二次覆工を施さない場合には，必要に応じて継手金物やボルトに防食および防せいの処理を施す．とくに，硫化物イオンに起因するコンクリートの腐食に関しては，かぶり部分だけの処理では十分な防食機能を果たせないことも考えられるため，トンネルの内面に防食被覆を施した例や継手ボックス内に膨張モルタルや発泡ウレタン等を充填した例がある．

　鋼製または鋳鉄製の継手を用いる場合には，継手部に樹脂系の材料等を塗布したり，ボルトに亜鉛末クロム酸化成皮膜処理（ダクロタイズド処理）やフッ素樹脂コーティング等を施した例もある．なお，セグメント内面に継手が露出しないタイプの継手金物を使用した場合においても，止水性の向上あるいは防食処理等により継手部材が乾湿を繰り返さないような環境に保つことが重要である．

　継手以外の裏込注入孔や吊手金具等についても防食および防せいを行うことはもとより，合成樹脂等の腐食しにくい部材を使用した例もある．

第3編　シールド

第1章　総　則

1.1　適用の範囲

本編は原則として円形断面を有する密閉型シールドの設計ならびに製作の基本となる事項を示すものである．なお，適用性を検討のうえ，円形以外のシールドに準用することができる．

【解説】　シールドの設計は，地山条件はもとより，トンネルの断面形状や深度，施工延長，トンネル線形等の施工条件に応じて行うことを原則としなければならない．実績では密閉型シールドの採用が多く，トンネル断面の形状は，円形断面が圧倒的に多い．最近では，地中接合，掘進組立同時施工のシールドトンネルに加え，地下に残置された支障物を直接カッターヘッドで切削する支障物切削シールドやシールド本体の再利用を目的とした回収シールドの実績（第3編 11.1参照）や，大断面，長距離のシールドトンネルの実績も増えてきているので，これらについては適用性を検討のうえ，各条項の準用を認めることとした．

1.2　名　称

（1）シールド本体……シールド外部からの作用や地下水の流入等に対して，掘削機能，推進機能，セグメント組立て機能等を有する装置群とその作業空間を保護する部分をいう．シールド本体の外板部をスキンプレートという．なお，テール部のスキンプレートをテールスキンプレートという（第3編 3.1参照）．

（2）隔壁……切羽の安定を図るための泥土あるいは泥水の圧力を保持する目的でフード部とガーダー部との間に設置する壁をいう（第3編 3.1参照）．

（3）シールドの外径……スキンプレートの外径をいい，固定そり，裏込め注入管等による突起部の寸法は除く（第3編 3.2参照）．

（4）テールクリアランス……シールドのテール部におけるセグメント外面とテールスキンプレート内面との間隔をいう（第3編 3.2参照）．

（5）テールボイド……セグメント外面と掘削された地山との空隙をいう（第3編 3.2参照）．

（6）シールドの長さ……シールドのトンネル軸方向の長さをいい，「シールド本体長さ」，「シールド機長」，「シールド全長」で表現される（第3編 3.3参照）．

（7）フード部……シールド本体の先端部にあって，隔壁とともにカッターチャンバーを形成する部分をいう（第3編 3.4参照）．

（8）ガーダー部……シールド本体の中間部にあってシールド内部の装置群を収容し，シールド本体全体の構造を保持する部分をいう（第3編 3.5参照）．

（9）テール部……シールド本体の後部にあって，セグメントを組み立てる部分をいい，エレクターやテールシール等を装備している（第3編 3.6参照）．

（10）テールシール……テールスキンプレート後端内面に装着し，セグメント外面との間からの裏込め注入材や土砂を伴う地下水の流入防止を目的とした装置をいう（第3編 3.7参照）．

（11）カッターヘッド……シールド前面にあるカッタービット等の切削機構を備えた部分をいう（第3編 4.2参照）．

（12）カッタービット……カッターヘッド前面に備えられた，地山切削用または破砕用の特殊な金属等を用いた刃をいう（第3編 4.6参照）．

（13）カッター駆動部……カッターヘッドを回転させるために，軸受，駆動モーター，駆動ギヤー，

駆動部土砂シールで構成された装置をいう（第3編 4.7参照）．
(14) **余掘り装置**……曲線施工でシールドの操向性等を向上させるために，シールド外径以上に地山を切削する装置をいう．通常は，カッターヘッド内に組み込まれている．代表的な形式としては，コピーカッターとオーバーカッターがある（第3編 4.8参照）．
(15) **シールドジャッキ**……シールドを推進させるためのジャッキをいう（第3編 5.2参照）．
(16) **エレクター**……テール部でセグメントを所定の形状に組み立てる装置をいう（第3編 6.1参照）．
(17) **形状保持装置**……組み立てられたセグメントリングを所定の形状に保持するための装置をいう．一般に，シールドの後部に取り付けられることが多い（第3編 6.3参照）．
(18) **中折れ装置**……曲線施工や姿勢制御を実施するためにシールド本体を前後で中折れジャッキにより屈曲させる装置をいい，前後に分割したシールド本体間に設ける（第3編 8.2参照）．
(19) **スクリューコンベヤー**……土圧式シールドに用いる排土装置をいう．形式には大別して，軸付きスクリューコンベヤーと軸なしリボン式スクリューコンベヤーがある（第3編 9.6参照）．
(20) **送泥管，排泥管**……泥水式シールドに用い，泥水を切羽に送る送泥管，掘削土砂を泥水とともに流体輸送設備まで排出する排泥管をいう（第3編 10.4参照）．

【解　説】　密閉型シールドの構成例を**解説 図 3.1.1**に示す．

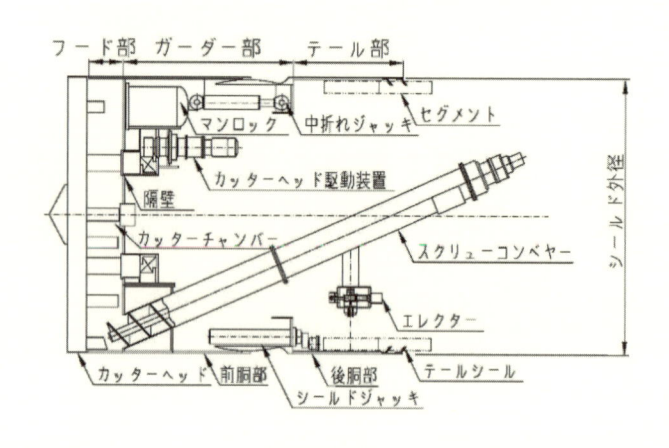

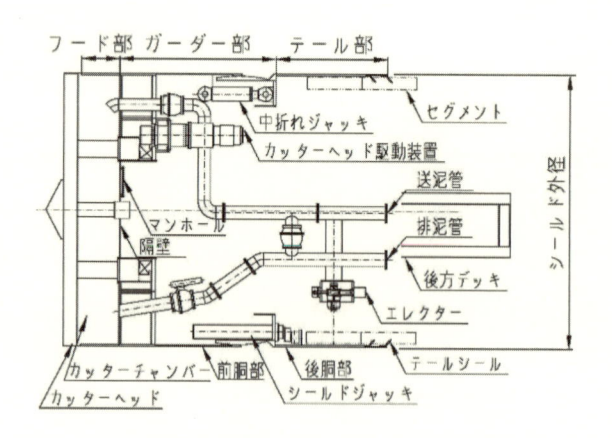

(a) 土圧式シールド　　　　(b) 泥水式シールド

解説 図 3.1.1　密閉型シールドの構成例

1.3　シールドの計画

シールドは地山からの作用を支持し，切羽の安定を図り，安全で経済的にトンネルの掘進および覆工の構築ができるものでなければならない．

【解　説】　シールドがその施工区間で遭遇する諸条件は，複雑多岐にわたっている．したがって，これら諸条件を調査資料にもとづき検討し，これに十分適応した強度と剛性を有し，耐久性，施工性，安全性および経済性のあるシールドを計画しなければならない．

シールド形式の選定に際しては，**解説 図 3.1.2**および**解説 表 3.1.1**が参考となる．また，各シールドの特徴と適用土質は次のとおりである．

1) **土圧式シールド**　土圧式シールドは，掘削土砂を泥土化し，それに所定の圧力を与え切羽の安定を図るもので，掘削土砂を泥土化させるのに必要な添加材の注入装置の有無により，土圧シールドと泥土圧シールドに分けられる．これら土圧式シールドは，土圧を保持した状態で掘進速度と排土量を制御できる機構を有しているため，切羽の安定を図り，周辺地盤への影響を少なくすることが可能である．原則的に切羽安定のための補助工法

は必要としない．また，現在は，泥土圧シールドを採用する場合が多い（第3編 9.1～第3編 9.6，第4編 3.4，第4編 5.18～第4編 5.19参照）．

① 土圧シールド　含水比や土砂の粒度組成が適当で，切羽の土砂をそのまま流動化させ，カッターチャンバー内およびスクリューコンベヤー内に充満して，切羽の安定を図れるような土質に適している．

② 泥土圧シールド　切羽の土砂そのものでは流動化しない土質では，水や泥水，添加材等を加えて掘削土砂の塑性流動化を図り，泥土圧を発生させ切羽を保持するとともに，円滑な排土が可能になる．

泥土圧シールドは，沖積の砂礫，砂，シルト，粘土等の固結度が低い軟弱地盤，洪積地盤および硬軟入りまじっている互層地盤等，土質面から最も適用範囲の広い工法である．しかし，高水圧地盤では，スクリューコンベヤーのみでは対応しきれないこともあり，スクリューコンベヤーの延長や連結，圧送ポンプ設備や各種圧力保持用フィーダーの装着，掘削土砂の土質性状の改良等を検討する必要がある．

2） 泥水式シールド　泥水式シールドは，チャンバー内に泥水を送り，切羽に作用する土水圧よりやや高めの泥水圧をかけて切羽の安定を図るもので，泥水の浸透による安定効果もあり，水圧の高いところでの使用に適している．排泥は，配管による流体輸送であり，切羽から地上まで配管で完全に密閉されているため，安全性が高く，坑内環境も良い．また，流体輸送設備は掘進状況に応じて切羽水圧を制御できる機能を有しているため，切羽の安定を図り，周辺地盤への影響を少なくすることが可能である．原則的に切羽の安定のための補助工法は必要としない（第3編 10.1～第3編 10.4，第4編 3.5，第4編 5.20～第4編 5.21参照）．

泥水式シールドは，沖積の砂礫，砂，シルト，粘土層または互層で地盤の固結が緩く軟らかい層や含水比が高く切羽が安定しない層，および洪積の砂礫，砂，シルト，粘土層または互層で水が多く，湧水による地盤の崩壊が懸念される層等，広範囲の土質に適する工法である．しかし，透水性の高い地盤，巨石地盤では泥水の逸泥等切羽の安定確保が困難となることもあり，その場合は泥水性状や補助工法の検討も必要となる．

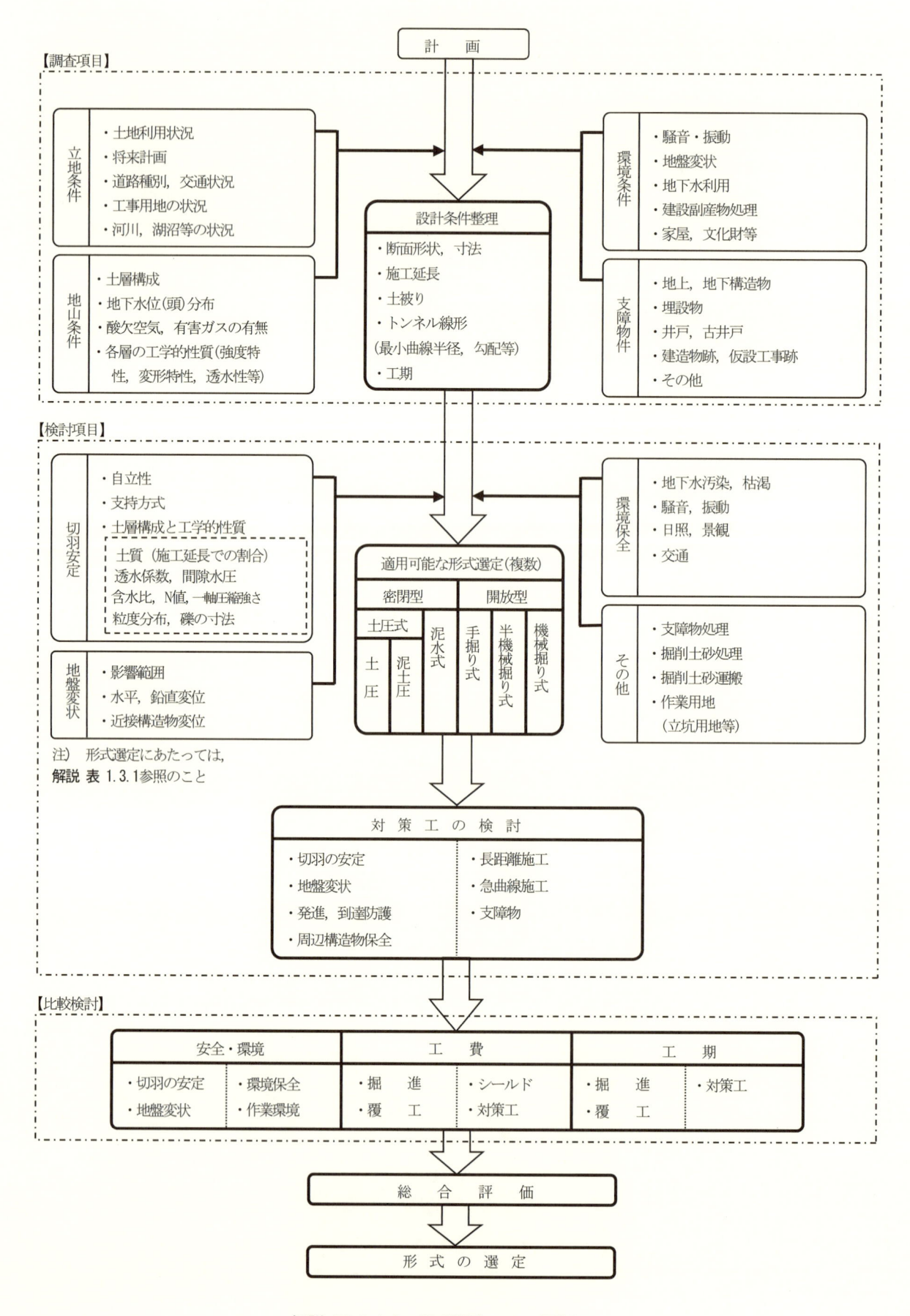

解説 図 3.1.2 形式選定フロー図例

解説 表 3.1.1　シールド形式と土質

土層	土質	N値[*4]	密閉型 土圧式 土圧 適合性[*1]	留意点	密閉型 土圧式 泥土圧 適合性[*1]	留意点	密閉型 泥水式 適合性[*1]	留意点
沖積粘性土	腐植土	0	×	—	△	地盤変状	△	地盤変状
沖積粘性土	シルト・粘土	0〜2	○	—	○	—	○	—
沖積粘性土	砂質シルト・砂質粘土	0〜5	○	—	○	—	○	—
沖積粘性土	砂質シルト・砂質粘土	5〜10	△	細粒分含有率	○	—	○	—
洪積粘性土	ローム・粘土	20未満	×	—	○	—	○	—
洪積粘性土	砂質ローム・砂質粘土	15〜25	×	—	○	—	○	—
洪積粘性土	砂質ローム・砂質粘土	25以上	×	—	○	—	○	—
土丹（泥岩）[*2]		50以上	×	—	○	—	○	—
砂質土	シルト粘土混じり砂	15以下	×	—	○	—	○	—
砂質土	緩い砂	30未満	×	—	○	—	○	—
砂質土	締まった砂	30以上	×	—	○	—	○	—
砂礫・粗石	緩い砂礫	10〜40	×	—	○	—	○	—
砂礫・粗石	固結砂礫	40以上	×	—	○	—	○	—
砂礫・粗石	粗石混じり[*3] 砂礫	—	×	—	○	—	△	閉塞 逸泥対策
砂礫・粗石	巨石・粗石[*3]	—	×	—	△	ビット・スクリューコンベヤー仕様	△	礫の破砕 逸泥対策
岩盤		—	×	—	△	ビット・スクリューコンベヤー仕様	△	ビット仕様

[*1] 適合性の記号は下記のとおりである．
　○：原則として土質条件に適合する．
　△：適用にあたっては検討を要する．
　×：原則として土質条件に適合しない．
[*2] 泥岩については，土丹のような強度の低いものを対象としている．
[*3] 粗石（Cobbles：コブル，礫径　75mm〜300mm），巨石（Boulder：ボルダー，礫径　300mm以上）の名称については，「日本統一土質分類法」と「地盤材料の工学的分類法」を参考に設定した．
[*4] N値は，各土質の目安を示したものである．

第2章　設計の基本

2.1 作用

シールドの設計にあたって考慮する作用は，次のとおりとする．
（1）　鉛直および水平土圧
（2）　水圧
（3）　自　重
（4）　上載荷重の影響
（5）　変向荷重
（6）　切羽前面圧
（7）　その他

【解　説】　シールドの設計にあたって考慮する作用は，一般的に覆工の設計に準じて設定されることが多い．シールドへの固有の作用としては，変向荷重や切羽前面圧等がある．

（1）について　シールドへの作用のうち，最も大きな要素である土圧は，静的に作用する土圧としてのみ扱うことは適当でない．シールドは掘削や地山荷重の支持方法，余掘りの程度と曲線施工等により，周辺地山から複雑な静的あるいは動的作用を受けるので，施工に重大な支障をきたさないように設計上十分配慮しなければならない（第2編 2.2参照）．

なお，変形に対する抵抗土圧として得られる地盤反力は考慮しない場合も多い．

（2）について　第2編 2.3を参照のこと．

（3）について　シールドの自重による反力は，次式で計算してもよい．

$$p_g = \frac{W}{D \cdot l}$$

ここに，p_g　：シールドの自重による反力

　　　　W　：計算対象部位重量
　　　　D　：シールド外径
　　　　l　：計算対象部位長さ

（4）について　第2編 2.5を参照のこと．

（5）について　シールドは曲線施工あるいは方向修正を行う場合，その偏心推力に見合う地盤反力を周辺地山から受ける．これを変向荷重という．

その大きさおよび分布形式は種々の条件により異なるが，その最大値は，受働土圧相当の反力を片側から受けるか，装備シールドジャッキの半数程度を片側に使用した場合に生じる地盤反力を受けるものとして求めることが多い．

慣用計算法における変向荷重を考慮した荷重図を，**解説 図 3.2.1**および**解説 図 3.2.2**に示す．

（6）について　切羽前面圧は，土圧式シールドの切羽土圧，泥水式シールドの切羽泥水圧等であり，隔壁および隔壁を介してシールド本体の補強材であるガーダー，支柱および梁等に作用する．

（7）について　シールド掘進時には推力およびカッタートルクなどが発生するため，その反力を考慮して，シールド各部位の強度を検討する必要がある．シールド施工中に特殊な荷重が作用する場合には別途考慮する必要がある．

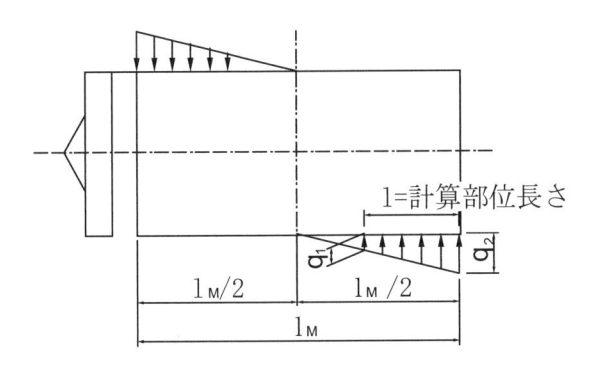

$$q = \frac{q_1 + q_2}{2}$$

ここに　q＝変向荷重

　　　　q_1, q_2＝計算部位両端変向荷重

　　　　l_M＝シールド本体長さ

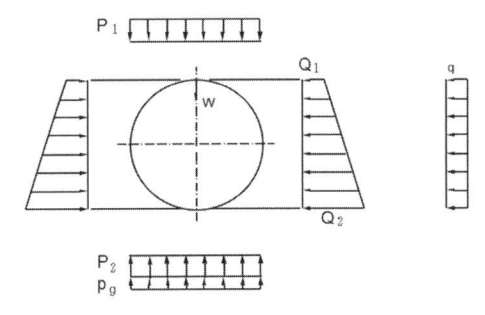

P_1：鉛直土圧・水圧等の合力

P_2：鉛直土圧・水圧等の反力＝P_1

W：シールドの自重

p_g：シールドの自重反力

Q_1：水平土圧・水圧等のトンネル上端における合力

Q_2：水平土圧・水圧等のトンネル下端における合力

q：変向荷重

解説 図3.2.1　変向荷重の計算例　　　　　　解説 図3.2.2　慣用計算法における変向荷重の荷重図

2.2　構造設計

シールドの構造設計にあたっては，それぞれの作用とそれらを組み合せた作用に対してシールド各部が安全かつ確実に機能を発揮できる構造としなければならない．

【解　説】　シールドの構造設計にあたっては，発生する断面力の最大値を用いて，以下のモデルで設計するのが一般的である．

① シールド本体はその構造上，原則としてシールドにかかる全作用を，ガーダー部で受け持たせるものとする．

② フード部は，ガーダー部端を固定としたトンネル軸方向の片持ち梁として設計する．密閉型シールドにあっては，隔壁その他がフード部の補強材として働く場合には，これも考慮してよい．

③ テール部はリング構造として設計する場合と，テール部一端は剛性の高いガーダー部に固定されているので，一端固定の円筒殻として設計する場合がある．なお，テールシール取付け板は強度部材ではないので，構造解析を省略してもよい．テール部は，補強材の配置ができないので，変形や損傷を生じた場合，補修が非常に困難であることから，設計にあたっては十分注意を要する．そのため，数値解析を実施することにより，発生応力や変形量が許容値以内であることを照査しておくことが望ましい．

構造設計に用いる鋼殻および補強部材等の長期荷重（第3編 2.1（1）～（4）に示す作用）に対する許容応力度は，第2編 表 2.4.5に準ずる．ただし，変向荷重等の短期荷重に対する許容応力度は第2編 表 2.4.5の値に対し割増しすることができる．割増し許容応力度の最大値は，第2編 表 2.4.5の値の150％または使用部材の降伏点のいずれか小さい値とする．なお，繰返し荷重，衝撃等を受ける部材については，別途慎重に検討する必要がある．

スキンプレート，カッターヘッド，隔壁などの部材は，土砂との摩擦等で部材厚が減ずることがあるので，土質，施工延長に応じて余裕のある部材厚とすることが必要である．

> **2.3 シールドの質量**
>
>   シールドは，構造各部を含め，その質量を明確にしておかなければならない．

【解　説】　シールドの質量は，シールド工法の施工上かなり重要な要素となるが，大型になるほど分割，輸送，立坑への吊り込み等の計画に際し，最も重要な条件となる．また，軟弱地盤中でシールドを掘進する場合には，シールドの質量および重心位置が，方向制御など運転性能に影響するので注意する必要がある．シールドの質量を算出するには，次の各部に分類して計算するのが一般的である．

①　シールド本体：スキンプレート，ガーダー，補強リブ
②　内殻部材：隔壁，支柱，梁
③　ジャッキ：シールドジャッキ，中折れジャッキ
④　エレクター，形状保持装置
⑤　掘削機構：カッターヘッドおよびカッター駆動部
⑥　スクリューコンベヤー，アジテーター
⑦　その他：油圧機器，電気機器，後続台車

なお，一般的に①〜⑦の合計値はシールドの総質量といわれている．

　上記①〜⑥の質量を合計したシールド本体質量の最近の実績は，**解説 図 3.2.3** のとおりである．

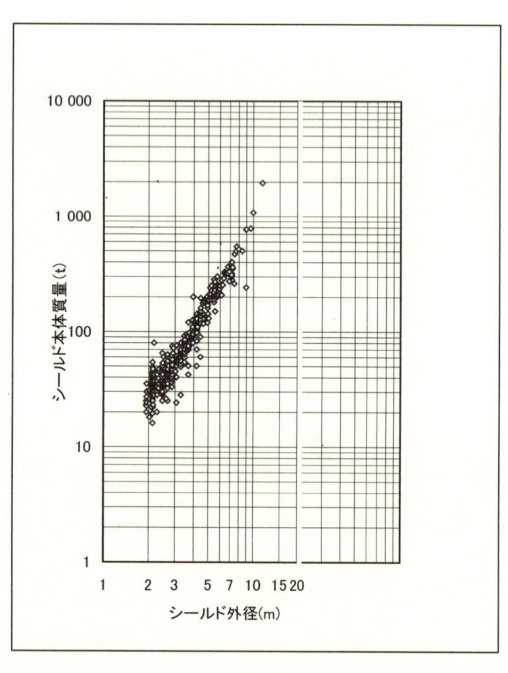

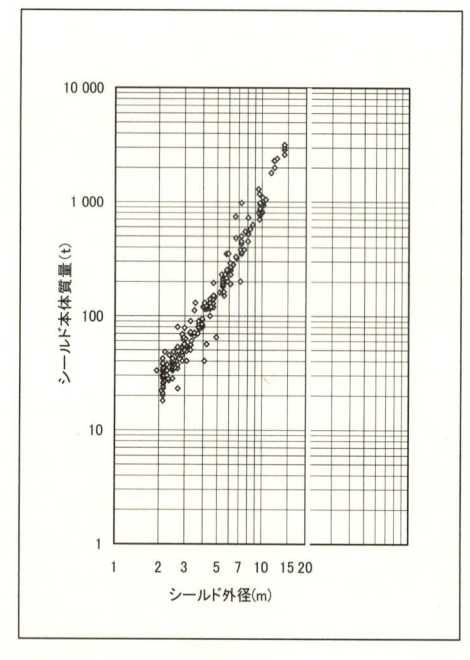

(a) 土圧式　　　　(b) 泥水式

解説 図 3.2.3　シールド本体質量の実績

第3章 シールド本体

3.1 シールド本体の構成

シールド本体は，その機能が十分に発揮できるように各部を構成しなければならない．

【解 説】 シールドは，地山を切削するカッターヘッドとシールド本体からなる．(**解説 図 3.3.1参照**)．

シールドの稼働に必要な動力，制御設備は，シールド断面の大きさや構造により，設備の一部または全部を後続台車に設置する（第3編 8.5参照）．

土圧式や泥水式の密閉型シールドではフード部とガーダー部は隔壁で仕切られ，フード部内は切羽の土水圧を保持する掘削土砂や泥水を満たしておく空間であるとともにカッターヘッドで掘削された土砂の排土装置への移動路でもある．また，ビット交換作業，障害物除去作業等を行うために，隔壁部には一般的にマンホールを設ける．

ガーダー部内はカッター駆動部，排土装置，シールドジャッキ等の機器装置を格納する空間として利用される．切羽部での作業時に圧気を併用するためにマンロックやマテリアルロックを設置する場合，作業員の出入りや資機材の搬出入に支障のないよう，スペースを検討しなければならない．テール部ではテールシールを後端に配置して，止水機能を持たせる．また，エレクターを備え，主としてセグメントの組立て作業を行う空間として利用する．

中折れ装置を装備しているシールドでは，シールド本体は前胴部と後胴部，あるいはそれ以上の複数個に分割され，中折れピン，中折れジャッキ等で連結される．

中折れ装置の採否はトンネル線形，シールド外径，シールド長さ，土質および路線周辺の状況等を考慮して決定する．

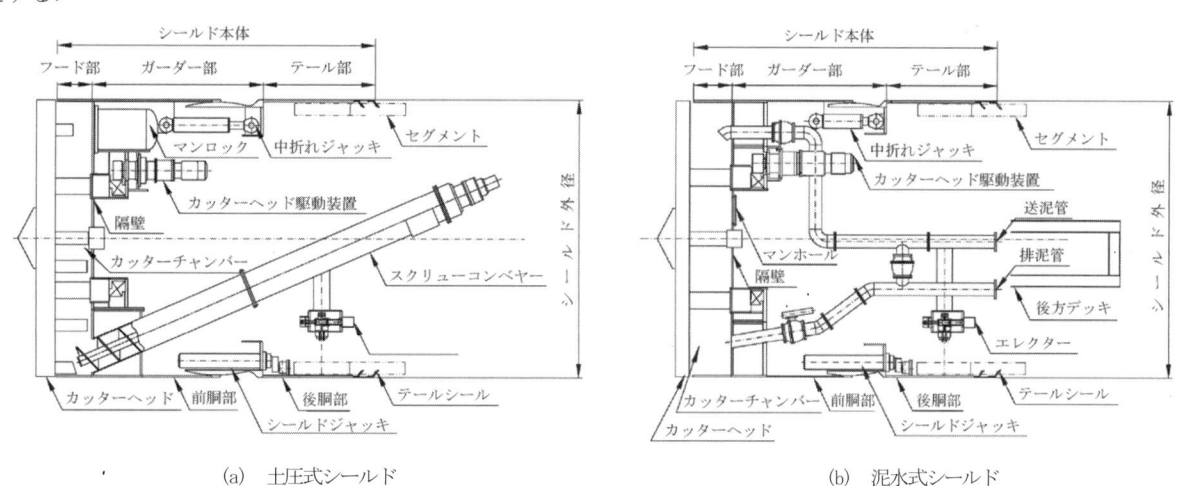

(a) 土圧式シールド   (b) 泥水式シールド

解説 図 3.3.1 密閉型シールドの構成例

3.2 シールドの外径

（1） シールドの外径は，セグメントリング外径，テールクリアランスおよびテールスキンプレート厚を考慮して決めなければならない．

（2） テールクリアランスは，セグメントリングの形状寸法，トンネル線形，セグメント組立て時余裕，テールシールの取付け等を考慮して決めなければならない．

【解 説】 （1）について シールドの外径を式で表せば次のようになる（**解説 図 3.3.2参照**）．

$$D = D_0 + 2(x + t)$$

ここに，D ：シールド外径

D_o：セグメントリング外径
x：テールクリアランス
t：テールスキンプレート厚

（2）について テールクリアランスは，シールドの方向転換やセグメントを組み立てるための余裕であり，一般に以下を考慮して決められる．なお，実績としては20～40mm程度が多い．テールクリアランスとテールスキンプレートの厚さの和はテールボイドの一部となるが，地山の性状や施工条件によっては地表面沈下等に影響することから，テールクリアランスの寸法は必要以上に大きくならないように検討する必要がある．

<u>1）シールドの曲線施工に必要な最小の余裕</u> シールドの曲線施工に必要な最小の余裕（x_1）は一般に次の式で表される（**解説 図 3.3.3**参照）．

$$x_1 = \delta/2$$
$$\cos\beta = (R - D_0/2 - \delta)/(R - D_0/2) \text{から}$$
$$\delta = (R - D_0/2)(1 - \cos\beta)$$
$$\fallingdotseq \frac{l^2}{2(R - D_o/2)}$$

ここに， R：曲線半径
l：テール長（セグメント前端からシールドテール端までの長さ）
$R + D_o/2$ ＝セグメント部の曲線外半径
$R - D_o/2$ ＝セグメント部の曲線内半径

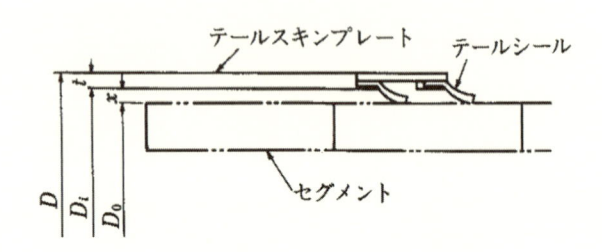

解説 図 3.3.2 テール部詳細図

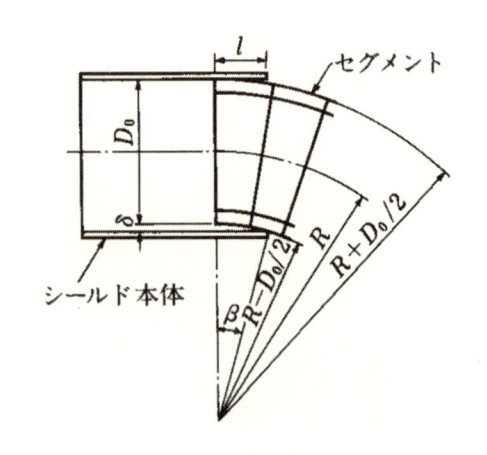

解説 図 3.3.3 曲線施工の余裕

<u>2）セグメント組立て時の余裕</u> セグメントの組立て位置は必ずしもシールドと同心円状にならないので，セグメント組立て時の余裕が必要になる．このセグメント組立て時の余裕は，セグメントの製作精度，変形等を考慮して決めなければならない．

<u>3）その他</u>
① 一般に曲線半径が小さくなるほど，大きなテールクリアランスが必要になるので，これに応じてシールド外径を大きくする必要がある．ただし，極端にシールド外径を大きくすると，掘削土量が増加することになり経済的ではないので，急曲線部のセグメント幅を短縮することやセグメントリング外径を縮小してテールクリアランスの確保を行うこともある．
② テール内に，テールシールを保護するための保護部材およびセグメント軸心を合わせるためのセグメントガイドが設けられる場合，これらを考慮したテールクリアランスを検討する必要がある（**解説 図 3.3.4**参照）．

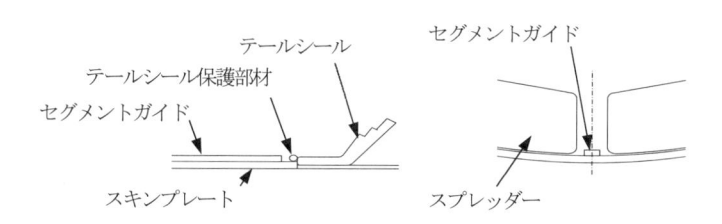

解説 図 3.3.4　テールシール保護部材およびセグメントガイドの設置例

3.3　シールドの長さ

シールドの長さは，地山条件，トンネル線形，シールド形式，中折れ装置の有無，セグメント幅，Kセグメントの挿入方式，テールシールの段数等を考慮して決めなければならない．

【解　説】　シールドの長さはシールド本体長さ，シールド機長，シールド全長で表現される．シールド本体長さ（l_M）はスキンプレートの長さの最大値をいい，また，シールド機長（L_1）は，シールドの前端からテール端までをいう（解説 図 3.3.5 参照）．

$$L_1 = l_C + l_M$$
$$l_M = l_H + l_G + l_T$$

ここに，　L_1　：シールド機長
　　　　　l_M　：シールド本体長さ
　　　　　l_C　：カッター部長さ
　　　　　l_H　：フード部長さ
　　　　　l_G　：ガーダー部長さ
　　　　　l_T　：テール部長さ

シールド全長（L）は，シールドの前端から後端までの長さの最大値をいう（解説 図 3.3.5 参照）．

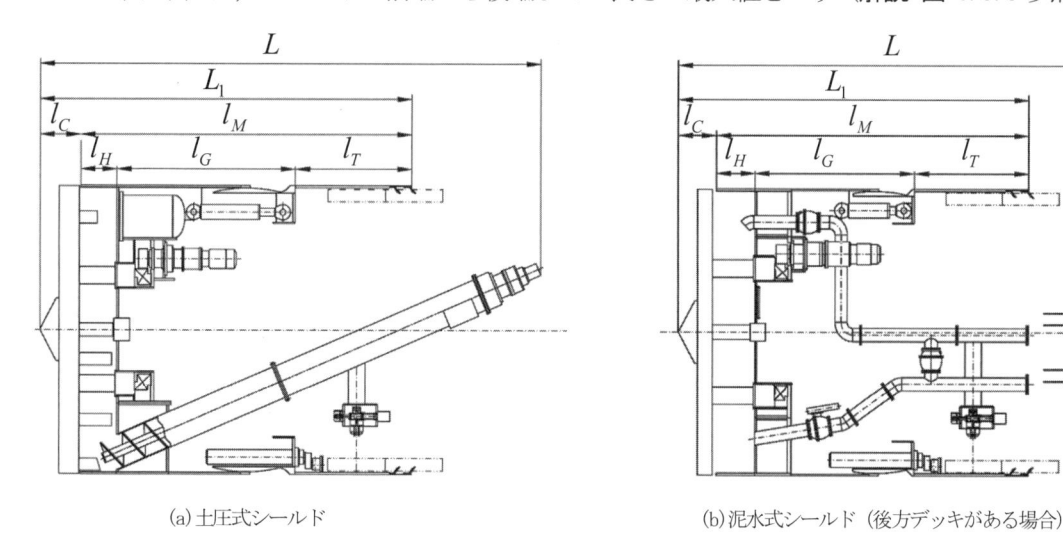

(a) 土圧式シールド　　　　　　　(b) 泥水式シールド（後方デッキがある場合）

解説 図 3.3.5　シールドの長さ

シールドの長さは，外径とのバランスを考慮したうえで，できる限り短いことが望ましい．シールド本体長さの実績値を解説 図 3.3.6 に示す．

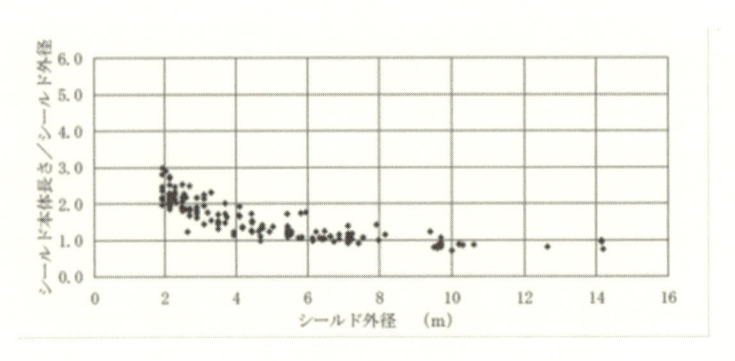

(a) 中折れ装置がない場合

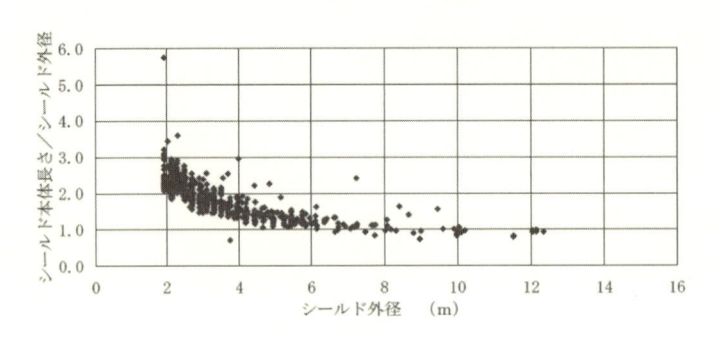

(b) 中折れ装置がある場合

解説 図 3.3.6　シールド外径（D）とシールド本体長さ（l_M）の関係

3.4　フード部

フード部の構造は，地山条件およびシールド形式に適合するように決定し，十分な強度を有するものでなければならない．

【解　説】　フード部内は，切羽の安定を保つため，掘削土砂や泥水を満たしておく空間であるとともに，掘削土砂の後方への移動路でもある．フード部の構造を決めるにあたっては，切羽安定と掘削土砂の排出状態を考慮する必要がある．土圧式シールドの場合は掘削土砂の撹拌が十分行えること，泥水式シールドの場合は泥水の流れを阻害しないように考慮することが重要である．このほか，土圧や水圧に対する強度も十分検討する必要がある．さらに，フード部の長さを決めるにあたっては，ビット交換作業，障害物除去作業等が必要になった場合の作業スペースも考慮して検討する必要がある．

3.5　ガーダー部

ガーダー部の構造は，シールドジャッキ，カッター軸受，カッター駆動部，中折れ装置および排土装置等の取付け空間を考慮して十分な強度と剛性をもつものとしなければならない．

【解　説】　ガーダー部は，シールドの主体構造であり，シールドへの全作用を受け持つ骨格となるので十分な強度が必要である．また，フード部とテール部は，ともにガーダー部が十分な剛性があるものと仮定して設計されているので，ガーダー部の設計にあたっては，十分注意をする必要がある（第3編 2.2参照）．

ガーダー部は，前方および後方にリング状等の剛性の高い構造体を設け，中，大口径シールドでは，支柱や梁で補強することが多い．

このように，ガーダー部前部および後部に十分な補強を施すことにより，ガーダー部のスキンプレートの板厚は，テール部やフード部より薄く設計される場合がある．

支柱や梁は，ガーダーからの荷重を支持するとともに，エレクター，排土装置，後方デッキ等の荷重を支持し，油圧機器，電気機器，配管，配線等の設備空間およびメンテナンス等の作業空間を確保できるように設計する必要がある．

中折れ装置をもつガーダー部においては，分割部近傍の強度と剛性についても，注意する必要がある．

3.6 テール部

(1) テール部の長さは，セグメント幅やテールシール取付け長さ等をもとに決めなければならない．
(2) テールスキンプレートの厚さは，変形について十分検討して決めなければならない．
(3) テール部は，安全で能率よく作業できるよう，その空間を確保しなければならない．

【解　説】　(1)について　テール部の長さは，セグメントのシールド本体内における組立て長さとテールシールの形状および段数より決定する必要がある．また，曲線施工等を考慮して若干の余裕を持たせる必要がある．

テール部の長さは，一般に次式により表される（**解説 図 3.3.7** 参照）．

$$l_T = l_J + C + b + C' + l_P$$

ここに，　l_T：テール部の長さ

l_J：シールドジャッキ取付け長さ

b：セグメント幅

l_P：テールシール取付け長さ

C：セグメント組立て余裕．半径方向挿入型Kセグメントの場合，100〜150mm程度が一般的であるが，軸方向挿入型Kセグメントでは，セグメントの挿入角度，継手角度，高さおよびKセグメント挿入部分の組立て状態を考慮した挿入代を加える必要がある．Kセグメント挿入代が不足すると，一次覆工の品質低下（セグメント組立て時の損傷，組立て精度の悪化）の原因となるため，施工性を考慮した長さを確保する必要がある．目安としてはセグメント幅の1/3〜1/2とするのが一般的である．

C'：その他余裕．実績としては50〜100mmが一般的である．

上記のうち，C'にl_Pを加えた長さ（テール内セグメントかかり代）が極端に短い場合，地山側に押し出されたセグメントへの土水圧，裏込め注入圧等の影響でKセグメントの抜け出しや脱落を生じる原因となる．反対に，極端に長い場合はテールスキンプレートの発生応力および変形量の増加，シールド本体長さが長くなることによる曲線施工性の低下，発進立坑の必要寸法増大などの懸念がある．そのため，テール内セグメントかかり代は実績や施工のバランス等も考慮して決定する必要がある．

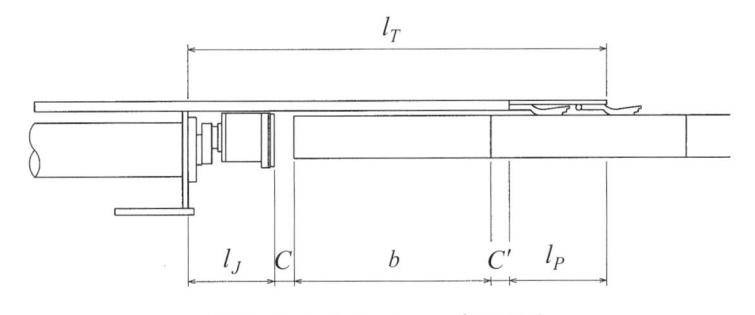

解説 図 3.3.7　テール部の長さ

(2)について　テールスキンプレート厚さは，必要となる強度を確保するとともに有害な変形が生じない範囲内で，テールボイドを極力小さくするために薄い方が望ましい．ただし，テールシールの取付けに必要な厚さを考慮する必要がある．また，テールスキンプレートに裏込め注入管やテールシール用グリース注入管を内包す

る場合は内包に必要な厚さを考慮する必要がある．

　（3）について　テール部では，セグメント組立て作業および測量作業等が安全で能率よくできるように空間を確保し，必要に応じて作業床，手すり等を設ける必要がある．また，裏込め注入を行う場合はその作業空間についても考慮が必要である．

3.7　テールシール

　　テールシールは，裏込め注入材や土砂を伴う地下水のシールド内への流入を防止するため，耐圧性，耐久性等を考慮して選定しなければならない．

【解　説】　テールシールは，施工中に作用する裏込め注入圧や地下水圧，泥水圧等に対し，十分な耐圧性を有していなければならない．また，施工延長，計画線形等を考慮し，耐久性についても向上させるよう検討する必要がある．

　テールシールは，セグメントが必ずしも，シールドテール部と同心円状に組み立てられるものではなく，偏心して組み立てられたり，変形することもあるので，テールクリアランスの変化に対する考慮が必要である．とくに曲線施工の場合，セグメントの偏心のほか，縮径セグメントを使用するなどによりテールクリアランスの変化が大きい．そのため，テールクリアランスが2倍程度になった状態でも，所要の裏込め注入圧や地下水圧，泥水圧等に耐えうるものでなければならない．

　テールシールの材質は，止水性，耐久性，セグメント外面への追従性が優れていることから，細鋼線を束ねたブラシ式が最も多く用いられている．ブラシ式テールシールは，通常複数段装備するが，ブラシそのものには止水性は無く，ブラシ内およびブラシ間に充填材を充填することではじめて止水シールとなり得るものである．充填材は，一般にテールシール用グリースが多く用いられるが，その目的はブラシ部分の目詰まり効果で止水するためのものであることから，シールド発進前にグリースの充填を入念に行う必要がある．さらに，掘進に伴いセグメント背面に付着して減少するため，定期的に補充する必要がある（第4編 3.3参照）．

　ブラシ間のテールシール用グリースの補充は，セグメントのグラウトホールを利用して行う方法とシールド本体に自動注入装置を装備する方法があり，施工条件を考慮して選択する．自動注入方式を採用する場合，注入位置に偏りが生じないように注入口の配置を検討する必要がある．

　裏込め注入材の付着防止等を目的として，ブラシ内にあらかじめウレタン樹脂等を充填することもある．

　一般にテールシールの装備段数は，地下水圧が高くなるほど，または施工延長が長くなるほど多くするが，そのほか，曲線施工の有無，途中での交換可否等を考慮して決定しなければならない．

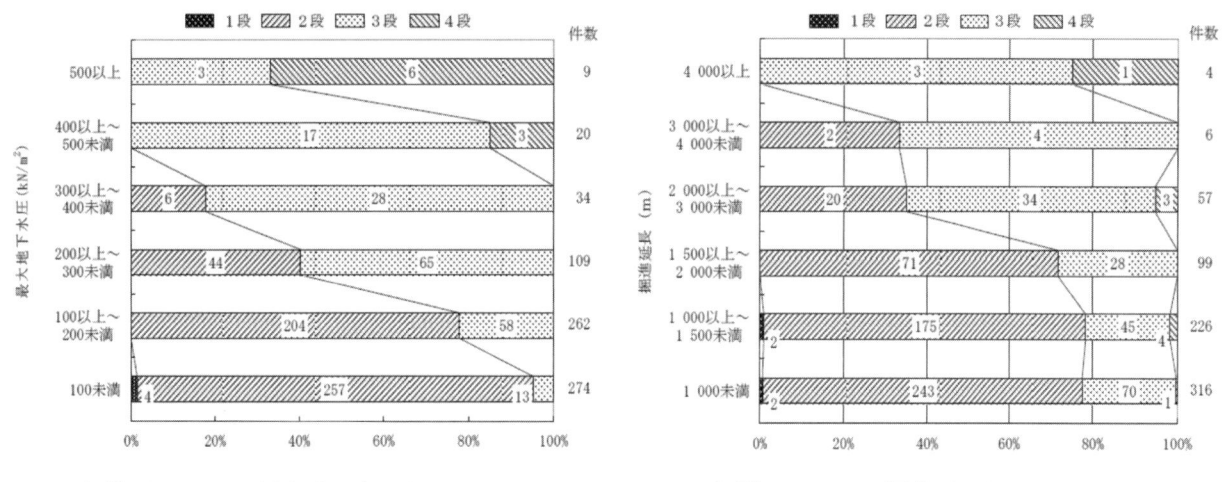

解説 図 3.3.8　最大地下水圧とテールシール
（ワイヤブラシ式）段数の関係

解説 図 3.3.9　掘進延長とテールシール
（ワイヤブラシ式）段数の関係

実績によると，最大地下水圧が200kN/m²までは2段が最も多く，200kN/m²を超えると3から4段装備とすることが多い(**解説 図 3.3.8**参照)．また，施工延長に対しては2 000mまでは2段が多く，2 000mを超えると3段装備とすることが多い(**解説 図 3.3.9**参照)．

なお，河川下や海底下を掘進する場合は，施工の安全を考慮し，単に地下水圧や施工延長の条件にかかわらず，耐圧性，耐久性について検討する必要がある．ただし，装備段数を増やす場合，シールド本体長さの増大による影響と対策について検討する必要がある．また，海底下掘進の場合，ブラシの材質を考慮して防錆対策を実施することもある．

テールシールの耐久性は，その材質，構造にもよるが，このほか使用するセグメントの背面の材質や平滑性，組立て精度によることが多い．曲線施工等でテールクリアランスが大きく変化した場合も，テールシール用グリースの減少による裏込め注入材の固化やブラシの一部変形等により性能が著しく劣化することがある．

切羽の土水圧に押されてシールドが後退すると，テールシールを破損させる原因となることから，シールドジャッキの油圧回路には圧力保持機構等，安全装置を装備する必要がある．

第4章 掘削機構

4.1 掘削機構の選定

掘削機構は，地山条件，施工延長，トンネル線形，施工条件等に応じて選定しなければならない．

【解　説】　掘削機構の選定にあたっては，シールド形式，カッターヘッドの形式，カッターヘッドの支持方式，カッター装備能力，カッターヘッドの開口，カッタービット等について，またそれらの組合わせについても考慮する必要がある．

4.2 カッターヘッドの形式

カッターヘッドの形式は地山条件に適合しその機能が確実に発揮できるように選定しなければならない．

【解　説】　カッターヘッドの選定にあたっては，切削方式，カッターヘッドの構造，形状について考慮し選定する必要がある．

1) 切削方式　切削方式は，回転切削方式が構造的にコンパクトであり，一般的に使用されている．なお，揺動式，偏心多軸式等のように円形以外の形状に対応できる切削方式もある．

2) 構造　構造は，スポーク形，および面板形があり，施工条件，地山条件，シールド形式，切削方式により決められる（**解説 写真 3.4.1**参照）．

(a) スポーク形 　　　(b) 面板形

解説 写真 3.4.1　カッターヘッドの構造

3) 形状　カッター側面の形状としてはフラット，セミドーム，ドームがある（**解説 図 3.4.1**参照）．これらの形状は，切羽の安定，地山条件等を考慮して決められている．フラットは掘削する土質が粘性土や砂質土のように破砕を必要とせずカッターヘッドにローラーカッターを装備しないか，あるいは，ローラーカッターを装備しても少数である場合に選定される．セミドーム，ドームは砂礫，岩盤の掘削のようにローラーカッターを多数装備して破砕しながら掘進することが必要な場合に選定される．とくに，粗石や強度が高い岩盤の掘削に対してはカッター外周部に装備するローラーカッターの個数を多くし，カッターヘッド側面の形状をドームとすることが多い．また，複数のカッターヘッドがある場合，構造上それらの配置が前後しているものがある．

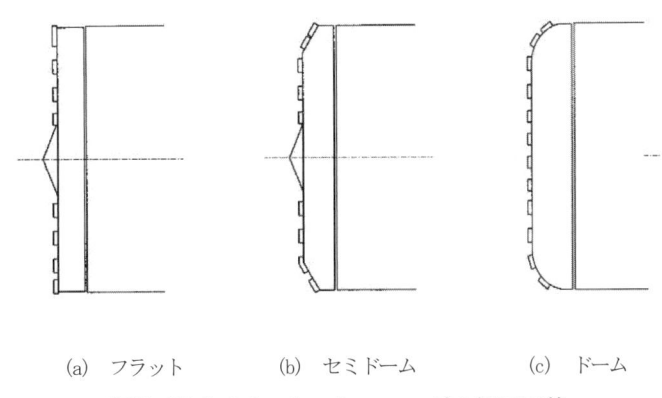

(a) フラット　　(b) セミドーム　　(c) ドーム

解説 図 3.4.1　カッターヘッドの側面形状

4.3　カッターヘッドの支持方式

カッターヘッドの支持方式は，シールド外径，地山条件等に適合するように選定し，排土機構との組合わせ等について検討しなければならない．

【解　説】　支持の種類には**解説 図 3.4.2**のような方式がある．
おのおののカッターヘッド支持方式の機能的特徴は，シールド外径によっても異なるが，相対的な比較をすると次のとおりである．

① センターシャフト支持方式　センターシャフト支持方式は，カッターヘッドの中心部がシャフトにより支持されている方式である．カッターヘッドの回転はシャフトを介して行われる．構造が簡単であり，中小口径シールドに使われる場合が多く，粘性土の付着の可能性が少ない．しかし，構造的に機内空間が狭いため巨石，粗石の処理等に難点がある．

② 中間支持方式　中間支持方式は，カッターヘッドの外周部と中心部の間の中間部が複数の支持脚により支持されている方式である．カッターヘッドの回転は支持脚を介して行われる．カッターヘッド支持位置が構造的に有利であり，おもに大中口径用に使われる場合が多い．ただし，カッター中心部の粘性土の付着防止等について検討する必要がある．

③ 外周支持方式　外周支持方式は，カッターヘッドの外周部がリング状のドラム，または，複数本の支持脚により支持されている方式である．カッターヘッドの回転はドラム，または，支持脚を介して行われる．本方式は小口径に採用されることが多い．機内空間が広く取れるため，小口径における巨石，粗石の処理が容易である．この方式は，カッターヘッド外周部で土砂の付着が発生しやすいため粘性土等の付着防止を検討する必要がある．

④ 中央支持方式　中央支持方式は，カッターヘッドの中心部がコーン状構造物により支持されている方式である．カッターヘッドの回転はそのコーン状構造物を介して行われる．本方式はおもに中小口径用に使われる場合が多い．コーン状構造物は中空で機内に通じているため，カッター内に装備した装置のメンテナンスおよびビット交換装置の採用や機内からの地盤改良等が容易にできる構造である．

⑤ 偏心多軸支持方式　偏心多軸方式は，一つのカッターヘッドが小型ユニット化した複数の駆動部により偏心支持されている方式である．偏心支持されたカッターヘッドは平行リンク運動を行う．機内空間が広く取れ，機内からの地盤改良が容易な構造である．この方式は回転半径が小さくカッターヘッド背面の土砂の付着は発生しにくいが，チャンバー内土砂の全体撹拌について検討する必要がある．

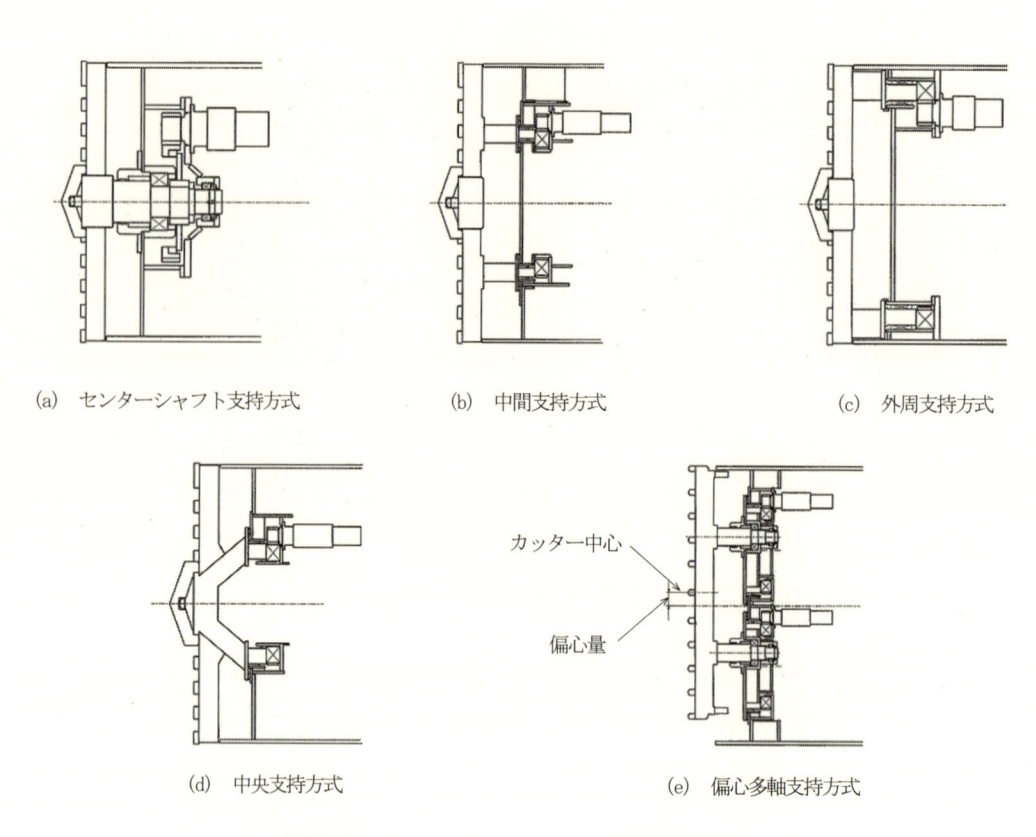

(a) センターシャフト支持方式　　(b) 中間支持方式　　(c) 外周支持方式

(d) 中央支持方式　　(e) 偏心多軸支持方式

カッター中心
偏心量

解説 図 3.4.2　カッターヘッドの支持方式

4.4　カッター装備能力

カッター装備能力は，地山条件，シールド形式，シールド構造，シールド外径を考慮して決めなければならない．

【解　説】　カッター装備能力には，カッタートルク，カッター回転速度がある．

<u>1)　カッター所要トルク</u>　所要トルクは，カッター回転時に作用する諸抵抗トルクの総和で，次式により求められる．

$$T_n = T_1 + T_2 + T_3 + T_4 + T_5 + T_6$$

ここに，T_n ：カッター所要トルク
　　　　T_1 ：土の切削抵抗によるトルク
　　　　T_2 ：土との摩擦抵抗によるトルク
　　　　T_3 ：土の撹拌抵抗によるトルク
　　　　T_4 ：軸受抵抗によるトルク
　　　　T_5 ：駆動部土砂シール摩擦抵抗によるトルク
　　　　T_6 ：減速装置の機械損失によるトルク

<u>2)　カッター装備トルクの実績</u>　装備トルクは，所要トルクに対して余裕をもつ必要があり，トルク係数を用いて次式により表される．

$$T = \alpha \cdot D^3$$

ここに，T ：装備トルク（kN・m）
　　　　D ：シールド外径（m）
　　　　α ：トルク係数

トルク係数は，シールド外径，土質等により異なるが一般的に次の範囲に設定することが多い（**解説 図 3.4.3** 参照）．

土圧式シールド　$\alpha = 10 \sim 25$ 程度
泥水式シールド　$\alpha = 8 \sim 20$ 程度

砂礫，粗石や岩盤の場合，上記範囲を超えることがある．

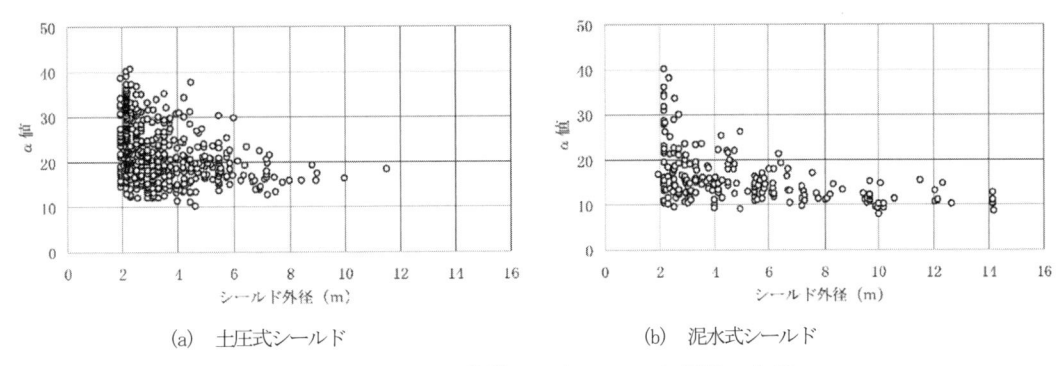

(a) 土圧式シールド　　　　　　　　(b) 泥水式シールド

解説 図 3.4.3　カッター装備トルクのトルク係数の実績

3)　カッター回転速度　カッター回転速度はカッターヘッドの最外周速度を基準として設定されるのが一般的である．カッターヘッドの最外周の速度はカッター回転速度を用いて次式により表される．

$$V = \pi \cdot D_c \cdot N$$

ここに，V：カッター外周速度　（m/min）
　　　　D_c：カッター外径　　　（m）
　　　　N：カッター回転速度　（rpm）

カッター外周速度は，計画掘進速度，土質等により異なるが，一般に $V = 15 \sim 25$ m/min の範囲に設定することが多い．高速施工の場合や地山が硬い場合は，切込み深さを考慮してカッター外周速度を上げることがある．切込み深さとは，カッターヘッドを回転させながら推進するシールドにおいて，カッタービットが，シールド推進方向に切羽を切り込む量のことである．

4.5　カッターヘッドの開口

カッターヘッドの開口は，地山条件，切羽安定機構および掘削能率を考慮してその形状，寸法および開口率を決めなければならない．

【解説】　1)　形状，寸法　面板形におけるカッターヘッドの開口寸法および形状はカッター面板による山留め効果と大きな礫の取込みサイズに注意して決めなければならない．

土砂の取込み開口部をスリットと呼び，一般的にスポークに沿った直線スリットになっているものが多いが，大きな礫を考慮してさまざまな形状が採用されている．

礫層の場合，スリットの寸法は，地山から出現すると想定される礫の最大径に応じて決めるのが一般的であるが，排土機構（土圧式シールドではスクリューコンベヤー，泥水式シールドでは排泥管）の大きさによっては，スリット幅を制限する必要がある．出現すると想定される礫径のほうがスリット幅よりも大きい場合，ローラーカッター等を装備して切羽前面での礫破砕機能を持たせることが多い．

固結粘性土層では，とくに中央部付近のスリットに土砂が付着して閉塞が発生しやすいため，開口寸法や位置，形状の決定には注意が必要である．

一方，スポーク形は面板のないカッターヘッド形式で，カッタービットを取り付けるスポークと補強部以外は開口となっており，おもに土圧式シールドに採用される．

2)　開口率　カッターヘッドの開口率は，次式で表される．

$$\omega_o = \frac{A_s}{A_r} \times 100 \,(\%)$$

ここに，ω_o ：開口率

A_s ：カッターの開口部分の総面積（ビットの投影面積は無視する）

A_r ：シールド断面積（≒カッターヘッド面積）

泥水式シールドの場合，開口率は10～30％程度とすることが多い．

土圧式シールドの場合，開口率が面板形では30～40％，スポーク形では60～80％程度の場合が多い．

一般に固結粘性土層のような付着力の高い土質に対しては，開口率を大きくして掘削することが望ましい．一方，崩壊性の高い地山では土砂の取込みが過多となるおそれがあるので，開口率について検討する必要がある．さらに泥水式シールドの場合では，長期掘進停止時のスリットからの崩壊を防止するスリット開閉装置を装備する場合もある．

4.6 カッタービット

カッタービットは，地山条件や掘進距離等の施工条件に適合するようにその種類，形状，材質，配置等を決めなければならない．

【解　説】　1)　種類　カッタービットの種類はティースビットやローラーカッター，先行ビット，フィッシュテール等がある（**解説 写真 3.4.2**参照）．おもな役割は以下のとおりである．

①　ティースビット　地山の切削と取込み

②　ローラーカッター　砂礫，粗石や岩盤の破砕およびティースビットの保護

③　先行ビット　地山の先行掘削，発進，到達部等の仮壁切削や地盤改良部の切削，およびティースビットの保護

④　フィッシュテール　カッターヘッド中心部の地山の切削，および，切削後の土砂のカッター開口部への取込み

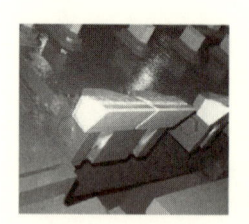

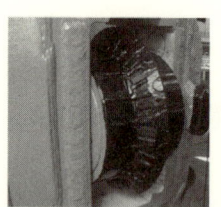

(a) ティースビット　(b) ローラーカッター　(c) 先行ビット　(d) フィッシュテール

解説 写真 3.4.2　カッタービットの種類

2)　形状　カッタービットの形状は，土質に応じた形状を選定するものとする．とくにティースビットについてはその形状に注意を払わなければならない（**解説 図 3.4.4**参照）．

固結粘性土層に対しては，すくい角，逃げ角を大きくし，礫層に対しては，角度を小さくするのが一般的である．また，チップの取付け方法には貼付けタイプと差し刃タイプがある．

礫層に対しては，チップの欠損，脱落を防止するため，チップを厚くしたり，差し刃とする場合がある．また，カッタービット自体が脱落しないように取付け方法を決定する必要がある．

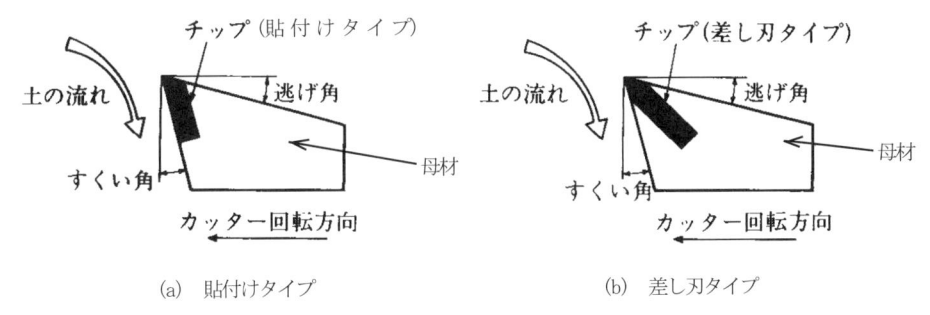

(a) 貼付けタイプ　　　　　　　　　　　　　(b) 差し刃タイプ

解説 図 3.4.4　カッタービットの形状

　カッタービットの高さは，土質と摺動距離より推定される摩耗量，掘進速度とカッター回転速度，同一円周上に設置されるカッタービットの数（パス数）により求められる切込み深さ等を考慮して決定する必要がある．
　カッタービットの取付け方法の例を**解説 図 3.4.5**に示す．

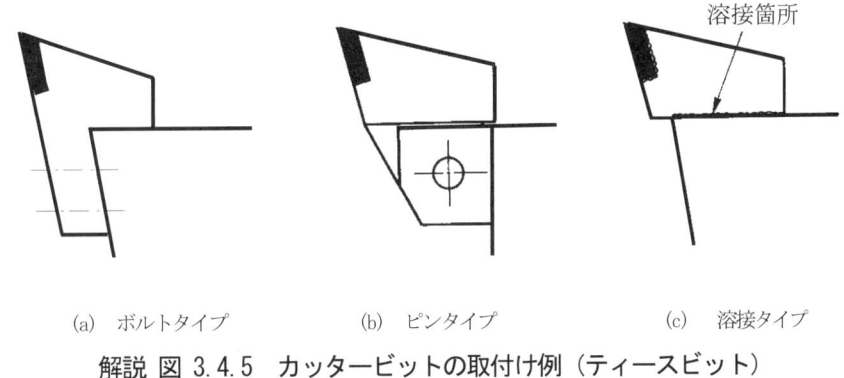

(a) ボルトタイプ　　　　　(b) ピンタイプ　　　　　(c) 溶接タイプ

解説 図 3.4.5　カッタービットの取付け例（ティースビット）

3)　材質　カッタービットのチップは，旧JIS規格（JIS M 3916）により硬度，抗折力が規定されている鉱山工具用超硬焼結合金が一般に使用されている．ほとんどのチップは抗折力が比較的高く耐衝撃性に優れるE5種と呼ばれる材料が用いられるが，礫等がない砂質土層等の長距離掘進では硬度が比較的高く耐摩耗性に優れたE3種が用いられることがある．

4)　設置　カッタービットは，地山条件，シールド外径，カッター回転速度，施工延長等を考慮し，その種類に応じて取付け位置，個数等を決定しなければならない．カッターヘッドの外周に装備されたカッタービットは内周に装備されたものに比べ，摺動距離が長くなる．カッターヘッドの同一円周上に装備されたカッタービットの個数がカッタービットのパス数であるが，カッターヘッド外周は内周に比べカッタービットパス数を増やすなどの考慮が必要となる（**解説 写真 3.4.3**参照）．

解説 写真 3.4.3　カッタービットの設置例

5)　ビットの寿命　カッタービットは，摩耗によるほかチップの欠損，脱落により交換を必要とする場合があ

る．摩耗は，シールド形式，土質，摺動距離，カッタービットの形状，材質等の要因に左右されるので，ビットの耐久性について検討し，事前に摩耗量の予測をするとともに，交換が必要な地点は地山条件等を考慮して決定し，確実な施工が行えるよう対策をたてなければならない．

① 摩耗量の予測　一般的に摩耗量は，次式によって予測している例が多い．

$$\delta = K \cdot \lambda$$
$$= K \cdot \pi \cdot D \cdot N \cdot L / V$$

ここに，δ　：摩耗量（mm）（最外周部）

K　：摩耗係数（mm/km）

λ　：摺動距離（km），$\lambda = \pi \cdot D \cdot N \cdot L / V$

D　：シールド外径（m）

N　：カッター回転速度（rpm）

L　：掘進距離（km）

V　：掘進速度（m/min）

ここで，摩耗係数は，土質，シールド形式，チップ材質，先行ビットの要否等によって異なり，類似条件の実績を考慮して定める．

② 摩耗検知　一般的にビットの摩耗の程度を判断するには，掘進データの変化を記録し，土質，機械面から総合的に判断する方法が採られている．また，補助的に摩耗検知装置と併用する場合がある．摩耗検知装置には，油圧式，電気式，超音波式，電磁波式等がある．

③ 摩耗対策　カッタービットの長寿命化は，カッタービット自体のチップの材質変更やカッターヘッドの同一軌跡上に高さの異なるビットを配置した場合，低いビットは高いビットに保護され摩耗が低減する性質を利用する方法，可動式予備ビットを装備する方法等がある．

6）ビット交換　摺動距離および地山条件，ビット摩耗等の耐久性を考慮してビットの交換方法について検討しなければならない．シールド機内からビット交換を行う方法として，薬液注入工法等の補助工法によって切羽を安定させて人力により行う方法と，補助工法を用いずに機械式にビットを交換する方法がある．機械式ビット交換装置を採用する場合，適用可能なシールド外径，カッターヘッド形状の制約，シールド機長への影響等の検討が必要である（第4編 4.7参照）．

4.7　カッター駆動部

カッター駆動部は，施工条件およびカッター支持方式に合わせて，その軸受および駆動ギヤーを選定しなければならない．駆動部土砂シールは土砂，地下水等の浸入に対してカッター駆動部内部を保護できるものでなければならない．

【解説】　カッター駆動部は軸受，駆動モーター，駆動ギヤー，駆動部土砂シールで構成されたカッター装置で最も重要な構成部品である（解説 図 3.4.6 参照）．

1）カッター軸受　軸受は，カッターに作用する荷重を受けると同時に，回転するカッターを支持するものであり，地山条件，施工延長に合わせて耐久性のあるものを選定する必要がある．

2）カッター駆動モーター　カッター駆動モーターは，カッター駆動部がカッター全体を旋回させるためのトルクを発生させる機器である．作動原理により次の方式がある．

① 油圧モーター　油圧によりトルクを発生させる．油圧モーター自体は比較的小さく，回転速度制御，トルク管理，微動調整（インチング）が容易である．砂礫，粗石や岩盤を掘削する小口径シールドに適する．また，切羽の可燃性ガス対策が必要な場合に有利である．駆動用の油圧元となる機器が必要となる．

② 電動モーター　電気を直接入力することによりトルクを発生させる．効率がよく，坑内環境がよい（騒音が小さく，坑内の温度上昇が少ない）等の特長がある．また，インバーター等を採用することにより回

転速度の制御も可能であるが，容量等によって高調波対策が必要な場合がある．

3) **カッター駆動ギヤー** カッター駆動ギヤーは，駆動モーターのトルクをカッターヘッドに伝達する役割で耐久性のあるものを選定する必要がある．一般的に平歯車が採用され，駆動部土砂シールにより土砂，水，埃の浸入が防止され，潤滑機能を持つギヤーケース内に格納されている．

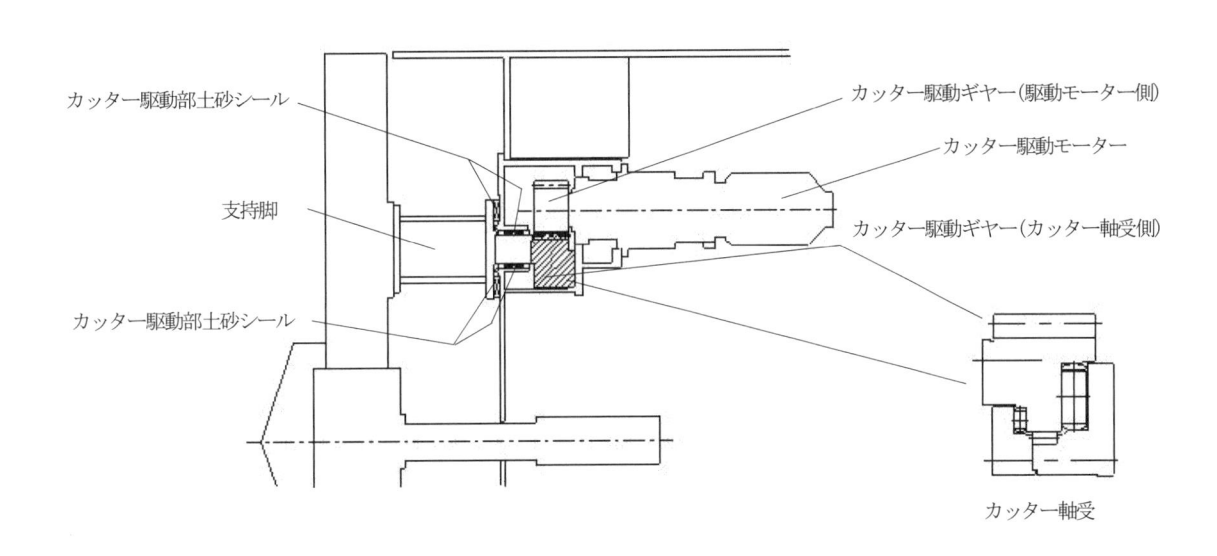

解説 図 3.4.6 カッター駆動部（中間支持方式）

4) **カッター駆動部土砂シール** カッター駆動部土砂シールは，土砂，地下水，添加材等の浸入からカッター駆動部内部を保護するものであり，カッターチャンバー内の泥土圧，地下水圧，泥水圧，添加材注入圧および圧気圧等に耐えられるものでなければならない．シールの形状は，単一リップと複数リップがあり，種々に組み合わせて多段に配置されている（**解説 図 3.4.7 参照**）．シールには，グリースまたはオイルを供給し，シール摺動面の摩耗防止と土砂等の浸入防止を行っている．シールの管理には，グリースの注入圧や量の管理，ドレンサンプリングおよび温度センサーによるシール摺動面温度の管理等がある．カッター回転速度が高速であったり，シール対象物の圧力が高い場合，シール温度が高くなりシールの劣化や破損が生じる可能性がある．そのような場合はシール冷却について考慮する必要がある．

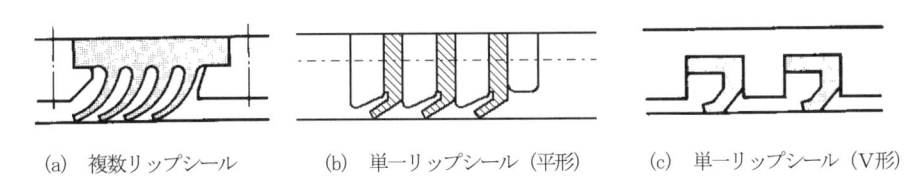

(a) 複数リップシール　(b) 単一リップシール（平形）　(c) 単一リップシール（V形）

解説 図 3.4.7 カッター駆動部土砂シールの形状

4.8 余掘り装置

余掘り装置は，シールドの曲線施工等に必要な余掘りを行うために装備し，地山条件および施工条件に応じた機能を発揮できるものでなければならない．

【解 説】 余掘り装置には，コピーカッターとオーバーカッターがある．これら余掘り装置は，シールドの曲線施工や方向修正に必要となる余掘りを行う．装置の設計にあたっては，地山条件，施工条件（とくに曲線施工等）およびシールド外径とシールド本体長さとの関係，中折れ装置の有無等を考慮して形式の選定や，仕様の決

定を行わなければならない．余掘り装置は，通常カッターヘッド内に組み込むため，簡易な構造で確実な動作をするように考慮する必要がある．また，十分な余掘り能力を発揮するために，地山を切削する刃先の形状，耐久性について考慮する必要がある．

1) コピーカッター　刃先をカッターヘッドからシールドの外側に向けて突出させ，任意の範囲の余掘りを可能にしたものである（**解説 写真 3.4.4，解説 図 3.4.8** (a)参照）．刃先の突出は，油圧ジャッキにより行うものが一般的である．このとき，油圧回路の途中に設ける回転継手の形状，構造は気密性や堅牢性に留意して決められる．コピーカッターの余掘り量，余掘り範囲は，運転者が容易に確認および調整できることが必要である．硬質地盤等，地山の状況によっては余掘り時に大きな掘削抵抗力が作用する可能性がある．コピーカッターストロークやカッタートルクが大きい場合は強度について十分検討する必要がある．また，コピーカッターの摩耗，耐久性等を考慮して予備を装備する場合がある．

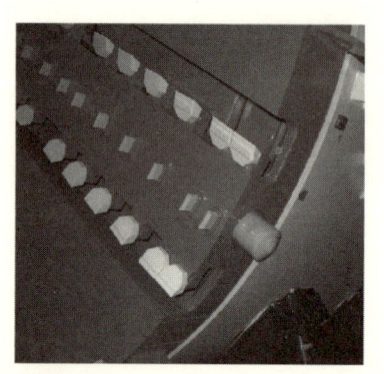

解説 写真 3.4.4　コピーカッターの設置例

2) オーバーカッター　刃先をカッターヘッドからシールドの外側に向けて突出させ，一定量の余掘りをシールドの全周にわたって行うものである（**解説 図 3.4.8** (b)参照）．刃先の突出は，油圧ジャッキにより突出量を調整して行うものと，最外周の固定ビットのように常に一定としているものがある．

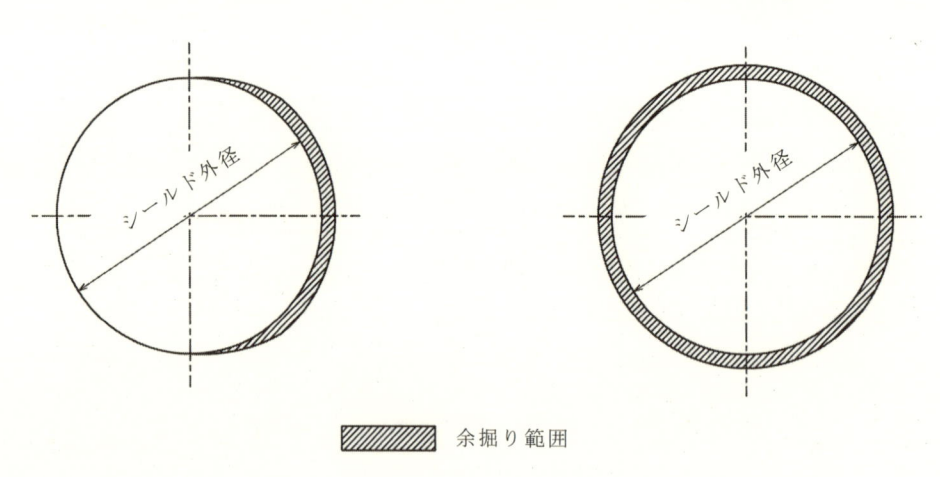

余掘り範囲

(a)　コピーカッターの場合　　　　　　　　(b)　オーバーカッターの場合

解説 図 3.4.8　余掘り範囲

第5章　推進機構

5.1　装備推力

シールドの装備推力は，掘進時に作用する諸抵抗の総和に安全率を考慮して決めなければならない．

【解　説】　シールドの推進抵抗は次の要素からなる．
① シールド外周面と土との摩擦抵抗，あるいは粘着抵抗（F_1）
② 切羽前面抵抗（チャンバー内圧力）（F_2）
③ 曲線施工等の変向荷重による推進抵抗（F_3）
④ テール内でのセグメントとテールシール部との摩擦抵抗（F_4）
⑤ 後続台車の牽引抵抗（F_5）

以上の掘進時に作用する諸抵抗の総和F_nは，次式のようになるが，適用にあたってシールド形式ごとの各要素を吟味し，施工条件，実績等によって安全率を考慮してシールドの装備推力を決めなければならない．

なお，F_4は，テールシール部の締付けによる摩擦抵抗を考慮したもので，セグメントに接触しているテールシールの周状の面積に土圧相当の圧力がかかることから，テールシールがセグメントを締め付ける荷重に摩擦係数を乗じて算出した抵抗要素になる．

なお，シールドジャッキの単位面積あたりの装備推力の実績を**解説 図** 3.5.1に示す．

$F = F_n \times$ 安全率

$F_n = F_1 + F_2 + F_3 + F_4 + F_5$

$$F_1 = \begin{cases} \mu_1 \cdot (\pi \cdot D \cdot l_M \cdot P_m + W) & \text{砂質土} \\ c \cdot \pi \cdot D \cdot l_M & \text{粘性土} \end{cases}$$

$F_2 = P_f \cdot \pi / 4 \cdot D^2$

$F_3 = \mu_1 \cdot q_2 / 2 \cdot D \cdot l_M$

$F_4 = \mu_2 \cdot P_m \cdot \pi \cdot D_0 \cdot l_s$

$F_5 = \mu_3 \cdot G$

ここに，μ_1　：鋼と土の摩擦係数
μ_2　：テールシール部とセグメントの摩擦係数（参考値：メーカー実験では0.2～0.3程度）
μ_3　：車輪とレールの摩擦係数
D　：シールド外径
D_0　：セグメントリング外径
l_M　：シールド本体長さ
l_S　：テールシールのセグメント接触長さ（参考値：実績によれば$=l_p \times 0.3$～0.4）
l_p　：テールシール取付け部長さ
W　：シールド質量
G　：後続台車質量
c　：粘着力
P_m　：シールドに作用する平均土圧$P_m = 1/4 \cdot (P_1 + P_2 + Q_1 + Q_2)$（第3編 2.1参照）
P_f　：切羽前面圧（隔壁にかかる土圧，泥水圧等）
q_2　：変向荷重（第3編 2.1参照）

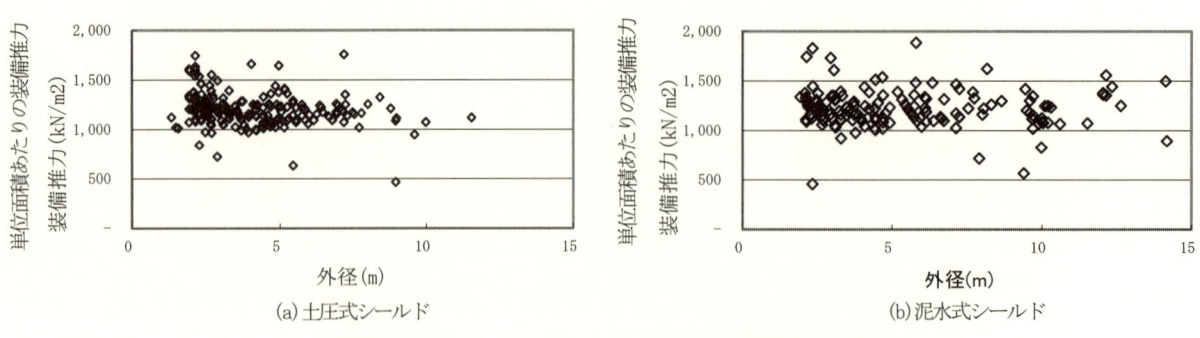

解説 図 3.5.1　シールドジャッキの装備推力の実績

> **5.2　シールドジャッキの選定と配置**
> 　シールドジャッキの選定と配置は，シールドの操向性，セグメントの種類およびセグメント組立ての施工性等を考慮して決めなければならない．

【解　説】　シールドジャッキの選定，配置にあたっては，次の事項に注意しなければならない．
1) ジャッキの選定について
　① ジャッキとスプレッダーの偏心量によるジャッキロッドの座屈に対する安定性を確認する．
　② ジャッキには高油圧を利用し，なるべくコンパクトな構造となるように考慮する．
　　　現状では，使用する油圧ポンプ，バルブ配管類等の関係から30〜40MPaが使用されている．
　③ ジャッキは軽量で耐久性に優れ，保守，交換が容易であるようにする．
2) ジャッキの配置について
　① ジャッキは，シールドスキンプレート内側に近接して等間隔に配置し，セグメントの全周に均等荷重を与えられるように考慮する必要がある．しかし，条件によっては，間隔の異なる配置とすることもある．
　② ジャッキは，推進軸がシールド軸線に平行となるように装備する．なお，ローリング修正を考慮して一部を可動装置により斜めに押せるようにすることがある．この場合は，ジャッキおよびセグメントに無理な荷重がかからないよう注意が必要である．
　③ 切羽の土水圧によりシールドは常に前面荷重を受けるので，セグメント組立て時等の掘進停止時に後退しないような確実な油圧の保持回路を設ける必要がある．
3) ジャッキの推力と本数について
　ジャッキ1本あたりの推力と本数は，シールド外径，総推力，セグメントの種類およびトンネル線形等の関係を考慮し定める．一般にシールドジャッキ1本あたりの推力は，中小口径シールドで500〜1 500kN，大口径で2 000〜5 000kNのものが使用されている．
4) スプレッダーについて
　① スプレッダーはジャッキの推力を均等に分布させるために，ジャッキのピストンロッドの先端にピン継手，球面継手等により取り付けられる．
　② スプレッダー高さはセグメント高さ，テールクリアランス等を考慮して決定する．
　③ セグメントに作用する偏荷重を極力小さくするために，スプレッダーをジャッキ中心から偏心させて，スプレッダーの推力中心をセグメントの中心にほぼ合わせることが一般的である（**解説 図 3.5.2** 参照）．ただし，その際ロッドに対して偏心分の曲げ荷重が作用するので，十分な剛性を保つためジャッキロッドの座屈に対する安定性を確認する．とくにセグメント幅が広い場合には，ジャッキロッドも長くなるので十分注意すること．さらに中折れ装置を有する場合は取付け位置の関係上，ジャッキ中心とセグメント中心がより大きく偏心するので，偏心量を極力小さくするよう考慮する必要がある．また，同一トンネル区間でセグメント高さが大きく異なるセグメントを使用する場合，セグメントに合

わせてスプレッダーを交換することもある．

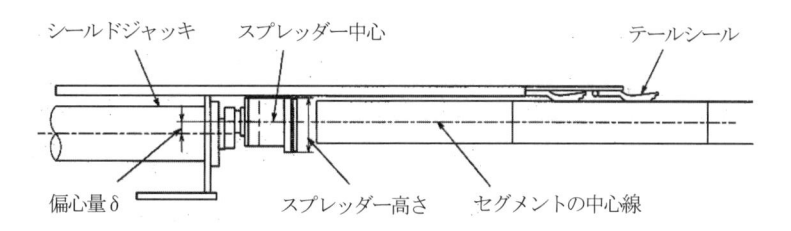

解説 図 3.5.2　スプレッダーの偏心の例

5.3　シールドジャッキのストローク

シールドジャッキのストロークは，セグメント幅に所要の余裕を考慮して決めなければならない．

【解 説】　ストロークの余裕は，セグメントをシールドテール内で組み立てる場合に必要なものである．半径方向挿入型Kセグメントの場合，シールドジャッキのストロークは，セグメントの幅に100～200mmを加えた長さを必要とする．また，軸方向挿入型Kセグメントの場合は，セグメント高さ，Kセグメント弧長，挿入角度，セグメント継手角度に応じ，さらにセグメント幅の1/3～1/2の挿入余裕を考慮したジャッキストロークが必要である．

5.4　シールドジャッキの作動速度

シールドジャッキの作動速度は，掘進速度および施工効率を考慮して決めなければならない．

【解 説】　シールドジャッキの作動速度は，装備能力としては全数のジャッキを使用した場合，40～60mm/min程度が一般的である．実際の掘進速度の実績は，直線部で20～45mm/min，曲線部で15～35mm/min程度，高速施工の場合は60～100mm/min程度である．ただし，発進，到達部の直接切削用の仮壁や地盤改良部は掘進速度を下げて数mm/min程度とする場合がある．また，ジャッキの戻り速度は，セグメントの組立て時の作業効率を高めるために大きくする傾向にある．

第6章 セグメント組立て機構

6.1 エレクターの選定

エレクターは,シールド形式と大きさ,セグメントの分割や形状,排土機構,作業サイクル等を考慮し,セグメントの組立てが安全で正確かつ効率的にできるものを選定しなければならない.

【解　説】　エレクターは,テール部でセグメントを所定の形状に組み立てる装置であり,旋回動作のほか把持部の前後摺動および昇降動作が行える機能を備えていることが必要である.旋回および昇降を行う機器等には一般的に油圧式が用いられている.

また,円形以外の特殊断面では,セグメントの組立て時の施工性についても考慮する必要がある(第3編 11.1 参照).

エレクターはシールド本体のリングガーダー部に装備されるのが一般的である.

1) **旋回装置**　旋回装置は中空の円形リングで,その支持構造によりリング式と中空軸式に分けられる(**解説写真 3.6.1**参照).リング式は,ガーダー後部,またはシールドジャッキスプレッダー付近のテール部に設けられたローラで支持されるもので,位置決め精度は比較的粗いが,一般的によく用いられている形式である.中空軸式はガーダー後部に設けられた軸受で支持されるもので,高い剛性あるいは自動組立てのための高精度な位置決めが必要とされる場合等に用いられるが,旋回時の有効中空径が小さくなるため,排土装置等の設置スペースについて検討する必要がある.

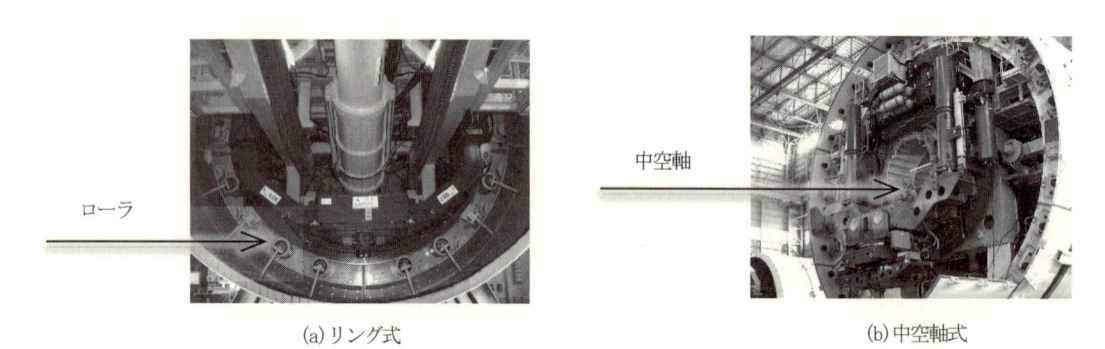

(a) リング式　　　　　　　　　　　　(b) 中空軸式

解説 写真 3.6.1　旋回装置の種類

2) **セグメント把持装置(エレクターグリップ)**　セグメント把持装置には,手動式,機械式およびバキューム式があり,装置の設置スペース,作業の能率,安全性等を考慮して決定する必要がある(**解説 図 3.6.1**参照).特殊な形状のセグメントや二次覆工一体型セグメント等において,継手構造により高精度な位置決めが要求される場合,セグメント振止め装置等,把持したセグメントの姿勢制御機構について検討する必要がある.

3) **摺動装置**　セグメントをトンネル軸方向に移動させる装置で,手動式と油圧式があり,作業の能率,安全性等を考慮して決定する必要がある.

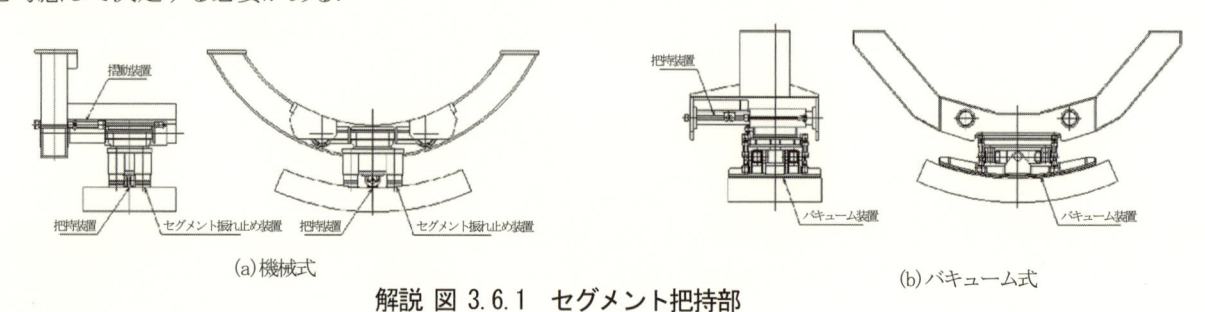

(a) 機械式　　　　　　　　　　　　(b) バキューム式

解説 図 3.6.1　セグメント把持部

4) **昇降装置**　昇降装置は,セグメント把持装置をトンネルの半径方向に移動させることにより組立て位置を

決めるものである．昇降装置の支持アーム形状は，両アーム型，片アーム型，リンク型等の種類があり，シールド外径，セグメント形状等を考慮して選択する必要がある．

5) セグメント自動組立て装置　以下の目的で，セグメント自動組立て装置を用いる場合がある．
① 組立て作業の安全性向上
② 組立て精度の向上（品質の向上）
③ 作業の省力化
④ 作業の効率化

自動組立て装置はセグメントの供給，把持，位置決め，継手締結等の装置で構成されるが，その採用にあたっては，セグメントの形状，坑内環境，安全性，機械の耐久性，自動化の範囲等について検討しなければならない．

6.2 エレクターの能力

エレクターの能力は，セグメントの種類，形状，質量および組立ての順序等を考慮して決めなければならない．

【解　説】　エレクターの能力は，次の事項で表示される．

1) 押込み力　セグメント組立て時，把持したセグメントを組立て位置に押し込んだり，または半径方向挿入型のKセグメントを挿入したりするための能力である．

2) 吊上げ力　セグメントの最大ピース質量の1.5～2倍とするのが一般的である．

3) 回転力　エレクターは，セグメントの最大ピースを把持し，かつ昇降装置が最大ストロークの状態においても容易に回転でき，かつ停止中はロックできるようにしなければならない．高水圧への対応等によりセグメントシールの反発力が大きい場合，これを押しつぶす能力が必要となることもある．この場合，セグメント把持装置および吊手部の強度についても，検討する必要がある．

4) 回転速度　作業能率を考慮して微速と高速の二段階制御にすることもある．この場合，周速度は高速では250～400mm/sec，微速では10～50mm/sec程度が一般的である．

5) 昇降速度　トンネルの半径方向に伸縮する速度で，50～200mm/sec程度が一般的である．

6) 前後摺動距離　セグメント組立て時，セグメントをトンネル軸方向に移動できる距離で，150～300mm程度が一般的である．ただし，軸方向挿入型Kセグメントの場合は，挿入代を摺動距離に追加する．挿入代はセグメント高さや挿入角度および継手角度等により異なるため，適宜検討する必要がある．

7) セグメント自動組立て装置の付加能力　セグメント自動組立て装置には，制御機構（油圧サーボ等）や組立て方法により，上記1)から6)までの力および速度を制御可能にする能力を付加する場合がある．

6.3 セグメント組立て補助機構

セグメント組立て補助機構は，設置スペースや作業性を考慮して選定しなければならない．

【解　説】　セグメントを正確に組み立てなければ，次のセグメントの組立てが困難となる．したがって，正確に組み立てるため，次のような組立て補助機構を設けることがある．

1) 形状保持装置　直前に組み立てたセグメントリングの形状を保持する装置であり，上下拡張式と上部拡張式がある（解説 図 3.6.2参照）．装置の拡張および収縮は内蔵した油圧ジャッキにより行う．
形状保持装置を設置することにより，セグメント搬入等，作業スペースが制限されることがあるため，その採用および形式の選定にあたっては，設置スペースや作業性を検討する必要がある．実績ではシールド外径5m以上に採用されることが多い（解説 図 3.6.3参照）．その設置要否の判定について，セグメント継手に締結力を有さないセグメントを使用する場合は，トンネル規模，地山条件，施工方法等を考慮してとくに慎重に検討する．形状

保持装置の検討にあたっては，覆工の規模だけでなく，セグメント継手の締結力の有無等に配慮する必要がある．

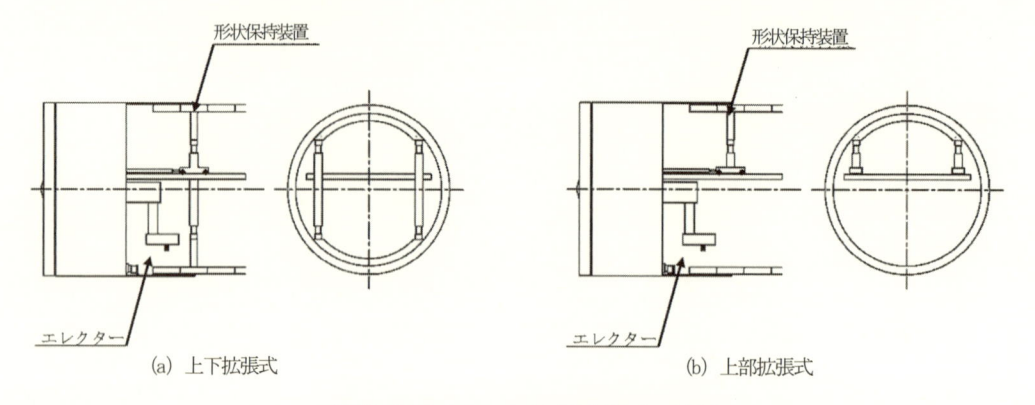

(a) 上下拡張式　　　　　　　　　(b) 上部拡張式

解説 図 3.6.2　形状保持装置の種類

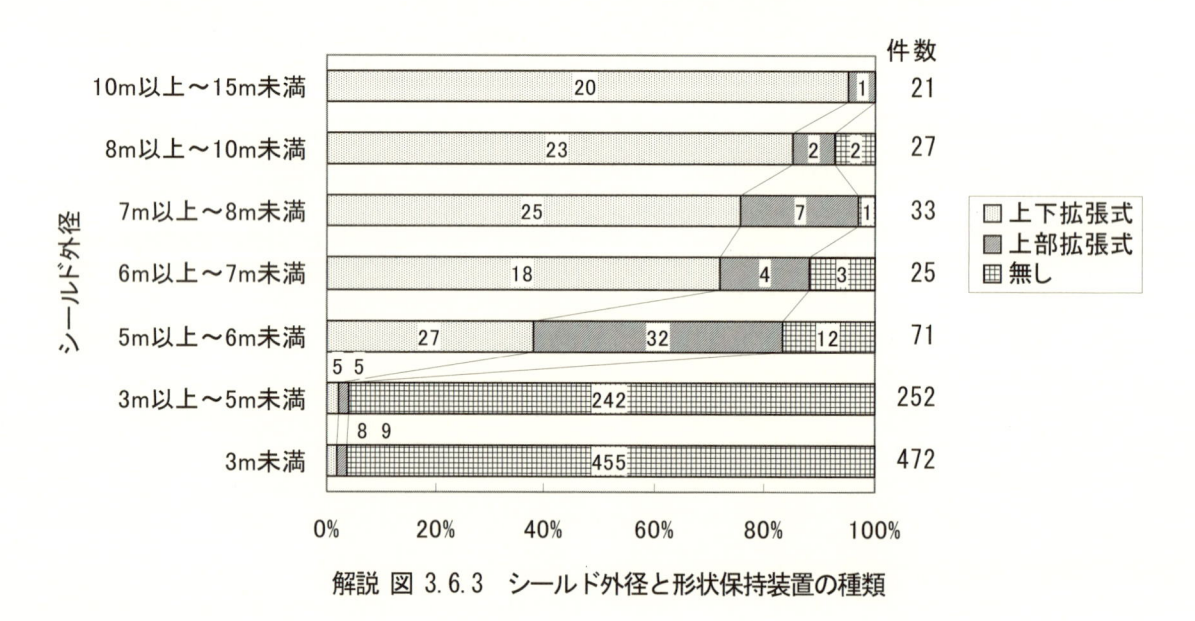

解説 図 3.6.3　シールド外径と形状保持装置の種類

2) セグメント押上げ装置　Kセグメント組立て時にセグメント自重によるBセグメントの垂れを持ち上げる場合や，複円形シールドにおける中柱組立て時の補助として，セグメント押上げ装置等を装備することもある (**解説 図 3.6.4参照**)．

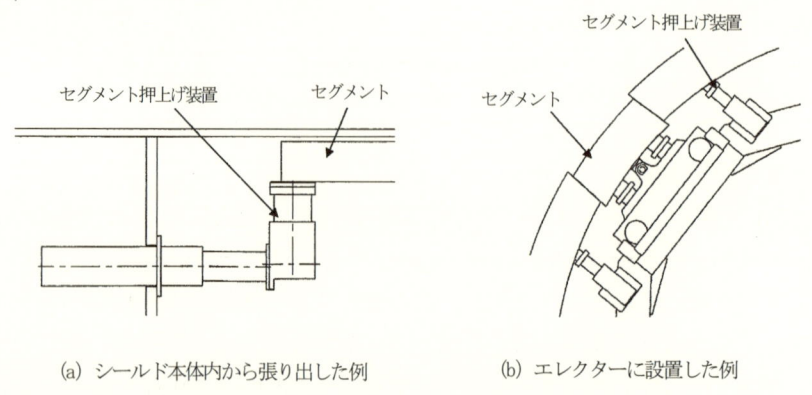

(a) シールド本体内から張り出した例　　(b) エレクターに設置した例

解説 図 3.6.4　セグメント押上げ装置の例

3) その他　シールドのテール内面にセグメントガイドを設けてセグメントの降下を防止したり，エアバッグ式等の形状保持装置を設けて自重等によるセグメントの変形を抑制しクリアランスを確保することで，組立て作業を容易にする方法もある．この場合，テール部内径が縮小されるため方向制御等に与える影響を考慮する必要がある．

第7章　油圧，電気，制御

7.1　油　　圧

> 油圧回路は各機器が確実に作動し，異常停止時は動作部が停止位置を安全に保持できるようにしなければならない．また，油圧機器は使用条件に適応できるように考慮して選択しなければならない．

【解　説】　油圧回路はシールドジャッキ系，カッター系，エレクター系等各系統別に構成されるが，動力源は系統ごとに装備される場合と，おのおのを共用する場合がある．油圧機器は一般建設機械と異なり，高圧大容量で使用環境が厳しいため，その選択，設置計画にあたっては以下の事項に注意を払う必要がある．

1) 制御指令にもとづき，各動作部が確実に作動し，外力を受ける動作部は停止時でもその位置を保持できるように考慮する．また，電源遮断や非常停止時の場合でも，停止位置を安全に保持できるようにする．

2) 使用する油圧機器は高温，多湿，土砂，粉じん等の使用条件および高効率，低騒音，耐久性等を考慮して選定する．

3) 油圧作動油は一般に鉱物性作動油（JIS K 2213「タービン油」）が使用されており，その清浄度が油圧機器の性能維持に大きく影響するため，使用にあたっては，配管系統の防じんを考慮する．

4) 消防法に従い，法令が適用される危険物指定数量 6 000 ℓ 以上のオイルタンクは水張りテスト等の手続きを必要とする（第4編 7.3 参照）．

7.2　電気機器

> 電気機器は，必要に応じ，防水，防滴，防湿，防じんおよび防振性に留意して選択，設置しなければならない．

【解　説】　坑内は湿度が高く，漏水することも考えられるので各電気機器については，次のような注意を払う必要がある．なお，メタン等可燃性ガスが存在する場合は，危険領域に応じた防爆性能を有する構造としなければならない（第4編 5.9 参照）．

1) 電動機は，一般に全閉外扇屋外型とする．

2) 動力盤，分電盤，操作盤などは防じん，防滴を考慮したものとするか，粉じん，漏水の恐れのない場所に設置する．盤の材料や構造は JIS C 8480 によらなければならない．とくに，シールド本体内の電気設備は施工中における漏水や出水に考慮する．

3) 漏電遮断器の安全規則および構造基準は，労働安全衛生規則，電気設備に関する技術基準を定める省令および JIS C 8201 によらなければならない．

7.3　制　　御

> シールドの制御は各機器が確実に作動し，掘削，推進，排土等相互に関連する機構およびその他の機構がバランスよく機能するシステムにし，異常時にも安全に対処できるようにしなければならない．

【解　説】　掘削機構，推進機構，排土機構，セグメント組立て機構およびその他の機構が安全，確実に作動するために，以下の事項に注意を払う必要がある．

1) 常に各機構の運転状態を表示し，異常時にはその情報をわかりやすく表示する（**解説 表** 3.7.1 参照）．

解説 表 3.7.1 おもな計装項目とセンサー

計装項目		センサー
カッターチャンバー内圧力	土圧式	土圧計
	泥水式	水圧計
シールドジャッキ	ストローク	ストローク計
	速度	速度計
	圧力	油圧計
カッター	回転速度	近接スイッチ，ロータリーエンコーダー
	トルク	油圧計または電力計（電流計）
スクリューコンベヤー	回転速度	近接スイッチ，ロータリーエンコーダー
	トルク	油圧計または電力計（電流計）
コピーカッター	ストローク	流量計，ストローク計

2) 操作を誤った場合でも，装置の保全を図るインターロックや警報機能を設ける．
インターロックのおもな例を以下に示す．
　① カッタートルク上限でシールドジャッキ伸び停止
　② カッター回転速度が所定値以下でシールドジャッキ伸び停止
　③ エレクター昇降ジャッキ伸びでシールドジャッキ伸び不可

3) 電源遮断や非常停止等の異常時には，各動作部はただちに停止，または安全位置で停止することができるようにする．シールドジャッキの後退防止については，第3編 5.2 を参照し対応すること．また，漏水や出水が起こりうることを想定し，スクリューコンベヤーからの噴発については，第3編 9.6 を参照して対応する．

4) シールド機の隔壁に設置する土水圧計は，切羽の安定状態を把握するための重要な計測器であるため，なるべく交換可能なものを使用し，配置位置，個数，計測精度等についても検討が必要である．

5) 切羽の安定を保つために，切羽の土水圧や排土量の管理を掘進速度や掘削土砂の性状に応じてリアルタイムに行う掘進管理システムを設けることがある．

第8章 付属機構

8.1 姿勢制御装置

姿勢制御装置は，地山条件，トンネル線形，シールド形式等を考慮し，確実にシールドの姿勢制御ができるものを選定しなければならない．

【解　説】　姿勢制御装置は，トンネル線形（曲線，勾配）にあわせて正確にシールドを掘進するためにシールドの姿勢を制御する装置であり，一般にシールドジャッキの操作のみでは姿勢制御が困難な場合に使用される．装置の検討にあたってはシールドの重心位置，浮力の中心位置に注意するとともに，次の事項を考慮しなければならない．

1) 地山条件，トンネル線形，土質の硬軟，シールド形式等により，姿勢制御装置の種類，形状，個数，位置を選定し，検討しなければならない．

2) シールドの掘進によって生じる抵抗土圧に対して十分な機能と強度を有し，また，これを取り付ける箇所のシールド本体の強度についても注意しなければならない．

姿勢制御装置には，次のものがある．

① <u>余掘り装置</u>　土圧式，泥水式シールドのカッターヘッドに取り付けるコピーカッター，オーバーカッター等，シールド外径より大きく切削する機構である．この余掘りによって推進抵抗を低減して姿勢制御をしやすくする（第3編 4.8参照）．

② <u>中折れ装置</u>　シールド本体の前胴部と後胴部を分割して中折れジャッキにより屈曲させて曲線施工時等の姿勢制御をしやすくする（第3編 8.2参照）．

③ <u>ローリング修正装置</u>　シールドジャッキを円周方向に角度（θ）をつけることによる推進反力の分力を利用してローリングを修正するものである．おもに軟弱地盤での施工や複円形シールド，非円形シールドにおいてカッター回転による切削反力でローリング修正が困難な場合に装備されることが多い（**解説 図 3.8.1**参照）．

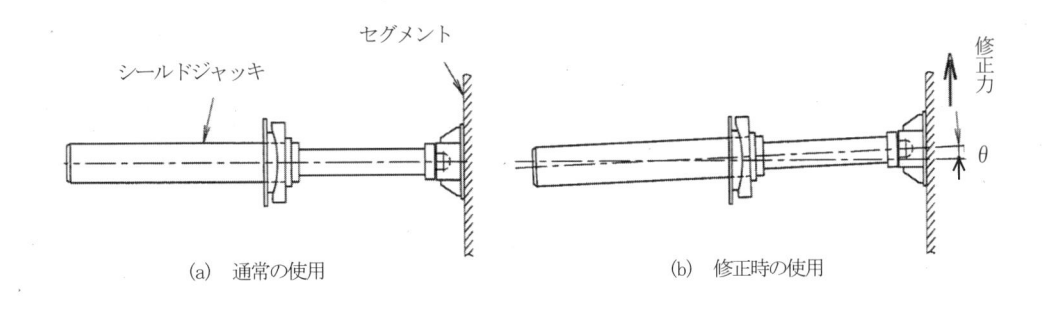

解説 図 3.8.1　ローリング修正装置

④ <u>可動そり</u>　シールド本体下部に設置し，そりの出し入れによって自重による沈降を防ぐとともにピッチングの修正を行う．また，円形以外のシールドでは可動そりによってローリング修正を行なう場合がある．

8.2 中折れ装置

中折れ装置は，トンネル線形，地山条件，シールド形式等に適合し，その機能が確実に発揮できる方式と機構を選定しなければならない．

【解　説】　曲線施工時の線形確保および姿勢制御のため，シールド本体を前胴部と後胴部に分割して中折れジ

ャッキにより屈曲させ掘進時の余掘り量を低減させるとともに，推進分力を発生させることで曲がりやすくする中折れ装置を装備する場合がある．曲線半径300m程度以下については，シールド外径，シールド機長，余掘り量，セグメントの形状寸法と材質，地上や地中の重要構造物との近接施工等により中折れ装置の要否について検討する必要がある（実績は**解説 図 1.3.11，1.3.12参照**）．シールド機長等の条件によっては中折れ装置を2ヶ所設置することもある．中折れ装置の採用にあたっては，次の点に留意する必要がある．

<u>1) 中折れ装置の留意点</u>
　① 中折れシールの止水性
　② シールド本体屈曲時におけるシールドジャッキスプレッダーの推力中心とセグメント中心線との偏心量（セグメント座屈変形防止等）（**解説 図 3.5.2参照**）
　③ 土圧式シールドのスクリューコンベヤーまたは泥水式シールドの送排泥管等の機内干渉

<u>2) 中折れ方式</u>　中折れ方式の代表例としては，以下がある（**解説 図 3.8.2参照**）．
　① シールドジャッキを前胴部に支持させる前胴押し方式
　② シールドジャッキを後胴部に支持させる後胴押し方式

急曲線施工では，中折れ角度に関わらずシールドジャッキとセグメントの位置関係が一定でそれぞれの軸芯の相対角度が小さくセグメントへの負荷の影響が少ない後胴押し方式が一般的に使用されている．

<u>3) 中折れ機構</u>　中折れ機構の代表例としては，以下がある（**解説 図 3.8.3参照**）．
　① 屈曲部の回転中心をシールド中心とするX中折れ機構
　② 屈曲部の回転中心をシールドカーブ内側とするV中折れ機構

急曲線施工では中折れ角度を大きくできるX中折れ機構が一般的に使用されている．

<u>4) 中折れジャッキ</u>　中折れジャッキ総推力は後胴押し方式の場合，シールドジャッキ装備推力の 70～80% 以上とする．

<u>5) 中折れ補助機構</u>　特殊な中折れ装置として，推進抵抗や余掘り量をさらに低減させるために，カッターヘッド部を曲線内側に偏心スライドまたは傾斜させるカッター移動機構等が使用されることもある．

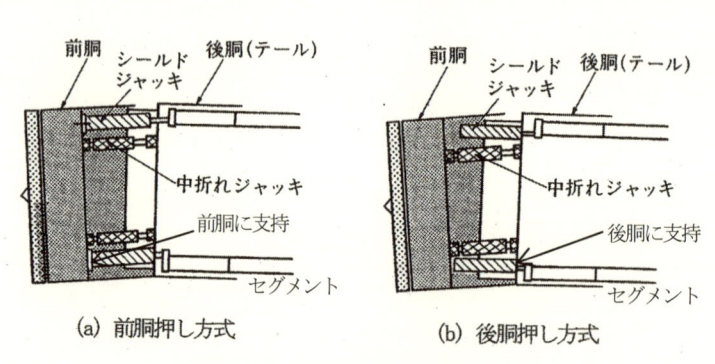

解説 図 3.8.2　中折れ方式

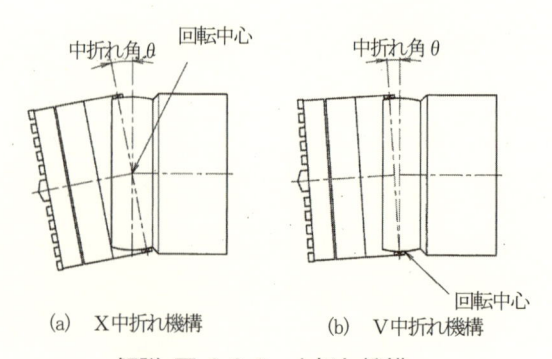

(a) 前胴押し方式　　(b) 後胴押し方式

解説 図 3.8.3　中折れ機構

(a) X中折れ機構　　(b) V中折れ機構

8.3 姿勢計測装置

姿勢計測装置は，高温多湿の環境条件にある坑内においても十分精度を保つものでなければならない．

【解 説】 シールドに搭載する姿勢計測装置は，シールドの姿勢を把握するために計測目的に合わせて選定しなければならない．

姿勢計測装置は，一般に次のものが使用されている．

① ピッチング ：傾斜計，下げ振り
② ヨーイング ：シールドジャッキストローク計，ジャイロコンパス
③ ローリング ：傾斜計，下げ振り

なお，シールドの位置，姿勢を自動計測するために，レーザー，ターゲット，光波距離計，ジャイロコンパス，水レベル計等を組み合わせてシステム化したものも使用されている．

また，大口径シールドではテールクリアランスを計測する装置を設ける場合がある．

8.4 同時裏込め注入装置

同時裏込め注入装置は，注入材料，注入方法，注入量等を考慮し，テールボイドに注入材を確実に充填でき，また，維持管理が容易にできる機構を選定しなければならない．

【解 説】 裏込め注入方法には，シールド本体テール部に設けられた注入管から行う方法とセグメントがテールを抜けた直後にセグメントの注入孔から行う方法がある．同時裏込め注入装置は前者のテール部に設けられた注入管によりテールボイドに連続して注入できる機構をいう（解説 図 3.8.4 参照）．

同時裏込め注入装置は，一般的にスキンプレート外面から突出した構造となるため，注入管の径，取付け位置等についてできるだけ地山を乱さないような構造とし，シールドの発進時にエントランスパッキンの機能を損なわないような構造とする必要がある．とくに洪積層等の硬質な地盤の掘削あるいは曲線施工等がある場合は，スキンプレートに埋込みをするなどできるだけ突出代の小さいものを採用し，装置前方に保護ビットを取り付けたり，装置先端部の補強等の考慮が必要である．また，発進部等の仮壁掘削時は前方であらかじめ突出部分を切削する方法を考慮する必要がある．

注入作業にあたっては，注入材料の吐出口からの土砂や水の逆流を防ぎ連続して注入が行えるように，また，注入管内や吐出口での固結に対しては洗浄回路を設けて容易に機能回復が図れるように考慮する必要がある（第4編 3.7参照）．

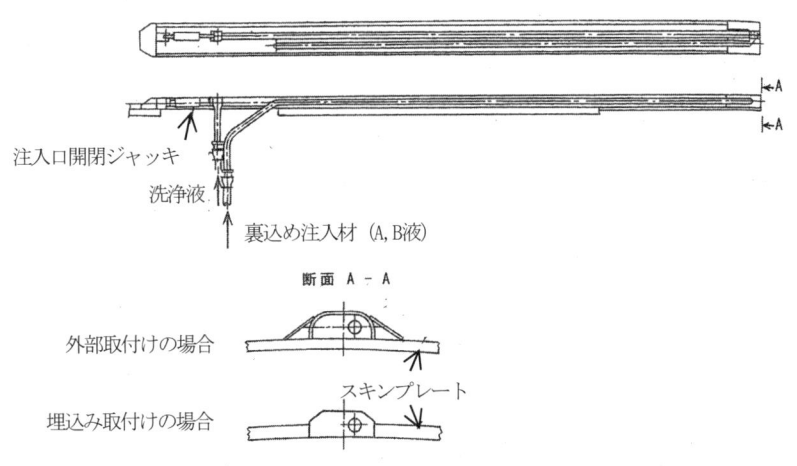

解説 図 3.8.4 同時裏込め注入装置

8.5 後続台車

後続台車は，シールド掘進のために必要な機械設備や各種設備等を搭載し，シールドとともに移動できるものでなければならない．

【解　説】　後続台車は，シールド外径，形式，装置容量によってシールド機内に設置できない運転席，油圧装置，電気装置を設置するとともに，掘削土砂搬出設備，注入設備，セグメント荷役用ホイストおよび電力設備等を設置する台車である．長距離施工の場合，休憩台車，トイレ設備，セグメントストック設備等を設置することがある．

トンネル断面と後続台車の配置は，搭載機器と装置の保守管理，掘削土砂の搬出やセグメントの搬入および待避空間の確保等を考慮し，安全かつ作業性が確保されるように計画しなければならない．

後続台車の形状には，門形台車，片側台車等があり，セグメントリング内径，工事の特性に応じ適宜選定されている．走行方式には，後続台車専用の軌道を敷設しその上を走行させる方式とセグメント内面を直接車輪で走行する方式がある．また，移動方式としては後続台車をシールド本体とロッドやワイヤ等で結び，シールドの掘進に伴って牽引する同時けん引方式と台車自身をシールドに追従させる自走式がある．なお，台車構成の計画にあたっては，急曲線区間の台車移動に伴うセグメントとの離隔の確保およびけん引に伴う台車転倒，脱線の防止および急勾配区間での逸走防止対策等，施工条件に応じて安全対策を行う必要がある（第4編 **4.3**，**4.4** 参照）．

8.6 潤滑装置

潤滑装置は，カッター軸受，カッター駆動部土砂シール，減速装置，アジテーター，スクリューコンベヤー，中折れ装置等が正常な機能を保持できるように選定しなければならない．

【解　説】　潤滑装置はカッター軸受，カッター駆動部土砂シール，減速装置，アジテーター，スクリューコンベヤー，中折れ装置等に潤滑を施すものであり，その用途に合った方法を採用する必要がある．また，正常な潤滑を維持するため，各種警報装置，センサー等によって管理する必要がある．

潤滑装置については，各部の機構，装置が正常な機能を維持するため，定期的な点検や潤滑油脂の補給を行う必要がある．

第9章 土圧式シールド

9.1 土圧式シールドの計画

土圧式シールドの計画にあたっては，地山条件に適合し，掘進機構，切羽安定機構，添加材注入機構，混練機構，排土機構等が確実に機能を発揮するようにシステムを構成しなければならない．

【解 説】 土圧式シールドのシステムは，下記に示す①～④の機構により構成される．
① 地山を切削し，その土砂と必要に応じて注入した添加材とを撹拌，混練し塑性流動化を図りながら推進する掘進機構
② カッターチャンバー内に掘削土砂を充満，加圧させたうえで，シールドの掘進量に見合う土量を連続排土しながら切羽土圧とカッターチャンバー内泥土圧とのバランスを図る切羽安定機構およびスクリューコンベヤー等の排土機構
③ 添加材注入機構（泥土圧シールドの場合）
④ カッターヘッド，撹拌翼，固定翼による混練機構

これらの機構は相互に密接な関係があって，状況が変化した場合においても各機構がバランスよく機能することが必要であり，これらの管理方法を検討しておく必要がある．

土圧式シールドの計画にあたっては，土圧，地下水圧，土質，最大礫径，粒度分布，含水比等が，添加材の種類，配合，濃度，注入量，カッタートルク，掘進速度および排土機構等に大きく影響するので綿密な事前調査を行い，十分な能力を有しかつ適切な管理ができる機械設備等を選定しなければならない（第1編 3.7，第4編 3.4，第4編 5.18参照）．

9.2 土圧式シールドの構造

土圧式シールドは，地山条件，シールド外径等によりその構造形式を選定し，機械各部の構成要素が耐久性と水密性に優れたものでなければならない．

【解 説】 土圧式シールドの構造設計にあたっては，第3編 第3章 シールド本体，第3編 第4章 掘削機構，第3編 第5章 推進機構に示す注意事項について検討しなければならない（**解説 図 3.9.1参照**）．

土圧式シールドでは，切羽とシールド隔壁の間に泥土が充満していて，下記1)～3)の機械各部の点検，交換，改造が困難であるので，耐久性と水密性を有する構造としなければならない．

<u>1) カッターヘッド支持方式</u> センターシャフト支持方式，中間支持方式，外周支持方式，中央支持方式および偏心多軸支持方式等があり，シールド外径，地山条件等に応じてそれぞれの特長を活かして選定される（第3編 4.3参照）．いずれの支持方式においても，支持部を形成するカッター軸受の寿命や構造部材の剛性を検討する必要がある．

<u>2) カッターヘッド</u>
① <u>形式</u> 地山条件，切羽の安定等を考慮して決定される．面板形を使用する場合は，最大礫径，地山粘着力，障害物等を考慮し，掘削土砂の取込みを妨げないようにスリット幅と数，開口率を選定する必要がある（第3編 4.2参照）．
② <u>カッタートルク</u> 通常はシールド外径，土質，礫の有無により決定される．土圧式シールドではスポーク形が採用されることが多いが，面板形を使用する場合は，泥水式シールドと比較して一般的にカッターヘッドと土との摩擦抵抗トルクや土の撹拌トルクが大きく，切羽が自立しない場合の余裕も考慮する必要がある（第3編 4.4参照）．
③ <u>添加材注入口</u> 泥土圧シールドの場合，掘削土砂の塑性流動化を図るために，カッターヘッドに添加材注入口を設ける必要がある．

3) カッターチャンバー

① 隔壁　カッターチャンバー内の土水圧に耐えられる強度と水密機構を有するもので，シールド外径，土質，施工条件によりマンロック，マンホール，薬液注入装置，添加材注入口の設置を検討する必要がある．

② 土圧計　カッターチャンバー内の泥土圧を計測するため，精度，耐久性に優れたものを選定し，必要に応じて複数個設置するなど，適切な位置に設置しなければならない．また故障に備えて，土圧計を交換できる機構を採用することが望ましい．

③ スクリューコンベヤー　掘削土砂を円滑に排土できる能力を有するものでなければならない．最大礫径，掘削土砂量，地山粘着力，泥土圧等を考慮して排土機構，羽根形状，羽根径，スクリューコンベヤー長さ，トルクおよび回転数を決定する必要がある．また地山条件，施工延長によっては摩耗対策についても検討する必要がある（第3編 **9.6**参照）．

④ 撹拌翼　掘削土砂と添加材の混練を促進し，掘削土砂の付着，堆積等を防止するため，カッターヘッド背面に撹拌翼を設ける必要がある．また隔壁には固定翼を設けることもある（第3編 **9.5**参照）．

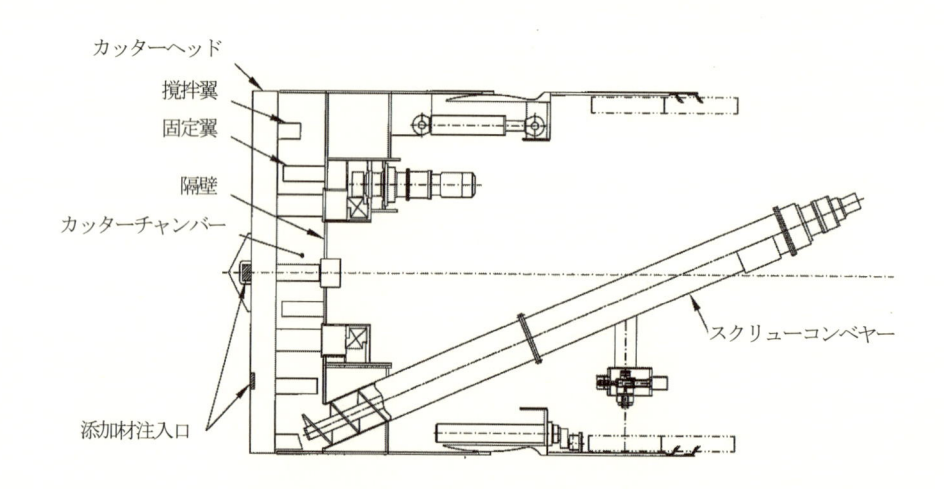

解説 図 3.9.1　土圧式シールドの構造例

9.3　切羽安定機構

切羽安定機構は，切羽の土圧および水圧に対抗できるように，カッターチャンバー内に充満させた泥土の圧力を保持しつつ，シールドの掘進速度に応じた排土量の調整ができるものでなければならない．

【解　説】　土圧式シールドの切羽の安定は，以下の3つの作用の総合的な効果によるものである．

① カッターチャンバー内の泥土圧により土圧および水圧に対抗する．
② スクリューコンベヤー等の排土機構により，掘進速度に応じた排土量を調節する．
③ 掘削土砂の流動性や止水性等を適正に保つため，必要により適切な添加材を選定し注入量を調整する．

砂質土や砂礫地盤においては，土の摩擦抵抗が大きく透水性も高いため，掘削土砂をチャンバー内に充満して流動性と止水性を確保することが困難となる．このような地盤に対応するために添加材を注入し，掘削土砂と添加材を撹拌混練してカッターチャンバー内の土砂の塑性流動化および不透水性を確保することで，切羽の安定を図るとともに排土も容易にする．

切羽の安定を判断するために，土圧，排土量，シールド負荷（シールドジャッキ推力，カッタートルク等）等の計測により施工中の切羽状態を間接的に確認できるようにする必要がある．とくに，土圧や排土量の変化を把握できるものが望ましい．また，切羽上部の崩落等を確認するため，崩壊探査装置を装備することもある．

9.4 添加材注入機構

添加材注入機構は，掘削土砂の塑性流動化を図るために必要な量の添加材を適切な位置に注入できるものでなければならない．

【解 説】 泥土圧シールドにおける添加材注入機構は，添加材注入ポンプ，カッターヘッドや隔壁等に設けられる添加材注入口等から構成される．注入位置，注入口径，口数については土質，シールド外径，機械構造の相違等を考慮して選定する必要がある．注入口を複数設置する場合，各注入口から均等に注入できるように，各々独立した注入系統とすることが望ましい．注入口は，補修，掃除等が困難なため，土砂の逆流防止をできる構造とし，破損および閉塞防止を図ることが望ましい．また，注入口に油圧を作用させ閉塞を除去する回路をあらかじめ設ける場合がある．

添加材注入機構は，カッターヘッドのトルク変動，注入材の地山への浸透，排出された掘削土砂の状態，カッターチャンバー内泥土圧等に応じて注入圧および注入量を設定制御できる必要がある（第4編 3.4参照）．

9.5 混練機構

混練機構は，掘削土砂と添加材を練り混ぜて，塑性流動化を図ることができるものでなければならない．

【解 説】 混練機構は，カッターチャンバー内の塑性流動化を図れるように，掘削土砂と注入した添加材を効果的に練り混ぜる機能を有し，土砂の共回り，付着，分離等を起こさないよう構造や配置を十分に考慮しなければならない．とくに大口径のシールドでは，中央部のカッターの周速度が小さくなることから，カッター中央部の撹拌，混合を効率よく行える中央アジテーターを設けることがある．混練機構としては，次のような種類のものが単独または組み合わせで使用されている（解説 図 3.9.2参照）．

① カッターヘッド
② カッター背面撹拌翼
③ 隔壁に設けた固定翼
④ 中央アジテーター
⑤ カッター駆動軸に設けた撹拌翼（偏心多軸式の場合）

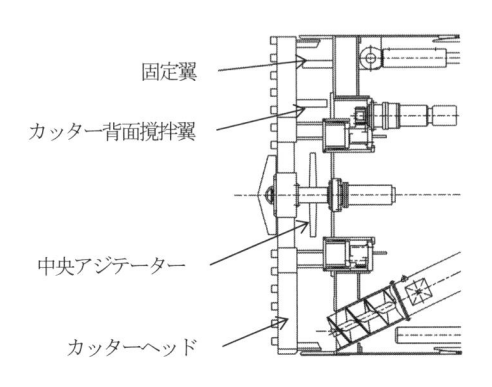

解説 図 3.9.2 混練機構

9.6 排土機構

排土機構は，地山条件に適合し，掘削土砂を円滑に排土できる能力を有するものでなければならない．

【解 説】 土圧式シールドにおける一次的な排土機構として，隔壁を貫通してスクリューコンベヤーを設ける．スクリューコンベヤーは，切羽の土水圧とカッターチャンバー内の泥土圧とのバランスを図るため，シールドの掘進量に合わせて回転速度を制御して排土量の制御を行う．

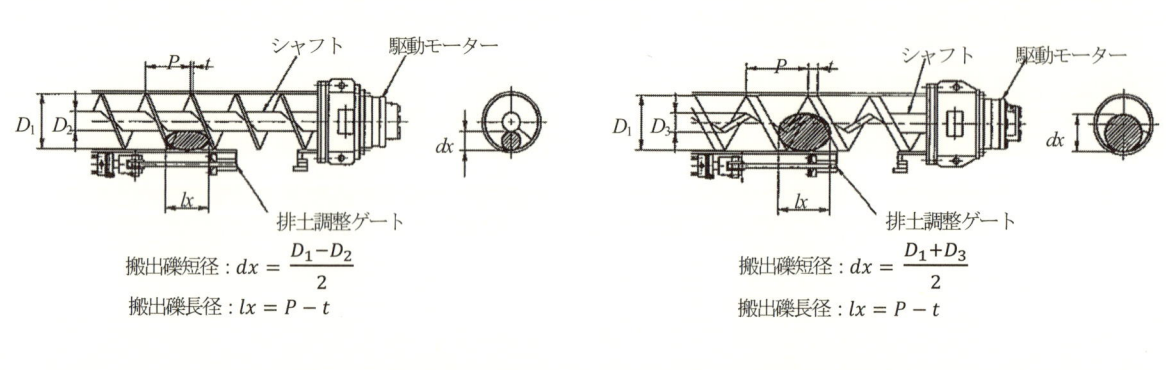

スクリューコンベヤーの形式は大別して，軸付きスクリューコンベヤーと軸なしリボン式スクリューコンベヤーがある（**解説 図 3.9.3参照**）．止水性確保のためには軸付きスクリューコンベヤーの採用が望ましい．しかし，礫径の大きい砂礫地盤では，スクリュー部の搬送空隙が大きく，巨石や粗石を搬出しやすい軸なしリボン式スクリューコンベヤーを採用することが多い．採用にあたっては，最大搬出礫径のほかに透水性の高い地盤での止水性等の圧力保持能力を確保するための検討が必要である．

搬出礫短径：$dx = \dfrac{D_1 - D_2}{2}$
搬出礫長径：$lx = P - t$

搬出礫短径：$dx = \dfrac{D_1 + D_3}{2}$
搬出礫長径：$lx = P - t$

（a）軸付きスクリューコンベヤー　　（b）軸なしリボン式スクリューコンベヤー

解説 図 3.9.3　スクリューコンベヤーの型式

スクリューコンベヤーの止水性能は，スクリューコンベヤー内に掘削土砂を加圧充填したプラグ効果により確保される．安定した止水性を確保するためには掘削土砂の塑性流動化が必要となるが，細粒分が少ない土質では塑性流動化が不十分な場合に圧力保持能力が低下して噴発が発生する．

とくに，礫層や土質急変部のような掘削土砂の塑性流動性が確保されにくい地盤では，切羽の土水圧の急激な変動によりスクリューコンベヤー排土口から地下水や土砂が噴発することがある．そのため，排土口の止水性を確保するために，スクリューコンベヤーに他の装置を組み合わせた二次的な排土機構の装備について検討が必要となる．

二次的な排土機構としては，スクリューコンベヤーに次の機構を組み合わせる方式が一般的に採用されている（**解説 図 3.9.4参照**）．

1）ベルトコンベヤー方式　スクリューコンベヤー排土口の排土調整ゲートから搬出される土砂を掘削土砂運搬車等まで搬送する方式である．掘削土砂の塑性流動化が確実に図れれば，軟弱地盤から硬質地盤までほとんどの土質に適用でき，大きな礫の搬出にも有効である．ただし，礫層のような掘削土砂の塑性流動性を確保しにくい地盤では，排土口の排土調整ゲートを二重にして噴発を防止する場合もある．

2）圧送ポンプ方式　スクリューコンベヤーに直結して掘削土砂を密閉状態で搬出できるため，噴発を確実に防止することができる．しかし，礫地盤等では，閉塞により排土不能に陥る場合もある．さらに，圧送ポンプ方式では土砂性状を直接目視確認できないことから，その採用の可否について十分に検討する必要がある．

3）二次スクリューコンベヤー方式　一次排土機構のみで止水性が確保されない場合で，圧送ポンプの能力，二次排土機構配置または礫除去スペース等の制約をうける場合に適用される．圧送ポンプ直結の場合，閉塞が頻発するような礫地盤や高水圧下での施工で採用されることが多い．ただし，曲線施工時の諸設備との干渉等，坑内スペースの確保について検討する必要がある．

また，上記のほかにスラリーポンプ方式やロータリーフィーダー（ロータリーホッパー，バルブ）方式，排土管等を組み合わせる場合もある．

これらの排土機構の選定にあたっては，土質，礫径，地下水等の地山条件のほかに，シールド外径や施工延長，坑内外の土砂運搬と処理方法等の施工条件に最も適合した設備とする必要がある．

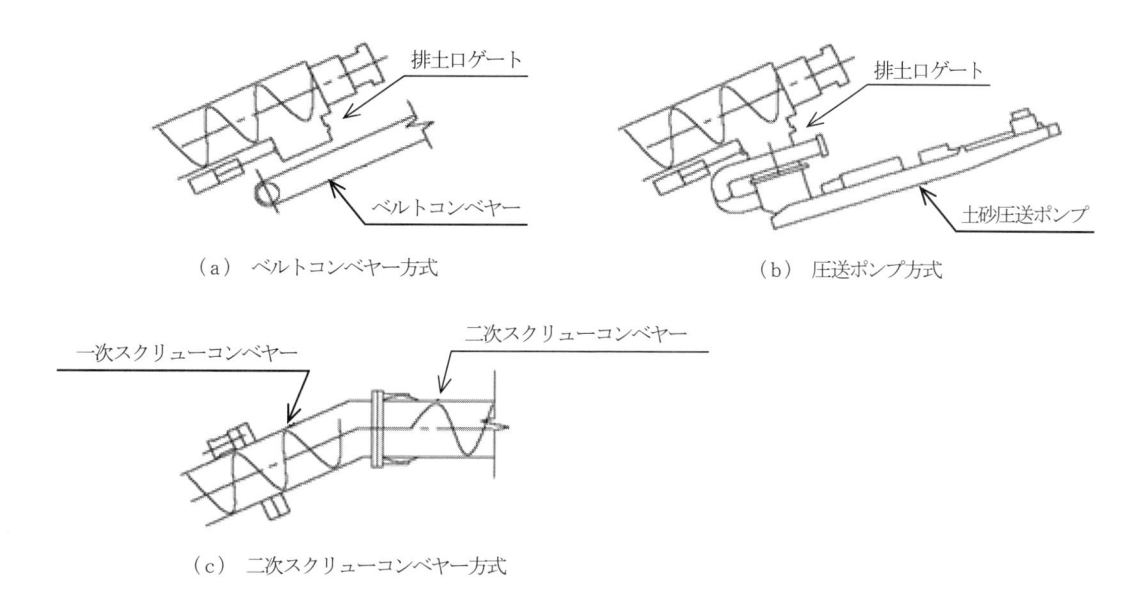

(a) ベルトコンベヤー方式

(b) 圧送ポンプ方式

(c) 二次スクリューコンベヤー方式

解説 図 3.9.4　二次的排土機構

スクリューコンベヤーの取付け位置はシールド断面の下方が望ましいが，カッターヘッドの支持形式や機内の構造および装備機器の配置の影響で中央に設ける場合がある．取付け角度が急傾斜の場合，排土効率が低下しやすいので注意が必要である．

施工時には停電等により排土口ゲートが閉じられない事態も想定されることから，掘進中の停電等の緊急時に備えて，排土口ゲートジャッキを通常作動させる油圧ポンプに代わるアキュームレーターまたは手動油圧ポンプ等を設置する．さらに，正規ゲートの後方に手動で遮断できる棒ゲートを設ける場合もある．また，長距離施工でスクリューコンベヤーの保守点検が必要な場合や巨石，粗石を取り除く場合に安全に作業ができるよう，スクリューコンベヤー先端の隔壁部の土砂取込み口に先端ゲートを装備することがある．

第10章 泥水式シールド

10.1 泥水式シールドの計画

泥水式シールドの計画にあたっては，地山条件に適合し，掘進機構，切羽安定機構，送排泥機構等が確実に機能を発揮するようにシステムを構成しなければならない．

【解　説】 泥水式シールドのシステムは，下記に示す①〜③の機構により構成される．
① カッターにより切羽全断面を掘削しながら推進する掘進機構
② 物性の調整された泥水を切羽に送り，切羽の安定に必要な泥水圧保持を可能とする切羽安定機構
③ シールドの掘進量に合わせ切羽の安定を図りつつ掘削土砂の排出を行う送排泥機構

これらの機構は相互に密接な関係があって，状況が変化した場合においても各機構がバランスよく機能することが必要であり，これらの管理方法を検討しておく必要がある．

泥水式シールドの計画にあたっては，土圧，地下水圧，土質，最大礫径，粒度分布，含水比等がカッタートルク，掘進速度，送排泥機構等に大きく影響するので，綿密な事前調査を行い，十分な能力を有しかつ適切な管理ができる機械設備等を選定しなければならない（第3編 1.3，第4編 3.5，第4編 5.20 参照）．

10.2 泥水式シールドの構造

泥水式シールドは，地山条件，シールド外径等によりその構造形式を選定し，機械各部の構成要素が耐久性と水密性に優れたものでなければならない．

【解　説】 泥水式シールドの構造設計にあたっては，第3編 第3章 シールド本体，第3編 第4章 掘削機構，第3編 第5章 推進機構に示す注意事項について検討しなければならない（**解説 図 3.10.1** 参照）．

泥水式シールドでは切羽とシールド隔壁の間に泥水が充満していて，下記 1)〜3) の機械各部の点検，交換，改造が困難であるので，耐久性と水密性を有する構造としなければならない．

各機械要素の考慮すべき点は以下のとおりである．

1)　カッターヘッド支持方式　センターシャフト支持方式，中間支持方式，外周支持方式および中央支持方式等があり，シールド外径，地山条件等に応じてそれぞれの特長を活かして使用される（第3編 **4.3** 参照）．いずれの支持方式においても，支持部を形成するカッター軸受の寿命や構造部材の剛性を検討する必要がある．

2)　カッターヘッド
① 形式　地山条件，泥膜形成による切羽安定の信頼性等を考慮して，その形式や開口率を決定する必要がある．たとえば，排泥管径を考慮しスリット幅を設定することや，切羽の崩壊が起こりやすい土質の場合は，開口率を小さく設定すること，粘着力の高い粘性土の場合は付着防止と取込みやすさを考慮することなどが必要である（第3編 **4.2** 参照）．
② カッタートルク　通常はシールド外径，土質，礫の有無により決定される．土圧式シールドに比べ，一般的にカッターヘッドと土との摩擦抵抗によるトルク，土の撹拌抵抗によるトルクは小さいが，切羽が自立しない場合の余裕も考慮する必要がある（第3編 **4.4** 参照）．

3)　カッターチャンバー
① 隔壁　泥水圧に耐えられる強度と水密機構を有するもので，シールド外径，土質，施工条件によりマンロック，マンホール，薬液注入装置の設置を検討する必要がある．
② 水圧計　カッターチャンバー内の泥水圧を計測するため，精度，耐久性に優れたものを選定して，適切な位置に設置しなければならない．また必要に応じて複数個設置することが望ましい．
③ 送排泥管　送泥管についてはチャンバー内の対流と切羽を乱さないことを考慮して取付け位置および向きを決定する必要がある．また排泥管については土砂の取込みに有利となるよう取付け位置を決める必要

がある．なお，排泥管の閉塞に備えて，予備排泥管を設けることが望ましい（第3編 10.4 参照）．
　④　攪拌装置　排泥吸込口の閉塞防止およびカッターチャンバー内撹拌を目的として設ける．カッターヘッド背面に設置しカッターの回転とともに攪拌する攪拌翼と，隔壁に設置し独立して回転，攪拌するアジテーターがあるが，一般的に攪拌翼を設置する場合が多い．

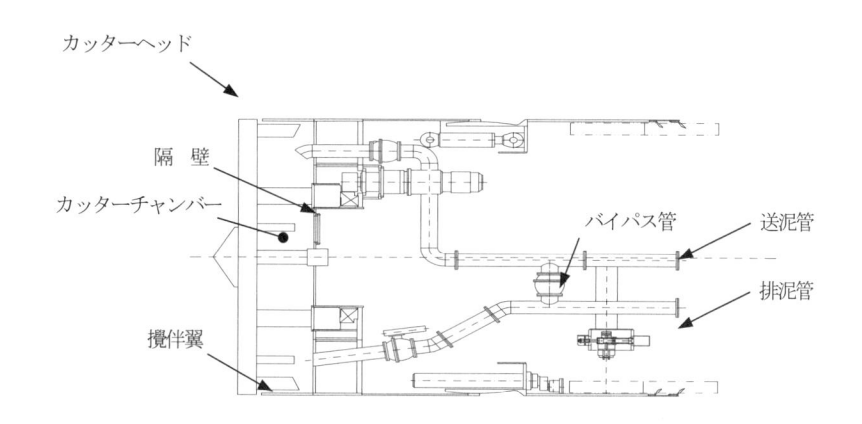

解説 図 3.10.1　泥水式シールドの構造例

10.3　切羽安定機構

　切羽安定機構は，切羽の土圧および水圧に対抗する泥水圧を保持できるものでなければならない．

【解　説】　泥水式シールドにおける切羽の安定は，以下の3つの作用の総合的な効果によるものである．
　①　泥水圧により土圧および水圧に対抗する
　②　泥水が切羽面に不透水性の泥膜を作り，泥水圧を有効に作用させる
　③　泥水が切羽面からある程度の範囲の地盤に浸透して切羽に粘着性を与える
　したがって，切羽安定機構には，切羽安定に最も有効な泥水の物性（比重，ろ過特性，粘性，砂分含有率等）の調整と切羽の土圧および水圧に対抗した泥水圧の調整保持機能が必要不可欠である．なお，地山崩壊を防止するなど面板が切羽安定の保持機能も有している．
　シールド掘進停止時に，泥水中の土粒子の沈降や泥水の劣化のおそれがある場合は，チャンバー内へ良質泥水を還流させるポンプを設けることがある．また，必要に応じて，掘進停止時において切羽の一層の安定を図るため，スリット開閉装置を用いることもある．
　一般に，切羽泥水圧は，測定泥水圧と設定泥水圧の偏差をもとに制御する．掘進中は，送泥ポンプの回転数を変化させ，掘進停止中は，自動コントロールバルブの開度を調節して偏差を許容値以内にする．このため，制御は泥水流量，圧力等を測定し，各装置をバランスよく稼働させるように自動化する必要がある．
　泥水圧の変動は，切羽安定のためには極力抑える必要がある．変動の要因としては，構成機器の特性以外に，管路閉塞，バイパス運転と掘削運転のバルブ切り替え，セグメント組立て時のジャッキ操作によるもの等があるが，これらが圧力の大きな変化の原因とならないよう考慮する必要がある．また，大きな圧力変化が生じた場合の対応も考慮しておく必要がある．
　切羽の安定を判断するため，チャンバー内圧力の管理はもとより，シールド負荷（シールドジャッキ推力，カッタートルク等）の計測，掘削土砂量や逸泥量の推移を含めた計測等により，施工中の切羽状態を間接的に確認できる必要がある．また，切羽上部の崩落等を確認するため，崩壊探査装置を装備することもある．

10.4 送排泥機構

シールド本体内の送排泥機構は，地山条件に適合し，カッターチャンバーにおける送排泥および泥水の対流を円滑にできるものでなければならない．

【解　説】　シールド本体内の送排泥機構は，流体輸送設備から泥水を切羽に送る送泥管，掘削土砂を泥水とともにカッターチャンバーから流体輸送設備まで排出する排泥管により構成される．また，円滑な排泥を行うために，礫処理装置やバイパスライン等を設置することもある．

1) 送排泥管

① 管径　送排泥管とも同径の場合が多い．礫処理装置を設置する場合や，カッターチャンバー内での粘性土の付着，閉塞を防止するため，排泥管径を大きくするとともに，循環ポンプによって排泥流量を大きくすることもある．**解説 表 3.10.1**にシールド本体内の送排泥管径の例を示す．

② 摩耗対策　砂層，砂礫層中の長距離掘進では，管の摩耗量が大きくなり，管の交換が必要となる場合がある．シールド内は設備が輻輳しているため，交換が困難な箇所には，厚肉管の使用や管路の曲がり部の補強等の対策をあらかじめ施しておく必要がある．

③ 閉塞対策　閉塞対策として排泥管に予備管を設置することが望ましい．

2) 礫処理装置　掘削土砂の中に巨石，粗石が存在する場合，排泥設備（排泥ポンプ，排泥管）の能力を考慮して礫処理装置を設置する必要がある．礫処理には礫を破砕する方法と分級する方法がある．また，設置場所は，排泥吸込口近傍の場合と後続台車の場合があり，選定にあたっては，礫の大きさ，量，シールド外径，礫処理能力等を考慮する必要がある．

3) その他　シールド停止時の円滑な排泥のためにシールド本体内にもバイパスラインを設置することが望ましい．また，閉塞等により泥水圧が大きく上昇したときの対策として，緊急圧抜き弁を装備することもある．

解説 表 3.10.1　シールド本体内の送排泥管径の例

シールド外径(m)	排泥管径(A)	送泥管径(A)
2 ～ 4 以下	100～250	100～200
(4)～ 6	150～300	150～300
(6)～ 8	200～300	200～300
(8)～10	200～350	200～300
(10)～14	300～350	300～350

第11章 特殊シールド

11.1 特殊シールド

特殊シールドの設計および製作にあたっては，それぞれの特性に応じた検討を行わなければならない．

（１） 特殊断面シールド
（２） 地中接合シールド
（３） 親子シールド
（４） 掘進組立て同時施工シールド
（５） 直角連続掘進シールド
（６） 場所打ちライニングシールド
（７） 部分拡径シールド
（８） 分岐シールド
（９） 支障物切削シールド
（１０） 回収シールド
（１１） 開放型シールド（手掘り式，半機械掘り式，機械掘り式シールド）

【解　説】　円形断面以外の特殊断面シールドと，地中接合や分岐等の特殊な機能を有するシールドおよび開放型シールドを「特殊シールド」と定義し，本条で解説する．

特殊シールドの設計および製作にあたっては，第3編 第3章 シールド本体，第3編 第4章 掘削機構，第3編 第5章 推進機構，第3編 第6章 セグメント組立て機構に示す注意事項について検討するほかに，特殊な構造や機能，製作公差，製作手順についても十分な検討を行わなければならない．

（１）について　特殊断面シールドは，複円形シールドと非円形シールドに大別される．複円形シールドの断面形状は，円形を組み合わせた形状である．一方，非円形シールドにはおもに矩形シールド等がある．

シールドの姿勢制御方法については，掘進中にローリング量が大きくなると，セグメントを組み立てられなくなる場合があるので，十分な検討を必要とする．このため，中折れ機構，余掘り装置，そり，ローリング修正ジャッキ等を装備することや，推力が異なるシールドジャッキを計画的に配置するなどの対策を考慮する必要がある．

セグメント組立て装置については，円弧状と異なるセグメントピースや支柱等をハンドリングすることがあるので，組立て手順と施工性を十分考慮したうえ，それらに適合する組立て機構を検討しなければならない．また組立て補助装置を必要に応じて設置することもある．

排土方式を選定する場合には，地山条件，チャンバー内の掘削土砂の流れ等を考慮する必要がある．また排土口の位置，数および大きさについても慎重な検討を要する．

テールシールについては，とくに複円形シールドの変曲部や矩形シールドのコーナー部で，止水性を確保できる形状や材質等を検討する必要がある．

1） 複円形シールド　複円形シールドの基本構造は複数の円形シールドを組み合わせたものであり，2連円形や3連円形等がある．さらに，複数のカッターヘッドが前後に配置された形式（切羽前後型）と複数のカッターヘッドが同一平面状に配置された形式（切羽同一平面型）に分類される（**付図 3.2, 3.3, 3.4参照**）．

切羽前後型は各カッターヘッドを単独に回転させることが可能である．ただし切羽に段差が生じるため，切羽の崩壊防止についてとくに考慮する必要がある．

切羽同一平面型には2種類あり，各カッターヘッドを単独に回転させることが可能なように，カッターヘッド相互の隙間が生じるように配置する方式と，隣接するスポーク式カッターヘッドの回転を反対方向に同期制御させて，カッターヘッドの接触を防ぐ方式がある．前者の場合，カッターヘッドの境目に未掘削部が生じるので，土質によっては余掘り装置や補助カッター装置等が必要になる．後者の場合，カッターヘッドを同期制御させるた

めの電気的な設備が必要である．シールド本体は円と円の重なる部分に変曲点をもつ多連円形断面となる．このため円形に比較して，フード部とテール部の剛性や強度を高める必要がある．

2）　非円形シールド　非円形断面を掘削するための機構には，様々な方式が提案されており，トンネル断面の大きさ，地山条件等を考慮して，掘削機構を決定する必要がある．必要な装備能力は掘削機構により異なる．また，カッタービットについては，掘削機構に応じた形状と配置，数を検討する必要がある．なお，円形と比較して，フード部とテール部の剛性や強度を高める必要がある（**付図 3.5，3.6，3.7，3.8参照**）．

（2）について　地中接合シールドは，接合形態により，正面接合シールドと側面接合シールドに分類される（第4編 **4.8参照**）．

1）　正面接合シールド　2本の相対するトンネルを2台のシールドで推進し，対向する形で到達したのち，シールド相互を直接地中で機械的に接合できるシールドである．接合方法には複数の方式が提案されているが，基本的には一方のシールドのフード部（または貫入リング）が他方のシールドのフード部内に貫入する構造となっている．接合する際にカッターヘッドが干渉するため，カッタースポークを縮めることにより，カッターヘッドの外径がフード部内径より小さくなる機構を有している．計画の際にはフード部とカッターヘッドの機構と強度について十分な検討が必要である．また地中接合部の止水性を確保するための機構についても十分な検討が必要である（**付図 3.9参照**）．

2）　側面接合シールド　既設トンネルにT字形に接合するシールドである．シールド前部から押し出され，既設トンネルを直接切削し，貫入するための切削リング機構を有している．切削リングは既設トンネルを切削できる能力と，接合時の地山崩壊防止および止水性を確保するための機能を有する必要がある．また，切削能力を有していないフード部が，シールド前部から押し出され，既設トンネルに接合する方法もある．この場合，トンネル側壁を別途除去する必要がある（**付図 3.10参照**）．

（3）について　親子シールドは，大シールド（親機）内にあらかじめ小シールド（子機）を同心円状に内蔵し，大シールドによるトンネル工事の途中から，地中あるいは中間立坑で小シールドを分離，発進させトンネル外径を縮小することができるシールドである（**付図 3.11参照**）．また，小シールドによるトンネル工事の途中から，中間立坑で小シールドの外側に大シールドの外殻やカッターヘッド等を取り付けることでトンネル外径を拡大する場合もある（**付図 3.12参照**）．

大シールドと小シールドの基本構造は円形シールドと同様であるが，大小シールド間の本体ならびにカッターヘッドの接続部で，推力とカッタートルクを伝達できる構造が必要である．さらに地中で縮径する場合には，止水性を確保した状態で，それらの接続部を容易に切り離せる構造と機能も必要である．なお，カッター駆動モーターやエレクター，シールドジャッキ等を大シールドと小シールドで兼用する場合がある（第4編 **4.9参照**）．

（4）について　掘進組立て同時施工シールドは，掘進しながら同時にセグメントを組み立てることができるシールドで，大きく分けて下記の2種類の方式がある．掘進時にセグメント組立て箇所のシールドジャッキを引くことになるので，推力や方向制御に支障をきたさないようにする必要がある（第4編 **4.6参照**）．

1）　ロングジャッキ方式　シールドジャッキのストロークをセグメント2リング分の幅以上とすることにより，掘進，組立てを同時に施工することを可能とする．また，シールド機長を短くするために，シールドジャッキのストロークをセグメント1.5リング分程度の幅にする方法として，特殊形状のセグメント等を採用する場合とKセグメントの挿入代を利用して部分的に同時施工をする場合がある．また掘進に伴ってトンネル軸方向でのセグメント組立て位置が変化するため，それに追従できる前後の摺動範囲を持ったエレクター機構が必要である．そのため通常のシールドに比べて，シールド機長がセグメント幅で2リング程度長くなる（特殊形状のセグメントを採用する場合，Kセグメントの挿入代を利用する場合を除く）（**付図 3.13参照**）．

2）　ダブルジャッキ方式　シールド前胴と後胴がスラストジャッキで連結され，前胴は後胴に対して0.5〜1リング分前方に押出し可能な構造である．後胴に設置されたエレクターでセグメントを組み立て中に，スラストジャッキを伸ばすことで，前胴を前方に押し出して掘進を行う（**付図 3.14参照**）．

掘進組立て終了後に，スラストジャッキを縮めると同時に，シールドジャッキを伸ばすことで，後胴を1リング分前進させ，一工程を完了する．

(5)について　直角連続掘進シールドは，親機の球体部に子機を内蔵し，親機で所定の位置まで掘進したのち，球体部を90度回転させて，子機を発進させるシールドである（**付図 3.15参照**）．親機の掘削には子機に装備したカッター駆動部を兼用する（第4編 **4.8**参照）．

1) 縦横連続掘進シールド　縦横連続掘進シールドは，1台のシールドで，地上から立坑とそれに直角方向の横坑（トンネル）を連続して掘進するシールドである．立坑部の掘進については，シールド等の自重と浮力，推進反力のバランスを検討して，安全に施工できるようにしなければならない．立坑掘削完了後，横坑用シールドの向きを90度回転させる球体部のシール構造は，土砂および地下水のトンネル内への流入を防止できるものでなくてはならない．

2) 横横連続掘進シールド　横横連続掘進シールドは，1台のシールドで，回転立坑を設けずに水平直角方向に連続して掘進するシールドである．横横連続掘進シールドの親機の掘削トルクは，縦横連続掘進シールドの親機の掘削トルクに比べて大きくなるので，子機に装備可能なカッタートルクで親機の掘進が可能か否かを検討する必要がある．球体部のシール構造については，縦横連続掘進シールドと同様に十分検討しなければならない．

(6)について　場所打ちライニングシールドは，シールドテール部にコンクリートを打設し，コンクリート加圧ジャッキにより加圧して，覆工を構築する（場所打ちライニング工法）シールドである．場所打ちライニングシールドの掘削機構やシールド各部の構成は基本的に通常のシールドと同様であるが，コンクリート加圧機構および内型枠や鉄筋の組立て機構に特徴がある（**付図 3.16参照**）．また，近年NATMの設計思想を取り入れテール部で一次覆工となる場所打ちコンクリートを打設し一次支保材として地山を保持，その安定性を計測により確認したのち，力学的機能を付加させない二次覆工を施工する工法が開発されている．

1) コンクリート加圧機構　コンクリート加圧機構は地山と内型枠の間に打設したコンクリートを加圧するための装置で，コンクリート加圧ジャッキとつま型枠で構成され，コンクリートの漏洩防止と圧力調整機能を有している．これらは使用目的に適合した十分な強度を有するものでなければならない．コンクリート加圧ジャッキはコンクリートの流動性，充填性を確保するため，掘進速度と連動させて制御する必要がある．

2) 推進機構　シールドジャッキの選定とその配置は，シールドの操作性，内型枠の構造，組立ての施工性等を考慮して定める．

3) 組立て機構　内型枠や鉄筋の組立て機構には，シールドに装備する形式と，シールドと分離して移動可能な形式がある．移動可能な形式の場合，内型枠の脱型装置を兼ねる．仕上り内径，内型枠の構造，質量，長さ，施工順序等を考慮して組立て機構を検討する必要がある．

(7)について　部分拡径シールドは，既設シールドトンネルの一部区間を拡径する必要があり，かつ地上からの施工が困難な場合に，トンネル内から断面を拡径するためのシールドである（**付図 3.17参照**）．部分拡径シールドを計画する際にはシールド機長，分割数，切羽作業空間，セグメント組立て解体機構にとくに注意する必要がある．機長は拡径シールド発進基地の規模を最小限にするため，可能な限り短いことが望ましい．分割数については，既設トンネル内での運搬，発進基地での組立てを考慮した大きさと質量になるよう検討する必要がある．切羽の作業空間はシールドの掘削作業効率に影響を及ぼすため，作業性を考慮して決定する．セグメント組立て解体機構については，拡径セグメントの組立てと既設セグメントの解体を行う機能を有する必要がある（第4編 **4.9**参照）．

(8)について　分岐シールドは，トンネル内から本線シールドの進行方向と異なる方向にトンネルを構築するシールドであり，横方向分岐シールドと上向き方向分岐シールドに大別され，分岐シールドは本線シールドより小径である．

1) 横方向分岐シールド　基本構造は，本線シールド，分岐シールドともに通常の円形シールドと同様である（**付図 3.18参照**）．分岐シールドは，本線シールドに内蔵されている場合と本線シールドが分岐部通過後トンネル内へ搬入，組み立てられる場合がある．前者は本線シールド残置部から分岐し，分岐部は開閉可能な構造または切削可能な材料を充填し構成されている．後者は分岐部用セグメントで構築されたシールドトンネルから分岐し，分岐部は切削可能な材料で構成されている．両方の場合とも分岐シールドが発進する際の推力をシールドトンネルで受けられる構造としなければならない．また，分岐シールドを発進させる際，止水性を確保するための

構造と機能が必要である（第4編 4.8参照）．

　2)　**上向き方向分岐シールド**　上向き方向分岐シールドは，地下トンネル内から地上へ上向きに掘進し，立坑を築造するシールドである（付図 3.19参照）．そのシールドは切羽の切削面が直上にあり，自重による地盤の崩落が発生しやすい．このため，掘削土砂をカッターチャンバー内に充満，加圧させ，切羽土圧とカッターチャンバー内土圧とのバランスを図る泥土圧シールドを採用し，切羽の安定化を図る．排土機構は，空気圧でゴム膜の開口を調整するバルブとスライドゲートの組合わせとし，泥土圧はバルブの空気圧とゲートの開口で制御される．カッターヘッドはスポーク形式とし，カッタービットの切削形態は，分岐部セグメントの大われを防止するため，発進部セグメントの断面形状に近似させる場合もある．

　3)　**連結分岐シールド**　連結分岐シールドは，2台の中折れ式単円形シールドをスキンプレートに設置した接続部で連結されたシールドであり，発進後，掘進途中でシールド間の連結を解除し分離することにより，複円形断面から単円形断面へと別々の方向に分岐するトンネルを構築することができる（付図 3.20参照）．また，そのシールドは特殊な中折れ機構を有し，それにより姿勢制御，方向制御，ローリング制御が自由に行えるため，連結状態で縦から横あるいは横から縦へと旋回（スパイラル）しながら掘進することができる（第4編 4.8参照）．

　（9）について　支障物切削シールドは，地下に残置された支障物（地下築造物，開削工事等で使用された土留め壁や地中杭等）を直接カッターヘッドで切削するシールドである．支障物の切削方法は専用のカッターを使用する場合（付図 3.21参照）と高圧水をカッターヘッドから噴射し切断する方法（付図 3.22参照）がある（第4編 4.11参照）．

　（10）について　回収シールドは，シールドの再利用を目的としたシールドで，その方法，構造により発進立坑側または到達立坑側で回収されるシールドに大別される．

　発進立坑側で回収するシールドは，到達地点でシールドの内胴あるいはそのカッター駆動部，構成部品をシールド機内で解体し，シールドトンネル内を利用して発進立坑側へ引き戻すことが可能な構造であり，回収のための到達立坑を必要としないシールドである（付図 3.23参照）．

　到達立坑側で回収するシールドは，3分割（後方設備内包）で構成されていることが多く，立坑での回収が容易な構造となっている（付図 3.24参照）．

　（11）について　開放型シールド（手掘り式，半機械掘り式，機械掘り式シールド）は，切羽を開放して掘削するため，比較的切羽の自立性が高い地盤もしくは補助工法等で改良された地盤に適用される（付図 3.25, 3.26参照）．

　手掘り式シールドおよび半機械掘り式シールドはフード部に山留装置を備え，切羽での掘削作業が十分行える作業スペースを確保した構造としなければならない．とくに半機械掘り式シールドにおける掘削積込み機械の設置にあたっては，作業員，運転者の安全を確保しなければならない．山留装置は切羽の崩壊と押出し変位を防止するもので，地山を緩めたり，切羽を乱さないように，圧力を保持しつつ，シールドジャッキの伸長に同調できる機能を有することが望ましい．

　機械掘り式シールドの掘削積込装置には，カッターヘッドに装備した回転バケットや独立駆動する回転バケットを用い，掘削土砂はガイド，ホッパーを介してコンベヤーに積み込まれる．

第12章　シールドの製作，組立ておよび検査

12.1 製　　作

（1）　シールドの製作に先立ち，製作者は，製作仕様書，主要設計図書および製作工程表を作成しなければならない．

（2）　シールドの製作においては，とくに強度と性能の確保に留意しなければならない．

（3）　シールドの製作においては，本示方書によるほか関連法規および規格に準拠しなければならない．

【解　説】　（1）について　製作仕様書には，シールドの使用材料，構造，寸法，性能，塗装，試験，検査，現地組立て等に関して必要な事項を，主要設計図書には，テールスキンプレート強度計算書，付属機器の主要寸法等を，また製作工程表には製作から現地組立てにいたる全容を，おのおの容易に把握できるように記載する必要がある．

（2）について　製作者は，強度と性能の確認を行わなければならない．なお，シールド工事施工者はシールドの強度，性能および取扱いを熟知し，使用にあたっては，これらの維持に努める必要がある．

（3）について　関連法規および規格とは次のものである．

① 日本工業規格（JIS）
② 日本電機工業会規格（JEM）
③ 電気規格調査会標準規格（JEC）
④ 電気設備技術基準
⑤ 電気機械器具防爆構造規格
⑥ 日本フルードパワー工業会規格
⑦ 労働安全衛生法
⑧ 消防法
⑨ 道路交通法
⑩ その他

なお，メタンガス等の可燃性ガスが存在する地山を掘削する場合，シールド機に使用する電気機器は，ガス濃度に応じた防爆仕様とする必要がある．（第4編 5.9参照）

12.2　組立ておよび輸送

（1）　工場組立て

工場組立てにおいては，現地組立てに先立ちあらかじめ工場において可能な範囲で，決められた仕様，性能を確認しなければならない．

（2）　輸送

輸送荷姿および質量の決定にあたっては，設計着手時に工場から現地までの輸送経路による制限，現地の搬入寸法，質量の制限について調査を行わなければならない．

輸送および立坑搬入にあたっては，塑性変形や損傷を生じるおそれがある箇所に補強，その他の保護をしなければならない．

（3）　現地組立て

現地組立てにおいては，決められた仕様，性能を確保できるようにしなければならない．

（4）　保管

組立て後に保管が発生する場合には，適切な保管管理を実施しなければならない．

【解　説】　（1）について
1)　工場組立て後に外観，寸法，作動状況を確認し，不具合が発見された場合は対策等を講じる必要がある．
2)　工場組立てにおいては，製作工程内で清掃のうえ定められた塗装を行わなければならない．
3)　輸送および立坑搬入に適する荷姿に解体分割する場合には，現地組立てに必要な治具，合わせ符号等を考慮する必要がある．
4)　工場で取付け困難な部品の仕様，性能の確認，あるいは解体，輸送時の汚染，損傷が予想される作業を直接現地組立てに置換えることがある．

（2）について　輸送荷姿および質量は，道路交通法，車両制限令（道路法），道路運送車両の保安基準（道路運送車両法）で制限されており，各法令の許可限度を超える場合は，各所轄官庁へ許可申請を行い，許可を得たうえで安全確保を考慮して輸送する必要がある．

（3）について
1)　現地組立ては，強度を有するシールド受台上で正確に組み立てなければならない．
2)　現地組立てに際しては，立坑の平面形状，深さ，投入開口位置，組立てヤード，周辺環境等の施工条件を考慮し，組立て工程や手順，資機材，設備，組立て用クレーン能力等について事前に十分検討して安全を確保しなければならない．

（4）について　保管時は，保管場所を確保するとともに，劣化を防止するために，適切な養生措置を実施し，保管期間，状況に応じて点検，整備，運転確認等の適切な維持管理を実施しなければならない．

12.3　検　　査

（1）　シールドの製作においては次の検査等を行なわなければならない．
　　1)　材料検査
　　2)　機器検査
　　3)　溶接検査
　　4)　外観検査
　　5)　主要寸法検査
　　6)　無負荷作動試験
　　7)　電気絶縁抵抗試験

（2）　工場組立ておよび現地組立てにおいては前項の3)，4)，5)，6)，7)の各項を実施する．

【解　説】　（1）について
1)　**材料検査について**　スキンプレートについては，JIS認定工場で製造する鋼板は鋼材メーカーの検査合格証（ミルシート）の書類検査とする．
2)　機器検査について
　① 油圧機器および電気機器　油圧機器（油圧ジャッキ，油圧ポンプ，油圧モーター）および電気機器は公的規格または製作メーカー規格に準じて性能試験を行い，組立て後の作動試験で異常の有無を確認する．
　② 油タンク　消防法に準じて容量6 000ℓ以上の油タンクは，水張り検査を行い，製作メーカー所在地の所轄官庁の認可を受ける．
　③ 圧力容器　圧力容器および該当容器については所轄官庁の検査による認可を受ける．
3)　溶接検査について
　① 溶接部は，外観目視検査を基本とする．
　② 現地の突合わせ溶接部でテールスキンプレートの両方の板厚が40mmを超えるものについては，非破壊検査を行う場合があり，その場合JISの溶接品質レベル（**解説　表 3.12.1**参照）を合格とする．なお非破壊検査を行う場合は抜取りで行い，その範囲は少なくとも250mm以上を実施する．

4) 外観検査について　目視により，スキンプレートに異物の付着や傷，亀裂等がないか，設置された各種装置や電線，ホース類等に損傷がないかなどの確認を行う．

5) 主要寸法検査について　組立て時は，受台の上におき，各機器を装備した状態で指定された各部の寸法検査を行う．この場合の真円度，本体軸方向の曲がりおよび本体長さの許容誤差を**解説 表 3.12.2，3.12.3**および**3.12.4**に示す．また，特殊断面シールドの断面に対する許容誤差については，円形断面シールドの許容値をそのまま適用できないため，事前に製作者は強度や製作方法を考慮したうえで決定する必要がある．

6) 無負荷作動試験について　各装置は，無負荷状態で作動試験を行い，作動状況，油漏れ，異音，発熱等について異常の有無を確認する．エレクターについては，施工時に使用するセグメントの最大ピースの実質量により，把持，旋回，インチング操作等について作動試験を実施する場合もある．

7) 電気絶縁抵抗試験について　回路ごとに導電部と大地間の絶縁抵抗測定を実施し，**解説 表 3.12.5**に示す値以上であることを確認する．

解説 表 3.12.1　非破壊検査の溶接品質レベル

種　別	規　格	品質レベル
磁粉探傷試験方法	JIS Z 2320-1:2007	級なし
浸透探傷試験方法	JIS Z 2343-1:2001	級なし
超音波探傷試験方法	JIS Z 3060:2015	3類
放射線透過試験方法	JIS Z 3104:1995	3類

解説 表 3.12.2　真円度の許容誤差

シールドの外径 (m)	内径の許容誤差 (mm) 最小	内径の許容誤差 (mm) 最大
〜 2以下	−0	+ 8
(2)〜 4	−0	+10
(4)〜 6	−0	+12
(6)〜 8	−0	+16
(8)〜10	−0	+20
(10)〜12	−0	+24
(12)〜14	−0	+28
(14)〜16	−0	+32

解説 表 3.12.3　本体軸方向の曲がり許容誤差

シールド本体長さ (m)	曲がり許容誤差 (mm)
〜 3以下	± 5.0
(3)〜 4	± 6.0
(4)〜 5	± 7.5
(5)〜 6	± 9.0
(6)〜 7	±12.0
(7)〜 8	±15.0
(8)〜10	±18.0
(10)〜12	±21.0
(12)〜14	±24.0
(14)〜16	±27.0

解説 表 3.12.4　本体長さの許容誤差

シールド本体長さ (m)	本体長さ許容誤差 (mm)
〜 2以下	± 8
(2)〜 3	±10
(3)〜 4	±12
(4)〜 5	±14
(5)〜 6	±16
(6)〜 7	±18
(7)〜 8	±20
(8)〜10	±22
(10)〜12	±24
(12)〜14	±26
(14)〜16	±28

解説 表 3.12.5　絶縁抵抗値

電路の使用電圧区分		絶縁抵抗値
300 V以下	対地電圧 150 V 以下	0.1 MΩ
	その他の場合	0.2 MΩ
300 V 以上の低圧		0.4 MΩ

第4編 施 工

第1章 総 則

1.1 適用の範囲

　本編は，原則として円形断面を有するシールドトンネルを対象に，その施工および施工設備の基本となる事項を示すものである．なお，適用性を検討のうえ，円形以外のシールドトンネルに準用することができる．

【解　説】　シールド工事の施工および施工設備は，地山条件はもとより，トンネルの断面形状，シールド形式等によって相違するため，それぞれの現場条件に応じた施工方法および施工設備を採用する必要がある．シールドトンネルの形状は，円形断面の実績が圧倒的に多いため，本編の適用範囲は原則として円形断面を有するシールドトンネルとする．また，複円形，楕円形，矩形等，近年の円形以外の断面形状への適用実績にも配慮し，適用性を検討の上，適切と考えられる条項の準用を認めることとした．

1.2 施工計画

　施工に先立ち，工事の目的，工期を十分認識し，設計図書，特記仕様書等に従い，地山の条件，環境条件等を精査し，安全で品質を確保したうえ，経済的な施工計画を立案しなければならない．

【解　説】　シールド工事では，シールドおよびセグメントの製作着手前に，施工計画を立案する．シールドおよびセグメントの製作期間は，材料調達や試作，試験，検査，関係者の承認手続き等を含めると数ヶ月から1年以上かかることもある．これらの製作後には仕様や工法の変更が困難であるため，施工計画を十分に検討することが重要である．工事の目的，線形，トンネル構造を示した設計図書等に従い，地山の条件（土質，地形，生成の経緯，地下水等），環境条件（支障物，近接構造物，地上交通，周辺環境等）等を精査し，シールド形式，立坑，仮設備，環境保全対策，補助工法，施工順序，工程，品質等について安全で経済的な施工計画を立案しなければならない．

第2章　測　量

2.1　坑外測量

（1）　施工に先だち，地上において，十分な精度で中心線測量および縦断測量を行い，基準点を設けなければならない．

（2）　基準点の設定は，トンネルの長さ，地形の状況等に応じて，トラバース測量，GPS測量等の適切な測量方法によって行わなければならない．基準点は，移動のおそれのない箇所に設け，十分保護し，かつ，引照点をとり，検測および復元を容易に行えるようにしておかなければならない

（3）　水準基点は，一等水準点またはこれに準ずる点を原点として設けなければならない．水準基点は堅固な箇所に設け，定期的に検測を行わなければならない．

【解　説】　施工に着手するときには，すでに工事計画のための測量が行われているのが一般的であるが，工事計画時の測量結果の再確認および施工上必要とする基準点の整備のために改めて測量を行う必要がある．

シールド工法による場合，施工区間のみでなく，その前後に接続する部分との関連も重要であるため隣接工区との間で基準点の相互確認を行う必要がある．とくに鉄道や道路トンネル等工区内の線形だけではなく，路線全体の線形についても厳しい精度を要求される場合があるので注意が必要である．

坑外測量は，坑内測量ならびに施工に伴う地盤や既設構造物等の挙動を観測するための測量の基本となる．

（1）について　中心線測量は，方向および延長に重点をおいたものとし，地表面にトンネル中心線を描く意味での路線測量が主となる．縦断測量は中心線に沿って，各測点の標高を水準測量によって求める．

（2）について　市街地においては，地形上の制約からトラバース測量による場合が多いので，必要な精度が確保できるように基準点の設定ならびに測定を行う必要がある．一般的に，トラバース測量では，測量精度のよい光波距離計が使用されている．また，GPSによる測量は，視界による影響を受けることなく広範囲での測量が可能であるが，電波の受信状況が悪い地点（深い谷間，都市のビルの谷間，他の強い電波を使用している場所）においては測定することができないので注意が必要である．

基準点はもちろんのこと，施工等に必要な測点は，移動や紛失のないような箇所に設けなければならない．また，シールド施工による地表面への影響，交通の影響，他工事の影響等により，基準点や測点が移動するおそれがあるので，引照点を複数組み設置することで，基準点や測点を確実に復元できるようにしておく必要がある．なお，座標を用いて基準点を表示する場合は，世界測地系にもとづく平面直角座標系で表示しなければならない．座標の属する測地系および系番号については十分確認しておく必要がある．

（3）について　水準基点は，トンネル施工上必要な水準測量の基点となるのはもちろんのこと，工事終了後においても地表面や既設構造物等の変動について観測する基点となる．したがって，長期にわたって使用するので，位置，構造等に十分留意するとともに，定期的に検測し，常に修正して使用しなければならない．

2.2　坑内測量

（1）　坑内測量は，シールドトンネルの特性上，入念かつ定期的に行わなければならない．

（2）　立坑への中心線および水準の導入は，とくに精密に行わなければならない．

（3）　基準点は，推力等の影響を受けない箇所で，施工中に移動や欠損を生じないように堅固に設けなければならない．

（4）　測点は，トンネル断面の大きさや線形等を考慮して間隔を決定し，シールドの掘進に従って，適切な方法および頻度で検測しなければならない．

【解　説】　坑内測量は，坑外測量にもとづいて坑内基準点を設置して検測を行うものであり，シールド掘進に際して行う掘進管理測量の基本となる．

（1）について　坑内基準点の設置および検測測量は，十分な時間をかけて精密に行う必要がある．

（2）について　一般に立坑への中心線の導入は，下げ振りやトランシット，鉛直器等により行なわれる．中心線の導入を立坑から行う場合には，地上から地下へ導入する中心基線はきわめて短いものとなることが多い．また，立坑が深い場合には，普通のトランシットでは視準できない場合も生ずる．したがって，地上の中心基線を地下に導入するためには，その方法を十分検討し精密に行わなければならない．ジャイロコンパスによる測量方法も採用されているが，基本的には異なる2つ以上の方法で検測することが必要である．

（3）について　坑内測量の基準点は，シールドの掘進に伴って順次前方へ移設していくことになるが，組み立てたセグメントはシールド掘進時の推力や裏込め注入の影響および浮力等により動くことがあるので，切羽に接近した箇所に設けるのは避けるべきである．

これらの基準点は，施工中はもちろんのこと，到達後の各種測量の基準点としても使用するので，長期間の使用に耐え，他の作業によって移動や欠損のないような構造としなければならない．たとえば，併設トンネルの場合は，後続シールドの掘進の影響により，先行トンネルが変位する場合があるため，必ず定期的に基準点を検測する必要がある．また，基準点付近で二次注入を行った場合もトンネルが変位する可能性があるので，必ず検測を行う必要がある．

（4）について　測点の間隔は，トンネル断面の大きさ，線形等のほかに，各種作業設備との関連，坑内の見通し，あるいは使用する測量機器等ともあわせて考慮し，判断しなければならない．一般的には，曲線部で10～20m程度，直線部で50～100m程度とすることが多い．測点を先へ移動する場合には，後方の測点を重複させて位置を決めるようにし，なるべく早い時期に地上基準点および他の坑内測点との関連を検測しなければならない．

とくに長距離施工や急曲線が複数ある工事では，トンネル線形の出来形精度を確保するため，通常の測量に加えて精度の高いジャイロ測量を実施する他，必要に応じて，観測孔による検測等を実施することが望ましい．また，長距離施工の場合には測距値を球面補正をして誤差を確認することが望ましい．

観測孔は，測点を検測する有効な方法であり，測量精度を向上させるため，地上基準点と坑内測点との位置を確認するものである．とくにトンネルが，重要な既設構造物の周辺や私有地の地下を通過する場合，あるいは曲線部の多い線形の場合は，その前後に観測孔を設けて，中心線の位置を確認する検測が行われる場合がある．

観測孔は，一般的にシールドが通過した後にセグメントを貫通して設けられる．この時，セグメントの補強や観測孔のまわりの止水等に関して十分な配慮が必要である．なお，中間に通過する立坑がある場合には，それを利用して地上基準点との検測が行われている．

2.3　掘進管理測量

（1）　シールド掘進に際しては，必ず掘進管理測量を行わなければならない．
（2）　掘進管理測量では，所定の精度の確保および作業の効率化を念頭に適切な計測法と器具を選定しなければならない．

【解　説】　掘進管理測量は，組み立てられたセグメントの位置と，それに対するシールドの相対位置の測定，ならびにシールドのピッチング，ヨーイングおよびローリング等の諸量を測定してシールドの位置と姿勢を把握することである．

トンネルの線形を所定の施工誤差以内に収めるために，シールド掘進に際して，坑内測量にもとづいた掘進管理測量を行う．

（1）について　掘進管理測量は，シールド掘進に際して，シールドと組み立てられたセグメントの計画線からのずれを早期に把握して，シールド掘進軌道を遅滞なく修正するために，適切な時期に実施しなければならない．最近では一次覆工のみによるトンネルが増加にしている．この場合，二次覆工による蛇行修正を施せないことも多く，一次覆工のみで規定の管理値以内に収めるために，綿密な掘進管理測量が必要となる．とくに急曲線施工や高速施工の場合には，適切な頻度で掘進管理測量を行うことが重要である（第4編 4.3，第4編 4.6参照）．

(2)について　限られた掘進時間のなかで，必要かつ十分なデータを迅速に把握するよう，他の作業との関連も考慮して，測量方法や計測器はなるべく単純化しておくことが望ましい．セグメントとシールドの相対位置は，左右上下のジャッキのストローク差とテールクリアランスを測定すれば，おおむね把握できる．シールドのピッチング，ヨーイング，ローリングは，シールドに設置されている各計測器によって把握できるが，定期的に計測器の精度を検測することが望ましい．

　また，自動測量システムを利用することにより，リアルタイムでシールドの位置，姿勢を把握することが可能となる．自動測量システムは，シールドに取り付けたターゲットを自動追尾するトランシットやジャイロコンパス等の測量機械と，測量結果を演算処理し情報として提供するためのコンピュータおよびその周辺機器で構成されている．使用する機器の構成や測量方式にはさまざまな種類と特徴があるが，自動測量システムの運用環境と使用目的に応じて，適切なシステムを採用しなければならない．これらの自動測量システムを用いる場合でも定期的に従来の測量によるチェックを行う必要がある．

第3章 施　工

3.1 立　坑

（1）立坑の内空寸法は，シールドの大きさ，投入，組立て，発進到達方法，および立坑内の仮設備等を考慮しなければならない．

（2）立坑の構造には，発進到達時の反力を考慮しなければならない．

（3）立坑の開口は，施工上必要な大きさを確保するとともに，開口部の構造補強，および止水性等を考慮しなければならない．

【解　説】　（1）について　立坑の内空寸法が，シールドトンネル施工上で必要な寸法が決まる場合は，次のことに留意する必要がある．

　立坑の最小限の規模は，シールドの搬入あるいは現地組立ておよび点検が可能で，かつ能率的に掘削土砂の搬出，セグメント等の搬入および作業員の入出ができるものでなければならない．

　一般に，発進立坑の内空は，シールドの両側にそれぞれ最小約1.0m，長さ方向には初期掘進時の掘削土砂の搬出やセグメントの搬入等，作業に必要な空間が確保できるように決定する．近年は，中折れ装置，幅広セグメント，軸方向挿入型Kセグメント，大深度長距離化に伴うテールシール段数の増加等により，シールド機長が長くなる傾向にあるため，とくに立坑長さについては十分に検討して決定する必要がある．シールド下側の余裕は，溶接等のシールド組立て作業，坑内からの排水処理を検討して決定する必要がある．通過立坑等の他の立坑についてもこれに準じた余裕を有し，かつ能率的な作業ができるように配慮する必要がある．

　（2）について　発進時の反力は，仮組みセグメントあるいは鋼製反力受け等により，立坑土留め壁または躯体構築物等を介して地山に伝達される．到達時において立坑内に受入れ室等を設置する場合は，鋼製反力受け等が必要となり，このときの反力は，発進時と同様に立坑土留め壁または躯体構造物を介して地山に伝達される．したがって，これらのことを考慮のうえ立坑土留め壁，躯体構造および軟弱地盤の場合は土留め背面の地盤改良等を計画しなければならない．

　（3）について　発進坑口の開口構造は，土圧および水圧に耐えることはもとより，とくに，撤去を前提にする場合の構造は取壊しが簡単で，かつ止水性に富むものとする．その大きさは一般に，施工誤差とエントランスの取付け余裕を加味してシールド外径より20～40cm程度大きく造られている．立坑の施工方法によっては，さらに，大きな余裕を見込む必要がある．なお，発進坑口には，発進の安全性，確実性を高めるため，坑口コンクリートを打設することが多い．

　到達坑口の開口構造についても，発進坑口と同様な機能をもたせ，その大きさについては，発進坑口より若干大きくとる場合がある．また，発進坑口および到達坑口は，トンネルと立坑との接続部になるため，変状や漏水が発生しやすい箇所である．そこで将来の維持管理のため施工中の工事記録を残すとともに，供用後に止水や導水ができるようあらかじめ配慮しておくことが望ましい．

3.2　発進および到達

（1）発進にあたっては，シールドを所定の位置に正しく据え付けた後，地山へ貫入し，定められた線形に沿って，立坑の土留め背面，周辺の路面，埋設物等に影響を与えないよう十分配慮して，掘進しなければならない．

（2）到達にあたっては，シールドの位置を正しく測定しながら，所定の路線に沿って，周辺の路面，埋設物等に影響を与えないよう十分配慮して，定められた位置まで掘進しなければならない．

【解　説】　（1）について　発進とは，シールドを立坑内に設けられた仮組みセグメント等の反力受け設備を利用して受台上を推進させ，発進坑口から地山へ貫入させ，所定のルートに沿って掘進を開始する一連の作業

をいう．各段階におけるおもな留意点と対策は以下のとおりである．

<u>1) シールドの据付</u>　シールドは，立坑内に設けられた受台上に，設計上の中心位置および高さを基本に組み立て，据え付ける必要がある．なお，軟弱な地山で貫入後にシールドの沈下が予想される場合には，あらかじめ若干量（数cm程度）を上越しして据え付けること等も検討しなければならない．

<u>2) シールド受台</u>　受台は，シールドの自重，組立て時の仮移動にも十分耐え，かつ，軌条その他の適当なシールド推進用ガイドを設置して，立坑内推進が容易で，方向にずれの生じない構造でなければならない．

<u>3) 作業床</u>　作業床は，シールド掘進作業を円滑に行うため，軌条設備の高さに合わせて立坑内へ設置する鋼材等で製作した床であり，作業員の通路やセグメント等材料の仮置き場になるため堅固な構造とする必要がある．

<u>4) 反力受け設備</u>　反力受け設備は，主として仮組みセグメントと形鋼を主材としており，必要な推力に対して十分な強度および有害な変形が生じない剛性を確保することが必要である．仮組みセグメントは，そののちに組み立てられる本セグメントの組立て精度に悪い影響を与えないよう，仮組立て時の真円確保に留意する必要がある．近年では，仮組みセグメントを使用しない方法として，シールドの後方に設置した移動式反力受け設備をセンターホールジャッキ等を使用して押し込み，シールドを発進させる方法もある．

<u>5) 発進防護</u>　発進防護は，鏡切り時の切羽の安定確保とシールドが地山へ貫入する際の止水性の確保が目的である．発進防護は，地盤改良工を施すのが一般的であるが，その種類および仕様は，土質，地下水圧やシールド機長等を考慮して決定する必要がある．

<u>6) 発進坑口</u>　発進坑口には，エントランスパッキン，および坑口コンクリートを設置することで，施工の確実性，安全性を図る．エントランスパッキンの設置にあたっては，その材質，形状や寸法等について十分な配慮が必要である．なお，高水圧下ではシールドからセグメントへの段差部通過時の出水防止のため，複数のパッキンやチューブ式の止水装置を設ける場合がある．また，シールド外側に配置された同時裏込め注入装置等により，段差部分がある場合は，エントランスパッキンの形状等に十分な検討が必要である．坑口コンクリートは，シールド施工後，取壊し撤去する場合が多いが，高水圧下の条件では，取壊しに起因する出水を防止するため，あらかじめ撤去しなくてもよい位置に設置することもある．

<u>7) 鏡切り</u>　鏡切りは，地山崩壊や出水の危険性が高い作業であるため，事前に探り孔等により湧水量を確認し，安全性を確保しなければならない．仮壁取壊しは小規模に分割して行い，シールド前面からただちに山留めするなどの方法により，迅速かつ慎重に行わなければならない．

<u>8) 発進方法</u>　発進方法は，土質，地下水，シールドの形式，土被り，作業環境等の諸条件を考慮して決定しなければならない．これまでに実施されている発進方法をあげると，**解説 図 4.3.1**のように分類される．これらの方法の選択にあたっては，たとえば(a)薬液注入工と(b)高圧噴射攪拌工法を組み合わせて採用する場合がある．いずれの場合にも，上記諸条件を基本に，安全性，経済性，工程等を検討のうえ決定しなければならない．なお，近年では立坑を築造せず，地上付近から直接シールドを発進させた事例もある．

発進に際しての留意点は，採用するシールドの形式，発進方法等によっても異なるが，一般的には，発進部の仮壁取壊し時の異物未撤去，カッターチャンバー内での土砂閉塞，シールドと立坑との間隙からの土砂流入，予想外の湧水等がある．これらのいずれについても事前の十分な検討が必要である．

また，以下の特殊な場合には，列挙した項目について十分に検討する必要がある．
① 発進直後に曲線施工がある場合の曲線部の反力確保やシールド姿勢制御
② 仮壁をシールドで直接切削する場合の壁終端部掘削時の壁の大割れ，背面の地盤改良の要否，振動，騒音対策，掘進速度，ビット摩耗，作動油の油温上昇

とくに仮壁の大割れによるチャンバー内や排泥管の閉塞が発生し，切羽の安定に悪影響を与えるため，ジャッキ速度を微速で制限する等の対策を取る必要がある．

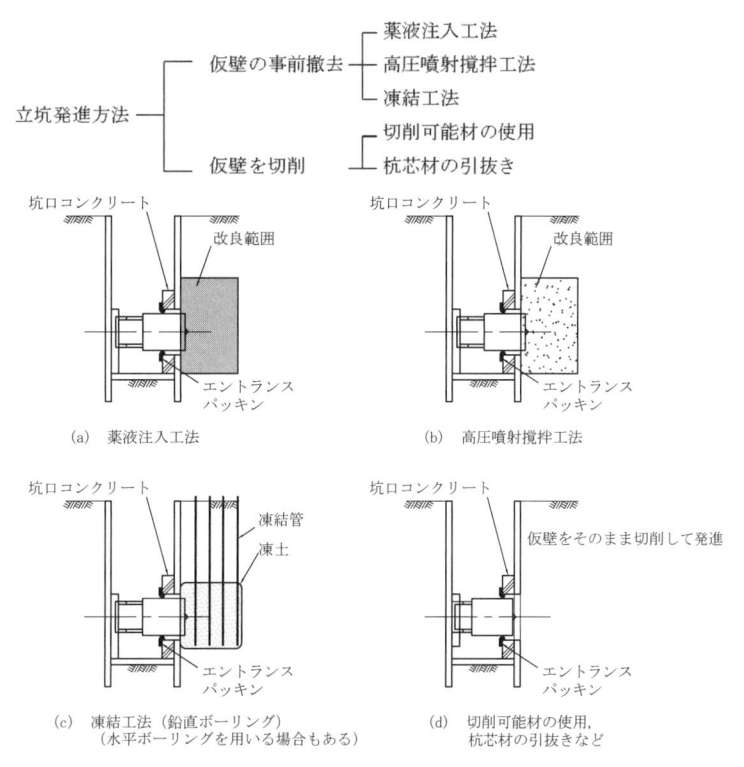

解説 図 4.3.1 立坑発進方法の分類と発進方法の例

（2）について　シールドを立坑の到達面まで掘進し，そののちあらかじめ用意された大きさの開口部より，シールド本体を立坑内に引出すか，あるいは到達壁の所定の位置まで掘進した後停止させる一連の作業を到達という．これまでに実施されている到達方法の例を**解説 図 4.3.2**に示す．

各段階におけるおもな留意点と対策は以下のとおりである．

<u>1）到達防護</u>　到達防護は，鏡切り時の切羽の安定確保とシールドが到達坑口へ貫入する際の止水性の確保が目的である．到達防護の種類，および仕様の考え方は発進防護と同様である．

<u>2）到達坑口</u>　到達坑口にエントランスパッキンを設置する場合は，作用する地下水圧に対し逆方向となるため，ワイヤによる押え金物の絞込みやチューブ式の止水装置の設置等の対策が必要となる．

<u>3）鏡切り</u>　小口径シールドにおける到達坑口の鏡切りは，シールドが土留壁直前に到達してから行う場合が多いが，中大口径シールドでは鏡切りに時間を要するため，到達前に鏡切りを行い，隔壁内をモルタル等で埋戻し，防護しておくこともある．

<u>4）到達方法</u>　シールドの到達にあたっては，以下の点に留意する必要がある．
① 立坑到達面の鏡切り方法とその着手時期
② 所定の計画線上を掘進し，予定の到達壁面に達するためのシールド位置の測量方法と坑内外の連絡方法
③ 掘進速度を減速し，微速掘進を開始させる位置
④ 密閉型シールドの場合の切羽圧力の減圧開始位置
⑤ シールドの掘進に伴う到達壁面への推力の影響による到達立坑内の反力受けの要否とその対策
⑥ 到達部付近の裏込め注入方法
⑦ 仮壁直接切削の場合の振動や騒音への対策，ビット摩耗

<u>5）シールド引出し</u>　シールド本体を立坑内に引き出す場合は，シールド受台等の仮設備を測量結果にもとづき正確に設置する必要がある．引出し作業は，シールド本体と到達壁との間隙からの出水や土砂流入の危険があるため，その防止対策および緊急時の対策を十分に検討しておく必要がある．

<u>6）シールド解体および搬出</u>　シールドを解体する場合は，解体手順，搬出方法，荷揚げ機械等について検討しておく必要がある．

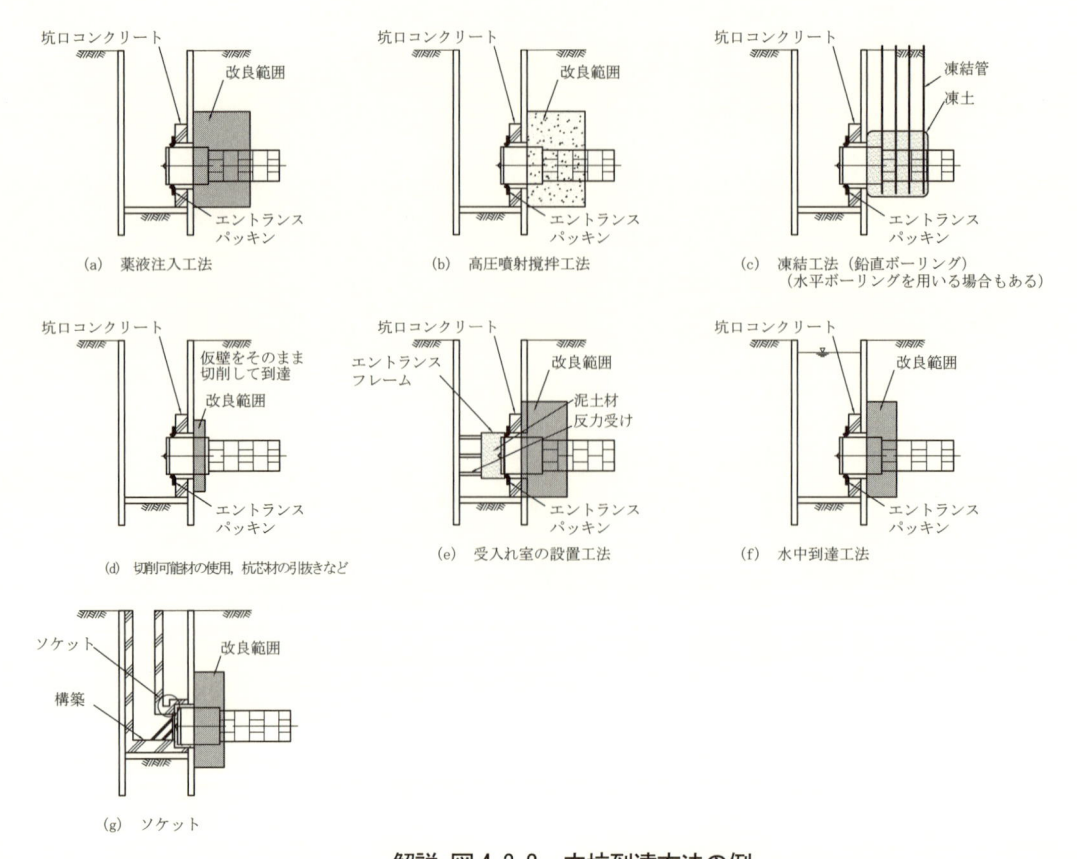

解説 図 4.3.2 立坑到達方法の例

(a) 薬液注入工法
(b) 高圧噴射撹拌工法
(c) 凍結工法（鉛直ボーリング）（水平ボーリングを用いる場合もある）
(d) 切削可能材の使用，杭芯材の引抜きなど
(e) 受入れ室の設置工法
(f) 水中到達工法
(g) ソケット

3.3 掘　　進

シールドは，地山の条件に応じてシールドジャッキを適正に作動させ，地山の安定を図りながら，セグメントに損傷を与えることなく，所定の計画線上を安全かつ正確に掘進させなければならない．

【解　説】　掘進は，初期掘進，本掘進，到達掘進に区分され，初期掘進から本掘進に移行する際に段取り替えを行うのが一般的である．掘進に際して留意すべきおもな点は次のとおりである．

1) 掘進の区分と留意事項

① 初期掘進　初期掘進にあたってはきめ細かい掘進管理を行い，本掘進時に必要となるデータを収集し，管理値の設定を行う必要がある．一般に初期掘進とは，シールドが立坑を発進してから，シールドの運転に必要な後続設備がトンネル坑内に入るまでをいう．初期掘進中は，所定の計画線上を正確に進み，また周辺の路面や近接構造物への影響を最小限に抑えるため，シールド掘進時のデータや地盤沈下量の計測結果等を収集し，シールドの運動特性の把握およびカッターチャンバー内の土圧，泥水圧等の管理値や，裏込め注入圧，注入量の設定値等が適切であるかを確認する必要がある．また，作業員の機械の取扱いに関して十分に習熟させることも必要である．

② 段取り替え　本掘進への段取り替えにあたっては，必要な掘進反力が確保されていることを確認しなければならない．段取り替えの作業とは，発進時に用いた反力受け設備の撤去，各後続台車の投入，本掘進設備への移行がおもなものとなる．これ以降の本掘進においては，セグメントと地山の間のせん断抵抗力だけで掘進反力をとるため，所定の掘進反力が確保できているかどうかを次式によって確認するか，あるいは反力受け部材に設置したひずみ計等の実測値により確認する必要がある．

$$L > \frac{F}{\pi \cdot D \cdot f}$$

ここに，L：立坑からのセグメント長さ（m）

　　　　F：シールドジャッキ推力（kN）
　　　　D：セグメント外径（m）
　　　　f：裏込め注入材を介したセグメントと地山のせん断抵抗力（kN/m²）
　③　本掘進　本掘進においては，初期掘進時に設定したカッターチャンバー内の土圧，泥水圧等の管理値や，裏込め注入圧，注入量の設定値等が適切であるかを適宜再確認する必要がある．掘進にあたっては所要推力および線形を考慮して適切なジャッキパターンを選択することが必要である．曲線，勾配，蛇行修正等の場所では，片側のジャッキだけで掘進する場合もある．このことを考慮して，余裕をもってジャッキ1本の推力，本数および配置を決めなければならない．中折れ装置を装備したシールドでは，曲線半径に応じて中折れジャッキやコピーカッターを作動させて掘進する．掘進のための推力は地山の条件（土質性状，土水圧），シールドの形式，余掘り量，蛇行修正の有無，トンネルの曲線半径，勾配等により大きく異なるため，セグメントへの施工時荷重の影響についても考慮のうえ，つねに適正な推力となるよう注意しなければならない．
　④　到達掘進　到達掘進は，シールドを所定の位置に到達させるため，測量，方向修正や切羽圧力，推力の管理等（第4編 3.2参照）を慎重に行う必要がある．
　2）掘進における留意点
　①　切羽の安定　土質，土被り等の変化に留意しながら，掘進にあたっては掘削土砂の取込み過ぎや，チャンバー内の閉塞を起こさないように切羽の安定を図らなければならない．密閉型シールドでは，土圧，排土量，シールドジャッキ推力やカッタートルク等を計測することで，施工中の切羽の状態を間接的に確認している．そのため，これらの計測値に急激な変動があった場合は，切羽の崩壊，土砂の取り込み過多等が考えられ，状況によっては，施工を中断し原因究明を行う必要がある．詳細は，第4編 3.4，第4編 3.5を参照のこと．
　②　方向制御　シールドは所定の計画線上に正確に掘進させ，ピッチング，ヨーイングおよびローリングの発生をできるだけ防ぐことが必要である．シールドの掘進に際しては，第4編 2.3を参照してシールドの位置および方向を正確に把握するとともに，適正な位置に推力を作用させなければならない．曲線部や勾配変化部の通過あるいは蛇行修正等の場合は，一部のジャッキを使用せず，シールドに偏心力を与えることで掘進方向を制御する．このとき必要に応じて中折れ装置や余掘り装置を稼動しながら掘進を行い，シールド中心線とセグメントリング継手面ができるだけ直交するように，テーパーセグメント等を使用する．
　軟弱地盤やシールドの重心位置等によって，シールドが下向きになる場合，下側のジャッキを多く使用して上向きのモーメントを加えながら掘進するのが一般的である．
　蛇行修正は現状を把握し，蛇行量の小さいうちに掘進管理測量等により得られたデータ等にもとづき，早期にシールドの姿勢を修正しなければならない．ピッチング，ヨーイングおよびローリングは各計測器により検出し，使用ジャッキを適正に選定して修正を行う．急激な方向修正は反対方向への蛇行量を増したり，テール内でのセグメントの組立てが困難になったり，完成後のトンネル使用目的に支障をきたすことがあるので，相当の長さの区間で徐々に修正するように考慮することが望ましい．なお，掘進中に土質が急変すると，大きな蛇行を生ずることがあるので，土質の変化点ではとくに注意しなければならない．
　ローリングした場合，カッターの回転方向を変えることによってシールドに逆の回転モーメントを与え，修正するのが一般的である．
　③　セグメントの損傷防止　掘進にあたってはセグメントの強度を考慮のうえ，損傷を防止するため，ジャッキ推力をできるだけ抑えることが望ましい．1本あたりのジャッキ推力を小さくするために，できるだけ多くのジャッキを使用して所要推力を得るのが望ましく，曲線部，勾配変化部，蛇行修正等で，やむを得ず部分的にジャッキを使用する場合でも，できるだけ多く使用するように配慮しなければならない．中折れ装置を装備したシールドでは，装備しないシールドに比べシールドジャッキを均等に多数使用することができる（第2編 2.7参照）．
　また，シールドのテールとセグメントとの相対的な位置関係にずれが生じると，テールクリアランスが不足してセグメントとテールスキンプレート内側に競りが発生し，変形やひび割れの原因となる．そのため，掘進に応じて適宜，テールクリアランスを計測することが重要である．とくに曲線部や蛇行修正を行った場合等は，

テールクリアランスが急激に変化するため，適切な管理が必要である．

④テールシール部の安全性確保　テールシール間には適切なテールグリース材を封入し，テールシールの止水性およびセグメントとの競りを生じさせないための弾力性を確保することで，地下水や裏込め注入材の浸入や競りによるセグメントの損傷を防止しなければならない．このとき，テールグリース材は使用する裏込め注入材との接触や混入による硬化が遅い材料を使用することが望ましい．

また，テールグリース材は，テールシール内に定期的に補充，封入し，その注入量と注入圧を確認して，テールシールからの出水やテールブラシの摩耗や脱落等の異常を監視する必要がある．なお，テールグリース材の注入方法には手動給脂と自動給脂があり，大断面シールドや地下水圧が高い場合には自動給脂装置を採用することが望ましい．

3.4　土圧式シールド工法の掘進管理

（1）　土圧式シールド工法の掘進は，地山の条件，トンネル断面の大きさ等を考慮し，地山の安定が確実に図れるように行わなければならない．

（2）　切羽の安定を保持するには，地山の条件に応じて適宜，添加材を注入して掘削土砂の流動性と止水性を確保するとともに，カッターチャンバー内の圧力管理，塑性流動性管理，および排土量管理を慎重に行わなければならない．

（3）　掘削土砂の排土は，その性状を考慮し，計画工程を満足する排土機構および設備を選定しなければならない．

【解　説】　（1）について　土圧式シールド工法は，カッターヘッドにより掘削した土砂を切羽と隔壁間に充満させ，必要により添加材を注入して，その土圧により切羽の安定を図りながら掘進し，隔壁を貫通して設置しているスクリューコンベヤーで排土する工法である．掘削に際しては，切羽と隔壁間に充満した掘削土砂を，切羽の安定に必要な状態に加圧し，シールドの掘進量に合わせた排土を保持できるよう，カッターチャンバー内の圧力（泥土圧）や排土量の計測を実施し，スクリューコンベヤーの回転数や掘進速度の制御を行うとともに，カッタートルク，推力等を把握して，切羽を緩めることのない適正な運転管理を実施しなければならない．とくに大断面では上部と下部の圧力差が大きくなり，また切羽の土質構成が複雑となることが多いため，チャンバー内の圧力勾配等にも着目し，目標管理圧力値および上下限値の設定には十分な検討が必要である．土圧式シールド工法における切羽安定管理フローの例を**解説 図 4.3.3**に示す．

なお，切羽周辺の地山状態を把握する切羽探査法としては，シールドスキンプレートの上方に鋼製の筒棒を突き出し，ストローク，圧力等を検知する地山探査装置がある．切羽の前方または上方の空洞や緩みを局部的に調べるもので，切羽の安定状態を判断するための，補助的な情報を得るために利用されている．

（2）について

1)　地山の条件　切羽の安定に必要な土圧を保持し，シールドの掘進量に合わせた土量の排出を行うためには，カッターチャンバー内に充満した掘削土砂が，適度な流動性を有すること，および地下水の流入が生じないよう止水性を高めることが必要である．

粘土，シルトからなる土層では，カッターの切削作用により掘削土砂の流動性が保持される．また，切羽の安定は，泥土圧およびスクリューコンベヤーとその排土口に設置する排土機構の総合的な効果により図ることができる．

粘着力が大きい硬質粘性土は，流動性が低下し，カッターチャンバー内やカッターヘッドへ付着が起こることがあるため，適切な添加材を注入し，塑性流動性を確保するとともに付着防止対策を図る必要がある．

砂層，礫層からなる土層では，掘削土砂の流動性に乏しく，透水性が高いため止水性の確保が必要となることが多い．この種の地山に対しては，掘削土砂に添加材を注入して強制的に撹拌し，掘削土砂の塑性流動性を高めるとともに，止水性を有する泥土に改良することが必要である．

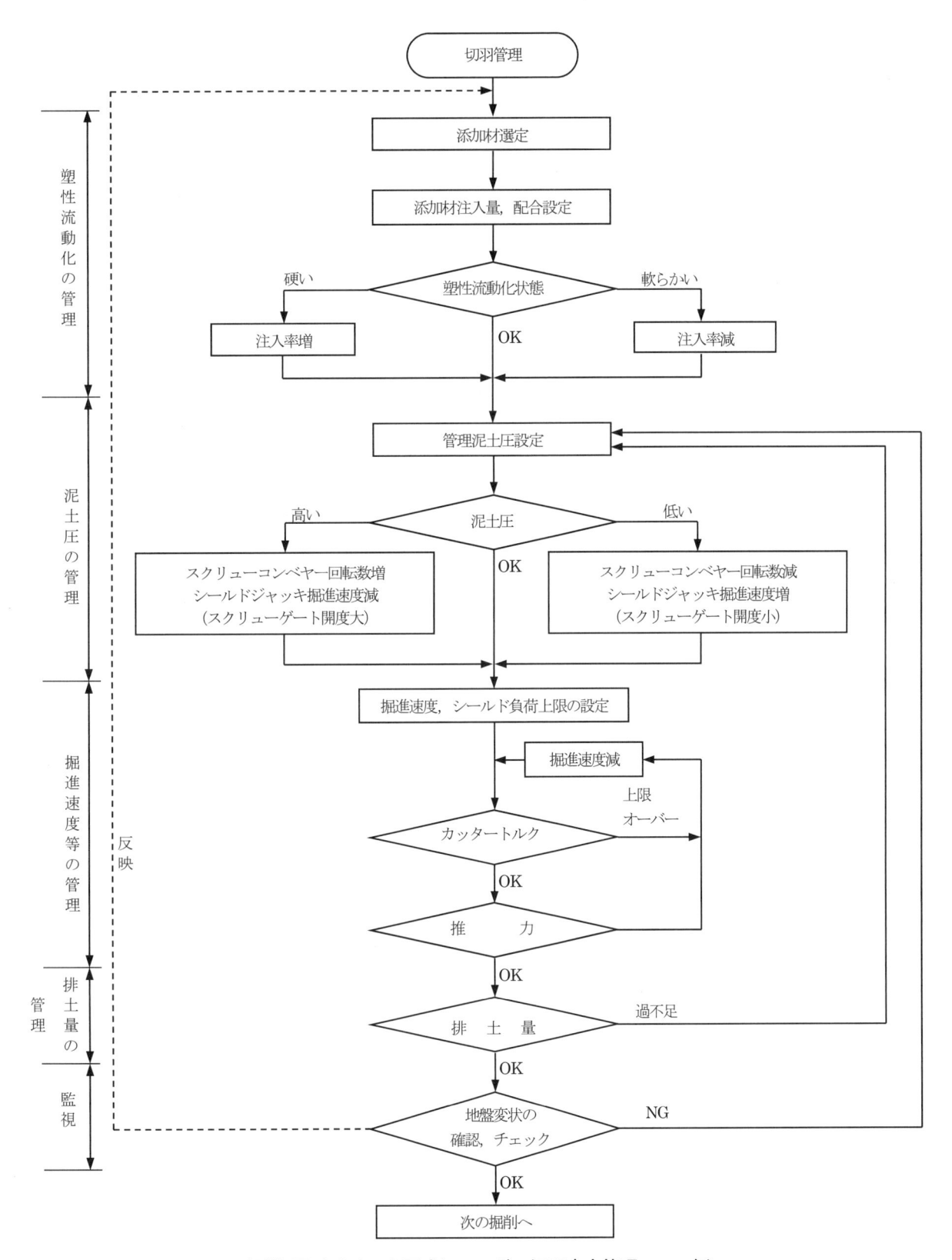

解説 図 4.3.3　土圧式シールドの切羽安定管理フロー例

2)　**添加材**　土圧式シールドにおいて添加材は，以下の目的で切羽面あるいはカッターチャンバー内に注入される．

　　① カッターチャンバー内に充満した掘削土砂の塑性流動性を高める
　　② 掘削土砂と撹拌混練りして止水性を高める
　　③ 掘削土砂のシールドへの付着を防止する

その結果，以下の副次的な効果も期待される．

① カッタービットやカッターヘッド等の摩耗の低減
② カッターおよびスクリューコンベヤーのトルクの軽減

添加材は，地山の土質および掘削土砂の搬出方式等に最も適したものを選定する必要がある．添加材として必要な性質は，以下のとおりである．

① 流動性を発揮する
② 掘削土砂と混合しやすい
③ 材料分離を起こさない
④ 環境に悪影響を及ぼさない

一般に用いられている材料は大きく分けると4種類になる．これらの材料は，各々単独で用いられる場合と組み合わせて用いられる場合がある．各々の材料の特徴についてまとめると以下のとおりである．

① 鉱物系　掘削土砂が流動性と不透水性を有した良好な泥土となるために必要な微細粒子を，粘土，ベントナイト等を主材として補給するもので，最も使用実績が多く，幅広い土質に対応できる．しかし，他の添加材と比べて，作泥プラントや貯泥タンク等の設備が大規模になる．

② 界面活性剤系　特殊起泡材と圧縮空気で作られた気泡材を注入するものである．掘削土砂の流動性と止水性を高めるばかりでなく，掘削土砂の付着を防止する効果がある．さらに，気泡が消泡することにより後処理が容易となる．一方，掘削土砂をポンプ圧送する場合は，排土効率を低下させることがあるので注意を要する．

③ 高吸水性樹脂系　自重の数百倍の水を吸収してゲル状態になるため，地下水による希釈劣化が少なく，高水圧地盤での噴発防止にも大きな効果をもたらす．しかし，塩分濃度の高い地下水や鉄，銅等の金属イオンを多量に含む地盤，あるいは強酸性地盤や薬液注入区間等の強アルカリ地盤では吸水能力が大きく低下する．

④ 水溶性高分子系　樹脂系と同様に高分子化合物からなるもので粘性を増大させる効果があり，ポンプ圧送性に優れている．主原料の成分によってセルロース系（CMC等），アクリル系（PHPA等），多糖類系（グアガム等）等がある．

添加材は地上または坑内に設けられるプラントで作られ，坑内配管を通して添加材注入ポンプにより，カッターヘッドまたはカッターチャンバー等に設けられる注入口等から注入される．場合によっては，スクリューコンベヤー内での止水性の向上を目的としてスクリューコンベヤーに注入口を設ける．また，余掘り部の充填のためにシールド外周部に注入設備を設けることもある．

注入量と配合は，地山の粒度組成に応じて設定する．実施工において注入量は，一定の区間ごとに切羽の安定状況や掘削土砂の性状およびシールド各部の稼働状況から注入効果の確認を行って決定し，その結果を以後の施工に反映させるのが望ましい．

注入量の制御方法としては，掘進速度制御方式が一般的である．これは，あらかじめ注入率を設定し，シールド掘進速度に応じて注入量を自動的に増減させて制御する方法で，注入量の増減は添加材注入ポンプの回転数を変化させて行う．

3） カッターチャンバー内の圧力の管理　切羽の安定を確保するには，カッターチャンバーの圧力（泥土圧）を適正に保持する必要がある．泥土圧の管理手法としては，隔壁等に設置した土圧計で確認し，管理する間接的な方法が一般的である．泥土圧が不足すると，切羽での湧水や崩壊が生じる危険性が大きくなり，過大になるとカッタートルクや推力の増大，掘進速度の低下，あるいは地表面の隆起等の弊害が懸念される．

管理圧力の設定については，主働土圧や静止土圧，あるいは緩み土圧を用いる方法等いろいろあるが，地表面の沈下を極力抑止したい場合は，静止土圧＋水圧＋変動圧がひとつの目安になる．一方，シールド前方の地盤隆起が確認される場合は，主働土圧＋水圧＋変動圧，もしくは水圧＋変動圧を管理値として採用することもある．いずれの管理値を採用する場合も，地盤の変化，掘進中の地盤変状計測値，および噴発や逸泥の状況等を考慮して，管理値を見直すことが重要である．なお，主働土圧はRankin土圧より求めることが多く，静止土圧については，［開削工法編］　第2編　**3.4.5　土圧および水圧または側圧**を参照のこと．

掘進中の泥土圧の管理には，以下の方法がある．

① スクリューコンベヤーの回転数やスクリューゲートの開度で制御する
② シールドジャッキの推進速度で制御する
③ 両者の組合わせで制御する

これらは施工条件に応じて適正な管理を実施しなければならない．さらに，掘進に伴う地盤の変状や排土の状態，あるいはカッタートルクの変化等を確認して，管理圧力を掘進に伴って補正することが必要である．なお，切羽圧力に急激な変動があった場合は，原因を究明し，必要に応じて対策を実施する．

<u>4）カッターチャンバー内土砂の塑性流動性管理</u>　掘削土砂の塑性流動性管理は，土圧式シールド工法で重要な管理項目であり，管理手法としては，以下の方法がある．

<u>① 排土性状による管理</u>　スクリューコンベヤーから排出された掘削土砂をスランプ試験等により把握する方法

<u>② 排土効率による管理</u>　スクリューコンベヤーの回転数から得られる計算排土量と掘進速度から得られる計算排土量の比較により推定する方法

<u>③ シールド負荷による管理</u>　塑性流動の状態に影響を受けるカッター，スクリューコンベヤーのトルク値等，機械負荷の経時的変化により推定する方法

②，③については，チャンバー内の塑性流動の状態を施工データから推定し，定性的に判断しているため，排土性状を確認しながら管理することが必要である．

<u>5）排土量管理</u>　切羽の安定を保持しながらスムーズな掘進を行うには，掘進量に見合った掘削土砂を排出する必要がある．しかし，地山の土量変化率や掘削土の単位体積質量に幅があることや，添加材の種類や添加量，あるいは排土方式等によって，掘削土砂の容積や質量が変化するため，正確に排土量を把握することは困難な場合が多い．また，掘削土砂の性状としても，半固体的性質を示すものから，流体に変換されて排土されるものまでさまざまである．このため，排土量管理だけを単独で行っても切羽崩壊や地盤沈下を抑制することは難しく，泥土圧管理と排土量管理を併用するのが重要である．

掘削土量管理の方法は，大きく容積管理方法と質量管理方法とに分けられる．容積管理方法としては，掘削土砂運搬車台数の検収による方法や，スクリューコンベヤー回転数，圧送ポンプ回転数からの推定法が一般的であり，質量管理方法では，掘削土砂運搬車質量の検収が一般的である．ポンプ圧送の場合は，掘削土量をリアルタイムで，より精度よく管理するため，電磁流量計と γ 線密度計を用いる方法も行われている．なお，それぞれの方法には誤差があるため，複数の方法で管理することが望ましい．

（3）について　排土機構は，第3編9.6参照のこと．坑内掘削土搬出設備は，軌道方式，パイプライン方式，コンベヤー方式等の各種の方式がある．詳細は第4編5.3参照のこと．

3.5　泥水式シールド工法の掘進管理

（1）　泥水式シールド工法の掘進は，地山の条件，トンネル断面の大きさ等を考慮し，地山の安定が確実に図れるように行わなければならない．

（2）　切羽の安定を保持するには，地山の条件に応じて泥水品質を調整して切羽面に十分な泥膜を形成するとともに，切羽泥水圧と掘削土量の管理を慎重に行わなければならない．

（3）　泥水の処理は，地山の粒度組成に適合し，計画工程を満足する能力をもつ泥水処理設備を選定して行わなければならない．

【解　説】　（1）について　泥水式シールド工法は，泥水を循環させ，泥水によって切羽の安定を図りながらカッターヘッドにより掘削し，掘削土砂は泥水として流体輸送方式によって地上に搬出することを特徴とする工法である．掘削に際しては，適切な切羽の泥水圧を設定するとともに，この圧力が切羽に有効に作用するように泥水の品質を管理し，掘削土量の計測を実施し，カッタートルク，推力等を把握して，切羽を緩めることのない適正な運転管理を実施しなければならない．この工法は，掘削，切羽の安定，泥水処理が一体化したシ

ステムとして運用されるので，システムを構成する設備それぞれの特徴，能力等を十分把握して計画しなければならない．泥水式シールド工法のシステムを**解説 図 4.3.4**に示す．

システムとして運用するには，掘削土量，泥水品質，切羽状態，送排泥流量，送排泥密度，排泥流速等の設定と管理に十分配慮しなければならない．

なお，切羽周辺の地山状態を把握する切羽探査法としては，シールドスキンプレートの上方に鋼製の筒棒を突き出し，ストローク，圧力を検知する地山探査装置があるが，切羽の前方または上方の空洞や緩みを局部的に調べるもので，切羽の安定状態を判断するための，補助的な情報を得るために利用されている．

（2）について

1) 地山の条件　泥水式シールド工法では，地山の条件に応じて比重や粘性を調整した泥水を加圧循環し，切羽の土水圧に対抗する泥水圧によって切羽の安定を図るのが基本であり，泥水圧を保持するには切羽面で泥水圧を伝達するのに十分な泥膜が形成されなければならない．透水係数の大きな砂地盤や礫地盤では，逸泥等により泥膜が十分に形成されないおそれがあるため，比重や粘性，降伏値，濾過特性等の泥水品質の管理が重要である．切羽安定のための管理フローの例を**解説 図 4.3.5**に示す．

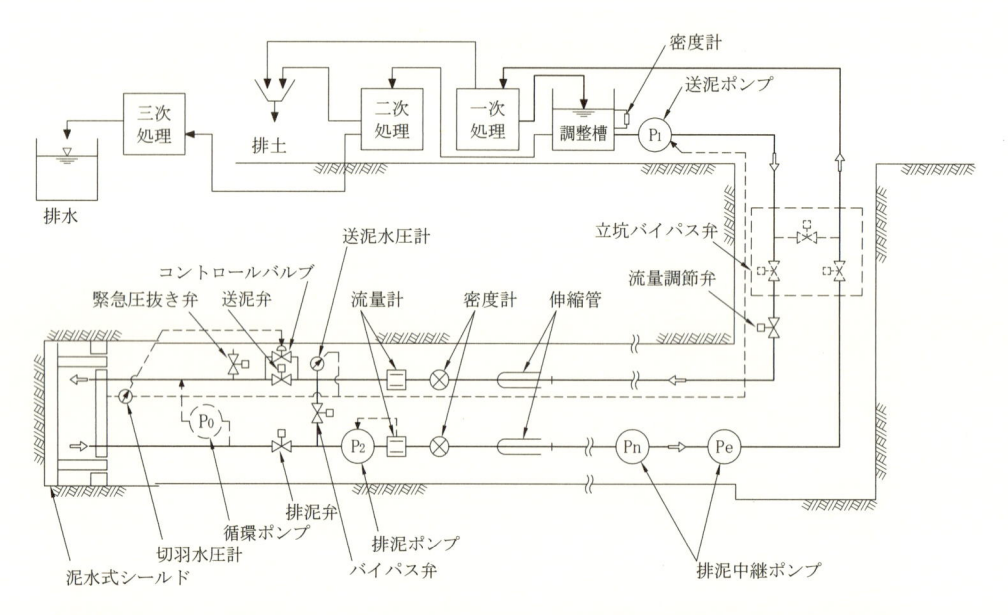

解説 図 4.3.4　泥水式シールド工法のシステム（掘削，切羽の安定，泥水処理）

2) 泥水圧の管理　泥水式シールド工法において切羽の安定を確保するには，切羽の土質および土水圧等に応じて泥水圧を適正に設定し，保持する必要がある．泥水圧の管理手法としては，隔壁等に設置した水圧計で管理することが多い．一般に，泥水圧が不足すると切羽での崩壊が生じ地盤沈下の危険性が大きくなり，過大になると泥水の噴発や地盤隆起等の現象が懸念される．

管理圧力の設定については主働土圧や静止土圧，あるいは緩み土圧を用いる方法等いろいろあるが，地表面の沈下を極力抑止したい場合は，静止土圧＋水圧＋変動圧がひとつの目安になる．一方，シールド前方の地盤隆起が確認される場合は，主働土圧＋水圧＋変動圧，もしくは水圧＋変動圧を管理値として採用することもある．いずれの管理値を採用する場合も，地盤の変化，掘進中の地盤変状計測値，および噴発や逸泥の状況等を考慮して，管理値を見直すことが重要である．なお，主働土圧はRankin土圧より求めることが多く，静止土圧については，［開削工法編］第2編　**3.4.5　土圧および水圧または側圧**を参照のこと．

大断面シールドでは，断面上下での土水圧の圧力差が大きくなり，また切羽の土質構成が複雑となることが多いため，管理圧力および管理幅の設定には十分な検討が必要である．

掘進中の泥水圧の管理は，送泥および排泥ポンプの回転数によって制御するが，掘進に伴う地盤の変状や排土の状態，あるいはカッタートルクの変化等を確認して，管理圧力を掘進に伴って補正することが必要である．切羽圧力に急激な変動があった場合は，原因を究明し，必要に応じて対策をとらなければならない（第3編 10.

4, 第4編 5.21参照). なお, 異常な泥水圧の変動を吸収するため, 一般に緊急圧抜き弁を送泥管に設置することが多い.

3) 掘削土量管理　切羽の安定を保持しながらスムーズな掘進を行うには, 掘進量に合わせた掘削土を適切に排出する必要がある. 泥水式シールド工法では, 送泥管および排泥管に設置した流量計と密度計から得られるデータをもとに演算によって偏差流量と掘削乾砂量を求め, これにより地山の取込み量をチェックして切羽の状態を把握するのが一般的である. この方式をさらに進めて直前数リング分の偏差流量と掘削乾砂量を統計解析して地山の土質変化を推定することもある.

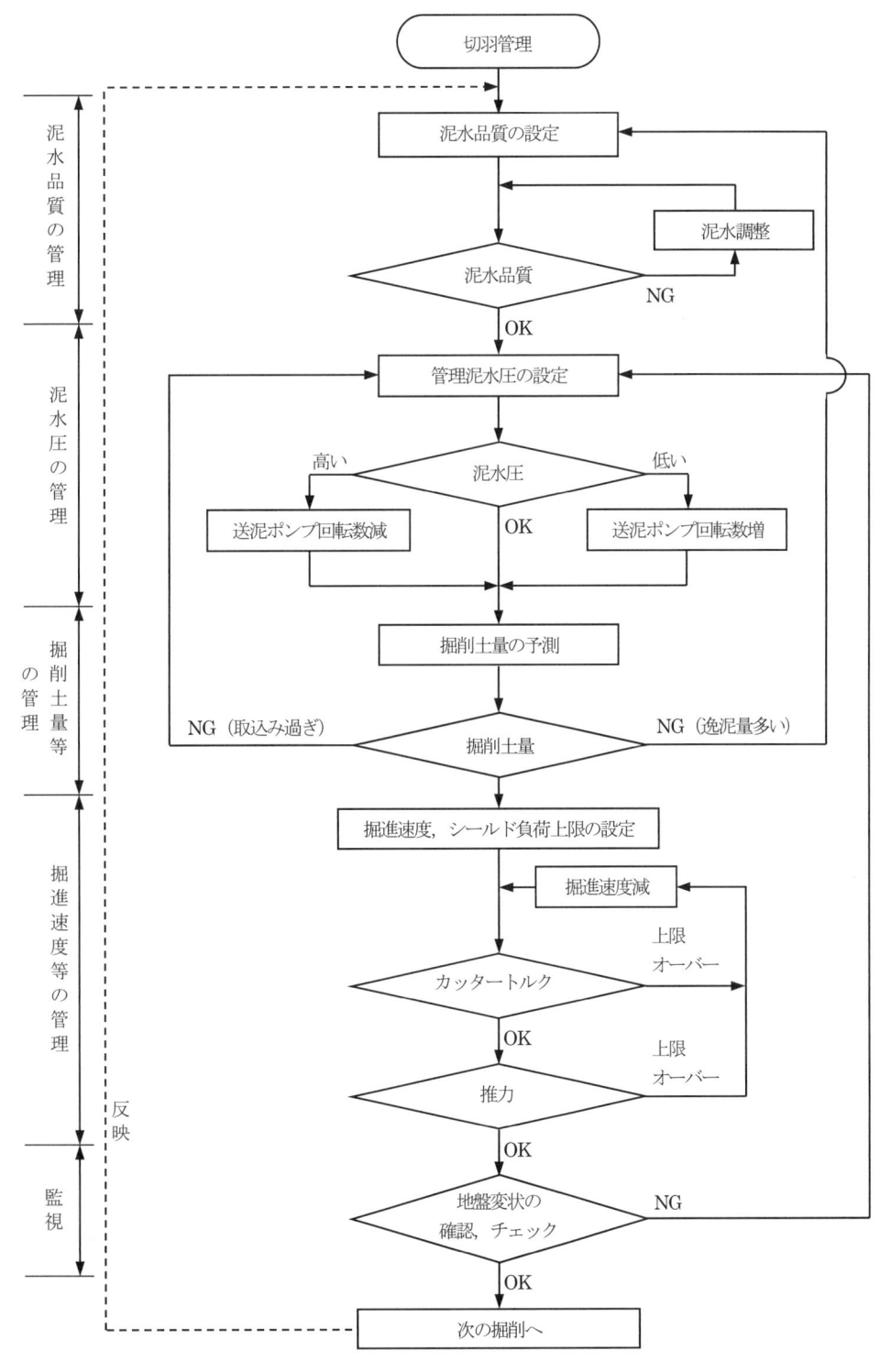

解説 図 4.3.5　泥水式シールドの切羽管理フロー例

（3）について　掘削した土砂は, チャンバー内においてアジテーター等により撹拌混合し, 排泥ポンプに

より配管を通して地上に流体輸送を行う．地上に搬出された泥水は一次処理設備によって礫，砂等を機械的に分離除去し，シルト，粘土等は二次処理設備において凝集剤等を添加してフロック（団粒）としたうえで，機械的にあるいは他の方法で強制脱水して分離除去して排土する．土砂を分離した余剰泥水は水や粘土，ベントナイト，増粘剤等を加えて比重，濃度，粘性等を調整して切羽へ再循環される．

なお，大径の礫はクラッシャーにて破砕するか，礫除去装置で除去する必要がある．さらに，カッタースリットから取込めないような大きな礫については，ローラーカッター等を装備してカッター前面で破砕処理する場合もある（第4編 5.22参照）．

3.6 一次覆工
一次覆工は，掘進完了後すみやかに所定の方法に従い，正確かつ堅固に施工しなければならない．

【解 説】 一般に，一次覆工は，セグメントによりリング状に組み立てられる．一次覆工は，掘進完了後すみやかに行わなければならない．特殊な例として，特別な反力装置を用いて，掘進とセグメント組立てを同時に行う方法や，セグメントを用いず現場打ちコンクリートを打設する方法もある（第3編 11.1参照）．

一次覆工は，周辺地山の土圧，水圧およびシールドの推力等の作用に耐え，所定の内空を確保するために，正確かつ堅固に施工しなければならない．また，セグメントの目開きや目違い，あるいは鉄筋コンクリート製セグメント端部の欠けやひび割れ等の防止について，精度の高い管理が求められる．

1) 一次覆工の施工 セグメントを組み立てる際，多数のシールドジャッキ全部を一度に引き戻し，解放すると地山の土水圧や切羽の泥土圧あるいは泥水圧によってシールドが押し戻され，切羽の安定が保てなくなることがある．そのため，セグメント組立て時のジャッキ解放本数は，組立てに伴う必要最小限としなければならない．

セグメントは，エレクターを用いて通常千鳥組みされる．Kセグメントの組立ては，Bセグメントの垂れ等に留意し，周囲のセグメントおよびシール材を損傷させないよう正確に組み立てる．とくに軸方向挿入型Kセグメントの場合においては，Kセグメントのシール材に滑材を塗布するなどの挿入時のシール材損傷を防止する対策が必要である．

なお，セグメントの組立てにおいては，セグメントおよびシール材等の損傷を防止し，ジャッキ推力を滑らかに伝達させ，組立て前に十分清掃し，継手間に異物が挟まらないよう留意し，互いによく密着するように行わなければならない．

一次覆工の組立て精度が悪いと次のセグメントの組立てが困難になるとともに，地盤によってはリングの変形を助長するおそれがあるため，正確に組み立てなければならない（第4編 6.2参照）．また，継手間に目開きや目違いがあると，漏水が発生したり，鉄筋コンクリート製セグメントの場合は，ジャッキ推力を受けた時にひび割れが発生する要因となるため留意しなければならない．軸方向挿入型Kセグメントの場合は，トンネル周方向の軸力やシール材反発力等によってKセグメントが切羽側に押し出されることがあるため，リング継手間に目開きが発生しないように留意する必要がある．

セグメントの保管，運搬，テール内での取扱いは，注意深く丁寧に行う．セグメントの運搬には適切な運搬台車および設備を備えるとよい．セグメントの仮置きについては継手や防水材料を損傷しないよう配慮し，セグメントの内側を上に向けて積重ねる舟積みの際は変形やひび割れが生じないよう，またリング継手面を上下に向けて積重ねる縦積みの際は，運搬時等に防水材料やセグメントの端部を損傷させないよう配慮する必要がある（第2編 9.3参照）．

2) セグメント組立て形状の保持 セグメントを正確な形状で組み立て，その形状を保持することは，トンネル断面の確保，セグメントの損傷防止，漏水防止および地盤沈下の減少等の面から重要である．したがって，シールドのテール内でセグメントを組み立てる際，セグメント組立て形状に十分注意し，継手ボルト等を十分に締め付けて緩みを防止しなければならない．テールを離れたセグメントは，土水圧，裏込め注入圧により変形しやすい．セグメントを組み立ててから，テールを離れて裏込め注入材がある程度硬化するまでの時間，セグメント

の形状保持装置（第3編 6.3参照）を用いることは，セグメントの組立て精度を確保するのに有効である．

3) ボルト締付け工および再締付け　セグメントの継手ボルトは，セグメントに損傷を与えず，所定のトルクに達するまで十分締め付けなければならない．締付け工具には，エアーを用いたインパクトレンチ，電動レンチ，人力で締め付けるトルクレンチ等がある．

掘進に際しての推力は，かなり後方のセグメントにまで及んでいるので，掘進の影響がほとんどなくなった時点で，再度，所定のトルクで十分締め付けなければならない．ボルトナットの締付け力は，トルク計測器で確認をすることが大切である．ジャッキ推力の後方への影響は，セグメントの種類，土質，推力の大きさ，トンネル線形，裏込め注入の方式と材料等により異なる．

継手の形式には，ボルト式，インサート式等のボルト継手があり，またボルトを使用しない継手には，ピン挿入型，ほぞ，くさび等の継手がある．これらの施工にあたっては，それぞれの継手の特性に応じた管理をする必要がある（第2編 7.3参照）．

4) セグメントの自動組立て　シールドの後方に設置されたセグメント自動供給装置によって，セグメント搬送台車から供給されたセグメントを把持させ，搬送装置によってエレクターで把持できる位置まで移動させ，エレクターとシールドジャッキ等によって締結する一連の動作のうち，すべて，または，一部分の自動化を行うシステムをセグメント自動組立てという．

これらによって，一次覆工の品質向上，省力化，組立て時間の短縮が図られている．また，セグメントの形状と継手形式等が自動組立てに適するものもある．

3.7　裏込め注入工

裏込め注入工は，地山に最も適合した注入材と注入方法で，シールドの掘進と同時あるいは直後に行い，テールボイドを完全に充填して地山の緩みと沈下を防止するようにしなければならない．

【解　説】　裏込め注入工は，地山の緩みと沈下を防ぐとともに，セグメントからの漏水の防止，セグメントリングの早期安定やトンネルの蛇行防止等に役立つため，すみやかに行わなければならない．

1) 注入材　地山の土質およびシールド形式等に最も適したものを選定しなければならない．注入材として，一般的に次のような性質が必要である．

① 材料分離を起こさない
② 流動性がよく，充填性に優れる
③ 注入後の体積変化が少ない
④ 早期に地山の強度以上になる
⑤ 水密性に富んでいる
⑥ 環境に悪影響を及ぼさない

使用されている注入材料を**解説 図 4.3.6**に示す．

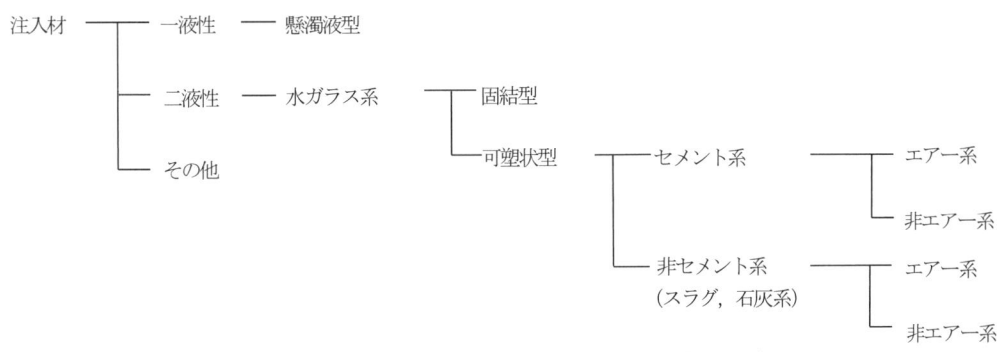

解説 図 4.3.6　裏込め注入材料の分類

一般的には，ゲル化時間や強度が調整でき，同時注入も可能な二液性の可塑状型の注入材で施工される．一液性の注入材であるモルタル，セメントベントナイト等は，ゲル化時間が長く，水に希釈されやすいため，地山が安定した土質の場合に使用されることがある．

二液性の注入材は，注入時まで流動性を有した材料を，注入時あるいは注入後はすみやかに可塑状または固結させることを特長とするもので，一般的に次のような性質がある．

① 所定の範囲への注入ができる
② 材料分離が少なく地下水の影響を受けにくい
③ 硬化時間を調整することができる
④ 必要により早期に所要強度を与えることができる

2) **注入時期**　テール脱出時のセグメントの安定性を確保するために裏込め材は早期に注入する必要がある．そのため，一般に裏込め注入工は，同時注入または即時注入で行われている．同時注入とは，シールドの掘進に合わせてシールドスキンプレートの外側に設けられた注入管やセグメントの注入孔から裏込め注入を行う方法で，即時注入とは掘進後すみやかにセグメントの注入孔から裏込め注入を行う方法である．

3) **注入方法**　裏込め注入工は，セグメントに設けられた注入孔やシールド本体テール部に設けられた同時裏込め注入装置から行われている（第3編 8.4参照）．注入材の運搬は，坑外のプラントからグラウトポンプを用いて圧送する方法や，材料運搬台車により材料を坑内運搬し，後方台車に設備したグラウトポンプにより行う方法がある．注入材は，材料によって圧送可能距離が異なるため，適切な運搬方法を検討する必要がある．

注入完了後，注入設備（グラウトポンプ，注入配管等）を水洗いするときは，次の注入時期に，その洗い水を注入材と一緒に注入することのないようバイパス弁等を設けて排出する．

4) **注入圧と注入量**　注入圧は，切羽圧に200kN/m²程度を加えた圧力としていることが多いが，セグメントの強度，土圧，水圧および泥水圧等を考慮のうえ，十分な充填ができる圧力に設定するとともに，セグメントリング全体に均等に圧力が作用するように配慮する必要がある．なお，半径方向挿入型Kセグメントを使用する場合には，裏込め注入圧によりKセグメントが脱落するおそれがあるため，設計で用いている裏込め注入圧を確認しておく必要がある（第2編 2.7参照）．

注入量は，注入材の地山への浸透，加圧による地山への圧入，脱水圧密，余掘り，取込み土量等の関係で，計算から求まるテールボイドの130〜170%程度になることが多い．砂礫層ではそれ以上となる場合がある．

一般に裏込め注入工の施工管理方法には圧力管理によるものと量管理によるものがある．圧力管理による方法は，上記による設定圧力を常に保持する方法であり，注入量は一定しない．量管理による方法は，常に一定量を注入する方法で，そのため注入圧力は変化する．いずれにしても，どちらか一方だけでは不十分であり，両方法で総合的に管理するのが望ましい．

注入量，注入圧ともにある程度の試行のうえ，注入効果，他への影響を確認のうえ決定するのが望ましい．実施にあたっては，一定の区間ごとに効果の確認を行い，その結果を施工に反映させるのが望ましい．

5) **二次注入**　裏込め注入工を施工した後に，さらに，裏込め注入工の未充填部や注入材料の体積減少分の補填等の目的で二次注入を行うことがある．

6) **品質管理**　シールド工事における裏込め注入工の重要性からみて使用する材料は，所定の品質を有するものを用いるとともに，定期的にその品質を確認する必要がある．

練混ぜた注入材の品質を維持するため，フロー値，粘性，ブリーディング率，ゲルタイム，圧縮強度等を定期的に測定する必要がある（第4編 6.2参照）．

3.8　防水工および防食工

（1）　防水工は，トンネルの使用目的に応じ，作業環境に適合する方法で施工しなければならない．

（2）　一次覆工の耐久性を確保するため，とくに二次覆工を施さない場合は，トンネルの使用環境条件を考慮のうえ，防食工を行わなければならない．

【解　説】　（1）について　シールドトンネルは，地下水位より下方に構築されることが多いため，地下水圧に耐えられる防水工が必要である．とくに，高水圧下あるいは内水圧が作用する場合には，シール工を確実にするためにシール材を2条にしたり，セグメント隅角部に別途コーナーシールを貼付けることやセグメント隅角部の密着性を確保するためシームレス加工したものが用いられている．

トンネル内への漏水は，完成後のトンネルの機能および維持管理に種々の問題を生じるのに加え，地下水位低下による地盤沈下等の周辺環境に影響を及ぼすおそれがあるため，十分に注意しなければならない．

防水工は，地山側から順に，①裏込め注入材による防水，②セグメントに施す防水，③二次覆工，または一次覆工と二次覆工の間に施す防水シート等の防水に分けられる．一般にシールドトンネルでは，セグメントに施す防水が重要であり，シール工，コーキング工，ボルト孔および裏込め注入孔を対象としている．このうち，シール工は，多くの継手面をもつセグメントにとって，最も重要な防水工である．したがって，トンネルの使用目的に応じて，シール工のみの場合とシール工と他の防水工を組み合わせて施工する場合とがある．

1）　シール工　シール工は，セグメントの継手面に設置したシール材をセグメントで挟み込み，シール材が有する反発力や膨張圧等により防水するものである．

シール材の材質は未加硫ブチルゴム系，合成ゴム系，合成樹脂系，水膨張系のものがある．水膨張系としては，地下水と反応して体積膨張する吸水性ポリマーを，天然ゴムあるいはウレタン等と混合したものが一般的に用いられている．

施工にあたっては，雨水等の影響を受けない場所で，貼付け面のほこり，油，さび，水分等を，きれいに拭き取ってから，接着剤を塗布し，シール材を所定の位置に貼付けなければならない．とくに，セグメントの隅角部およびシール材端部は，シール材がはがれたり，しわや隙間ができたりしないように入念に貼付けする必要がある．シール材貼付け後は，接着剤の接着効果が発揮するように所定時間の養生を行い，シール材が損傷しないようにセグメント運搬時に適切な処置をしなければならない．また，シール材を外周側に1条貼付けた場合には，セグメント組立て時に目開きが大きくなり，組立て精度が悪くなったり，鉄筋コンクリート製セグメントの場合にはセグメントが損傷することがあるため，継手面の内側に緩衝材を貼る場合がある．

2）　コーキング工　コーキング工は，セグメントの継手面内側にあらかじめ設けたコーキング溝に，セグメント組立て後にコーキング材を充填し防水するものである．

コーキング材には，エポキシ系，シリコン系を主材としたものが用いられており，一般的に次のような性質が必要である．

　①　水密性はもとより耐久性，耐薬品性等に優れている
　②　湿潤状態における施工性に優れているとともに，硬化時に水分に影響されず，体積収縮が少ない
　③　接着性が良く，施工後すみやかに硬化し，伸縮および復元性に富んでいる

施工は，増締め完了後のセグメントに対して行い，コーキング溝の油，さび，水分等を，きれいに拭き取ってからプライマーを塗布し，コーキング材を充填しなければならない．この作業にあたっては，別途，中大口径のシールドの場合は作業台車を設けて施工するのが一般的である．作業台車については第4編 5.16を参照のこと．

なお，コーキング材をあらかじめコーキング溝に先付し，トンネル内での充填作業を省略する方法もある．

3）　ボルト孔の防水工　ボルトワッシャーとボルト孔の間にリング状のパッキン材を入れ，ボルトを締付けることによってパッキン材の一部が変形し，ボルト孔壁およびワッシャーの外面で形成される空間を充填し，ボルト孔からの漏水を防ぐものである．一般にボルト孔は，シール工より内側にあるため，シール工が効かなかった場合や鉄筋コンクリート製セグメントでひび割れ等の損傷があった場合に機能する．パッキン材には，合成ゴム，合成樹脂性やウレタン系の水膨張性のリング状パッキン材が使用されており，一般的に次のような性質が必要である．

　①　伸縮性がよく水密性を失わない
　②　ボルト締付け力に耐える
　③　耐久性があり劣化しにくい

ボルトの締付け後，時間の経過とともに締付け力が緩むこともある．この原因は種々考えられるが，パッキン材のクリープの影響も少なくない．防水の面からもボルトの再締付けは入念に行わなくてはならない．

ボルト軸部とボルト孔の間にもパッキンを挿入することがある．その場合，パッキンの遮水性を良くするため，ボルト孔の上下端部を漏斗状に孔径を大きくすることがある．

4) 注入孔の防水工　裏込め注入プラグのねじ込み部にパッキン材を取り付けて，注入孔の内部からの漏水を防ぐものである．また，鉄筋コンクリート製セグメントの場合には，裏込め注入孔の外周にパッキン材を取り付けて，裏込め注入孔外周面に沿った漏水を防ぐものである．

5) その他　シール工，コーキング工等でも漏水が止まらない場合，その場所に注入孔を設けて，ウレタン系の薬液や樹脂系の材料を注入し，充填することにより止水効果を高める．

また，鉄筋コンクリート製セグメントの場合に，セグメントの継手金物や注入孔の周囲は，コンクリートの厚さが薄くなるため，セグメントの背面側にエポキシ系樹脂等の塗膜防水を行う場合もある．

（2）について　二次覆工を施さない場合には，トンネルの使用目的に応じて，二次覆工に必要とする機能をセグメントに代替させる必要がある．

シールドトンネルの耐久性を確保するためには，一次覆工組立て後に，環境条件を考慮して，継手部および注入孔，吊手金具等に防食対策を行う必要がある．

1) 継手ボックス充填工　セグメント内面の平滑性の確保やセグメント内面に直接露出する継手板，継手ボルト等の防食のため，継手ボックスを充填する場合がある．

なお，充填工の施工にあたっては，経年変化による充填材の脱落等に対し十分な検討が必要である．

おもな充填材料は，モルタル系材料，発泡ウレタン，発泡スチロール等が用いられており，一般的に次のような性能が必要である．

 ① 水密性に優れること
 ② 所要の強度を有し，耐久性に優れ，トンネル用途によっては耐摩耗性，耐火性があること
 ③ トンネル用途によっては，所要の粗度係数以下であること
 ④ 施工性に優れ，脱落を防止し，ボックスとの接着性に優れること

充填方法は，手作業または左官仕上げによる方法のほか，FRP板，セラミック板等で継手ボックスに蓋をした後，充填性のよい材料を注入する方法等がある．また，大断面で継手ボックスの体積が大きい場合には，モルタル吹付けによる方法等が採用されている．

2) 継手金物防食処理工　継手金物自体に防食処理を施す方法をいう．防食処理には，溶融亜鉛メッキ，亜鉛末クロム酸化成被膜処理（ダクロタイズド処理），フッ素樹脂コーティング等が用いられており，一般的に次のような性質が必要である．

 ① 防食性が高いこと
 ② 母材に悪影響を与えないこと
 ③ ボルト締付け等作業時に損傷を受けないこと

3) 注入孔および吊手金具の防食　トンネル用途に応じた腐食に関する環境条件，使用環境条件（摩耗，衝撃等）を考慮したうえで，防せい，防食処理を施す必要がある．

3.9　二次覆工

二次覆工は，一次覆工の防水，清掃等の前処理を十分に行ったのち，入念に施工しなければならない．

【解説】　二次覆工は，トンネル構造物の最終的な仕上がりとなる場合が多いため，適切な施工計画と十分な施工管理が必要である．

二次覆工は，トンネルの設計条件により無筋または鉄筋コンクリートを巻立て，セグメントの補強，防食，防水，蛇行修正，防振，内面の平滑化，トンネルの内装仕上げ工等として施工されている．また上，下水道トンネ

ルのように内挿管等を設置し，一次覆工との間隙にコンクリートあるいはエアーモルタルを充填する場合や鋼製セグメントを用いる急曲線部で吹付けコンクリートを使用する場合もある（第2編 10.1参照）．

覆工厚は，設計で確保すべき厚さをもとに，コンクリート打設時の施工性および蛇行修正量，あるいは内挿管設置の施工性を考慮して決まる．二次覆工の施工にあたっては，必要な内空を確保するようにしなければならない．また，トンネルの断面の大きさや使用目的，あるいは接続するトンネルの有無，断面の拡幅等によって，クラウン部，側壁，アーチ下部，インバート部，中壁，床版，箱抜き箇所等がある場合には，施工の順序，鉄筋，型枠，コンクリートの打込みが円滑にできるように，施工計画を十分に検討しなければならない．

二次覆工の施工計画，コンクリートの性能，型枠および支保工の計画，施工方法および使用する機械等の詳細については，「トンネルコンクリート施工指針（案）」（2000，土木学会）を参照のこと．

二次覆工の施工手順および留意点は，以下に示すとおりである．

1) 前処理　二次覆工の施工前に，セグメントの継手ボルトの締め直し，セグメントの清掃および漏水箇所の止水を行わねばならない．

2) 鉄筋工　二次覆工に鉄筋を用いる場合は，セグメントに固定した吊り下げ筋等に緊結するなど，十分に強度があり，安全な方法で所定の位置に固定しなければならない．また，鉄筋の重ね継手やせん断補強筋等によって鉄筋が密に配置される箇所は，コンクリートの充填性に問題がないように，所定の鉄筋間隔を保持するとともに適切なかぶりを確保する必要がある．

3) 型枠および据付け　コンクリートの打込みおよび締固め時の荷重や振動等に対し，型枠は十分な強度と安全性を有するとともに，完成した二次覆工の位置，形状および寸法が正確に確保され，所定の性能を有する二次覆工が得られるようなものでなければならない．とくに型枠を計画する上では，強度だけではなく，コンクリート打設時の変形や浮き上りについても十分な配慮が必要である．

型枠の移動および据付けにおいては，既設のコンクリートが損傷しないように留意しなければならない．とくに前回打設スパンの端部においては，型枠からの作用によりひび割れが発生し，将来の剥離の原因となる可能性があるため留意が必要である．また，コンクリート表面が所要の品質を得られるように，型枠面の清掃，施工条件に適したはく離剤を使用するなど適切な処置を行い，型枠面にコンクリートが付着しないようにしなければならない（第4編 5.17参照）．

4) コンクリートの運搬，打込み，締固め　材料分離やコールドジョイントあるいはブリーディング等の発生によりコンクリートの品質を損ねないように，事前に流動性を保持するAE減水剤等の使用を検討するとともに，すみやかに運搬し，ただちに打込み，十分に締固めなければならない．とくに，覆工の天端付近や主桁や縦リブがある鋼製セグメントの場合は，必要に応じてグラウトパイプ，空気抜き等を設置して，コンクリートの充填性を向上させる必要がある．

5) 型枠の脱型　型枠の脱型時期は，二次覆工の施工サイクルに大きく影響する．早すぎる脱型は，ひび割れ等の有害な影響をコンクリートに生じさせるので，同規模工事の脱型実績や構造解析等により慎重に検討しなければならない．脱型は，打設したコンクリートが所定の強度に達するように十分な養生をした後に行う．所定の強度が発生するまでの養生時間は，現場と同一の条件で養生したコンクリートの圧縮強度試験により求める．脱型後は，トンネル内の急激な温度低下やトンネル内の通風による影響を防いで，湿潤状態に保つよう十分養生する必要がある．

6) ひび割れ防止と防水工　一次覆工の漏水処理が不十分であったり，あるいは十分であっても新たな漏水箇所が出現したりすること等により二次覆工から漏水が生じる．その場合，二次覆工の打継目やひび割れから漏水することが多い．二次覆工からの漏水を防止するには，ひび割れを生じさせないことと同時に打継目の防水処理が必要であり，一次覆工と二次覆工との間に防水シートを設置する場合もある．

ひび割れ防止対策としては，コンクリートの配合面からのものと施工面からのものとがある．配合面から検討を要するものとしては，以下のようなものがある．

① 硬化熱を低くするため単位セメント量を少なくする，あるいは低発熱のフライアッシュセメント，高炉セメント等を使用する

② 乾燥収縮等によるひび割れ防止のため単位水量を少なくする
③ AE減水剤の使用等を検討する

また，施工面からは，以下のようなものがある．
① 型枠の脱型までの時間を適切にとる
② 1回あたりの打設長をあまり長くしない
③ 急激な温度低下を防ぎ，十分に養生を行う

打継目の防水処理としては，以下のようなものがある．
① 打継目に止水板を入れる
② 打継目に特殊パテ（湿潤面接着のもの）を塗布する
③ 打継目の表面を箱抜きしておき導水処理をする
④ 防水シートを一次覆工と二次覆工の境界部に設置する

3.10 補助工法

シールド発進部，到達部，地中接合部，地中切拡げ部，ビット交換部，支障物除去部，急曲線部，小土被り部ならびに近接施工部等において，湧水や地盤の強度不足によって地山が不安定になるおそれがある場合には，地山の安定を図るため，必要に応じて地盤改良等により適切な補助工法による対策を講じなければならない．

【解 説】　シールド発進部，到達部，地中接合部，地中切拡げ部，ビット交換部，支障物除去部等の作業においては，地山からの湧水や地盤の応力解放による緩みや崩壊によりシールド工事自体に支障をきたすことがある．一方，急曲線部，小土被り部，近接施工部等では地山の強度不足や掘削によって地盤が乱れることなどにより地盤変位を起こし，地上の構造物や埋設物に被害を生じることがある．

地山が不安定で崩壊や地盤変位に伴う周辺への影響のおそれがある場合には，計画および設計条件，地盤条件，シールド形式，施工条件，環境条件等を考慮し，薬液注入工法，高圧噴射撹拌工法，凍結工法等の地盤改良工法，地下水位低下工法あるいは他の補助工法との併用等による対策を講じ，地山の安定を図らなければならない．

なお，トンネル坑内から薬液注入や凍結工法等の地山の改良を行う場合は，注入口の止水性を確保するとともに地盤改良に伴う偏圧に対して覆工の安全性や補強を検討する必要がある．

<u>1) 薬液注入工法</u>　水ガラス系あるいはセメント系の注入材を地盤中に圧入し，止水性の確保や強度を増加させる目的で用いられる工法である．薬液注入工法には，浸透注入，割裂注入，割裂浸透注入方式があるが，いずれも基本的な原理は，地山の間隙や割れ目に注入材を浸透させ土の骨格を乱すことなく間隙を閉塞して止水性を高めることと，土粒子を結合させて土の粘着力を高めることや脈状注入による土の圧密効果等によって強度増加を期待するものである．

薬液注入工法の施工にあたっては，とくに周辺に井戸や河川，田畑等がある場合に，水質や水脈への影響と，周辺地盤，覆工や構造物に隆起等の変状を生じさせないように注入材の種類，注入量，注入速度，注入圧力の管理に十分留意するとともに，注入範囲，透水性，強度特性等の改良効果の確認を行うことが重要である．

<u>2) 高圧噴射撹拌工法</u>　高圧噴流により地山を切削し，土砂と硬化材を置換または混合撹拌し柱状の改良体を造成する工法で，止水性の確保や強度を増加させる目的で用いられる．通常，薬液注入工法に比べ均質な改良体の造成が可能なことや，より大きな改良強度と止水性が必要な場合に適用するもので，硬い粘性土や巨石を除き適用地盤の制約が少ないことも特徴である．

高圧噴射撹拌工法の施工にあたっての留意点は，薬液注入工法と基本的に同じであるが，とくに高圧噴流による地盤内の圧力管理が不十分な場合に生じる地盤隆起や，透水性に影響を与える改良体の配置を確実に行うことが必要である．

<u>3) 凍結工法</u>　地盤の間隙水を氷結させることによって地盤を一時的に固結させ，遮水壁や耐力壁等として利

用する目的で用いられる工法であり，一般に他の工法では地山安定の目的が達成しにくい場合に採用される．この工法は，地下水があれば適用地盤に制約が少ないこと，凍土の強度および遮水性が高いこと，地中温度の測定により凍土の造成状態を確認できること，地下水汚染がないことなどの特徴がある．一方で，凍結工法の施工にあたっては，地下水の流速が大きい場合には凍土壁が造成できない，凍土の成長速度が遅いために工期を要する場合がある．とくに粘性土地盤等では凍結膨張圧と解凍収縮による周辺地盤への影響があるなどの課題があるため留意が必要である．また，凍結工法の施工後に薬液注入工法や凝結熱を発生する地盤改良工等を施工することは，凍土の融解を誘発するため避けなければならない．

4) 地下水位低下工法　この工法は，開放型シールド工法等の場合において，地山の透水性が大きく，切羽からの湧水によって切羽の崩壊が生ずる場合等に，単独または他の補助工法との併用で採用される．地下水位低下工法の採用にあたっては，周辺井戸を含む地下水利用状況，地下水位低下に伴う地盤沈下に注意が必要である．とくに，有機質土が広く分布する場合には影響範囲が著しく大きくなるため十分な検討が必要である．

5) その他の補助工法　地中接合部や支障物除去部では限定圧気工法，深層混合処理工法等が，小土被り部では盛土や浅層改良工法，急曲線部や近接施工部では反力壁やパイプルーフ工法等，種々の工法が用いられ，他の補助工法と併用している場合もある．

いずれの工法の採用にあたっても，計画および設計条件，地盤条件，施工条件，周辺環境条件等を考慮し，各工法の特徴を十分把握して用いなくてはならない．

なお，補助工法の内容とその適用範囲等の詳細については，［開削工法編］第6章　補助工法を参照のこと．

3.11　地盤変位とその防止

地盤変位は，計画および設計条件，地盤条件，施工条件に影響されるため，適切な工法を採用して慎重な施工管理を行うことにより，周辺への影響を極力少なくするように努めなければならない．

【解　説】　シールド掘進に伴う地盤変位は，線形，土被り，テールボイド量等の計画および設計条件，地盤条件等さまざまな条件によって異なるが，適切な施工法の選択と施工管理によって最小限に抑えることは可能である．そのためには，地盤に適した切羽安定機構を有するシールド形式を選定し，入念な掘進管理を行うとともに，適切な一次覆工，裏込め注入を行わなければならない．土質別のシールド形式の選定は，第3編 1.3を参照のこと．

1) 地盤変位の原因と発生機構　シールド掘進に伴う地盤変位の原因としては次のものがあげられ，それぞれ発生機構が異なる．

① 切羽に作用する土水圧の不均衡　土圧式シールドや泥水式シールドでは，掘進量と排土量に差が生じるなどの原因で，切羽に作用する土圧や水圧とチャンバー内の管理土圧に不均衡が生じると，切羽が平衡状態を失い，地盤変位が生じる．切羽に作用する土圧や水圧に対しチャンバー内の管理土圧が小さい場合は地盤沈下，大きい場合は地盤隆起を生じる．これらの現象は切羽における地山の応力解放，あるいは付加的な圧力等による弾塑性変形によって生じる（第4編 3.4〜3.5参照）．

② 掘進時の地山の乱れ　シールド掘進中は，シールドのスキンプレートと地山との摩擦や地山の乱れにもとづく地盤隆起や沈下を生じる．とくに，蛇行修正，曲線掘進に伴う余掘りは，地山を緩める原因となる．

③ テールボイドの発生と裏込め注入の過不足　テールボイドの発生によりスキンプレートで支持されていた地山は，テールボイドに向かって変形し地盤沈下を生じる．これは，応力解放に起因する弾塑性変形の影響である．地盤沈下の大小は，裏込め注入材の材質および注入時期，位置，圧力，量等に左右される．また，粘性土地盤における過大な裏込め注入圧力は，一時的な地盤隆起を発生させることがある．とくに軟弱地盤では，長期的な圧密沈下の原因となることもあるので注意が必要である．

④ 一次覆工の変形および変位　継手ボルトの締付けが不十分だと，セグメントリングの真円度が悪化して変形しやすくなり，テールボイドが増大したり，テール脱出後に圧力が不均等に作用したりするなどによりセグメントリングが変形あるいは変位し，地盤沈下が増大する原因となる．

⑤　地下水位の低下　粘性土地盤では切羽からの湧水や一次覆工からの漏水が生じると，地下水位が低下し地盤沈下の原因となる．この現象は，地盤の有効応力が増加したことによる圧密沈下である．

2)　地盤変位の現われ方　シールド掘進に伴う地盤変位は，上に示した諸原因による地盤隆起や沈下現象が重ね合わさって発生し，経時的に**解説 図 4.3.7**に示す①～⑤の過程を経て，最終値に達する．このうち，①，②はシールド通過前，③は通過中，④，⑤は通過後に生じる沈下（隆起）現象である．そして，これら①～⑤の現象は常に生じるわけではなく，地盤に適したシールド形式を選定し，良好な施工を行えば，最小限に抑制することも可能である．

また，施工中の地盤変位計測結果から，これらの現象の有無とその程度を確認することにより，残りの区間の施工方法や管理の修正が可能となる．

①　先行沈下　シールド切羽のかなり前方から発生する沈下で，砂質土の場合は地下水位低下によって間隙水圧が減少することで生じる．また，きわめて軟弱な粘性土の場合に，切羽で地山を呼込むことにより生じることがある．

②　切羽前沈下（隆起）　シールド切羽が到達する直前に発生する沈下あるいは隆起で，切羽に作用する土水圧の不均衡が原因で発生する．

③　通過時沈下（隆起）　シールドが通過するときに発生する沈下あるいは隆起で，シールド外周面と地山との摩擦や余掘りに伴う乱れ，3次元的な支持効果が減じることによる応力解放によることがおもな原因で発生する．

④　テールボイド沈下（隆起）　シールドテールが通過した直後に生じる沈下あるいは隆起で，テールボイドの発生による応力解放や過大な裏込め注入圧等が原因で発生する．一般的に密閉型シールドで生じる地盤沈下の多くは，このテールボイド沈下である．

⑤　後続沈下　軟弱粘性土の場合で，主として，シールド掘進による全体的な地盤の緩みや乱れ，過剰な裏込め注入等に起因して発生する．

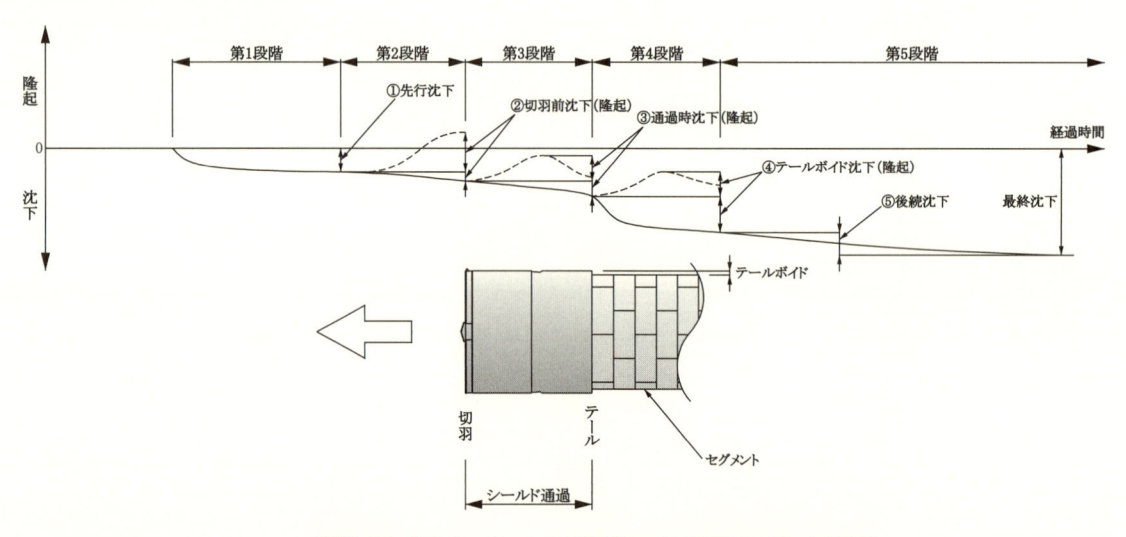

解説 図 4.3.7　シールド掘進による地盤変位の分類

3)　地盤変位の大きさと分布　シールド掘進に伴う横断方向の最終的な地盤沈下分布は一般的に，トンネルを中心に片勾配となり，正規分布曲線を倒立した形状に近似しているといわれている．

地盤変位の大きさと伝播状況は，地盤条件や土被り比（シールド径に対する土被りの比）によって異なる．洪積地盤や沖積砂質土の場合は，地中沈下が地表に伝播される過程で低減されるのに対し，沖積粘性土の場合は，シールド通過後も沈下が長期間にわたり継続し，土被り比が大きくても最終的には地表面沈下が地中沈下と同一になる場合がある．

4)　変位防止対策　地盤変位を防止するには，その原因となる現象をできるかぎり排除することである．対策工は次のとおりである．

① 切羽に作用する土水圧の不均衡対策　土圧式シールドでは，掘進速度とスクリューコンベヤー回転数を調整することにより，切羽に作用する土圧や水圧に見合うチャンバー圧を作用させる．また，必要に応じて，適切な添加材を注入し，掘削土の塑性流動化を図り，チャンバー内に空隙等を生じさせないようにする．泥水式シールドでは，地山の透水性に応じて泥水品質を調整し，切羽に作用する土圧や水圧に見合う泥水圧が常に作用するよう圧力管理と泥水管理を入念に行う必要がある．

　これらの切羽安定管理を実施するとともに，必要に応じて，補助工法を併用した地山の安定化を検討しなければならない．

　② 掘進中の地山の乱れ防止対策　掘進に伴うシールドと地山との摩擦を低減し，周辺地山をできるかぎり乱さないように，ヨーイングやピッチング等を少なくして蛇行を防止する．

　③ テールボイド沈下と裏込め注入による隆起防止対策　地山状態に応じて，充填性と早期強度発現性に優れた裏込め注入材を選定し，できるだけシールド掘進と同時に裏込め注入を行う．また，二次注入により沈下をさらに低減することも行われたこともある．ただし，とくに沖積粘性土の場合は裏込め注入により地盤が隆起あるいは撹乱されないように最大注入圧や量を制御する必要がある（第4編 3.7参照）．

　④ 一次覆工の変形防止対策　セグメントリングの変形を防止するためには，形状保持装置等を使用してセグメント組立て精度を確保するとともに，継手ボルトを十分に締付けなければならない（第4編 3.6参照）．

　⑤ 地下水位の低下防止対策　セグメントの継手，裏込め注入孔等からの漏水を防止するためセグメントの組立て，防水工は入念に行わなければならない．

　5）地盤変位の予測と測定　地盤変位の低減を図るには，掘進前にあらかじめ過去の実績や有限要素法等による予測結果をもとに管理基準値を設定するとともに，掘進時にはトンネル中心線上とその両側の範囲に測点を設けて水準測量を行い，その結果を後続区間の施工管理に活用することが重要である．

第4章　各種条件下の施工

4.1　小土被り施工

> 小土被り部を施工する場合には，とくに切羽圧力管理や裏込め注入管理を十分に行い，地表面や地下埋設物等への影響を極力小さくしなければならない．また，トンネルの浮上りやセグメントの変形に留意し，必要に応じて補助工法を採用するなどの措置を講じなければならない．

【解　説】　一般に必要最小土被りは1.0D～1.5D（D：シールド外径）といわれているが，シールドトンネルの使用目的や地質，既設構造物の支障等によって縦断線形が決定されることも多く，これより小さい土被りでの施工例も多い（第1編 3.4参照）．なお，切羽圧力管理や裏込め注入管理等を行うにあたって，トライアル施工等により管理値を定めることもある．このような小土被り施工に際して留意すべき点として以下のものが挙げられる．

　1)　切羽圧力管理　小土被り部を施工する場合は，切羽に作用する土圧と水圧が小さく，許容される切羽圧力の管理幅が小さくなるため，わずかな管理誤差でも切羽に大きな影響を与える．したがって，掘進にあたっては，とくに泥水や泥土の物性等の検討および切羽圧力管理を入念に行い，地表面や地下埋設物等への影響を極力小さくするようにしなければならない．

　2)　裏込め注入　小土被り部ではテールボイドの影響がただちに地表面や地下埋設物に及ぶため，十分な裏込め注入管理を行って地盤変状を抑えなければならない．裏込め注入材は，早期強度を発現するものを使用し，かつ同時注入により施工することが望ましい．

　3)　浮上り　地下水位がトンネル上面より高い場合や海底および河川横断等の小土被り施工では，トンネルの浮上りに対する検討を入念に行う必要がある．浮上りの対策として，土被り部の地盤改良やトンネル内にコンクリートブロック等を設置したり仮設材の重量を増加させたりした事例もある．

　4)　セグメントリングの変形　小土被り部では，頂部土圧に対して側方土圧の割合が大きくなる場合もあることから，施工時，完成時のセグメントリングの変形に留意する必要がある．施工時の対策として，水平方向の形状保持装置を装備した事例もある．

　5)　その他の留意点
　①　地中支障物　小土被り部では，開削施工による残置物や旧建造物の基礎等，支障物に遭遇しやすいため，十分な調査が必要である．
　②　振動，騒音　民家に近接する場合の小土被り施工では，シールドの掘進，坑内搬送等に伴う振動，騒音に対し十分留意することが必要で，場合によっては，夜間の掘進を停止することもある．
　③　漏洩，噴出　小土被り部では，泥水や添加材および裏込め材の漏洩や噴出に対する検討を十分に行わなければならない．さらに地盤条件や立地条件等によっては，必要に応じて補助工法の採用や，地下埋設物への防護工等の措置を講じることもある．

地中支障物対策，近接施工，海底および河川横断については，第4編 4.11，4.12および4.14を参照のこと．

4.2　大土被り施工

> 大土被り部を施工する場合には，地盤条件および施工深度を考慮したシールド，セグメント，施工設備等について検討し，確実な施工が行えるよう十分な対策を講じなければならない．

【解　説】　都市部の高密度化に伴い，地下の浅層部は各種施設により大部分が占用され輻輳した状態にあるため，シールド工事の施工深度が大きくなる傾向にある．施工深度が大きくなるのに伴い高水圧下での工事となることが多く，高水圧下での施工として1.0MPa程度の実績がある．また，「大深度地下の公共的使用に関する特別措置法」における大深度地下は，「地下40m以深」かつ「支持地盤上面から10m以深」と定義されている．

このような深度の大きい箇所で施工を行う場合には，地盤条件（土質，地下水等），シールド形式，施工条件等

を考慮し，とくに以下に示す項目について検討しなければならない．

1) シールド　大土被り施工におけるシールドは，高水圧とそれに伴う推力増加に対してカッターシール，中折れシール，テールシール，排土装置および推進装置等について検討しなければならない．とくに，いったんカッタービットやテールシールにトラブルが発生するとその対応に多大なコストと工期が必要となるため，十分な検討が必要である．

① カッターシール　カッター駆動部土砂シールの止水対策として，高水圧に耐えられるシール材の使用，シールの段数等の検討が必要である．同様に，中折れシールについても止水対策の検討が必要である．

② テールシール　止水対策として，高水圧に耐えられるシール材の使用，シールの段数，シール間充填材の自動給脂，緊急止水装置等の検討が必要である．

③ 排土機構　高水圧下で連続的に安定した排土を行うために，泥水式シールドの送排泥ポンプにおける高水圧軸封シール，圧力変動緩和装置，土圧式シールドのスクリューコンベヤーにおける噴発防止のため，排土圧力の保持方法の検討が必要である（第3編 9.6参照）．

④ 推進機構　推力の増大に対して大容量のシールドジャッキ，油圧機構等の検討が必要である．

2) セグメント　大土被り施工におけるセグメントは，高水圧に対するシール材，ボルト孔，注入孔等の止水やジャッキ推力，裏込め注入圧，テールグリース圧等の施工時荷重の影響等について検討しなければならない（第2編 11.2，同 2.7参照）．

① セグメント本体　高い切羽圧力によるジャッキ推力や裏込め注入圧等の施工時荷重に対する検討が必要である．また，Kセグメントについては，軸方向挿入型セグメントを採用することを基本とする．

② 継手　セグメント本体の継手としての設計に加えて，高水圧に対応したシール材の接面応力を考慮した締結力等の検討が必要である．

③ 注入孔　金物とコンクリートの接合面での水密性を確保するため，あらかじめリング状のパッキンの設置，高水圧用の逆止弁の採用，注入孔キャップの止水性の検討等が必要である．注入孔からの漏水を防止する目的で注入孔の配置を限定する例もある（第2編 7.6参照）．

④ シール材　高水圧に対して長期的に止水性を確保するシール材の材質，形状の検討に加え，シール反発力によるセグメントへの影響等の検討が必要である．防水については，第2編 11.2，第4編 3.8を参照のこと．

3) 立坑設備　大土被り施工の立坑では，地上から立坑下までの垂直搬送距離が長くなり，資機材の搬入出が施工サイクルに大きく影響することから，搬出入時間の短縮を考慮した設備の検討および安全設備，昇降設備等の検討が必要である（第4編 5.4，5.10参照）．

4) 発進および到達　一般に地下水圧が高くなるにつれて坑口からの漏水が発生しやすくなり，出水事故の危険性が高まる．とくに到達後にシールドを引き抜く場合や，発進および到達の坑口コンクリートを撤去する場合には十分な注意が必要となる．また，土被りが大きくなるにつれ，地盤改良の施工精度や改良品質が低下しやすい．そのため，発進や到達方法としてシールドによる仮壁直接切削工法や大土被りに適した地盤改良工法，複数のパッキンやチューブ式の止水装置等といった坑口の止水性向上の検討が必要である（第4編 3.2参照）．

5) その他　大土被り施工を行うためには，必要に応じて裏込め注入工，排水設備，中心線の導入測量等についても検討しなければならない．また，セグメント背面に樹脂系材料等の塗布，二次覆工と防水シートの適用等，用途に見合った水密性の検討も必要である．

4.3　急曲線施工

　急曲線施工を行う場合には，地山条件およびトンネル線形を考慮し，確実な施工が行えるよう十分な対策を講じなければならない．また，掘進の反力によるトンネルの変形防止，移動防止にも留意しなければならない．

【解　説】　急曲線施工を行う場合は，地山条件，トンネル線形，シールド，セグメント，余掘り量，裏込め注

入および補助工法等を総合的に判断して，確実な施工が行えるよう十分な対策を講じなければならない．一般に急曲線施工においては不確定要素が多く，事前検討どおりに施工できないこともあるため，中折れ装置や余掘り装置等で十分な余裕をもった対策が必要である．

急曲線施工に有効な対策として次のものが挙げられる．

1) シールド

① 余掘り量と回転抵抗を低減するため，シールドの長さはできる限り短くする（第3編 3.3参照）．

② 少ない余掘り量の中でもシールドの操作性を高め，セグメントへの偏圧や偏心を低減し，テールクリアランスを確保するため，中折れ装置を装備する（第3編 8.2参照）．なお，急曲線施工では，中折れ角に対してシールドのローリングの影響が顕著となるため注意が必要である．

③ 設計余掘り量に対して余裕をもたせたコピーカッターを装備する（第3編 4.8参照）．

④ 方向制御のためにシールドジャッキの使用本数が少ない場合もあるため，推力に十分な余裕をもたせる．

⑤ テール内でのセグメントの傾き量を考慮し，必要なテールクリアランスを確保する．

⑥ 急曲線施工によるテールクリアランスの偏りやセグメントとの競りに対して，テールシールの材質，形状および段数を検討する．また，テールシールの保護および止水性を確保するため，定期的にテールグリースを補給することが必要である．

⑦ シールドの後続台車は，急曲線区間での走行移動やセグメント，資機材の搬出入に支障のない形状等にする．また，コンベヤー方式など掘削土砂搬出設備についても検討が必要である（第3編 8.5，第4編 5.3参照）．

2) セグメント

① 曲線半径に応じたテーパー量をもったセグメントを使用する．

② 組立てを容易とするため，セグメント幅を小さくする（第2編 5.3参照）．

③ 大きな偏心荷重を受けるため，適切なセグメント形式を選定する．鋼製セグメントではリブ，スキンプレート，継手ボルトを補強することもある．

曲線半径がとくに小さい場合には，セグメントリング外径を小さくして曲線施工に必要なテールクリアランスを確保する方法もある．ただし，地下水圧が大きい場合はテールシールからの漏水に注意し，標準部の外径と外径縮小セグメントの間はラッパ形状の外径調整セグメントにするなどの対策を講じる．また，急曲線区間で鋼製セグメントを用い，直線区間で鉄筋コンクリート製セグメントを用いる場合には，急曲線施工上での偏心荷重や競りの影響で，セグメントの剛性や形状の違いにより漏水，セグメントの損傷といった不具合が発生するおそれがある．このため，鋼製セグメント使用範囲を曲線施工の影響の少ないところまで延ばす必要がある．一般的に，この範囲はシールド機長程度の区間とすることが多い．その他，S字状の曲線では，曲線と曲線の中間にシールド機長程度の直線区間を設けることが多い．

3) 施工時荷重　急曲線施工では，想定以上にセグメントの偏心や変形が発生し，シールド姿勢制御やテールシールでの競り等によりに大きな偏圧が作用する場合があるなど，一時的に大きな施工時荷重が作用することもあるため，セグメント設計および施工管理には十分留意する必要がある（第2編 2.7参照）．

4) 余掘り量　コピーカッター等で余掘りを行う（**解説 図 3.4.9**参照）．余掘り量が大きければ，その分，急曲線施工は容易となるが，地山の緩み，裏込め注入材料の切羽への回り込み，掘進反力の低下によるトンネルの変形等の問題点も大きい．よって余掘り量は，地山の自立性，シールドの長さ，中折れ装置等を考慮して必要な範囲で最小限に抑えることが望ましい．なお，硬質地盤での余掘り不足による推力の上昇やセグメントへの過大な地盤反力の発生などの対策として，一般的に，シールドに装備する余掘り能力は，大きくしておくことがよい．

5) 裏込め注入　急曲線施工では，テールを離れたセグメントは，ただちに地山と一体化しなければシールド掘進の反力が十分得られずセグメントの変形，トンネルの移動等の原因となり，所定の線形が確保できない．このため，裏込め注入材は，注入後の体積変化が少なく，早期に強度を発現でき，充填性に優れている材料が望ましい（第4編 3.7参照）．また，余掘り量を考慮した注入量とする必要がある．切羽等への注入材の回込みやシールドへの付着防止および確実な充填を行うために，数リングおきにセグメント背面に袋をつけ，この袋に裏込め材等を充填し地山と密着させる方法等もある．

6) 補助工法　地山の自立性がほとんどなく必要な回転反力が得られない場合には，曲線区間の内側あるいは外側に，薬液注入や高圧噴射撹拌工法等の補助工法の採用について検討する．また，余掘り部の緩み防止として，高粘性の充填材を注入する方法もある．

7) 線形測量　トンネルの計画線形を維持するため，必要に応じて測量頻度を増やすなどして，十分な線形管理を行う．また，急曲線施工に伴いトンネルが移動することもあるため，定期的に坑内基準点の検測を行う必要がある．

4.4 急勾配施工

急勾配施工を行う場合には，地山の条件および勾配条件を考慮するとともに，資機材や掘削土砂の搬送設備，安全設備に配慮し，確実な施工が行えるよう十分な対策を講じなければならない．

【解　説】　急勾配施工とは，勾配に対する対策として坑内の搬送設備や安全設備，シールドの能力増強，セグメントの変更や補強等，通常の施工と異なる何らかの特別な対策が必要となる場合をいう．

急勾配に関する法的規制としては資機材の搬送に対するものとして，労働安全衛生規則第202条にトンネル工事で用いられる軌道の勾配はバッテリー機関車等の動力車を使用する場合には5%以下とすると定められている．

急勾配施工に有効な対策および留意点として次のものが挙げられる．

1) 切羽の安定　急勾配区間で掘進に伴って土被りが変化するため，切羽土圧あるいは水圧をそれに応じて適切に変化させていく必要がある．また，とくに下り勾配ではチャンバー内の掘削土砂が滞留して十分に取込めないおそれもあるため，掘削土量の管理も慎重に行う必要がある．

2) シールド　一般にシールドはカッターヘッドのある前部のほうが重く，前下がりになる傾向がある．このため，上り勾配の場合に下半部のシールドジャッキの推力を大きくする場合もある．また，後続台車についても逸走防止対策を施すとともに，シールドからの牽引方法について検討を行う必要がある．

3) セグメント　組立てに際しては，急勾配区間でのエレクターへの供給や把持が困難になる場合があるため，供給や把持方法等について検討を行う必要がある．

4) 坑内搬送設備　通常の軌道形式の場合は，5%を超える急勾配区間ではバッテリー機関車等の動力車の逸走や資機材の落下に伴う労働災害発生の危険性が高くなるため，通常の軌道によらない次のような搬送設備を採用する必要がある（**解説 図 4.4.1参照**）．

① ラック＆ピニオン方式
② リンクチェーン方式
③ タイヤ方式
④ ウィンチ方式
⑤ ホイスト方式

また，動力車を採用した場合は，搬送設備の安全装置について通常のブレーキ以外に電磁ブレーキ等の多重の安全装置の装備を検討する必要がある．

5) 発進，到達　下り急勾配で発進する場合には，シールドが発進架台上をすべりだす危険性があるため，逸走防止対策を講じなければならない．

また，上り急勾配で到達する場合には，シールドのカッターヘッド下端部が先行到達し，遅れて天端部が到達する斜め到達となるため，到達立坑の鏡部撤去に際しては地山崩壊や出水が生じないよう事前に対策を行う必要がある．

6) 勾配変化部での施工　勾配の変化する区間で縦断曲線の半径が小さい場合には，シールドに上下方向の中折れ装置を装備する．また，セグメントに関しても曲率に応じてテーパーセグメントを使用する．さらに，勾配変化部ではセグメントの変形や移動等が起こらないように裏込め注入等にも配慮する必要がある．

7) 坑内排水　下り急勾配区間では坑内排水が切羽部に溜まることになるので，排水対策を十分に検討するこ

とが必要である．

8) 安全通路　急勾配区間では，作業員がすべりやすい環境にあることから，必要に応じて安全通路に滑止めや階段等の導入を検討する．

解説 図 4.4.1　坑内搬送設備参考図

4.5　長距離施工

シールドで長距離施工を行う場合には，地山の条件を考慮してシールドおよび施工設備の耐久性向上，効率化等について検討し，確実な施工が行えるよう十分な対策を講じなければならない．

【解　説】　都市部におけるシールド工事は，工事用地の確保難や地下構造物の輻輳等の問題により，施工深度が大きくなるとともに長距離施工が一般化しており，5kmを超すような超長距離施工の実績も増えている．

一般的に施工距離が概ね1.5kmを越えると長距離施工としての検討が必要である．シールドおよび施工設備等については，耐久性の向上や効率化を図ると同時に，長距離における安全性を確保することが必要である．また，長距離施工を行う場合には掘進期間が長期に及ぶので，高速施工による工期短縮も必要になる場合がある．高速施工に関しては第4編 **4.6** を参照のこと．

1) シールドの耐久性　長距離施工を行う場合には，シールド形式，施工条件等を考慮し，とくに以下に示すシールドの耐久性を向上させる対策を検討しなければならない．

① カッタービット　カッタービットの摩耗や損傷は工法，土質，ビット形状，材質，取付けパス数等により影響を受ける．一般的に，摩耗量は土質とビットの掘削摺動距離から推定し，ビットの材質や配置等を決定する（第3編 **4.6**参照）．摩耗対策としては，耐摩耗性材料の採用，ビットの大型化，段差ビット，シェルビット等の採用が挙げられる．また，機械式ビット交換方法や機械式ビット増設方法も実用化されている．

② カッターヘッド　カッターヘッドの摩耗は土質，掘進速度，カッター回転数，掘削土の流動性等により影響を受ける．カッターヘッドの外周リングやスポーク外周部に摩耗が多く見受けられることから，長距離施工では，硬化肉盛，耐摩耗鋼溶接，超硬チップの埋込等の対策も検討する必要がある．

③ カッター軸受シール　カッター軸受シールの摩耗対策としては，摺動発熱に強い材料の採用や冷却装置の

採用，シール段数を増加し止水性の向上ならびに摩耗軽減のためのグリースの自動給脂等が必要である（第3編 4.7参照）．

④ テールシール　テールシールは土水圧や裏込め注入圧に対する密封性がとくに重要であり，耐摩耗性，耐食性が要求されることから，シール段数の増加，耐摩耗性材料や耐食性材料の採用，線量増加やブラシ内の充填等による耐久性の向上ならびに摩耗軽減化のための充填材の自動給脂が必要である（第3編 3.7参照）．また，高水圧の場合には緊急止水装置を採用する場合がある．

2) シールドのメンテナンス　シールドの耐久性を確保し，故障や事故を未然に防止するため適切なメンテナンスが必要である．カッタービットについては，とくに摺動距離が長くなる最外周付近の摩耗量を検知してビット摩耗の管理を行い，摩耗量を予測し保全することや，中間立坑等での点検が一般に行われている．軸受シールについては，シール部の温度管理を行えるシステムを採用することも望ましい．また，テールブラシについては，セグメントとの競りやテールクリアランスの急激な変化，および裏込め注入材の混入等に十分留意する必要がある．

3) カッタービットおよびテールシールの交換方法　カッタービットの交換は，機械式交換構造とする方法や中間立坑等で実施する方法がある．ビット交換については，第4編 4.7を参照のこと．テールシールについては，不測の事態を考慮して最も地山側のシール以外は工事途中での交換が可能な構造とするなど検討が必要である．

4) 施工設備　長距離施工では，セグメント等の資機材の搬入や掘削土砂搬出が掘進，組立てサイクルに影響を及ぼすため，材料搬送設備や坑内掘削土砂搬出設備について十分に検討する（第4編 5.3参照）．とくに土圧式の場合，軌道方式での掘削土搬出が掘進，組立てサイクルを制約することがあるので，搬出能力等について十分に検討する必要がある．そして，作業効率の向上およびヒューマンエラーの防止を目的に材料搬送の自動制御システム等を採用し施工の自動化を図ることもある．裏込め注入設備においても，材料の固化時間や移送性能を考慮し，圧送方法（仮受けタンクや中継ポンプ等）あるいは台車による搬送等を検討する必要がある．

また，泥水式の場合，排泥管の曲管部直後の摩耗量が大きくなる場合があるので，土質によっては肉厚を厚くすることや適時配管を交換するなどの配慮も必要である．なお，土圧式でも土砂圧送方式の場合は同様の対応が必要である．

いずれの場合も，長距離施工においては施工設備の日常のメンテナンスを十分に行うことや交換が必要な部品の計画的なストックが重要である．

5) 線形管理　長距離施工では，測量誤差が大きくなるため，必要に応じて測量頻度を増やすなどして，十分な線形管理を行う．とくに，坑内基準点の検測は複数の方法を用いて，定期的に行う必要がある．また，路線上で測量誤差確認のためのチェックボーリングを行う事例もある．

6) 安全衛生　安全衛生については第4編 7.2を参照し適切な設備とするとともに，第4編 7.4を参照し緊急避難対策を講じる必要がある．さらに，休息を坑内でとれるように，トイレ，洗面所，休息所等の安全衛生設備を確保することも必要である．

4.6 高速施工

高速施工を行う場合は，個別に能力を向上させるだけではなく，各設備およびシステムを機能的に組み合わせ，十分に品質を確保し安全に施工しなければならない．

【解 説】　高速施工とは，掘進期間を短縮するために，設備やシステムを見直し，シールド施工の能率を通常の1.5倍程度以上に引上げるものである．一般的に中小口径の場合は，掘進，組立てサイクルの短縮に合わせて設備能力の増強を行うことで高速施工が可能となるが，大口径では土砂の搬出および処理能力が支配的な制約条件となる場合が多い．

1) 掘進　シールドジャッキやカッター等のシールド各部の能力を引上げることにより，掘進時間の短縮が可能となるが，おのおのの耐久性や機器間の関連性に留意する必要がある．

① 掘進時間を短縮するため，掘進時のシールドジャッキの作動速度を高めて，その速度に対応した掘削能力を有するカッター装備能力の仕様を検討する．

② 土圧式の場合はスクリューコンベヤーの排土能力を上げる．また，泥水式の場合は送排泥能力を上げる．

2) **セグメント組立て**　セグメントの寸法，形状や構造を改良し，組立て設備を増強することにより，掘進，組立てサイクルを短縮するものである．

① 組立て回数を減らすため，セグメント幅の拡大

② 組立て時間を短縮するため，セグメントの分割数，継手数量の低減や継手の締結方法の簡素化

③ 組立て時間を短縮するため，エレクターの旋回速度やシールドジャッキの伸縮速度の高速化

なおセグメント幅の拡大，分割数や継手数量の低減，継手締結方法の簡素化については，施工時荷重に対する安全性等，慎重な検討が必要である（第2編 2.7, 5.1参照）．

3) **掘進組立て同時施工**　シールドの掘進とセグメント組立てを同時に行うことにより，掘進，組立てサイクルを短縮する技術である．掘進組立て同時施工シールドは，掘進中にシールドジャッキの一部を縮めてセグメントを組立てるため，シールドの姿勢制御が課題となる．この対策として，個々のシールドジャッキの独立した油圧制御や，フード部の首振り機構等を併用したものが実用化されている．

掘進組立て同時施工シールドはロングジャッキ方式とダブルジャッキ方式に大別される（第3編 11.1参照）．

① ロングジャッキ方式においては，シールドジャッキのストロークがセグメント幅2リング分に対応した長さとなり，それにともないシールドテール部も長くなるため，テール内でのセグメントの競りに留意する必要がある．近年では，ジャッキの長さをセグメント幅2リング以下に低減して，掘進の進行に伴いセグメント組立てのスペースが出来た後，一部のピースのみを掘進と同時に組立てる方式も採用されている．

② ダブルジャッキ方式においては，シールドジャッキのストロークがセグメント幅1リング分に対応した長さであり，セグメントの競りに対しては通常のシールドと同等であるが，掘進，組立て終了後に毎回後胴を前進させる作業工程が必要となる．

また，どちらにおいても機長が通常に比べ長くなるため，急曲線に対して留意する必要がある．また，発進立坑も通常以上の大きさが必要となるため留意が必要である．

4) **搬送設備**　掘進，組立てサイクルに見合うよう資機材の搬出入および土砂の搬出能力を上げる必要がある．

① バッテリー機関車や立坑搬入，搬出設備の高速化等による能力増加や，適切な交差部の配置や複線化等の効率的な軌道配置とする．

② 泥水輸送設備や土砂搬送設備は掘進速度に見合う能力で計画する．

5) **その他設備**　掘進，組立てサイクルに見合うように能力を増大する．

① 泥水式の場合は，泥水処理設備，掘削土砂ストックおよび積込設備の能力を向上させる．

② 土圧式の場合は，立坑掘削土砂搬出設備，掘削土砂ストックおよび積込設備および泥土固化設備の能力を向上させる．

③ 資材ストックヤードの拡張や複層化を検討する．

④ 天候等に左右されにくい安定した発生土の受入れ先を確保する．

また，中小口径においては坑内仮設備の寸法に制限があるため，能力の向上には十分な検討が必要である．

6) **施工管理**　高速施工に伴い線形管理，品質管理，安全管理をより慎重に行う必要がある．

① 高速施工ではセグメントに過大な施工時荷重が作用することがあるため留意が必要である．とくに掘進組立て同時施工においては，リングとして形成されていない不安定な状態のセグメントに推力を作用させるため，十分な注意が必要である．

② 線形管理については，自動測量システムによるリアルタイム管理や測量頻度を上げること等が必要である．

③ セグメント品質管理については，高速化に伴う施工時荷重の増大やヒューマンエラーによるセグメントの損傷防止の検討や対策が必要である．

④ 安全管理については，搬送設備の高速化等に対する検討や対策が必要である．

なお，高速施工を行うためには設備全体の能力向上が必要となり，工事費全体に大きく影響するため，十分な

検討を行い，最適なコストと工程を把握し計画する必要がある．

> ### 4.7 カッタービット交換
> カッタービット交換は，摺動距離，土質条件等を考慮し，摩耗に対する耐久性，長寿命化および交換方法を検討し，適切な方法を選定し，安全に施工しなければならない．

【解　説】　カッタービットは，摩耗，チップの脱落や欠損等により交換を必要とする場合がある．摩耗は，工法，土質，摺動距離，ビット形状や材質等の要因に左右されるので，ビットの耐久性を十分検討し，事前に摩耗量の予測をするとともに，交換が必要な距離を想定し，確実な施工が行えるよう十分な対策をたてなければならない（第3編 4.6参照）．また，カッタービット摩耗量等のデータを記録し，今後の資料にすることが望ましい．

カッタービット交換方法として，中間立坑や地中におけるカッター前面での直接交換方法以外に，機械式交換方法も用いられている．交換方法については工事全体計画やシールドの設計にもかかわるため，事前に十分な検討が必要である．一般的にビットの摩耗の程度を判断するには，掘進データの変化を記録し，土質や機械性能から総合的に判断する方法がとられている．また，摩耗検知装置を併用し，摩耗量を検知してビット摩耗の管理を行い，摩耗量を予測し保全する場合がある．摩耗検知装置には，油圧式，電気式，超音波式等がある．

1) カッター前面での直接ビット交換方法　カッタービットの取付け方法としては，ピン，ボルトおよび溶接取付けがある．交換が予測される場合は，脱着容易なピンまたはボルト取付けが望ましい．

カッタービット交換を立坑等で行う場合は，安全かつ能率的に作業できるように十分考慮して行わなければならない．また，やむをえず地中で行う場合には，薬液注入工法，高圧噴射撹拌工法，凍結工法等の補助工法を行って切羽の安定と止水を図るとともに，足場の確保，換気や排水など安全かつ確実な施工が行えるよう十分な対策をたてなければならない．

作業手順は，湧水に対する措置や切羽の安定を確保した上で，カッターチャンバー内の泥水や泥土の撤去，ビットに付着している土砂の清掃，足場設置，交換ビットの確認，工具や資機材搬入，交換作業となる．

2) 機械式ビット交換方法　カッターヘッドやスポーク構造を工夫し，地中で機械的にビットの交換を行うものであり，複数回の交換が可能なものもある．とくに補助工法を必要としないのがこの機械式交換方法の特徴である．

なお，ビットの高低差配置，チップの材質や形状変更によるビット寿命の長寿命化や可動式予備ビットによる方法も実用化されている．

> ### 4.8 地中接合および地中分岐
> 地中接合および地中分岐は，地山条件，周辺環境条件を考慮して適切な方法を選定し，地山の安定と止水を図りながら安全に施工しなければならない．
> （1）　地中接合は，双方の位置確認と調整を行い，精度良く施工しなければならない．
> （2）　地中分岐は，発進と分岐に伴う既設トンネルへの影響を考慮して安全に施工しなければならない．

【解　説】　シールドトンネルの接合部として立坑を省略し，相互のトンネルを直接接合する方法として地中接合と地中分岐がある．地中接合とは，シールドが別のトンネルに到達し接合することであり，一方，地中分岐とは，トンネル坑内からシールドが発進すること，あるいは連結したシールドが分岐することをいう．

これらの施工法は，海底下や交通状況，埋設物等，現場条件により立坑の設置が困難な場合，施工深度が大きく立坑設置が経済的でない場合等に採用される．また，従来は補助工法を用いた施工が一般的であったが，補助工法を簡略化または省略できるシールドを利用したさまざまな施工法が実用化されている．これらを適用する場合には，地山条件，周辺環境，経済性および工期等を考慮して適切な方法を選定し，施工時には地山の安定を図ると同時に，止水性の確保に十分配慮しなければならない．

(1)について　地中接合には，2台のシールドが接合地点で正面接合する場合と，既設トンネル側面にシールドが接合する場合（側面接合）とがある（**解説 図 4.4.2参照**）．前者は，シールドの施工延長が長く，工期短縮を図る場合にも用いられる．

正面接合する場合，最近はフードおよびカッター構造を工夫することにより，相対するシールドを機械的に接合させる方法が普及している（第3編 11.1参照）．また，大きさが異なるトンネルの接合事例もある．

一方，側面接合の場合，補助工法を利用した接合方法のほかに，特殊なビットを装備したシールドにより既設トンネルの覆工を直接切削する方法や既設セグメントに切削可能なセグメントを採用して接合する方法も実用化されている（第3編 11.1参照）．側面接合時には，既設トンネルが欠円構造となるため，既設トンネルの補強や，接合部の止水構造について十分検討しなければならない（第4編 4.10参照）．

施工にあたっては，地山の安定と止水のほかに，シールド双方の位置確認を十分に行い，接合精度の確保に努めなければならない．また，接合地点への双方のシールド到達時期の差が大きい場合の対策や，側面接合における既設トンネル側への止水用の隔壁設置など，安全確保にも考慮する必要がある．

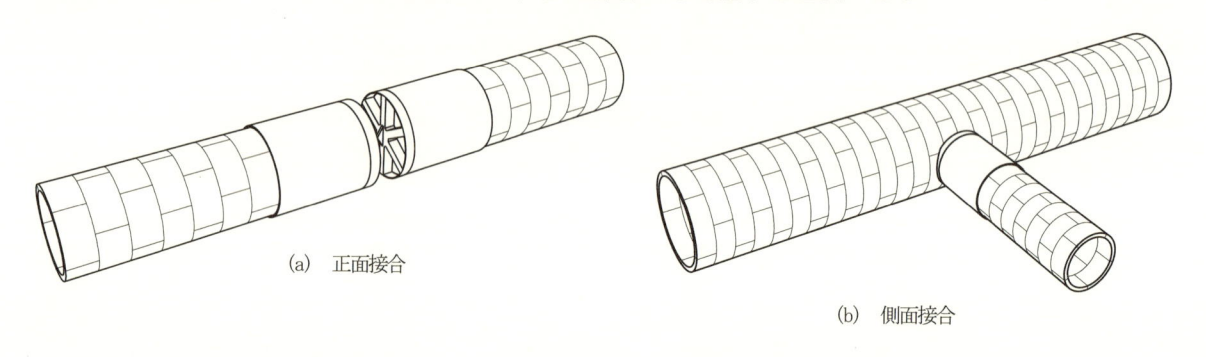

(a) 正面接合　　(b) 側面接合

解説 図 4.4.2　地中接合方法

(2)について　地中分岐の形態は，以下に分類される（**解説 図 4.4.3参照**）．
① トンネル内から直角方向（横方向および上向き）への分岐（直角分岐）
② 球体を利用した直角連続掘進シールドによる直角分岐（縦横および横横分岐）
③ 連結したシールドの分岐

直角分岐では，既設トンネルから補助工法を利用してシールドを発進する方法や発進部となるセグメントをカッターで直接切削できる部材で製作しておき，シールドで直接切削して発進する方法と，あらかじめ発進坑口や一回り小さいシールドを内蔵したシールドを利用した機械式分岐方法がある（第3編 11.1参照）．また，深い立坑築造方法の一つとして，シールドトンネル坑内から鉛直上向きにシールドを発進する方法もある．

施工にあたっては，発進部の地山の安定と止水対策が重要であり，開口するトンネルの補強が必要となる（第4編 4.10参照）．さらに，既設トンネルには発進時の推力が作用するため，トンネルの耐力や変形だけでなく既設トンネル背面側の地盤反力の確保なども考慮する必要がある．一方，狭い坑内からシールドを発進させるため，スペースにあったシールドの搬入，組立ておよびエントランスや反力受け設備等の検討も必要となる．

一方，球体とカッターの縮径機構を利用した直角連続掘進シールド（第3編 11.1参照）には，立坑シールドとそれに直交した横シールドの分岐（縦横連続掘進シールド），および，水平直角方向への分岐（横横連続掘進シールド）がある．深い立坑や高水圧下のシールド発進，回転立坑を省略した直角分岐などに適しているが，親機と子機の大きさ，その比率に制約があり，また，狭い空間での発進となるため，適用にあたっては十分な検討が必要である．

また，連結した2つの単円形シールドが地中分岐した事例もある．この場合，シールド間の連結を解除することにより別々の方向へ分岐することができる．ただし，分岐直後は非常に近接した併設シールド施工の状態に相当するため，切羽およびトンネル間の地山安定対策やセグメントの補強などの検討が必要となる（第4編 4.13参照）．

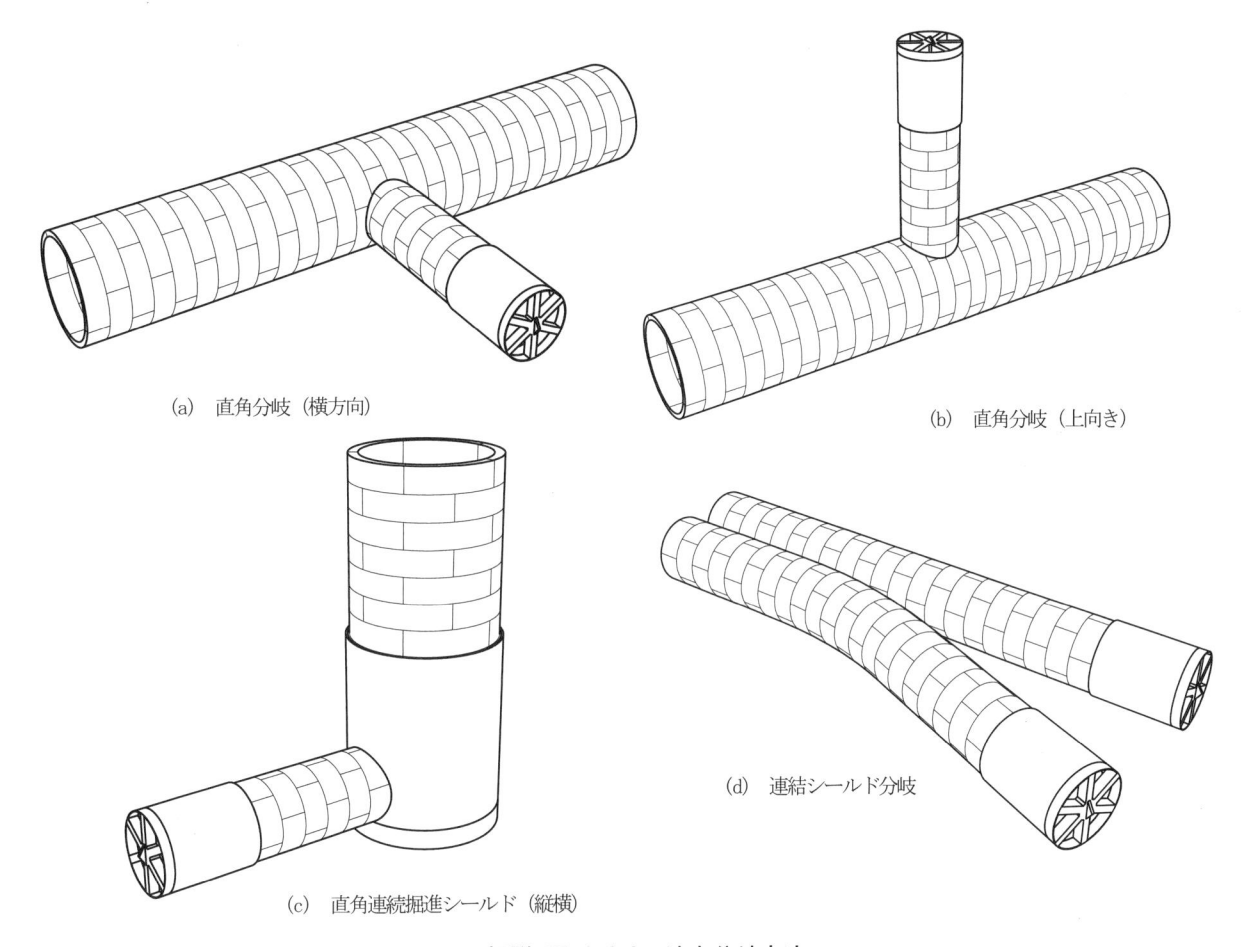

(a) 直角分岐（横方向）　　　　　　　　　　　　　　(b) 直角分岐（上向き）

(c) 直角連続掘進シールド（縦横）　　　　　　　　　(d) 連結シールド分岐

解説 図 4.4.3　地中分岐方法

4.9　断面変化

シールドを利用した断面変化は，円滑かつ安全に断面変化でき，相互の断面において適切な掘進ができるように，シールドおよび施工設備，施工方法を十分に検討しなければならない．

【解　説】　シールドトンネルは，その用途や機能により路線の途中で拡大，縮小といったように必要断面が変化することがある．その場合，従来は断面変化地点に立坑を設け2台の断面が異なるシールドによる施工や，大きな断面のシールド1台での施工，もしくは切拡げで対応しているが，近年，長距離化の進展と経済性等の理由により路線の途中で断面を変化できるシールド1台で施工する方法が実用化されている．

シールドトンネルの断面変化の分類を**解説 図 4.4.4**に，その方法を**解説 図 4.4.5**に示す．

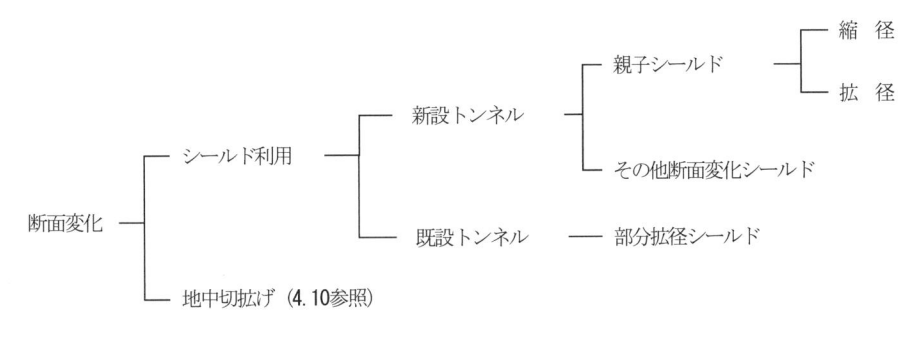

```
                                              ┌─ 縮 径
                        ┌─ 新設トンネル ─┬─ 親子シールド ─┤
                        │                │              └─ 拡 径
         ┌─ シールド利用 ─┤                └─ その他断面変化シールド
断面変化 ─┤              └─ 既設トンネル ── 部分拡径シールド
         └─ 地中切拡げ（4.10参照）
```

解説 図 4.4.4　断面変化の分類

(a) 親子シールド（縮径）

(b) 親子シールド（拡径）

(c) その他断面変化シールド（駅・駅間シールド）

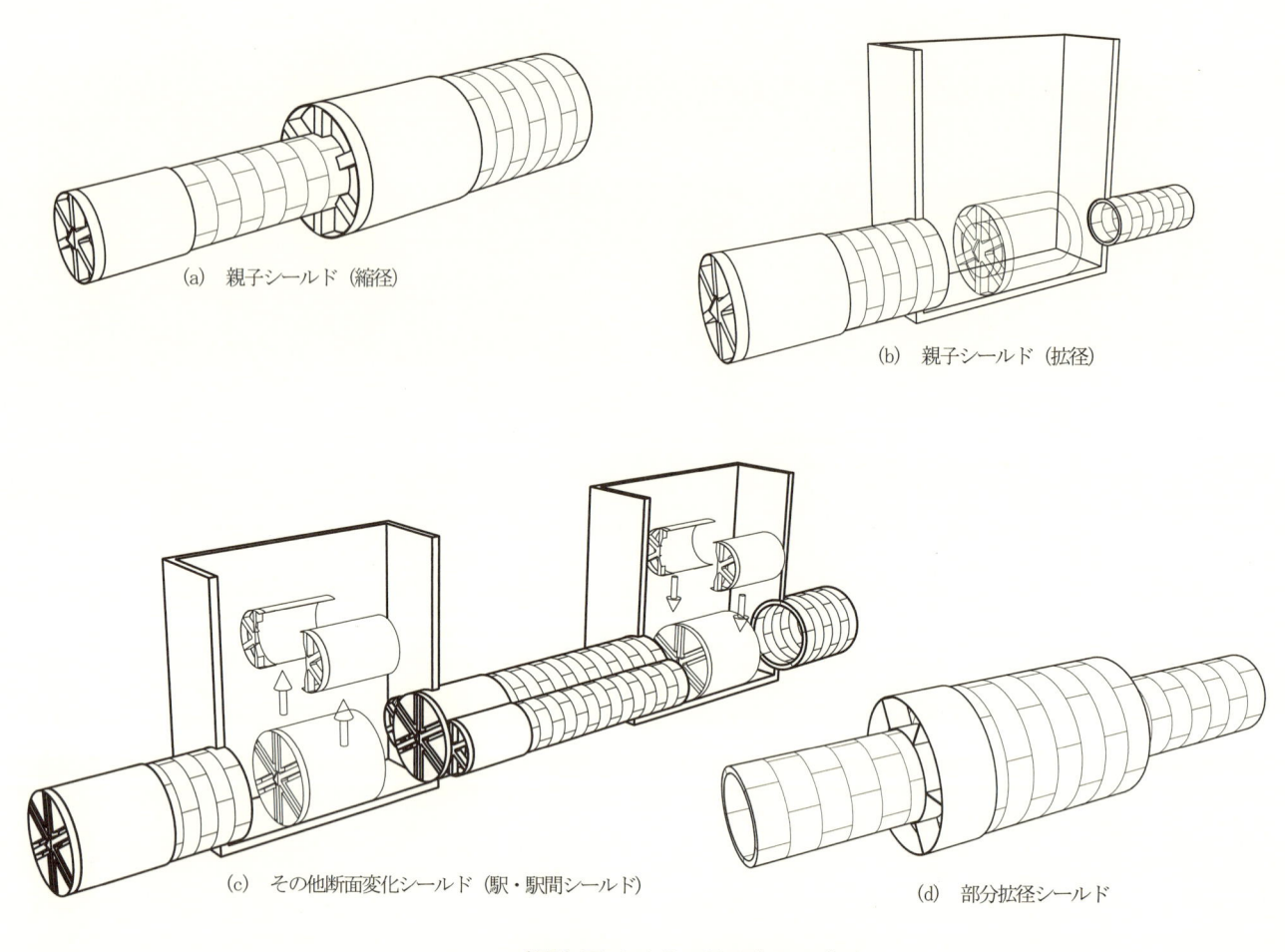

(d) 部分拡径シールド

解説 図 4.4.5　断面変化の方法

1) 親子シールド　大シールド（親機）から小さな小シールド（子機）が分離する方法（縮径）と，小シールドを大シールドに改造する方法（拡径）がある．これらの断面変化は中間立坑を利用することが多いが，地中で縮径する事例も多い（第3編 11.1参照）．

施工にあたっては，断面変化が円滑かつ安全に施工できることが必要である．また，大小それぞれの断面の掘進において，止水性や切羽安定性が確保でき，適切な推進および掘削機構と能力を有したシールドおよび施工設備が必要となる．とくに地中での縮径の場合には，フードやテールシールの取付け，発進時の止水性や反力確保等，様々な工夫が必要である．

2) その他断面変化シールド　親子シールド以外では，円形シールドの側部に半円状のシールドを取り付けることにより複円形シールド断面へ断面変化を行い，地下鉄の駅間シールドトンネルと駅シールドトンネルの両方を施工した事例がある．

3) 部分拡径シールド　既設トンネルの一部分を地中で拡径するため，補助工法により地山の安定と止水を図った後，地中切拡げや円周に掘進する拡径シールドにより発進基地を設け，そこからドーナツ状シールドにより，既設トンネルを一回り大きなトンネルに断面変化させる方法である（第3編 11.1参照）．施工にあたっては，拡径掘削，覆工と既設覆工の撤去作業を繰返すことになり，地中切拡げと同様な施工となる．そのため，地山の安定，トンネルの変形，地下水への対応等に留意することが必要となる（第4編 4.10参照）．

4.10　地中切拡げ

地中切拡げは，地山条件や完成構造を考慮し，適切な方法で施工しなければならない．また，偏圧が作用し欠円となる覆工の変形防止にも考慮しなければならない．

【解　説】　立坑や別のトンネル等と接続するため，地中で覆工の一部または全部を撤去することを地中切拡げ

と称し，以下の場合等に必要となる(**解説 図 4.4.6参照**)．
① 人孔や換気，排水立坑等との接続
② 下水道の枝管等のトンネルの地中分岐やトンネル側面への地中接合（第4編 4.8参照）
③ 排水ポンプ室等のトンネル内空より大きな諸地下施設の収容空間の築造
④ 併設する2本のトンネルを利用した鉄道駅や道路分合流部等の構造物の築造

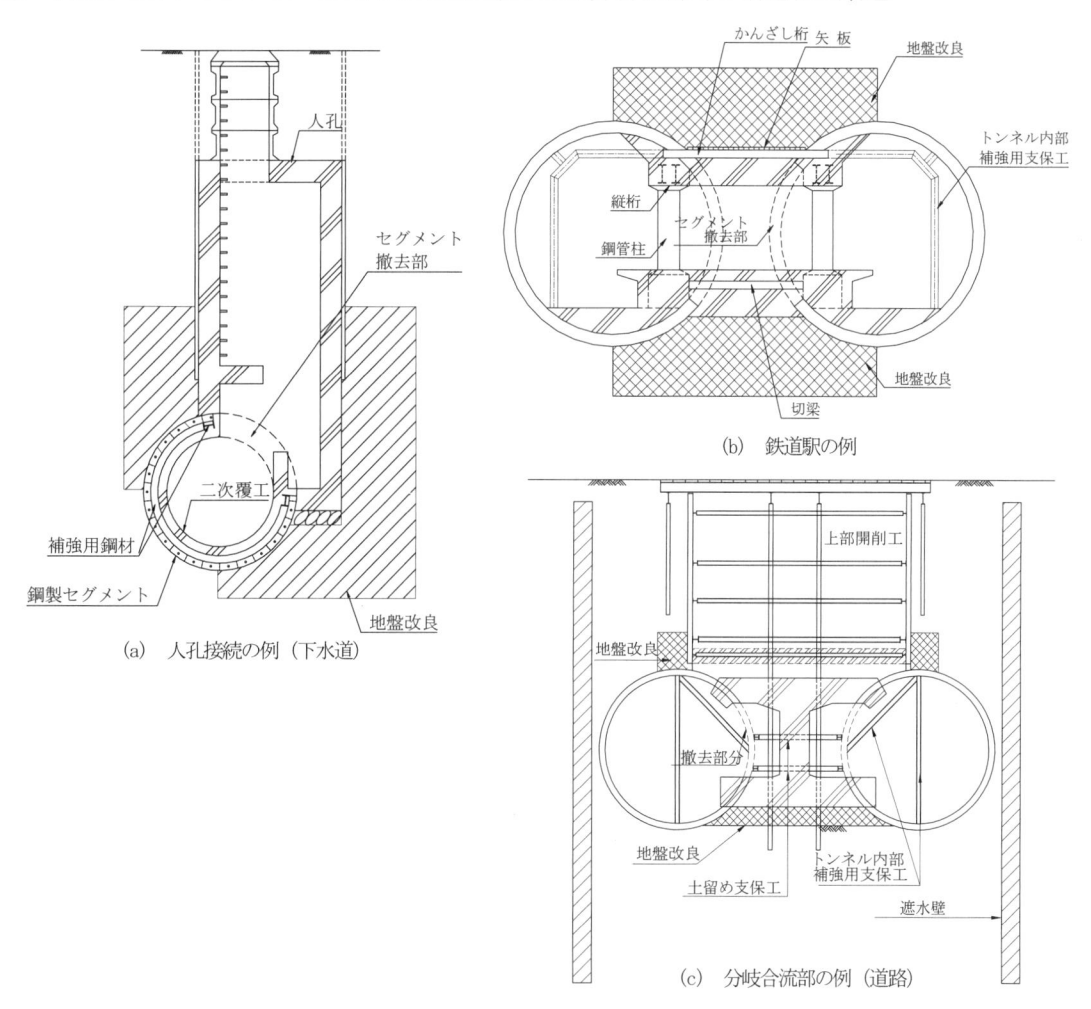

解説 図 4.4.6 切拡げ施工例

地中切拡げは，いったん地山が開放された状態になり，さらに覆工の撤去により不安定な欠円構造になることが多い．そのため，地山の安定，トンネルの変形，地下水への対応等に留意し，構造形式や地山条件に適した綿密な設計と安全で確実な施工が必要となる．

また，地山の安定と止水を図る目的で補助工法が必要となり，また，地中切拡げの規模や掘削形態によっては，パイプルーフ，かんざし桁，ルーフシールド等の先受け工や，地中切拡げ部のトンネル支保工や土留め支保工も必要となる．さらに，覆工の変形を防止するためトンネル内部の補強も重要である．

切拡げ区間およびその前後区間のセグメント形式としては，撤去しやすく耐力が大きい鋼製セグメントを使用することが多い．その補強方法としては，セグメント自体の耐力や剛性増加のほかに，鋼材や鉄筋コンクリート構造の梁や柱によることが多く，これら鋼材の防食と切拡げ部セグメントの補強等の目的で二次覆工を行うことが一般的である．

施工にあたっては，止水状況やトンネル変形状態を計測等で監視するとともに，補助工法，支保，掘削，撤去，構築といった施工手順に配慮する必要がある．また，接続側の既設構造物の変形防止対策や，漏水が発生しやすい接続部の防水処置も重要である．

なお，地上から開削工法によりトンネルを外側からむき出しにして切拡げ施工を行う場合がある．その場合，

開削によるトンネル周辺作用の減少に対して，浮き上がり防止やトンネルの補強等を適切な時期に実施することが重要である．

4.11 地中支障物対策

地中支障物に対しては，周辺環境や既設構造物への影響等を考慮し，安全でかつ確実に施工が行えるよう十分な対策をたてなければならない．

【解　説】　掘進中に地中支障物に遭遇すると，大幅な工期延伸や工事費の増大が発生するため，施工段階においても，第1編 2.3の支障物件調査をもとに状況に応じた事前調査を行うことが望ましい．そこで支障物が確認された場合や，掘進中に支障物に遭遇した場合には，より詳細な調査を行い慎重に対応策を決めなければならない．

なお，既設構造物の下越し等で，支障物の有無を調査だけでは把握しきれない場合には，シールド内から探査や撤去できる装備を設けることも検討する．

<u>1）地中支障物の調査</u>　支障物の種類（杭，土留め，管渠，井戸，空洞等）や材質（鋼製，コンクリート製等），その配置や深度，さらに利用の有無等を調査により特定する．調査方法としては，工事記録，竣工図面，管理台帳等の調査や関係者へのヒアリングのほか，直接的に支障物を確認できる試掘，ボーリングがあり，さらに，磁気，電磁波，弾性波等を利用した非接触式探査方法もある．

<u>2）対応策の検討</u>　調査で得られた情報をもとに，撤去に伴う周辺環境や既設構造物への影響等も考慮して，支障物の特性や施工条件に適した安全で確実な対応策を選定する．支障物が発見された場合の対応策としては以下のものがある．

<u>① 線形の見直し</u>　トンネルの機能や用地の条件等が満足できる場合は，平面および縦断線形の見直しにより支障物を回避することを検討する．見直しにあたっては，調査した支障物の位置や深さに対して十分な離隔を確保する必要がある．

<u>② 事前撤去</u>　地上から撤去することが多いが，既設構造物の下にある場合等には，深礎工法等，開削工法や水平導坑により支障物を露出させて撤去することもある．

地上からの撤去方法としては，一般に引抜き工法や，硬質地盤用アースオーガー工法やオールケーシング工法等により破砕して撤去する方法を用いることが多く，支障物の種類，深度，形状，材質等から適切な対応方法を選択しなければならない．

土留め壁や中間杭等，既設構造物と一体化している場合には，縁切り等の処理も必要となる．さらに基礎杭等，既設構造物の一部として機能している場合には，アンダーピニング工により基礎の受替えが必要となる（第4編 4.12参照）．撤去跡は，シールド通過時における地盤の緩みや泥水噴発の原因にならないよう適切に埋め戻しすることが必要である．

<u>③ シールド内からの撤去</u>　シールド内から地中支障物の撤去を行う場合には，地盤改良やマンロックを使用した部分圧気等，補助工法により切羽の安定と止水をはかり，切羽の狭い空間で安全確実な施工を行えるよう十分な対策をたてなければならない．この場合，マンロック，切羽薬液注入管，マンホールの適切な設備をシールドに装備しなければならない（**解説 図 4.4.7参照**）．

<u>④ カッタービット等による直接切削</u>　木杭，転石等については，シールドカッターで直接切削することもある（第3編 11.1参照）．この場合には，カッターヘッドの構造や形状，カッタービットの損傷程度や切削片の取込み方法，切削時の振動やうまく取込めなかった切削片等による周辺地盤の緩みや既設構造物への影響，さらに杭の場合には覆工への作用荷重等も考慮して検討する．鋼杭や鋼矢板などについては，コーン状のカッターヘッドに鋼材切削に適した特殊ビットを配置したシールドにより切削した事例もある．なお，支障物を探査するために探査ロッド等を装備することもある．また，仮設杭や通過立坑の土留め壁等で，あらかじめシールドに支障することがわかっている場合，発進方法等で使用されているカッターで直接切削することが可能な材料を利用して中間杭や土留め壁の通過部分を施工しておくこともある．

その他，カッターヘッドに超高圧水噴射用のノズルを装備し，研磨材を混入した切断材を超高圧で噴射して支障物を直接切断する事例もある．

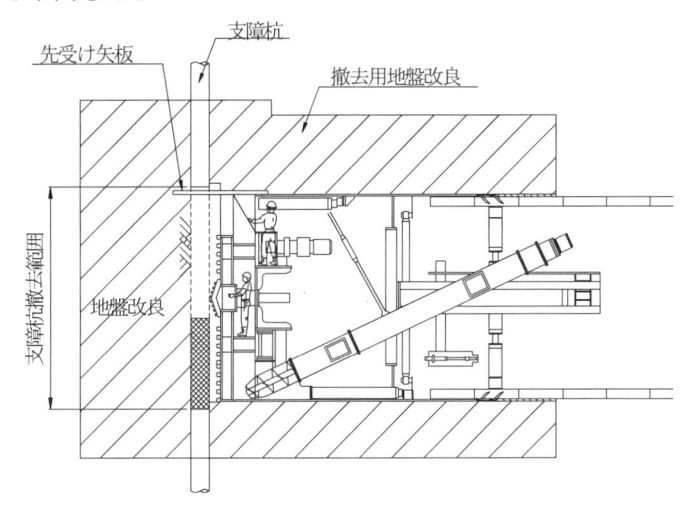

解説 図 4.4.7 シールド内からの撤去例

4.12 近接施工

既設構造物に近接して施工を行う場合には，事前に影響度合いを検討し，必要に応じて防護対策を施さなければならない．また，施工時には計測管理を行い，既設構造物への影響を監視しなければならない．

【解　説】　既設構造物に近接してシールド工事を行う場合には，事前調査を行い，シールド掘進に伴う周辺地盤の挙動と既設構造物への影響を予測する必要がある．その結果，既設構造物の機能および構造に支障が生じるおそれがある場合は状況に応じて対策工を行う．施工前には，既設構造物，周辺地盤の変状や応力度等の許容値に，安全率を見込んで管理基準値を設定する．施工時には，それを指標に既設構造物の挙動や周辺地盤の変状を計測しながら掘進し，計測結果を次の施工にフィードバックできる管理体制をとることが必要である．

管理者により近接施工に関して影響範囲や対策を示した指針等が整備されている場合があるので，計画段階から事前に既設構造物管理者と解析手法，施工方法，計測方法，管理基準値および緊急時の対応等について協議する必要がある．近接施工に関しては，一般に**解説 図 4.4.8**に示す手順で設計および施工が行なわれる．

1) 事前調査　対象となる構造物の形状寸法，支持条件，周辺地盤の土層構成，土の物性値等を把握する．その際，設計時の図書等から設計条件，設計方法，許容値と現在の応力との余裕を確認しておくことが重要である．とくに，老朽化が進んでいる場合は，十分に安全を見込む必要がある．

また，類似の近接施工実績は貴重な参考資料となるのでデータを収集することが望ましい．

2) 近接施工の影響度の判定と評価

① 影響度の判定　シールド施工により，周辺地盤は応力解放や付加的な圧力を受け，沈下や隆起が生じる．このような地盤変状により既設構造物がどのような影響を受けるかは既設構造物との位置関係やシールド線形，中間地盤の土の物性値，既設構造物の構造条件，剛性（断面形状，強度，変形特性，連結形式）等によって異なる．近接施工の影響を検討する際には，これらの事項を十分に考慮して，対象現場の条件において起こりうる現象を的確に想定することが重要である．

近接施工に際しては，近接施工と見なすかどうかの判定を行う．基本的にシールド掘進による地盤変状の影響域が，既設構造物の支持地盤のどの位置まで及ぶかによって判定し，その程度によってランク分けするのが一般的である．ランク分けする際には，シールドトンネルと既設構造物の位置関係，離隔はもちろん，対象地盤の性質，既設構造物の構造，とくに杭で支持されているか否か，あるいは重要度，有人または無人施設かの区別等についても考慮する必要がある（**解説 図 4.4.9**参照）．

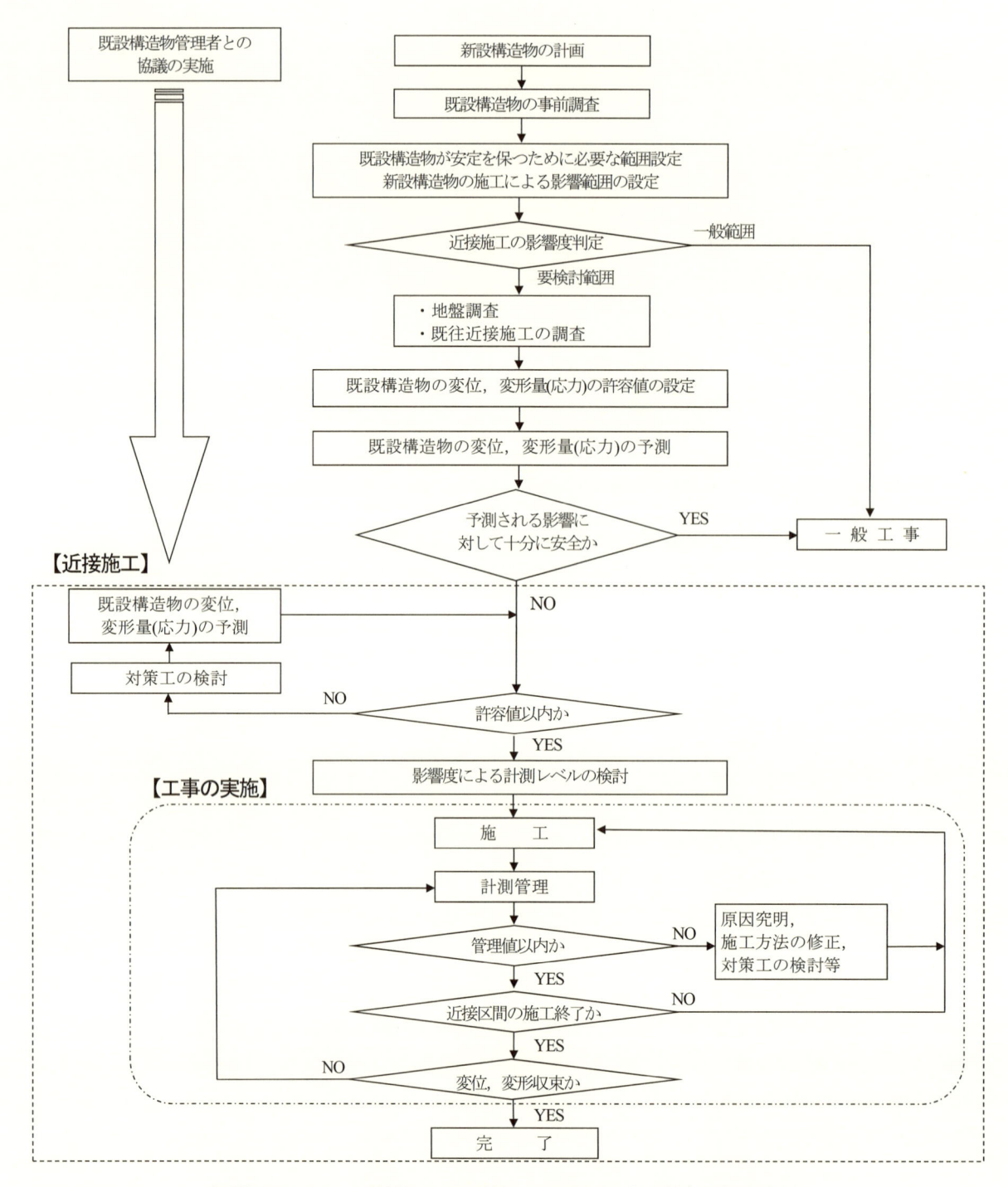

解説 図 4.4.8 近接施工の設計施工手順例（参考文献[1]を加筆修正）

② 解析による判定　何らかの影響の可能性があると判断された場合は，影響の定量的評価と対策工法の検討を行う．これには，有限要素法等の数値解析により行うのが一般的であるが，地盤条件等によって変状形態やメカニズムが異なるので，適合する方法を用いて解析することが重要である．

③ 評価および管理基準値　解析結果より，施工時の指標としての管理基準値を定める際には，管理者と協議の上，機能面，構造面のどちらも満足する値を定める必要がある．さらに，危険をより早く察知し，既設構造物の安全性を確保するため，許容値に余裕をもった値を段階的に設定するなどの方法を用いる場合が多い．

3) 対策工法　対策として，第4編 3.11 で述べたようなシールドの施工方法を工夫するのみでは不十分な場合は，既設構造物の補強，あるいは両者の中間地盤に遮断工や地盤強化，改良等による防護対策を行う．

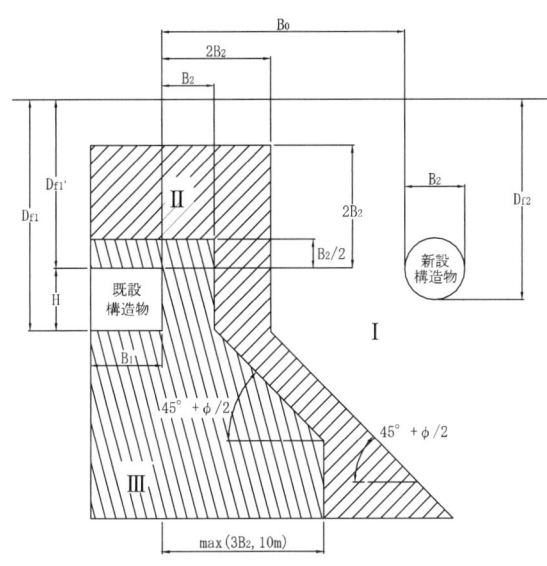

D_{f1}：地表面から既設構造物底面までの深さ
$D_{f1'}$：地表面から既設構造物上面までの深さ
H ：既設構造物の高さ
B_1 ：既設構造物の幅
B_0 ：既設構造物と新設構造物との間隔
D_{f2}：地表面から新設構造物床付け面までの深さ
B_2 ：新設構造物の幅
φ ：土の内部摩擦角（°）

Ⅰ：無条件範囲　Ⅱ：要注意範囲　Ⅲ：制限範囲

解説 図 4.4.9　近接施工における影響度判定の一例[2]

① 既設構造物の補強　既設構造物を直接補強することによって剛性を高める方法と，既設構造物を受けて，下方の地盤に支持させるアンダーピニングが挙げられる．直接補強には，ブレーシング等によって構造物の内部を直接補強する場合と，増し杭等によって下部あるいは基礎構造を補強する場合とがある．アンダーピニングには，あらかじめ既設構造物基礎の下部に耐圧版を設置し，この耐圧版下部の地耐力を利用して仮受けを行いジャッキにより変位量を制御する耐圧版方式とシールドトンネルの影響外に新たに設けた杭等により支持する基礎新設方式，ならびにこれらの併用方式がある（**解説 図 4.4.10**参照）．

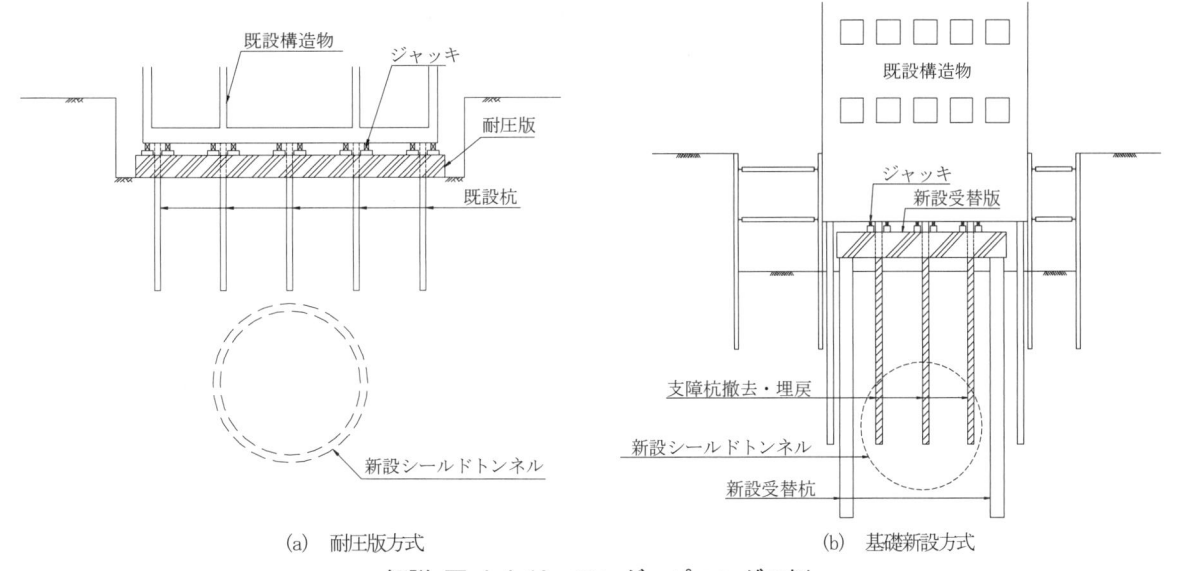

(a) 耐圧版方式　　　　(b) 基礎新設方式

解説 図 4.4.10　アンダーピニングの例

② 遮断および地盤強化，改良防護　中間地盤における対策の目的としては，緩み防止，地盤変状の遮断および地盤の強化が挙げられる．遮断防護のおもな工法は，薬液注入工，鋼矢板工法，地中連続壁工法等がある．また，地盤の強化，改良防護のおもな工法は高圧噴射撹拌工法等がある（第4編 3.10参照）．

③ 対策工の留意点　対策工法として地盤改良を用いる際には，対象地盤，施工方法等によって十分な改良効果が得られない場合もあるので，試験施工等により，改良範囲と均一性，出来上がり品質等の効果確認を行い，詳細の仕様を定めるのがよい．

対策工の選定にあたっては，以上述べた対策工の中から，施工性，安全性，経済性，工期，環境条件等を総合

的に評価するとともに，過去の施工例も参考にして，それぞれの現場の状況に応じた最適な工法を選定しなければならない．一般的に用いられている対策工法を**解説 図 4.4.11**に示す．

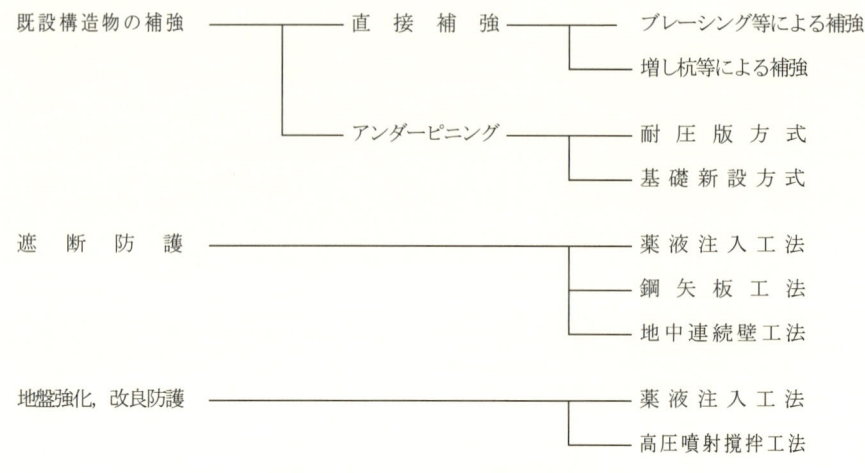

```
既設構造物の補強 ─┬─ 直 接 補 強 ─┬─ ブレーシング等による補強
                  │                └─ 増し杭等による補強
                  └─ アンダーピニング ─┬─ 耐 圧 版 方 式
                                      └─ 基 礎 新 設 方 式

遮 断 防 護 ─┬─ 薬 液 注 入 工 法
              ├─ 鋼 矢 板 工 法
              └─ 地 中 連 続 壁 工 法

地盤強化，改良防護 ─┬─ 薬 液 注 入 工 法
                    └─ 高 圧 噴 射 撹 拌 工 法
```

解説 図 4.4.11 対策工法の例

<u>4) 計測管理</u>　計測管理は，通過前，通過時，通過後の3段階を追って実施する必要がある．とくに，近接区間の手前の類似の地盤条件の地点で通過前計測を行ない，予測解析手法の妥当性や施工方法の是非を確認しておくことが望ましい．通過前計測は，次のような目的で行うものである．

① シールドの特徴やオペレーターの熟練度，地盤条件のばらつき等事前検討時の不確定要素を補い，最適な施工方法を確立する．
② 地盤変状を定量的に把握し，既設構造物の安全性を事前に検証する．
③ 事前に計測項目ごとの相関性を見出し，通過時に施工管理上，監視する計測項目を絞り込む．

シールド通過時の計測は，既設構造物の安全を監視するために行う．計器の配置において重要なことは，既設構造物の変状の発生を的確に把握できる箇所に適切な計器を配置することである．断面変化部やすでに損傷のある箇所等はもっとも変状の生じやすいところである．計測は常時安全を確認するという観点から自動計測が望ましく，シールドの進行に合わせて計測頻度を変えることが合理的である．構造物の重要度や近接度合いによっては，既設構造物や周辺地盤等の変位をリアルタイムに計測して，シールドの掘進管理データと対比し，影響を抑制するためにシールドの切羽圧，裏込め注入圧等の掘進管理に即時にフィードバックさせるように施工管理を行う場合もある．

計測値が管理値を上回った場合は，原因を究明するとともに，施工方法の修正，応急処置等の対策を講じるものとする．場合によってはシールドを停止し，既設構造物の安全性が確保されることを確認した後に再掘進する必要がある．通過後の計測は，計測データが収束し，挙動が落ち着いた状態を確認するまで行うのが一般的である．

参考文献
1) （社）日本トンネル技術協会「地中構造物の建設に伴う近接施工指針」, pp.6, 1999.
2) （財）鉄道総合技術研究所「都市部構造物の近接施工対策マニュアル」, pp.156, 2007.

4.13　併設シールドトンネルの施工

　2本以上のシールドトンネルを併設して施工する場合は，相互の影響についてとくに留意し，地山，シールドトンネルの挙動を十分監視し，必要に応じて補助工法やトンネルの補強等の対策を講じなければならない．

【解　説】　2本以上のシールドトンネルを一定区間において平面的あるいは縦断的に併設して施工する場合に

は，地山の条件，シールド形式，シールドトンネル断面，離れ等を考慮して相互の影響を検討し，十分安全な施工方法をとらなければならない．とくに，トンネル間の離隔距離がトンネル外径（1D₀）以内となる場合には十分な検討が必要である（**解説 図 4.4.12参照**）．施工にあたっては，各種計測器等を用いて，地山および相互のシールドトンネルの挙動を監視，把握して，その情報をただちに切羽圧，裏込め注入圧，掘削土量等のシールド掘進管理にフィードバックさせるなどの施工管理を実施し，必要に応じて覆工の補強または補助工法等を行い，地山の緩み，シールドトンネルの変形等を防止しなければならない（第1編 3.3参照）．

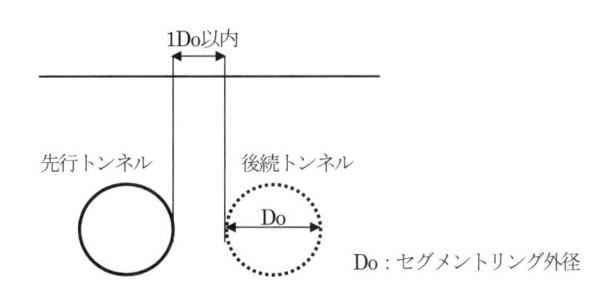

解説 図 4.4.12 併設トンネルの離隔距離

1) 相互の影響　併設シールドにおける相互の影響については，施工条件により種々異なるが，一般的には，
① 後続シールドの掘進による先行トンネルの押出され，あるいは引込まれ
② 後続シールドのテール通過による先行トンネルの引込まれ
③ 後続シールドの裏込め注入による先行トンネルの押出され
④ 先行シールドによる地山の緩みに起因する後続シールドの引込まれ

等が考えられ，それに伴うセグメントの変形，継手ボルトの変形，破断，漏水，地表面沈下量の増大等を生じることがあるので，後続シールドの施工時期を十分検討する必要がある．

2) 地山，シールドトンネルの監視　地表面の変位，シールドトンネルの変形，変位等は地山条件，施工方法等により異なり，また，予測計算値と一致しないことも多いので，常に監視する必要がある．地中沈下計，傾斜計，土圧計，間隙水圧計，変位計等により精密な観測を行うことは，安全施工に効果的である．異常な変状を観測した場合には直ちに施工を中断し，その原因を究明するとともに，場合によっては補助工法の施工等の対策を講じなければならない（第2編 2.12，第4編 4.12参照）．

4.14　海底および河川横断

海底および河川を横断して施工する場合は，地山条件および海底や河川の状況を考慮し，確実な施工が行えるよう十分に検討を行わなければならない．

【解　説】　海底や河川を横断してトンネルを施工する場合は，護岸，堤体等の構造物に影響を与えることのないよう，地盤条件および海底や河川の状況等の施工条件を考慮し，確実な施工が行えるように十分な対策を講じなければならない．横断の施工に際して留意すべき点として以下のものがあげられる．

1) 土質，地下水の調査　一般に，海底部や河川は地質や地形の変化があり，潮流や地下水の流れの影響を受ける場合が多い．土質および地下水の状況は，シールド形式および仕様を検討するうえで非常に重要な要素となるため，可能な限り詳細に調査する必要がある．また，海底部や大規模河川の横断では，海底や河床は浚渫やヘドロの堆積など，不確定な要素も多いことから，十分な土被りの確保に留意する必要がある．

2) 切羽の安定　前述のように土質，地下水の状況が厳しい場合が多く，さらに海底部や河床部では土被り圧に対して水圧が卓越することもあるため，地山の土水圧に応じて切羽圧を適切に設定する必要がある．とくに土圧式のシールドを採用する場合には，スクリューコンベヤーにおける噴発を防止する対策や，緊急時に排土口を遮断する装置等の検討が必要である（第3編 9.6参照）．

また，海底や河床からの土被りが小さい場合には，切羽の安定，泥水や添加材，裏込め材の漏洩や噴出に対する検討のほかに，トンネルの浮上りや軟弱地盤内でのセグメントの変形に対する検討に留意する必要がある（第4編 4.1参照）．

　3）　港湾および河川構造物への影響防止　シールド施工に伴う港湾および河川構造物への影響を予測し，必要に応じて対策工法の採用についても検討する必要がある．港湾および河川構造物のへの影響予測，対策工法については，第4編 4.12を参照のこと．

　また，河川横断の場合，地盤条件や立地条件等によっては，必要に応じて補助工法の採用や，河床に粘土盛土や耐圧コンクリート床版を打設するなどの措置を講じることもある．河川横断に際して，施工時期に制約を受けたり，あるいは，堤体事前計測や防水設備等の特別な対策が必要となる場合があるので，事前に河川管理者と協議することが肝要である．

　4）　その他　海底部や河川の下流域の横断では，地下水の塩分濃度が高い場合が多く，セグメントの塩害に対する検討，適切な加泥材の選定や泥水品質の工夫が必要である．

第5章 施工設備

5.1 施工設備一般

施工設備は，計画工程を満足させる能力を有し，工事の規模と施工法に適合した安全で，環境保全を考慮したものでなければならない．

【解 説】 施工設備は，地山の条件，周辺環境および施工法により異なるが，一般的にはストックヤード，掘削土砂搬出設備，材料搬送設備，電力設備，照明設備，連絡通信設備，換気設備，可燃性および有害ガス対策設備，安全通路および昇降設備，給排水設備，防火および消火設備，シールドの発進到達および回転設備，一次覆工設備，裏込め注入設備，二次覆工設備，防音設備等である．施工方法によっては，添加材プラント，泥水処理設備，礫処理設備，運転制御設備等を設置しなければならない．これらの計画の基本は掘進作業の能力を考えて，各作業の稼働サイクルを組み立て，おのおのの作業が遅滞なく安全に施工できるように，予備設備を含めて合理的な配置計画をすることが必要である．

建設現場における施工設備については，各方面において安全性の向上，施工の効率化および作業環境の改善を目的に自動化に関する研究開発が進められ，実用化されつつある．市街地では，用地の取得の難しさから工事用地に十分な面積を確保することが困難な場合が多く，地上の工事用地を最小限にとどめるため，地上設備の小型化を図ったうえで，立坑内あるいは路面下に特殊な設備を配置する事例もある．また，工事用地周辺の環境に配慮し，振動防止設備および騒音防止設備等を用いて関連する法令等の基準値を満足することが必要であり，日照，電波障害，景観および工事用地周辺の道路交通への阻害等にも留意する必要がある．

解説 図 4.5.1～図 4.5.2は，密閉型シールド工法の設備配置例を示したものである．

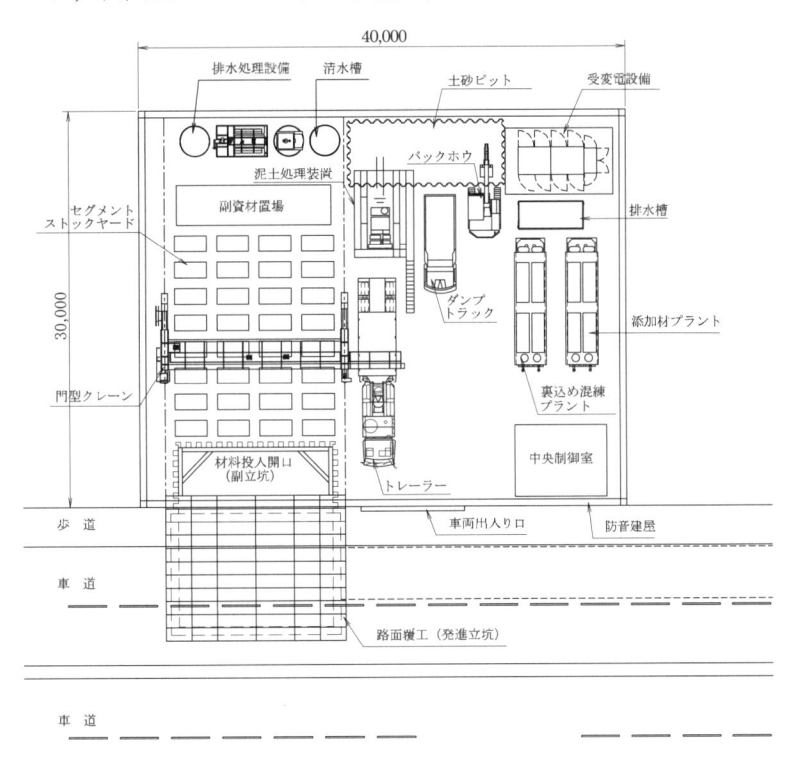

解説 図 4.5.1 土圧式シールド地上設備配置例（シールド外径5m級，土砂圧送方式）

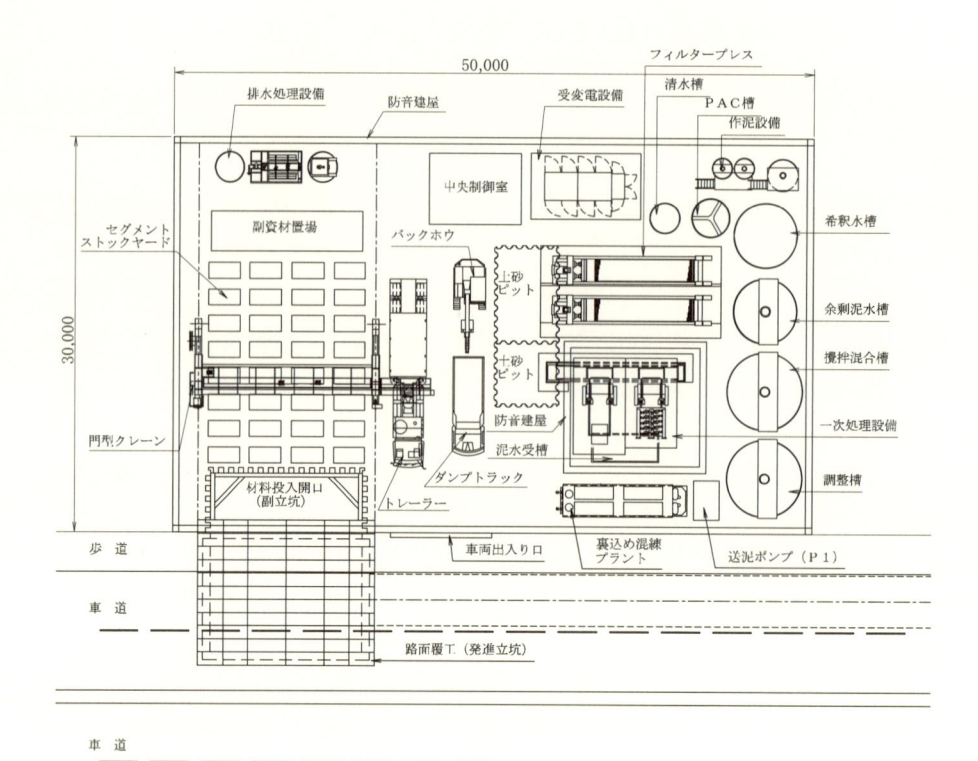

解説 図 4.5.2 泥水式シールド地上設備配置例（シールド外径5m級）

5.2 ストックヤード

ストックヤードは，工程の進捗に支障ないよう，セグメント等の覆工材料，仮設備材料，施工用機械器具等を貯蔵できる面積を有するものでなければならない．

【解　説】　ストックヤードは周囲を防護柵または塀で囲い，材料の搬入搬出車両による土砂の一般道路への引出し，また砂じん防止のために，砕石を敷くか，簡易舗装により水切れをよくするなど施工環境の向上に努めなければならない．

　セグメントヤードは，シールドの掘進工程に応じ，少なくとも2日分程度のリング数を貯蔵できるスペースが必要である．なお，計画にあたってはシール材の貼付けスペースについても考慮しなければならない．工事用地が狭い場合は，セグメントをセグメントラックに納めて効率よく貯蔵するなどの工夫が必要である．セグメントの貯蔵や引出し作業の省力化，効率化を含めたセグメントストックシステム等も開発されている．セグメントの仮置きに際しては，必要に応じてシートで覆うなど鋼材部分に錆が生じないような配慮や，水膨張シールに対して湿気を避ける配慮，施工上の安全性を考慮した積上げ高さの配慮等が必要である．

　仮設材，レール，枕木，パイプ等は，直接地面に触れぬよう角材等を台にし，整理整頓して貯蔵する必要がある．

　機械器具類，電機器具類，湿気を避けなければならないもの，金物類および紛失しやすい小物類は，整理整頓して倉庫等に保管する必要がある．

5.3 掘削土砂搬出設備

掘削土砂搬出設備は，作業サイクル，立地条件等を考慮し計画工程を満足するものでなければならない．

【解　説】　掘削土砂搬出設備は，シールド形式，掘削土砂の性質を考慮した坑内からの掘削土砂搬出方法，掘削土砂搬出先への運搬方法に加え，坑内への材料等の搬入および搬出方法を総合的に考慮し，十分な能力を持ったものとしなければならない．掘削土砂を坑内からホッパー等に搬出する設備としては次のようなものがある．

1) 坑内掘削土砂搬出設備　坑内における掘削土砂搬出方法としては，土圧式シールドでは軌道方式，コンベヤー方式，パイプライン方式等，泥水式シールドでは流体輸送によるパイプライン方式がある．

① 軌道方式　土圧式シールドの坑内掘削土砂搬出設備として最も一般的な方式である．

ⅰ) 掘削土砂運搬車および機関車　掘削土砂運搬車の形状，寸法および所要台数は，トンネル断面の大きさ，坑内運搬サイクル，立坑設備等を考慮のうえ決定しなければならない．運搬車の形状は，坑外搬出の方法によって決められる．一般的に用いられるものは，底開き型，片開き型，転倒型である．運搬車の牽引には，一般にバッテリー機関車が使用される．近年では，シールドの高速施工や急勾配トンネル施工等において，サーボモーターや高粘性車輪を用い，従来よりも坑内の搬送速度を向上させ，さらに制動機能を向上させたバッテリー機関車を用いる場合も多い．

ⅱ) 軌道の配置　軌道の配置，構造は，坑内運搬サイクルが円滑に行え，かつ走行する車両の重量に対し十分安全な設備でなければならない．

また，本掘進，初期掘進時の後続台車と軌道相互間の配置は，施工性，安全性を考慮した設備としなければならない．

ⅲ) 運搬車の軌道変更　坑内運搬サイクルの関係上，複数の運搬車を使用する場合には，軌道の複線化や組立てポイントによる離合箇所を配置することが必要である．坑内スペースが狭小で，組立てポイントによる運搬車の軌道変更が難しい場合，立坑内でトラバーサー等が用いられる．

ⅳ) 運転保安　軌道方式による運搬は，労働安全衛生規則（第195条〜第236条）に従い車両の逸走防止や交通事故防止のため，車両の制動装置および運転に必要な安全装置，連結器の離脱防止装置，暴走停止装置，運転者席，人車，誘導員の安全を確保する設備，安全通路，回避所，信号装置等それぞれ必要な設備を設ける．運転にあたっては，坑内運転速度の遵守，車両留置時の安全の確保，やむを得ず後押し運転する場合の安全装置，信号，表示，合図方法の周知徹底等により安全を図らなければならない．

勾配の大きな場合には，列車編成，運行サイクルによっては必要制動力を確保するため，特殊ブレーキ装置等の設置を検討する必要がある（第4編 **4.4**参照）．

ⅴ) 充電器　バッテリー機関車を使用する場合は，その列車編成，運行サイクル等からバッテリーの放電率を考慮し，必要に応じた予備バッテリーおよび充電器を設備する必要がある．坑内で充電を行う場合は水素ガスが発生するため十分な換気が必要である．

② コンベヤー方式　シールド後続設備内においては，掘削土砂搬送がセグメントの搬入，組立て作業と並行するなどのため，掘削土砂運搬車までの掘削土砂の部分的な搬送にベルトコンベヤーやスクリューコンベヤーを用いる場合が多い．また，長距離トンネルでは，立坑まで連続してベルトコンベヤーで掘削土砂を搬送する連続コンベヤー方式を用いる事例もある．連続コンベヤー方式を採用するにあたっては，ベルトの幅，張力，速度，設備の設置空間等を事前に十分検討する必要がある．

③ パイプライン方式　坑内から坑外まで連続的に掘削土砂を搬出する設備としてパイプライン方式が用いられる．パイプライン方式は，掘進と並行して掘削土砂を搬出でき，水平搬送と垂直搬送の組合せが可能であるため作業能率が高い．また，掘削土砂運搬車が坑内を走行しないため安全性が高い．さらに，自動運転が可能であり省力化できる．パイプライン方式には，流体輸送方式，ポンプ圧送方式等がある．

ⅰ) 流体輸送方式　流体輸送方式は，排泥ポンプを用いて地上の泥水処理設備に送る方式であり，泥水式シールド等の場合に用いられる（第4編 **5.21**参照）．

ⅱ) ポンプ圧送方式　ポンプ圧送方式は，土圧式シールドで軟弱地盤を掘削する場合等に有効である．近年では，様々な掘進用添加材が開発されたことにより，圧送管内で閉塞が生じやすい砂礫層等，従来は適用困難であった条件で適用している事例もある．ポンプ圧送方式を採用するにあたっては，ポンプ能力，配管抵抗，圧送距離等を事前に十分検討する必要がある．高圧ポンプを使用する場合は，パイプの振動が大きくなるためパイプの固定，ジョイントの強化等に留意しなければならない．

2) 立坑掘削土砂搬出設備　立坑における掘削土砂搬出設備は，切羽より掘削土砂運搬車等で立坑下まで搬送された掘削土砂を地上の土砂ホッパー等に貯留するための垂直搬送設備であり，門型クレーン方式，グラブホッ

パー方式，スキップタワー方式，垂直コンベヤー方式等がある．これらの設備は全体のサイクルタイムに与える影響が大きいので，選定には注意を要する．

　3) 掘削土砂ストック設備　ホッパーや土砂ピット等の掘削土砂ストック容量は，所定の掘進工程に支障をきたさないように掘削土砂を貯蔵できるものでなければならない．また，掘削土砂の性質等を考慮して，適切な機能を有するものとしなければならない．市街地においては作業時間帯および運搬車の走行等に対する制約のほかに，掘削土砂搬出先の夜間，雨天，降雪時における受入体制等も考慮して掘削土砂ストック容量を計画することが望ましい．

5.4 材料搬送設備
　材料の搬送設備は，作業サイクル，立地条件等を考慮し計画工程を満足するものでなければならない．

【解　説】　材料の搬送設備は，掘削土砂の搬出に支障を及ぼすことなく，必要な材料を滞りなく搬送できるものでなければならない．

　1) 切羽部搬送設備　セグメントをエレクターまで搬送するための設備で，セグメント重量やサイクルタイムを考慮して，選定しなければならない．ホイスト式クレーンが用いられることが多い．

　2) 坑内搬送設備　坑内における材料の運搬方法は軌道方式，タイヤ方式等がある．運搬車は資機材の重量，大きさ，形状に合致したものを用い，運搬中の荷崩れ防止策を講じなければならない．軌道方式の詳細は第4編 5.3を参照のこと．

　3) 立坑搬送設備　掘進に必要な材料を立坑内に搬入または搬出するために設けられる設備で，門型クレーン等が一般的である．近年，立坑の深度が大きい場合に，工事用エレベーターや建設用リフト等により立坑下まで搬入するシステムが実用化されている．また，立坑内にセグメントストックシステムを設置し，立坑内および作業基地を有効に利用する方法も実用化されている．

　4) 連続搬送設備　作業能率の向上，省力化，安全性の向上等を目的に，地上から立坑下，立坑下から坑内を切羽まで連続的にセグメントを自動搬送する設備が実用化されている．なお，自動搬送装置の導入にあたっては，前方障害物検知センサー，非常停止装置，集中監視装置等により安全を確保できるシステムとしなければならない．

5.5 電力設備
　（1）　電力設備は，電気設備の技術基準および労働安全衛生規則等にもとづいて設置し，維持管理しなければならない．
　（2）　特別高圧または高圧の設備は，キュービクル型機器等を使用し，電線路には絶縁ケーブル等を使用して，感電事故の防止を図らなければならない．
　（3）　坑内電気設備は，坑内で使用する設備容量を把握し，シールド掘進延長等を考慮して，十分な設備としなければならない．
　（4）　電力供給の中断は，重大な事故につながる可能性もあるので自家用発電設備等を必要に応じて設置しなければならない．

【解　説】　（1），（2）について　受電設備等の設備は，大容量の機械設備が集中する発進立坑付近に設けるのが望ましい．使用する電気機器の出力および種別ごとの負荷率等を考慮して最大負荷容量を算出し，受電設備容量を決定する．

　受電設備計画が決定した時点で，自家用工作物を設置する手続きを電力会社，消防署等に対して行わなければならない．

　（3）について　坑内に高圧電気機器（変圧器，開閉器，高圧電動機等）を設置する場合，作業員，坑内運搬

車等の接触による事故が生じないように配慮するとともに保安装置（遮断器，警報装置等）を適切な箇所に設置しなければならない．坑内配線は感電防止，電圧降下に留意して絶縁が良好で，かつ十分な太さの電線により配線しなければならない．坑内で使用するこれらの機器は，塩害，湿気等，周囲の環境を十分考慮して選定する必要がある．とくに，長距離施工時には，低圧電源で電圧降下の影響を検討する必要がある．その対策としては，1 000 m程度の間隔で変圧器を設置することが多い．

(4)について　自家用発電設備では，少なくとも停電中の排水，換気，照明用電力，および切羽の安定に関わる必要最小限の電力容量の確保が必要である．

5.6　照明設備

作業場所および通路等には照明設備を設けなければならない．坑内の照明は安全性を確保できる照度とし，屋外用防水型器具，またはこれに準じたものを使用しなければならない．

【解　説】　照明設備は労働災害の防止および作業環境の保持を目的とし，各基準，規則にしたがって設置しなければならない．

坑内の作業場所では，その照度を70ルクス以上とする必要があり，その他の場所においても20ルクス以上を確保する必要がある．局所的に照明が必要な場合には，別途投光器等を使用する．ただし，坑内の階段等では，輝度の極端に高い照明の使用は避けなければならない．坑内では停電時等にも作業員が安全に退避できるように通路，出入口，階段等，必要な場所に非常照明設備を設けなければならない（第4編 7.2参照）．

5.7　連絡通信設備

各作業箇所および各設備間の連絡を緊密にするためや，非常事態の発生をただちに知らせるため，通信装置および警報装置等の設備を設けなければならない．

【解　説】　労働安全衛生規則等を遵守し，かつ作業性を考慮したうえで適切な連絡通信設備を選定しなければならない．

1) 坑外と坑内の通信　坑外，坑内間で通話できる電話機，インターホン等の通話装置を設けなければならない．なお，PHSやインターネット電話が使用される場合もある．

2) 警報装置　危険が予想されるトンネルでは非常事態の発生を知らせるためのサイレン，非常ベル等の警報装置を必要な箇所に設けなければならない．

3) 予備電源　警報装置，通話装置に使用する電源には，当該電源に異常が生じた場合にもただちに使用できる予備電源を備えなければならない．

5.8　換気設備

坑内の作業場においては，安全で衛生的な作業環境をつくるため，適切な換気設備を設け必要な換気量を坑内に供給しなければならない．

【解　説】　1) 換気設備　坑内作業場で自然換気が十分期待できない場合は，空気汚染の原因となる使用機械や，作業員数等を考慮し，必要な風量を供給しなければならない．換気方式には送気式，排気式およびこれらの組合せ等の方法がある．これらは，シールド径，延長，必要換気量，掘削や施工方法，使用機械の種類等によって適切な方式を選ばなければならない．掘進延長が長く送風機を数台接続して使用する場合は負圧が生じることもあるため，鋼製の風管を使用するなどの検討も必要である．また，換気方式によっては，接続部の漏気により換気効率が減少する場合もあり，風管の適正な維持管理が必要である．送気管の先端はシールド付近まで延ばすことが望ましく，その送気量を定期的に測定しなければならない．

2) 酸欠空気，可燃性ガス，有害ガス等　地山から出る酸欠空気，可燃性ガス，有害ガス等に留意し，必要な場合には換気その他の措置を講じなければならない．この場合の換気は，可燃性ガス等を有効に希釈拡散できるような風量を供給するとともに排気することも必要である．また，局所的な循環流にならないよう注意しなければならない．

なお，自然由来の可燃性ガスはメタンガスがほとんどである．メタンガスは空気に対する比重が0.55と軽く，天井部にメタン層を形成しやすいため，十分な風量，風速を確保して，速やかに爆発下限界未満に希釈する必要がある．

坑内風速は，可燃性ガスの発生のおそれがない場合，可燃性ガスの発生のおそれがある場合，可燃性ガスが存在し爆発および火災のおそれのある場合と危険度ランクに応じて坑内風速を設定しなければならない．また，可燃性ガスが滞留しやすい場所では，別途局所換気を検討する必要がある．詳細は，「ずい道等建設工事における換気技術指針」（2012，建設業労働災害防止協会）を参照のこと．

また，酸欠空気，可燃性ガス，有毒ガスの濃度は必要な場所および時期に測定し，危険または有害な状態に至ったときは作業員の待避あるいは入坑禁止等の必要な措置を講じなければならない．

可燃性ガスが発生するおそれのある場合の使用機器の防爆構造については，第4編 5.9を参照して換気設備の配置を設定することになる．また，有害ガスの種類等については，第4編 7.2を参照のこと．

5.9 可燃性および有害ガス対策設備

工事にあたっては，可燃性ガス，有害ガス等による災害防止のため，必要な設備を設置しなければならない．

【解　説】　事前調査において可燃性ガス，有害ガス等による重大な事故の発生が予想される場合には，シールド掘進に先だって，これらのガス等を有効に希釈拡散できる換気設備に加えて，対策設備の検討を行う必要がある（第4編 7.3参照）．

1) 可燃性ガス対策設備　可燃性ガスに対しては，ガス濃度の測定や記録，警報装置の設置，使用機器の防爆化等により，可燃性ガスによる爆発や火災の防止措置を講じなければならない．これらの電気設備については，危険領域に応じた防爆性能を有する防爆構造でなければならない．防爆構造の種類を解説 表 4.5.1に示す．なお，防爆方式としては，エアカーテンを用いて切羽部のみを防爆構造とする部分防爆方式を採用することが多い．

2) 有害ガス対策設備　有害ガスに対しては，ガス濃度の測定および記録，警報装置の設置，換気設備の設置等により災害の防止措置を講じなければならない．

解説 表 4.5.1　防爆構造に関する種類の例

安全増防爆構造	正常な動作時に電気火花や異常高温を発生しない機器に特別に安全度を大きくした構造のもの．
耐圧防爆構造	密閉構造であり，容器内部で爆発性ガスの爆発が起こった場合に，容器がその圧力に耐え，かつ外部の爆発性ガスに引火するおそれがないようにした構造のもの．
本質安全防爆構造	弱電流回路の機器において正常時にも故障時にも発生する電気火花および高温部でガスに点火しないことが公的機関において試験等により確認された構造のもの．

5.10　安全通路および昇降設備

労働者が安全に通行，昇降できる安全通路および昇降設備を設けなければならない．

【解　説】　安全通路および昇降設備は労働安全衛生規則（第205条，第540条～第557条）やクレーン等安全規則（第138条～第171条）にしたがって設置しなければならない．安全通路は労働者が安全に通行できるよう通路面の状態，側壁または障害物との間隔を確保し，必要に応じて回避所や信号装置の設置，監視人の配置等を行わなければならない．立坑における労働者の昇降設備は工事の規模，立坑の深さに対応する設備を選択しなければ

ならない．
1) 安全通路　シールド工事で通常用いられる安全通路のおもな仕様は以下のとおりである．
① 通路面　つまずき，すべり，踏抜き等の危険がない状態に保持し，かつ照明が施されている必要がある．通路面から高さ1.8m以内に障害物を置いてはならない．
② 間隔　軌道を設けた場合は，車両限界外に60cm以上の通路を確保しなければならない．ただし，断面が狭小であるなどによりこの間隔が保持できない場合には，明確に識別できる回避所を適当な間隔で設けるか，信号装置の設置，監視人の配置等により運行中の車両の進路に労働者が立ち入ることを禁止する措置をとらなければならない．
　機械間または機械と他の設備との間に設ける通路は，幅80cm以上のものとしなければならない．
③ 架設通路，はしご道　架設通路は勾配を30°以下とし，勾配15°を越えるものには踏桟その他のすべり止めを，墜落の危険のある箇所には丈夫な手すりおよび幅木を設置しなければならない．手すりは高さ85cm以上，中さんおよび幅木を設置する．立坑内での架設通路で，その長さが15m以上のものは，10m以内ごとに，踊場を設けなければならない．はしご道は，勾配を80°以内とし，その長さが10m以上のものは5m以内ごとに踏みだなを設け，はしご上端を床から60cm以上突出させること等が必要である．立坑内等で巻上げ装置と労働者との接触による危険がある場所には，当該場所に仕切り板やその他による隔壁を備えなければならない．
2) 昇降設備　シールド工事で用いる昇降設備は，空間，深さ，昇降に必要な時間，労働者の疲労度等を十分検討して選定しなければならない．なお，立坑部が狭小な場合には専有面積が小さいらせん階段が用いられることがある．また，立坑が深い場合，労働者の昇降には階段とエレベーター装置とを併用することが望ましい．

5.11 給排水設備

給排水設備は給水量および排水量に十分対応できる能力を有し，工事期間中，確実に運転および維持できるものでなければならない．

【解　説】　1) 給水設備　作泥プラント用水，裏込めプラント用水，清掃用水等に必要な水量を十分確保できる能力とする．用途によっては水質等にも十分注意する必要がある．
　坑内への給水には，使用水量による圧力損失を考慮し，高圧ポンプあるいはタービンポンプ等が通常使用される．給水管には25mm〜50mm管が一般に使用されている．
2) 排水設備　シールド工事における排水設備は以下のとおりである．
① 坑内排水　坑内排水の対象となるのは，トンネルの漏水，作業用水等である．シールドテール内のインバートの排水は切羽が常に移動するため，できるだけ可搬性に優れた設備を用いて行うことが必要である．
② 立坑排水　立坑排水は，坑内からの排水のほか，周辺の雨水，その他を含めて考慮しなければならない．
③ 予備設備　非常災害に備え，運転能力を自家発電または別系統受電等により確保する必要がある．予備の排水設備は，十分な容量を備えなければならない．
④ 排水処理　排水は通常，沈澱槽を介して濁水処理を行い下水道等へ排水する．下水道等へ排水する場合，水質汚濁防止法，下水道法等の関連法規による排水基準を遵守のうえ行わなければならない（第4編 8.4参照）．
⑤ 排水能力　排水計画に際しては排水先の流下能力を検討する必要がある．

5.12 防火設備および消火設備

工事にあたっては，火災防止のため，必要な防火設備および消火設備を設置しなければならない．

【解　説】　防火設備および消火設備は労働安全衛生法，労働安全衛生規則，消防法，火災予防条例等の関連規則を遵守のうえ設置，管理しなければならない（第4編 7.3参照）．
1) 防火設備　火気を使用する場所では，難燃性材料を用いるなどの防火性を考慮した設備を用いなければな

らない．たとえば，シールド解体時に防炎シートが用いられる場合がある．また，可燃性ガスに対する防火設備については第4編 5.9を参照のこと．

2) 消火設備　消火設備は予想される火災の性状，周囲の作業空間等まわりの環境に適応したものを選定するとともに，その設置方法，機能の維持管理等にも十分留意しなければならない．

① 設置場所　危険物を貯蔵しまたは取り扱う場所，電気設備の設置場所，火気の使用場所，溶接，溶断作業を行う場所等には，必要な消火設備を設けなければならない．

② 種類　消火器または水を利用する消火設備が一般的である．一般に用いられている消火器は粉末消火器，二酸化炭素消火器，強化液消火器，泡消火器に分類される．消火器の種類ごとに適応火災があるため，想定される火災の種類に応じて適切に選定しなければならない．水を利用する消火設備では，満水にしたドラム缶，給水栓等が使用されるが，水量の確保，ホースの設置等が必要である．

5.13　シールドの発進到達設備および回転設備

シールドの発進到達設備および回転設備はシールドが安全に発進到達および回転ができ，合理的なものでなければならない．

【解　説】　シールドの発進到達設備および回転設備は，立坑の形状，シールド断面の大きさによって規模が異なるが，安全で能率的な作業ができるよう設置しなければならない．なお，発進，到達方法についての詳細は第4編 3.2を参照のこと．

1) 発進設備　シールドを支持する受台設備，発進のための反力受け設備のほか，立坑壁とセグメントの間隙からの裏込め注入材や泥水，泥土および地下水等の漏れを防止するため，エントランスパッキン等を設置しなければならない．立坑深度が深く高水圧となる場合には，複数のパッキン等の対策が望ましい．また，シールドの組立て，仮組みセグメントや反力設備等の組立てと解体のために壁や天井にアンカーを設置する場合もある．

2) 到達設備　立坑壁に貫入してシールド掘進が完了となる場合は，発進時と同様にシールド解体のため壁や天井にアンカーを設置する場合もある．到達後，立坑においてシールドを引揚げて再利用する場合には，シールドの受台設備が必要である．立坑深度が深く高水圧となる場合には，発進立坑と同様にエントランスパッキン等を設置することもある．

3) 回転設備　シールドを立坑内で方向転換して再び発進するときは回転設備を必要とする．回転設備は，エアキャスター，ベアリング等により受台を回転させる方式がある．小口径シールドで重量が軽く，立坑部地上にスペースがある場合にはクレーン等で直接吊って回転させることもある．

5.14　一次覆工設備

一次覆工設備は，セグメントの材質，形状，寸法，重量等を考慮し，セグメントを正確に組み立てることができ，かつ取扱いが容易なものでなければならない．

【解　説】　一次覆工設備のおもなものは，エレクター（第3編 6.1, 6.2参照）および形状保持装置（第3編 6.3参照）等である．

大口径シールドにおいては高所作業や重量物の取扱い等の危険作業を伴うため，これらを回避し，安全の確保および効率化を図るために，セグメント組立てを自動化したセグメントの自動組立て装置を装備する場合がある．

5.15　裏込め注入設備

裏込め注入設備は，裏込め注入工が適切に施工できるよう配置するとともに，所定の作業サイクル内にテールボイドを完全に充填できる能力を有するものでなければならない．

【解　説】　裏込め注入設備としては，シールドの掘進に合わせて注入する同時注入方式の増加にともない，坑口付近あるいは坑外に設置される混練プラントから坑内の注入装置へパイプ圧送される場合が多い．

混練プラントには，硬化材，助材，添加剤，水，急硬材等の貯留びんおよび計量器，さらにはミキサー，分離沈澱を防ぐアジテーター等がある．これらは雨水を避けられる設備とし，注入材料の投入，維持および修理が容易にできるよう考慮して配置する必要がある．

グラウトポンプには，ピストン式，スクリュー式，スクイーズ式等がある．裏込め注入材の移送にはピストン式が多用され，注入ポンプとしては脈動の少ないスクリュー式やスクイーズ式等の定圧注入や注入量，注入圧の変更に適したものを選定する必要がある．また，輸送パイプの配管洗浄装置や注入材の固結を遅延させる添加剤等にも配慮する必要がある．とくに長距離の圧送によって配管内で材料が分離するおそれがある場合は，配管径や中継設備の配置などの検討が必要である．

二液性の裏込め注入材を用いる場合は，A液（硬化材等）とB液（固結剤やゲル化剤）を注入直前に混合するため，シールド坑内に混合設備を設置する必要がある．

大口径シールドの場合には，大容量の注入能力を必要とするので，地山条件および注入位置等を考慮して，注入ポンプ台数や混練プラント，移送ポンプ等について効率的な注入ができるよう計画する必要がある．

なお，自動制御によってテールボイドの発生量に追従して圧力管理と量管理あるいは両方式を併用した管理が可能な自動裏込め注入システムの採用が普及しており，同時注入に対応した作業の省力化が図られている（**解説図 4.5.3**参照）．

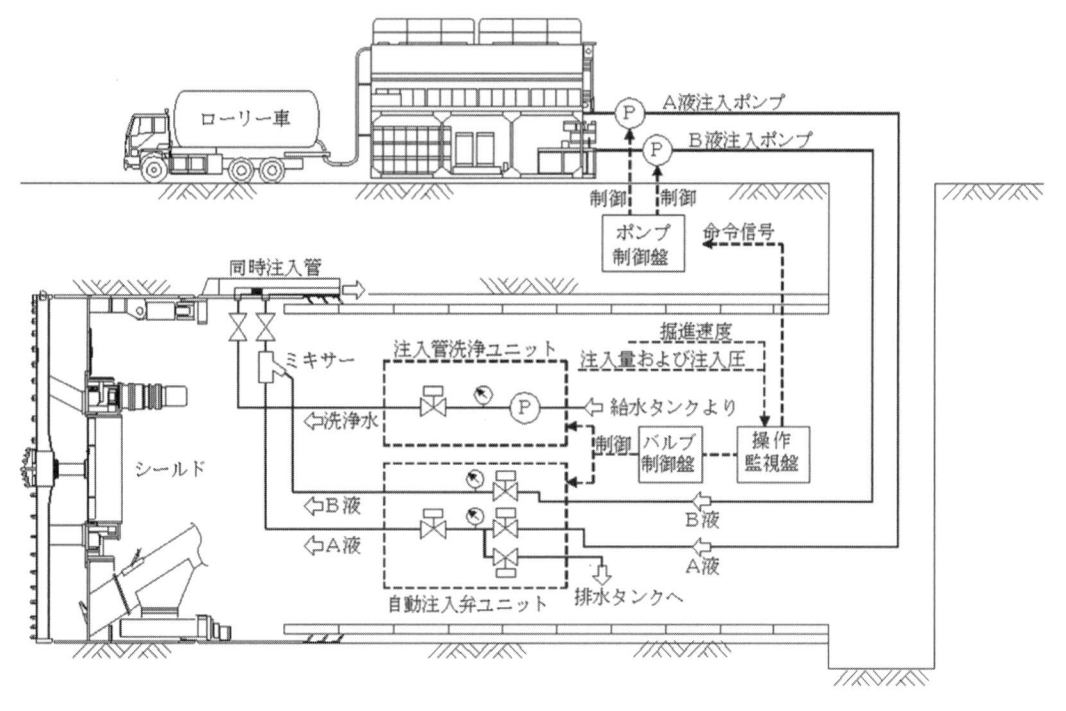

解説 図 4.5.3　自動裏込め注入システムの例

5.16　作業台車

作業台車は，各種作業足場としての機能を有するとともに，各種作業に用いる材料，機械設備を十分に収容できる規模を有するものでなければならない．

【解　説】　二次注入，コーキング工，セグメントボルトの増締め，漏水処理等のために作業台車を設置することがある．作業台車の形状や配置数は，作業の内容，作業の流れおよび工程を考慮して決めなければならない（**解説図 4.5.4**参照）．

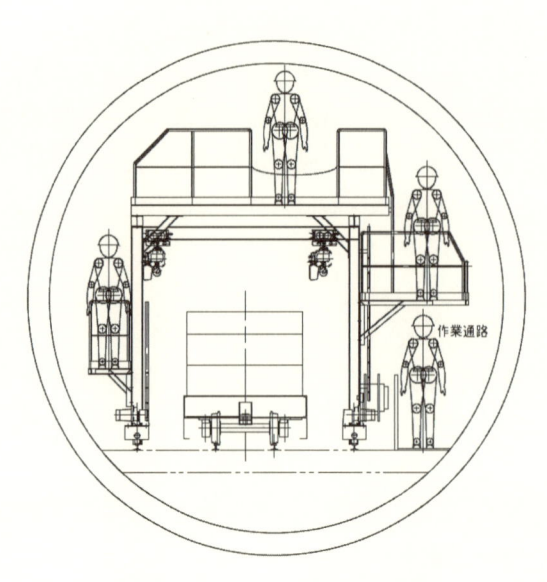

解説 図 4.5.4　作業台車の例

5.17　二次覆工設備

二次覆工設備は，計画工程を満たす能力を有し，二次覆工を適切に施工できるものでなければならない．

【解　説】　1) 現場打ち二次覆工の場合　二次覆工用型枠には，移動式鋼製型枠と組立て式型枠（バラセントル）がある．一般には移動式鋼製型枠を用い，特殊断面や施工延長が短い場合にはバラセントルを用いることがある．

移動式鋼製型枠には，ノンテレスコピック形式，ニードルビーム形式およびテレスコピック形式があり，一般にインバート部を別途打設する場合はノンテレスコピック形式が，円形断面を一度に打設する場合はニードルビーム形式が使用されている．また，鉄筋が入る二次覆工や曲線施工のある場合は，曲線線形に対応が比較的容易で施工性の良いテレスコピック形式の型枠が使用される傾向にある（**解説 表 4.5.2**参照）．

解説 表 4.5.2　移動式鋼製型枠の特徴

移動方式	特徴	写真
ノンテレスコピック型	一般的に現在最も多く使用されている	
ニードルビーム型	ビーム長がフォーム長の2倍以上となるので，鉄筋が入る場合等の特殊な条件下のみで使用されている	
テレスコピック型	1サイクルの打設長を多くする場合，曲線部が多い場合，あるいは鉄筋が入る場合等に使用される	

なお，曲線部の施工では曲率に合わせたカーブライナーを型枠端部に挿入して対応する．この際，曲線外側では巻き厚の減少，内側では増加が生じるため，巻き厚の許容範囲を越えないよう型枠の長さ，分割を考慮する必

要がある．

二次覆工コンクリートの打設では，地上からポンプ車により直接打設する方法と，生コンクリートをアジテーター車等で運搬し，コンクリートポンプ等で打設する方法がある．これらの打設設備は，二次覆工の断面寸法，運搬や圧送距離，および型枠の浮上りに注意した打設速度等を考慮して選定する必要がある．

なお，背割り断面形状の移動式型枠の場合には，背割り形状によって型枠が分割され，コンクリートの打設や型枠の移動が複雑となるため，コンクリート打設時間，養生時間，型枠の脱型，移動，据付等のサイクルを考慮して計画する必要がある．

2) 充填方式の場合　配管の坑内への運搬には，軌条設備を利用するのが一般的である（第1編 3.2参照）．軌条設備は，トンネル内空断面と配管運搬時の離隔や溶接余裕等の施工条件を考慮して，特殊な運搬台車等の詳細な検討が必要である．

また，空隙の充填には，坑内の配管が可能な断面や圧送距離等の施工性を考慮し，必要な配管および圧送設備を選定する必要がある．

5.18　土圧式シールド工法の運転制御設備

土圧式シールド工法の運転制御設備は，切羽の安定を図りながら，適切に掘進できる機能を有するものでなければならない．

【解　説】　土圧式シールド工法の運転制御設備は，カッターチャンバー内の圧力（泥土圧），掘進量速度と排土量，シールド運転時の負荷，圧送ポンプの負荷等を測定する計測設備と，測定データにもとづき運転管理を行う制御設備で構成される．切羽面，カッターチャンバー内，排土機構等に添加材を注入する場合は，別途，注入圧や注入量の制御系統が必要である．

運転制御設備に必要なおもな機能には次のようなものがある．

1) 切羽の泥土圧管理機能　スクリューコンベヤーの回転数制御によりカッターチャンバー内の圧力をコントロールして，掘削土量と排土量をバランスさせることにより，切羽の土水圧に対抗する泥土圧を保持する機能．

2) 排土管理機能　スクリューコンベヤーの回転数を制御する機能，および排土された土砂量を計測する機能．なお，ベルトスケール，ホイストスケール，レーザースキャン等が実用化されている．

3) 添加材管理機能　排土の塑性流動化状態を適度な範囲に保持する注入率，注入量等の制御機能．

4) 掘進状況管理機能　シールド操作室または中央制御室で，シールドの稼動状況を総合的に監視するとともに，運転データを収集，表示，解析および記録する機能．

ジャイロコンパス等を用いたシールド姿勢制御，計測機器や解析機器を用いた裏込め注入管理や掘削土量管理等を含む総合管理システムが一般化している．

5.19　泥土処理設備

泥土処理設備は，泥土状で流動性を有する掘削土砂を，施工サイクルに支障なく，適切に処理できる能力を有するものでなければならない．

【解　説】　泥土の処理は，掘削土砂を通常運搬が可能な状態に改良して効率的に場外搬出し，場内の仮置き容量を常に確保して施工サイクルを維持するために行う．泥土処理の方法には，以下の方法がある．

1) 天日乾燥による方法　掘削土砂の仮置き場を確保し，一時的にその場所に放置し，天日で乾燥させ含水比を低下させる方法である．広い用地を必要とし，天候の不順な季節や粘性土を含む掘削土砂類では乾燥に時間を要する．

2) 添加材による方法　掘削土砂と添加材を撹拌混合して改良する方法である．添加材の撹拌混合方法には，土砂ピット等の中においてバックホウショベルで撹拌する方法や，パドルミキサー等の撹拌装置により混合処理

する方法がある．添加材による方法では，泥土処理設備をシステム化して連続処理することができ，システムは掘削土砂供給装置，撹拌装置および添加材フィーダーで構成される．泥土処理システムの例を**解説 図 4.5.5**に示す．

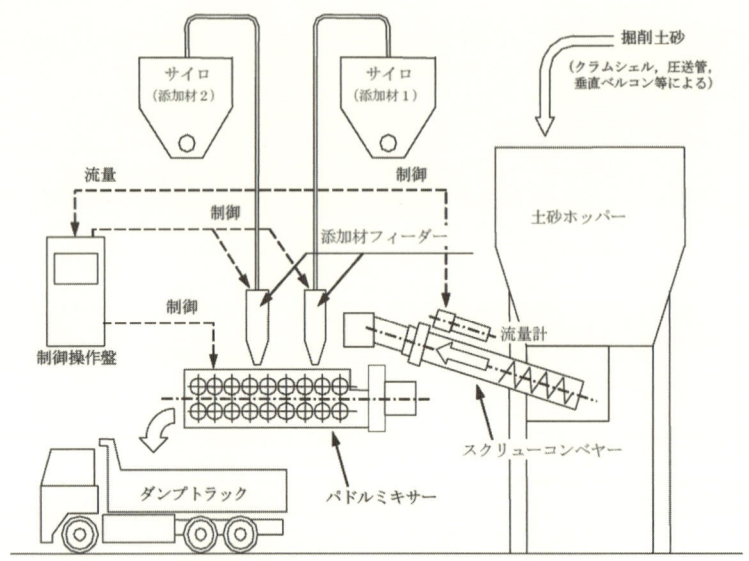

解説 図 4.5.5　泥土処理システムの例

　添加材には，セメント系および石灰系添加材と高分子系および無機系の中性添加材がある．

　セメント系および石灰系の添加材は，掘削土砂の水分と反応して含水比を低下させるもので，改良効果は高いが処理土はアルカリ性となる．また，反応に数時間を要するため土砂ピット等での仮置きが必要である．高分子系および無機系の中性添加材は，添加材の吸水効果や添加材による土粒子の団粒化により改良するものであり，撹拌後，短時間で改良効果が得られるため掘削土砂の仮置き場所を省略できるなどの利点を有する．埋立て等で所要の強度を必要とする場合は，セメント系および石灰系添加材や，高分子系および無機系の中性添加材を併用する場合もある．

　掘削土砂の適正な処理と処分については，環境負荷の低減を考慮した設備計画が必要である（第4編 8.7, 8.8 参照）．

5.20　泥水式シールド工法の運転制御設備

　泥水式シールド工法の運転制御設備は，切羽の安定を図りながら，泥水循環，泥水処理等と連動して総合的に管理でき，適切に掘進できる機能を有するものでなければならない．

【**解　説**】　泥水式シールド工法の運転制御設備は，泥水圧，掘進速度，シールド運転時の負荷，泥水処理，泥水循環等の状態を測定する計測設備と，測定データにもとづき運転管理を行う制御設備で構成される．運転管理にあたっては，中央制御室を設けて集中管理する．

　運転制御設備に必要なおもな機能には次のようなものがある．

　1)　切羽の泥水圧管理機能　送泥ポンプと排泥ポンプの回転数制御によりカッターチャンバー内の圧力をコントロールして，掘削土砂量と排土量をバランスさせることにより，切羽の土水圧に対抗する泥水圧を保持する機能．

　2)　排土管理機能　送排泥流量と泥水の密度を測定し演算することにより，リアルタイムに排土量を管理する機能．

　3)　泥水品質管理機能　泥水を循環使用するため，排泥水の土砂分を分離したのち，送泥水の性状を調整維持する機能．

　4)　掘進状況管理機能　中央制御室で，シールドの稼動状況を総合的に監視するとともに，運転データを収集，

表示，解析および記録する機能．

なお，ジャイロコンパス等を用いたシールド姿勢制御，計測機器や解析機器を用いた裏込め注入管理や掘削土量管理等を含む総合管理システムが一般化している．

5.21 流体輸送設備および泥水処理設備

（1） 流体輸送設備は切羽泥水圧を正確に保持でき，切羽から泥水処理設備まで掘削土砂を流体輸送できる十分な流速と輸送能力を有するものでなければならない．

（2） 泥水処理設備は排泥水から土砂分と水を有効に分離でき，掘進能力に対し十分な処理能力を有するものでなければならない．

【解　説】　（1）について　流体輸送設備は，送排泥管設備と送排泥ポンプ設備，および中央管理計装設備で構成される．

<u>1) 送排泥管設備</u>　送泥管，排泥管，配管延長用の伸縮管，バイパス管等の配管設備，バルブ設備および流量計，密度計等の計測設備で構成される．

① 管径　管径は，シールド径，土質，および計画掘進速度等に応じて設定する必要がある．通常，**解説 表 4.5.3**に示すものが多く採用されている．ただし，固形物（礫，土塊等）の大きさにより循環ラインを設けるときやシールド外径が8mを越えるシールドの場合では排泥管を2系列にすることがあり，そのような場合は表の値の範囲に入らないことがある．また，礫による管内閉塞等を防止するため，排泥管径を大きくするとともに，排泥流量を大きくすることもある．

解説 表 4.5.3　送排泥管設備の例

シールド外径 (m)	排泥管径 (A)	送泥管径 (A)
〜2	〜100	〜150
2〜5	100〜150	150〜250
5〜8	150〜250	200〜250
8〜11	200〜250	250〜350
11〜14	250〜350	300〜400

注）送泥管径は排泥管径に対するものを示す

② 閉塞対策　流体輸送では，経路中に閉塞が発生する場合があるので，閉塞箇所が限定されるような対策を講じる必要がある．また，礫による閉塞が予測される場合は礫破砕設備を設置する必要がある．

③ 摩耗対策　砂層，砂礫層中を長距離掘進する場合，管の摩耗量が大きくなる．このため，管路の曲がり部，シールド内の交換不可能な箇所には，厚肉管を使用するなどの対策をあらかじめ施しておく必要がある．

④ その他　シールド停止時に自動的にバイパスラインへの切換えができるバイパス弁自動切換装置，切羽水圧制御が不能になったときのための緊急圧抜き弁，ウォーターハンマー防止装置等を装備することが望ましい．

<u>2) 送排泥ポンプ設備</u>　送泥ポンプ(P_1)，排泥ポンプ(P_2〜P_n, P_e)で構成される．礫処理が必要な場合等は循環ポンプ(P_0)を用いることもある．また，長距離掘進の場合に送泥ポンプを増設する場合もある．送排泥設備および送排泥ポンプ設備の例を，**解説 図 4.5.6**に示す．

送排泥ポンプは，管径に適応したサイズのものを選定し，ポンプの台数は，輸送延長に対し十分な輸送能力を確保できるものとする必要がある．また，排泥ポンプは，掘削土砂の固形物の通過を考慮されたものでなければならない．ポンプ能力の設定は排泥管内の限界沈殿流速にもとづいて行う．管内に土粒子が沈殿することなく輸送できる流速として，一般にデュラン（Durand）の式が採用されている．

$$V_1 = F_1 \sqrt{2gd \frac{\rho - \rho_0}{\rho_0}}$$

ここに，V_l ：限界沈殿流速
F_l ：粒子径，濃度により決まる係数
d ：管内径
g ：重力加速度
ρ ：土粒子の真比重
ρ_0 ：母液比重

限界沈殿流速V_lは一般的に2.5～3.5m/s程度となり，通常はこの値に余裕をもたせて排泥流速を設定する．

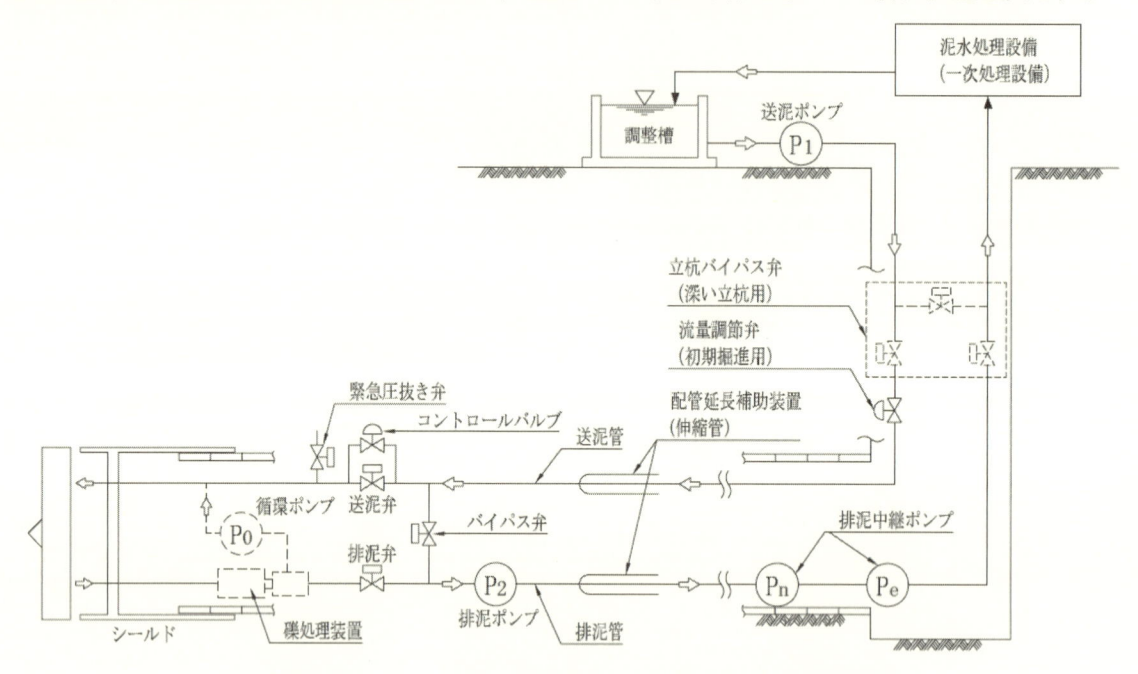

解説 図 4.5.6 送排泥管設備および送排泥ポンプ設備の例

3) **中央管理計装設備** 中央監視制御盤，データの収集解析装置，遠隔制御装置およびモニター設備で構成される．この設備は，土質および計画掘進速度等に応じて，随時適切な切羽泥水圧，排泥流量等を円滑に集中制御するものであり，泥水処理や掘進管理の監視制御盤と合わせて中央制御室を設け，総合的に管理するのが通常である（第4編 5.20参照）．

（2）について 泥水処理設備は，流体として運ばれた排泥水の土砂分と水分を分離する設備である．また，切羽に再循環する送泥水の性状を調節する機能も泥水処理設備の一部である．

泥水処理設備は，一次処理，二次処理，三次処理に大別されており，一般に砂質土では一次処理に，粘性土では二次処理に重点が置かれている．泥水処理系統の例を**解説 図 4.5.7**に示す．

1) **一次処理設備** 切羽から送られてきた排泥水の礫，砂および75μm以上の粘土およびシルト塊を物理的な分級方法によって分別する設備である．基本構成はほぼ同様で，振動ふるいと湿式サイクロンの組合せが多い．サイクロンは砂分の分級用に専用のスラリーポンプと組合せて，分級点を75μmとしている．最近は一次処理を効果的に行うため，礫や固結粘土塊を振動ふるい等で前処理する場合が多い．一次処理設備で砂分や礫分を分離した泥水は，調整槽で比重や粘性等を調整された後，切羽に再循環される．

2) **二次処理設備** 余剰泥水，75μm未満の粒子の細かいシルト，粘土，コロイドは，そのままでは分離しにくいので，いったん凝集剤等で凝集し，フロック（団粒）としたうえで凝集沈澱や圧縮等の方法で脱水し，泥分と水分を分離する設備で，一般にフィルタープレスが多用されている．形状および容量はシールド径や地質に応じて選択される．なお，凝集沈澱装置（シックナー）や遠心分離脱水装置も一部で利用されている．

3) **三次処理設備** 二次処理で分離した水分のうち放流水とするものは一般にpHが高いため，これを中和したり，濁度管理を行ったりする設備である．pH中和装置には，バッチ方式，連続処理方式があり，大量処理には後

者の自動制御により中和処理する場合が多い．また，二次処理と同じシックナーを濁度除去のために使うこともある．放流水の水質に関しては第4編 8.4を参照のこと．

掘削土砂の適正な処理と処分については，環境負荷の低減を考慮した設備計画が必要である（第4編 8.7, 8.8参照）．

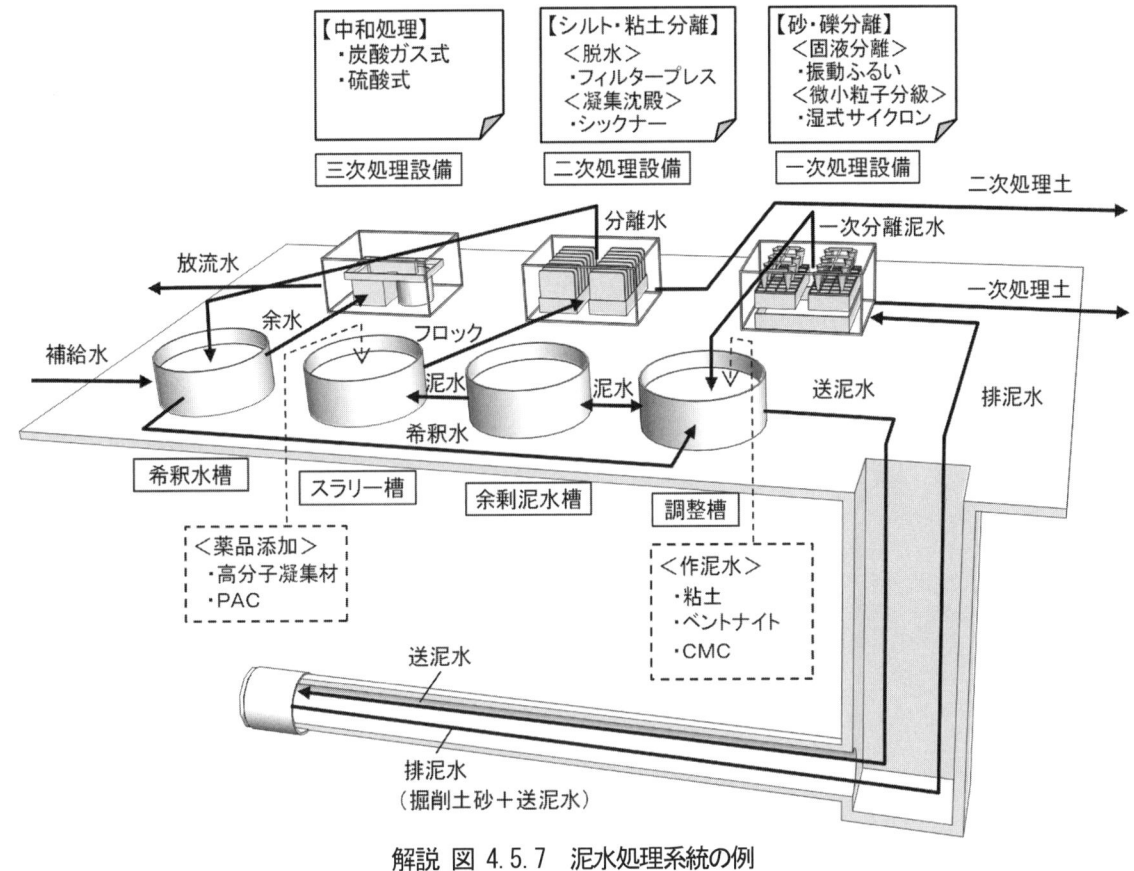

解説 図 4.5.7　泥水処理系統の例

5.22　礫処理設備

> 礫処理設備は礫取りまたは破砕に十分な能力をもち，礫を確実に処理できるものでなければならない．

【解　説】　大径の礫はシールドから排出できずトラブルの原因となるので，礫径をボーリング，大口径調査孔等の調査により，あらかじめ正確に把握する必要がある．シールドから排出できない大径の礫が予測される場合は，スリット幅を制限してローラーカッター等によりカッター前面で破砕する．または，シールドに取り込んだ後に処理する必要がある．

　土圧式シールドでは，リボン式スクリューコンベヤーとすることで礫を排出しやすくなるが，ポンプ圧送する場合は，取り込まれた礫を除去するなどにより，配管やポンプで閉塞が生じないようにする．

　泥水式シールドでは，取り込まれた礫を除去あるいは破砕するなどにより，配管やポンプで閉塞が生じないようにする．礫処理装置には，**解説 図 4.5.8**に示すようなものがある．

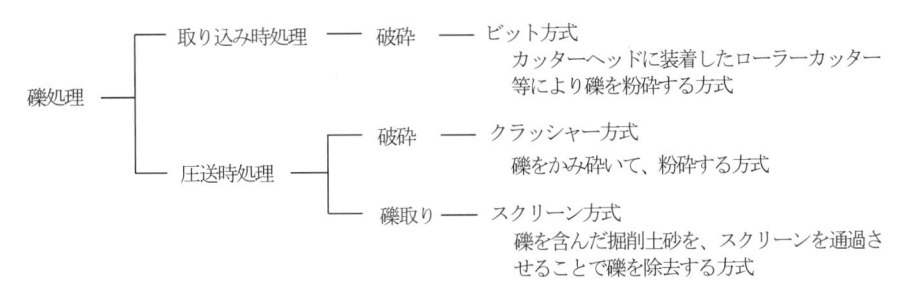

解説 図 4.5.8　礫処理装置の分類

5.23 設備の保守管理

シールドおよび施工設備の性能を十分発揮させるため，また故障，事故を未然に防ぐために，定期的および適宜に保守，点検，整備を実施しなければならない．

【解　説】　保守および点検の種類には，日常行う始業前点検および整備，定期的に行う月例点検や年次点検および整備が一般的である．なお，必要に応じて長期稼働休止時の保守，管理，また異常気象，地震後の点検を行う場合がある．さらに各シールド形式の特性，その他施工設備の特性，現場の状況に応じて細目を設定し，チェックリスト等により点検漏れのないように実施しなければならない．なお，シールドおよびその他施工設備は，近年設備の複雑化にともない，故障部位の特定化が難しくなってきており，トラブルに対するすみやかな処置をするために故障を検知するシステムを組み込む場合がある．

点検の必要な主要設備は，点検項目を**解説 表** 4.5.4〜4.5.5に例示する．

第4編 施　工　　255

解説 表 4.5.4　設備の保守管理点検項目の例　その1

名　称	日常点検および整備項目	月例点検，定期点検および整備項目	その他点検，検査項目，関係法令
1) シールド	・各部のボルト，ナットのゆるみ ・異常音，発熱 ・作動油，グリース，水，空気の異常減り ・作動油タンクの油面および油温 ・各部給油，給脂状態 ・オイルフィルターインジケーター ・電源電圧 ・操作盤のスイッチ類，表示灯，漏電遮断機，計器類，電線 ・シールド本体から後続台車までのホース	・オイルタンクの水抜き ・電動機器類，軸受給油，絶縁抵抗測定，水滴，電気機械器具の開いバ等） ・動力盤，制御盤および電源器具等（接点の消耗状況，絶縁抵抗測定，電線管，ダクトの損傷等） ・作動油，潤滑油の状態（6ヶ月毎） ・オイルフィルターの汚れ（6ヶ月毎）	・長期稼働休止時の保守管理 ・各装置の無負荷運転（通常15日から30日ごと）により各部の潤滑および電気機器の絶縁抵抗の維持 ・動力盤，制御盤内の結露防止 ・シリンダーロッド，バルブスプール等開滑面の露出部の清掃，塗油
2)-i 流体輸送設備	・各部のボルト，ナットのゆるみ ・ポンプシール部，配管からの漏水 ・電動機，ポンプからの異常音，異常振動，発熱 ・バルブセット，コンプレッサーの状態，エアー漏れ ・各部給油，給脂状態 ・電源電圧，操作盤のスイッチ類，表示灯，漏電遮断機，計器類	・オイルシール，メカニカルシール部の漏水，発熱，異臭 ・電動機器類，軸受（軸受給油，絶縁抵抗測定，水滴等） ・動力盤，制御盤および電源器具等（接点の消耗状況，絶縁抵抗測定，電線管，ダクトの損傷等） ・エアーフィルターのドレン抜き，レギュレーターの圧力，ルブリケーターの油量	
2)-ii 泥水処理設備	・ウェッジワイヤーおよび金網の破損，ばたつき，損傷 ・ろ布および泥板の破損，折れこみ ・各ポンプシール部，配管からの漏水 ・電動機からの異常音，異常振動，発熱およびベルトの緩み ・各部給油，給脂状態 ・電源電圧，操作盤のスイッチ類，表示灯，漏電遮断機，計器類	・ウェッジワイヤーおよび金網の洗浄，押えボルト増し締めろ布の洗浄，チェーン類への注油 ・湿式サイクロンの分級状態（アペックスバルブの調整）	
3)-i ベルトコンベヤー	・コンベヤベルトの蛇行，損傷 ・各ローラーの異音，損耗，プーリーおよびベルトの異常 ・各部給油，給脂状態 ・ベルトクリーナーの状態 ・非常停止装置の作動 ・電源電圧，操作盤のスイッチ類	・スプロケットの摩耗，チェーンの伸び ・ベルトクリーナーの調整，交換 ・電動機器類（軸受給油，絶縁抵抗測定，水滴等）	
3)-ii 土砂圧送ポンプ	・各部のボルト，ナットのゆるみ ・異常音，発熱 ・配管の摩耗，損傷 ・作動油，グリースの異常減り ・電源電圧，操作盤のスイッチ類，表示灯，漏電遮断機，計器類	・ホッパー内メガネ板，摩耗リングの摩耗 ・オイルフィルター ・Sトランク押えボルト調整，Sトランク切替シリンダーの状態 ・電動機器類（可動部給油，絶縁抵抗測定，水滴等）	
4) 裏込め注入設備 加泥注入設備	・A液，B液，加泥材のスクィーズポンプの異音，発熱，発熱，ポンピングチューブの破損，またはモーターボンプ，ローターの破損 ・アジテーターホッパーの異音，発熱，撹拌翼等へのモルタル付着 ・ミキサーの異音，発熱，セメント，ベントナイト等粉体の付着 ・計量器，シュートの作動，コンプレッサーの状態，エアー漏れ ・混和剤移送ポンプの状態 ・セメント，ベントナイトサイロからの異音 ・各部給油，給脂状態 ・電源電圧，操作盤のスイッチ類，表示灯，漏電遮断機，計器類	・アジテーターホッパー，ミキサーの清掃 ・電動機器類，軸受（軸受給油，絶縁抵抗測定，水滴等） ・動力盤，制御盤および電源器具等（接点の消耗状況，絶縁抵抗測定，電線管，ダクトの損傷等） ・各計量器，シュートの清掃およびキャリブレーション ・エアーフィルターのドレン抜き，レギュレーターの圧力，ルブリケーターの油量	

解説 表 4.5.5 設備の保守管理点検項目の例 その2

名称	日常点検および整備項目	月例点検、定期点検および整備項目	その他点検、検査項目、関係法令
5) クレーン	・過巻防止装置、ブレーキ、およびコントローラーの機能 ・ランウェイおよびトロリが運行するレールの状態 ・ワイヤロープが通っている箇所の状態 ・各部給油、給脂状態 ・電源電圧 ・操作盤のスイッチ類、表示灯、漏電遮断機、計器類	・過巻防止装置その他の安全装置、過負荷警報装置その他の警報装置、ブレーキおよびクラッチの異常の有無 ・ワイヤロープおよび吊りチェーン、フック、グラブバケット等の吊り具の損傷の有無 ・配線、集電装置、配電盤、開閉器類およびコントローラーの異常の有無	年次検査 一年以内ごとに一回自主検査を行わなければならない。 暴風雨後等の点検 自主検査では、荷重試験を行わなければならない。 屋外に設置されているクレーンは、瞬間風速 30m/sec をこえる風が吹いた後、または中震以上の地震の後に作業を行うときは、クレーンの各部分の異常の有無について点検を行わなければならない。 関係法令 クレーン等安全規則34〜39条
6) 軌道装置、動力車	・ブレーキ、連結装置、前照灯、制御装置および安全装置の機能 ・油圧配管からの漏れの有無 ・各部給油、給脂状態 ・電源電圧 ・操作盤のスイッチ類、表示灯、漏電遮断機、計器類 ・軌道については、随時、軌条または路面の状態の異常の有無について点検を行わなければならない。	・ブレーキおよび連結装置の異常の有無 ・巻上げ装置にあっては、ブレーキ、ワイヤロープ、ワイヤロープ取付け金具の異常の有無	年次検査 一年以内ごとに一回、以下の項目について自主検査を行わなければならない。 電動装置、制御装置、ブレーキ、自動しゃ断機、台車、連結装置、蓄電池、配線、接続器具および各種計器の異常の有無 ・巻上げ装置にあっては、電動機、動力伝達装置、ブレーキ、ワイヤロープ、ワイヤロープ取付け金具、安全装置、および各種計器の異常の有無 関係法令 労働安全衛生規則228〜233条
7) 電力設備	・感電防止用漏電遮断器の作動状態 ・移動電線の被覆の損傷の有無 ・電気機械器具の囲いの損傷の有無	・自家用電気工作物の点検については、保安規定を定め、それに基づくとき、電気設備の使用状態で行うもので、使用状態の異常の有無等、目視点検または、計測器による測定を行う。(主任技術者が実施)	年次点検 停電して点検、試験および測定を行うもので、月例点検ではできない項目の点検、試験を行う。 おもな点検項目は各種保護継電器の動作特性、高圧おより低圧の絶縁抵抗測定、接地抵抗測定、その他清掃 および目視点検(主任技術者が実施) 関係法令 電気事業法42条第1項
8) 換気設備	・本体の据付け状態 ・運転中の異常、振動、加熱 ・風管の損傷および接続部のエアー漏れ ・吸入側の防護網の取付け、損傷 ・電源電圧 ・操作盤のスイッチ類、表示灯、漏電遮断機、計器類	・風管および換気ファンの摩耗、腐食、破損その他損傷の有無(半月以内毎) ・風管および換気ファンによる粉じんのたい積状態(半月以内毎) ・送気および排気能力、通気量の測定、粉じん濃度の測定(半月以内毎)	関係法令 労働安全衛生規則 603条 粉じん則、ずい道工事における粉じん対策に関するガイドライン第3の3(3)
9) 警報設備および通信設備	・自動警報装置について ・計器類の異常の有無、検知部の異常の有無、警報装置の作動状況 ・通信装置について ・作動状況の確認、予備電源の点検		関係法令 労働安全衛生規則 382条の三2項、389条の九2項

第6章 施工管理

6.1 工程管理

工程管理は，たえず作業の実績を把握し，計画工程と対照のうえ，必要により適切な対策を行い，全体工程が円滑に無理なく進捗するようにしなければならない．

【解 説】 工程管理は，計画工程に従い工事を円滑に進め，所定の工期内に完成させるために行う．計画工程および施工設備は，着工前に実施した地盤調査結果等にもとづいて決定されており，工事実施にあたって必ずしも計画と一致するものとは限らない．このため，常に計画との差異を分析し，問題点を把握して工程管理を行うことが必要である．

1) 工程の検討　シールド工事における作業工程のうち，サイクルタイムの検討は全体工程に著しく影響を与えるため，とくに重要である．シールド工事では，掘進する地山の条件が同一工区内でしばしば変化することがある．また，実際に使用する機械や設備が計画どおりの能力を常に発揮できないこともある．したがって，計画工程の基本となるサイクルタイムが実状に即しているか否かの検討を十分に行い，あらかじめ作成した工程表と実績を比較し，工程を順守するように管理しなければならない．

このほか，材料運搬や発生土運搬（とくに市街地の道路交通渋滞，運搬先の位置等）および材料置場，作業員の確保状況，立坑周辺環境による作業時間制約の有無等，各方面からの実状もあわせ検討し，工程に遅れを生じている場合は，速やかにその分析を行い，工程の回復に努めなければならない．工程表の記載例を**解説 図 4.6.1** (a)，(b) に示す．

2) 施工法の変更検討　施工法の変更の要否については，その工程の遅延が全体工程に対してどのような影響を与えるかを早急に判断して決定する必要がある．このため，工程表は作業相互の関連が明確に把握できるものとする必要がある．

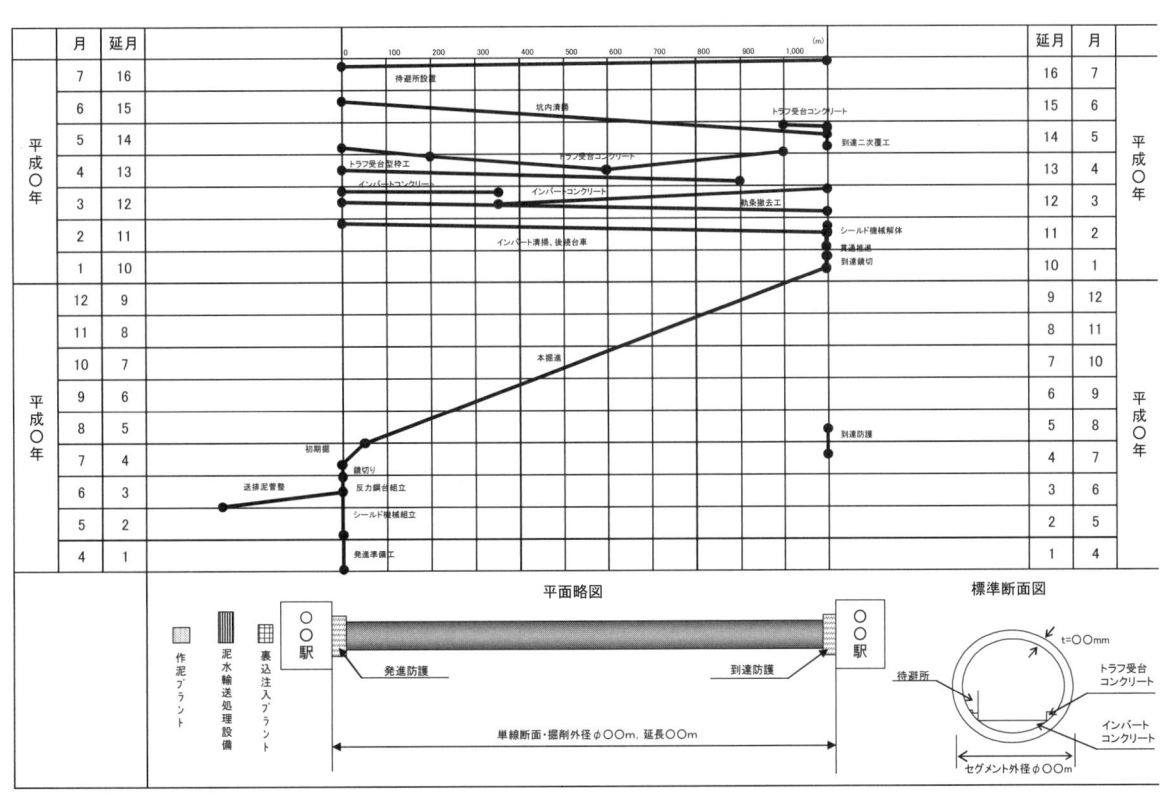

解説 図 4.6.1 (a)　工程表の記載例（座標（斜線）式）

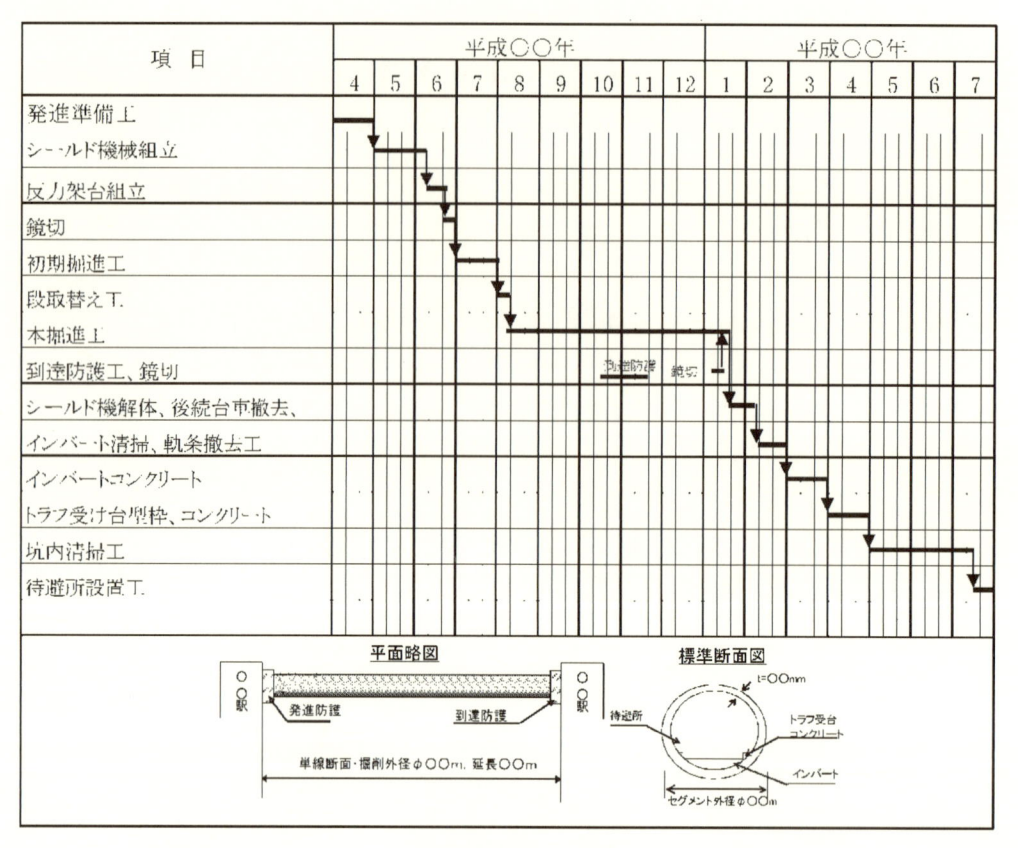

解説 図 4.6.1(b)　　工程表の記載例（横線（バーチャート）式）

6.2　品質管理

品質管理として，材料，製品管理と日常作業の管理を行わなければならない．

（1）　材料，製品管理

トンネル構築に使用する主要材料および製品は，所要の試験，検査を行い，その品質，形状，寸法，強度等が設計図書および仕様に適合することを確認したのち，使用しなければならない．材料によっては，破損，変質等のおそれがあるため，その管理には十分留意しなければならない．

（2）　日常作業の管理

施工にあたっては，常に切羽の状況，トンネル中心線の位置，セグメントの変形と破損，漏水等に留意し，所要の調査，測定等を行いながら慎重に工事を進め，工事が設計図書および仕様に準拠して完成するよう，たえず日常作業の管理に努めなければならない．

【解　説】　材料，製品管理には，セグメント等の本体構造物に関する試験および検査の他，運搬，貯蔵時の管理についても含まれる．主材料および製品の貯蔵については，第2編 9.2，9.3を参照のこと．

（1）について　試験および検査を要するおもな材料および製品は次のとおりである．

1) セグメント　製品精度および品質の良否は，セグメントの組立ての難易度，シールド掘進精度等に直接関係し，また，トンネルの変形，漏水，地山の沈下等にも影響があるので，常に厳格な管理のもとに慎重に製作しなければならない（第2編 8.1～8.5参照）．

2) シールド　製作精度の低下は，とくに真円度の誤差が大きい場合はテールクリアランスが不均一になってシールドとセグメントに競りやすくなるなどのセグメントへの施工時荷重の影響，掘進に際して蛇行，ローリング等種々の弊害を発生する原因となるので，慎重な製作管理が必要である（第3編 12.1～12.3参照）．

3) 裏込め注入材　裏込め注入材は，流動性，強度，収縮率，水密性をはじめ硬化時間等が重要な要素となっており，これらの性質は施工の良否に直接関係し，トンネルの変形，変状，地山の沈下，漏水等に影響する．こ

のため地山の土質や注入方法に適合する材料の選定を行い，材料の品質はもとより，配合に対する十分な管理を実施しなければならない（第4編 3.7参照）．

4) 一次覆工の防水材，防食材　一次覆工の防水材および防食材は，トンネルの使用目的，セグメントの形状，施工環境等により必要な特性が異なり，その材料も多種多様となっている．いずれの場合にも仕様書および施工条件に適合しかつ経済的な材料を選定し，その接着性，伸び，強度，耐久性，耐薬性，硬化時間等必要事項について試験結果や施工実績を参考にして，品質を確認する必要がある（第4編 3.8参照）．

5) 二次覆工コンクリート　コンクリートは所要の強度，耐久性および水密性を有し，品質のばらつきの少ないものでなければならない．その品質管理は「コンクリート標準示方書［施工編］」（2012年制定）および「トンネルコンクリート施工指針(案)」（2000）による．

(2) について　日常作業の管理は，切羽の安定管理，掘進，掘削土砂搬出管理，掘進測量管理，一次覆工管理，裏込め注入管理，二次覆工管理等のトンネル本体の品質に影響を与える工種に関する施工管理である．

施工に伴う日常作業の管理方法は，正確にその状況を把握できる調査や計測方法により実施することが望ましく，その記録は，作業日報等に整理記載し，日常作業の管理に役立てることが必要である．また，変化の兆候や異常が確認された場合は，ただちに原因を究明し，対応策を立案する資料として活用することも重要である．さらに施工時の品質的な不具合が発生した場合は記録を整理して維持管理者に引き継ぐことも重要である．日常作業の主要な管理項目は次のとおりである．

1) 切羽の安定管理，掘削土砂搬出の管理　切羽の安定を確保するため，各シールド形式に適合する管理方法により実施しなければならない（第3編 9.3，10.3，第4編 3.4，3.5参照）．

掘進時のおもな管理項目として次のような計測を実施し，そのデータにもとづき総合的に切羽の安定性を判断するとともに，これらの計測値が常に適正な範囲にあるよう管理を実施する必要がある．

① 推力，カッタートルク，スクリュートルク，掘進速度
② 泥土圧，泥水圧
③ 排土量
④ 泥水性状，泥土性状

また，排土量の管理は体積管理のみでなく，重量管理も併せて行うことが重要である．

2) 掘進測量管理　所定の線形を確保しつつ，シールドの姿勢を常に監視し，線形測量等のデータを用いてセグメントの位置，面向き等を正確に把握する必要がある（第4編 3.3参照）．

3) 一次覆工管理　一次覆工の施工の良否は，セグメントの変形および変状，トンネルに対する偏土圧，地盤沈下，漏水等をはじめ，掘進精度にも影響を与えるので，セグメントの組立てにあたっては，組立て精度の確保に留意するとともに，セグメントの破損，シール材のはく離等が生じないよう慎重に施工しなければならない．トンネル内への漏水は，トンネル完成後の維持管理上の問題をはじめ，鉄道用トンネルでは電食の問題も生じるため，漏水が生じないような十分な掘進および日常作業の管理を実施しなければならない（第4編 3.6参照）．

4) 裏込め注入管理　裏込め注入量，注入圧の両方を同時に管理しなければならない．また，練混ぜた注入材の品質を維持するための管理項目としては，フロー値，粘性，ブリーディング率，ゲルタイム，圧縮強度等を定期的に測定する必要がある（第4編 3.7参照）．裏込め注入工の施工の不良は，トンネルに対する偏土圧，地盤沈下，漏水等を起こす原因となる．

5) 二次覆工管理　二次覆工の施工の良否は，トンネル完成後の耐久性，水密性および将来の維持管理に影響する．コンクリートの配合，打込み，養生，型枠の脱型時期等については十分検討を行い，施工計画にもとづいて所要の覆工厚と内空を確保するよう慎重な作業管理を実施することが必要である（第4編 3.9参照）．

6.3　出来形管理

事前に定めた管理基準を用いて設計値と実測値の対比を行い，構造物が設計図書に示された出来形を満足するようにしなければならない．

【解　説】　出来形管理は，施工計画書等に定められた管理基準を用いて，設計図書に示された覆工の延長，位置，内空寸法等を確保することを目的とし，設計値と実測値を対比して確認する必要がある．工事施工期間中に工種または区間の区切りごとに実測値の傾向等の評価を行い，必要に応じ施工方法の改善や管理体制の検討を加え，その結果を次の段階における出来形管理に活用することが重要である．測定等は，その都度出来形図や出来形表等に記録するとともに，施工後に確認が困難なものは写真等によって記録しなければならない．なお，不良箇所が発見された場合には，その原因を調査し，必要な措置を講じるとともに，速やかに修正しなければならない．

出来形管理には，次の方法がある．

<u>1)　管理図表による方法</u>　測定した数値をデータシートで整理し，平均値の変動や，ばらつきをグラフ化あるいは図表化することで管理する方法（**解説 図 4.6.2**参照）．

<u>2)　測定結果一覧表による方法</u>　設計値，実測値，誤差等を記入した出来形測定結果の一覧表を作成し，施工中および施工後の出来形の傾向を把握する方法．

<u>3)　その他</u>　数値で表示できない出来形や状態については，チェックシート等により確認，管理する．なお，出来形管理を行うにあたっては，施工に先立ち工事内容を把握し，管理対象項目や規格値および測定方法を明示した出来形管理基準を作成する必要がある．一般的に規格値は，工事の施工条件や機能によって異なり，発注者から示されることが多い．

また出来形管理は，工事中での活用のみならず将来の維持管理の際の参考となるため，正確かつ誰にでも分かりやすい書式で記録する必要がある．さらに，供用開始後も継続して変形等の計測を実施する場合もあるので，必要に応じて計測位置等について詳細かつ正確に記録する．

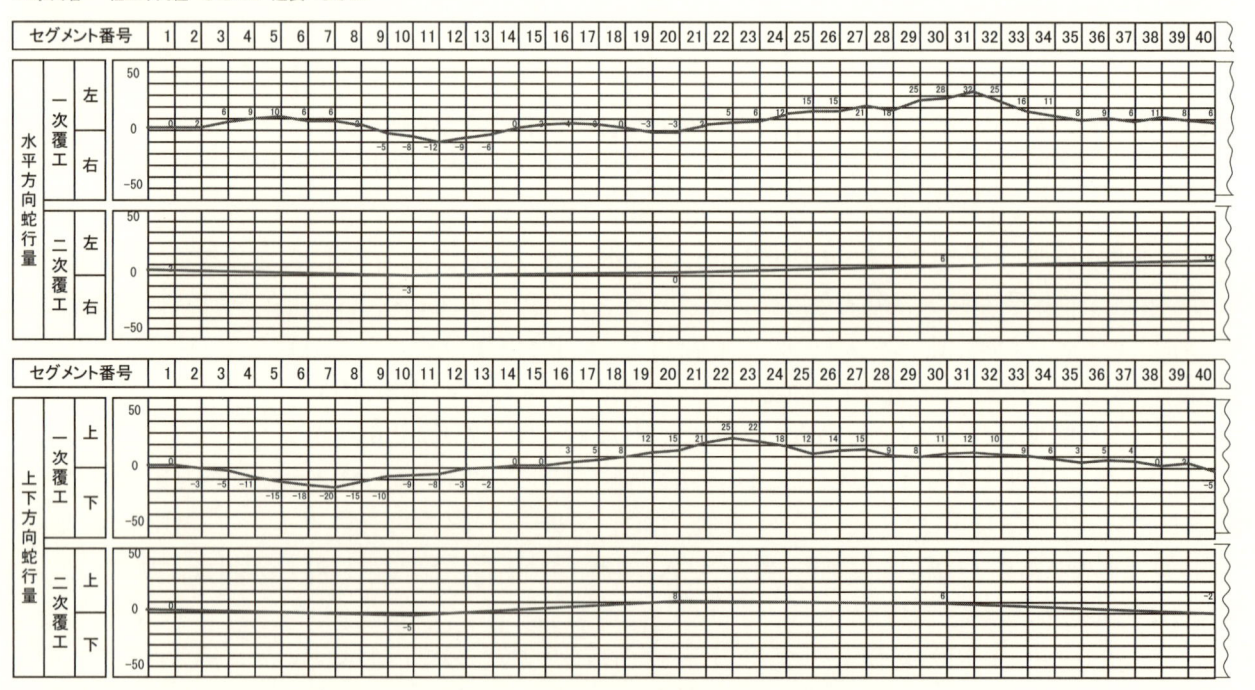

解説 図 4.6.2　トンネル線形に関する出来形管理図の記載例

第7章 安全衛生管理

7.1 安全衛生一般

施工にあたっては，関連法規類を遵守し，安全衛生管理の徹底を図り，労働災害を起こさないよう十分注意しなければならない．

【解 説】 1) **関連法規類** 施工にあたっては，まず安全衛生を第一としなければならない．工事に従事する作業員の安全と健康を確保し，快適な作業環境を形成する観点から労働安全衛生法および同法にもとづく各種の政令，および省令等が定められている（第1編 1.3参照）．また，各種の安全技術指針等も定められているので施工計画にあたって留意しなければならない．これらの関連法規類は，最低限の条件を示したものである．したがって，工事の実状に即した内規等を作成し，所要の設備を設け，管理体制を確立しなければならない．また，作業員に対する安全衛生教育と現場の定期的な点検と改善を行って，労働災害防止と作業員の健康維持に努めなければならない．

2) **安全管理体制** 労働災害の防止のためには，法規に定められた最低基準を守るだけでなく，快適な作業環境および作業員の安全と健康を確保するよう，積極的に災害防止活動の推進に努めなければならない．そのために，安全衛生管理組織を明確に定めて責任体制を確立するとともに，必要に応じて，各種の管理者，作業主任者等を選任し，安全衛生委員会および安全協議会を設置しなければならない（**解説 表** 4.7.1参照）．

3) **安全衛生教育，就業制限** 施工管理の不徹底，作業員の知識欠如，未熟練者による不適切な取扱い，ならびに不十分な保守管理等により，災害を招来することがないようにしなければならない．そのためには，作業員の雇い入れ時，作業内容変更時，ならびに危険および有害な業務に作業員を就労させる場合等において，必要な安全衛生教育が適切に行われる必要がある（**解説 表** 4.7.2参照）．

また，作業の内容によっては，その業務に携わる作業員に対して，一定の資格の取得，就業制限，健康診断の実施等について法規に定められているものがある．

4) **計画および届出等** 施工中の工事の安全を確保するためには，施工計画の段階で施工中に予測される危険に対する安全衛生対策を十分に検討しておくことが必要である．

工事全体の施工計画あるいは工事用の機械，設備に関しては，労働安全衛生法に計画の届出が義務づけられているものがある(**解説 表** 4.7.3参照)．

5) **安全点検** 工事の進行に伴って，地山，作業環境，機械，設備等に変状や欠陥を生じているにもかかわらず，これが作業の慣れや業務の多忙によって見逃されることによって，思わぬ災害や事故を発生させることがある．このような災害を防止するために，工程の進捗に応じた適切な安全点検を行い，施工の安全を図らなければならない．

安全点検の内容は，工事の状況，工法，使用機械，設備等によっても異なるが，法規に定められた以外にも，工事の実状に即した内容を盛り込むことが大切である．また，とくに必要な項目については，責任者または指名された点検者によって点検が行われなければならない．

点検の実施時期は点検対象ごとに適切に定められていることが望ましく，また，点検基準表（チェックリスト）を作成し，かつ点検結果の記録を保存することが必要である．酸素欠乏および可燃性ガス等に関しては測定と記録の保管等について法規に定められている．

点検の結果，異常が認めたときは，ただちに補修，その他の適切な措置を講じなければならない．

解説 表4.7.1 建設業における安全衛生管理体制のおもな規則一覧

名称	必要とされる事業場規模等	おもな業務等	おもな関係法規
総括安全衛生管理者	派遣労働者やパート等を合算して100人以上の労働者が勤務する事業場.	安全管理者および衛生管理者を指揮すること. 安全衛生業務を統括すること. たとえば, ①労働者の危険または健康障害の防止, ②安全または衛生教育, ③健康診断と健康増進, ④災害の原因調査と再発防止対策である.	安施行令2条, 安衛法10条1項
安全管理者	労働者数が常時50人以上の事業場. ただし, 労働者数が常時300人以上の場合は, 少なくとも1名を専任する必要がある.	総括安全衛生管理者が行う業務のうち, 安全に関する技術的事項を管理する. 作業場を巡視する.	安施行令3条, 安衛法11条1項, 安衛則5条
衛生管理者	労働者数が常時50人以上の事業場. ただし, 労働者数が常時300人以上の場合は, 少なくとも1名を専任する必要がある.	総括安全衛生管理者が行う業務のうち, 衛生に関する技術的事項を管理する. 有害業務に従事する労働者の数が多い事業場の衛生管理者は, とくに衛生工学に関する技術的事項を管理する.	安施行令4条, 安衛法12条1項, 安衛則7条
産業医	労働者数が常時50人以上の事業場では, 選任が必要. 50人未満の場合には, 医師または保健婦等に健康管理の全部または一部を行わせるように努める. 専属が必要な場合は, 労働者数が1 000人以上の事業所あるいは有害業務に従事する労働者が500人以上の場合である.	労働者の健康管理その他厚生労働省令で定める次の事項を行う. ①健康診断と健康保持のための措置, ②作業環境の維持管理に関すること, ③作業管理に関すること, ④健康管理に関すること, ⑤健康教育, 健康相談, 健康の保持増進を図るための措置に関すること, ⑥衛生教育に関すること, ⑦健康障害の原因の調査および再発防止のための措置に関することである.	安施行令5条, 安衛法13条, 安衛則14条1項
作業主任者	安施行令6条に特定された全31項目の危険有害な作業単位について, 選任が必要とされる. ずい道等の掘削および覆工作業は, これに含まれる.	特定された危険有害作業について, その作業に従事する労働者の指揮やその他厚生労働省令で定められた事項を行う. 作業主任者は, 原則としてスタッフではなく, その作業について直接監督を行う.	安施行令6条, 安衛法14条
安全委員会	労働者数が常時50人以上の事業場.	毎月一回以上開催し, 労働者への危険を防止するために, 安衛則21条で定められた事項について審議する.	安施行令8条, 安衛法17条1項, 安衛則21条及び23条1項
衛生委員会	労働者数が常時50人以上の事業場.	安衛則22条で定められた事項について, 審議する.	安施行令9条, 安衛法18条1項, 安衛則22条
安全衛生委員会	安全委員会と衛生委員会を一緒にしたもの.	安全委員会および衛生委員会の場合と同様	安衛法19条
安全衛生推進者	労働者数が常時10人以上50人未満の事業場では, 選任が必要.	おもな業務内容は, ①施設, 設備等の点検および使用状況の確認, ②作業環境の点検とこれにもとづく対策の実施, ③健康診断および健康の保持増進対策の実施, ④安全衛生教育, ⑤異常事態における応急措置, ⑥災害原因の調査と再発防止対策の実施, ⑦安全衛生に関する情報の収集等, ⑧関係行政機関に対する安全衛生に係わる各種届出である.	安衛法18条の1, 安衛則12条2項および3項
統括安全衛生責任者	特定元方事業者は, 安衛法第30条1項に示される条件において, 労働者数が50人以上の事業所で選任が必要である. ただし, ずい道等の建設工事では, 30人以上の場合に選任が必要.	おもな業務は, ①元方安全衛生管理者を指揮すること, ②救護技術管理者を指揮すること, ③協議組織の設置および運営を行うこと, ④作業間の連絡および調整を行うこと, ⑤作業場所を巡視すること, ⑥関係請負人が行う労働者の安全または衛生のための教育に対する指導および援助を行うこと等である.	安施行令7条2項, 安衛法15条1項, 安衛則18条2項
安全衛生責任者(建設業)	統括安全衛生責任者に関係する請負人で, みずからもその仕事を行っている者, すなわち下請け工事人は選任する必要がある.	おもな業務は, ①統括安全衛生責任者との連絡, ②連絡事項の関係者への周知, ③混在作業による危険の有無の確認等である.	安衛法16条1項, 安衛則19条
元方安全衛生管理者	統括安全衛生責任者が存在する事業所に, その元方事業者が選任する.	おもな業務は, ①統括安全衛生責任者を補佐すること, ②統括安全衛生責任者から指揮を受け, 統括管理事項に係わる技術的事項を管理すること等である.	安衛法15条の2第1項, 安衛則18条4項
ずい道等救護技術管理者	施行令9条2の第1項と2項該当するずい道建設工事等では, 選任される必要がある.	おもな業務は, ①救護に関する技術的事項を管理すること, ②救護の安全に関する規定を作成すること, ③救護訓練, 救護に必要な機械等の備え付けならびに管理を行うこと等である.	安施行令9条2項, 安衛則24条の6第1項および24条の7
店社安全衛生管理者	建設現場で, 労働者数が関係請負人も含めて常時50人(ずい道等の建設工事では20人)以上の場合は, 元方事業者が選任する.	おもな業務は, ①災害防止に必要な関係者間の連絡等の業務を行うこと, ②現場を毎月1回以上巡視すること, ③現場の統括安全衛生管理を担当するものに指導すること等である.	安衛法15条の3第1項, 安衛則18条の6第2項, 19条

解説 表 4.7.2 おもな安全衛生教育の一覧

教育の種類	内容等	おもな関係法規
労働者を雇い入れたときに行う教育	次の事項のうち労働者の業務に必要な事項について実施する．①機械等，原材料等の危険性または有害性およびこれらの取り扱い方法について，②安全装置，有害物抑制装置または保護具の性能およびこれらの取り扱い方法について，③作業手順について，④作業開始時の点検について，⑤業務に関連して発生のおそれのある疾病の原因および予防について，⑥整理，整頓および清掃の保持について，⑦事故時等における応急措置および退避について，⑧安全衛生のための必要な事項について	安衛則35条1項および2項
作業内容を変更したときに行う教育	配置転換により作業が大幅に変更された場合に行う．内容は同上．	安衛則35条1項
危険または有害な業務で，厚生労働省令で定める作業に労働者を従事させるときの教育	危険性の度合いに応じて業務に必要とされる教育は異なる．特別教育，技能講習，免許取得の順に教育のレベルは上がる．	安衛則36条，37条，38条，39条等
職長等になったときに行う教育	建設業他施行令19条にある業種において，新しく労働者を直接指導または監督する職長には，必要な安全衛生教育を行う．	安衛法60条，安衛則40条，安施行令19条
就業中の教育	安全管理者その他労災防止業務責任者は，危険または有害な業務に就業する者の教育に努めなければならない．	安衛法19条の2第1項，安衛法60条の2第1項

解説 4.7.3 おもな監督（届出，報告等）事項の一覧

届出が必要な状況等	必要とされる事業場等	内容等	提出先	提出期日	おもな関係法規
事業場に係わる建設，もしくは機械等を設置し，もしくは移転し，またはそれらの主要構造を変更使用とするとき（計画）	電気使用設備の定格容量の合計が300キロワットを以上の事業場	電気業，ガス業，自動車整備業，機械修理業に該当する事業場に機械等を設置し運転する場合．ただし，危険有害業務が伴わず6ヶ月未満に廃止する場合には不要．一部，除外業種あり．	労働基準監督署長	工事開始の30日前	安衛法88条1項，安施行令24条1項，安衛則87条
機械等で，危険もしくは有害な作業を必要とするもの等を設置し，もしくは移転したはこれらのものの主要構造部分を変更しようとするとき（計画）	機械等の一定のものを設置しようとする事業場	建設業に関する足場，架設道路，型枠に加えて安衛則別表第7に示される全20項目について，届出を必要とする．	労働基準監督署長	工事開始の30日前	安衛法88条2項，安衛則86条および別表第7
安衛則90条に規定された10項目の工事に関する計画	建設業と土石採取業に属する事業場	必要とされるおもな建設工事は次のとおり．①ずい道等，②高さまたは深さ10m以上の地山の掘削，③最大支間50m以上の橋梁，④圧気工法による作業，⑤坑内掘りによる土砂の採取のための掘削，その他	労働基準監督署長	当該仕事開始の14日前	安衛法88条4項，安施行令24条2項，安衛則90条
安衛則89条の2に規定された6項目の工事に関する計画	建設業と土石採取業に属する事業場	必要とされるおもな建設工事は次のとおり．①高さ300m以上の塔，②堤高さが150m以上のダム，③最大支間500m以上の橋梁，④長さ3 000m以上のずい道，⑤長さ1 000m以上3 000m未満のずい道で，深さ50m以上のたて坑の掘削を伴うもの，⑥ゲージ圧力0.3MPa以上の圧気工法による工事．	厚生労働大臣	当該仕事開始の30日前	安衛法88条3項，安衛則89条2項
労働者が死傷したとき（報告）		労働者が災害による負傷，窒息または急性中毒により死亡しまたは休業したときには報告する．労働災害に該当しない場合であっても，労働者が就業中または事業場内もしくはその付属建設物内における負傷，窒息または急性中毒により死亡し，または休業した時は同様に報告する．なお，放射線障害や酸素欠乏症や硫化水素中毒が発生したときは，不休災害であっても報告しなければならない．	労働基準監督署長	遅滞なく	安衛則97条1項
特定の災害が発生したとき（報告）		労働者が死傷しない場合であっても，火災または爆発，グラインダー等の高速回転体の破裂，建設物の倒壊，ボイラーやクレーン等の事故が発生した場合は，報告しなければならない．	労働基準監督署長	遅滞なく	安衛則96条，電離放射線障害防止規則43条，酸素欠乏症等防止規則29条
派遣労働者の死傷病報告		派遣先事業主が報告し，その写しを派遣元事業主に送付する．	労働基準監督署長	遅滞なく	労働者派遣法施行規則42条

7.2 作業環境整備

施工にあたっては，安全で衛生的な作業環境を常に保持するよう所要の設備を設置し，また，必要な措置，対策を講じなければならない．

【解　説】　シールド工事にあたっては，地下の掘削作業という特殊性を考慮して，作業環境を十分整備し，安全かつ快適な作業ができるようにしなければならない．坑内においては，換気設備，照明設備，通路等の確保，作業員の健康障害除去等の措置が必要であり，法規にはこれらの最低基準等が定められている．

安全な環境を保持するためには，さらに必要に応じて，現場に即した適切な機械，設備の設置および作業基準等の策定を行い，安全な作業ができるように努めなければならない．また，工事の大型化，機械化，高速施工等に対応した，安全な作業環境を維持しなければならない．

1)　換気　坑内の換気は，安全かつ衛生的な作業環境を確保するうえで不可欠なものであり，地質条件，シールド規模，施工方法，工程等を十分考慮して，適切な換気方式，換気設備を選定しなければならない．また，事前調査において，酸欠空気や有害ガス等の発生のおそれが明らかになった場合は，その対策を十分検討しなければならない．換気設備には余裕ある能力を確保させるとともに，不測の事態にも対処できるように計画する必要がある．

トンネル内の作業場における二酸化炭素濃度を1.5%以下にしなければならない．ただし，空気呼吸器，酸素呼吸器または，ホースマスクを使用して人命救助または危害防止に関する作業をさせるときは，この限りではない（安衛則第583条：トンネル内の二酸化炭素濃度基準）．通常，坑内作業者の呼気のみによる汚染に関しては，1人あたりの所要換気量3m³/minが必要とされている．

また，酸素濃度が18%に満たない場所，または硫化水素濃度が百万分の十を超える場所は立入りが禁止されている（安衛則第585条第1項第四号：立入禁止）．有害ガスおよび可燃性ガス等の濃度は，その許容濃度を超えてはならない．許容濃度を超える場合は，すみやかに換気設備と換気方式の改善を行わなければならない．また，防水工等で有機溶剤を一時的に使用する作業では，必要に応じて換気設備を検討する必要がある．**解説 表4.7.4**には，有害ガス，可燃性ガス等の許容量を示したが，表中の法令上の値は危険の有無から決められたものであり，ACGIH（米国労働衛生専門官会議）の値は，ほとんどの作業員が連日繰り返してその中にいても影響を受けない値を示したものである．このことから換気設備を設計するにあたっては，ACGIHの値をもとに考えるのが望ましい．なお，シールド機械設備からの発熱により坑内温度が高温になるおそれがある場合には，坑内温度が37℃以下となるように措置を講じなければならない（安衛則第611条）．この対策としては一般的に換気装置を用いて冷気を送ることが行われている（第4編 5.8参照）．さらに，坑外にあっても，発進立坑，到達立坑における機械の組立ておよび解体時の溶接と溶断作業等では，一時的な空気汚染も考えられるので留意する必要がある．

なお，低温液化ガスによる凍結工法においては，使用する液体窒素が配管のジョイント等から漏洩し酸素欠乏を起こす危険があるので注意しなければならない．

トンネル工事における粉じん濃度は，地質条件，施工方法，使用機械，換気方式等，多くの要因によって変動する．このため，粉じんの濃度は定期的に測定され，その実態を把握するとともに労働環境の整備と改善に努めなければならない．

なお，粉じん障害防止規則第27条第2項では，動力を用いて鉱物等を掘削する場所における作業，動力を用いて鉱物等を積み込み，または積み卸す場所における作業，コンクリート等を吹き付ける場所における作業では電動ファン付き呼吸用保護具（日本工業規格T8157）の着用が定められている．また，同ガイドラインでは適切なフィルターの管理等が定められている．トンネル工事における粉じん濃度は，地質条件，トンネル断面積，施工方法，使用機械および換気方式等多くの要因によって変動する．作業環境の整備，改善を図るには，半月以内ごとに1回，定期に，空気中の粉じんの濃度を測定し（粉じん障害防止規則第6条の3），測定結果に応じて，換気装置の風量の増加その他必要な措置を講じなければならない（粉じん障害防止規則第6条の4）．

土地の利用状況によっては，土壌が揮発性有機化合物（VOC）に汚染されている場合がある．揮発性有機化合

物が掘削土砂とともに排出されると，大気中で気体状となり，人体に影響をおよぼす可能性があるため，揮発性有機化合物の対策が必要となる場合がある．

2) 照明　作業場所および通路には照明を施し，災害の防止と作業環境の保持に努めなければならない．切羽，エレクター部，各種機械設備操作部，裏込め注入箇所，ベルトコンベヤー部等の直接作業を行う箇所の照明については，作業が安全に行われるよう十分な照度を確保しなければならない．必要最低限の照度は70ルクス（安全衛生規則第604条による工場内での"粗な作業"の基準値）である．また，照明器具の使用にあたっては，できるだけ明暗の対照が著しくなく，かつ，まぶしさを生じさせない配慮が必要である．また，移動用照明器具は，頻繁な移動に伴って破損しやすいので，防水型ガード付きとし，十分な保守点検が必要である．

通路となる場所についても，作業員の通行の安全確保と軌道車両等の安全運行のために，必要な照明を備えなければならない．通路全域にわたって一様な照度を保持することは困難な場合もあるが，最暗部でも20ルクス程度は必要である．トンネル断面の大きさにもよるが，一般的に40W蛍光灯を5～8m間隔で配置している例が多い，これらの固定式照明器具は，長期にわたって使用されるので，耐久性を考慮するとともに，保守点検を十分に行う必要がある．また，坑口から切羽までの距離が100mを超える場合は，停電に備え40～50mの間隔でバッテリー等により一定時間点灯する40W程度の非常誘導灯を設けることが望ましい（「シールド工事に係わるセーフティ・アセスメントに関する指針・同解説」(1995)，日本トンネル技術協会）．また，開口部等のとくに危険な場所については，警戒標識灯を取り付ける必要がある（第4編 5.6参照）．

3) 排水　施工中の作業等に支障のないよう，坑内の排水を十分に行わなければならない．

不測の出水や排水設備の故障等は，重大な事故につながる可能性があるため，排水設備の予備，停電時の対策等について十分考慮しておく必要がある．

排水ポンプ等における感電防止のための漏電遮断器，アース，および移動電線等については，電気的な安全対策も講じなければならない（第4編 5.11参照）．

4) 通路　坑内での軌道車両等による災害を防止し，作業員の通行安全のために，通路を確保しなければならない．通路は，作業員が運転中の軌道車両等と接触するおそれがないよう十分な空間を有するとともに，常に安全な歩行ができるよう路面が整備され，かつ適切な照明が施されていなければならない．通路と軌道または運搬路とは柵，安全ロープ等によって明確に区分されていることが望ましい（第4編 5.10参照）．

5) 保護具　保護帽はもとより，作業内容に応じて呼吸用保護具，安全帯，マスク，耳栓，保護メガネ，防振手袋，ならびに防水服等の適切な保護具を備えなければならない．これらは，必要に応じて作業員に使用させなければならない．これらの保護具については，規格に適合したものであるとともに，損傷等がないものでなければならない．作業員には保護具の使用法その他を周知徹底させておくことが必要である．

6) 騒音対策　騒音は，作業員に不快感を与えるばかりでなく，会話や音による信号，合図を妨害して安全作業の妨げになることも多く，生理機能にも影響し，騒音性難聴の原因にもなる．したがって，騒音のより少ない機械設備の使用による対策，工程の改善と作業方法の配慮による対策，音源となる機械設備の改善による対策，ならびに遮音や吸音による対策等の措置を講じて，騒音障害の低減化を図る必要がある．騒音性難聴が発生するおそれのある場合は，定期的に騒音レベルを測定するほか，騒音防止対策の状態を監視し，騒音レベル，暴露時間を考慮し，必要な場合は，作業員に耳栓等の保護具を適正に着用させるなどの措置や指導を行わなければならない（第4編 8.2参照）．

7) 振動障害対策　シールド工事では，ピックハンマー，コンクリートブレーカー等の振動工具のほか，作業や運転に伴う機械，工具が使用される場合がある．振動障害対策として，有効な防振装置の施された機械，工具等の選定，防振手袋等の保護具の使用等の配慮が必要であるとともに，振動業務の管理を適正に行うことが必要である（第4編 8.3参照）．

解説 表4.7.4 坑内有害ガス，可燃性ガス等の一覧

種類	色，臭気等	予想される中毒・障害等	比重(空気1.0)	爆発範囲(Vol %)	法令上の制限値 [*1]	許容濃度(ppm) [*5] 日本産業衛生学会	ACGIH [*2]
一酸化炭素(CO)	無色，無臭	中毒他	0.97	12.5〜74.0	100ppm[*6]以下	50	25
二酸化炭素(CO_2)	無色，無臭	酸素欠乏，中毒	1.53	—	1.5%以下	5000	5000
一酸化窒素(NO)	無色，刺激臭	中毒	1.04	—	—	—	25
二酸化窒素(NO_2)	赤褐色，青黄色，硝煙臭	中毒	1.59	—	—	検討中	0.2
二酸化硫黄(SO_2)	無色，硫黄臭	中毒	2.26	—	—	検討中	0.25 C [*3, *4]
硫化水素(H_2S)	無色，腐乱臭	中毒	1.199	—	1ppm[*5]以下	5	1
塩化水素(HCl)	無色，刺激臭	中毒	1.27	—	—	2 C [*3, *4]	2 C [*3, *4]
酸素欠乏空気(O_2)	無色，無臭	酸素欠乏	1.11	—	18%以上	—	—
過剰空気(O_2)	無色，無臭	激燃焼	1.11	—	—	—	—
ホルムアルデヒド($HCHO$)	無色，刺激臭	中毒	1.07	—	0.1ppm[*6]以下	0.1	0.3 C [*3, *4]
メタン(CH_4)	無色，無臭	爆発	0.55	5.0-15.0	1.5% [*6]以下	—	—
アセチレン(C_2H_2)	無色，エーテル臭	爆発	0.91	2.5-100	—	—	—
プロパン(C_3H_8)	無色，無臭	爆発	1.56	2.2-9.5	—	—	—
アンモニア(NH_3)	無色，刺激臭	中毒・爆発	0.597	15.0-25.0	—	25	25

*1 労働安全衛生規則，酸素欠乏防止規則，労働省告示等により示された値で，就労禁止とすべき値
*2 ACGIH：American Conference of Governmental Industrial Hygienists（米国産業衛生専門家会議）
*3 C印は，最大許容濃度，常時この濃度以下に保つこと（日本産業衛生学会の場合）
*4 C印は天井値（ACGIHの場合），STEL(15分)短時間ばく露限度
*5 ppm：Part Per Millionで容積比100万分の1
*6 メタンの爆発限界は5〜15%であり，労働安全衛生規則によれば「可燃性ガスの濃度は爆発下限界の値の30%以下」と規定されているため，便宜的に1.5%とした．

7.3 労働災害防止

施工にあたっては，災害防止のために必要な措置を講じなければならない．とくにシールド工事特有の作業環境，作業条件，作業方法等に起因する災害に対しては十分に配慮しなければならない．

【解 説】 シールド工事においては，墜落や軌道災害等の一般建設工事と共通する労働災害以外に，火災，ガス爆発，酸素欠乏，有害ガス中毒，および水没等の災害防止にとくに留意しなければならない．したがって，作業環境整備，作業場所の整理整頓，現場の状況に応じた適切な作業方法の確立等に加えて，これらの災害に対する措置を講じる必要がある．

1) 火災防止 坑内の火災は，坑外における火災と著しく異なり，消火活動や避難等の面で困難な要因があることを十分認識し，火災防止の措置を講じておく必要がある．

油圧機器の作動油等は消防法における危険物に指定されている．坑内への持込み量が指定数量未満の場合は，少量危険物貯蔵取扱場として市町村火災防止条例による規制を受ける．指定数量以上の場合は，危険物施設として消防法による規制を受ける．したがって，作動油等の危険物を取り扱う場合は，数量に応じて，所定の手続きを行わなければならない．

火災防止のため，坑内の可燃物はできるだけ少なくし，また，火気を極力使用することのないように配慮しなければならない．これに加えて，防火管理体制を組織して責任体制を明確にし，火源，可燃物の管理の徹底を図り，発火の危険を排除するとともに，初期消火対策を十分講じておく必要がある．また，火源に対する監視体制，火源に適応した消火設備の配置と関係作業員へのそれらの周知，火気作業の場合の監視人の配置等の初期消火活動を容易とするような配慮も必要である．

初期消火に失敗した場合は，坑内は短時間のうちに危険な状態になるおそれがある．このため，定められた要

領にしたがって，すみやかに安全な場所に避難し，災害の拡大を防止しなければならない．

シールド工事の場合は，大深度，長距離等の施工条件によっては円滑な消防活動に支障を生じる可能性も考えられる．したがって，施工計画の段階から，関連機関とは十分な連絡をとるとともに，打合せを行っておくことが望ましい．

<u>2) ガス爆発災害防止</u>　沼沢の埋立地や干拓地等の腐泥層，メタンガス田地帯，ならびに腐植土層等の掘進に際しては，メタンガス等の可燃性ガスが地山から湧出あるいは坑内湧水から遊離することにより，坑内でのガス爆発や燃焼を引き起こす危険性がある．したがって，シールド工事を行う場合は，あらかじめシールド通過予定地および周辺の地形，地質，および水文等について予備調査を行うとともに，現場周辺における過去の工事，および施工中の工事等についても十分な調査を行わなければならない．可燃性ガスの発生が予想される場合は，ボーリングその他の方法により，可燃性ガスの有無とその状態について，必要な調査を行わなければならない．また，必要に応じて，シールド形式の見直し，電気設備と電気機器の防爆化，その他の措置について，検討を要する場合がある．

可燃性ガスの発生のおそれがある場合は，坑内の換気を十分に行い，可燃性ガスを排除しなければならない．このため，換気設備，換気方法，換気能力等については慎重に検討し，適切なものを選定する必要がある（第4編 5.8，第4編 7.2参照）．さらに，坑内への漏水防止，掘削土の運搬方法の検討も行わなければならない．また，施工にあたっては，ガス濃度測定者を指名し，毎日，作業開始前にガスが滞留するおそれのある場所等について，ガス濃度を測定する必要がある．

可燃性ガスの測定は，局所測定用の携帯式ガス測定装置（器具）あるいは常時測定用の定置式ガス測定装置等により行うものとする．ガス濃度の測定は，ガス湧出量を連続的に観測し，必要があれば自動警報を発するなど，常にその変化に対応できる方法により実施しなければならない．

可燃性ガス，有害ガス，および酸素の濃度測定のための測定装置や器具は，現在，種々開発されており，遠隔自動測定，集中管理測定，自動記録，自動警報等の可能な装置もある．これらのガス測定装置については，その維持管理に努め，毎日1回以上点検し，性能を確認して整備に努め，その結果を記録し保存しなければならない．

可燃性ガス濃度が許容値を超える状況が発生した場合は，ただちに作業員を安全な場所に退避させ，火気およびその他の点火源となるものの使用を禁止し，かつ通風と換気を十分行わなければならない．メタン等の可燃性ガスは，切羽上部，トンネル上部，通風の妨げになる場所等に停滞しやすく，主要通風換気設備以外に，エアムーバー等の補助設備で坑内空気を十分に撹拌希釈するよう配慮する必要がある．

<u>3) 酸素欠乏，ガス中毒災害防止</u>　外気から隔離された場所，あるいは通気が不良である場所では，空気中の酸素の消費，酸素含有量の少ない空気（酸欠空気）の漏出，空気以外の気体（メタン，炭酸ガス，硫化水素等）の漏出等が原因となって，酸素欠乏災害やガス中毒災害が発生する．したがって，シールド工事を行う場合は，シールド通過地区およびその周辺における予備調査等の資料にもとづいて，酸欠空気や有害ガスによる危険を予測するとともに，ボーリングその他の方法による十分な事前調査が必要である．また，供用中の既設管や人孔へシールドを到達させる場合にも酸素欠乏災害が発生するおそれがあるため，事前に調査を行っておく方がよい．なお，立坑付近にガス管が埋設されている場合は，施工によりガス管に影響をおよぼすおそれがあるため，十分な注意が必要である．

酸欠空気の原因や発生状況は，土質の条件や施工方法，さらに気圧変化の影響等により異なる．したがって，以下のような地層や地域の通過や近接する場合は，坑内に酸欠空気が発生する危険がある．

① 地下水がないかまたは少ない砂礫層また砂層で，上部に不透水層のある場合
② 第一鉄塩類または第一マンガン塩類等の還元性化合物を含有している土層
③ メタン，エタン等を含有する土層
④ 腐植土層，有機質を含む土層
⑤ 炭酸水を湧出し，または，湧出のおそれのある土層
⑥ 地中に酸欠空気が滞留している土層
⑦ 圧気工法を使用する他の工事が，付近で行われている地域

事前調査にあたっては，土質条件はもちろん現場周辺で過去に施工された，または施工中の工事等についても十分に調査しなければならない．

　酸素欠乏，ガス中毒災害を防止するためには，坑内の換気を十分におこなって，坑内の酸素濃度が許容限界を下回らないようにするとともに，有害ガスの濃度が許容濃度を超えないようにしなければならない．このため，換気設備，換気能力等については慎重に検討し適切なものを選定する必要がある（第4編 5.8，第4編 7.2参照）．

　また，施工にあたっては，常に作業箇所でのガス測定を行い，酸欠空気，有害ガス等の検出が認められた場合は，ただちに十分な換気が行われるよう措置しなければならない．施工中の空気中酸素濃度，有害ガスの有無および状態の測定やその記録に関して必要な事項は，酸素欠乏症防止規則に詳細が定められている．

　周辺環境に対する酸素欠乏防止については，第4編 8.6を参照のこと．

　4)　水没災害防止　海底や河川横断時にスクリューコンベヤーまたはテールブラシ等からの異常出水が想定されるので，掘進時の管理，監視を徹底しなければならない．また，河川に近接した地域や都市部では，集中豪雨等により大量の水が流出することがある．また，隣接して埋設された水道管からは出水が発生する可能性もある．これらの水は立坑から坑内に流入する場合があり，水没の危険をもたらす．坑内の水没による労働災害の発生を防止するためには，過去に発生した洪水歴の調査や地形調査等は，事前対策を実施する上で重要である．集中豪雨の場合は，当該地域のみならず，上流域の雨量やその流出状況に注意を払うことが必要である．立坑には，雨水の流入を防止するためのかさ上げ対策，ならびに予備排水ポンプ，仮設隔壁等の設置による対策を講ずることが望ましい．なお，坑内に多量の水が浸入するおそれのあるときは，作業を行ってはならない（安衛則第378条の2）．

　5)　揚重，運搬，軌道災害防止　坑内，立坑等における資材，掘削土等の運搬，揚重作業等に伴う災害を防止する必要がある．このために，関連諸設備の設置方法とその配置においては，安全性を十分考慮し，脱索防止装置等の必要な装置の設置，および必要に応じて接触防止設備，逸走防止設備を設置する等の措置を講じなければならない．とくにセグメントの自動組立て装置のような自動化装置の採用にあたっては，十分な安全確保のための機械装備を設けるとともに，関連する人的作業のルールを定め，これを遵守することが必要である．また，関連機械設備の構造は，構造規格そのほかに適合したものとするほか，それらの使用管理，保守点検について，法規に定められた事項を遵守するとともに，現場に適合した，運搬，運行規定を定め，関係作業員に周知することが必要である（第4編 5.3，第4編 5.4，第4編 5.10，第4編 7.2参照）．

7.4　緊急時対策および救護対策

　緊急事態の発生や災害発生により危険が急迫した場合に備えて，あらかじめ対策を定め，必要な措置を講じておかなければならない．

【解　説】　坑内での火災，切羽崩壊，出水等による急迫した危険が発生したとき，あるいは有害ガス，酸欠空気，可燃性ガスの湧出等に伴い中毒，ガス爆発のおそれが発生したときは，ただちに作業を中止し，すみやかに作業員を安全な場所に退避させるなど，適切な措置を講じなければならない（安衛則第389条の7および8）．また，事前に，危険の種類に応じて，避難経路や避難方法を詳細に定めた避難計画を立案し，関係者に周知を徹底しておく必要がある．

　坑内外の所要の機械設備，および連絡通信設備については，緊急事態の発生に備えて予備を備えるなどの措置を講じておくことが必要である．また，坑内外の各作業場所，ならびに関係諸機関等とは，ただちに連絡がとれる体制を確立しておく必要がある．

　1)　連絡通信設備　坑内外の通報設備，警報設備等については，その配置，予備の配置，点検保守，防水等に十分配慮しなければならない．必要な場合は，通常の通報設備以外にも無線通話設備等を設置しなければならない．また，緊急時に早期に入坑者の人数や位置を確認できる，入退坑管理システムを導入することも有効である．

　2)　避難用設備器具　空気呼吸器，酸素呼吸器等の呼吸用保護具や携帯用照明器具等の避難用設備器具は適切

な箇所に備えることが必要である．また，避難用通路を確保しておくなどの措置を講じておくとともに，関係作業員に対する周知を徹底させなければならない．なお，可燃性ガスが湧出する危険のある場合等には，防爆型や化学発光剤を用いた携帯用照明器具を使用しなければならない．避難および救護設備器具は，緊急時に適切に対応できるようにその整備と維持に努めるとともに，避難と救護に関して関係作業員に対する教育と訓練を実施することが必要である．とくに呼吸用保護具等は，圧気下等の使用される環境条件によって，その性能が著しく変わる場合がある．このため，それらの性能を熟知し，適正な使用法を十分理解しておく必要がある．

3) 救急処置　作業員が作業中に負傷や疾病にかかった場合には，最善の救急処置を講じられるようにしておかなければならない．あらかじめ，坑内外の移送設備の準備，救急病院等の指定，移送要領の策定等の措置を講じておくことが望ましい．

4) 応急設備，資材　豪雨時の坑内への雨水等の流入防止のため，土嚢や排水ポンプ等の機材を準備しておくことが必要である．

第8章　環境保全対策

8.1　一般事項

工事を行う地域の環境保全を図るため，必要な調査を行い，影響を及ぼすおそれのある要因に対し，適切な対策を講じなければならない．

【解　説】　シールド工事が，市街地または民家等に接近して行われる場合，環境への影響の程度を工事の計画段階から調査，予測して必要な検討を行い，環境保全のための適切な対策を講じなければならない．地盤沈下の防止については，第4編 3.11を参照のこと．

1) 着工前のおもな調査項目　第1編 2.2～2.4に示す調査のほか，周辺環境に関する次の事項について必要に応じ，調査するものとする．
　① とくに留意を要する施設，建物の調査（振動および騒音に対しては，学校，保育所，病院，診療所，図書館，高齢者福祉施設，精密機械を保有する建物等，沈下および変位に対しては，鉄道軌道，トンネル，橋台，橋脚等の各種施設および老朽家屋等がある）
　② 地域住民の生活環境の調査
　③ 周辺の暗騒音，暗振動の測定調査
　④ 周辺の地下水利用状況
　⑤ 土壌汚染状況の調査

2) 関連法規　環境関連の法規は，環境基本法をもとに，水質汚濁，大気汚染，土壌汚染，騒音，振動，地盤沈下，悪臭等について，それぞれ定められており，地方自治体でも法を受けて条例を定めている．そのほか多くの環境保全に関連する法規，指針，要綱がある（第1編 1.3参照）．

また，一定規模以上の泥水処理施設のような産業廃棄物処理施設は施設設置の届出を必要とし，技術管理者を置くことが義務づけられている．

交通対策については，「建設工事公衆災害防止対策要綱」（1993）参照のこと．

近年，土壌汚染による人への健康被害を防止するために，自然由来による有害物質が基準値を超えて含まれる土壌への対策が強化された．そのため，関係機関と十分な協議のうえ，土壌汚染の拡散を防止する必要がある．

3) 対策の基本
　① 技術的対策　工事の計画段階において，予測される影響要因を十分考慮した施工法，施工機械，補助工法等の選定に努め，さらに施工の品質，工事費，工期および安全性との整合を図ることが必要である．対策の検討にあたっては，発生源あるいは作業現場内での対策に重点をおくことが大切である．また，1つの要因への対策が他の要因を発生させることもあるので，それらの要因も含めて評価検討し，影響の少ない適切な対策を講じることが必要である．

　② 沿道対策　市街地等でのシールド工事では，地域住民に対する配慮が重要となる．このため工事説明会等を開催し，工事の内容等について説明して工事に対する理解と協力を得られるよう努めなければならない．

8.2　騒音防止

工事に伴う騒音を防止するため，関連法規類を遵守し，事前調査の結果にもとづいて適切な対策を講じなければならない．

【解　説】　工事に伴う騒音は周辺に与える影響も大きいので，工事計画時に周辺の暗騒音，環境条件等を調査して低騒音の工法，機械の選択や防音対策を実施し，住民の理解を得るよう努め，現場の管理体制上の配慮をしておくことも必要である．

シールド工事におけるおもな騒音発生源として，立坑築造時の杭打ち機，油圧ショベル等の建設機械，および

シールドトンネル施工時の門型クレーン，泥水処理設備，土砂ホッパー，送風機等の坑外設備がある．

1) 関連法規

① 騒音規制法　特定建設作業として作業の種類を指定して，都道府県知事の指定した地域内での騒音を規制している．自動車の騒音に対しても，許容限度を規制し，要請基準を示している．

② 条例　特定建設作業以外の作業についても，インパクトレンチを使用する作業等が自治体の条例で規制されているものがある．

2) 事前調査と予測

① 調査項目

　ⅰ）立坑付近および沿線の家屋，施設等の密集度，生活時間帯（とくに配慮を要する建物，公共施設については詳しく調査する）

　ⅱ）騒音源と家屋等との距離および敷地境界線

　ⅲ）作業時間帯に対応した周辺の暗騒音の測定調査

　ⅳ）使用予定の機器，設備等の騒音源とその実測値および対策事例

② 影響予測　調査結果にもとづいて，騒音の影響予測を行い，これをもとに対策を検討することが必要である．予測には，距離減衰，遮音，回折減衰，反射等を考慮した計算が必要となる．

3) 防止対策　おもな対策例として，次のようなものがある．

① 騒音のより小さい施工法および建設機械の選択，機械の防音処理，防音カバー，消音装置の取付け等

② 機械の整備点検および操作上の注意

③ 音源の配置の工夫

④ 遮音施設の設置

4) 低周波音について　低周波音としての明確な定義はないが，一般に人が聞くことができる音の周波数（可聴域）は20〜20 000Hzとされており，これより低い周波数の音（1〜20Hz：超低周波音）と，可聴域ではあるが聞き取りにくい周波数の音（20〜100Hz程度）を含む音波のことを指す．

また，窓の振動，がたつき等は，工場の機械等から発生する地面の振動によっても起こり，それらと区別するために低周波空気振動ということもある．

低周波音は，送風機，空気圧縮機，真空ポンプ，集塵機，振動ふるい，燃焼装置，ディーゼルエンジン等から発生しやすく，ガラス窓や戸，障子等を振動させたり，人体に影響を及ぼしたりするので十分な注意が必要である．

この場合の対策としては，泥水式シールド工法における振動ふるいの加振力の低減や加振周波数の変更等を講ずることが行われており，近年，低周波音防音パネルも採用されている．

なお，低周波音については，国際標準規格（ISO 7169 G特性）で超低周波音の測定方法に関する規格が定められている．

参考文献

1) 国交省：「建設工事に伴う騒音振動対策技術指針」(1987)

2) 環境庁：「低周波音の測定方法に関するマニュアル」(2000年10月)，「低周波音問題対応の手引書」(2004年6月)，「低周波音対策事例集」(2008年12月)

3) (一社) 産業環境管理協会：新・公害防止の技術と法規2013騒音・振動編版

8.3　振動防止

工事に伴う振動公害を防止するため，関連法規類を遵守し，事前調査の結果にもとづいて適切な対策を講じなければならない．

【解　説】　工事に伴う振動は，人に対する心理的影響のほか，家屋，施設の損傷等の影響もあるので騒音とは

異なる配慮が必要である．
　対策も伝播途中での低減が非常に困難なため，計画段階における低振動の工法や機械の選択に十分留意しなければならない．

　1)　おもな振動発生源　シールド工事における振動発生源は，騒音とほぼ同様であり，そのほかに泥水式シールドの場合の振動ふるいがある．また，土被りが小さい場合，シールドの掘進時に発生し影響を与える場合があるので留意する必要がある．

　2)　関連法規
　①　振動規制法　特定建設作業として作業の種類を指定して，都道府県知事の指定した地域内での振動を規制している．また，道路交通振動についての要請基準を示している．
　②　条例　特定建設作業以外の作業についても，振動ローラーによる締固め作業等が自治体の条例で規制されているものがある．

　3)　事前調査　振動についての事前調査内容は，騒音の項目と同じであり，振動は地盤の条件により距離減衰が多少異なるので留意が必要である．

　4)　防止対策　発生源対策として，次のような対策があるが周辺の生活環境を考慮した作業時間の変更等も行われている．
　　①　発生振動のより小さい工法および機械の採用または併用
　　②　防振装置として，ゴム，空気ばね等の取付け
　　③　機械の配置場所の適切な選定

参考文献
1) 国交省：「建設工事に伴う騒音振動対策技術指針」(1987)

8.4　水質汚濁防止

工事に伴い汚濁水が発生する場合は，公共用水域等の水質汚濁を防止するため，関連法規を遵守し，適切な対策を講じなければならない．

【解　説】　シールド工事に伴う水質汚濁の要因には，坑内湧水，地下水位低下工法による排水，各種機械，車両の洗浄水の汚濁水等がある．
汚濁水は，主として浮遊物質(SS)の除去を行わなければならず，セメントまたは薬液が混入した場合は，水素イオン濃度(pH)の調整も必要となり，油分にも留意しなければならない．

　1)　関連法規　水質汚濁に関連する法規等には，次のようなものがある．
　①　水質汚濁防止法　特定施設をもつ工場や事業場から公共用水域に排出する水の排水基準を定めている（水質汚濁防止法第3条，12条参照）．
　②　下水道法　汚濁水の下水道への放流を規制している（下水道法第12条，同施行令第8～9条参照）．
　③　河川法　汚濁水（50m3／日以上）を河川に放流するときの手続きを定めている（河川法施行第16条参照）．
　④　水産資源保護法　水産資源を保護する目的で，法に定めた地域での工事を規制している（水産資源保護法第18条参照）．
　⑤　自然公園法および自然環境保全法　国立公園，国定公園等の区域内での排水を規制している（自然公園法第13条，自然環境保全法第25条参照）．
　⑥　条例　都道府県または政令都市では，公害防止条例，下水道条例，廃棄物処理条例，漁業権条例等を定めているところが多く，工事排水は，条例によって規制される場合がある．

　2)　防止対策　着工前に汚濁水の発生源とその影響の有無，程度および関連法規類，規制値等を調査し，適切な浄化処理を実施して排出しなければならない．また，排出水の排水量や水質等は条例等の規定に従い測定，報告する必要がある．

① 調査項目
　ⅰ）放流する河川等の系統，水量，水質，水利用状況等
　ⅱ）排水基準等の法および条例による規制および必要な手続きと届出等
　ⅲ）工事に伴って発生する汚濁水または廃棄泥水の水質，水量等
　ⅳ）スラッジの処理方法
　ⅴ）浄化処理設備の設置用地等
② 処理方法
　ⅰ）浮遊物質　沈砂池，沈殿池，または，凝集沈殿槽で凝集剤を使用して，沈殿させる．
　ⅱ）スラッジ　天日乾燥または機械脱水により固形化する．
　ⅲ）放流水　沈殿池または沈殿層の上澄水を放流する．
　ⅳ）pH　アルカリまたは酸性の水は，pHを調整して放流する．
　ⅴ）油分　放流水中の油分は，浮上または吸着分離して除去する．

8.5　地下水対策

工事に伴って，地下水に影響を与えるおそれがある場合には，十分な調査を実施し，必要に応じ適切な対策を講じなければならない．

【解　説】　地下水位低下工法，圧気工法，薬液注入工法等を併用する場合，また井戸等に近接した泥水式シールドの逸泥や裏込め注入等によって，地下水へ影響が発生することがある．したがって，工事着工前に周辺の地下水利用状況を調査し，発生するおそれのある影響に対して，適切な対策を講じなければなない．また，シールドトンネルの構築に伴い地下水流を阻害する場合もあるため事前に地下水流の流れを把握し，対処する場合もある．

1) 調査
① 周辺の地盤および地下水の水位，水質，流向等を調査し，全体の傾向を把握する（第1編 2.4参照）．
② 周辺の井戸，池，貯水池の有無とその利用状況を調査する．とくに生活用水および営業用水の井戸は入念に調査する．
③ 薬液注入を行う場合は，建設省「薬液注入工法による建設工事の施工に関する暫定指針」（1974）の調査項目にもとづいた調査を行う．

2) 対策
① 補助工法の採用　圧気工法，薬液注入工法，凍結工法，遮水壁等の適切な補助工法により遮水し，周辺の地下水位の低下を防止する．この場合，土質条件のほか，土被り，地盤全体の構成状態，周辺の井戸等の環境条件も考慮して適切な補助工法を選定する．
② 薬液注入による地下水汚染防止　建設省「薬液注入工法による建設工事の施工に関する暫定指針」（1974）は，薬液注入工法による人への健康被害の発生と地下水等の汚濁を防止するために必要な工法の選定，設計，施工について定めている．さらに，薬液注入施工時は周辺に観測井を設けて水質汚濁の状況を監視し，施工しなければならない．

8.6　有害ガス対策

シールド掘削作業において補助工法で圧気工法を採用した場合には，メタン，酸欠空気等の漏出による周辺災害を防止するために適切な対策を講じなければならない．

【解　説】　補助工法で圧気工法を採用した場合には，地盤条件により酸欠空気または有害ガスが付近の井戸，地下室また他の地下工事現場に漏出する場合があるので，環境庁の通達等の関連法規にもとづき適切な調査および

対策を講じなければならない．また，地層中にメタン，硫化水素等の有毒ガスを含有している場合は，危険要因が増加するので別途対策を講じる必要がある．圧気工法の詳細は2006年版を参照のこと．

また，発進基地等で有機溶剤を用いた作業を実施する場合には有害なガスの発生の恐れがあるため，作業員への周知，作業環境測定，換気等による環境改善および貯蔵の管理を徹底しなければならない．

参考文献
1) 環境庁：「酸欠空気による住民の被害の防止について（環大企76号）」(1971)

8.7 発生土の有効な利用の促進

シールド工事の掘削による発生土については，再生資源として利用促進および利用に努めなければならない．

【解　説】　発生土は建設副産物であり，「建設工事に係る資材の再資源化等に関する法律（建設リサイクル法）」(1991)にもとづき，可能な限り資源として再利用を図る必要がある．**解説 図 4.8.1**にシールド工事における発生土とリサイクル法，廃棄物処理法との関係を示す．

廃棄物となった建設汚泥を利用する方法には，次のものがある．

① 　自ら利用
② 　有償売却
③ 　再生利用制度の活用（再生利用指定制度，再生利用認定制度）

建設汚泥は，廃棄物の抑制および環境保全に資するため，建設汚泥を中間処理して再生利用を図る場合がある．この場合には，有害物質の含有量試験を行い，資材として規定される品質や要求される性状等やシールドの施工設備に応じた中間処理を行う必要がある．

中間処理を行う場合は，土質条件，坑内運搬の方法，立坑運搬の方法，立坑用地の広さ，処分地の条件等を考慮して，最適な処理方法を選択する必要があり，自治体への届出の必要な処理能力を有する脱水処理施設等の設備については手続きを行わなければならない．

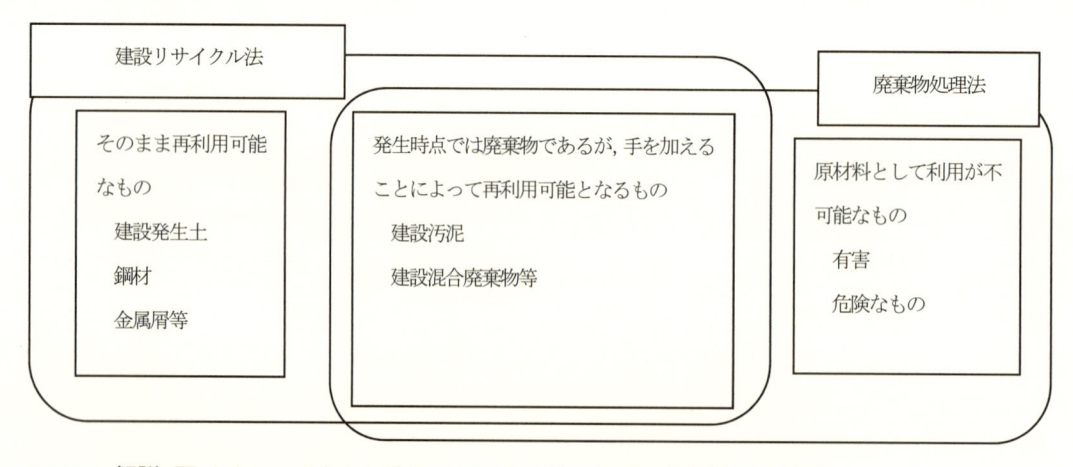

解説 図 4.8.1　発生土と建設リサイクル法，廃棄物処理法との関係

8.8 発生土の適正な処理および処分

シールド工事により発生する発生土は，適正に処理，処分しなければならない．

【解　説】　シールド工事から排出されるもののうち，含水率が高く粒子が微細な泥状のものは，無機質汚泥（以下汚泥という．）として取り扱う．また，廃棄物に該当する汚泥は「廃棄物処理法」にもとづき適正に処理，処分しなければならない．一般に，泥状の状態とは，標準仕様ダンプトラックに山積みができず，また，その上を人が歩けない状態をいい，この状態を土の強度を示す指標でいえば，コーン指数がおおむね200kN/m²以下または

一軸圧縮強度がおおむね50kN/m²以下である．しかし，掘削土砂を標準仕様ダンプトラック等に積み込んだ時には泥状を呈していない掘削土砂であっても，運搬中の練返しにより泥状を呈するものもあるので，これらの掘削土砂は「汚泥」として取り扱う必要がある．この土砂か汚泥かの判断は，掘削工事に伴って排出される時点で行うものとする．**解説 図4.8.2**に，泥水式シールドと泥土圧シールドについて汚泥についての考え方を例示する．また，土砂か汚泥の判断については工事場所の地方自治体の指導に従わなければならない．

なお，建設廃棄物に関しては法律の改正に伴いマニュアル等が整備されつつあるので，施工にあたっては最新の情報に注意しなければならない．施工業者が自己処理する場合は，廃棄物処理法に規定する処理基準を遵守しなければならない．また，委託処理する場合は委託先の産業廃棄物処理業の許可の確認，書面による委託契約の締結，産業廃棄物管理票（マニフェスト）の交付等，委託基準を遵守しなければならない．**解説 図4.8.3**に，廃棄物処理の標準フローを示す．

また，「土壌汚染対策法の一部を改正する法律」では，健康被害の防止の観点から自然由来の有害物質が含まれる汚染された土壌を対象とすることになった．したがって，汚染土壌の処理にあたっては，これら法律およびガイドラインに基づき適切に処理しなければならない．ただし，測定対象とする土壌は，破砕することなく自然状態において2mm目のふるいを通過させて得た土壌とされており，岩盤等を掘削した場合に排出される発生土の取り扱いについては，自治体や事業者の判断に委ねられることが多いので注意が必要である．

土壌汚染対策法では，①有害物質を含む土壌を摂取すること，②土壌中の有害物質が地下水に溶出し，当該地下水を摂取することの2つの経路に着目し，土壌に含まれることに起因して人の健康に係る被害を生じるおそれがある25種類の特定有害物質を対象としている．土壌汚染対策法の概要および手続は**解説 図4.8.4**の通りであり，汚染土壌搬出着手の14日前までに必要な事項を事前届出をしなければならない．届出書に必要な事項は次のとおりである．

① 当該汚染土壌の特定有害物質による汚染状況
② 当該汚染土壌の体積
③ 当該汚染土壌の運搬の方法
④ 当該汚染土壌を運搬する者および当該汚染土壌を処理する者の氏名又は名称
⑤ 当該汚染土壌を処理する施設の所在地
⑥ 当該汚染土壌の搬出予定日
⑦ その他環境省令で定める事項

また，汚染土壌を搬出する者が汚染土壌の運搬又は処理を他人に委託する場合は，必要事項を記載した管理票を交付，保管しなければならない．**解説 図4.8.5**に管理票の受渡し手順を示す．

参考文献

1) (財) 先端建設技術センター：建設汚泥リサイクル指針，pp.87，2001．
2) 社) 全国建設業協会：Q&A 建設廃棄物処理とリサイクル，pp.7，2002．
3) 環境省：土壌汚染対策法に基づく調査および措置に関するガイドライン（改定第2版）平成24年8月
4) 国交省：建設工事における自然由来重金属等含有岩石・土壌への対応マニュアル（暫定版）　建設工事における自然由来重金属等含有土砂への対応マニュアル検討委員会　平成22年3月
5) 環境省：汚染土壌の運搬に関するガイドライン平成24年5月

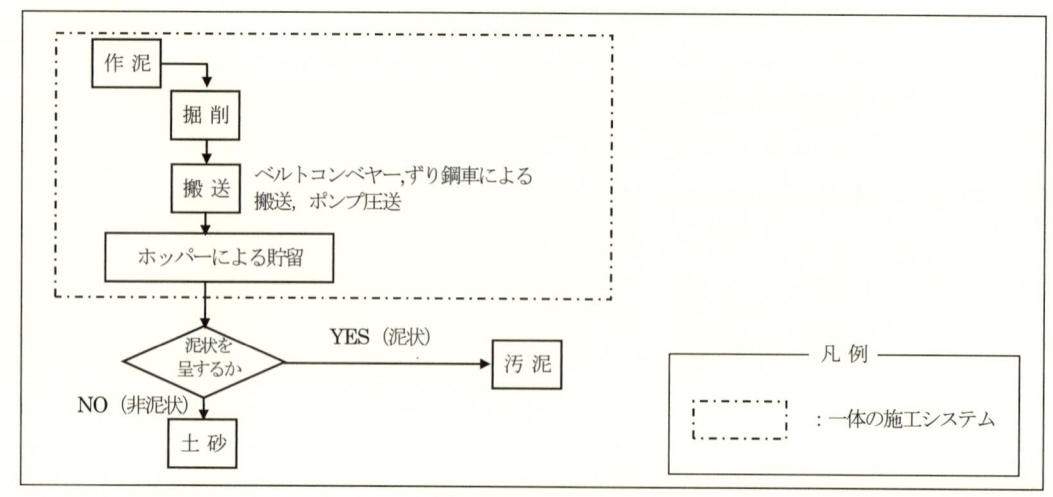

(a) 泥土圧シールド工法の一例

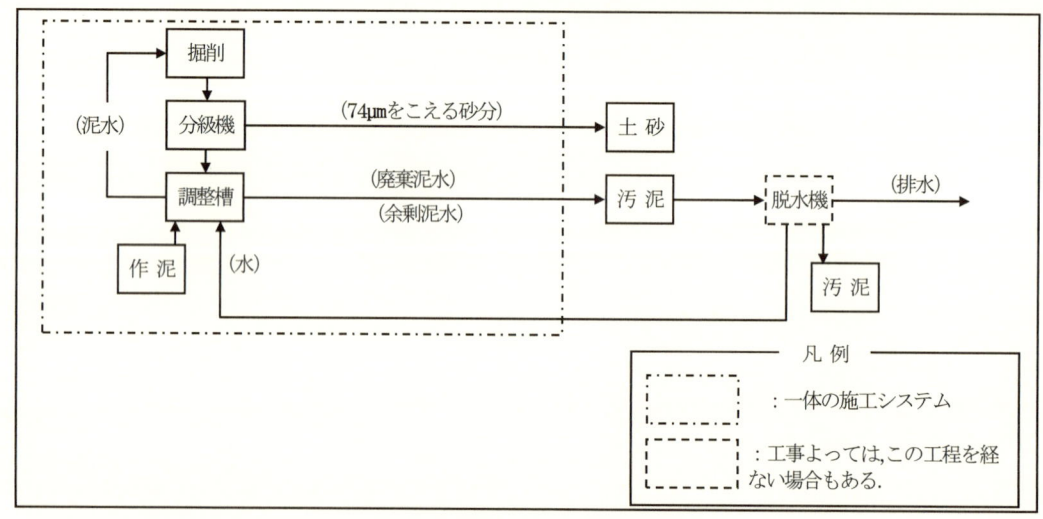

(b) 泥水式シールド工法の一例

解説 図 4.8.2 シールド工事における代表的な掘削工法における例

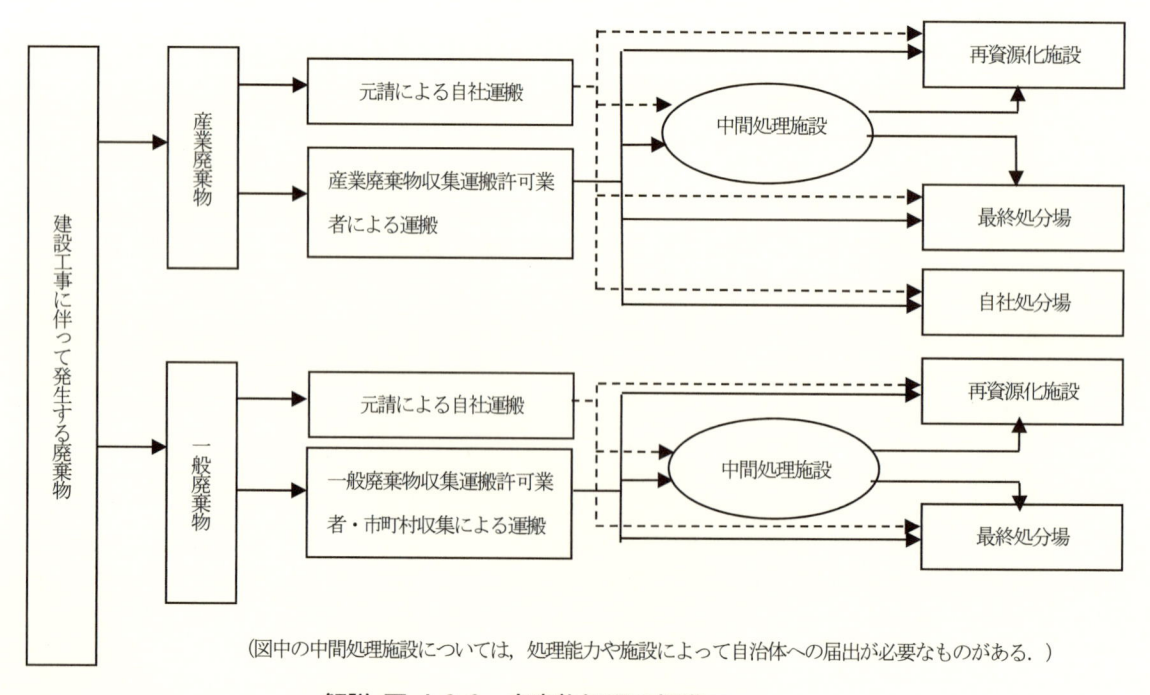

(図中の中間処理施設については，処理能力や施設によって自治体への届出が必要なものがある．)

解説 図 4.8.3 廃棄物処理の標準フロー

第4編 施　工　　　277

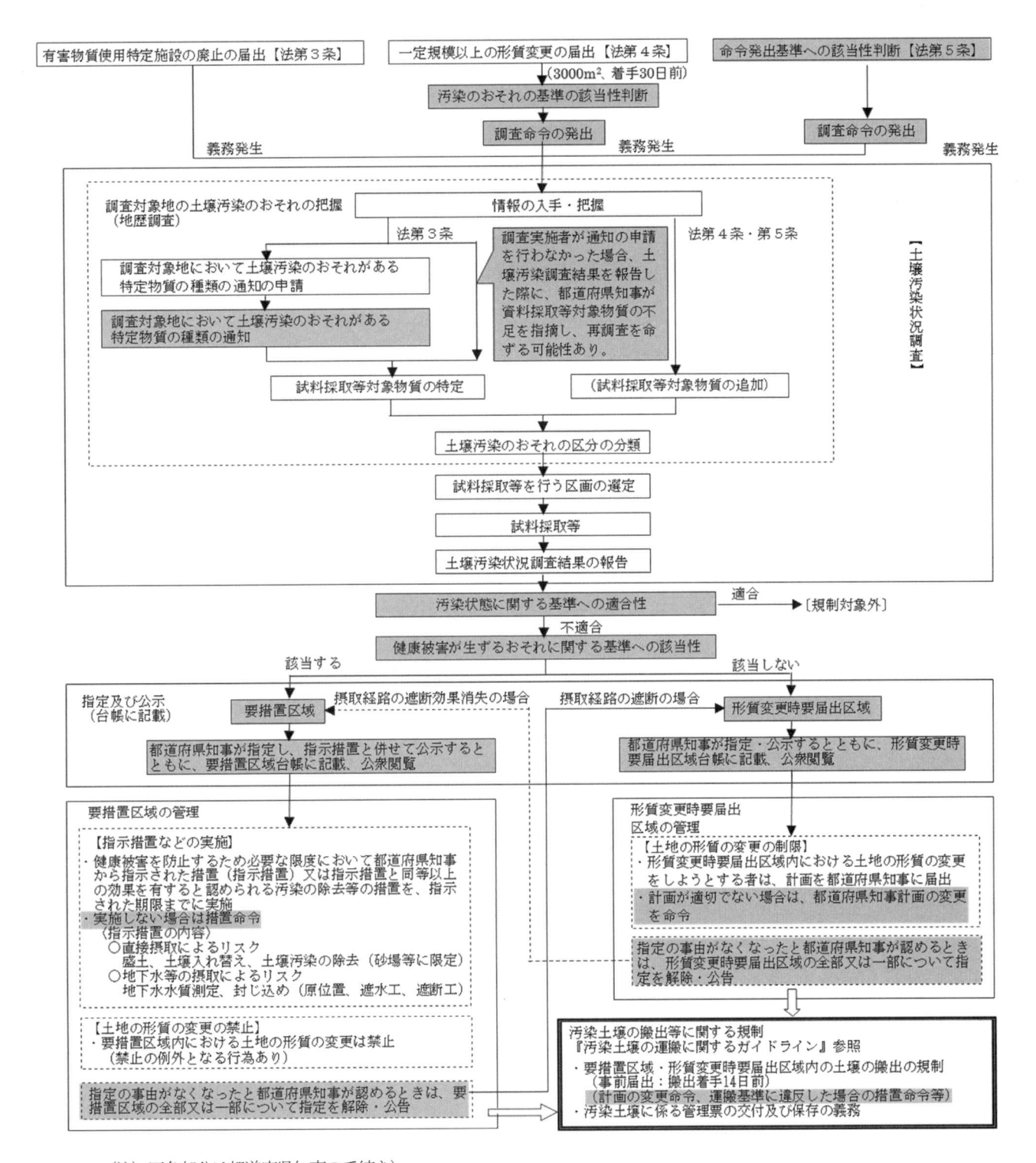

```
[有害物質使用特定施設の廃止の届出【法第3条】]    [一定規模以上の形質変更の届出【法第4条】]         [命令発出基準への該当性判断【法第5条】]
                                              │ (3000m², 着手30日前)
                                              ▼
                                        [汚染のおそれの基準の該当性判断]
                                              │
                                              ▼
                          義務発生          [調査命令の発出]         義務発生                         [調査命令の発出]
        義務発生                                                                                         │
┌─────────────────────────────────────────────────────────────────────────────────────┐
│                                         ┌──────────────┐                                           │
│  調査対象地の土壌汚染のおそれの把握       │ 情報の入手・把握 │                                          │【
│  (地歴調査)                              └──────────────┘                                           │土
│                          法第3条      ┌──────────────────────┐   法第4条・第5条                   │壌
│  ┌──────────────────────┐            │調査実施者が通知の申請  │                                    │汚
│  │調査対象地において土壌汚染のおそれがある│            │を行わなかった場合、土  │                                    │染
│  │特定物質の種類の通知の申請│            │壌汚染調査結果を報告し  │                                    │状
│  └──────────────────────┘            │た際に、都道府県知事が  │                                    │況
│  ┌──────────────────────┐            │資料採取等対象物質の不  │                                    │調
│  │調査対象地において土壌汚染のおそれがある│            │足を指摘し、再調査を命  │                                    │査
│  │特定物質の種類の通知  │              │ずる可能性あり。        │                                    │】
│  └──────────────────────┘            └──────────────────────┘                                    │
│                │                                    │                                              │
│                ▼                                    ▼                                              │
│        [試料採取等対象物質の特定]          (試料採取等対象物質の追加)                               │
│                                              │                                                      │
│                                              ▼                                                      │
│                                     [土壌汚染のおそれの区分の分類]                                   │
│                                              │                                                      │
│                                              ▼                                                      │
│                                     [試料採取等を行う区画の選定]                                      │
│                                              │                                                      │
│                                              ▼                                                      │
│                                           [試料採取等]                                                │
│                                              │                                                      │
│                                              ▼                                                      │
│                                    [土壌汚染状況調査結果の報告]                                       │
└─────────────────────────────────────────────────────────────────────────────────────┘
                                              │
                                              ▼
                                   [汚染状態に関する基準への適合性]       適合      →[規制対象外]
                                              │不適合
                                              ▼
                                   [健康被害が生ずるおそれに関する基準への該当性]
                                 該当する              該当しない
                    ┌────────────┴──────────┬────────────────┐
 指定及び公示       ▼   摂取経路の遮断効果消失の場合   摂取経路の遮断の場合   ▼
 (台帳に記載)   [要措置区域]←── ─── ─── ─── ─── ─── ─── ─── ──→  [形質変更時要届出区域]

 [都道府県知事が指定し、指示措置と併せて公示すると   [都道府県知事が指定・公示するとともに、形質変更時
  ともに、要措置区域台帳に記載、公衆閲覧]            要届出区域台帳に記載、公衆閲覧]

 ┌ 要措置区域の管理 ──────────────────┐  ┌ 形質変更時要届出 ──────────────┐
 │【指示措置などの実施】                                │  │  区域の管理                                │
 │・健康被害を防止するため必要な限度において都道府県知事 │  │【土地の形質の変更の制限】                  │
 │ から指示された措置(指示措置)又は指示措置と同等以上│  │・形質変更時要届出区域内における土地の形質の変更│
 │ の効果を有すると認められる汚染の除去等の措置を、指示│  │ をしようとする者は、計画を都道府県知事に届出│
 │ された期限までに実施                              │  │・計画が適切でない場合は、都道府県知事計画の変更│
 │・実施しない場合は措置命令                          │  │ を命令                                      │
 │ (指示措置の内容)                                  │  └──────────────────────────┘
 │  ○直接摂取によるリスク                            │  ┌──────────────────────────┐
 │   盛土、土壌入れ替え、土壌汚染の除去(砂場等に限定) │  │指定の事由がなくなったと都道府県知事が認めるとき│
 │  ○地下水等の摂取によるリスク                      │  │は、形質変更時要届出区域の全部又は一部について指│
 │   地下水水質測定、封じ込め(原位置、遮水工、遮断工)│  │定を解除・公告                                │
 │                                                  │  └──────────────────────────┘
 │【土地の形質の変更の禁止】                          │                     │
 │・要措置区域内における土地の形質の変更は禁止        │                     ▼
 │ (禁止の例外となる行為あり)                        │  ┌─ 汚染土壌の搬出等に関する規制 ─────────┐
 │                                                  │  │ 『汚染土壌の運搬に関するガイドライン』参照   │
 │指定の事由がなくなったと都道府県知事が認めるときは、要│  │・要措置区域・形質変更時要届出区域内の土壌の搬出の規制│
 │措置区域の全部又は一部について指定を解除・公告      │→ │ (事前届出：搬出着手14日前)                   │
 └──────────────────────────┘  │ (計画の変更命令、運搬基準に違反した場合の措置命令等)│
                                                       │・汚染土壌に係る管理票の交付及び保存の義務     │
                                                       └──────────────────────────┘
```

(注) 灰色部分は都道府県知事の手続き)
※「土壌汚染対策法に基づく調査及び措置に関するガイドライン (改定第2版)」(平成24年8月環境省　水・大気環境局土壌環境課) から抜粋一部修正

解説 図 4.8.4　改正土壌汚染対策法の概要

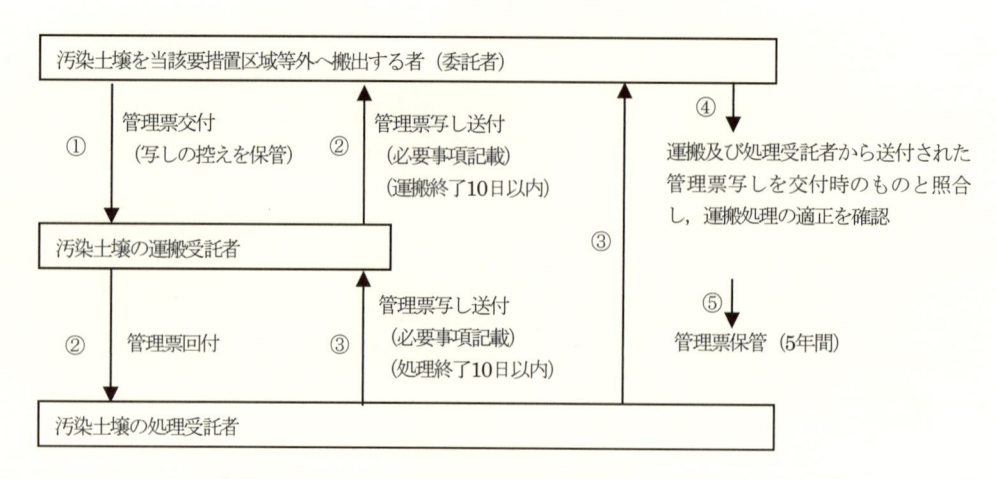

```
┌─────────────────────────────────────────────────────────┐
│  汚染土壌を当該要措置区域等外へ搬出する者（委託者）      │
└─────────────────────────────────────────────────────────┘
   │①管理票交付    ②管理票写し送付           ④↑
   │ (写しの控えを保管)  (必要事項記載)        運搬及び処理受託者から送付された
   ↓              (運搬終了10日以内)          管理票写しを交付時のものと照合
┌───────────────────────┐           ③         し，運搬処理の適正を確認
│  汚染土壌の運搬受託者  │                     
└───────────────────────┘                     ⑤↓
   │②管理票回付   ③管理票写し送付            管理票保管（5年間）
   │              (必要事項記載)
   ↓              (処理終了10日以内)
┌─────────────────────────────────────────────────────────┐
│  汚染土壌の処理受託者                                    │
└─────────────────────────────────────────────────────────┘
```

解説 図 4.8.5　管理票の受渡し手順

第5編　限界状態設計法

第1章　総　　則

1.1　適用の範囲

本編は，限界状態設計法により覆工の設計を行う場合の基本となる事項を示したものである．なお，第2編との共通事項および施工時の検討は，第2編を参照するものとする．

【解　説】　近年，種々の構造物では安全性，使用性および修復性を確保するための限界状態を明確にし，使用材料，構造物に作用する荷重，構造計算法等のばらつきや変動等を安全係数として考慮することで所要の性能を照査する限界状態設計法が導入されている．「トンネル標準示方書　シールド工法・同解説」においても2006年版より限界状態設計法編が新設された．これ以降，レベル2地震動に対する耐震設計を行う場合や，軟弱地盤の圧密沈下や地盤隆起など設計時点とは異なる将来の荷重作用の変動が想定される場合に，覆工の設計に限界状態設計法を適用する事例が多くなっている．また2010年2月には，トンネルライブラリー第23号 セグメントの設計［改訂版］が発刊され，具体的な計算方法等が示されている．

本編は，シールドトンネルの覆工設計を限界状態設計法によって行うことを目的に，基本形状である円形の断面を有する覆工の設計の基本を示したものである．**解説 図 5.1.1**に限界状態設計法による設計の流れを示す．なお，本編には，第2編 覆工と重複する共通事項および施工時の検討等の内容を記載していない．**解説 表 5.1.1**は，限界状態設計法により覆工の設計を一連で行うことを目的とし，第5編の条文および第5編で省略した設計項目に対して参照する第2編の条文を示したものである．

設計にあたっては，一つの構造物で部材ごとに限界状態設計法と許容応力度設計法を設計者の都合の良いように使い分けるなど，両方の設計法を混用してはならない．ただし，常時およびレベル1地震動に対する検討を許容応力度設計法で行った場合に，レベル2地震動については限界状態設計法を用いてよい（第5編 9.1.1参照）．

また，限界状態設計法は，とくに各種の安全係数の精度を向上させることでさらに合理的なものになると考えられる．このためには，設計の適用実績や計測結果，今後の研究成果等の新しい知見を集積していく必要がある．

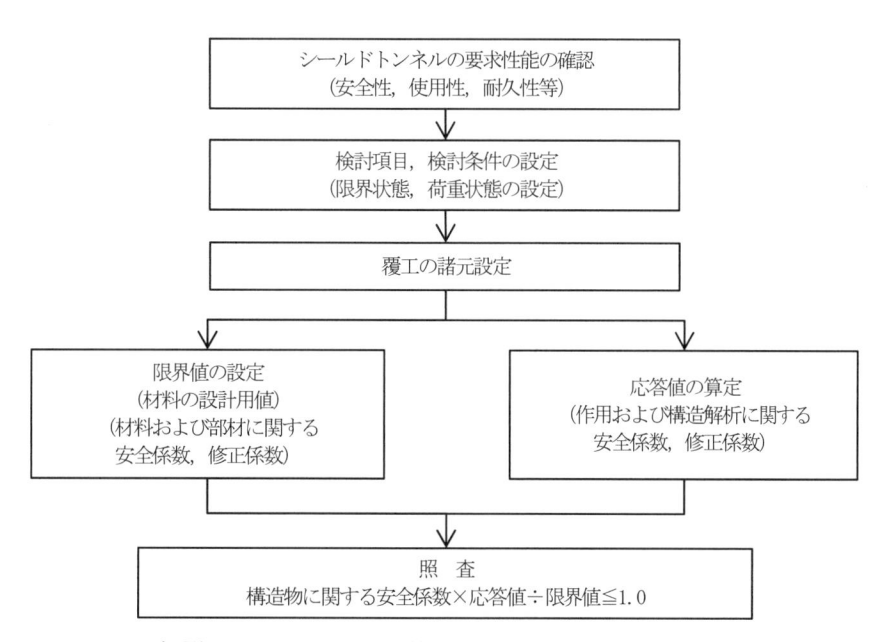

解説 図 5.1.1　限界状態設計法による設計の流れ

解説 表 5.1.1　第5編の条文および第5編で省略した設計項目に対して参照する第2編の条文

第5編 限界状態設計法		第5編に対応する第2編の条文
条　文，[　]は第2編を参照する項目	参照内容	
第1章　総　則	—	—
1.1　適用の範囲	—	1.1　適用の範囲
1.2　記号および用語の定義	一部第2編参照	1.2　名称
		1.3　記号
[覆工構造の選定]	第2編参照	1.4　覆工構造の選定
第2章　設計の基本	—	—
2.1　一般事項	—	1.5　設計の基本
2.2　設計耐用期間		
2.3　設計の前提		
2.4　限界値および応答値の算定		
2.5　安全係数		
2.6　修正係数		
[設計計算書]	第2編参照	1.6　設計計算書
[設計図]	第2編参照	1.7　設計図
第3章　材料の設計値	—	
3.1　一般事項	—	3.1　材料
3.2　強度		3.2　材料の試験
3.3　応力−ひずみ曲線	—	3.3　材料のヤング係数およびポアソン比
3.4　ヤング係数		
3.5　その他の材料設計値		
第4章　作　用	—	—
4.1　一般事項	—	—
4.2　設計作用の種類と組合せ	第2編参照	2.1　作用の種類
4.3　作用の特性値	詳細は第2編参照	2.2　鉛直土圧および水平土圧
		2.3　水圧
		2.4　覆工の自重
		2.5　上載荷重の影響
		2.6　地盤反力
		2.7　施工時荷重
		2.8　環境の影響
		2.9　浮力
		2.11　近接施工の影響
		2.12　併設トンネルの影響
		2.13　地盤沈下の影響
		2.14　内水圧の影響
		2.15　内部荷重
		2.16　その他の作用
第5章　安全係数		
5.1　一般事項	—	—
5.2　材料係数		
5.3　部材係数		
5.4　作用係数		
5.5　構造解析係数		
5.6　構造物係数		
第6章　構造解析		—
6.1　一般事項	一部第2編参照	6.1　構造計算の基本
6.2　構造解析に用いるモデル		6.2　横断方向の構造計算
		6.3　縦断方向の構造計算
		6.4　スキンプレートの有効幅
		6.5　主断面の応力度
		6.6　継手の計算

第5編 限界状態設計法		第5編に対応する第2編の条文
条文,［ ］は第2編を参照する項目	参照内容	
第7章 終局限界状態の照査	—	—
7.1 一般事項	一部第2編参照	6.1 〜 6.6
7.2 鉄筋コンクリート製セグメント主断面の照査		
7.3 鉄筋コンクリート製セグメント継手部の照査		
7.4 鋼製セグメント主断面の照査		
7.5 鋼製セグメント継手部の照査		
［スキンプレートの計算］	第2編参照	6.7 スキンプレートの計算
［縦リブの計算］	第2編参照	6.8 縦リブの計算
7.6 安定の照査	—	6.9 トンネルの安定
第8章 使用限界状態の照査	—	—
8.1 一般事項	一部第2編参照	6.1 〜 6.6
8.2 応力度の算定		
8.3 応力度の照査		
8.4 ひび割れ幅の照査	—	11.3 ひび割れ幅の検討
8.5 セグメントリングの変形の照査	—	
8.6 継手部の変形の照査	—	
［覆工の耐久性］	第2編参照	11.1 耐久性の基本
		11.2 止水
		11.4 防食および防せい
第9章 耐震設計	—	—
9.1 一般事項		
9.2 地震時作用		
9.3 地震時の地盤挙動の算定		
9.4 応答値の算定		
9.5 耐震性能の照査		
9.6 耐震対策		
［セグメントの形状寸法］	第2編参照	第5章 セグメントの形状,寸法
［セグメントの設計細目］	第2編参照	第7章 セグメントの設計細目
［セグメントの製作］	第2編参照	第8章 セグメントの製作
［セグメントの貯蔵，運搬および取扱い］	第2編参照	第9章 セグメントの貯蔵，運搬および取扱い
［二 次 覆 工］	第2編参照	第10章 二 次 覆 工

1.2 記号および用語の定義

（1） 記 号

F_k ：作用の特性値（ $=\rho_f \cdot F_n$ ）

F_d ：作用の設計値（ $=\gamma_f \cdot F_k$ ）

F_n ：作用の規格値または公称値

f_k ：材料強度の特性値（ $=\rho_m \cdot f_n$ ）

f_d ：材料の設計強度（ $= f_k / \gamma_m$ ）

f_n ：材料の規格値または公称値

R ：限界値の特性値

R_d ：限界値の設計値

S ：応答値の特性値

S_d ：応答値の設計値

γ_m ：材料係数

γ_b ：部材係数

γ_f ：作用係数

γ_d ：構造解析係数

γ_i ：構造物係数
ρ_m ：材料修正係数
ρ_f ：作用修正係数

(2) 用語の定義

安全性‥‥‥構造物が使用者や周辺の人の生命や財産を脅かさないための性能.

使用性‥‥‥構造物の使用者が快適に構造物を使用する，もしくは周辺の人が構造物によって不快となることのないようにするための性能，および構造物に要求されるそれ以外の諸機能を適切に確保するための性能.

耐久性‥‥‥構造物中の材料の劣化により生じる性能の経時的な低下に対して構造物が有する抵抗性.

復旧性‥‥‥地震の影響などの偶発作用によって低下した構造物の性能を回復させ，継続的な使用を可能にする性能.

修復性‥‥‥復旧性のうち，構造物の損傷に対する修復の難易度を表す性能

供用期間‥‥‥構造物を供用する期間.

設計耐用期間‥‥‥設計時において，構造物または部材が，その目的とする機能を十分果たさなければならないと規定した期間.

レベル1地震動‥‥‥構造物の設計耐用期間内に数回発生する大きさの地震動.

レベル2地震動‥‥‥設計耐用期間内に発生する確率はきわめて小さいが強い地震動.

【解　説】　(2) について　条文に示した用語以外は，本示方書の他編，コンクリート標準示方書を参照すること.

第2章 設計の基本

2.1 一般事項

（1） 限界状態設計法による覆工の設計は，その使用目的に対して安全性，使用性，耐久性の確認をおこなうことを基本とし，設計耐用期間中に構造物が設定した限界状態に至らないことを確認しなければならない．

（2） シールドトンネルの限界状態は，終局限界状態，使用限界状態に区分することを原則とする．

（3） 各限界状態に対する安全性，使用性等の照査は，適切な材料の特性値，作用の特性値，安全係数，修正係数および本編で示す方法を用いて行うことを原則とする．

【解　説】　（1）について　限界状態設計法では設計耐用期間と限界状態を設定し，さらに作用や材料，構造計算等それぞれの不確定要因に対して安全係数を設定し，構造物が限界状態に達しないことを照査する．

（2）について　シールドトンネルでは終局限界状態と使用限界状態の照査を行うこととした．周辺地山で拘束され変動作用の影響が小さいため，疲労限界状態の照査は基本的には行わないでよいこととした．シールドトンネルを構成する主要部材であるセグメントには，鉄筋コンクリート製セグメント，鋼製セグメント，合成セグメント等があるが，それらの設計において設定する限界状態は同様とした．

終局限界状態とは，耐荷性能および変形性能に対応する限界状態であり，シールドトンネルにおける代表的な例が**解説 表 5.2.1**である．使用限界状態とは，使用性あるいは耐久性の照査に用いる限界状態であり，シールドトンネルにおける代表的な例が**解説 表 5.2.2**である．

なお，合成セグメントの場合は，既往の実績や実験等で鋼とコンクリートが一体として挙動することを確認した範囲で設計しなければならない．

（3）について　限界状態に関する照査は，原則として，各限界状態に対し応答値が限界値を超えないことを確認する．各限界状態に対する照査は，第5編 第2章 設計の基本や第5編 第7章 終局限界状態の照査，第5編 第8章 使用限界状態の照査で示す方法によって行う．各特性値の不確実性やばらつき等を安全係数や修正係数として考慮し，第5編 2.5や第5編 2.6，第5編 第5章 安全係数による値を用いることとする．材料の特性値は，第5編 第3章 材料の設計値で定める値を用いることとする．また，設計において照査項目および各限界状態に対応した作用とその組合せを設定する必要があり，第5編 第4章 作用によるものとする．耐震の検討については，第5編 第9章 耐震設計によるものとする．

解説 表 5.2.1　終局限界状態の例

断面破壊の終局限界状態	セグメント本体や継手部が破壊する状態
安定の終局限界状態	トンネルが浮上がり等により安定を失う状態
構造破壊の終局限界状態	断面破壊が生じることでトンネル構造の全体系が崩壊に至る状態
変形の終局限界状態	構造物または部材の変形により耐荷能力を失う状態

解説 表 5.2.2　使用限界状態の例

ひび割れの使用限界状態	ひび割れによる中性化の進行や漏水によってセグメントの耐久性，水密性が損なわれる状態
セグメントリングの変形の使用限界状態	過大な変形によりトンネルを使用するために必要な建築限界等の必要内空確保が損なわれる状態
継手部の変形の使用限界状態	セグメント継手部の目違い量や目開き量が大きくなり，水密性が損なわれる状態
損傷の使用限界状態	部材に損傷を生じ，そのまま使用することが不適当となる状態

2.2 設計耐用期間

シールドトンネルの設計耐用期間は，トンネルの使用目的に応じて要求される供用期間中の覆工の経時変化，地下水や近接施工等の環境条件の変動，維持管理の方法等を考慮するために定める．

【解　説】　新設構造物の設計においては，予定される供用期間中の性能や作用の経時変化を考慮するための設計耐用期間を設定する必要があるため，シールドトンネルの設計においても同様の取り扱いとした．

シールドトンネルの覆工の供用期間中の経時変化には，鉄筋コンクリート製セグメントの中性化や塩害，鋼製セグメントの鋼材腐食等による部材の劣化，シール材の劣化，火災，流砂による摩耗等が挙げられる（第2編 第11章 覆工の耐久性 参照）．とくに塩害が懸念される地盤環境条件での漏水，鉄筋コンクリート製セグメントのひび割れやかぶり不足等には注意が必要である．また，トンネル建設後に地下水位の変動による地盤の圧密沈下や地盤隆起あるいはトンネル周辺の都市再開発等に伴う土被りや上載荷重の増加により，シールドトンネルに設計時点で想定した荷重条件とは異なる作用が生じて変形が進行するという損傷事例も近年報告されている．シールドトンネルの設計においては，設計耐用期間中に上記の経時変化に対し，覆工に要求される全ての性能を確保しなければならない．

なお，シールドトンネルの供用年数が設計耐用期間を超えたとしても，ただちに，その使用が制限されるわけではない．シールドトンネルは長期にわたり健全に使用することを要求される構造物であるため，その維持管理では点検や調査を計画的に行い，この結果にもとづき，必要に応じて対策工を実施することで，設計耐用期間を超える延命化や長寿命化を可能にすることが望ましい．

橋梁や基礎のような他の構造物の設計耐用期間には50〜100年程度を目安としている例がある．シールドトンネルについても，これらと同等程度の設計耐用年数を設定し，適切な維持管理のもとで長期間使用できるようにするのがよい．

2.3 設計の前提

限界状態設計法による覆工の設計は，材料の基本的な性能および設計細目が満足され，標準的な施工方法と施工管理が行われることを前提とする．

【解　説】　設計は，コンクリートや鋼材等の材料が，応力－ひずみ関係，引張軟化曲線，ヤング係数等における基本的な性能を有することを前提として行われる．このため第5編 第3章 材料の設計値で規定する基本的事項を満たす材料を用いることが前提となる．

一般に，シールドトンネルは，その使用条件等から，経年変化に対する高い耐久性や止水性が求められるため，鉄筋のかぶり，継手の構造細目およびシールの構造等に期待される性能が十分果たされることが基本となっている．このため，第2編 第7章 セグメントの設計細目で規定する細目や設計で定めた材料を用いて製造され，設計で定めた規格で施工されることが前提となる．なお，セグメントの各種検査は，第2編 第8章 セグメントの製作で規定する製品検査に準じる．

一方，シールドトンネルの建設は，狭隘な空間での作業，不確定要素の大きい地中での施工となるが，覆工の性能を確保するためには施工時の荷重を著しく増加させないような施工が必要となる．とくに，急曲線施工時のせりやシールドジャッキ推力の過大な偏心，計画以上の裏込め注入圧の作用等には注意が必要である．このため，第4編 施工による標準的な施工方法と施工管理が満たされていることを前提とする．なお，この前提と異なる施工方法を採用する場合は，別途検討や設計が必要となるが，施工時の作用の大きさと発生応力，施工誤差等に不明確な点もあることから，安全のために類似工事のセグメントの形状寸法の実績も勘案する必要がある（第2編 第5章 セグメントの形状寸法 参照）．

2.4 限界値および応答値の算定

（1） 限界値の算定は，材料強度等の諸元に実際の値のばらつきを考慮したときに，限界値の平均値となる計算方法を用いることとする．限界値は，照査すべき限界状態に対応した項目とする．

（2） 応答値の算定は，実際の応答値に対する平均値を与え，照査に必要な応答値が得られる計算方法を用いるものとする．応答値は，断面力，変形量等からなり，照査すべき限界値に対応した項目について算定するものとする．

【解 説】 限界値および応答値の算定に対する原則を定めたものである．したがって，新たな知見によって本示方書と異なる新しい限界値および応答値の算定方法を用いる場合にも，この原則に従う必要がある．

（1）について 限界値には，部材の性能から算定される場合と，部材の性能とは別にトンネルの使用目的から設定する場合がある．使用する限界値の設定方法に対して，限界値の算定方法に対する精度やばらつき等を考慮した部材係数γ_bを設定しなければならない（第5編 5.3 参照）．

一般に，限界値の算出は，終局限界状態が第5編 第7章 終局限界状態の照査，使用限界状態が第5編 第8章 使用限界状態の照査に示す方法により行うことができる．

（2）について 使用する解析手法に対して，解析手法の精度やばらつきを考慮した構造解析係数γ_aを設定しなければならない（第5編 5.5 参照）．

一般に，応答値の算定は，第5編 第6章 構造解析に示す解析手法により行うことができる．

2.5 安全係数

（1） 安全係数は，材料係数γ_m，部材係数γ_b，作用係数γ_f，構造解析係数γ_aおよび構造物係数γ_iとする．

（2） 安全係数は，実際の構造物の限界状態に応じて定めるものであり，考えられる不確実性を考慮して設定する．

【解 説】 （1）について 覆工の設計に用いる安全係数は，5種類定める．それぞれの安全係数は，照査する限界状態や材料，作用等によって，使い分けなければならない．

各安全係数は，照査を行う際の限界値の算出および応答値の算出に対し，**解説 図 5.2.1**の関係となる．

```
         [限界値の算出]                              [応答値の算出]
   材料強度の特性値 f_k (=ρ_m f_n)              作用の特性値 F_k (=ρ_f F_n)
       ↓  ρ_m ：材料修正係数(第5編 2.6参照)         ↓  ρ_f ：作用修正係数(第5編 2.6参照)
       ↓  f_n ：材料強度の規格値                   ↓  F_n ：作用の規格値または公称値
   材料強度の設計値 f_d = f_k / γ_m              作用の設計値 F_d = γ_f F_k
       ↓  γ_m ：材料係数(第5編 5.2参照)            ↓  γ_f ：作用係数(第5編 5.4参照)
   限界値の特性値 R(f_d)                         応答値の特性値 S(F_d)
       ↓  R() ：限界値の算出方法                   ↓  S() ：応答値の算出方法
   限界値の設計値 R_d = R(f_d) / γ_b             応答値の設計値 S_d = Σγ_a S(F_d)
       ↓  γ_b ：部材係数(第5編 5.3参照)            ↓  γ_a ：構造解析係数(第5編 5.5参照)

                        [照 査]
                     γ_i・S_d / R_d ≦ 1.0
                  γ_i ：構造物係数(第5編 5.6参照)
```

解説 図 5.2.1 照査式と各安全係数の関係

（2）について 実際の構造物への作用や応力，変形量に対して，設計で算出する値は，さまざまな要因により差異が生じる．そのため，設計で算出する値と実際の構造物の値の差異を安全係数として定め，安全性を確保する（**解説 図 5.2.2**）．また，安全係数の設定にあたっては覆工に対し想定される限界状態を考慮して設定する

ことが望ましい．

安全係数は，設計値に対し，実際の覆工で生じる誤差，つまり，考えられるすべての変動を考慮したうえで設定する値となる．

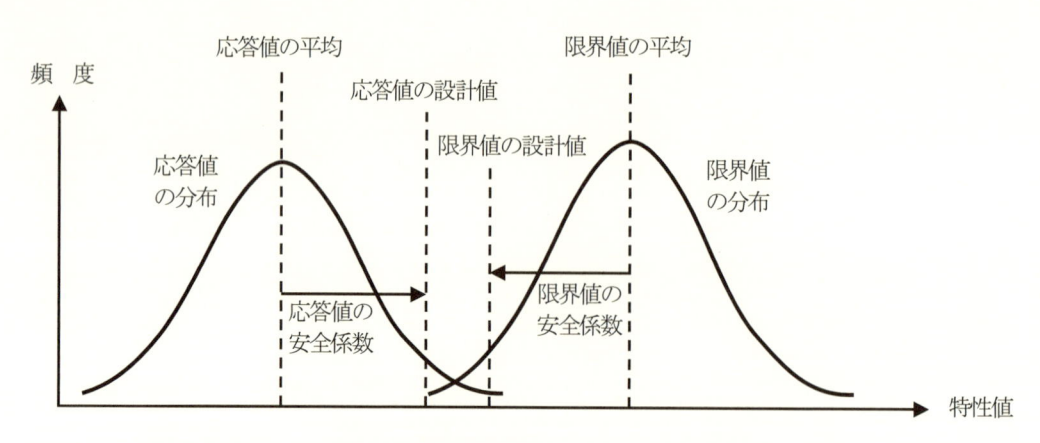

解説 図 5.2.2　応答値と限界値の変動に対する安全係数のイメージ

2.6　修正係数

（1）　修正係数は，材料修正係数ρ_mおよび作用修正係数ρ_fを標準とする．
（2）　修正係数は，特性値と規格値または公称値との相違を考慮して定めるものとする．

【解　説】　（1）について　材料修正係数ρ_mについては第5編 3.1，作用修正係数ρ_fについては第5編 4.3に詳細を示す．

（2）について　「コンクリート標準示方書（設計編）」（2012年制定）と同様に，規格値や公称値が特性値の定義に従って規定されるまでの経過措置として規定した．

材料強度および作用に対して，特性値とは別の体系の規格値または公称値が定まっている場合に，これらの特性値は，規格値または公称値を修正係数によって変換することで求められる．また，作用修正係数ρ_fは，それぞれの限界状態に対して求められる．

なお，修正係数を考慮しなければならない例として，JIS等による規格化がされていない材料を用いる場合等が挙げられる．

第3章 材料の設計値

3.1 一般事項

（1） 覆工に使用する材料は，第2編 3.1によるものとする．
（2） 材料強度の特性値f_kは，試験値のばらつきを考慮して定めるものとする．
（3） 材料強度の設計値f_dは，材料強度の特性値f_kを材料係数γ_mで除した値とする．
（4） 材料強度の特性値f_kがその規格値f_nと異なる場合には，材料強度の特性値f_kは，その規格値f_nに材料修正係数ρ_mを乗じた値とする．

【解説】 （1）について 覆工に使用する材料，機械的性質，試験方法等は，第2編 3.1および第2編 3.2によるものとし，使用目的，環境条件，設計耐用期間，施工条件等を考慮して，適切な種類および品質のものを使用することが必要である．材料の品質は，設計上の必要に応じて，圧縮強度や引張強度に加え，その他の強度特性，ヤング係数，その他の変形特性等で表すこととする．

（2）について 材料強度の特性値f_kは，覆工で使用する材料がJISで規格化されているものを一般に使用していることから，JISに定められた値を用いることを原則とする．JIS以外の材料を使用する場合は，各種試験等により適切な特性値を定めるものとする．

一般的な特性値の考え方は以下のとおりとし，次式により求めることができる．

$$f_k = f_m - k\sigma = f_m(1 - k\delta)$$

ここに， f_m ：試験値の平均値
　　　　 σ ：試験値の標準偏差
　　　　 δ ：試験値の変動係数
　　　　 k ：係数

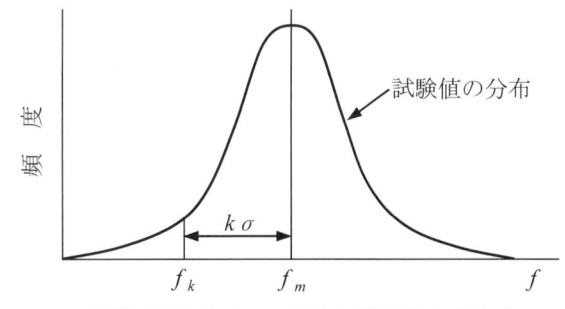

解説 図 5.3.1 一般的な特性値の考え方

係数kは，特性値より小さい試験値が得られる確率と試験値の分布形により定まるものであり，特性値を下回る（下側不良）確率を5％とし，正規分布とした場合は1.645となる（**解説 図 5.3.1** 参照）．

3.2 強度

覆工に用いる材料の強度の特性値は次のとおりとする．ここに示していない強度区分等の各特性値は，強度試験等により適切に定めるものとする．

（1） セグメントに用いるコンクリートの強度の特性値は，**表 5.3.1**によるものとする．

表 5.3.1 コンクリートの強度の特性値（セグメント） （N/mm²）

圧縮強度（設計基準強度）	f'_{ck}	42	45	48	51	54	57	60
引張強度	f_{tk}	2.7	2.9	3.0	3.1	3.2	3.4	3.5
曲げひび割れ強度[*1]	f_{bck}	2.7	2.8	2.9	3.0	3.1	3.2	3.3
付着強度（異形鉄筋）	f_{bok}	3.3	3.5	3.6	3.8	4.0	4.1	4.2
支圧力強度（全断面載荷）	f'_{ak}	42	45	48	51	54	57	60
支圧力強度（局部載荷）[*2]	f'_{ak}	$f'_{ak} = \eta f'_{ck} \quad \eta = \sqrt{A/A_a} < 2$							

[*1] f_{bck}は，セグメント厚さ250mm，粗骨材最大寸法20mmとして算出したものであり，これ以外の諸元のものは次式により求めるものとする．

$$f_{bck} = k_{0b} \cdot k_{1b} \cdot f_{tk}$$

$$k_{0b} = 1 + \frac{1}{0.85 + 4.5(h/\ell_{ch})} \qquad k_{1b} = \frac{0.55}{\sqrt[4]{h}} \qquad \ell_{ch} = G_F \cdot E_c / f_{tk}^{\ 2}$$

ここに、 k_{0b} ：コンクリートの引張軟化特性に起因する引張強度と曲げ強度の関係を表す係数
k_{1b} ：乾燥，水和熱等その他の原因によるひび割れ強度の低下を表す係数
h ：部材の厚さ（m） ただし，$h<0.2$の場合は$h=0.2$とする
ℓ_{ch} ：特性長さ（m）
G_F ：破壊エネルギー（N/m）
E_c ：ヤング係数（kN/mm²）
f_{tk} ：引張強度の特性値（N/mm²）

破壊エネルギーG_Fは，一般の普通コンクリートに対して次式により求めることができる．

$$G_F = 10 \sqrt[3]{d_{max}} \sqrt[3]{f'_{ck}}$$

ここに， d_{max} ：粗骨材の最大寸法（mm）

f'_{ck} ：圧縮強度の特性値（N/mm²）

*2 Aはコンクリートの支圧分布面積，A_aは支圧を受ける面積である（図 5.3.1参照）．

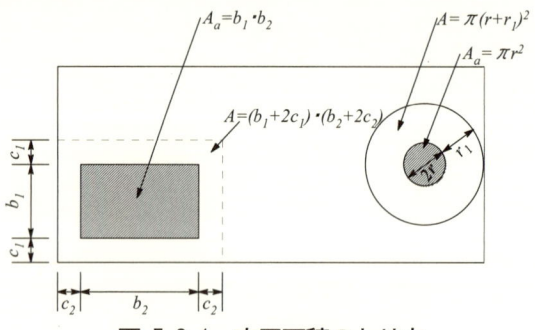

図 5.3.1　支圧面積のとり方

（2）　鉄筋の強度の特性値は，**表 5.3.2**によるものとする．

表 5.3.2　鉄筋の強度の特性値　　（N/mm²）

鉄筋の種類		SD295A,B	SD345	SD390
引張降伏強度	f_{yk}	295	345	390
圧縮降伏強度	f'_{yk}	295	345	390
せん断降伏強度	f_{vyk}	170	195	225

（3）　鋼材および溶接部の強度の特性値は，**表 5.3.3〜表 5.3.5**によるものとする．**表 5.3.3**は座屈を考慮しない場合の値であり，また**表 5.3.4**は座屈を考慮する場合の値である．

鋼製セグメントの局部座屈に対する強度の特性値は，**表 5.3.5**によるものとする．なお，強度の異なる鋼材を接合する場合は，強度の低い鋼材に対する値を用いるものとする．

表 5.3.3 鋼材および溶接部の強度の特性値　　(N/mm²)

応力度の種別			鋼種	SS400 SM400 STK400				SM490 STK490				SM490Y SM520				SM570			
			記号	A				A, B				A, B, C				C			
			板厚 t	$t \leqq 16$	$16 < t \leqq 40$	$40 < t \leqq 75$	$75 < t \leqq 100$	$t \leqq 16$	$16 < t \leqq 40$	$40 < t \leqq 75$	$75 < t \leqq 100$	$t \leqq 16$	$16 < t \leqq 40$	$40 < t \leqq 75$	$75 < t \leqq 100$	$t \leqq 16$	$16 < t \leqq 40$	$40 < t \leqq 75$	$75 < t \leqq 100$
構造用鋼材		引張降伏強度	245	235	215	215	325	315	295	295	365	355	335	325	460	450	420	420
		圧縮降伏強度	245	235	215	215	325	315	295	295	365	355	335	325	460	450	420	420
		せん断降伏強度(総断面)	140	135	120	120	185	180	170	170	210	205	190	185	265	260	245	240
		支圧強度(鋼板と鋼板)	365	350	320	320	485	470	440	440	545	530	500	485	545	530	500	485
溶接部	工場溶接	開先溶接	引張降伏強度	245	235	215	215	325	315	295	295	365	355	335	325	460	450	420	420
			圧縮降伏強度	245	235	215	215	325	315	295	295	365	355	335	325	460	450	420	420
			せん断降伏強度(総断面)	140	135	120	120	185	180	170	170	210	205	190	185	265	260	245	240
		すみ肉溶接	ビード方向の引張・圧縮降伏強度	245	235	215	215	325	315	295	295	365	355	335	325	460	450	420	420
			のど厚に関する許容引張・圧縮・せん断降伏強度	140	135	120	120	185	180	170	170	210	205	190	185	265	260	245	240
現場溶接				上記の90%を原則とする															

表 5.3.4 座屈を考慮する場合の強度の特性値　　(N/mm²)

強度の種別		鋼種	SS400, SM400 STK400	SM490, STK490	SM490Y SM520	SM570	―
圧縮降伏強度総断面につき	軸方向		$0 = \ell/r \leqq 9$ ： f'_{yk} $9 < \ell/r \leqq 130$ ： $f'_{yk} - 1.33(\ell/r - 9)$	$0 = \ell/r \leqq 8$ ： f'_{yk} $8 < \ell/r \leqq 115$ ： $f'_{yk} - 2.06(\ell/r - 8)$	$0 = \ell/r \leqq 8$ ： f'_{yk} $8 < \ell/r \leqq 105$ ： $f'_{yk} - 2.46(\ell/r - 8)$	$0 = \ell/r \leqq 7$ ： f'_{yk} $7 < \ell/r \leqq 95$ ： $f'_{yk} - 3.51(\ell/r - 7)$	①
	曲げ方向						②

(1) 強軸まわりの曲げに対し

　上記の ℓ/r の代わりに次の式で示す等価細長比 $(\ell/r)_e$ を用いる

　$(\ell/r)_e = F \cdot \ell/b$

　ここで, I型断面の場合　　　：$F = \sqrt{12 + 2\beta/\alpha}$

　　箱型断面の場合

　　　$\beta < \beta_0$　　　　　　：$F = 0$

　　　$\beta_0 \leqq \beta < 1$　　　：$F = \dfrac{1.05(\beta - \beta_0)}{1 - \beta_0}\sqrt{3\alpha + 1}\sqrt{b/\ell}$

　　　$1 \leqq \beta < 2$　　　　：$F = 0.74\sqrt{(3\alpha + \beta)(\beta + 1)}\sqrt{b/\ell}$

　　　$2 \leqq \beta$　　　　　　：$F = 1.28\sqrt{3\alpha + \beta}\sqrt{b/\ell}$

$$\beta_0 = \frac{14 + 12\alpha}{5 + 21\alpha}$$

　　U型断面の場合　　　：$F = 1.1\sqrt{12 + 2\beta/\alpha}$

(2) 弱軸まわりの曲げに対して　：f'_{yk}

*1　①における ℓ は部材の座屈長さを, r は考える軸についての総断面の断面二次半径を示す.

*2　②における ℓ はフランジ固定点距離を, b はI型断面の場合にはフランジの幅を, または箱型断面およびU型断面の幅を, また箱型断面およびU型断面の場合には, 腹板中心間隔を示す.
　　　α はフランジの厚さ(t_f)と腹板の厚さ(t_w)の比 (t_f/t_w), β は腹板高さ(h)とフランジ幅(b)との比(h/b)である.

表 5.3.5 鋼製セグメントの局部座屈に対する強度の特性値　(N/mm²)

鋼種	記号	板厚 t (mm)	局部座屈の影響を受けない場合 幅厚比 (板幅h/板厚t_r)	強度	局部座屈の影響を受ける場合 幅厚比 (板幅h/板厚t_r)	強度
SS400 SM400 STK400	A B	$t \leq 16$	$h/(t_r \cdot f \cdot K_r) \leq 12.5$	245	$12.5 \leq h/(t_r \cdot f \cdot K_r) \leq 16$	
		$16 < t \leq 40$	$h/(t_r \cdot f \cdot K_r) \leq 12.7$	235	$12.7 \leq h/(t_r \cdot f \cdot K_r) \leq 16$	
		$40 < t \leq 75$	$h/(t_r \cdot f \cdot K_r) \leq 13.3$	215	$13.3 \leq h/(t_r \cdot f \cdot K_r) \leq 16$	
		$75 < t$	$h/(t_r \cdot f \cdot K_r) \leq 13.3$	215	$13.3 \leq h/(t_r \cdot f \cdot K_r) \leq 16$	
SM490 STK490	A B	$t \leq 16$	$h/(t_r \cdot f \cdot K_r) \leq 10.8$	325	$10.8 \leq h/(t_r \cdot f \cdot K_r) \leq 16$	
		$16 < t \leq 40$	$h/(t_r \cdot f \cdot K_r) \leq 11.0$	315	$11.0 \leq h/(t_r \cdot f \cdot K_r) \leq 16$	
		$40 < t \leq 75$	$h/(t_r \cdot f \cdot K_r) \leq 11.4$	295	$11.4 \leq h/(t_r \cdot f \cdot K_r) \leq 16$	$38800 \left(\dfrac{t_r \cdot f \cdot K_r}{h} \right)^2$
		$75 < t$	$h/(t_r \cdot f \cdot K_r) \leq 11.4$	295	$11.4 \leq h/(t_r \cdot f \cdot K_r) \leq 16$	
SM490Y SM520	A B C	$t \leq 16$	$h/(t_r \cdot f \cdot K_r) \leq 10.2$	365	$10.2 \leq h/(t_r \cdot f \cdot K_r) \leq 16$	
		$16 < t \leq 40$	$h/(t_r \cdot f \cdot K_r) \leq 10.4$	355	$10.4 \leq h/(t_r \cdot f \cdot K_r) \leq 16$	
		$40 < t \leq 75$	$h/(t_r \cdot f \cdot K_r) \leq 10.7$	335	$10.7 \leq h/(t_r \cdot f \cdot K_r) \leq 16$	
		$75 < t$	$h/(t_r \cdot f \cdot K_r) \leq 10.8$	325	$10.8 \leq h/(t_r \cdot f \cdot K_r) \leq 16$	
SM570	—	$t \leq 16$	$h/(t_r \cdot f \cdot K_r) \leq 9.1$	460	$9.1 \leq h/(t_r \cdot f \cdot K_r) \leq 16$	
		$16 < t \leq 40$	$h/(t_r \cdot f \cdot K_r) \leq 9.2$	450	$9.2 \leq h/(t_r \cdot f \cdot K_r) \leq 16$	
		$40 < t \leq 75$	$h/(t_r \cdot f \cdot K_r) \leq 9.4$	420	$9.4 \leq h/(t_r \cdot f \cdot K_r) \leq 16$	
		$75 < t \leq 100$	$h/(t_r \cdot f \cdot K_r) \leq 9.5$	420	$9.5 \leq h/(t_r \cdot f \cdot K_r) \leq 16$	

$$f = 0.65\phi^2 + 0.13\phi + 1.0 \quad \phi = \dfrac{\sigma_1 - \sigma_2}{\sigma_1} \quad K_r = \sqrt{\dfrac{2.33}{(\ell_r/h)^2} + 1.0}$$

ここに，　h　：板幅（主桁高さ）(mm)
　　　　　t_r　：板厚（主桁厚）(mm)
　　　　　f　：応力勾配の係数
　　　　　K_r　：座屈係数の比
　　　　　ℓ_r　：主桁の座屈長さ(mm)
　　　　　σ_1，σ_2　：主桁の縁応力度(N/mm²)　（$\sigma_2 \leq \sigma_1$：圧縮を正）
　　　　　f，K_rを計算により求めない場合は，$f \cdot K_r = 1.39$としてよい．

（4）　球状黒鉛鋳鉄の強度の特性値は，表 5.3.6によるものとする．表 5.3.6は座屈を考慮しない場合の値である．

表 5.3.6　球状黒鉛鋳鉄の強度の特性値　(N/mm²)

種　類		FCD450−10	FCD500−7
引張降伏強度	f_{yk}	280	320
圧縮降伏強度	f'_{yk}	320	360
せん断降伏強度	f_{vyk}	220	250

（5）　溶接構造用鋳鋼品の強度の特性値は，表 5.3.7によるものとする．

表 5.3.7　溶接構造用鋳鋼品の強度の特性値　(N/mm²)

鋼　種		SCW480
引張降伏強度	f_{yk}	275
圧縮降伏強度	f'_{yk}	275
せん断降伏強度	f_{vyk}	155

(6) ボルトの強度の特性値は，**表 5.3.8**によるものとする．

表 5.3.8　ボルトの強度の特性値 (N/mm²)

強度区分		4.6	6.8	8.8	10.9
引張降伏強度	f_{yk}	240	480	660	940
せん断降伏強度	f_{vyk}	135	275	380	540

【解　説】　（1）について　コンクリートの各強度の特性値は，「コンクリート標準示方書（設計編）」（2012年制定）に準拠するものとし，原則として材齢28日における試験結果にもとづいて定めるものとする．ただし，使用目的，主要な荷重の作用する時期および施工計画等に応じて，適切な材齢における試験強度にもとづいて定めてもよい．試験方法および試験供試体作成方法等は，JISに規定されている方法に従うものとする．

また，現場打ちコンクリートの強度の特性値は，**解説 表 5.3.1**によるものとする．

解説 表 5.3.1　コンクリートの強度の特性値（現場打ち） (N/mm²)

圧縮強度（設計基準強度）	f'_{ck}	18	21	24	27	30
引張強度	f_{tk}	1.5	1.7	1.9	2.0	2.2
曲げひび割れ強度*1	f_{bck}	1.6	1.8	1.9	2.0	2.2
付着強度（異形鉄筋）	f_{bok}	1.9	2.1	2.3	2.5	2.7
支圧力強度（全断面載荷）	f'_{ak}	18	21	24	27	30
支圧力強度（局部載荷）*2	f'_{ak}	\multicolumn{5}{c}{$f'_{ak} = \eta f'_{ck}$　　$\eta = \sqrt{A/A_a} < 2$}

*1 f_{bck}は，セグメント厚さ250mm，粗骨材最大寸法20mmとして算出したものであるため，これ以外の場合は，セグメントのコンクリートの場合と同様に求める．
*2 A, A_aは セグメントのコンクリートの場合と同様である．

引張強度の特性値f_{tk}および付着強度の特性値f_{bok}は，圧縮強度の特性値f'_{ck}にもとづいて，それぞれ次式により求めてよい．ここで，強度の単位はN/mm²である．

$f_{tk} = 0.23 f'^{2/3}_{ck}$

$f_{bok} = 0.28 f'^{2/3}_{ck}$　　　ただし，$f_{bok} \leq 4.2$

付着強度の特性値f_{bok}の算定にあたっては，使用する鉄筋がJIS G 3112 の規定を満足する異形鉄筋でなければならない．なお，普通丸鋼の場合は，異形鉄筋の場合の40％とし，鉄筋端部に半円形フックを設けるものとする．曲げひび割れ強度の特性値f_{bck}は，引張軟化特性を考慮して定めるものとした．引張軟化特性は，数値計算によってコンクリートの破壊性状を解析する際に構成則として取り込まれるものである．従来，コンクリートのひび割れは，コンクリートの梁を完全弾性体と仮定して，引張縁の最大引張応力度が引張強度に達する時点で発生するとして求められてきた．しかし，コンクリートの引張軟化特性を構成則に取り込むことによって，曲げ強度が引張強度よりも大きくなり，寸法効果があることが考えられる．

コンクリートの引張軟化特性は，「コンクリート標準示方書（設計編）」（2012年制定）に準拠して，**解説 図 5.3.2**に示したバイリニアモデルの引張軟化曲線を用いてよい．

支圧強度の特性値(全面載荷)f'_{ak}は，圧縮強度の特性値f'_{ck}に等しいものとして定めることとする．

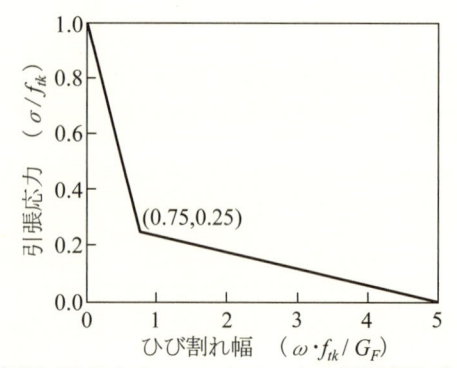

解説 図 5.3.2 コンクリートの引張軟化曲線

(2), (3)について　引張降伏強度の特性値f_{yk}は，JISの規格に適合するものであるとして，JISで定められている規格値の下限値とした．JIS規格品以外の鉄筋および鋼材については，引張試験等にもとづいて適切に定めるものとし，試験方法および試験供試体の作成方法等は，JISに規定されている方法に従うものとする．

圧縮降伏強度の特性値f'_{yk}は，引張降伏強度の特性値f_{yk}に等しいものとしてよい．これは，圧縮試験における弾性変形から塑性変形へと進行する挙動が，基本的には引張試験における挙動と同じであり，実断面積を用いて求めた真応力では，圧縮降伏強度と引張降伏強度とは等しいことによる．JIS Z 2241「金属材料引張試験方法」による引張降伏強度は原断面積を用いるため真応力ではないが，このことが限界状態の検討において大きな影響を及ぼすことはないと考え，圧縮降伏強度の特性値f'_{yk}を引張降伏強度の特性値f_{yk}と等しいものとした．

せん断降伏強度の特性値f_{vyk}は，せん断ひずみエネルギー説による降伏条件を適用し，次式により求めてよい．

$$f_{vyk} = \frac{f_{yk}}{\sqrt{3}}$$

表5.3.3〜表5.3.5に示した鋼材の各強度の特性値は，各鋼材の降伏点を基本として定めた．なお，支圧強度については，鋼材の基準降伏点の1.5倍とした．

現場溶接における溶接部の強度の特性値は，作業の信頼度の低下や環境の影響が大きいことなどを考えて，工場溶接の90%を原則とした．工場溶接と同等以上の施工管理が確保される場合，または現場と同様な施工条件のもとで施工試験がなされ，工場溶接と同等の品質が確認された場合は，「道路橋示方書・同解説　鋼橋編」(2012)と同様に必ずしも強度の特性値を低減しなくてもよい．

表5.3.5に示す鋼材の局部座屈の影響を考慮する場合の強度の特性値については，「道路橋示方書・同解説　鋼橋編」(2012)の「自由突出板の局部座屈に対する許容応力度」を参考に，基準耐荷力曲線の式より降伏点に対する安全係数を1.0として定めた．自由突出板の強度の特性値は，板の幅b（主桁高さ）と板厚t_f（主桁厚）の比，応力勾配の係数fおよび座屈係数の比K_rを用いて設定することができる．自由突出板では，対象となる板（主桁）の支承条件およびその板の長さが無限長とみなせるか，有限長と考えるかで座屈係数の取扱いを考える必要がある．ここでは，主桁等の部材について一辺自由三辺単純支持の支承条件である無限長の自由突出板の座屈係数k_1と，同様の支承条件である有限長の自由突出板の座屈係数k_2との比K_r ($=k_2/k_1$) を導入して，強度の特性値を定めることとした．fは応力勾配に関する係数であり，曲げによる応力勾配が発生しない純圧縮の応力状態の方が局部座屈の影響を受けやすい傾向を示している．

(4)について　球状黒鉛鋳鉄の引張降伏強度の特性値f_{yk}は，JISの規格に適合するものであるとして，JISで定められている規格値の下限値とした．球状黒鉛鋳鉄は，引張強度より圧縮強度が大きいことを考慮し圧縮強度を設定した．なお，FCAD900-8を用いる場合は，解説 表5.3.2を用いてよい．高強度の球状黒鉛鋳鉄（FCAD材：オーステンパ球状黒鉛鋳鉄）は，圧縮降伏強度の特性値は安全を考慮し，引張降伏強度の特性値と同じとした．また，せん断降伏強度の特性値f_{vyk}は，最大ひずみ説による強度式を適用し，次式により求めた．

$$f_{vyk} = \frac{f_{yk}}{(1+\nu)}$$

ここに，ν　：ポアソン比

解説 表 5.3.2　球状黒鉛鋳鉄FCAD900-8の強度の特性値 (N/mm²)

種　　類		FCAD900-8
引張降伏強度	f_{yk}	600
圧縮降伏強度	f'_{yk}	600
せん断降伏強度	f_{vyk}	470

(5), (6) について　引張降伏強度の特性値f_{yk}は，JISの規格に適合するものとして，JISで定められている規格値の下限値とした．JIS規格品以外については，引張試験等にもとづいて適切に定めるものとし，試験方法および試験供試体作成方法等は，JISに規定されている方法に従うものとする．

圧縮降伏強度の特性値f'_{yk}およびせん断降伏強度の特性値f_{vyk}は，鋼材の場合と同様に考えるものとする．

3.3　応力－ひずみ曲線

（1）　検討すべき限界状態に対して，適切な応力－ひずみ曲線を定めなければならない．

（2）　終局限界状態に対する検討においては，コンクリートは図 5.3.2(a)に，鋼材，鉄筋，球状黒鉛鋳鉄およびボルトについては，図 5.3.2(b)に示した応力－ひずみ曲線を用いることとする．

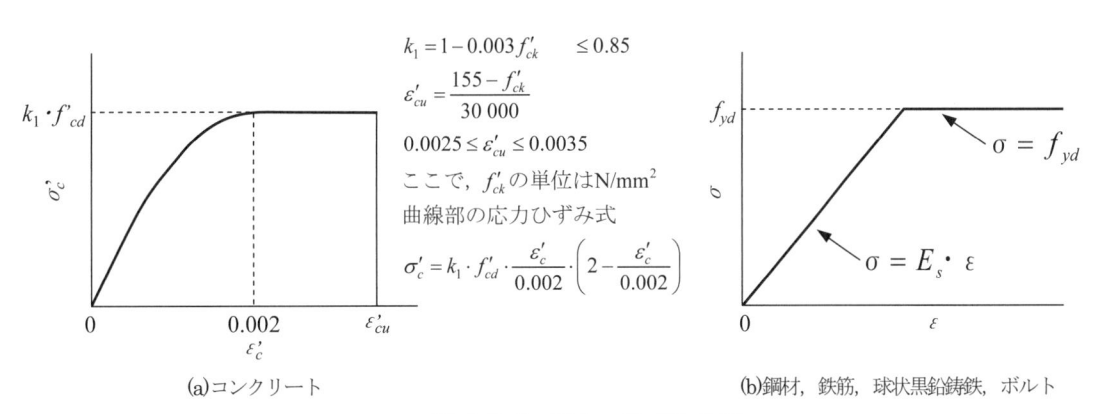

$$k_1 = 1 - 0.003 f'_{ck} \leq 0.85$$
$$\varepsilon'_{cu} = \frac{155 - f'_{ck}}{30\,000}$$
$$0.0025 \leq \varepsilon'_{cu} \leq 0.0035$$

ここで，f'_{ck}の単位はN/mm²
曲線部の応力ひずみ式
$$\sigma'_c = k_1 \cdot f'_{cd} \cdot \frac{\varepsilon'_c}{0.002} \cdot \left(2 - \frac{\varepsilon'_c}{0.002}\right)$$

(a)コンクリート　　(b)鋼材，鉄筋，球状黒鉛鋳鉄，ボルト

図 5.3.2　応力－ひずみ曲線

（3）　使用限界状態に対する検討においては，応力－ひずみ曲線を線形とみなすものとする．この場合のヤング係数は，第5編 3.4 に従って定めるものとする．

【解　説】　(2)について　コンクリートの応力－ひずみ曲線は，図 5.3.2(a)を用いてよい．図 5.3.2(a)は，コンクリートの強度が高くなるとともに，部材の耐力から求められるコンクリート強度が円柱供試験体強度より低下する現象がみられることを考慮して，長方形応力ブロックにおけるコンクリートの応力度を設定するための係数k_1をf'_{ck}に依存させることとし，破壊も脆性的になることを考慮して，終局ひずみも小さくすることとした（**解説 図 5.3.3**）．

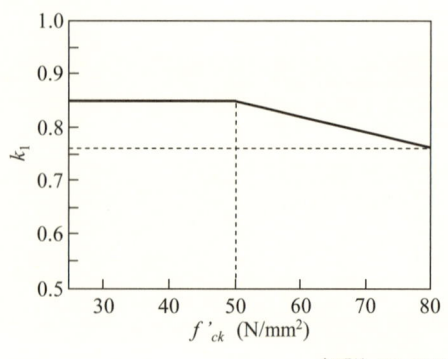

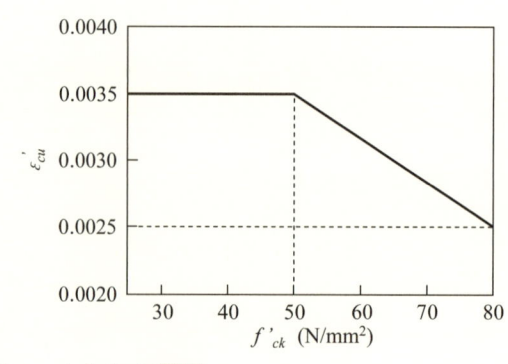

解説 図 5.3.3　k_1, ε'_{cu}とf'_{ck}の関係

　ここに示した応力－ひずみ曲線は一般的なものであり，鉄筋等による拘束効果で圧縮強度および終局ひずみを大きくとれる場合，それらの値が実験等で適切に得られているときには，その結果を用いてもよい．

　鉄筋の拘束効果を考慮したコンクリートの応力－ひずみ関係は，拘束する鉄筋が拘束される鉄筋のはらみ出しを抑制する効果と拘束する鉄筋で囲まれるコンクリートを拘束する効果を確実に発揮できることが前提であり，鉄筋コンクリート製セグメントにおいては主鉄筋を取り囲む鉄筋が，この条件を満たしていることの確認が必要である．

　また，鋼材，鉄筋，球状黒鉛鋳鉄，ボルトの応力－ひずみ曲線は，材料の種類，化学成分，製造方法等によって異なる．たとえば，鉄筋の引張強度に対する降伏強度の比は65～80％，構造用鋼材（非調質）は55～80％程度である．したがって，検討の目的に応じて適切な応力とひずみの関係を設定する必要がある．

3.4　ヤング係数

（1）　セグメントに用いるコンクリートのヤング係数は，JIS A 1149「コンクリートの静弾性係数試験法」によって求めることを原則とするが，設計基準強度に応じて**表 5.3.9**に示した値を用いてもよい．

表 5.3.9　コンクリートのヤング係数（セグメント）

設計基準強度	f'_{ck}	(N/mm²)	42	45	48	51	54	57	60
ヤング係数	E_c	(kN/mm²)	31.4	32.0	32.6	33.2	33.8	34.4	35.0

（2）　鋼，鋳鋼および球状黒鉛鋳鉄のヤング係数は，JIS Z 2241「金属材料引張試験方法」によって引張試験を行い，応力－ひずみ曲線を求め，この結果に基づいて定めることを原則とするが，材料の種別に応じて**表 5.3.10**に示した値を用いてもよい．

表 5.3.10　鋼，鋳鋼および球状黒鉛鋳鉄のヤング係数 (kN/mm²)

材料の種別		ヤング係数
鋼および鋳鋼	E_s	200
球状黒鉛鋳鉄	E_d	170

【解　説】　（1）について　構造物の使用性の照査における弾性変形または不静定力の計算に用いるヤング係数は，試験によらない場合には，設計基準強度に応じて**表 5.3.9**に示した値を用いてよい．**表 5.3.9**に示す以外の設計基準強度を用いる場合は，f'_{ck}=42～60（N/mm²）の範囲において，比例補間してヤング係数を定めてよい．ただし，これを超える設計基準強度を用いる場合は，圧縮試験等にもとづいて定める必要がある．なお，**表 5.3.9**の値は，「コンクリート標準示方書（設計編）」（2012年制定）に準拠して定めたものである．

　許容応力度設計法によりセグメントリングの計算に用いるヤング係数は，第2編 3.3による．これは，「コンク

リート標準示方書」(1980)を基本として，これまでの設計上の実績等を考慮して定めたものであり，限界状態設計法で用いるヤング係数（**表 5.3.9**）と異なるので注意が必要である．

セグメントの主断面の応力度算定で用いる鉄筋とコンクリートのヤング係数比（$n=E_s/E_c$）は，設計基準強度に応じたヤング係数の特性値の比を用いるものとする．

二次覆工等の現場打ちコンクリートを構造部材としてみなす場合の使用性の照査や不静定力の計算に用いるコンクリートのヤング係数は，原則として，JIS A 1149「コンクリートの静弾性係数試験法」によって求めるものとするが，試験によらない場合には，一般に**解説 表 5.3.3**に示す値を用いてよい．**解説 表 5.3.3**に示した値は，「コンクリート標準示方書（設計編）」(2012年制定)に準拠して定めた．**解説 表 5.3.3**に示す以外の設計基準強度を用いる場合は，f'_{ck}=18～30（N/mm²）の範囲において，比例補間してヤング係数を定めてよい．なお，これを超える設計基準強度を用いる場合は，「コンクリート標準示方書（設計編）」(2012年制定)に準拠するか，圧縮試験等にもとづいて定める必要がある．

解説 表 5.3.3 コンクリートのヤング係数（現場打ち）

設計基準強度 f'_{ck} (N/mm²)	18	21	24	27	30
ヤング係数 E_c (kN/mm²)	22.0	23.5	25.0	26.5	28.0

（2）について　使用性の照査における弾性変形または不静定力の計算に用いる鋼，鋳鋼および球状黒鉛鋳鉄のヤング係数は，**表 5.3.10**に示す値を用いてよい．鋼および鋳鋼については「コンクリート標準示方書（設計編）」(2012年制定)に準拠した．

3.5　その他の材料設計値

（1）　コンクリート，鋼，鋳鋼および球状黒鉛鋳鉄のポアソン比は**表 5.3.11**に示す値としてよい．

表 5.3.11　ポアソン比

材料の種別		ポアソン比
コンクリート ν_c	弾性範囲内	0.20
	ひび割れを許容する場合	0.00
鋼および鋳鋼 ν_s		0.30
球状黒鉛鋳鉄 ν_d		0.27

（2）　コンクリートの収縮の特性値は，使用骨材，セメントの種類，コンクリートの配合等の影響を考慮して定めることを原則とする．試験には，7日間水中養生を行った100×100×400mmの角柱供試体を用い，温度20±2℃，相対湿度（60±5）%の環境条件で，JIS A 1129「モルタル及びコンクリートの長さ変化測定方法」に従い測定された乾燥期間6ヶ月（182日）における値とする．ただし，**表 5.3.12**に示す値を用いてもよい．

表 5.3.12　コンクリートの収縮ひずみ（×10⁻⁶）

湿度の目安	コンクリートの材令				
	3日以内	4～7日	28日	3ヶ月	1年
65%	400	350	230	200	120
40%	730	620	380	260	130

> （3） コンクリートのクリープひずみは，弾性ひずみに比例するとして，次式によって求めることを原則とする．
>
> $$\varepsilon'_{cc} = \varphi \cdot \sigma'_{cp} / E_{ct}$$
>
> ここに，ε'_{cc} ：コンクリートの圧縮クリープひずみ
> 　　　　φ ：クリープ係数
> 　　　　σ'_{cp} ：作用する圧縮応力度
> 　　　　E_{ct} ：載荷時材令のヤング係数
>
> 　このとき，コンクリートのクリープ係数は，構造物周辺の湿度，部材断面の形状寸法，コンクリートの配合，応力が作用するときのコンクリートの材令等を考慮して定めることを原則とする．

【解　説】　（1）について　弾性変形または不静定力の計算には，一般に表 5.3.11に示す値を用いてよい．表 5.3.11に示す値は，限界状態設計法によって覆工の設計を行うことから，「コンクリート標準示方書（設計編）」（2012年制定）に準拠して定めた．セグメントコンクリートのポアソン比は，近年の実績等も参考とし0.17から0.20に変更した．

　（2）について　コンクリートの収縮は，単位水量や養生環境等の影響を受けると考えられる．セグメントに用いるコンクリートは一般のコンクリートに比べて収縮が少ないと考えられるが，セグメントに用いるコンクリートの収縮に関する情報が十分得られていないことから，ここでは「コンクリート標準示方書（設計編）」（2012年制定）に準拠した．

　（3）について　セグメントに用いるコンクリートのクリープひずみを算定するにあたっては，セグメントに荷重が作用するまでの間に十分な養生期間があることや，水中養生を行う例があること等を配慮することが望ましい．

第4章 作 用

4.1 一般事項

（1） 覆工の設計には，施工中および供用中に想定される作用を，検討すべき限界状態に応じて，適切な組合せのもとに考慮しなければならない．

（2） 設計作用は，作用の特性値に作用係数を乗じて定めるものとする．

【解 説】 (1)について 設計の対象として考慮する作用の種類およびその組合せは設計法に左右されるものではないという観点から，第2編 覆工に示すものと同一とした．

4.2 設計作用の種類と組合せ

（1） 覆工の設計にあたって考慮する作用は，次のとおりとする．
1) 鉛直土圧および水平土圧
2) 水圧
3) 覆工の自重
4) 上載荷重の影響
5) 地盤反力
6) 施工時荷重
7) 環境の影響
8) 浮力
9) 地震の影響
10) 近接施工の影響
11) 併設トンネルの影響
12) 地盤沈下の影響
13) 内水圧の影響
14) 内部荷重
15) その他の作用

（2） 設計作用は，それぞれの限界状態に対して検討すべき作用の組合せを設定するものとする．

【解 説】 (1)について 設計に用いる作用には，作用する頻度，持続性および変動の程度によって分類される．全土被り土圧や緩み土圧による鉛直および水平土圧，水圧，覆工の自重，構造物等による上載荷重の影響等は作用の変動が無視できるほどに小さく，持続的に作用する荷重であり，設計にあたり常に考慮しなければならない基本的な作用である．また，ジャッキ推力や裏込め注入圧等の施工時荷重は，持続的に作用する荷重ではないが，設計にあたり常に考慮しなければならない基本的な作用である．内水圧の影響，内部荷重，併設トンネルの影響，近接施工の影響，地盤沈下の影響等は，作用の変動が連続あるいは頻繁に起こり，変動が無視できない作用であって，トンネルの使用目的，施工条件および立地条件等に応じて配慮しなければならない作用である．供用中に作用する頻度がきわめて小さいが作用するとその影響が非常に大きい作用には，地震の影響等がある．

覆工の設計には，上記の作用の中から，施工中および供用中の検討すべき限界状態に応じて選択し，それぞれの作用に対して適切な大きさの設計作用を定めるものとする．施工時荷重は，セグメントに作用する一時的な荷重（第2編 2.7参照）であることから，照査する限界状態や限界値を適切に評価する必要がある．また，地震の影響については，第5編 9.2で述べる．

(2)について 終局限界状態に対する検討は，本体部，継手部の耐力等の各限界状態に対して，地震の影響

等の検討すべき作用をそれぞれ設定する．使用限界状態に対する検討では，ひび割れや変形等の限界状態に対して，それぞれ検討すべき作用の組合せを設定する．作用の組合せについては「トンネル・ライブラリー第23号　セグメントの設計【改訂版】」に具体的に記載されているので，参照してよい．

4.3　作用の特性値

（1）　作用の特性値は，検討すべき限界状態に対して，それぞれ定めなければならない．

（2）　終局限界状態の検討に用いる作用の特性値は，トンネルの施工中および設計耐用期間中に生じる最大作用の期待値とする．ただし，作用が小さい方が不利となる場合には，最小作用の期待値とする．

（3）　使用限界状態の検討に用いる作用の特性値は，トンネルの施工中および設計耐用期間中に比較的頻繁に生じる大きさのものとして定めるものとする．

（4）　作用の特性値が，その規格値または公称値と異なる場合には，作用の特性値は，その規格値または公称値に作用修正係数ρ_fを乗じた値とする．

（5）　鉛直土圧として緩み土圧を採用する場合，設計鉛直土圧の下限値を採用するか，緩み土圧を採用するかについては十分検討をして定めるものとする．

【解　説】　（2）について　終局限界状態の検討に用いる作用の特性値としては，供用期間を上回る再現期間における作用の最大値または最小値が用いられるのであるが，作用に関するデータが必ずしも十分になく，そのような特性値を判断する資料に乏しい事情を勘案して，この示方書では最大作用または最小作用の期待値を特性値とすることとした．

　（3）について　使用限界状態の検討に用いる「比較的頻繁に生じる大きさの」作用とは，その作用の大きさでは，ひび割れ，変形等の限界状態に達しないこととする値である．したがって，覆工の特性や作用の種類，検討すべき限界状態に応じて定める必要がある．

　（5）について　第2編 覆工でも述べているが，一般に鉛直土圧として緩み土圧を採用する場合には，施工過程での作用やトンネル完成後の作用変動を考慮して，これに下限値を設けることが多く，その下限値はトンネルの用途によって異なる．

第5章 安全係数

5.1 一般事項

覆工の設計に用いる安全係数は次のとおりとする．
1) 材料係数 γ_m
2) 部材係数 γ_b
3) 作用係数 γ_f
4) 構造解析係数 γ_a
5) 構造物係数 γ_i

【解　説】　1)，2)　について　材料強度の特性値と部材の諸元から設計断面耐力を求める過程で，材料係数γ_mと部材係数γ_bを導入した．断面耐力の算定は，材料強度を実際の値としたときに断面耐力の平均値を求めることを標準としており，この変動を部材係数γ_bで考慮する必要がある．

　3)，4)　について　作用の特性値から設計断面力を求める過程で，作用係数γ_fと構造解析係数γ_aを導入した．断面力の算定は，作用を実際の値としたときに断面力の平均値を求めることを標準としており，この変動を構造解析係数γ_aで考慮する必要がある．

　5)　について　設計断面力と設計断面耐力との比較を行う段階で構造物係数γ_iを導入した．構造物係数γ_iは，構造物の重要度，限界状態に達したときの社会的影響，経済性等を考慮して定める．

　なお，耐震設計で用いる安全係数については，第5編　第9章　耐震設計を参照すること．

5.2 材料係数

材料係数γ_mは，材料強度の特性値から望ましくない方向への変動，供試体と構造物との材料特性の差異，材料強度が限界状態に及ぼす影響および材料特性の経時変化等を考慮して定める安全係数とし，コンクリート，鉄筋，鋼材等について標準的な値を用いるものとする．

【解　説】　覆工の設計に用いる材料係数は，**解説 表 5.5.1**に示す値を用いてよいものとする．

解説 表 5.5.1　標準的な材料係数の値

限界状態	材料係数 γ_m						
	コンクリート		鉄筋	鋼材		球状黒鉛鋳鉄	ボルト
	セグメント	現場打ち		主桁，縦リブ	スキンプレート		
終局限界状態	1.2	1.3	1.00	1.05	1.00	1.10	1.05
使用限界状態	1.0	1.0	1.00	1.00	1.00	1.00	1.00

1)　コンクリート　現場打ちコンクリートの材料係数は，「コンクリート標準示方書（設計編）」（2012年制定）に準拠して1.3とした．一方，工場製品であるセグメントは，一般の現場打ちコンクリートに比べ，コンクリートの締固め，材料の品質等について管理がなされ，材料の特性の変動が小さいことを考慮して，材料係数を1.2とした．

2)　鉄筋　鉄筋の材料係数は「コンクリート標準示方書（設計編）」（2012年制定）に準拠した．

3)　鋼材　主桁，縦リブの材料係数は，第1編 1.1に示される鉄道構造物の設計基準の構造用鋼材の係数を参考にして定めた．スキンプレートについては，現状の設計においてすでに極限設計法が用いられている（第2編 6.7参照）ことから，1.0と定めた．

4)　球状黒鉛鋳鉄（ダクタイル）およびボルト　球状黒鉛鋳鉄およびボルトの材料係数は，第1編 1.1に示され

る鉄道構造物の設計基準の構造用鋼材の係数を参考にし，鋼材に比べ強度，部材厚さのばらつきが大きいことを考慮して定めた．

5) ボルト　ボルトの材料係数は，主桁や縦リブの材料係数と同様とした．

なお，1)～5)に示した材料係数は，終局限界状態において用いるものであり，使用限界状態における安全係数は，これまでと同様に1.0と定めた．

5.3 部材係数

部材係数γ_bは，部材の断面耐力の算定上の不確実性，部材寸法のばらつきの影響および部材の重要度（対象とする部材が限界状態に達したときに構造物全体に及ぼす影響）等を考慮して定める安全係数とし，鉄筋コンクリート製セグメント，鋼製セグメント，合成セグメントについて定めるものとする．

【解　説】　覆工の設計に用いる部材係数は，**解説 表 5.5.2**および**解説 表 5.5.3**に示す値を用いてよいものとする．なお，大きな内水圧が作用するトンネル等，セグメントリングに軸引張力が発生し本体部やセグメント継手が全断面引張の応力状態になるような部材の部材係数については，選定するセグメントの種類に応じて適宜設定する必要がある．

解説 表 5.5.2　標準的な部材係数の値（鉄筋コンクリート製セグメント）

限界状態	部材係数 γ_b									吊手
	本体部			セグメント継手			リング継手		
	曲げ	軸力(圧縮)	せん断	曲げ	軸力(圧縮)	せん断	軸力(引張)	せん断	
終局限界状態	1.10	1.30	1.30*1 1.10*2	1.10	1.30	1.20	1.10	1.20	1.30
使用限界状態	1.00	1.00	1.00	1.00	1.00	1.00	1.00	1.00	1.00

*1　コンクリートの強度によって定まるせん断耐力の算定に用いる．
*2　鋼材の強度によって定まるせん断耐力の算定に用いる．

解説 表 5.5.3　標準的な部材係数の値（鋼製セグメント）

限界状態	部材係数 γ_b								吊手
	本体部			セグメント継手		リング継手		
	曲げ	軸力(圧縮)	せん断	曲げ	せん断	軸力(引張)	せん断	
終局限界状態	1.05	1.15	1.10	1.05	1.10	1.05	1.10	1.15
使用限界状態	1.00	1.00	1.00	1.00	1.00	1.00	1.00	1.00

1) 鉄筋コンクリート製セグメント　鉄筋コンクリート製セグメントの部材係数は，載荷試験の実績や「コンクリート標準示方書（設計編）」（2012年制定）をもとに，セグメントリングは円形の地中構造物であることを考慮して，本体部，セグメント継手，リング継手，吊手のそれぞれについて定めた．

2) 鋼製セグメント　鋼製セグメントの部材係数は，第1編 1.1に示される鉄道構造物の設計基準の構造用鋼材の係数にもとに定めた．**解説 表 5.5.3**の終局限界状態に示される部材係数で，本体部の曲げ，圧縮については，本体部の部材（主桁等）が局部座屈を起こさないことが前提にある．

3) 合成セグメント　合成セグメントには，鋼枠にコンクリートを打設したものや，外観は鉄筋コンクリート製セグメントであるが内部に鋼材を配置したもの等，本体部の構造形式が大きく異なるものが現れている．これらの合成セグメントの部材係数については，試験によって定めるのが望ましいが，構造形式に応じて，**解説 表 5.5.2**または**解説 表 5.5.3**のいずれかに準拠するか，この2つの表に示す値をもとに別途設定してもよい．

4) 継手について　**解説 表 5.5.2**および**解説 表 5.5.3**では，ボルト継手において，照査する場合の標準的な

値を示した．リング継手にはシールドトンネルのトンネル縦断方向の挙動を考慮して，引張の部材係数を定めた．セグメント継手およびリング継手には，ボルト式をはじめ，インサートボルト式，楔式，ピン式等の多くの種類が存在し，材料特性や構造上の特性によって破壊形態が異なる．したがって，継手部の照査においては，採用する継手の特性を考慮して既往のデータ等を参考に部材係数を定めることが必要である．

5.4 作用係数

作用係数γ_fは，作用の特性値からの望ましくない方向への変動，作用の算定方法の不確実性，設計耐用期間中の作用の変化，作用特性が限界状態に及ぼす影響，環境作用の変動等を考慮して適切に定めるものとする．

【解 説】 シールドトンネルの設計で考慮する作用には，第5編 4.2に記載されているように鉛直土圧および水平土圧，水圧，覆工の自重，上載荷重の影響，地盤反力等がある．ここでは，作用係数の目安を，**解説 表 5.5.4**のように示しており，終局限界状態では作用の種類に応じて作用係数を0.8～1.3に，使用限界状態では1.0としている．これらの作用係数は，今後，限界状態設計法による設計実績が豊富になりデータが蓄積された段階で，再検討し見直すことが必要となる．

シールドトンネルのような円形のアーチ構造物の場合，作用のバランスがよいと軸力が大きくなって構造が安定することから，作用の特性値を一律に大きくしても必ずしも安全側の設計になるとは限らない．そこで，終局限界状態における作用係数の設定にあたっては，設計曲げモーメントが大きくなるように，鉛直方向の作用に対しては作用係数を1.0以上になるように設定し，側方土圧係数に対する作用係数は1.0以下になるように設定することを基本とする．このように作用係数を設定することにより，軟弱地盤で設計断面力が大きくなることが確認されており，良質地盤より軟弱地盤のほうが構造的な問題が生じている事例と整合性が取れ，より実情に合った設計を行うことができるといえる．

自重に関しては，セグメントは十分管理されて製作されていることを前提に，終局限界状態の作用係数を1.0としてもよい．また，上載荷重の終局限界状態の作用係数に関しては，建物や盛土等の静的な作用では1.0を，衝撃荷重や変動の大きい輪荷重等については，作用の特性や土被り等に応じて1.1～1.3の範囲の値を設定する例もある．

なお，**解説 表 5.5.4**に示した値は，現在の技術で十分な地盤調査が行われるなど，条件が把握できていることを前提としている．十分な地盤調査や状況の把握が行われていない場合は，設計上安全側となるような作用係数を設定することが望ましい．

解説 表 5.5.4 作用係数の目安

限界状態	土圧 緩み土圧	土圧 全土被り圧	側方土圧係数	水圧	地盤反力係数	自重	上載荷重	その他
終局限界状態	1.0～1.3 *	1.05	0.8～1.0	0.9～1.0	0.9～1.0	1.0～1.1	1.0～1.3	1.0～1.3
使用限界状態	1.0	1.0	1.0	1.0	1.0	1.0	1.0	1.0

* 鉛直土圧の下限値を採用する場合は，1.0を用いてよい．

5.5 構造解析係数

構造解析係数γ_aは，応答値算定時の構造解析の不確実性等を考慮して，適切に定めるものとする．

【解 説】 構造解析係数は，応答値算定時の構造解析結果のばらつきや不確実性を考慮するための係数であり，応答値の算定に用いる構造解析手法の特性，妥当性，精度等に応じて，適切な値を設定する．本編では，断面力算定時に，はり－ばねモデルによる計算法を用いることを前提としており，これを用いる場合は**解説 表 5.5.5**

を適用してよいこととした．ただし，終局限界状態においては，主断面の非線形の評価方法や，継手の物性値の設定およびモデル化手法によって応答値の算定結果に若干差がつくことがあるため，構造解析係数に1.0〜1.1と幅を持たせている．

解説 表 5.5.5　構造解析係数の目安

限界状態	構造解析係数
終局限界状態	1.0〜1.1
使用限界状態	1.0

5.6　構造物係数

構造物係数γ_iは，構造物の重要度，限界状態に達したときの社会的影響等を考慮して，適切に定めるものとする．

【解　説】　構造物係数は，構造物の重要度，限界状態に達したときの社会的影響等を考慮するための係数であり，通常は，**解説 表** 5.5.6に示す値を適用してよい．ただし，構造物の重要度や社会的影響等から安全側の設計を行うべきと判断した場合は，これより大きな値を設定することができる．

解説 表 5.5.6　構造物係数の目安

限界状態	構造物係数
終局限界状態	1.0〜1.3
使用限界状態	1.0

第6章 構造解析

6.1 一般事項

> 限界状態設計法では，セグメント主断面および継手の剛性低下の影響を適切に評価して各部の応答値を算出できる解析方法を適用しなければならない．

【解 説】 本章では，地震時を除く横断面方向の構造解析を対象とする（地震時は，第5編 第9章 耐震設計 参照）．限界状態設計法で，終局限界状態を対象に高い応力レベルでの解析を行う場合は，セグメント主断面および継手の塑性化の進展に伴う剛性低下を適切に表現できる解析手法を用いなければならない．縦断方向は，主に耐震設計が対象となるが，不等沈下等，耐震設計以外で縦断方向の解析を行う場合は，第5編 第9章 耐震設計の構造解析を参考とし，横断面方向の場合と同様に継手の剛性低下の影響等を評価できる解析方法を適用する．

継手を有するセグメントリングは継手のない剛性一様リングに比べて変形が大きくなるため，周辺地山の状況にもよるが，わが国の現状ではリングごとにセグメント継手位置を円周方向にずらして千鳥組にし，トンネル軸方向にリング継手で接合して千鳥組による添接効果を期待する場合が多い．この場合には千鳥組による添接効果をどのように評価するかが，覆工を設計するうえで非常に重要である．

セグメントリングの構造モデルは，セグメント継手およびリング継手の力学的な取扱いの相違によって各種提案されており，その内容は第2編 6.2で解説されているため参照されたい．

覆工の限界状態設計法では，終局限界状態，使用限界状態について，セグメント主断面，セグメント継手およびリング継手等，各部の照査を行う必要があることから，個々に発生断面力が得られるはり－ばねモデルによる計算法が有効である．

なお，はり－ばねモデルによる計算法のほかにも，終局限界状態を解析する方法として，さまざまな方法が考えられている．たとえば，土と構造物を連成させる有限要素法を用いた解析手法や，コンクリートや鉄筋等の材料レベルでの非線形特性をモデル化し，構造物全体の残留変形や損傷の程度を解析する手法等がある．継手およびセグメント主断面の塑性化に至る挙動を適切に評価できる構造解析方法であれば適用してもよい．

覆工の設計を合理化するためには，構造物の挙動を精度良く解析することが重要である．したがって，厳密な解析手法を用いれば，簡易な解析手法を用いるよりも設計の合理化につながると考えられる．しかし，いちがいに厳密な解析手法を用いればよい訳ではなく，荷重の算定精度等との関係を十分に評価したうえで，解析技術のレベル，対象トンネルの規模や重要度，あるいは解析に要する費用とその効果等を勘案して，解析手法を選定することが重要である．

6.2 構造解析に用いるモデル

> 構造解析にあたっては，セグメントの分割と配置を適切に評価し，セグメント主断面および継手は剛性低下等の影響を適切に評価できる部材モデルを適用しなければならない．

【解 説】 限界状態設計法で，終局限界状態の照査にあたって，各部材が終局限界状態に至る応力レベルまで解析する場合は，塑性化の進展に伴う各部材の剛性低下を合理的に解析モデルに反映しなければならない．また，構造解析で対象とする応力レベルに至るまで，鉄筋の破断やセグメントのせん断破壊による構造の変化，出水等による荷重状態の変化等，構造モデルに考慮しない状態にならないようにしなければならない．

セグメントリングは周囲を地盤に支持された不静定構造物であるため，部材の塑性化が進行して塑性ヒンジが形成されても安定した構造物である．地盤反力が期待できない条件下であっても，塑性ヒンジが3個形成されるまでは安定しているため，セグメントリングは構造安定性の高い構造物と考えられる．したがって，塑性ヒンジが形成される過程を適切に解析で表現できれば，セグメントリングの特徴を反映した大きな耐荷力を説明できる．しかし，セグメントリングは多数のセグメントピースをセグメント継手，リング継手を介し，千鳥組により組み

立てられた構造であることから,地盤との相互作用を含めるとそのメカニズムはきわめて複雑である.このため,各部材の剛性低下を要素実験等で把握することはもとより,各部材の剛性低下がセグメントリング全体の挙動にどのように反映されるか,リング載荷試験等でその挙動を把握する必要がある.そして,構造解析モデルに各部材の剛性低下を導入する際には,リング載荷試験等で得られたセグメントリング全体の塑性化に至る非線形挙動を適切に表現できるか確認したうえで,その適用性を判断する必要がある.

ただし,照査時に用いる安全係数によっては,部材が大きく剛性低下しない範囲までを設計対象とすることも考えられる.また,二次覆工を行わない鋼製セグメントは,第5編 7.4から降伏応力度を限界値とする場合,セグメントの剛性は線形の範囲が設計の対象となる.このような場合,構造計算の部材モデルを線形として計算することも考えられる.しかし,一般的に部材の剛性を大きく設定することで断面力が大きく算定され,安全側の評価となる傾向にある.セグメントの構造は継手等の剛性との相互作用により断面力が算定されるため,セグメント本体の剛性を大きくすることで,継手の断面力が過小評価される場合もあることにも注意が必要である.

さらに,非線形計算についても,計算プログラムにより非線形の収束計算方法等が異なっている場合もある.このため,非線形計算を行う場合は,プログラムの計算内容についても把握し,設計で想定している計算であるか確認した上で使用することが必要である.

トンネル横断方向の構造解析モデルであるはり−ばねモデルによる計算法では,セグメント主断面を円弧ばりまたは直線ばりに,セグメント継手を曲げモーメントに対する回転ばねに,リング継手をせん断ばねにモデル化している.以下に,はり−ばねモデルによる計算法に使用するセグメント主断面,セグメント継手およびリング継手の剛性のモデルを,鉄筋コンクリート製セグメントと鋼製セグメントに分けて解説する.合成セグメントは,合成セグメントの構造から,鉄筋コンクリート製セグメントや鋼製セグメントの剛性のモデルを参考に設定する.セグメント主断面やセグメント継手等,軸力により剛性が変化する部材については,発生軸力を考慮して剛性モデルを設定することが必要である.

1) セグメント主断面について

① 鉄筋コンクリート製セグメント　鉄筋コンクリート製セグメントのセグメント主断面について,耐荷変形特性(曲げモーメントMと曲率ϕの関係)の例を**解説 図 5.6.1**に示す.鉄筋コンクリートの曲げ剛性は,コンクリートのひび割れの発生,鉄筋の降伏,コンクリートの圧壊と順を追って低下する.このため,曲げ剛性は,載荷開始〜ひび割れ発生前(EI①),ひび割れ発生後〜鉄筋降伏前(EI②),鉄筋降伏後〜コンクリート圧壊まで(EI③),コンクリート圧壊後(EI④)に区分される.

使用限界状態は鉄筋降伏前までの状態を対象としているため,曲げ剛性EI①〜EI②の区間が対象となるが,曲げ剛性の低下の程度が小さく初期の曲げ剛性で解析しても実際の挙動との差が小さいことから,許容応力度設計法と同様に,初期の曲げ剛性EI①でモデル化してもよい.

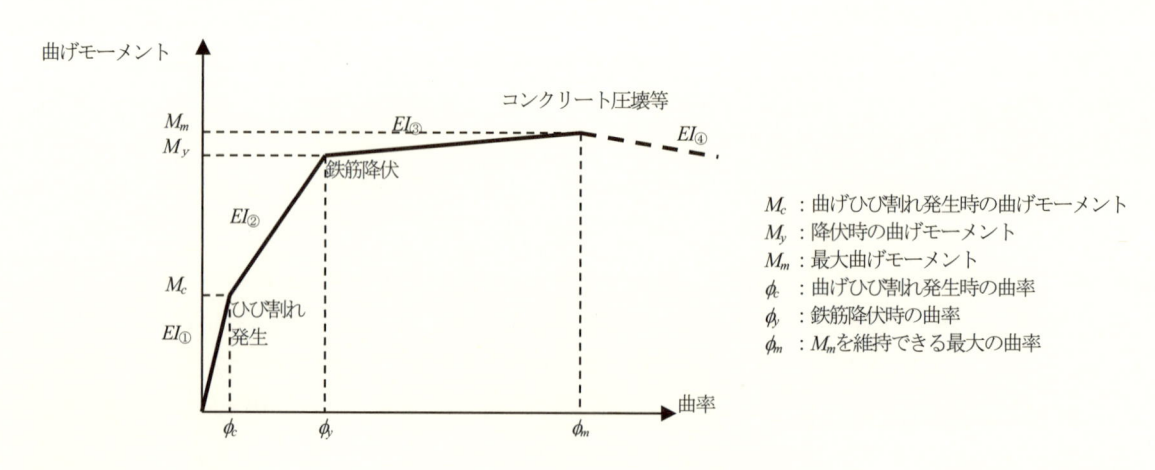

解説 図 5.6.1　鉄筋コンクリート製セグメントのセグメント主断面の曲げモーメントと曲率との関係の例

M_c:曲げひび割れ発生時の曲げモーメント
M_y:降伏時の曲げモーメント
M_m:最大曲げモーメント
ϕ_c:曲げひび割れ発生時の曲率
ϕ_y:鉄筋降伏時の曲率
ϕ_m:M_mを維持できる最大の曲率

一方，終局限界状態は鉄筋の降伏を超えた高い応力レベルを対象としていることから，初期の曲げ剛性$EI_①$で解析すると実際の挙動と大きくかい離した解析結果となるため，塑性化による曲げ剛性の低下を適切に解析モデルに反映させる必要がある．このため，コンクリートの圧壊前までの$EI_①$〜$EI_③$の区間，もしくは，最大曲げモーメント以降までを対象に，曲げ剛性の非線形特性を構造解析モデルに取入れることとする．ただし，最大曲げモーメント以降も対象とするためには，コンクリート圧壊部の軸力およびせん断力に対する安全性の保証が必要であるため，別途，照査する必要がある．理論的には，部材の塑性ヒンジを許容する上記$EI_④$の範囲まで考慮し，塑性ヒンジを3個まで許容すれば，大きな変形とすることができ，トンネルの安定性まで踏み込んだ合理的な設計が可能となる．しかし，構造解析モデルが，前述の千鳥組の影響やセグメントリングと地盤ばねとの相互作用等のセグメントリング特有の複雑なメカニズムを適切にモデル化できているか，リング載荷試験等で確認する必要がある．

② 鋼製セグメント　鋼製セグメントの曲げ剛性の低下は，鋼材の非線形特性や，局部座屈等の影響を考慮して定める必要がある．鋼製セグメントについては，セグメント主断面の破壊試験のデータが不足しているため，ここでは一般的な鋼製構造の剛性評価の考え方を以下に紹介する．

鋼製構造では，矩形断面や円形断面の構成部材に対する非線形特性は，**解説 図 5.6.2**に示す関係としてモデル化することができる．最大曲げモーメント以降については，コンクリート製セグメントと同様の理由により勾配を破線で示した．また最大曲げモーメントを主断面の照査で示す全塑性モーメントとして設定する場合，全塑性モーメントはセグメント厚さ方向の圧縮力と引張力の釣り合いで算定するため曲率は無限大となる．このため，最大曲げモーメント時の曲率は，材料の限界ひずみを設定して，算定する方法が考えられる．

今後，この鋼製構造の剛性評価の考え方を鋼製セグメントに適用できるかどうかについては，セグメント主断面の破壊試験を実施して局部座屈の影響を確認する必要がある．従来の許容応力度設計法では，二次覆工の有無に関わらず，曲げ座屈を考慮して主桁の許容応力度を設定していたが，限界状態設計法の終局限界状態では，曲げ座屈を考慮すると曲げ耐力が著しく低下するため，許容応力度設計法で設計した既往の鋼製セグメントが成立しない．地震時等を含む終局限界状態に相当する状態で既往の鋼製セグメントに被害が生じたという報告がないことから，終局限界状態に対しては二次覆工が座屈防止に十分な効果を発揮するものと考えられる（第5編 **7.4** 参照）．

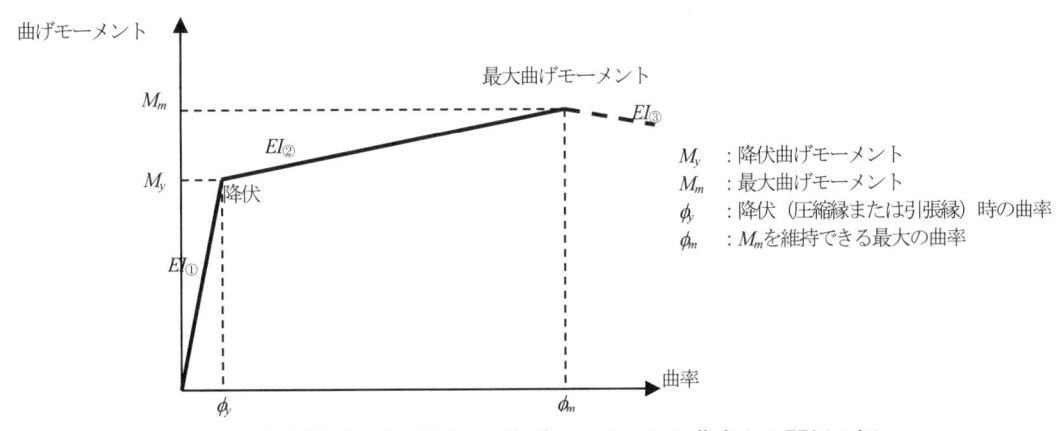

解説 図 5.6.2　鋼製構造の部材断面の曲げモーメントと曲率との関係の例

2) セグメント継手について

① 鉄筋コンクリート製セグメント　一般に，鉄筋コンクリート製セグメントのセグメント継手の曲げ剛性は，継手に引張力を伝達する機能があるか否かによって異なる．それぞれの曲げ剛性は，**解説 図 5.6.3**に示すとおりである．

i）引張力の伝達機能がある継手　この継手における曲げモーメントと継手回転角との関係は，一般的に**解説 図 5.6.3**(a) に示すようなトリリニアな関係となる．各勾配の状態について以下に説明する．

- 第一勾配は，継手の初期締結力，または土水圧等の作用により発生する初期軸力によって導入された継手部の圧縮ひずみが，曲げモーメントの作用により徐々に解放される状態であるが，継手部は離間する前の状態であり，曲げ剛性は高いものとなる（離間前）．
- 第二勾配は，曲げモーメントの作用により継手部の圧縮ひずみが解放された状態であり，継手部が離間した状態である（離間後）．
- 第三勾配は，曲げモーメントの作用により継手部が降伏した状態である（降伏後）．

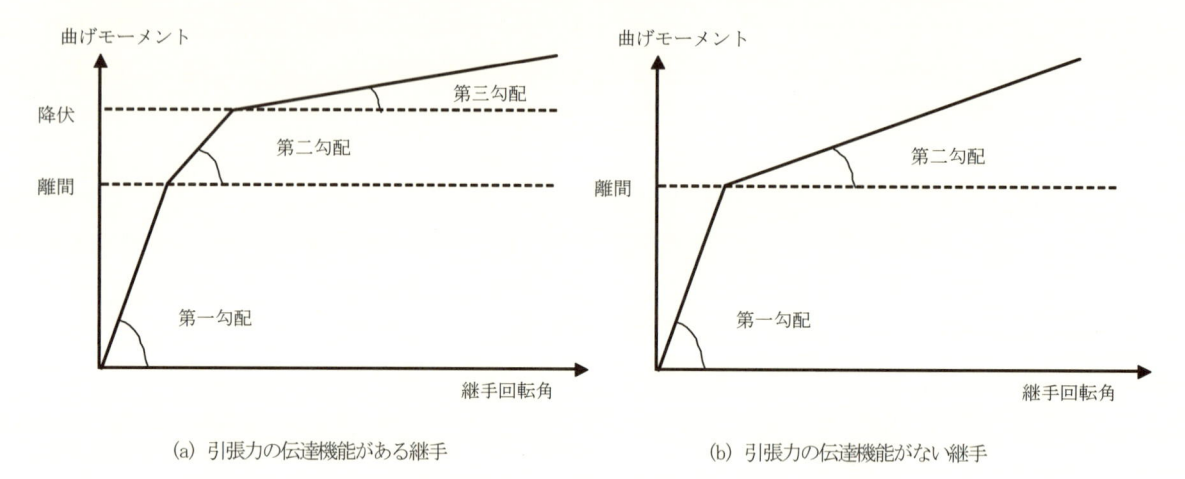

(a) 引張力の伝達機能がある継手

(b) 引張力の伝達機能がない継手

解説 図 5.6.3　鉄筋コンクリート製セグメントのセグメント継手における曲げモーメントと回転角との関係

　ボルトにより締結する継手は，ボルトの初期締結力によるプレストレス効果が継手構造により異なるため，継手曲げ試験等により，ボルトの初期締結力の影響を考慮する必要がある．

　また，軸力を導入した継手曲げ試験が数多く実施されるようになり，軸力の効果によって継手の曲げ剛性が向上することが確認されている．本来，継手部の変形特性は，土水圧等の作用により発生する軸力に影響され，軸力を考慮することにより，みかけ上の継手部の曲げ剛性が高くなる．したがって，軸力を考慮することにより合理的な設計が可能と考えられるが，その取扱いは十分に注意する必要がある．セグメント組立時の断面力の算定にあたっては，セグメント継手には土水圧による軸力は導入されていないため，この点に留意して曲げ剛性を設定する必要がある．とくに，大口径のシールドトンネルでは，セグメント組立時に発生する断面力が設計断面力に占める割合が大きくなるため，セグメント継手の曲げ剛性，セグメントリング周囲の支持条件の設定方法に注意する必要がある．また，土水圧による断面力の算定にあたっては，土水圧に相当する軸力がセグメント継手に導入されるという保証はないことから，軸力の効果を割引いて考慮しなければならない．たとえば，地下水圧相当の初期軸力のみを考慮した曲げ剛性を用いる方法，初期軸力の1/2を考慮する方法，あるいは複雑な取扱いになるが，発生する軸力および曲げモーメントに応じた曲げ剛性を逐次算出する方法等が考えられ，それぞれの特徴を十分勘案したうえで用いることが重要である．

　このように，引張力を伝達する機能がある継手の変形性能はトリリニアな関係となるが，セグメントの主断面の曲げ剛性の取扱いによっては，適用できる荷重レベルは小さいものとなるため，継手の部材特性も第三勾配まで考慮する必要がない場合も考えられる．したがって，第三勾配の取扱いについては，作用する荷重の大きさ，セグメント主断面の曲げ剛性の取扱いを勘案して，解析の合理性を踏まえて適切に判断すればよい．

<u>ⅱ）引張力の伝達機能がない継手</u>　この継手における曲げモーメントと継手回転角との関係は，**解説 図 5.6.3**(b)に示すようなバイリニアな関係となる．一般に，引張力を伝達する機能がない継手の場合は，土水圧等の作用により発生する初期軸力の影響を考慮する．各勾配の状態について以下に説明する．

- 第一勾配は，継手部に働く曲げモーメントと軸力の比（$e=M/N$）が断面のコアの内側にある場合で，継手部の引張側が目開きする前の状態である（離間前）．
- 第二勾配は，曲げモーメントと軸力の比が断面のコアの外側にある場合で，継手部の引張側が目開きした状

態である（離間後）．

なお，引張力の伝達機能がない継手は，地盤条件等により，継手が第二勾配（離間後）にいたると，セグメントリングが不安定な状態になることも考えられるため十分な検討が必要となる．

また，引張力を伝達する機能がある継手と同様に，このバイリニアな関係は理想化したものである．実際には，離間前後，コンクリートの圧壊前の過渡領域では非線形性を示すことが考えられ，この過渡領域を考慮する必要がある場合には，十分な検討が必要になる．

② 鋼製セグメント　鋼製セグメントのセグメント継手における曲げモーメントと継手回転角との関係は，一般的に**解説 図 5.6.4**に示すようにトリリニアな関係となる．各勾配はそれぞれ以下に示す状態であると考えられる．曲げ剛性の算定にあたっては，有効幅を有するはりとして継手板を評価し，継手板周辺の固定条件に応じて複合はりとして継手板の変形性能を考慮する．なお，曲げ剛性は，ボルトの初期締結力による継手板の圧縮ひずみやボルトの伸び（**解説 図 5.6.5**），継手板の変形によって生じるてこ反力（**解説 図 2.6.14**）等の影響を大きく受ける場合があるため，必要に応じてこれらの影響を考慮するものとする．

- 第一勾配は，土水圧等の作用により発生する初期軸力と曲げモーメントのバランスによって，ボルトに引張力が作用する前の状態であり，曲げ剛性は高いものとなる（離間前）．
- 第二勾配は，曲げモーメントによりボルトに引張力が発生し，継手板が離間した状態である（離間後）．したがって，第二勾配は，継手板の曲げ剛性の影響を大きく受けている．
- 第三勾配は，曲げモーメントにより継手板が降伏した状態である（降伏後）．第三勾配は，継手板の降伏により第二勾配よりも著しく低下している．

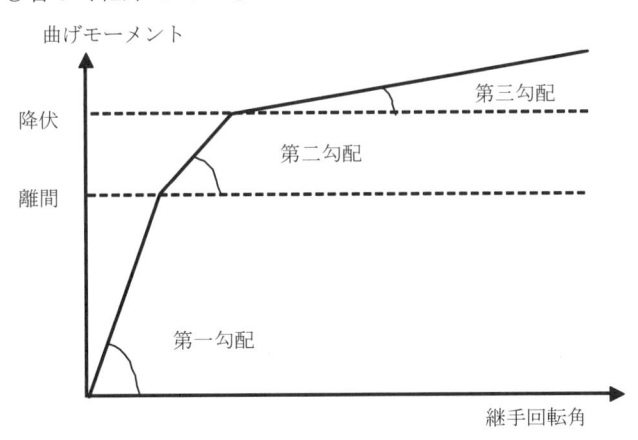

解説 図 5.6.4　鋼製セグメントのセグメント継手における曲げモーメントと回転角との関係

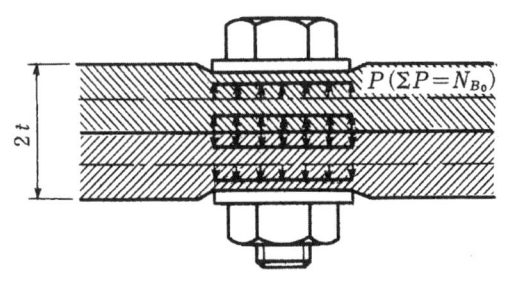

解説 図 5.6.5　ボルトの初期締結力による継手板の圧縮応力度

3) リング継手について　リング継手のせん断挙動は，一般的に**解説 図 5.6.6**に示すような関係となる．各勾配はそれぞれ以下に示すような状態と考えられる．

- 第一勾配は，せん断力がリング継手面の摩擦力より小さい範囲にあり，継手部のせん断弾性変形に依存した値となる．

- 第二勾配は，せん断力が摩擦力より大きくなってすべり出した状態であり，継手が有する幾何学的な余裕分（たとえば，ボルトとボルト孔の余裕分）だけそのせん断力を維持したまま変位する状態である．
- 第三勾配は，継手部のせん断変形に依存した状態である．

このように，リング継手の変形挙動はトリリニアな関係となるが，これを構造解析にて再現することは非常に複雑なモデルとなる．したがって，第一勾配，第三勾配のどちらかをリング継手のせん断剛性として構造解析に用いるのが一般的である．

一般に，リング継手のせん断剛性に第一勾配を採用すると，千鳥組による添接効果が大きく評価され，セグメントリングの変形は小さめに，また発生する断面力が大きめに算出される．また，第三勾配を採用すると，逆にセグメントリングの変形は大きめに，また発生する断面力は小さめに算出されるので採用にあたっては注意する必要がある．一方，リング継手のせん断剛性に解説 図 5.6.6に示す一点鎖線のように，ボルトクリアランスの1/2となる変位の座標と原点とを結ぶ割線勾配に相当するせん断剛性を用いる場合もある．このほか，ジャッキ推力の影響によりリング継手に大きな摩擦力が作用しリング継手がずれることがないと考え，セグメントのせん断剛性に基づいて算定する方法を用いることもある[1]．

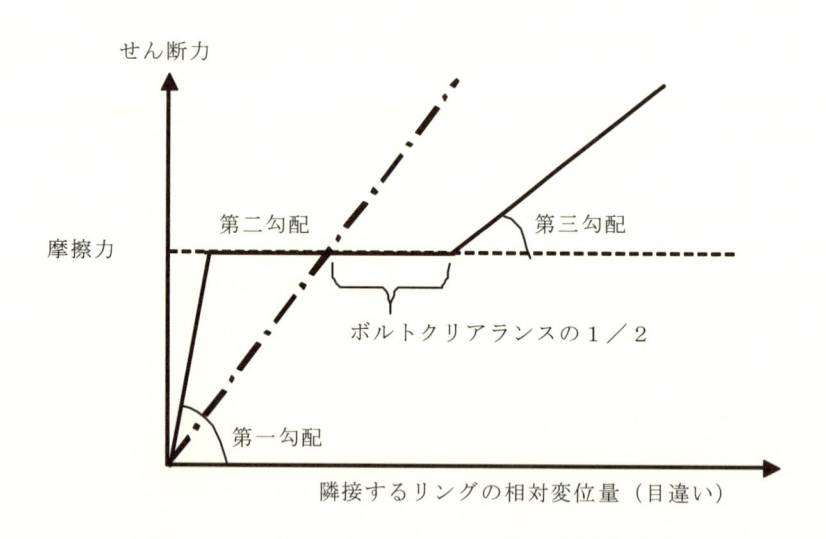

解説 図 5.6.6　せん断力とリング間の相互変位量との関係

4) その他の注意事項について

① 地盤ばねの取扱いに関する注意事項　はり－ばねモデルによる計算法に地盤ばねを考慮する場合には，覆工と地盤との相互作用モデルとなり，地盤ばねが大きい場合，覆工の剛性を低下させると著しく断面力が低下する場合があることから，地盤ばねの取扱いについては注意を要する．

② 常時の解析との重ね合わせ　線形解析を用いている許容応力度設計法では，常時から地震時に至る荷重増分を算定し，この荷重増分による構造解析を行って断面力を算出し，常時の発生断面力と重ね合わせて照査する場合が多い．しかしながら，終局限界状態の構造解析に各部材の剛性低下を考慮する場合には，終局限界状態に至る応力履歴を考慮しなければならないので，初期の応力状態から荷重増分ステップを追えるような解析を行う必要がある．

参考文献

1)（財）鉄道総合技術研究所：鉄道構造物等設計標準・同解説（シールドトンネル），2002.

第7章 終局限界状態の照査

7.1 一般事項

（1） シールドトンネルが，所要の安全性を設計耐用期間にわたり保持することを確認しなければならない．

（2） 終局限界の照査は，設計作用のもとで，すべての構成部材が断面破壊の終局限界状態に至らないこと，ならびに安定の終局限界状態に至らないことを確認することにより行うことを原則とする．

（3） 断面破壊の終局限界状態に対する検討は，設計断面力S_dの設計断面耐力R_dに対する比に構造物係数γ_iを乗じた値が，1.0以下であることを次式により確かめることにより行うものとする．

$\gamma_i S_d / R_d \leq 1.0$

1) 設計断面耐力R_dは，設計強度f_dを用いて部材断面の耐力R（Rはf_dの関数）を算定し，これを部材係数γ_bで除した値とする．

$R_d = R(f_d) / \gamma_b$

2) 設計断面力S_dは，設計荷重F_dを用いて断面力S（SはF_dの関数）を算定し，これに構造解析係数γ_aを乗じた値を合計したものとする．

$S_d = \Sigma \gamma_a S(F_d)$

（4） 安定の終局限界状態に対する検討は，シールドトンネルが安定性を失わないことを確認することにより行うものとする．

【解 説】 （1），（2）について シールドトンネルの部材の終局限界状態の設計において一般に検討の対象となるのは，断面破壊に対するものである．必要な場合には，**解説 表 5.2.1**に示すとおり，安定や変形等に対する検討も行うこととする．

（3）について 曲げモーメント，軸力，せん断力等を受ける場合の断面破壊の終局限界状態に対する安全性の検討は，概念的には**解説 図 5.7.1**のように示される．

曲げモーメントと軸力を同時に受ける部材の断面破壊の終局限界状態に対する安全性の検討についても，前記と同様に設計断面力と設計断面耐力の比較を行えばよい．主な照査項目と限界値の例を**解説 表 5.7.1**に示す．照査にあたっては，その対象や項目によって部分安全係数の数値が異なることに注意が必要である．

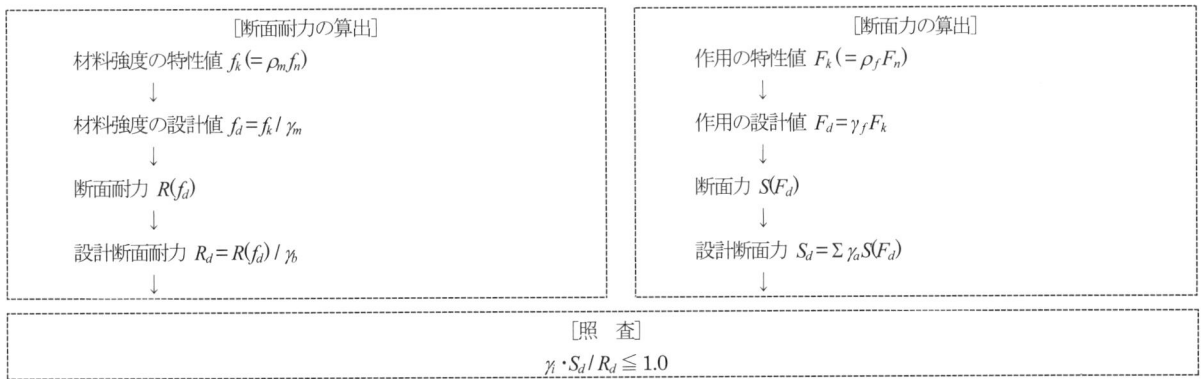

```
[断面耐力の算出]                          [断面力の算出]
材料強度の特性値 f_k (= ρ_m f_n)           作用の特性値 F_k (= ρ_f F_n)
        ↓                                      ↓
材料強度の設計値 f_d = f_k / γ_m            作用の設計値 F_d = γ_f F_k
        ↓                                      ↓
断面耐力 R(f_d)                            断面力 S(F_d)
        ↓                                      ↓
設計断面耐力 R_d = R(f_d) / γ_b             設計断面力 S_d = Σ γ_a S(F_d)
        ↓                                      ↓
```

[照 査]

$\gamma_i \cdot S_d / R_d \leq 1.0$

解説 図 5.7.1 断面破壊の終局限界状態に対する安全性の照査

解説 表 5.7.1 終局限界状態の主な照査項目と限界値

部 位	照査項目	限界値
主断面	曲げモーメント，軸力	曲げ耐力，軸方向耐力
	せん断力	せん断耐力
継手部	曲げモーメント，軸力	曲げ耐力，軸方向耐力
	せん断力	せん断耐力

（4）について　安定の終局限界状態に対する検討では，トンネルが安定性を失わないことを確認するものとし，浮上がりに対する照査を行う（第5編 7.6 参照）．

7.2 鉄筋コンクリート製セグメント主断面の照査

鉄筋コンクリート製セグメント主断面の終局限界状態の照査は，曲げモーメントおよび軸力に対する安全性の照査，せん断力に対する安全性の照査を行うものとする．

【解　説】　曲げモーメントおよび軸力を受ける鉄筋コンクリート製セグメントの設計断面耐力の算定は，以下の①から④の仮定にもとづいて行うものとする．その場合，部材係数γ_bは第5編 5.3による．

①　維ひずみは，断面の中立軸からの距離に比例する．
②　コンクリートの引張応力は無視する．
③　コンクリートの応力－ひずみ曲線は，図 5.3.2(a)によるのを原則とする．
④　鋼材の応力－ひずみ曲線は，図 5.3.2(b)によるのを原則とする．

①の仮定はひずみ分布に関するもので，②および③はコンクリートの応力分布に関するもの，④は鋼材の応力－ひずみ曲線に関するものである．②から④の材料特性は一般的な材料による一般的な構造とした時のものであるため，繊維補強コンクリートを用いた場合や十分な帯鉄筋により拘束を大きくした場合は，実験結果等より定めた適切なものとしてよい．

中立軸が部材断面内にある場合の曲げ耐力は，**解説 図 5.7.2**に示す応力分布に基づいて計算することを基本とする．

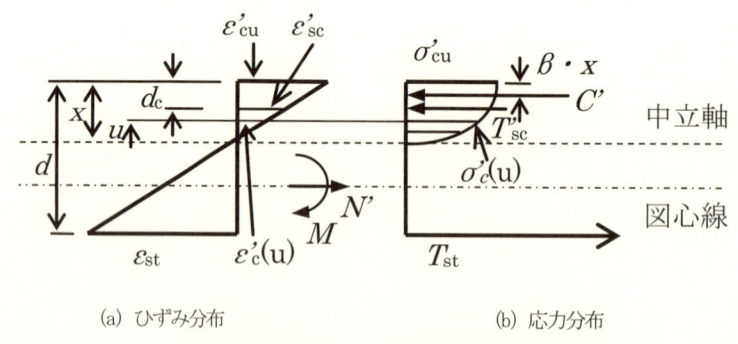

(a) ひずみ分布　　(b) 応力分布

解説 図 5.7.2　曲げ耐力M_uの算定方法

部材断面に軸力と曲げモーメントが同時に作用する場合の設計軸方向耐力と設計曲げ耐力の関係は，**解説 図 5.7.3**に示すような曲線として求められる．したがって，曲げモーメントに対する安全性の検討では，この図に示すように点（$\gamma_i M_d, N'_d$）が，（M_{ud}, N'_{ud}）曲線の内側，すなわち原点側に入ることが基本的な考え方である．セグメントの設計では，圧縮耐力が問題になることは少ないが，セグメントの一部を柱構造として使用するなど軸力が大きくなる構造の場合は，圧縮耐力についても適切に照査する必要がある．

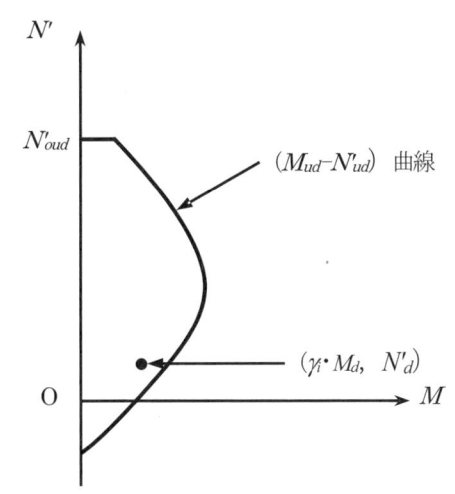

解説 図 5.7.3 軸方向耐力と曲げ耐力の関係

　せん断力を受ける鉄筋コンクリート製セグメントの設計せん断耐力V_{yd}は下記の式によって求めてよい．下記に示す設計せん断耐力式は「コンクリート標準示方書（設計編）」（2012年制定）に準拠したものである．基本的に，コンクリートの分担分V_{cd}とせん断補強鋼材の分担分V_{sd}の和で表すこととし，V_{sd}はせん断補強鋼材の降伏を仮定し，圧縮斜材角を45度としたトラス理論から算定されるものである．

$\quad\quad V_{yd} = V_{cd}+V_{sd}$

ただし，　$p_w \cdot f_{wyd}/f'_{cd} \leqq 0.1$とするのがよい．

ここに，　V_{cd}：せん断補強鋼材を用いない棒部材の設計せん断耐力で次式による．

$\quad\quad V_{cd} = \beta_d \cdot \beta_p \cdot \beta_n \cdot f_{vcd} \cdot b_w \cdot d/\gamma_b$

$\quad\quad f_{vcd} = 0.20\sqrt[3]{f'_{cd}}$ （N/mm²）　ただし，$f_{vcd} \leqq 0.72$ （N/mm²）

$\quad\quad \beta_d = \sqrt[4]{1\,000/d}$ （d：mm）　ただし，$\beta_d > 1.5$となる場合は1.5とする．

$\quad\quad \beta_p = \sqrt[3]{100\,p_v}$　ただし，$\beta_p > 1.5$となる場合は1.5とする．

$\quad\quad \beta_n = 1+2M_0/M_{ud}$ （$N'_d \geqq 0$の場合）　ただし，$\beta_n > 2$となる場合は2とする．

$\quad\quad\quad\quad\,\, = 1+4M_0/M_{ud}$ （$N'_d < 0$の場合）　ただし，$\beta_n < 0$となる場合は0とする．

$\quad\quad N'_d$：設計軸圧縮力

$\quad\quad M_{ud}$：軸方向力を考慮しない純曲げ耐力

$\quad\quad M_0$：設計曲げモーメントM_dに対する引張縁において，軸力によって発生する応力を打ち消すのに必要な曲げモーメント

$\quad\quad b_w$：腹部の幅（mm）

$\quad\quad d$：有効高さ（mm）

$\quad\quad p_v = A_s/(b_w \cdot d)$

$\quad\quad A_s$：引張側鋼材の断面積（mm²）

$\quad\quad f'_{cd}$：コンクリートの設計圧縮強度（N/mm²）

$\quad\quad \gamma_b$：コンクリートの強度によって定まるせん断耐力の算定に用いる部材係数で第5編5.3による．

$\quad\quad V_{sd}$：せん断補強鋼材により受け持たれる設計せん断耐力で次式による．

$\quad\quad V_{sd} = A_w f_{wyd} z/s_s/\gamma_b$

$\quad\quad A_w$：区間s_sにおけるせん断補強鋼材の総断面積（mm²）

$\quad\quad f_{wyd}$：せん断補強鋼材の設計降伏強度で，$25f'_{cd}$（N/mm²）と800N/mm²のいずれか小さい値を上限とする．

$\quad\quad s_s$：せん断補強鋼材の配置間隔（mm）

$\quad\quad z$：圧縮応力の合力の作用位置から引張鋼材図心までの距離で一般に$d/1.15$としてよい（mm）．

$$p_w = A_w/(b_w \cdot s_s)$$

γ_b ： 鋼材の強度によって定まるせん断耐力の算定に用いる部材係数で第5編 **5.3**による．

M_0 の考え方を**解説 図 5.7.4**に示す．なお，このM_0 算定は全断面有効としたコンクリート断面について行ってよい．

一般にセグメントに配置されるせん断補強鋼材は部材軸と直交するため，上記のV_{sd} 算定式はせん断補強鋼材が部材軸となす角度を90度とした式である．直交しない場合は別途考慮しなければならない．

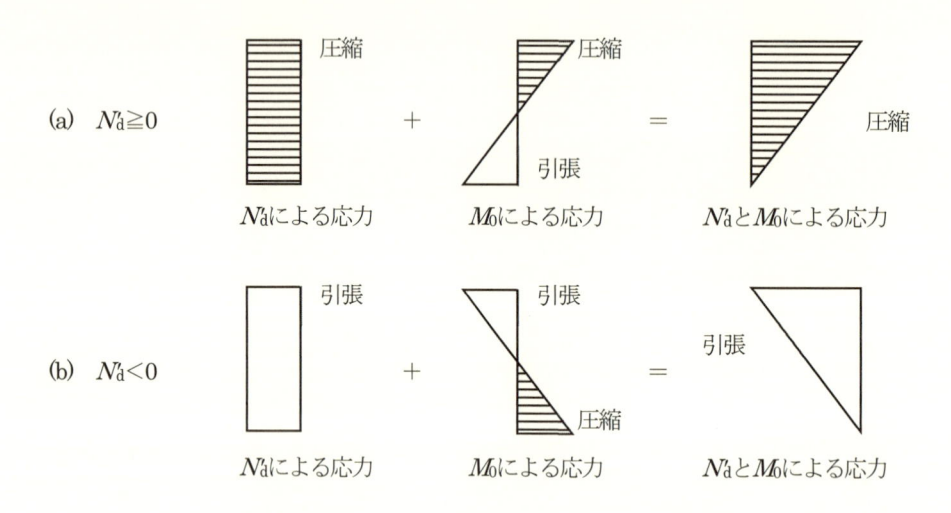

(a) $N_d \geq 0$

N_dによる応力 ＋ M_0による応力 ＝ N_dとM_0による応力

(b) $N_d < 0$

N_dによる応力 ＋ M_0による応力 ＝ N_dとM_0による応力

解説 図 5.7.4 M_0の考え方（$M_d > 0$の場合）

7.3 鉄筋コンクリート製セグメント継手部の照査

（1） セグメント継手部の照査は，継手の構造特性に応じて行うものとする．

（2） セグメント継手の終局限界状態の照査は，構造解析により算定された軸力，曲げモーメントおよびせん断力に対して，継手部の耐力を考慮して行うものとする．

（3） リング継手の終局限界状態の照査は，構造解析により算定されたせん断力に対して，継手部の耐力を考慮して行うものとする．

【解　説】　（1）について　セグメントの継手には多種多様な構造があり，その構造特性に応じて照査するものとする．その際には，作用に抵抗するメカニズムを的確に考慮して耐力を算定するとともに，継手構造の細部にも配慮して，安全性を照査しなければならない．

（2）について　鉄筋コンクリート製セグメントの継手部の終局限界状態の照査は，継手部の断面力を算定する際に用いる解析モデルと同じ考え方により照査を行うこととする．

たとえば，セグメント継手を軸力の影響を受けない回転ばねとしてモデル化した場合には，継手部の終局限界状態の照査では，構造解析により算定される曲げモーメントのみに対する照査を行うべきである．このようなモデル化を行ったのにも関わらず，算定された軸力と曲げモーメントにより継手の照査を行う場合には，継手に関して危険側の評価を与えることとなる．

（3）について　鉄筋コンクリート製セグメントのリング継手の終局限界状態に対する照査は，構造解析により算定されたせん断力に対して行うものとし，継手部の各部材のせん断耐力に関する照査を行う．

7.4 鋼製セグメント主断面の照査

鋼製セグメント主断面の終局限界状態は，二次覆工コンクリートまたは中詰めコンクリートの有無により次のように照査する．

（1） 二次覆工コンクリートまたは中詰めコンクリートがなされている場合は，コンクリートを考慮しないセグメント主断面の全塑性耐力により照査する．

（2） 二次覆工コンクリートまたは中詰めコンクリートがなされていない場合は，主桁の局部座屈を考慮して照査する．

【解説】 鋼製セグメント主断面の終局限界状態は，縦リブ，継手板および二次覆工コンクリート等による主桁の面外方向の変形に対する補強（補剛）の状態により大きく異なる．このため鋼製セグメント主断面の終局限界状態の照査は，主桁の補剛の程度により異なる方法を用いることとした．

（1）について 二次覆工コンクリートまたは中詰めコンクリートにより主桁の全長にわたり面外方向への変形が拘束されている場合には，**解説 図 5.7.5**に示すようにセグメントの主桁およびスキンプレートの各部がすべて降伏し，矩形の応力ブロックが形成される全塑性状態となる．このような場合には，鋼製セグメント主断面の終局限界状態の照査は，全塑性耐力によって行うものとした．

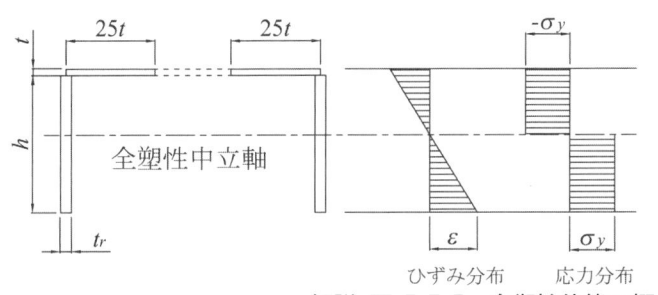

解説 図 5.7.5 全塑性状態の概念図

t_r ：主桁板厚
h ：主桁高さ
t ：スキンプレート板厚
ε ：縁ひずみ
σ_y ：降伏応力度

（2）について 二次覆工コンクリートまたは中詰めコンクリートがなされず縦リブ，継手板により離散的に主桁の面外方向の変形が拘束されている場合には，縦リブと縦リブとの間または縦リブと継手板との間で主桁に局部座屈が発生して最大耐力が決まる場合がある．このような主桁の断面区分としては，縁応力度が降伏点または耐力に至る前に局部座屈により主桁の耐力が決定する座屈強度断面，縁応力度が降伏点または耐力に至るまでは局部座屈を起こさない降伏強度断面，断面の一部が塑性化した後に局部座屈により主桁の耐力が決定する塑性強度断面，全断面が塑性化し全塑性状態により主桁の耐力が決定する塑性設計適用断面がある．

鋼製セグメント主断面の設計終局モーメントM_{ud} は**表 5.3.4**に示される局部座屈に対する強度の特性値および第5編 5.2に規定される材料係数 γ_m を用いて下式により求めることが可能である．

$$M_{ud} = \left[\left(f_{yd} - \frac{N}{A}\right) \cdot Z\right] / \gamma_b$$

ここに，M_{ud} ：設計終局モーメント
　　　　f_{yd} ：強度の設計用値（ $f_{yd} = f'_{yk} / \gamma_m$ ）
　　　　f'_{yk} ：局部座屈に対する強度の特性値
　　　　γ_m ：材料係数
　　　　N ：作用軸力
　　　　A ：セグメント主断面の断面積
　　　　Z ：セグメント主断面の断面一次モーメント
　　　　γ_b ：部材係数

局部座屈応力度については**表 5.3.4**に示されているが，別途，局部座屈に対する十分な検討を行えばこれらの表に示される局部座屈応力度以外の採用が可能である．

7.5 鋼製セグメント継手部の照査

（1） 鋼製セグメントの継手部の照査は，継手形式に応じて行うものとする．
（2） セグメント継手の終局限界状態に関する照査は，構造解析により算定された軸力，曲げモーメントおよびせん断力に対して，ボルト，継手板および溶接部の耐力を考慮して行うものとする．
（3） リング継手の終局限界状態に関する照査は，構造解析により算定されたせん断力に対して，ボルトおよび主桁の耐力を考慮して行うものとする．

【**解　説**】　（1）について　鋼製セグメントの継手形式としては，ボルト継手形式を基本としている．現在ではさまざまな形式の継手が用いられており，これらの継手が終局状態に至るまでの解析モデルも種々提案されている状況である．このため鋼製セグメントの継手部の終局限界状態に関する照査は，継手部の断面力を算定する際に用いる解析モデルと同じ考え方により照査を行うこととした．

たとえば，セグメント継手を軸力の影響を受けない回転ばねとしてモデル化した場合の継手部における終局限界状態の照査では，構造解析により算定される曲げモーメントのみに対する照査を行うべきである．このようなモデル化を行ったのにも関わらず，算定された軸力と曲げモーメントにより継手の照査を行う場合には，継手に関して危険側の評価を与えることとなる．

（2）について　鋼製セグメントのセグメント継手の照査に用いる解析モデルは，**解説 図 5.7.6**(a)に示すように主桁の圧縮縁を回転中心とする．複数のボルトが配置される場合，正曲げに対しては主桁に隣接して配置されたボルトのみが有効であるが，負曲げの場合にはスキンプレートの影響によりすべてのボルトが有効になるという実験結果もある．継手板の面外変形に伴いボルトには，てこ反力が作用するため継手板の板厚およびボルト配置を考慮して，てこ反力の影響についても検討を行うことが必要である（第2編 6.6の解説を参照）．また，継手板と主桁の溶接部はボルトに作用する引張力およびせん断力を確実に伝達できる仕様とすることが必要である．

継手板がボルトにより面外方向に変形させられる場合，継手板にはボルト孔と主桁を結ぶ降伏線が形成されて崩壊に至るが，**解説 図 5.7.6**(b)に示すように簡略化して照査する方法もある．

（3）について　鋼製セグメントのリング継手の終局限界状態に対する照査は，構造解析により算定されたせん断力に対して行うものとし，ボルトのせん断耐力および主桁のせん断耐力に関する照査を行う．

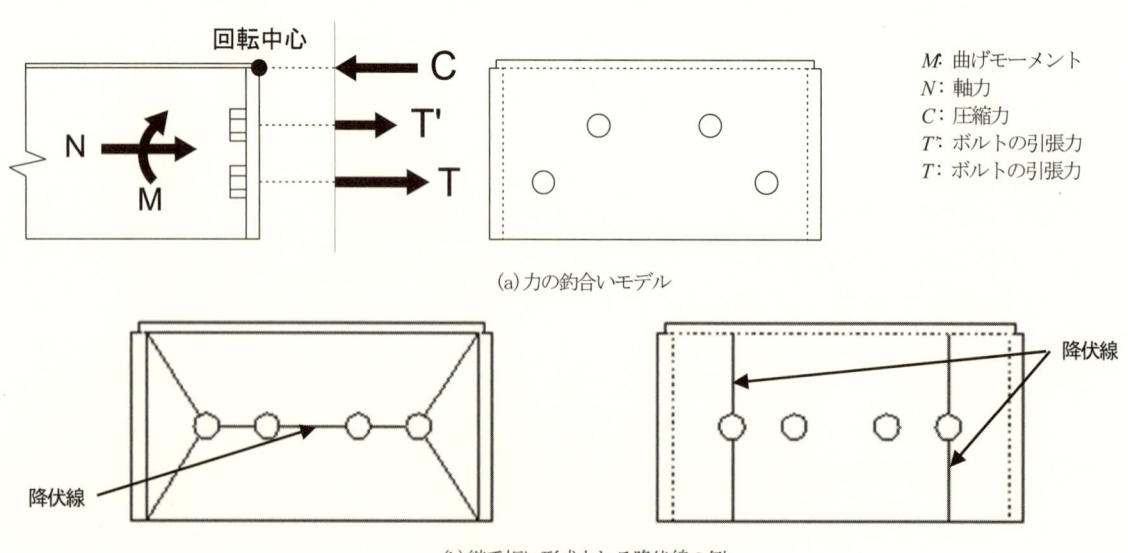

(a) 力の釣合いモデル

M: 曲げモーメント
N: 軸力
C: 圧縮力
T': ボルトの引張力
T: ボルトの引張力

(b) 継手板に形成される降伏線の例

解説 図 5.7.6　セグメント継手の照査に用いる解析モデル

7.6 安定の照査

シールドトンネルの安定の照査は，トンネルの浮上がりに対して行うことを原則とする．

【解 説】 地下水の状況に配慮し，外径の大きいシールドトンネルが小さな土被りで設置される場合や地震の影響により周辺地盤が液状化してせん断強度を失うことが懸念される場合には，浮力の影響によるシールドトンネルの安定を検討し，必要に応じて適切な対策を講じることが重要である．

浮上がりの検討では次式によりトンネルの自重と鉛直荷重の和と静水圧による浮力でつり合いを評価してよい（**解説 図 5.7.7**参照）．なお，土被り荷重の算定方法や，硬質地盤で地盤のせん断抵抗力を見込む場合は，トンネル形状や使用条件に応じ，安全係数の取り扱いも含め判断することができる．また，鉄筋コンクリート製セグメントの作用係数は，鉄筋コンクリート製セグメントの単位体積重量を26.0kN/m³（第2編 2.4）とした設計重量と実測重量を統計的に整理して設定した値であり，セグメントの重量を正確に把握できる場合は1.0としてもよい．

$$\gamma_i \frac{U_S}{W_S + W_B} \leq 1.0$$

ここに，U_S ：浮力の設計値

$$U_S = \gamma_{wf} \cdot \pi \cdot \gamma_w \cdot R_o^2$$

W_S ：土被り荷重の設計値

$$W_S = \gamma_{Sf} \cdot \left[2R_o \{ \gamma'(H_w + R_o) + \gamma(H - H_w) \} - \pi \cdot \gamma' \cdot R_o^2 / 2 \right]$$

W_B ：シールドトンネルの自重

$$W_B = \gamma_{Bf} (2\pi \cdot R_c \cdot g + P_i)$$

γ_{wf} ：浮力の作用係数

γ_{Sf} ：土被り荷重の作用係数

γ_{Bf} ：シールドトンネル自重の作用係数（鉄筋コンクリート製セグメントの場合は0.9，ただし，セグメントの重量を正確に把握できる場合は1.0としてもよい）

γ_i ：構造物係数

R_o ：トンネル外半径

R_c ：トンネル図心半径

H ：土被り厚

H_w ：地下水位までの土被り厚

g ：セグメントリングの単位体積あたりの自重

P_i ：内部荷重

γ ：土の単位体積重量

γ' ：土の水中単位体積重量

γ_w ：水の単位体積重量

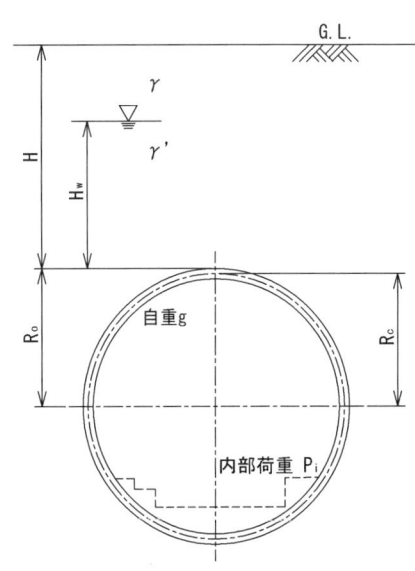

解説 図 5.7.7 浮上がりの検討

第8章　使用限界状態の照査

8.1　一般事項

（1）　シールドトンネルが，所要の使用性を設計耐用期間にわたり保持することを照査しなければならない．

（2）　使用限界の照査は，設計作用のもとで，シールドトンネルが使用限界状態に至らないことを確認することにより行うこととする．

（3）　一般的な次の項目について使用限界状態を設定し，適切な方法によって検討しなければならない．

1)　鉄筋コンクリート製セグメントの照査項目

セグメント主断面については，応力度，変形およびひび割れを対象とする．継手部については，応力度および変形を対象とする．

2)　鋼製セグメントの照査項目

鋼製セグメント主断面については，応力度および変形を対象とする．継手部については，応力度，変形を対象とする．また，スキンプレートおよび縦リブの応力度についても照査の対象とする．

3)　合成セグメントの照査項目

コンクリートと鋼の合成セグメント主断面については，応力度，変形を対象とする．継手部については，応力度，変形を対象とする．鉄筋コンクリート部が露出する場合は，ひび割れ幅の検討を行う．

（4）　その他，必要に応じて所要の使用限界状態を設定し，適切な方法によって検討を行わなければならない．

【解　説】　（1），（2）について　シールドトンネルは，設計耐用期間中に使用目的に適合する十分な機能を保持しなければならない．覆工に必要な機能には，所要の安全性，水密性等の使用性および設計耐用期間中に十分使用に耐えうる耐久性等がある．これらの使用目的に適合する使用限界状態を設定し，精度と適用範囲を明らかにした方法によって検討を行わなければならない．本編は，第2編　覆工による各部材の使用材料と構造細目が満足されることを前提に，材料の劣化を考慮することなく，使用性を照査する方法の標準を示すものである．したがって，材料の劣化が不可避な条件下では，別途，その影響を考慮した検討を行わなければならない．なお，鉄筋コンクリート部材の耐久性や水密性にかかわるひび割れ幅の限界状態は，本編で検討する．

（3）について　覆工の使用限界状態は，使用条件により**解説　表 5.2.2**に示すように種々の状態が考えられる．一般には応力度，ひび割れ，変形等に対する使用限界状態を設定する．**解説　図 5.8.1**に使用限界状態を検討するにあたっての設計の流れを示す．

解説　表 5.8.1は，各使用限界状態に対して照査項目と限界値を設定した一般的な例である．この表では，断面力や応力度に関する限界値を制限値と表現し，変形量やひび割れに関する限界値を限界値と表現した．なお，鉄筋コンクリート製セグメントのジャッキ推力の照査および鋼製セグメントのスキンプレートと縦リブの応力度の照査については第2編　覆工に従ってよい．

また，許容応力度設計法では，セグメント主断面や継手部に発生するせん断力は許容せん断応力度に対して照査されていた．これに対し，せん断力に伴うぜい性的な破壊は終局限界状態で安全性を確認すればよいので，使用限界状態の照査からせん断力に関する照査は省略ができ，**解説　表 5.8.1**では鉄筋コンクリート製セグメントのせん断ひび割れの照査のみとした．

（4）について　覆工を構成する部材の材料の劣化には，鉄筋コンクリート製セグメントでは中性化や塩化物イオンの影響に伴う鉄筋の腐食が，鋼製セグメントでは金属材料の腐食がある．これらの劣化に対処するためには，鉄筋コンクリート製セグメントではかぶりの確保，鋼製セグメントでは腐食代の設定や防錆処理等が必要になる．これらの劣化はシールドトンネルの使用環境に大きく影響を受けるものであり，必要に応じて適切な使用限界状態を定めて検討を行う必要がある．

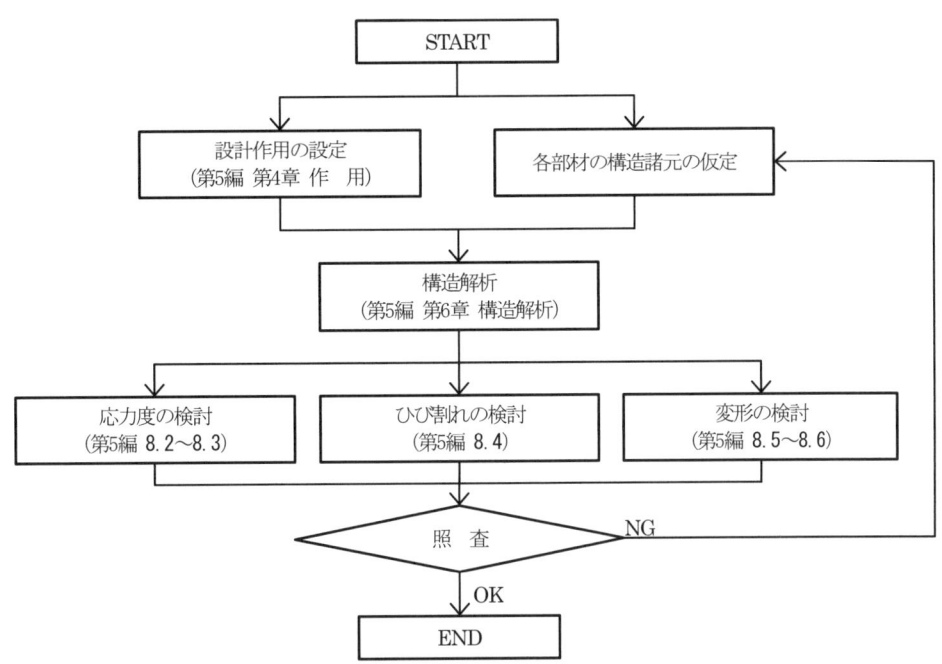

解説 図 5.8.1　使用限界状態を検討するにあたっての設計の流れ

解説 表 5.8.1　使用限界状態のおもな照査項目と限界値の例

(a) 鉄筋コンクリート製セグメントの例

	部位	照査項目	限界値
応力度	主断面	コンクリート応力度	応力度の制限値
		鉄筋応力度	
	継手部	コンクリート応力度	
		鋼材応力度	
変形	セグメントリング	リング変形量	変形量の限界値
	継手部	目開き	目開き量の限界値
		目違い	目違い量の限界値
ひび割れ	主断面	曲げひび割れ幅	ひび割れ幅の限界値
		せん断力	せん断ひび割れ耐力

(b) 鋼製セグメントの例

	部位	照査項目	限界値
応力度	主断面	鋼材応力度	応力度の制限値
	継手部	鋼材応力度	
変形	セグメントリング	リング変形量	変形量の限界値
	継手部	目開き	目開き量の限界値
		目違い	目違い量の限界値

8.2 応力度の算定

使用限界状態における部材断面に生じる応力度の算定は，次の（1），（2）に従って算定するものとする．

（1） セグメントの主断面の応力度は，最大の発生断面力を用い真直なはり部材として計算するものとする．コンクリートおよび鋼材の応力度の算定は，次の①から④の仮定にもとづくものとする．

① 繊ひずみは断面の中立軸からの距離に比例する
② コンクリートおよび鋼材は弾性体とする
③ コンクリートの引張応力度は，一般に無視する
④ コンクリートおよび鋼材のヤング係数は，第5編 3.4によるものとする

（2） セグメントの継手部の応力度は，継手の種類に応じ適切なモデルを用いて計算するものとする．

【解　説】　（1）について　セグメントの主断面の応力度は，第5編 第6章 構造解析にあるセグメントリングの断面力の計算法に応じて算出された断面力のうち，正または負の最大曲げモーメントとその位置における軸力を用いて計算する．なお，セグメントの主断面に関する仮定条件については，第2編 6.5に従うものとする．

曲げモーメントと軸力に対する応力度の算定においては，**解説 図 5.8.2**に示すように一般にコンクリートの引張応力度を無視し，繊ひずみは断面の中立軸からの距離に比例するものとして取扱ってよい．

（2）について　はり−ばねモデルによるセグメントリングの断面力計算法では，セグメント継手やリング継手に発生する断面力が直接算定できる．したがって，各継手の曲げ応力度は，正または負の最大曲げモーメントとその位置における軸力を用いて計算する．また，せん断ひび割れを検討するせん断力には最大せん断力を用いる．

近年のセグメントの継手形式には，従来のボルト継手に加えて，さまざまな種類のものがあるが，ここでは対象を従来のボルト継手に絞って検討方法を解説する．

鉄筋コンクリート製セグメントでは，ボルトを引張鉄筋とみなした鉄筋コンクリート断面として応力度の算定を行っている．また，継手板は，ボルトに働く引張力でその板厚を計算する．**解説 図 5.8.3**は，鉄筋コンクリート製セグメントのセグメント継手部の応力状態の説明図である．

一方，鋼製セグメントでは，セグメント圧縮縁を回転中心としたモデルでボルトの応力度を計算する．**解説 図 5.8.4**は，鋼製セグメントのセグメント継手部の力のつり合い状態の説明図である．なお，鋼製セグメントにおいて，ボルトの発生応力度を算定する場合には，継手部のてこ反力による割増しを考慮することとし，これは第2編 覆工に従って算定してよい．

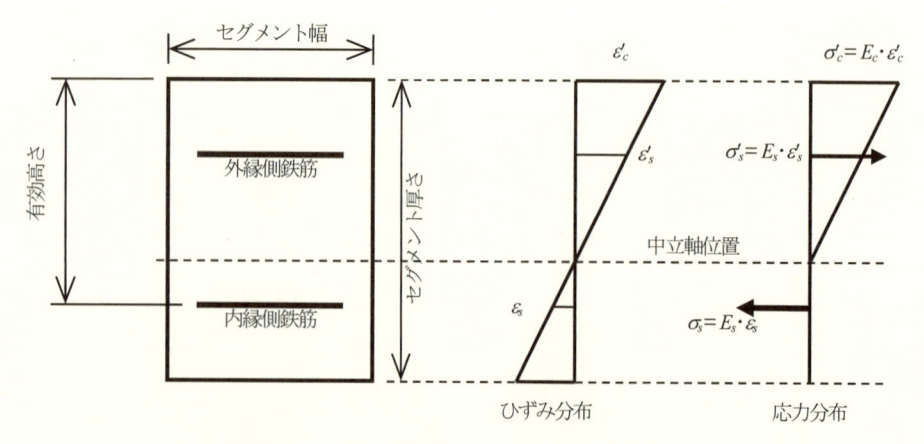

σ'_c：コンクリートの上縁部の圧縮応力度
ε'_c：圧縮縁のコンクリートのひずみ
E_c：コンクリートのヤング係数
σ'_s：外縁側鉄筋の圧縮応力度
ε'_s：外縁側鉄筋の圧縮ひずみ
σ_s：内縁側鉄筋の引張応力度
ε_s：内縁側鉄筋の引張ひずみ
E_s：鉄筋のヤング係数

解説 図 5.8.2　鉄筋コンクリート製セグメント主断面の応力状態の説明図

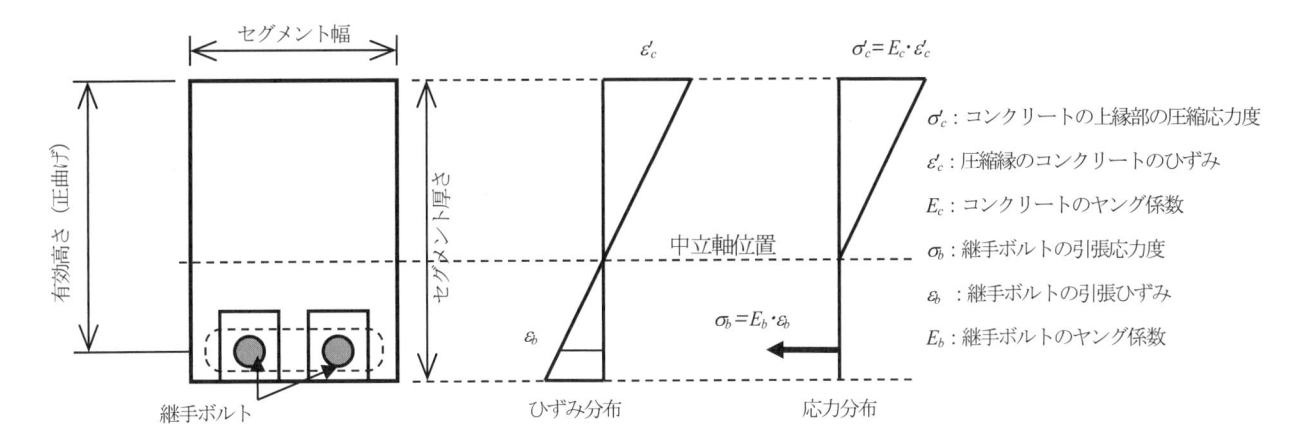

解説 図 5.8.3　鉄筋コンクリート製セグメント継手部の応力状態（正曲げ時）の説明図

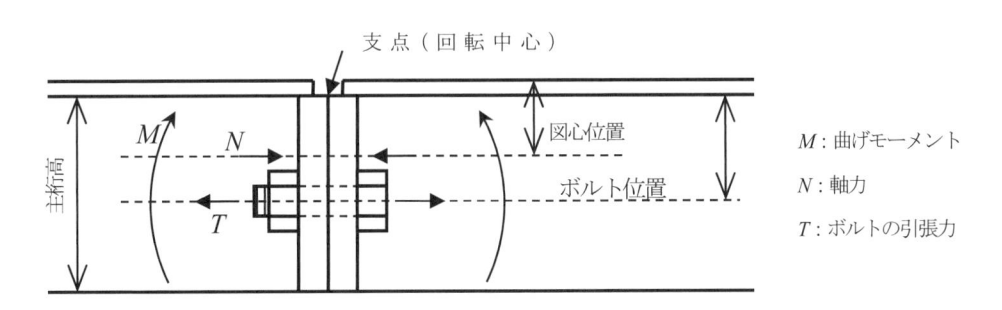

解説 図 5.8.4　鉄鋼製セグメント継手部の力のつり合い状態の説明図

8.3　応力度の照査

曲げモーメントおよび軸力により発生する部材の応力度は，それぞれ次の（1）～（4）に示す制限値を超えてはならない．

（1）　セグメントに用いるコンクリートの曲げ圧縮応力度および軸圧縮応力度の永続作用に対する制限値は圧縮強度の特性値の40％の値とする．

（2）　ひび割れ等の検討を行うことを前提に，鉄筋の応力度の制限値は，降伏強度の特性値とする．

（3）　鋼材の圧縮応力度の制限値は，降伏強度の特性値の90％の値とする．局部座屈の影響を受ける場合は座屈の影響を考慮して定めた値の90％とする．鋼材の引張応力度の制限値は，降伏強度の特性値の90％の値とする．

（4）　ボルトの引張強度の制限値は降伏強度の特性値の75％の値とする．

【解　説】　（1）について　過度なクリープひずみ，大きな圧縮力に起因して生じる軸方向ひび割れ等を避けるために，「コンクリート標準示方書（設計編）」（2012年制定）に準じて，コンクリートの圧縮応力度を制限することとした．コンクリートのヤング係数，クリープ係数を別に定める場合には，本節の規定によらず別に制限値を定めてよい．この場合は，設計耐用期間中に発生する非線形クリープひずみ等の影響を考慮して，安全性を照査する必要がある．

一般に，多軸拘束を受けるコンクリートは，拘束度に応じて圧縮強度が上昇し，クリープの進行も抑えられるので，本節の応力度の制限値を割増してもよい．シールドトンネルの場合，施工時のジャッキ推力の残留に期待すると鉄筋コンクリートに二軸拘束状態が期待できるが，これの適用にあたっては慎重に検討する必要がある．この場合での割増しは10％を超えてはならない．

（2）について　第5編 8.4 に示すコンクリートのひび割れ幅についての検討を行えば，とくに鉄筋の引張応

力度を制限する必要はないが，引張応力度が弾性限界を超えると，使用限界状態での構造解析や応力度の算定における仮定が成立しなくなる不都合が生じるので注意する必要がある．

(3)について　降伏前後の材料特性の急激な変化に対する安全性を考慮し，鋼製セグメントの応力度の制限値を降伏強度の90%の値に制限した．一方，鋼製セグメントの主断面の局部座屈に対する応力度の制限値は，**表5.3.4**に従って算定してよい．

(4)について　ボルトの応力度の制限値は，JISで永久伸びやひずみが生じてはならないとしている保証荷重応力等を参考に降伏強度の特性値の75%の値に制限した．

8.4 ひび割れ幅の照査

(1) セグメントに発生するひび割れが，シールドトンネルの使用性や耐久性等，その使用目的を損なわないことを適切な方法により照査しなければならない．

(2) セグメントに発生するひび割れのうち，曲げモーメントおよび軸力によって発生するひび割れ幅の照査を行うことを原則とする．

【解　説】　(1)について　セグメントに発生するひび割れは，水密性等のトンネルの使用性の低下，また，中性化の進行や鋼材への水分供給等の劣化原因となる．乾湿が繰返す環境条件下のトンネルにおいては，ひび割れがトンネルの劣化に与える影響は大きい．したがって，セグメントに発生するひび割れ幅が，シールドトンネルの使用性や耐久性等，その使用目的を損なわないことを適切な方法により照査しなければならない．

(2)について　発生するひび割れ幅を設計応答値とし，使用性，耐久性上問題ないとされるひび割れ幅を設計限界値として照査を行う．設計応答値となるセグメントのひび割れが生じる原因には，一般的に次のものがある．

① 曲げモーメントや軸引張力等の断面力に起因するもの．
② コンクリートの中性化や塩化物イオンのセグメント中への侵入による鋼材の腐食に起因するもの．
③ シールドのジャッキ推力およびセグメントの運搬や組立時の取扱い等の施工に起因するもの．
④ コンクリートの乾燥収縮や反応性骨材等の使用材料に起因するもの．

本章では，限界状態設計法によるひび割れ幅の照査を対象としており，上記の①について記載する．①については，1)～3)に準じて照査を行うものとする．②～④については，第2編11.3を参照することとする．

1) ひび割れ幅の照査方法について　曲げモーメントおよび軸力によるひび割れ幅は，2)の方法によって求めるひび割れ幅が，3)で設定するひび割れ幅の設計限界値以下であることを照査することとする．なお，せん断ひび割れに関する照査が必要な場合には，「コンクリート標準示方書（設計編）」（2012年制定）等を参考にして適切な方法により照査することとする．

2) ひび割れ幅の算定方法について　ひび割れ幅は以下の式で算定してよい．

$$w = \ell \left(\frac{\sigma_{se}}{E_s} + \varepsilon'_{csd} \right)$$

ここに，w　：ひび割れ幅（mm）

ℓ　：配力鉄筋の最大間隔（mm）
　　ただし，$\ell_1 < \ell$の場合$\ell = \ell_1$，$\ell < 0.5\ell_1$の場合$\ell = 0.5\ell_1$とする．

σ_{se}　：鉄筋応力度の増加量（N/mm²）

E_s　：鉄筋のヤング係数（N/mm²）

ε'_{csd}　：コンクリートの収縮およびクリープ等によるひび割れ幅の増加を考慮するための数値．常時乾燥，乾湿繰返し環境では150×10^{-6}，常時湿潤環境では100×10^{-6}としてよい．

ℓ_1　：「コンクリート標準示方書（設計編）」（2012年制定）によるひび割れの発生間隔であり次式により算定する．

$$\ell_1 = 1.1 k_1 k_2 k_3 \{4c + 0.7(c_s - \phi)\}$$

k_1 ：鉄筋の表面形状がひび割れ幅に及ぼす影響を表す係数で，異形鉄筋の場合は1.0としてよい．

k_2 ：コンクリートの品質がひび割れ幅に及ぼす影響を表す係数で次式による．

$$k_2 = \frac{15}{f_c' + 20} + 0.7$$

f_c' ：コンクリートの圧縮強度

k_3 ：引張鉄筋の段数の影響を表す係数で次式による．

$$k_3 = \frac{5(n+2)}{7n+8}$$

n ：引張鉄筋の段数
c ：かぶり（mm）
c_s ：引張り鉄筋の中心間隔（mm）
ϕ ：鉄筋径（mm）

　上式は曲げモーメントと軸力によりセグメントに発生するひび割れが，セグメント表面に分散して発生し，その間隔はおおむね配力鉄筋の間隔と一致するとの研究成果にもとづいたものである．ただし，合成セグメント等の配力鉄筋が主鉄筋より内側に配置される一部のセグメントの場合は別途適切な検討を行わなければならない．

3）　ひび割れ幅の設計限界値について　ひび割れ幅の設計限界値は，トンネルの用途，トンネル内外の環境条件，周辺地山の状況等を考慮して設定するものとする．「シールド工事用標準セグメント」（2001）では**解説 表 5.8.2**に示すトンネル内の環境条件のもとで，**解説 表 5.8.3**に示すひび割れ幅の設計限界値を設定している．

解説 表 5.8.2　トンネル内の環境条件の区分の例

環境条件	内容
一般の環境	・常に乾いているか満水状態になる等，乾湿の繰返しを受けない環境にある場合 ・とくに耐久性について考慮する必要がない場合等
腐食性環境	・乾湿の繰返しがある場合 ・有害な物質に直接セグメントが曝される場合 ・その他耐久性を考慮する必要のある場合

解説 表 5.8.3　ひび割れ幅の設計限界値の例（mm）

鋼材の種類	環境条件	
	一般の環境	腐食性環境
異形鉄筋，普通丸鋼	0.005c	0.004c

＊ c：主鉄筋のかぶり（mm）

8.5　セグメントリングの変形の照査

　セグメントリングの変形が，設計耐用期間中のトンネルの使用性を損なわないことを適切な方法により照査しなければならない．

【解　説】　セグメントリングの著しい変形は，内空断面の縮小，セグメントの組立の施工性の低下，および継手部の過度な目開き等の原因となる．トンネルの使用目的に応じ，これらの諸条件を考慮した適切な検討を行わなければならない．セグメントリングの変形の照査は，一般的に第5編 第6章 構造解析から得られる鉛直直径変形量と水平直径変形量を設計応答値として，変形量の設計限界値以下であることを確認してよい．

　セグメントリングの変形量の設計限界値は，トンネルの用途，トンネルの形状と大きさ，建築限界の形状，セグメント継手の構造およびその特性，トンネルの保守余裕や蛇行余裕等を十分に考慮して設定するものとする．

8.6 継手部の変形の照査

継手の変形が，設計耐用期間中のトンネルの使用性を損なわないことを適切な方法により照査しなければならない．

【解　説】　継手の著しい変形は，継手部の止水性を低下させトンネル内への漏水の原因となる．トンネル内への漏水は，トンネルの劣化を早めるだけではなく，地山の脱水による周辺地山の変状とそれに伴うトンネルの変形の進行等，トンネルの用途に応じた使用性の低下等の原因ともなる．したがって，継手の変形が設計耐用期間中のトンネルの使用性を損なわないことを適切な方法により照査しなければならない．セグメントの継手には，セグメント継手とリング継手があり，それぞれ照査を行うものとする．セグメント継手部の照査は，継手部の目開き量が，継手部の止水性から定まる目開き量の設計限界値以下であることを確認することとしてよい．また，リング継手部の照査は，継手部の目違い量が，継手部の止水性から定まる目違い量の設計限界値以下であることを確認することとしてよい．

設計応答値である継手部の目開き量は，継手形式および継手の曲げ剛性の算定方式に応じた適切な方法により算定するものとする．なお，一般的なボルト継手で軸力を考慮しない場合，鋼製セグメントではセグメント縁端を回転中心としたモデルで，鉄筋コンクリート製セグメントではボルトを引張鉄筋とみなした単鉄筋コンクリート断面モデルで目開き量を算定してよい．また，上記モデルを2リング連続してモデル化することにより，目違い量を算定することが可能である．

なお，目開き量および目違い量の設計限界値は，シール材の性能を考慮し設定するものとする．

第9章 耐震設計

9.1 一般事項

9.1.1 耐震設計の基本

シールドトンネルの耐震設計にあたっては，トンネルの横断方向と縦断方向のそれぞれについて，構造物および地盤の特性を十分に把握したうえで，想定する地震動に対して，構造物の安全性，使用性，修復性を確認しなければならない．これらに加えて，トンネル周辺地盤の安定性についても確認しなければならない．

【解　説】　シールドトンネルの耐震設計における基本事項については第2編 覆工によるものとし，ここでは，限界状態設計法によって耐震設計を実施する場合の取扱いについて示す．

シールドトンネルをはじめ地中構造物は地震動に対しほとんど共振せず，その挙動は周辺地盤の変位や変形によって支配される．したがって，シールドトンネルの耐震設計では，トンネルの構造特性，周辺地盤の特性，設計地震動等の条件を適切に反映させ，応答値が必要な精度で得られる解析手法を用いることが重要である．シールドトンネルの地震時の解析手法としては，一般的に地盤と構造を分離して解析する応答変位法が用いられ，地盤とトンネルの構造が複雑な場合等は，地盤と構造を一体とした解析が用いられる（第5編 9.3，第5編 9.4 参照）．

また，地中接合部，分岐部，立坑取付け部等の構造変化点や地盤条件が急変する箇所においては，地震時にシールドトンネルの縦断方向に大きな相対変位が生じ，局所的に大きな断面力が発生することから，耐震性能を向上させるために，相対変位を吸収させる対策や部材の耐力で抵抗させる対策を講ずるのが望ましい（第5編 9.6 参照）．

シールドトンネルの耐震設計では，構造物の設計耐用期間内に数回発生する大きさのレベル1地震動と構造物の設計耐用期間内に発生する確率がきわめて小さいが強いレベル2地震動を設定する．なお，レベル2地震動には海洋型と内陸直下型の2種類があり，構造物に与える影響が大きい地震動を選択することが多い．

シールドトンネルが保有すべき耐震性能は，トンネルの用途，重要度，利用状況，機能停止が与える影響，陥没や出水等の二次災害の可能性，修復に要する時間や費用等を考慮して決定する必要がある（第5編 9.1.4 参照）．

耐震設計は，レベル1地震動に対しては，許容応力度設計法によって行われる場合がある．レベル2地震動に対しては，部材の塑性化を考慮できる限界状態設計法により行われている事例が増えている．このため，上述した設計実務の実態に配慮し，常時の設計ならびに耐震設計に用いる地震動レベルによって，**解説 表 5.9.1**に示す照査方法を基本とした．許容応力度設計法によってシールドトンネルの耐震設計を行う場合には，第2編 覆工によるものとする．なお，常時およびレベル1地震動に対する設計を許容応力度設計法で行い，レベル2地震動に対する設計を限界状態設計法で行う場合には，それぞれに用いる構造モデルの整合性に配慮する必要がある．

解説 表 5.9.1　耐震性能の照査方法

		常時およびレベル1地震動に対する設計を許容応力度設計法で行う場合	限界状態設計法で行う場合
常時の設計		許容応力度設計法*	限界状態設計法
耐震設計	レベル1地震動	許容応力度設計法*	限界状態設計法
	レベル2地震動	限界状態設計法	限界状態設計法

* 許容応力度設計法に関しては，第2編 覆工を参照のこと．

本章に記述されていない事項について参照すべき主な基準類を次に示す．これらの基準類は，新たに発行されるものや変更されているものがあるので，参照にあたっては十分に注意する必要がある．

① トンネル標準示方書　［開削工法編］・同解説　（2016）　　　　　（公社）土木学会
② コンクリート標準示方書［設計編］　（2012）　　　　　　　　　　（公社）土木学会
③ 鉄道構造物等設計標準・同解説（耐震設計）　（2012）　　　　　　（公財）鉄道総合技術研究所
④ 水道施設耐震工法指針・解説　（2009）　　　　　　　　　　　　　（社）日本水道協会
⑤ 下水道施設の耐震対策指針と解説　（2014）　　　　　　　　　　　（公社）日本下水道協会
⑥ シールド工事用標準セグメント　（2001）　　　　　　　　　　　　（社）土木学会・（社）日本下水道協会
⑦ シールドトンネル設計・施工指針　（2009）　　　　　　　　　　　（社）日本道路協会
⑧ 道路橋示方書（Ⅴ耐震設計編）・同解説　（2012）　　　　　　　　　（社）日本道路協会

参考文献
1) （社）土木学会：トンネル・ライブラリー第9号　開削トンネルの耐震設計，1998.
2) （社）土木学会：トンネル・ライブラリー第19号　シールドトンネルの耐震検討，2007.
3) （社）日本トンネル技術協会：シールドトンネルを対象とした性能照査型設計法のガイドライン，2003.

9.1.2　耐震性に配慮したトンネル計画

トンネル計画にあたっては，計画地点における地震の影響に応じてトンネルの線形や覆工構造等を耐震性に配慮し定めるものとする．

【解　説】　耐震性に配慮したトンネル計画にあたっては，土質や地形等の調査や過去の事例等にもとづく必要がある．さらにトンネルの計画地点における地震動および地震に伴い生ずる事象がトンネル自体および周辺構造物に与える影響等を総合的に考慮してトンネルの土被り，線形，内空や覆工構造等を定め，構造物および各部材に所要の性能を確保するように検討する必要がある．一般に次の事項を考慮する．

1) **トンネル横断方向について**　トンネルの横断面は，地盤を深さ方向に見て地震時に発生する地盤のせん断変形により影響を受ける．とくに次の場合には大きな影響を受けると考えられるため，十分な配慮が必要である．

① トンネルが地震時に大変位の生じる軟弱地盤中にある場合
② トンネルが軟弱地盤と硬質地盤の境界あるいはその近傍にある場合
③ トンネル分岐部等の横断方向の覆工構造が円形以外の断面になる場合や，他の接続する構造物から影響を受ける場合

以上のような条件においては，地震時に覆工に大きな断面力が発生する．このような場合，地震時の影響に対して，求められる耐震性能を十分満たす覆工構造を設定する必要がある．

2) **トンネル縦断方向について**　トンネルに沿う地盤や構造の変化部等ではトンネルに相対変位が生じ，軸方向の伸縮や直角方向の曲げ，せん断に伴う大きな断面力が発生するため，この断面力に配慮する必要がある．とくに次の場合には大きな影響を受けると考えられるため，十分な配慮が必要である．

① おぼれ谷地形のようなきわめて軟弱な不整形地盤がある場合
② 基盤層の傾斜や地盤の著しい不陸がある場合
③ トンネル線形に急曲線部が含まれる場合
④ 構造変化部（立坑接続部，トンネル分岐部，トンネル断面の構造変化）が存在する場合
⑤ 河川や海底横断等の土被りが急変する場合
⑥ 断層，褶曲が著しい地層が存在する場合

以上のような地震の影響が大きい場合は，リング継手に弾性ワッシャーを設置し，トンネルの剛性を低下させることにより，相対変位を吸収し，覆工に大きな断面力を発生させない方法が一般的である．剛性を低下させる方法として，可とう性継手等を設ける方法もある．一方で，リング継手の剛性や耐力を高めて抵抗させる方法も

ある．立坑とトンネルの接続部では，立坑側へのトンネルの突出し現象が生じるおそれもあるため配慮が必要である．

<u>3) 液状化に対する配慮</u>　トンネル周辺地盤の液状化は，トンネルの安定性に大きな影響を及ぼす．とくに次の事象には，十分な配慮が必要である．

① トンネルの浮上がり
② 液状化地盤の泥水圧および動水圧の作用
③ 排水に伴う地震後の地盤沈下
④ 液状化に伴う（地震後の）地盤の側方流動
⑤ 立坑の浮上がり

これらの事象がトンネル全長にわたり発生すると，トンネルに重大な影響を及ぼす可能性があるが，部分的であればトンネル縦断方向の剛性により安定性が保持されることは考えられる．また，計画段階において，液状化対象層を回避するトンネル線形の検討も必要である．

<u>4) 隣接する構造物との相互作用</u>　隣接している構造物の動的特性が相違する場合の相互作用により構造物が受ける影響が大きくなることがある．トンネル計画にあたっては，このことを十分に考慮する必要がある．離隔が非常に小さい併設するトンネルにおいて，地震時の相互作用を評価し，耐震設計を実施している事例もある．

9.1.3　設計で想定する地震動

設計で想定する地震動は，地震の規模と特性，震源位置，震源と計画地点間の基盤層の構造および距離，計画地点周辺の地形，地質等を考慮して設定するのを原則とする．

一般的に，次の2つの地震動を設計地震動としてよい．

1) レベル1地震動
2) レベル2地震動

【解　説】　耐震設計では，工学的基盤面における設計地震動として，2つのレベルの地震動を設定する．レベル1地震動は，構造物の設計耐用期間内に数回発生する強さの地震動であり，従来から設定されていた地震力に相当する．レベル2地震動は，構造物の設計耐用期間内に発生する確率がきわめて小さいが強い地震動である（第5編 9.2.2参照）．

9.1.4　耐震性能

シールドトンネルの<u>重要度</u>等から要求される耐震性能を定める．

【解　説】　シールドトンネルの耐震性能は，トンネルの損傷状況と修復の難度の観点から**解説 表 5.9.2**に示す耐震性能1〜3に分類する．

解説 表 5.9.2　耐震性能の定義とトンネルの状態の関係

耐震性能	定義	シールドトンネルの状態
耐震性能1	地震時に機能を保持し,地震後に補修をしないで,もしくは軽微な補修で,継続して使用可能な性能	地震後にシールドトンネルの本体および継手が弾性範囲内であり,継手部の止水性,および周辺地盤の安定性が確保されている状態.
耐震性能2	地震後に構造物の使用に必要な耐力が保持され,構造物の機能が短時間で回復できる状態とする性能	地震後にシールドトンネルの本体および継手がせん断破壊しないとともに,トンネルが終局変形に至っておらず,耐荷能力を保持している状態であり,かつ,継手部の止水性,周辺地盤の安定が確保されている状態.ただし,補修や補強に困難が伴う部材に対しては,上記よりも厳しい限界値を設け,応答値がその範囲内にあることを確認する.
耐震性能3	地震後に構造物が修復不可能となったとしても,構造物全体系が崩壊しない状態とする性能	地震後にシールドトンネルの本体および継手がトンネル全体の崩壊に至るような破壊を生じない状態.

　シールドトンネルは,地上構造物に比べ補修や補強がきわめて困難であることに配慮し,シールドトンネルの用途,重要度,利用状況,機能停止が与える影響,陥没や出水等の二次災害の可能性,修復に要する時間や費用を考慮してシールドトンネルに要求される耐震性能を定めなければならない.レベル1地震動に対しては,ライフラインとして重要な構造物であるシールドトンネルの被害は極力軽微にとどめ,構造物の機能を保持させることによって,早急な供用の再開が可能である性能(耐震性能1)が求められることが多い.一方,レベル2地震動に対しては,地震後に構造物の機能が短時間で回復できる性能(耐震性能2),もしくは,修復不可能となったとしても構造物全体系が崩壊しない状態とする性能(耐震性能3)が求められる.トンネルの使用目的や供用条件に配慮して耐震性能を設定した例を**解説 表 5.9.3**に示す.トンネルの使用区分のうち,TypeⅠの適用例としては,道路や鉄道などが挙げられる.TypeⅡとⅢの適用例としては,下水道や地下河川,共同溝,電力,通信,ガス等である.TypeⅣの適用例としては,ガスや上水道,電力,通信等の中詰めトンネルである.

解説 表 5.9.3　トンネルの使用目的あるいは供用条件と耐震性能の関係の例

トンネルの使用区分	使用目的あるいは供用条件	満足する耐震性能 レベル1地震動	満足する耐震性能 レベル2地震動
TypeⅠ	①不特定多数の人間が常時使用する. ②補修または補強の際にトンネル機能の停止や低下を伴う. ③社会資本として当該トンネル機能がある期間にわたり停止すると社会的,経済的損失が大きい.	耐震性能1	耐震性能2
TypeⅡ	①特定された少数の人間が入坑するにとどまる. ②補強または補修に対する制約が多く,補強または補修中にトンネルの機能の停止や低下を生じる可能性が高い. ③大規模補修または補強後にトンネルの機能低下を生じる可能性が高い.	耐震性能1	耐震性能2 もしくは 耐震性能3
TypeⅢ	①特定された少数の人間が入坑するにとどまる. ②補強または補修に対する制約が少なく,補強または補修中にトンネルの機能の停止や低下を生じる可能性が低い. ③大規模補修または補強後にトンネルの機能低下を生じる可能性が低い.	耐震性能1	耐震性能2 もしくは 耐震性能3
TypeⅣ	①トンネル内に配管を施した後に中詰めする構造で,供用後の人間の入坑を伴わない. ②トンネル断面内部からの補修または補強の必要性がない(充填トンネルのために一般的に入坑不可).	耐震性能1 もしくは 耐震性能2	耐震性能3

9.1.5 耐震設計の手順

シールドトンネルの耐震設計は，次の手順により行うこととする．

1) 周辺地盤の安定性の判定とトンネル構造物への影響評価，対策の検討
2) 応答値の算定
3) 耐震性能の照査

【解 説】 解説 図 5.9.1にシールドトンネルの耐震設計の一般的な手順を示す．シールドトンネルの耐震設計においては，まず，周辺地盤の安定性を検討しなければならない．周辺地盤の安定性に関わる検討項目としては，飽和した緩い砂質土の液状化に伴うトンネルの浮上がり，側方流動および地盤沈下，また，傾斜地盤の地盤変位等が考えられる．

なお，シールドトンネル横断方向と縦断方向の具体的な耐震設計方法は，第5編 9.4.2と第5編 9.4.3を参照のこと．

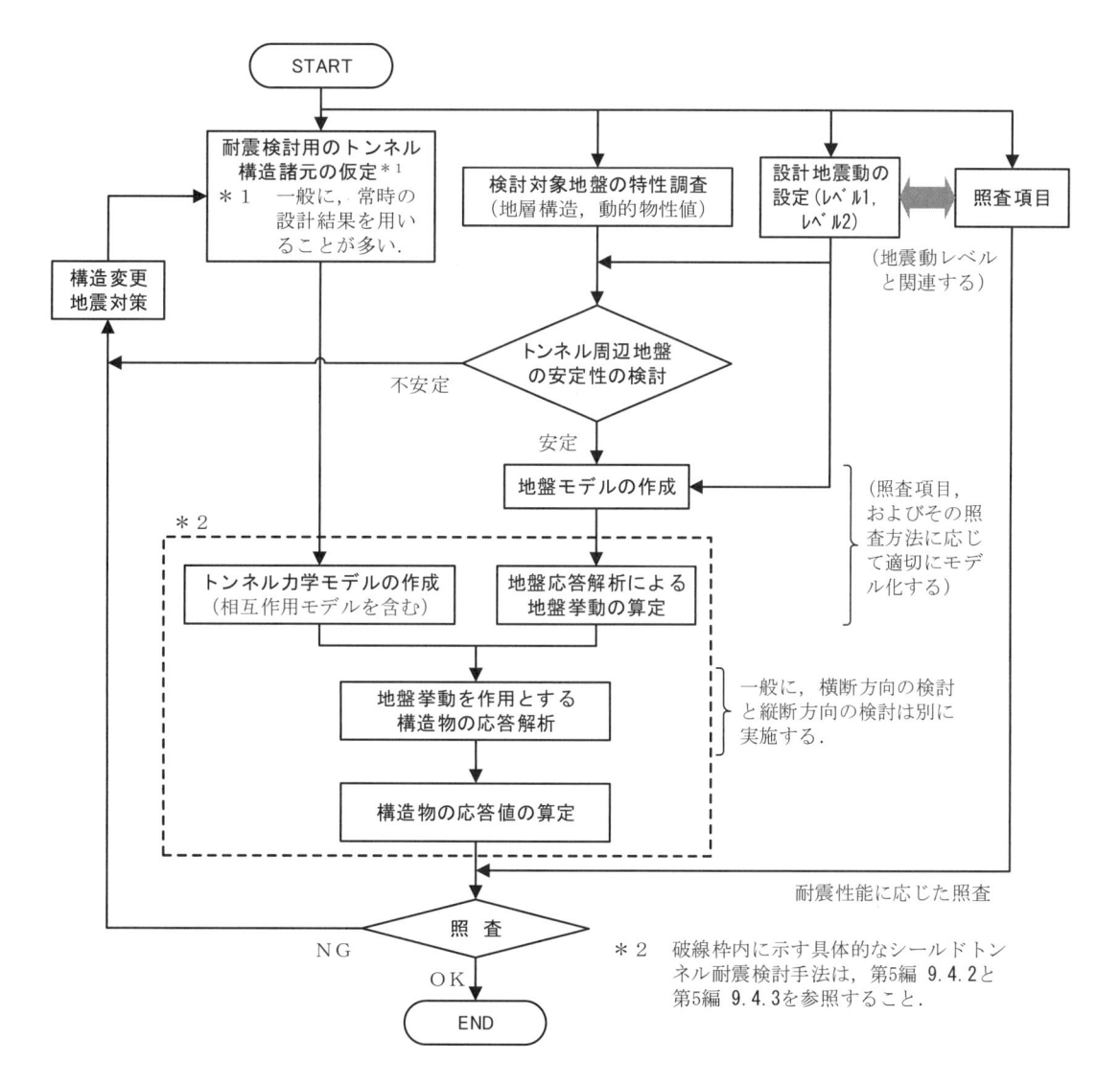

解説 図 5.9.1 耐震設計の一般的な手順

> **9.2 地震時作用**
> **9.2.1 考慮すべき作用**
>   耐震設計にあたっては，地震の影響のほかに主たる作用として次に示す作用を考慮しなければならない．
>   1) 鉛直土圧および水平土圧
>   2) 水圧
>   3) 覆工の自重
>   4) 上載荷重の影響
>   5) 地盤反力
>   6) 内部作用
>   7) その他の作用

【解　説】　耐震設計においては，地震の影響に常時の作用を組み合わせる必要がある．考慮すべき作用は，第5編 4.2より選定した．なお，周辺地盤が液状化する場合は，過剰間隙水圧，液状化地盤による動水圧，側方流動圧等に関しても必要に応じて考慮する．

　6)について　トンネル内部の作用については，必要に応じて考慮する．

> **9.2.2 設計地震動**
>   シールドトンネルの耐震設計では，耐震設計上の基盤面に対する設計地震動を設定することを原則とする．
>   （1）　設計地震動は，構造物，地盤等の特性を考慮し，かつ耐震設計手法に応じて設定する．
>   （2）　耐震設計上の基盤面は，地形および地盤条件，構造物の地盤内での位置等を考慮して定める．

【解　説】　設計地震動はトンネル周辺の耐震設計上の基盤面以浅の表層地盤の挙動に影響される．このため，シールドトンネルの耐震設計では，耐震設計上の基盤面に対し設計地震動を設定し，表層地盤の地震応答を算出することを原則とした．

　（1）について　設計地震動の設定の方法としては，計画地点における地震活動度にもとづいて，地震の規模（マグニチュード）と震源距離を設定し，最大振幅や応答スペクトルの期待値を設定する方法が従来から用いられてきたが，最近では断層モデルを想定し，断層の破壊メカニズムと断層から計画地点までの伝播特性を考慮して地震動を設定する方法も用いられてきている．したがって，構造物，地盤等の特性を考慮し，計画地点の過去の地震活動や活断層の有無等も吟味した上で，適切な方法を選択し，設計地震動を設定しなければならない．

　なお，設計で用いるレベル2地震動は，震源まで数10kmある海溝型のType1地震動と，震源まで非常に近い内陸直下型のType2地震動を設定し，それらの地震動のうち影響の大きい地震動のみを用いて耐震検討を行うことも多い．

　解析手法によっては，最大振幅や応答スペクトルを用いて構造物の応答値を算定する手法もあるが，場合によっては，耐震設計上の基盤面の時刻歴波形が必要となる場合もある．このような場合は，実地震記録を調整するなど位相特性を考慮して適切な時刻歴波形を設定しなければならない（参考文献1)，2)参照）．

　基盤面での入力地震波は，**解説 図 5.9.2**に示すように，震源から伝播してくる入射波Eと反射波Fの和として与えられる．基盤が露頭する部分では，表層地盤からの反射波は存在せず，反射波Fは入射波Eと同一となり，地震波は2Eとして与えられる．地震観測記録は入射波と反射波の和，つまりE+Fであり，ある観測地点での基盤面で得られた地震記録を他の地点での入力地震動として適用しようとする場合，露頭波でなければ，観測地点固有の表層地盤の振動特性の影響すなわちFを取り除いて分離する必要がある．

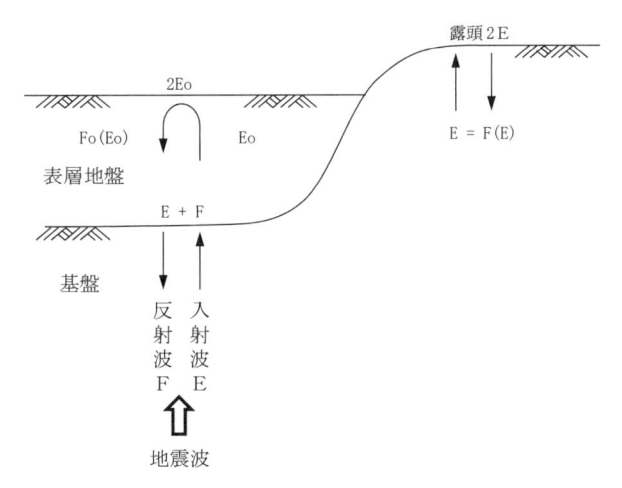

解説 図 5.9.2　入射波および反射波

　また，検討地点に対して地震波は角度をもって入射してくるため，離れた二地点では位相が異なる．数百メートルから数キロメートルにおよぶトンネル縦断方向を対象とした耐震検討では，位相差の影響が大きくなるため，地震動を同一基盤に同時入力とするのではなく，見掛けの伝播速度による時間差が生じるように入力するなどの配慮が必要である．

　（2）について　耐震設計上の基盤面は，計画地点においてある程度の平面的広がりをもち，十分に堅固な地層の上面に設定することを基本とする．十分に堅固な地層とは，基準により取り扱いが異なるものの，一般に，せん断弾性波速度が概ね300m/s以上（砂質土でN値50以上，粘性土でN値25以上）で，せん断弾性波速度の差が上層と十分に大きく，下層との差が小さい連続地層の上面と考えてよい．

　なお，構造物の一部が上記の地層中に位置する場合および構造物の底面が上記の地層に近接する場合は，解析上の基盤面を構造物の底面より1D（Dはトンネル外径）程度下方に設定する例がある．

参考文献
1) （社）土木学会：トンネル・ライブラリー第19号　シールドトンネルの耐震検討，pp.43-48，2007．
2) （公社）土木学会：コンクリート標準示方書［設計編］，pp.254-257，2012．

9.3　地震時の地盤挙動の算定
9.3.1　地盤応答解析
　地震時の地盤挙動は，計画地点の土の動力学特性や地層構成等に基づいて求めることを原則とする．

【解　説】　計画地点の土の動力学特性や地層構成等の影響を再現した地盤応答解析を行い，表層地盤の地震時挙動を評価することがシールドトンネルの耐震設計では重要である．

　表層地盤の挙動を評価するための地盤応答解析法には種々の方法がある．耐震設計への適用が可能な手法としては，大別すると動的解析による方法と簡易解析による方法に分けられる．

　1) 動的解析による方法　一般に，設計地震動を入力地震波とした時刻歴非線形動的解析法を用いるのがよい．**解説 表 5.9.4**に，代表的な動的解析手法と解析コードについてまとめる．これらの解析コードを用いて地盤応答解析を行う場合には，1次元モデルと2次元，3次元モデルの使い分け，全応力と有効応力の扱い方，地盤の非線形性の扱い方（等価線形と非線形）などについて検討し，設計の対象としている内容に適した解析コードを選定する必要がある（参考文献1)，2)参照）．

解説 表 5.9.4 動的解析手法と解析コードの例

動的解析手法	解析コード
全応力1次元地震応答解析法	SHAKE, FDEL, MDM
全応力2次元地震応答解析法	FLUSH, T-DAP
有効応力1次元地震応答解析法	YUSAYUSA
有効応力2次元地震応答解析法	FLIP, LIQCA

<u>2) 簡易解析による方法</u>　簡易解析による方法としては地盤種別による方法がある．地盤種別による方法とは，固有周期等の簡単な指標を用いて地盤を数種類の地盤種別に区分し，あらかじめ設定された応答スペクトル等を用いる方法である．

参考文献

1) （社）土木学会：トンネル・ライブラリー第9号　開削トンネルの耐震設計，pp.70-83, 1998.
2) （社）土木学会：トンネル・ライブラリー第19号　シールドトンネルの耐震検討，pp.89-100, 2007.

9.3.2　耐震設計上注意を要する地盤

以下の特性を有する地盤および事象が想定される地盤では，とくに注意して表層地盤の挙動を評価するものとする．
　1)　液状化地盤
　2)　地盤急変部

【解　説】　1) について　地下水以深の砂質土を主体とする土層が液状化する場合，地盤の強度や剛性が低下するため，変位の著しい増大，卓越周期の長周期化等が生じる．シールドトンネルの性能に関する事項としては，液状化に伴うトンネルの浮上がりや側圧上昇に伴うトンネルの損傷が懸念される．また，河川や海等の水際線の背後，または液状化が想定される地層の地表面が広範囲に傾斜している地盤では，トンネルへの側方流動の影響が懸念される．以前は，シールドトンネルは比較的土被りが大きく，トンネル周辺地盤の液状化が問題となることは少なかった．近年は，低土被り位置にシールドトンネルを計画する事例が増えている．このような場合，液状化により起こる事象に対して十分に検討をする必要がある．

<u>2) について</u>　地盤急変部とは，トンネルが通過する地盤の特性が急激に変化している箇所，あるいは，トンネル縦断方向の基盤面の深さが一定ではなく表土層の厚さが急激に変化している箇所である．たとえば，沖積低地から波食台あるいは埋没谷等，地形的な変化が著しい箇所にトンネルを構築する場合等が該当する．このような地盤急変部に関しては，三次元FEMモデル，あるいは2方向で自由度を抽出した二次元モデルによる動的解析によって地盤挙動を算定し，トンネルの軸方向と軸直角方向の耐震検討を行うことが望ましい．

9.4　応答値の算定

9.4.1　応答値の算定の基本

応答値は，次の事項を考慮して算定するのがよい．
　1)　地盤の地震応答特性
　2)　地盤と構造物の相互作用
　3)　地盤および構造物の非線形特性

【解　説】　1) について　地盤の地震応答特性は，第5編 9.3に準じて算定するのがよい．
<u>2) について</u>　地震時に構造物と地盤はその剛性と質量により相互に作用しあう．シールドトンネルは，見掛け

の単位体積重量（トンネルの奥行1mあたりの質量÷トンネルの断面積）が周辺地盤と比較して小さい場合が多く，地盤の挙動が支配的となる．また，地震動による振動エネルギーが周辺地盤によって吸収される逸散減衰が大きいため，地上構造物とは異なり慣性力による影響は小さい．したがって，シールドトンネルの耐震設計においては，地盤の地震時応答と剛性低下を適切に評価し，構造物の変形特性を適切にモデル化して断面力，変形等の応答値を算定することが重要である．

3) について　地震時に，地盤は大きな非線形性を示すため，応答値を算定する場合には地盤の非線形特性を適切に考慮する必要がある．方法としては，地盤の非線形特性を等価線形化法で考慮する方法や，履歴モデルで考慮する逐次積分法がある．

構造物は，とくにレベル2地震動を対象として，塑性化を考慮する場合は，はり部材の$M-\phi$関係の非線形性，継手部の$M-\theta$関係の非線形性等を適切に設定して応答値を算定する必要がある．

9.4.2　横断方向の応答値の算定

シールドトンネルの横断方向の応答値は，以下の方法により算定することを原則とする．
1) はり－ばねモデルによる応答変位法
2) 有限要素法による静的解析法
3) 有限要素法による動的解析法

【解　説】　シールドトンネルの横断方向の応答値は，1)～3)の方法により算定することを原則とし，これ以外の手法を適用することが妥当な場合には，その適正に応じた解析手法を用いてよい．

1) について　地中構造物の地震時の挙動は，地盤変形の影響を強く受けるため，これを考慮した解析法を用いなければならない．**解説 図 5.9.3**には，地盤の応答解析も含めた，トンネル横断方向の耐震検討の手法の例を示す．同図に示すように，トンネルの応答値を算定する解析手法としては，セグメントリングを地盤ばねで支持した骨組み構造解析モデル（はり－ばねモデル）を用いた応答変位法や応答震度法の有限要素法（**FEM**）等の静的解析法，および動的解析法が用いられているが，一般に地震の影響を静的な荷重と地盤ばねにより応答値を算定する応答変位法で精度良く解析が行えるので，これを基本としてよいこととした．

応答変位法では作用として，地盤変形による側圧と周面せん断力，および覆工などの慣性力を考慮する．**解説 図 5.9.4**に，はり－ばねモデルにおける地盤変位および周面せん断力を与える方法を示す．地盤変形に起因する荷重は地盤の応答変位から，覆工などの慣性力は地盤の応答加速度から算定する．

地盤の応答は，時刻に応じて刻々と変化するが，構造物の上下端の相対変位が最大となる時刻が最も構造物にとって厳しい条件となることが多く，その時刻における地盤応答を用いることが一般的である．

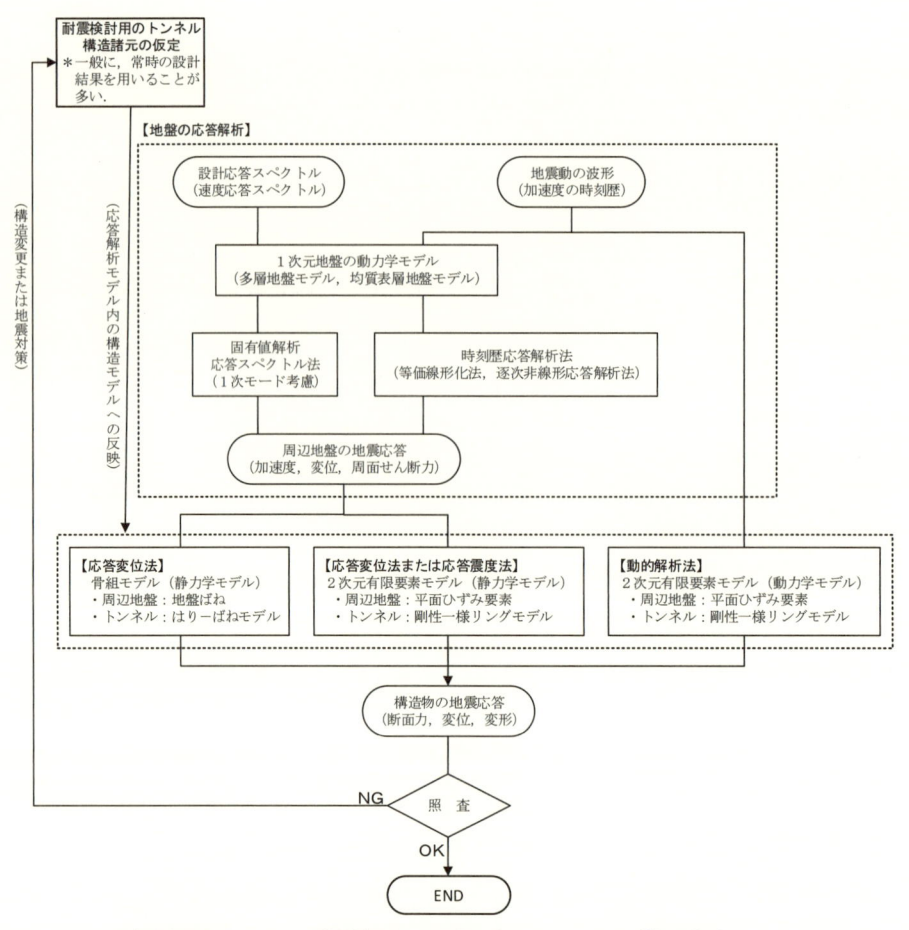

解説 図 5.9.3 耐震検討の手法の例（トンネル横断方向）

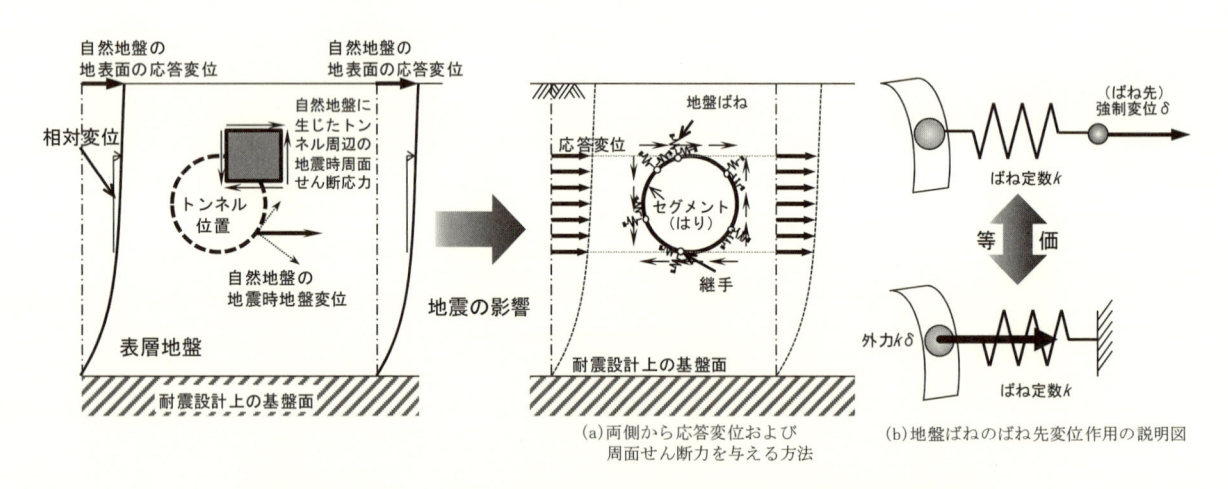

解説 図 5.9.4 はりーばねモデルと地盤ばねのばね先変位作用の説明

2) について　有限要素法（FEM）の静的解析は，はりーばねモデルで評価が困難な，複雑な形状のトンネルや複雑な地盤構成の場合に適用する．解説 図 5.9.5にFEMの静的解析手法の概要図を示す．FEMの静的解析法の代表的な手法として，応答震度法とFEM応答変位法がある．これらはいずれも，地盤をばね要素ではなく平面ひずみ要素でモデル化したもので，応答震度法は地震時の地盤慣性力を解析モデルの各要素に与え，FEM応答変位法は，地盤変位と等価な節点外力を解析モデルの各節点に与えることで地震時地盤変位を解析モデル上で再現する手法である．ただし，FEMの解析手法では，セグメント継手およびリング継手のモデル化が困難であるため，この点を踏まえ，応答値の算定手法を選定する必要がある．

応答震度法における地盤慣性力やFEM応答変位法における等価節点外力の算定に必要な地盤の応答加速度や応答変位の算定および抽出時刻については，1)に示したとおりである．FEM解析では，解析領域の大きさにより

結果に差がでるため,側方境界の影響が構造物に及ばないよう,構造物から側方境界まで距離を適切に設定する.

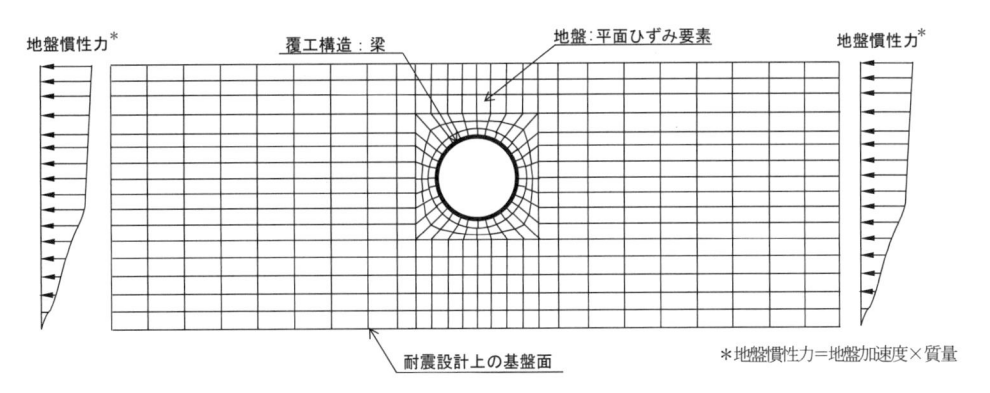

解説 図 5.9.5　FEMの静的解析手法の概要（応答震度法）

3) について　2)の条件に加え,トンネルの左右で地盤条件が大きく変化しているような地盤の地震時挙動が複雑な場合や,トンネルが近接して計画されて慣性力の影響が大きく地盤と構造物の相互作用を評価する必要がある場合には,動的解析を用いることが望ましい.解説 図 5.9.6にFEMの動的解析手法の概要図を示す.横断方向の応答値をもとめるための動的解析は,地表から耐震計算上の基盤面までの地盤を平面ひずみ要素でモデル化し,その中にトンネルモデルを組込み,基盤面に入力地震動を与える方法が一般的である.動的解析は,地盤と構造物の非線形特性を時々刻々評価し,トンネルの慣性力も考慮することができるため,一般的な条件下でもより精度の高い解析が可能となることから,必要に応じて実施するのがよい.

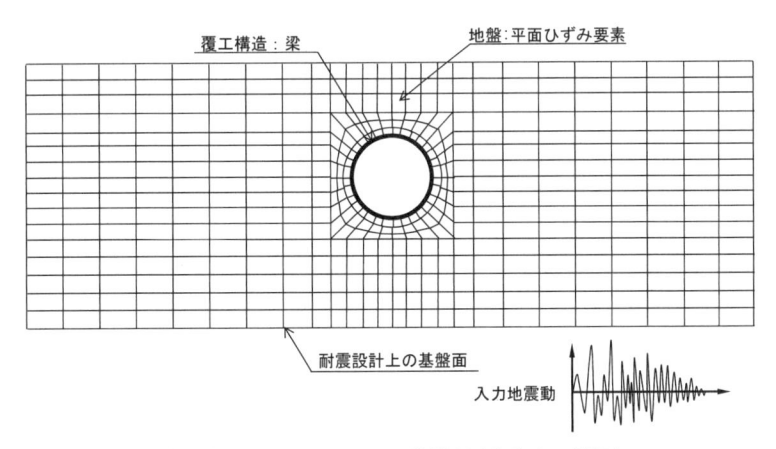

解説 図 5.9.6　FEMの動的解析手法の概要

9.4.3　縦断方向の応答値の算定

（1）　シールドトンネルの縦断方向の応答値は,トンネル軸線に沿った地震時地盤変位を考慮した解析法により算定することを原則とする.

（2）　シールドトンネルの構造変化部の応答値は,地震時地盤変位および構造の特性を考慮できる解析法により算定することを原則とする.

【解　説】　（1）について　一般的に,地盤変位分布とトンネル構造物の応答値は,個別に算定してよい.解説 図 5.9.7に,地盤の応答解析も含めた,トンネル縦断方向の耐震検討の手法の例を示す.地盤変位分布の算定は,縦断方向の地層構成や地質条件の変化を直接的に考慮することができる解析モデル（第5編 9.4.4参照）を用いた動的解析により算定するのがよい.ただし,適用性を検討したうえで正弦波近似等の簡易な手法により地盤

変位分布を定めてもよい．シールドトンネルの縦断方向の応答値は，トンネルをはり，地盤をばねとする弾性床上のはりにモデル化し，トンネル軸線位置における地震時の地盤変位をばね先に与えることで算出する（**解説 図 5.9.8**参照）．

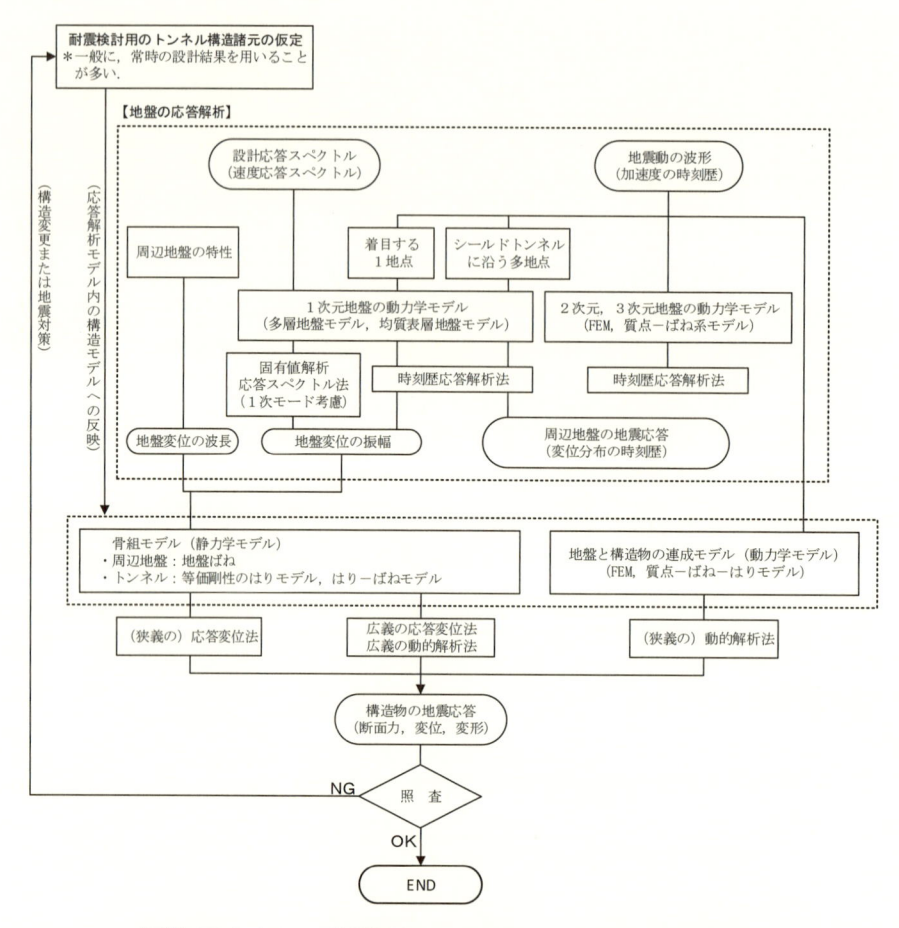

解説 図 5.9.7 耐震検討の手法の例（トンネル縦断方向）

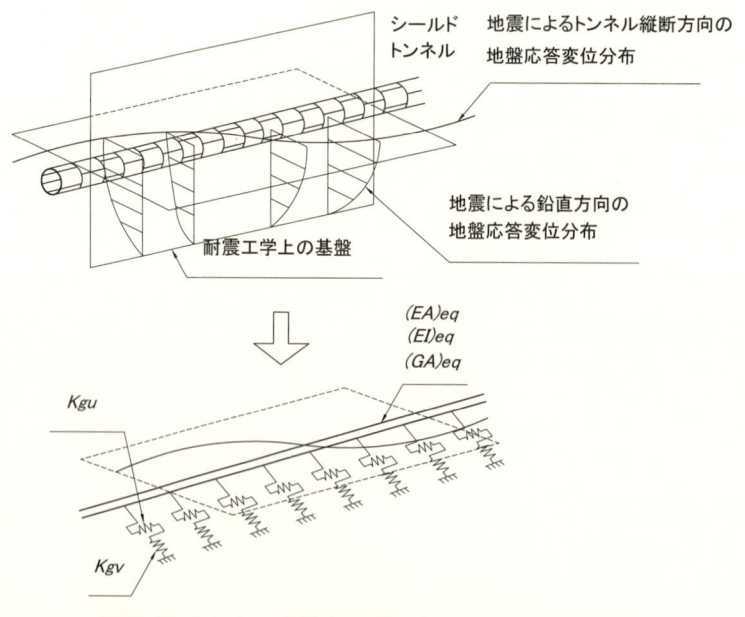

解説 図 5.9.8 地震時の縦断方向の解析モデルの例

（2）について 構造変化部である立坑接続部，トンネル分岐部や急曲線部および断面変化部等では地震時に大きな相対変位や断面力が発生する．したがって，立坑やトンネルと地盤（地盤ばね）で構成される解析モデル

に対して，適切な境界条件と作用を与えて応答値を算定する必要がある．これらのモデルを**解説 図 5.9.9～解説 図 5.9.11**に示す．

　なお，大規模な立坑や堅固な支持層に根入れされた立坑の周辺では，地盤の応答が立坑の影響をうけることを考慮してもよい．この場合，地盤と立坑を一体にモデル化するなどし，応答値を算定する．

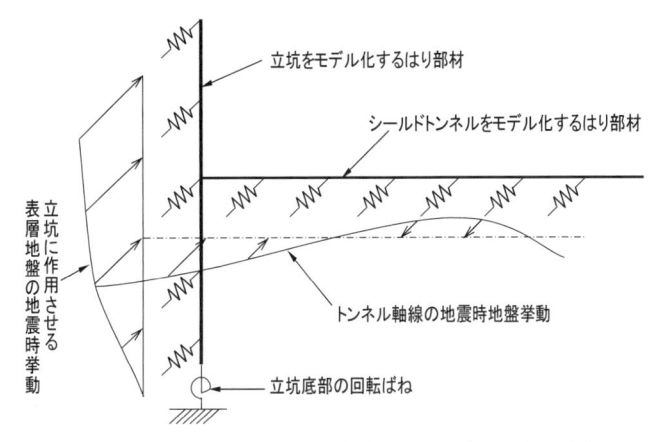

解説 図 5.9.9　立坑接続部の構造検討モデルの例（縦断図）

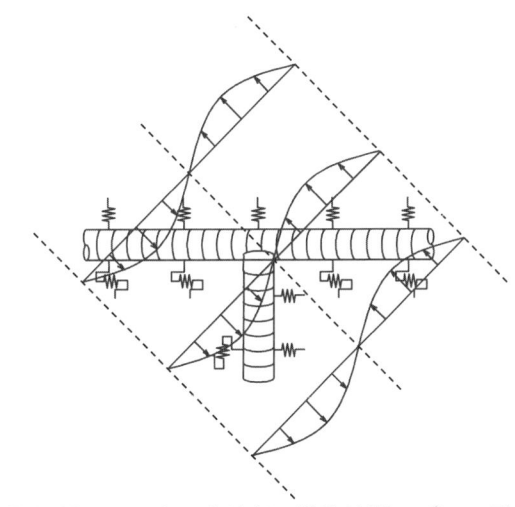

解説 図 5.9.10　トンネル分岐部の構造検討モデルの例（平面図）

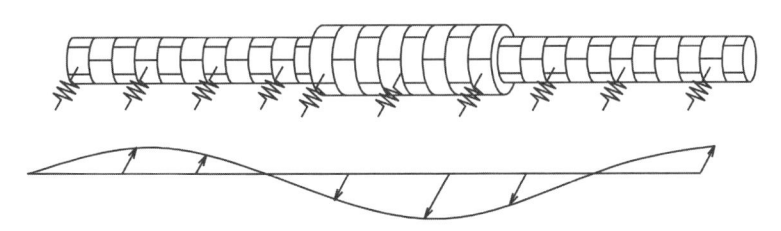

解説 図 5.9.11　断面変化部の構造検討モデルの例

9.4.4　解析モデル

　地震動の入力方向に応じて構造物の非線形性や地盤の特性を適切に設定し，解析モデルを作成することを原則とする．

【解　説】　シールドトンネルは横断方向および縦断方向に対し解析を行うのが一般的であり，それぞれ，構造物の特性および地盤の特性を適切に表現するモデルを作成する必要がある．ここでは，それぞれの解析方向に対し，一般的に用いられる応答値の算定手法に応じた構造物のモデル化方法と地盤のモデル化方法を示す．

1) 横断方向のモデル化について　セグメントリングの横断方向の構造解析モデルは，次の三種類がある（**解説 図 5.9.12**参照）．
　① 完全剛性一様リングモデル
　② 平均剛性一様リング（η：曲げ剛性の有効率）モデル
　③ はり－ばねモデルを用いた構造解析モデル

　一般的に，継手の剛性により変形やセグメントの断面力が大きく変化する．よって，継手のモデル化が重要である．このため，セグメントリングの横断方向の構造解析モデルは，継手を適切にモデル化することが可能なはり－ばねモデルを基本とする．

　地震時に大きな変形をする場合には，セグメント本体と継手が塑性化することも考えられる．このような場合には，部材の非線形特性を適切に評価できるモデルを採用する必要がある．本体部材の非線形特性（$M-\phi$，$M-\theta$関係）は軸力により変化するため，適切に軸力の影響を考慮する必要がある．なお，地震時の軸力変動の影響が小さい場合は，常時軸力を用いて非線形特性を設定し，地震時の解析に用いてもよい．

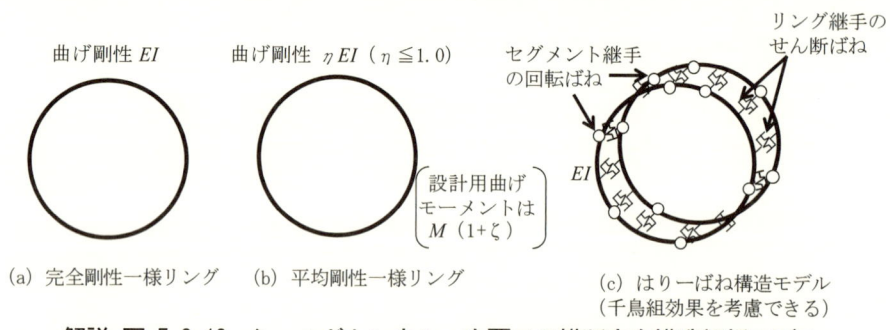

解説 図 5.9.12　シールドトンネル一次覆工の横断方向構造解析モデル

　シールドトンネル横断方向の常時の検討においては，二次覆工は構造部材として評価しないのが一般的である．一方，二次覆工は周辺を拘束された状態であり，無筋コンクリートであっても補強効果が高いことも報告されている．このため，耐震検討においては必要に応じて，二次覆工を構造部材として評価してもよい．ただし，二次覆工を構造部材とする構造計算では，セグメントリングと二次覆工の相互作用を考慮した適切な構造モデルを用いる必要がある．

2) 縦断方向のモデル化について　セグメントリングの縦断方向の構造解析モデルには，次の二種類がある．
　① セグメントの主断面をはり，リング継手を軸方向ばね，回転ばねおよびせん断ばねでモデル化する方法（縦断方向はり－ばねモデル）
　② リング継手によるトンネルの縦断方向の剛性低下を考慮して，等価な一様剛性を有するはりに置換する方法（縦断方向等価剛性はりモデル）

解説 図 5.9.13(a)は①の方法，(b)は②の手法の概念を示すものである．①の方法は，トンネル縦断方向の詳細な検討に用いる場合に適しており，リング継手部の断面力や変位を直接的に求めることができる．②の方法は，①の方法に比べモデル化が単純で，トンネル全体の変形や断面力等の検討に利用されている．とくに有限要素法を用いる場合，計算の収束性や計算時間の観点より，節点数や要素数が減らすことが重要であり，②の方法が用いられることが多い．また，計算量や計算時間と得られる応答値の正確性の両方を考慮して，①，②を併用する場合もある．構造解析モデルは計算目的，要求される精度，解析方法等を考慮して決定する必要がある．

　シールドトンネルの縦断方向の構造解析において，二次覆工を考慮した解析モデル化手法に関するいくつかの研究成果が報告されている．モデル化は，**解説 図 5.9.14**に例示するようにトンネル縦断方向の継手を考慮した一次覆工のはり－ばねモデルに二次覆工をバネで接続することにより相互作用を考慮した検討ができる．ただし，一次覆工と二次覆工間のばね定数は，解析的に算定するのが困難な場合が多い．とくに二次覆工にひび割れが生じて非線形性化したあとのばね定数は，既往の実験結果等を参考にして設定しているのが実状である．

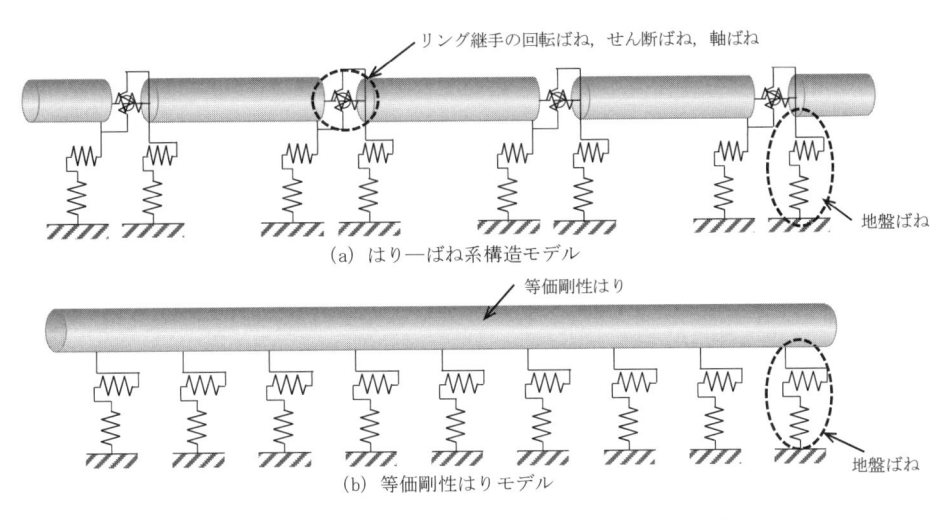

解説 図 5.9.13　等価剛性はりモデルとはり－ばね系構造モデル

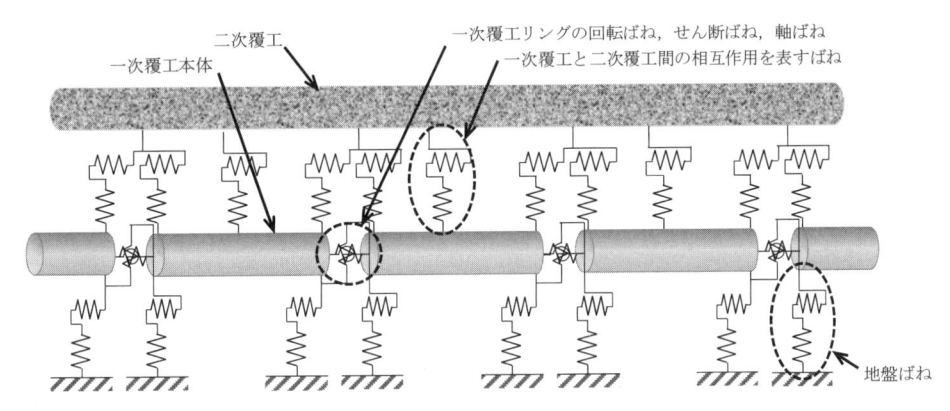

解説 図 5.9.14　二次覆工がある場合のトンネル縦断方向はり－ばねモデル

<u>3) 地盤のモデル化について</u>　応答変位法による横断方向の応答値の算定では，地盤をばね要素としてモデル化する．ばね定数の求め方としては，土質定数等から簡易に地盤反力係数を求めて設定する方法と表層地盤をFEMでモデル化し，静的解析により荷重－変位関係を求め，設定する方法等がある．

　地盤変位が大きい場合や地盤と構造物の接触面ですべりやはく離が生じる可能性もある．そのような場合は，地盤反力に上限値を設けたり，接触面にすべりやはく離を考慮したりすることができる非線形要素を用いる場合もある．地盤と構造物とのすべりやはく離に関するモデルの例を**解説 図 5.9.15**に示す．なお，すべりやはく離の発生により地盤の応力状態も変化するため，すべりやはく離を考慮する場合は，地盤をFEMでモデル化するのが望ましい．

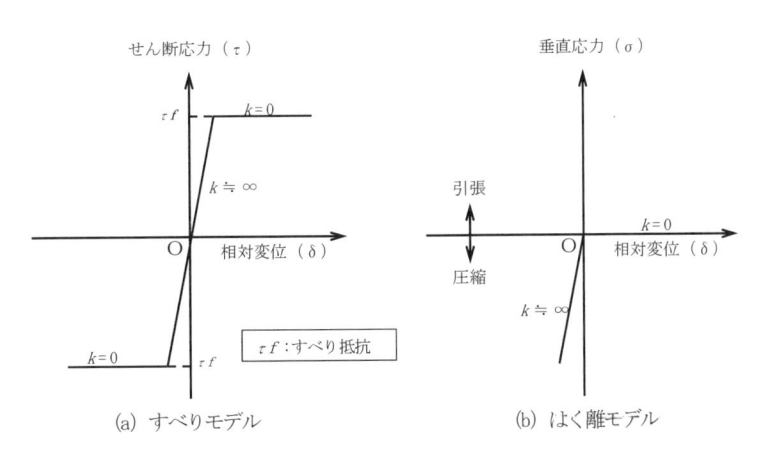

解説 図 5.9.15　地盤と構造物間のすべりやはく離のモデル

4) 部材のモデル化について　部材の非線形性は，軸力に応じ，曲げモーメントに対して，**解説 図** 5.9.16および**解説 図** 5.9.17に示す曲げモーメントと曲率の関係で表すことができる．

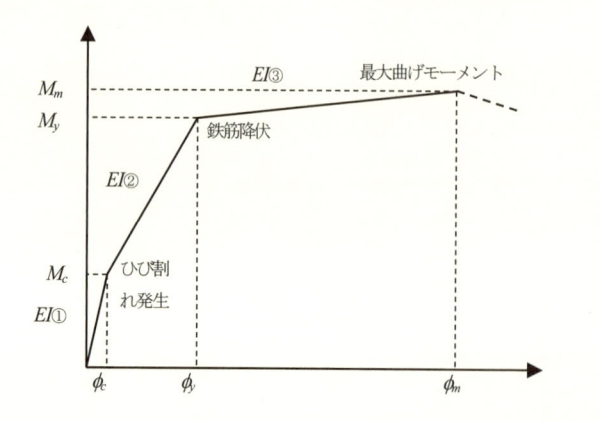

解説 図 5.9.16　鉄筋コンクリート製セグメントの部材断面の曲げモーメントと曲率の関係の例

M_c ：曲げひび割れ発生時の曲げモーメント
M_y ：降伏時の曲げモーメント
M_m ：最大曲げモーメント
ϕ_c ：曲げひび割れ発生時の曲率
ϕ_y ：降伏時の曲率
ϕ_m ：M_mを維持できる最大の曲率

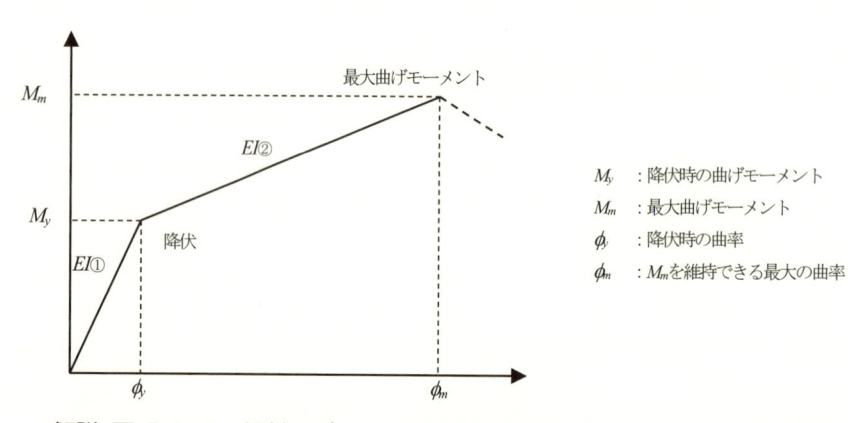

解説 図 5.9.17　鋼製セグメントの部材断面の曲げモーメントと曲率の関係の例

M_y ：降伏時の曲げモーメント
M_m ：最大曲げモーメント
ϕ_y ：降伏時の曲率
ϕ_m ：M_mを維持できる最大の曲率

9.5 耐震性能の照査

9.5.1 耐震性能の設計限界値と照査方法

（1）シールドトンネルは，照査項目に応じた適切な設計限界値を設定し，耐震性能の照査を行わなければならない．

（2）シールドトンネルの耐震性能は応答値が設計限界値以下であること照査するものとする．

【**解　説**】　（1）について　ここでは，第5編 9.1.4に示した使用目的や供用条件に応じトンネルに要求される耐震性能を照査するために，横断方向と縦断方向における照査項目と限界値の考え方と設定例を示す．なお，トンネルの使用目的や重要度，修復性等の条件を十分に考慮したうえで，照査項目と限界値を設定することが前提である．

耐震性能1に対する照査は，シールドトンネルの部材が降伏点以下であることを照査するものである．一方，耐震性能2および3に関しては弾性範囲を超えた領域における照査である．

1) 横断方向の照査項目と設計限界値の例　**解説 表** 5.9.5～**解説 表** 5.9.7に横断方向の照査項目と設計限界の例を示す．横断方向では，各種トンネルの用途と地震後に必要となる補修および補強のレベルに応じて，安全性や修復性および止水性の観点より部材の耐力と変形を照査項目とし設計限界値を設定する．また，耐震性能3に対しては，セグメントリングの変形を限界値として定める必要がある．変形の限界値は，大規模な補修および補強を行うことを前提として設定することが望ましい．

解説 表 5.9.5 耐震性能1の照査項目と限界値の例（横断方向の検討）

照査内容	部材	照査項目	限界値
耐荷性能	セグメント本体	曲げモーメント，軸力	降伏応力度または降伏耐力[*1]
		せん断力	せん断耐力
	セグメント継手	曲げモーメント，軸力	降伏応力度または降伏耐力[*1]
		せん断力	せん断耐力
	リング継手	せん断力	せん断耐力
変形性能	セグメント継手	目開き量	限界目開き量1[*2]

[*1] 一般に，コンクリートセグメントは軸圧縮耐力に達していない場合が多いが，高軸力下のセグメントは，軸圧縮耐力の85%以下とすることで，圧縮ひび割れを抑制でき，健全な状態を確保できる．
[*2] 供用上問題となる漏水が生じない目開き量を限界値とする．

解説 表 5.9.6 耐震性能2の照査項目と限界値の例（横断方向の検討）

照査内容	部材	照査項目	限界値
耐荷性能	セグメント本体	曲げモーメント，軸力	曲げ，軸圧縮耐力
		部材回転角または曲率	限界回転角または曲率
		せん断力	せん断耐力
	セグメント継手	曲げモーメント，軸力	曲げ，軸圧縮耐力
		部材回転角または曲率	限界回転角または曲率
		せん断力	せん断耐力
	リング継手	せん断力	せん断耐力
変形性能	セグメント継手	目開き量	限界目開き量2[*]

[*] 地震時後にトンネルの機能を短期間で回復可能な目開き量を限界値とする．

解説 表 5.9.7 耐震性能3の照査項目と限界値の例（横断方向の検討）

照査内容	部材	照査項目	限界値
耐荷性能	セグメント本体	せん断力	せん断耐力
	セグメント継手	せん断力	せん断耐力
	リング継手	せん断力	せん断耐力
変形性能	セグメント本体	セグメント主断面/継手部	限界回転角または限界曲率
		リング変形量	限界変形量2[*1]
	セグメント継手	目開き量	限界目開き量2[*2]

[*1] 変形性能に対する照査は，必要により実施する．
[*2] 地震後に大規模な補修または補強を行うことによって，トンネル機能のすべてあるいは一部を回復可能な目開き量を限界値とする．

2) <u>縦断方向の照査項目と設計限界値の例</u>　解説 表 5.9.8～解説 表 5.9.10に横断方向の照査項目と設計限界値の例を示す．縦断方向では，軸圧縮力に対してはセグメントリングの軸圧縮耐力，軸引張力および曲げモーメントに対してはリング継手の引張耐力，せん断力に対してはリング継手のせん断耐力を限界値とする方法がある．また，継手部の漏水が問題となるため，止水性能を確保する上では，シール材に応じた目開き量の設計限界値を設定する必要がある．

解説 表 5.9.8　耐震性能1の照査項目と限界値の例（縦断方向の検討）

照査内容	部材	照査項目	限界値
耐荷性能	セグメント本体	軸力（圧縮）	降伏応力度または降伏耐力[*1]
	リング継手	曲げモーメント，軸力（引張）	降伏応力度または降伏耐力[*1]
		せん断力	せん断耐力
変形性能	リング継手	目開き量	限界目開き量1[*2]

[*1] 一般に，コンクリートセグメントは軸圧縮耐力に達していない場合が多いが，高軸力下のセグメントは，軸圧縮耐力の85％を以下とすることで，圧縮ひび割れを抑制でき，健全な状態を確保できる．
[*2] 供用上問題となる漏水が生じない目開き量を限界値として設定する．

解説 表 5.9.9　耐震性能2の照査項目と限界値の例（縦断方向の検討）

照査内容	部材	照査項目	限界値
耐荷性能	セグメント本体	軸力（圧縮）	最大断面耐力
	リング継手	曲げモーメント，軸力（引張）	最大断面耐力
		せん断力	せん断耐力
変形性能	リング継手	目開き量	限界目開き量2[*]

[*] 地震時後にトンネルの機能を短期間で回復可能な目開き量を限界値とする．

解説 表 5.9.10　耐震性能3の照査項目と限界値の例（縦断方向の検討）

照査内容	部材	照査項目	限界値
耐荷性能	リング継手	せん断力	せん断耐力
変形性能[*1]	リング継手	目開き量	限界目開き量3[*2]

[*1] 変形性能に対する照査は，必要により実施する．
[*2] 地震後に大規模な補修または補強を行うことによって，トンネル機能のすべてあるいは一部を回復可能な目開き量を限界値とする．

3) トンネル周辺地山の安定性に関する照査項目と限界値　地震時の液状化等に対してトンネルの安定性が確保されている必要がある．液状化に関しては，揚力が作用であり，自重が限界値となる．断層等の影響に関しては，構造物の変形や耐力等，適切な限界値を設定する必要がある．

（2）について　耐震性能の照査は，**解説 図 5.7.1**を参照のこと．

9.5.2　安全係数

安全係数は，地震動の特性，応答値を求める際の地盤や構造物のモデル化手法および解析の精度を考慮して定める．

【解　説】　シールドトンネルの設計に用いる安全係数は，第5編 5.1に示したとおり，材料係数，部材係数，作用係数，構造解析係数，構造物係数である．**解説 表 5.9.11**に，レベル1地震動に対して耐震性能1，レベル2地震動に対して耐震性能2および3を設定した場合の標準的な安全係数の値を示す．これは，第5編 5.2～5.6に示した値を集約し，地震に関する係数を参考文献1），2）を参考に設定，追記したものである．

解説 表 5.9.11　標準的な安全係数の値

地震動レベル	耐震性能		材料係数		部材係数					作用係数	構造解析係数	構造物係数
			コンクリート	鉄筋，鋼材，ボルト	軸力，曲げ[*]	せん断力			変形			
						本体部		継手部				
						コンクリート	鉄筋，鋼材					
レベル1地震動	耐震性能1	応答値および限界値	1.0	1.0	1.0	1.0	1.0	1.0	1.0	1.0	1.0	1.0
レベル2地震動	耐震性能2，3	応答値	1.0	1.0	1.0	1.0	1.0	1.0	1.0	1.0	1.0以上	1.0～1.3
		限界値	1.2～1.3	1.0～1.10	1.05～1.1	1.3	1.1	1.05～1.2	1.0	—	—	

[*] 部材回転角・部材曲率で照査する場合には，レベル2地震動の部材係数を1.0とする．

第5編 第5章 安全係数より，材料係数の変更はない．部材係数は，部材回転角や曲率（変位）に関し，1.0を追記した．作用係数は，地震の影響に関し，1.0を追記した．構造解析係数および構造物係数の変更はない．

なお，鉄筋コンクリート部材について，正負交番作用を受ける部材のせん断耐力では，1.2倍程度割り増し，コンクリート負担分V_{cd}に対して1.3×1.2=1.56，せん断補強鋼材負担分V_{sd}に対して1.1×1.2=1.32とする．ただし，実験や破壊モードの判定で，曲げ降伏後のせん断破壊モードが生じないことが確認されている場合には，部材係数を割り増さなくてよい．また，曲げせん断耐力比を検討する際のせん断耐力の算定においては，割り増さなくてよい．

参考文献
1) (公社) 土木学会：コンクリート標準示方書［設計編］，pp.251-253, 2012.
2) (社) 日本トンネル技術協会：シールドトンネルを対象とした性能照査型設計法のガイドライン，pp.47-52, 2003.

9.5.3 安定の照査

トンネル周囲の地盤に対して，地震時における液状化の発生の可能性を検討しなければならない．地震時に周辺地盤が液状化する可能性がある場合は，トンネルの浮上がりに対して安定の照査を行うことを原則とする．

【解 説】 液状化の予測や判定方法は，土質調査や試験をもとにした簡易な判定方法と，地震応答解析をもとにした詳細な予測方法がある．簡易な判定方法には，①限界N値を用いる方法と，②液状化に対する抵抗率FLを用いる方法がある．①の方法は簡便であることが特徴であり，②の方法はやや複雑であるが液状化の程度を定量的にとらえることが可能で，現在広く用いられている．一方，地震応答解析をもとにした詳細な方法では，検討対象地盤の物性値にもとづき地震応答解析を実施し，その結果から液状化の可能性を判定する．一般の設計では，簡易な方法で判定を行った後に，必要に応じて地震応答解析をもとにした詳細な方法による検討が行われている．

周辺地盤が液状化すると揚圧力が大きくなり，トンネルを浮き上がらせるおそれがある．このような場合は，揚圧力に対して浮上がり抵抗が十分に確保できるかを照査し，確保できない場合は適切な液状化対策あるいは浮上がり対策を施さなければならない（**解説 図** 5.9.18参照）．

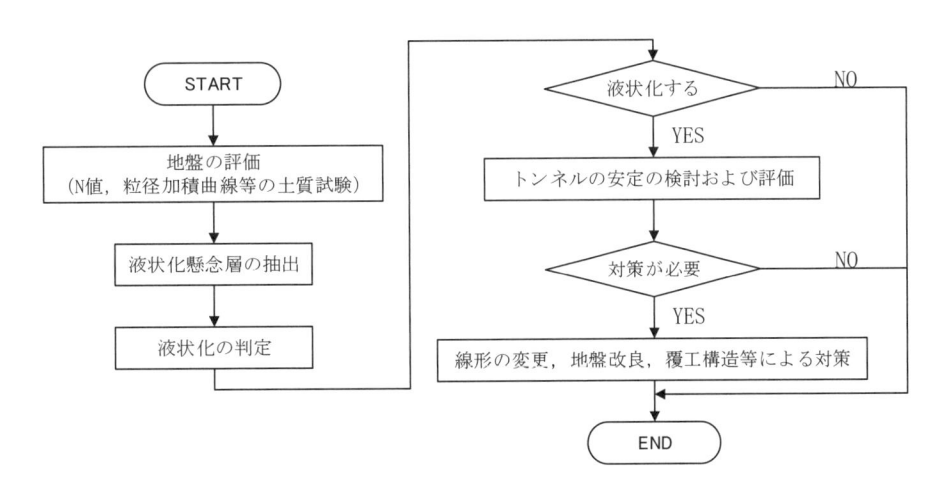

解説 図 5.9.18 トンネル周辺地盤の安定性の検討例

9.6 耐震対策

地中接合部，分岐部，立坑取付け部等の構造変化点や地盤条件が急変する箇所には，必要に応じて，対策を施すものとする．

【解　説】　地中接合部，分岐部，立坑取付け部等の構造変化点や地盤条件が急変する箇所においては，シールドトンネルの縦断方向に大きな相対変位や断面力が発生しやすいので，必要に応じて，変位量を吸収する対策や部材の耐力で抵抗するなどの対策を施すものとする．**解説 表 5.9.12**および**解説 図 5.9.19**に具体的な対策の例を示す．

解説 表 5.9.12　具体的な耐震対策の例

対策方法	具体的な対策
変形量の吸収	・リング継手の剛性の低減（弾性ワッシャー，可とうセグメント等） ・免震構造（セグメントの裏込めとして免震材料を注入するなど）の採用　　等
部材の耐力の確保	・継手の材質，剛性，本数の増加 ・鉄筋コンクリート製セグメントの場合，本体の鉄筋の増加（横断方向：主鉄筋，縦断方向：配力鉄筋） ・セグメント種別の変更 ・二次覆工の補強 ・セグメント幅の変更　　等

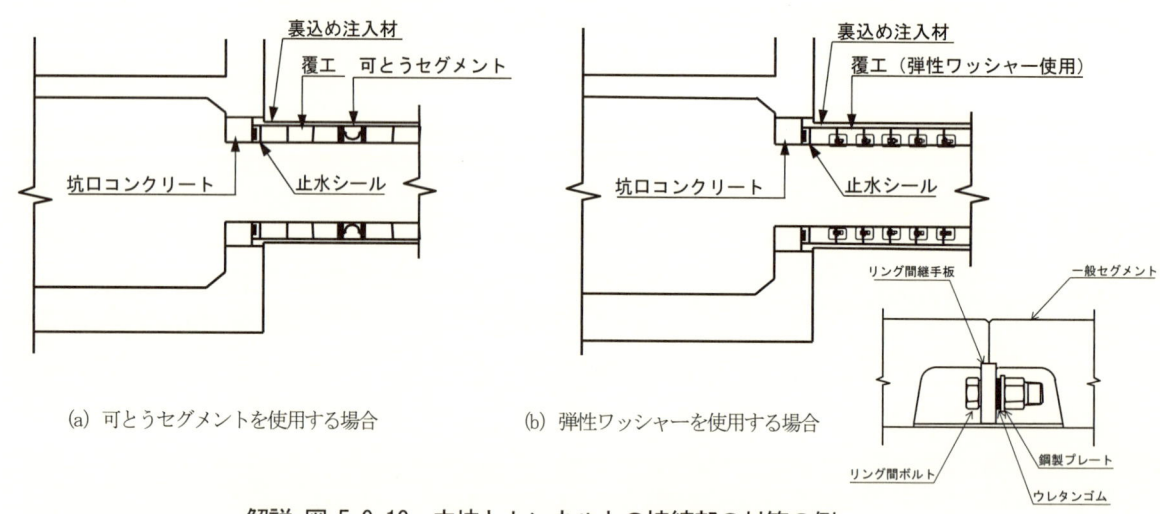

(a) 可とうセグメントを使用する場合　　(b) 弾性ワッシャーを使用する場合

解説 図 5.9.19　立坑とトンネルとの接続部の対策の例

【資料1：セグメント】

ダクタイルセグメントは，現在，国内調達が困難であり，また，中子形セグメントもすでに製造されていないため本文では取り扱わないが，過去にダクタイルセグメントや中子形セグメントを使用して建設されたシールドトンネルは少なくない．したがって，将来の維持管理等に資することに配慮し，ダクタイルセグメント，中子形セグメントに関しては，参考資料に記載する．

1-1 ダクタイルセグメント

ダクタイルセグメントは，強度が高く，継手面を機械加工することから製品の精度が良好であり，防水性に優れている．このため，鉄道トンネルを中心に，中・大口径トンネルの建物荷重等，特殊荷重が作用する箇所や急曲線部に使用されてきた．

ダクタイルセグメントは，型枠で作成した砂型を用いて鋳造により生産する方式であるため，リング数が多い場合に有利であり，必要板厚が厚くても製作手間は変わらない．このため，リング数が多く，必要板厚が厚い場合には，鋼板を切断〜加工〜溶接して製作する鋼製セグメントに比べ製作面で有利なため，経済的となり採用されている．なお，鋼製セグメントと同様に，座屈に対する配慮や二次覆工を施さない場合の防食工の検討が必要である．

（1）用語その他

① 箱形セグメント

主桁と継手板，縦リブおよびスキンプレートまたは背板によって囲まれた凹部を有するセグメントの総称である．鋼製セグメントおよび球状黒鉛鋳鉄製セグメント（以下これをダクタイルセグメントと呼ぶ）では箱形セグメントといい，鉄筋コンクリート製セグメントでは中子形セグメントともいう（**付図 1.1，付図 1.2 参照**）．また，ダクタイルセグメントのうち，波形の断面で，背面の凹部に中詰材を充填したものをコルゲート形セグメントという．

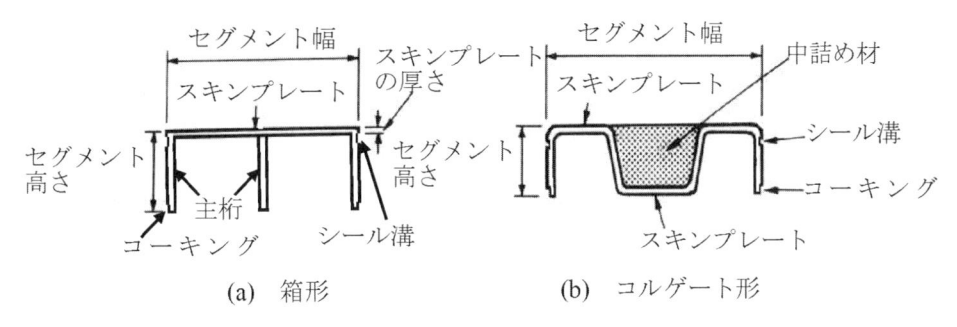

(a) 箱形　　(b) コルゲート形

付図 1.1 ダクタイルセグメント断面の例

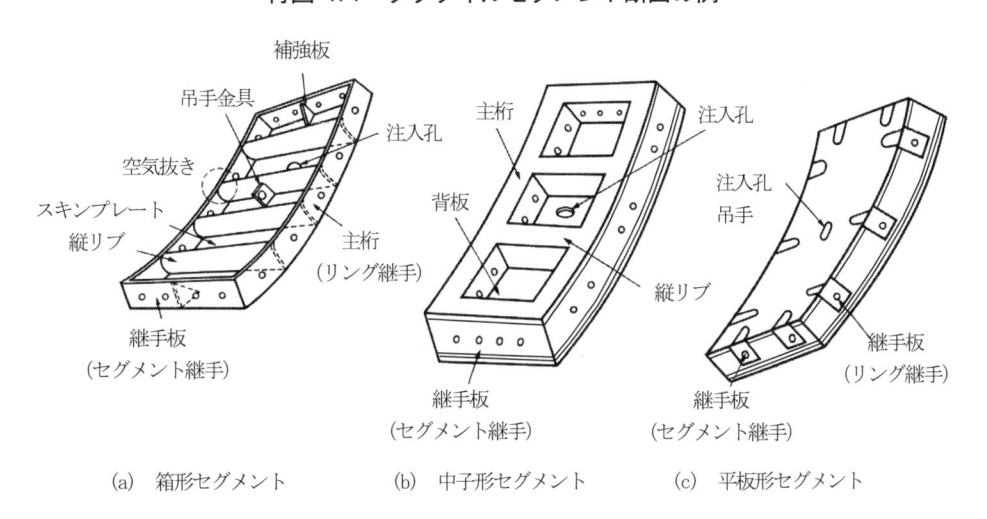

(a) 箱形セグメント　　(b) 中子形セグメント　　(c) 平板形セグメント

付図 1.2 セグメント各部の用語

② セグメントの角度，長さ

Kセグメントの中心角は，その製作方法から，ダクタイルセグメントでは内径側弧長を基準としている．参考のため，外径側弧長を基準とする鋼製セグメントと比較し，付図 1.3 に図示する．

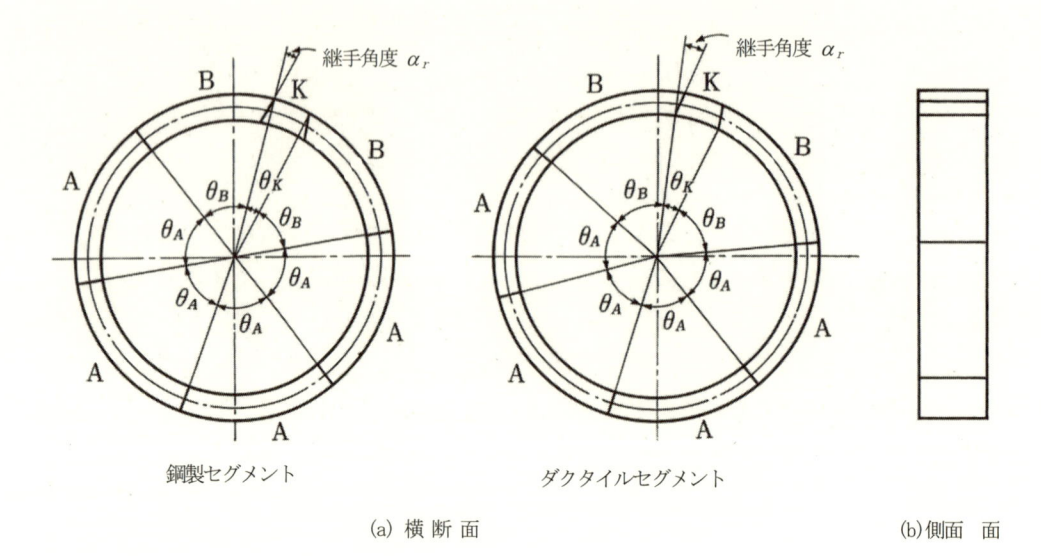

付図 1.3 セグメントリングの構成例

ダクタイルセグメントの長さは，トンネル横断方向に測ったセグメントの弧長をいう．参考のため，外径側弧長を基準とする鋼製セグメントと比較し，付図 1.4 に図示する．

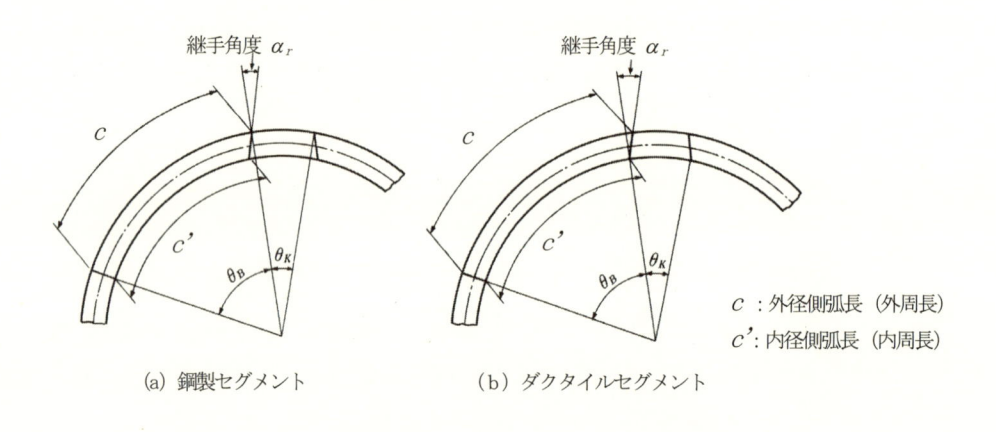

c：外径側弧長（外周長）
c'：内径側弧長（内周長）

(a) 鋼製セグメント　　(b) ダクタイルセグメント

付図 1.4 セグメントリングの断面

③ 主桁

ダクタイルセグメントの主桁には，箱形とコルゲート形がある（付図 1.1 参照）．

（2）覆工の自重

自重は，覆工の図心線に沿って分布する鉛直方向下向きの荷重とする．
一次覆工の自重は次式で計算する．

$$w_1 = \frac{W_1}{2\pi \cdot R_c}$$

箱形セグメントのように，自重の分布が図心線に沿って一様でない場合には，平均重量を用いてよい．ダクタイル部およびコンクリート部の単位体積重量を付表 1.1 に示す．コルゲート形では，ダクタイル部重量に，コンクリート部体積に無筋コンクリート部単位体積重量を乗じた重量を加算し，セグメントリング全体の重量を算出して，図心線の円周長で除したものを，一次覆工の単位長さ当りの自重とする．

付表 1.1　一次覆工の単位体積重量 (kN/m³)

	ダクタイル部	無筋コンクリート部
単位体積重量	72.5	23.5

（3）許容応力度

　球状黒鉛鋳鉄の許容応力度は，第2編 4.1 の表 2.4.8，付表 1.2〜1.3 を基本とする．第2編 4.1 の表 2.4.8 は座屈を考慮しない場合の値であり，付表 1.2 は座屈を考慮する場合の許容軸圧縮応力度の値である．また，ダクタイルセグメントの局部座屈に対する許容応力度は付表 1.3 を基本とする．

　球状黒鉛鋳鉄の特徴は，引張強度より圧縮強度が大きいこと，その他の鋳鉄に比較して引張強度および伸びが大きいこと等である．基本となる球状黒鉛鋳鉄の許容応力度は，第2編 4.1 の表 2.4.8 を参照のこと．

　付表 1.2 に球状黒鉛鋳鉄の座屈許容応力度を示す．中柱等の圧縮部材に球状黒鉛鋳鉄製品を用いる場合には，全体座屈に対する検討が必要である．このため，球状黒鉛鋳鉄の座屈許容応力度は鋼材の座屈許容応力度を参考にして定めた．

　付表 1.3 に局部座屈に対する許容応力度を示す．従来，ダクタイルセグメントは，鋳造による一体成型で十分な強度が確保されていること等から局部座屈は生じないものと考え，その検討を省略していた．しかしながら，近年のトンネルの大断面化に伴うセグメントの大型化，限界状態設計法への移行な
どもあって，本示方書で新たに局部座屈応力度の算出法とその許容応力度を明示することとした．ダクタイルセグメントは，鋼製セグメントに比べて全体的に板厚が厚く，抜き勾配やハンチ，コーナー部の曲率等をもつ一体成型品であるため，座屈係数は固定条件を3辺固定・1辺自由の板として求めることとした．なお，通常のセグメントに比べて，縦リブのピッチが極端に広い場合や板厚が極端に薄い場合等については，固定条件が適切かどうか確認したうえで適用する必要がある．また，主桁の長さと高さとの比が 2.26 以上の場合における座屈係数の設定については別途検討が必要である．

付表 1.2　球状黒鉛鋳鉄の座屈許容応力度 (N/mm²)

種　別 \ 鋼　種	FCD450-10	FCD500-7
許容軸方向応力度	$0 < \ell/r \leq 7$ ：200 $7 < \ell/r \leq 105$： $200 - 1.42(\ell/r - 7)$	$0 < \ell/r \leq 7$ ：220 $7 < \ell/r \leq 100$： $220 - 1.63(\ell/r - 7)$

※ ℓ は部材の座屈の長さを，r は考える軸についての総断面の断面二次半径を示す．

付表 1.3　ダクタイルセグメントの局部座屈に対する許容応力度 (N/mm²)

種類	局部座屈の影響を受けない場合 幅厚比（板幅／板厚）	許容応力度 (N/mm²)	局部座屈の影響を受ける場合 幅厚比（板幅／板厚）	許容応力度 (N/mm²)
FCD450-10	$\dfrac{h}{t_r \cdot f \cdot \sqrt{K}} \leq 15.2$	200	$15.2 < \dfrac{h}{t_r \cdot f \cdot \sqrt{K}} \leq 21.7$	$46\,500 \cdot K \cdot \left(\dfrac{t_r \cdot f}{h}\right)^2$
FCD500-7	$\dfrac{h}{t_r \cdot f \cdot \sqrt{K}} \leq 14.3$	220	$14.3 < \dfrac{h}{t_r \cdot f \cdot \sqrt{K}} \leq 20.5$	$46\,500 \cdot K \cdot \left(\dfrac{t_r \cdot f}{h}\right)^2$

$$f = 0.65\varphi^2 + 0.13\varphi + 1.0 \qquad \varphi = \frac{\sigma_1 - \sigma_2}{\sigma_1} \qquad (\sigma_2 \leq \sigma_1：圧縮を正とする)$$

$$K = \frac{4}{\alpha^2} + \frac{40}{3\pi^2} + \frac{15\alpha^2}{\pi^4} - \frac{20\upsilon}{\pi^2} \quad (\alpha \leq 2.26), \quad K_{\min} = 2.37 \quad (\alpha = 2.26)$$

ここに,

- ℓ_r ：主桁の座屈長さ
- h ：主桁の高さ
- t_r ：主桁の板厚
- f ：応力勾配による補正値
- K ：座屈係数
- σ_1, σ_2 ：主桁の縁応力度
- α ：ℓ_r/h
- υ ：ポアソン比

（4）スキンプレートの計算

スキンプレートは，等分布荷重を受ける部材としてセグメントの材料特性および構造特性に応じて設計するものとする．

トンネルに作用する荷重は，ダクタイルセグメントでは，スキンプレートを通じて主桁，縦リブおよび継手板等へ伝達される．したがって，スキンプレートは，構造的には周辺を支持された板であり，その寸法から荷重は全面に作用する等分布荷重として取扱うことができる．

ダクタイルセグメントの設計ではシーリー（Seely）の方法を用いることが多い．この方法は**付図 1.5** を用いて対象とするセグメントの短辺と長辺との比 α に対応する β を，図中の実験値による β 値曲線（実験式）により求め次式から応力度を算定する．なお，図中の M_{be}，M_{bc} はそれぞれウエスターガード（Westergaard）の理論式より求められたものである．実験式により求まる応力度は，これら理論式による値の中間の値となり，一般にこの実験式による応力度を設計に用いている．

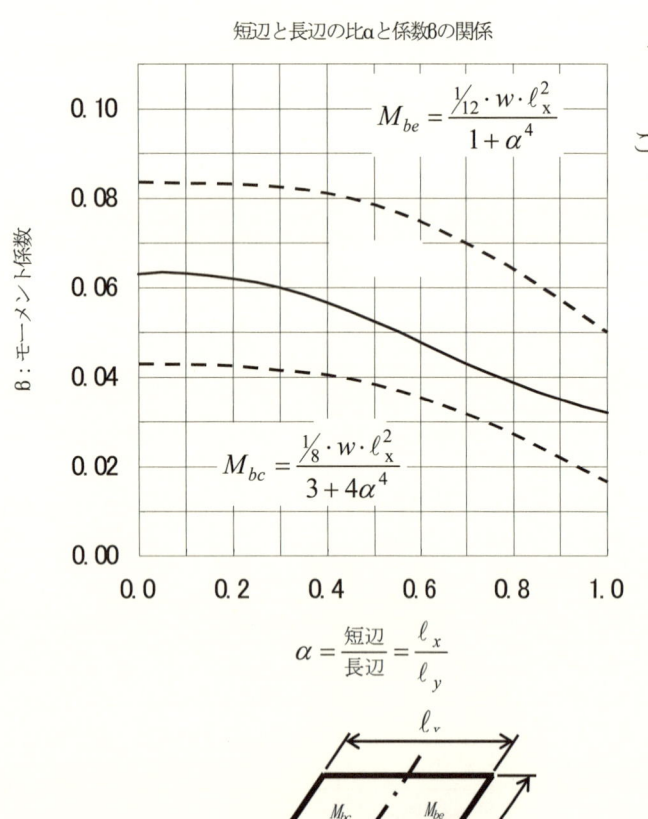

$$M = \beta \cdot w \cdot \ell_x^2$$
$$\sigma = 6M/t^2$$

ここに,

- M ：設計に用いる単位幅あたりの曲げモーメント
- ℓ_x ：短辺
- ℓ_y ：長辺
- w ：荷重
- β ：係数（図より求める．）
- t ：スキンプレートの板厚
- σ ：スキンプレートの曲げ応力度

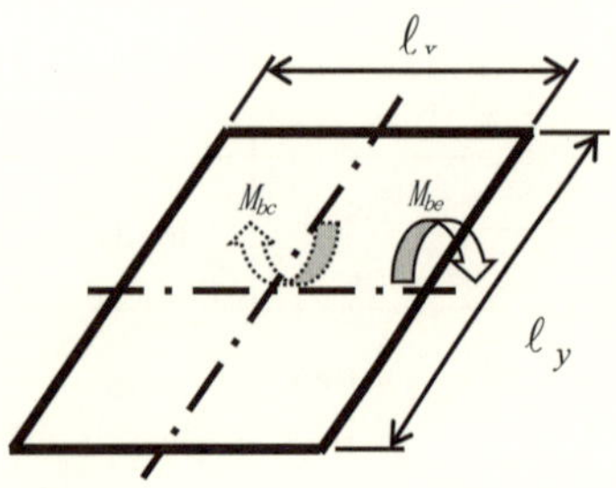

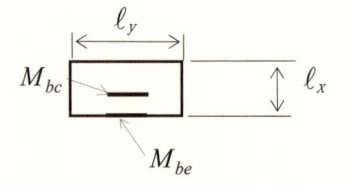

短辺と長辺の比αと係数βの関係

$$M_{be} = \frac{1/12 \cdot w \cdot \ell_x^2}{1+\alpha^4}$$

$$M_{bc} = \frac{1/8 \cdot w \cdot \ell_x^2}{3+4\alpha^4}$$

$$\alpha = \frac{短辺}{長辺} = \frac{\ell_x}{\ell_y}$$

M_{be}：短スパン固定端のモーメント
M_{bc}：短スパン中央部のモーメント

付図 1.5　ダクタイルセグメントのスキンプレートに生じる応力度の算定

（5）主断面および主桁構造

ダクタイルセグメントには，2本またはそれ以上の主桁を有する箱形のものと4本の主桁を有するコルゲート形のものの2種類の主桁構造がある．箱形のものではスキンプレートが外側一面にあることに対して内面側にはフランジがないために，負の曲げモーメントが大きい場合には不経済なこともあり，選定にあたっては，設計断面力，製作性および施工性等を考慮しなければならない．なお，ダクタイルセグメントは製作上から9mmが最小部材厚さとなっている．

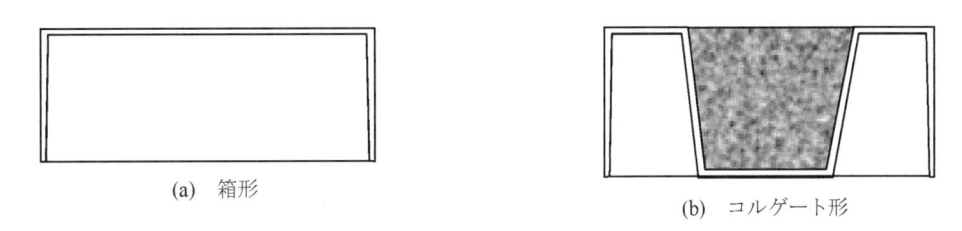

(a) 箱形　　　(b) コルゲート形

付図 1.6 ダクタイルセグメントの主桁構造

（6）継手の配置

ダクタイルセグメントの場合，セグメント幅方向のボルトの配置の自由度は高いが，強度および剛性を確保しながら，防水面が均等に締め付けられるように止水性にも配慮して，ボルトの配置を定める必要がある．

リング継ぎボルトは，セグメントの種類やセグメント高さを問わず，1段でセグメントの内側からセグメント高さの1/4～1/2の位置に配置する例が多い．ダクタイルセグメントの場合，円周方向には，リング継手面の防水上から各縦リブ間の中央に配置しているのが一般的である．

（7）縦リブ構造

縦リブの形状は断面性能のほか，セグメントの製作時における精度の確保や変形の防止，組立および二次覆工の施工性も考慮して定める必要がある．ダクタイルセグメントの縦リブ形状は製作性からI形を採用し必要に応じて肉厚を増している．なお，ダクタイルセグメントでは，砂型製作時の抜き勾配のため，縦リブが一方向を向いていることから，千鳥組みした際に，縦リブが前後のリングで角度をもって配置されていることに留意する必要がある．

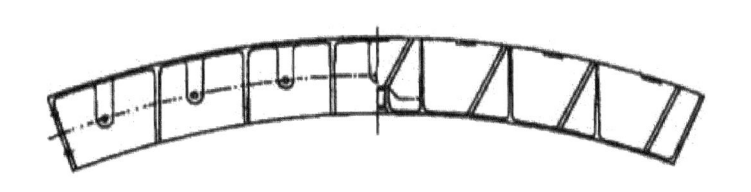

付図 1.7 ダクタイルセグメントの縦リブの形状

（8）吊手

ダクタイルセグメントでは，裏込め注入孔を吊手として兼用することが多い．

（9）その他の設計細目

① 溶接

鋳鉄は他の鋼材と比較して一般的に難溶接材料とされている．これは，溶接部が熱影響により硬く延性の低い組織に変化すること，鋳鉄に含まれるCが溶接中に酸化されCOガスとなり，溶接金属にブローホールやピットの原因となることに起因する．工場では，鋳鉄用の溶接棒（鉄－ニッケル系）を使用し低電流で溶接すること，焼鈍等の熱処理をすること等に留意し，厳密な品質管理を行なうことにより，溶接している実績があるが，現場ではこれらの品質管理が難しいため，溶接を用いていない．

② 空気抜き

ダクタイルセグメントに二次覆工コンクリートを打設する場合，縦リブにはあらかじめ空気抜きを設けなければならない．

二次覆工のコンクリートを打設する際に縦リブの下側部分には空気が残留して，コンクリートを完全に充填することが困難となる．この残留空気を抜くために，箱形のダクタイルセグメントでは縦リブの中央にそれぞれ切欠きを設けている．

(10) セグメントの製作

セグメントの寸法精度は，セグメントの組立精度や施工中および完成後のトンネルの力学的性能に大きな影響をあたえることから，慎重な検討が必要である．ダクタイルセグメントの寸法精度は，砂型作成のための型枠精度と機械加工仕上げ面の切削精度に支配されることが多い．

① 製作要領書

ダクタイルセグメントは，鋳造によってセグメントを製作することから，材料の機械的性質を満足させるため，材料の品質管理にとくに注意する必要がある．

② 寸法精度

セグメントは所要の寸法精度を確保しなければならない．また，必要な寸法精度は，セグメントの製作に先立ち，事前に定めておくものとする．

付表 1.4　ダクタイルセグメントの寸法許容差の例 (mm)

項目	寸法許容差[3]			
セグメント高さ (h)	+5.0　−1.0[2]			
セグメント幅 (b)	±1.0			
弧　長 (c)	±1.0			
ボルト孔ピッチ (d, d')	±1.0			
各部の肉厚 (e, t)	−1.0[2]			
水平組立時の真円度[1]　セグメントリング外径 D_0 (m)	$D_0<4$	$4≦D_0<6$	$6≦D_0<8$	$8≦D_0<12$
ボルトピッチサークル径	±7	±10	±10	±15
セグメントリング外径	±7	±10	±15	±20

注1)　水平組立時の真円度はセグメントを2段積みして測定する．
　2)　鉄筋コンクリート製セグメントと同様，−1mmは局部的な肉厚の減少の限界を示したものである．
　3)　機械仕上げの場合の精度を示したものであるが，鋳放しで機械加工を行わない場合はセグメント幅と弧長は鋼製セグメントに準ずる（本文，**解説 表 2.8.*, 2.8.*参照**）．
　4)　各記号は**付図1.8**を参照．

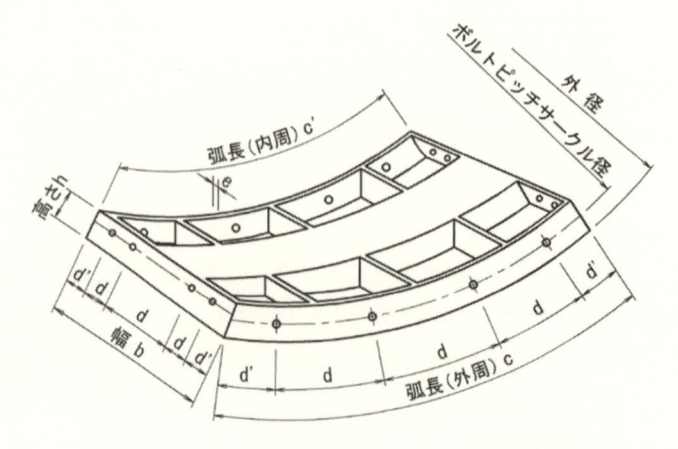

付図 1.8　ダクタイルセグメント寸法の測定の例

③ 性能検査

ダクタイルセグメントの製作過程における検査の例を**付図 1.9**に示す．材料の入荷からセグメントの出荷までの製作過程に応じて，**付図 1.9**を参考にその検査項目を定めることが望ましい．

単体曲げ試験，継手曲げ試験，推力試験および吊手金具の引抜き試験等により，各種の性能を確認する検査である．これらの試験は，ダクタイルセグメントのように外観や形状寸法からだけではその性能が明確にならないセグメントの場合や特殊な形状のセグメントの場合等に行われる．

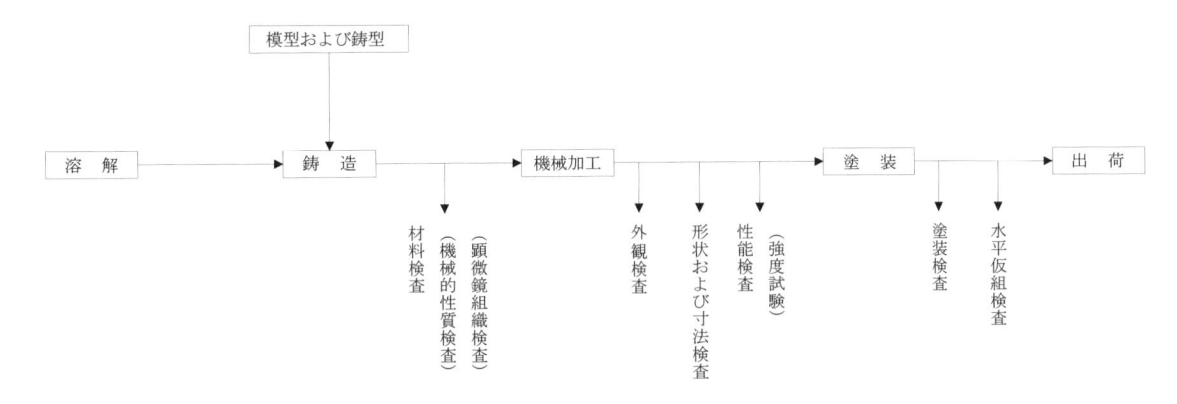

```
                       ┌───────────┐
                       │ 模型および鋳型 │
                       └─────┬─────┘
                             ↓
┌────┐    ┌────┐    ┌──────┐    ┌────┐    ┌────┐
│溶 解│→→│鋳 造│→→│機械加工│→→│塗 装│→→│出 荷│
└────┘    └──┬─┘    └──┬───┘    └──┬─┘    └────┘
              ↓         ↓          ↓
          材料検査  外観検査   塗装検査
          (機械的性質検査)  形状および寸法検査  水平仮組検査
          (顕微鏡組織検査)  性能検査
                          (強度試験)
```

付図 1.9　ダクタイルセグメントの場合

(11) 覆工の耐久性

① 耐久性の基本

ダクタイルセグメントの耐久性の検討では，鋳鉄，コンクリート等からなるセグメント本体，ボルト等の継手金物，注入孔の部品の耐久性を確認する必要がある．

② 防食および防せい

ダクタイルセグメントでは，腐食性環境におかれる場合は必要に応じて防食や防せいのための処理を行っている．防食および防せいの処理は一般に塗装による場合が多いが，腐食代を設定する例もある．

塗装による場合の処理は，塗装面のスラグ，油，ちり等を清掃し，これらを除去したのち，さび止め用ペイント等により行う．とくに，防食性を必要とする場合の塗装として，タールエポキシ樹脂，エポキシモルタル，およびアクリル樹脂等が使用されている．

腐食代を考慮する場合は，トンネルの用途や設計耐用期間に応じて，セグメントの外面に1mm程度を設定することが多く，構造計算上は，断面力の算定では腐食代を控除しない全断面で計算し、応力照査では腐食代を控除した断面で照査するのが基本である．

1-2　中子形セグメント

従来，鉄道トンネルでは，硬質地盤を対象に中子形鉄筋コンクリート製セグメント（以下，中子形セグメントと呼ぶ）が数多く採用されてきた．これは，以下に示す中子形セグメントの特徴により，当時のシールド技術では硬質地盤において中子形の優位性が発揮され，数多く採用されたものである．将来の建物増設荷重等が想定される民地下においては，将来の荷重増分等を考慮に入れる必要があるため，断面耐力の大きな平板形セグメントおよび二次覆工が採用されてきたが，道路下においては，基本的に将来の荷重増分を考慮する必要がないため，硬質地盤においては下記優位性から中子形セグメントが数多く採用されてきた．

【中子形セグメントの特徴】

①外荷重に抵抗するセグメントの主桁部材と，シールドジャッキ推力に抵抗する縦リブを格子状に組み立て，セグメントに作用する土圧を受ける背板版を薄くすることで，合理的な設計をしている．

②継手金物がなく，長ボルトで締結するタイプであるため，セグメント製作費用に占める割合の大きな継手金物費用を削減できることから，従来の平板形に比べ安価である．

③緩み荷重による設計ができ、地盤反力が期待できる硬質地盤においては，継手部に作用する曲げモーメントが小さいため，中子形セグメントが構造的に成立する．

しかし，その後の技術開発により，セグメント継手の合理化によるコストダウン，ワンパス型セグメントの導入によるセグメント組立の高速化等が進んだこと，漏水対策および高速化を目的としたセグメント広幅化・少分割化への対応が必要になったこと，中子形セグメントの型枠製作費用が平板形に比べて高騰化したこと，シールド掘削土砂運搬〜処理費用の増加により掘削断面を大きくすることがシールド工事全体コストに与える影響が大きくなったこと等により，中子形セグメントの優位性は薄れてきて，最近では採用されていない．

以上より，中子形セグメントはすでに製造が行なわれていないが，過去に中子形セグメントを使用して建設されたシールドトンネルは数多くあるため，将来の維持管理等に資することに配慮し，旧示方書に記載されている内容をまとめることとした．

(1) 用語その他
① 中子形セグメント

背板によって囲まれた凹部を有する鉄筋コンクリート製セグメントである．各部の名称を**付図 1.10, 1.11**に示す．

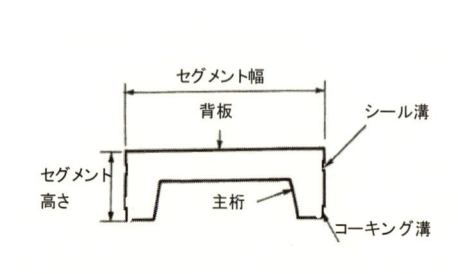

付図 1.10 断面形状

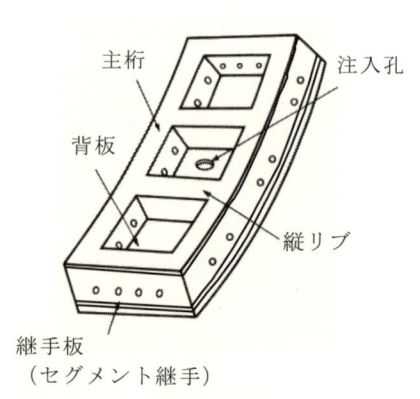

付図 1.11 各部の名称

(2) 背板の有効幅

主桁は背板の一部と協働して荷重を支える．中子形セグメントにおける背板の有効幅b_eは，次に示す値を用いてよい．

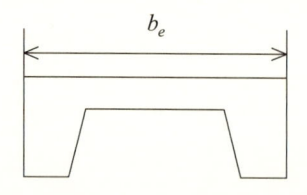

付図 1.12 中子形セグメントにおける背板の有効幅

① 主断面の曲げ剛性，軸剛性および曲げ応力度の計算にあたっては背板全幅を有効とする．
$$b_e = b$$
② ジャッキ推力による縦リブまたは継手板の応力度の計算にあたっては，背板全幅を有効幅としてよい．ただし，シールドが過大なローリングを生じてジャッキ推力の作用中心が縦リブ中央からずれるような場合には，主桁に大きな面外曲げ応力が発生するので注意を要する．

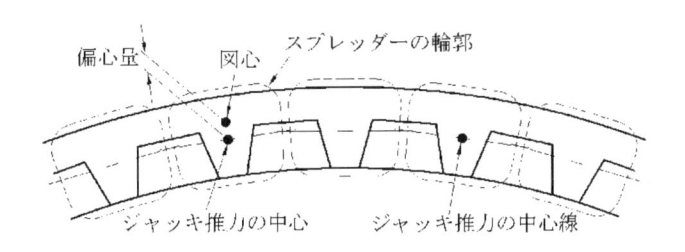

付図 1.13　ジャッキ推力と縦リブとの関係

(3) 主断面の応力度

鉄筋コンクリート製セグメントの中子形セグメントの主断面は，主桁と背板からなるT形断面である．

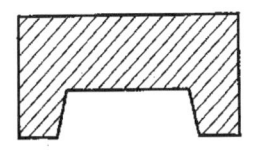

付図 1.14　有効断面

(4) 継手の計算

鉄筋コンクリート製セグメントでは，ボルトを引張鉄筋とみなした鉄筋コンクリート断面として設計している．継手板については，鉄鋼製セグメント，平板形セグメントおよび中子形セグメントの場合にボルトに作用する引張力でその板厚を計算し，中子形セグメントの場合はこれに加えて，継手板周辺のせん断応力度や支圧応力度を照査する場合もある．

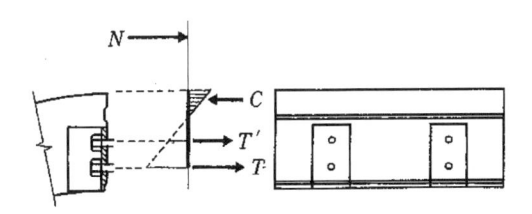

付図 1.15　継手部における力のつり合い

(5) 背板の計算

中子形セグメントでは四辺で固定支持した矩形板の弾性設計法で設計をおこなっている場合が多い．ランキン (Rankine) 法，マーカス (Marcus) 法，ピゴー (Pigeaud) 法等があるが，それらのうちでもマーカス (Marcus) 法による近似解析がよく用いられている．

スパン中点 $\begin{cases} \max M_x = \dfrac{v_x}{24} w_x \cdot l_x^2 \\ \max M_y = \dfrac{v_y}{24} w_y \cdot l_y^2 \end{cases}$

固定辺平均 $\begin{cases} \min M_x = -\dfrac{1}{12} w_x \cdot l_x^2 \\ \min M_y = -\dfrac{1}{12} w_y \cdot l_y^2 \end{cases}$

付図 1.16　スキンプレートに作用する曲げモーメント

ただし,

$$v_x = v_y = 1 - \frac{5}{18} \cdot \frac{C^2}{1+C^4}$$

$$w_x = \frac{w}{\left(\frac{1}{C}\right)^4 + 1}$$

$$w_y = \frac{w}{1+C^4}$$

$$C = \frac{l_y}{l_x} \geq 1$$

ここに,w：スキンプレートおよび背板に作用する等分布荷重

(6) 寸法精度

中子形の寸法許容差は鉄筋コンクリート製セグメントと同様で，寸法測定部は**付図 1.17**による．

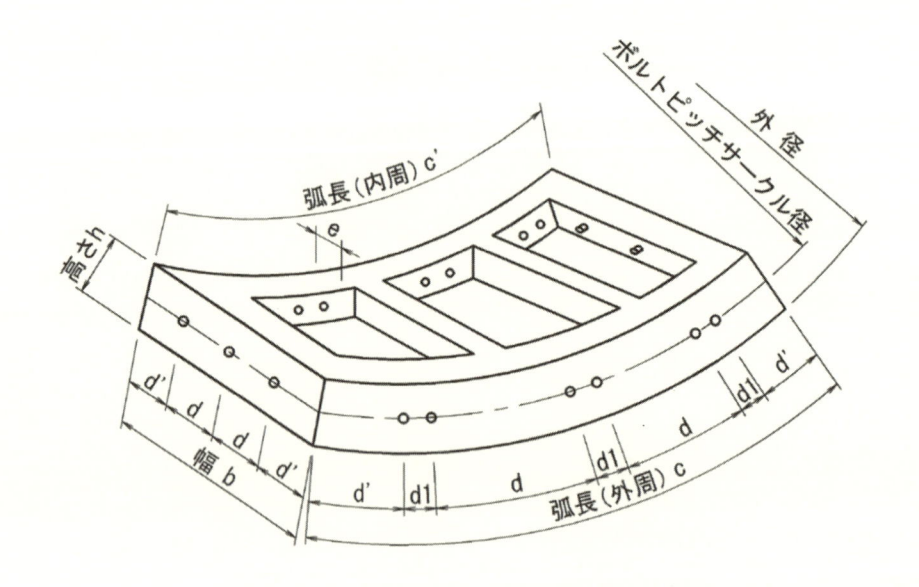

付図 1.17　中子形セグメントの寸法の測定の例

【資料２：慣用計算法および修正慣用計算法によるセグメント断面力の計算式】

はりーばねモデルによる計算法は，以下の利点を有することから，近年，需要が高まっている．このため，本文ではこの計算法の解説に重点をおき，従来用いられてきた簡便な計算法である慣用計算法および修正慣用計算法については，その計算式の記載は省略した．しかし，その一方，下水道等のトンネルにおいては，現在でも慣用計算法および修正慣用計算法のニーズがあることから，これらを参考資料に記載することにした．

【はりーばねモデルによる計算法の利点】
① セグメント継手，リング継手で接続し，継手の力学特性やわが国の実情に合わせた千鳥組の効果を合理的に評価できる．
② セグメントリングの実際の挙動に近い合理的な計算法である．
③ セグメントリングの変形量やリング継手の断面力が求められる．
④ 非対称の作用，内水圧および内部荷重等さまざまな作用を取り扱うことが可能である．
⑤ 通常の荷重状態以外に，自重に対する地盤反力を考慮しない場合や，特定の施工条件下において小さな地盤ばねで評価する場合等に対応できる．

付表 2.1 は慣用計算法や修正慣用計算法において，付図 2.1 に示す荷重モデルに対する解析解を示したものである．水平方向の地盤反力の大きさを決める水平直径点の水平方向の変位は，覆工自重による地盤反力を考慮するか否かにより異なり，付表 2.1 の式 a）または式 b）によって計算される．なお，付表 2.1 は，修正慣用計算法によるセグメント断面力の計算式を示したもので，表中の η を 1 とすると慣用計算法の計算式となる．

この表で，水平直径点の水平方向の変位 δ は，水平直径上を頂点とし上下 45 度の範囲に分布する水平方向の地盤反力の大きさに関係する．慣用計算法によるセグメントの設計が定着した当時は，裏込め注入材料や裏込め注入方法の実状から考えて，覆工自重が作用するシールドのテール付近では，覆工自重によるセグメントリングの変形による地盤反力は期待できないとして，表中の式 a）が採用されてきた．

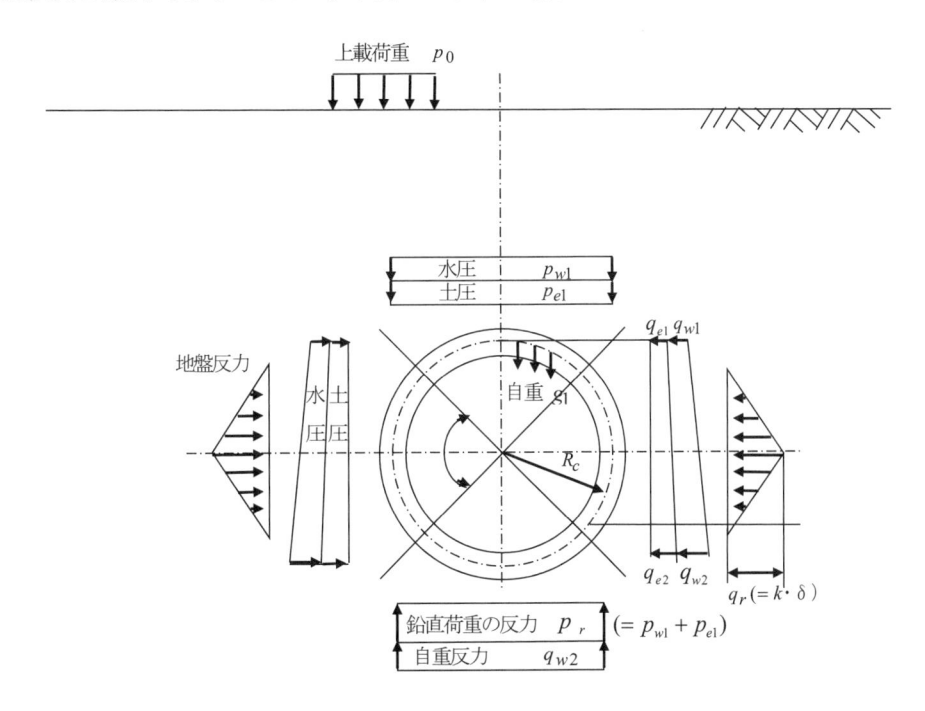

付図 2.1 慣用計算法および修正慣用計算法で用いられる荷重系

しかし，近年のトンネルの大断面化に伴い，鉄筋コンクリート製セグメントでは覆工自重による断面力が設計断面力を支配して不合理な設計結果を与える事例が見受けられるようになった．一方，裏込め注入材料や裏込め

注入方法の著しい進歩によって，セグメントリングは組立後早期に周辺地山によって拘束されること，切羽側に組み立てられたセグメントリングの自重による変形を拘束するための形状保持装置を使用する場合があることから，下記条件が満たされている場合には覆工自重による地盤反力を考慮した表中の式b）を適用してもよい．

① 適切な裏込め材料と裏込め注入方法が採用されること（第4編3.7，5.15参照）．
② 形状保持装置が採用されること（第3編6.3参照）．

なお，覆工自重による地盤反力は，セグメントを正確に組み立て，シールドジャッキを適正に使用するといった適切な施工があってはじめて発揮されることに留意する必要がある．

付表 2.1 慣用計算法および修正慣用計算法によるセグメント断面力の計算式

荷　重	曲げモーメント	軸　力	せん断力
鉛直荷重 $(p_{e1}+p_{w1})$	$M=\frac{1}{4}(1-2\sin^2\theta)(p_{e1}+p_{w1})Rc^2$	$N=(p_{e1}+p_{w1})Rc\cdot\sin^2\theta$	$Q=-(p_{e1}+p_{w1})Rc\cdot\sin\theta\cdot\cos\theta$
水平荷重 $(q_{e1}+q_{w1})$	$M=\frac{1}{4}(1-2\cos^2\theta)(q_{e1}+q_{w1})Rc^2$	$N=(q_{e1}+q_{w1})Rc\cdot\cos^2\theta$	$Q=(q_{e1}+q_{w1})Rc\cdot\sin\theta\cdot\cos\theta$
水平三角荷重 $(q_{e2}+q_{w2}-q_{e1}-q_{w1})$	$M=\frac{1}{48}(6-3\cos\theta-12\cos^2\theta+4\cos^3\theta)$ $(q_{e2}+q_{w2}-q_{e1}-q_{w1})Rc^2$	$N=\frac{1}{16}(\cos\theta+8\cos^2\theta-4\cos^3\theta)$ $(q_{e2}+q_{w2}-q_{e1}-q_{w1})Rc$	$Q=\frac{1}{16}(\sin\theta+8\sin\theta\cos\theta-4\sin\theta\cdot\cos^2\theta)$ $(q_{e2}+q_{w2}-q_{e1}-q_{w1})Rc$
地盤反力 $(q_r=k\cdot\delta)$	$0\leqq\theta<\frac{\pi}{4}$の場合 $M=(0.2346-0.3536\cos\theta)k\cdot\delta\cdot Rc^2$ $\frac{\pi}{4}\leqq\theta\leqq\frac{\pi}{2}$の場合 $M=(-0.3487+0.5\sin^2\theta+0.2357\cos^3\theta)k\cdot\delta\cdot Rc^2$	$0\leqq\theta<\frac{\pi}{4}$の場合 $N=0.3536\cos\theta\cdot k\cdot\delta\cdot Rc$ $\frac{\pi}{4}\leqq\theta\leqq\frac{\pi}{2}$の場合 $N=(-0.7071\cos\theta+\cos^2\theta+0.7071\sin^2\theta\cdot\cos\theta)k\cdot\delta\cdot Rc$	$0\leqq\theta<\frac{\pi}{4}$の場合 $Q=0.3536\sin\theta\cdot k\cdot\delta\cdot Rc$ $\frac{\pi}{4}\leqq\theta\leqq\frac{\pi}{2}$の場合 $Q=(\sin\theta\cdot\cos\theta-0.7071\cos^2\theta\cdot\sin\theta)k\cdot\delta\cdot Rc$
自重 $(P_{g_1}=\pi\cdot g_1)$	$0\leqq\theta\leqq\frac{\pi}{2}$の場合 $M=(\frac{3}{8}\pi-\theta\cdot\sin\theta-\frac{5}{6}\cos\theta)g\cdot Rc^2$ $\frac{\pi}{2}\leqq\theta\leqq\pi$の場合 $M=(-\frac{1}{8}\pi+(\pi-\theta)\sin\theta-\frac{5}{6}\cos\theta-\frac{1}{2}\pi\cdot\sin^2\theta)g\cdot Rc^2$	$0\leqq\theta\leqq\frac{\pi}{2}$の場合 $N=(\theta\cdot\sin\theta-\frac{1}{6}\cos\theta)g\cdot Rc$ $\frac{\pi}{2}\leqq\theta\leqq\pi$の場合 $N=(-\pi\cdot\sin\theta+\theta\cdot\sin\theta+\pi\cdot\sin^2\theta-\frac{1}{6}\cos\theta)g\cdot Rc$	$0\leqq\theta\leqq\frac{\pi}{2}$の場合 $Q=-(\theta\cdot\cos\theta+\frac{1}{6}\sin\theta)g\cdot Rc$ $\frac{\pi}{2}\leqq\theta\leqq\pi$の場合 $Q=\{(\pi-\theta)\cos\theta-\pi\cdot\sin\theta\cdot\cos\theta-\frac{1}{6}\sin\theta\}g\cdot Rc$
セグメントリングの水平直径点の水平方向変位 (δ)	a）覆工自重による地盤反力を考慮しない場合 $\delta=\frac{\{2(p_{e1}+p_{w1})-(q_{e1}+q_{w1})-(q_{e2}+q_{w2})\}Rc^4}{24(\eta\cdot EI+0.0454k\cdot Rc^4)}$ b）覆工自重による地盤反力を考慮した場合 $\delta=\frac{\{2(p_{e1}+p_{w1})-(q_{e1}+q_{w1})-(q_{e2}+q_{w2})+\pi\cdot g\}Rc^4}{24(\eta\cdot EI+0.0454k\cdot Rc^4)}$ ここに，EI：単位幅あたりの曲げ剛性		

【資料3：特殊シールド】

2016年度版資料編では，実績がある11種の特殊シールド工法を選定した．

1. 特殊断面シールド
2. 地中接合シールド
3. 親子シールド
4. 掘進組立て同時施工シールド
5. 直角連続掘進シールド
6. 場所打ちライニングシールド
7. 部分拡径シールド
8. 分岐シールド
9. 支障物切削シールド
10. 回収シールド
11. 開放型シールド

ここではすべての特殊シールド工法実績を紹介できないので，下記基準により選定した実績を記載した．

① 原則として1994年1月から2015年3月までに，トンネル工事に使用されたシールド．（実験機を除く）なお，この期間における実績件数がない工法あるいは少ない工法についてはこの限りではない．

② 上記の特殊シールドのうち，大土被り施工，長距離施工，大断面施工，トンネル断面形状，トンネル用途等に特徴があるシールド．

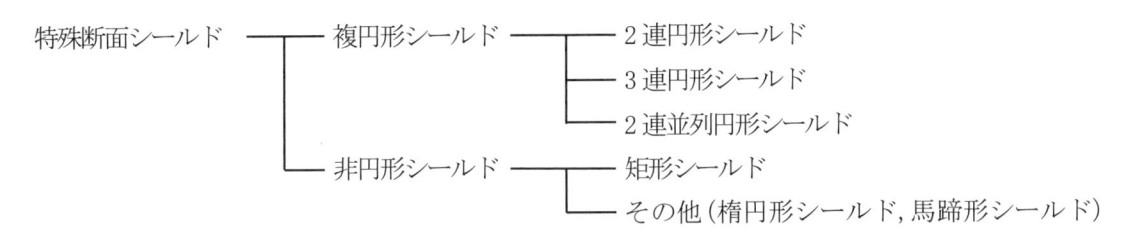

3-1 特殊断面シールド工法

特殊断面シールドは，複円形シールドと非円形シールドに大別される（**付図 3.1 参照**）．これらのおもな実績を**付表 3.1, 3.2**に示す．

```
特殊断面シールド ─┬─ 複円形シールド ─┬─ 2連円形シールド
                  │                    ├─ 3連円形シールド
                  │                    └─ 2連並列円形シールド
                  └─ 非円形シールド ─┬─ 矩形シールド
                                      └─ その他（楕円形シールド，馬蹄形シールド）
```

付図3.1　特殊断面シールド工法の分類

付表 3.1　複円形シールドのおもな実績

番号	断面の種類	トンネル断面形状	シールド形式	土質	地下水圧 (kN/m²)	シールド形状 全高×全幅 (m)	施工延長 (m)	用途
1	2連円形		泥土圧	粘性土，砂質土，礫	310	φ6.52×11.12 切羽同一平面型	1 238	鉄道
2	縦2連並列円形 地中分岐後単円	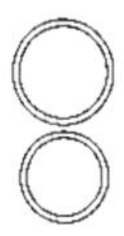	泥水式	シルト，砂質土，粘性土	180	φ6.24×3.29 切羽同一平面型	736 929	下水道
3	横2連並列円形 地中分岐後単円		泥水式	細砂，砂質シルト，シルト混り細砂	400	φ9×13.27 切羽同一平面型	2 323 1 017	下水道
4	横2連並列	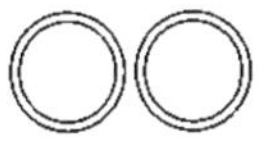	泥土圧	砂質シルト，粘土	250	φ6.42×11.62 切羽同一平面型	1 580	鉄道
5	3連円形	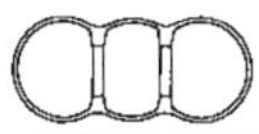	泥水式	粘性土，砂質土，礫	290	φ8.84×17.44 切羽前後型	275	鉄道駅
6	3連円形		泥水式	粘性土，砂質土	260	φ10.04×15.84 切羽前後型	120	鉄道駅

付表 3.2 非円形シールドのおもな実績

番号	断面の種類	トンネル断面形状	シールド形式	土質	地下水圧 (kN/m²)	シールド形状 全高×全幅 (m)	施工延長 (m)	用途
1	矩形(横長)	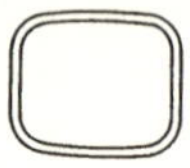	泥土圧	ローム層・砂層	20～40	6.8×5.7 偏心多軸方式	509	下水道
2	矩形(横長)		泥土圧	シルト, 砂質土, 砂礫	50	3.83×4.28 回転軸偏心方式	98	通路
3	円弧状矩形(横長)		泥土圧	粘性土, 砂層	210	8.66×9.96 複合円形方式	739	鉄道
4	矩形(横長)		泥土圧	粘性土, 砂礫	160	6.87×10.24 揺動カッター方式	760	鉄道
5	矩形(縦長)		泥土圧	砂礫ローム, 砂礫	150	6.8×5.7 オーバーカット方式	175	鉄道
6	矩形(横長)	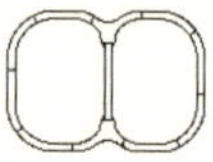	泥土圧	固結シルト, 砂礫, 細砂, シルト	46～205	7.74×10.64 ドラムカッター方式	577	鉄道
7	矩形(横長)	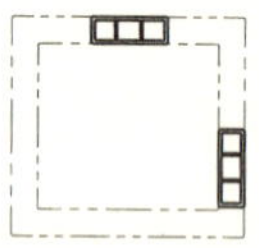	泥土圧	粘性土, 砂質土	320	3.7×8.6 切羽同一平面型	540×2	道路
8	矩形(縦長)		泥土圧	粘性土, 砂質土	123～274	7.68×3.05 切羽同一平面型	540×2	道路

付図 3.2　2連円形シールド
　　　　（切羽同一平面型）の例

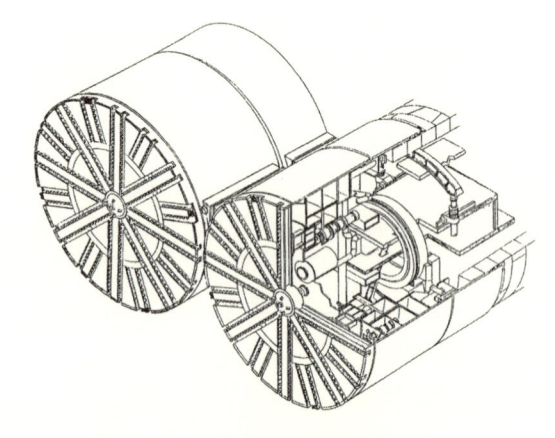

付図 3.3　横2連並列円形シールド
　　　　（切羽同一平面型）の例

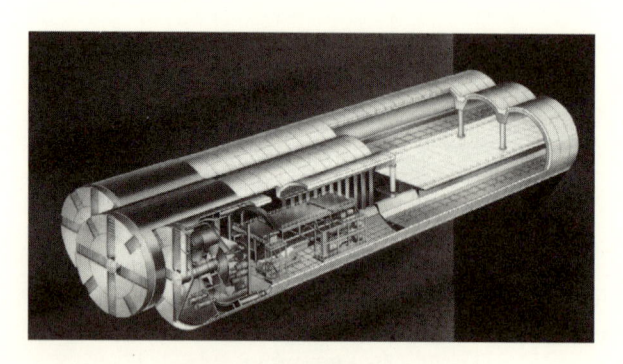

付図 3.4　3連円形シールド
　　　　（切羽前後型）の例

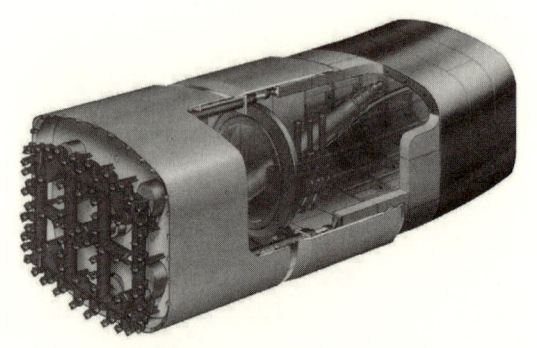

付図 3.5　矩形シールド
　　　　（偏心多軸支持方式）の例

資料　特殊シールド　　357

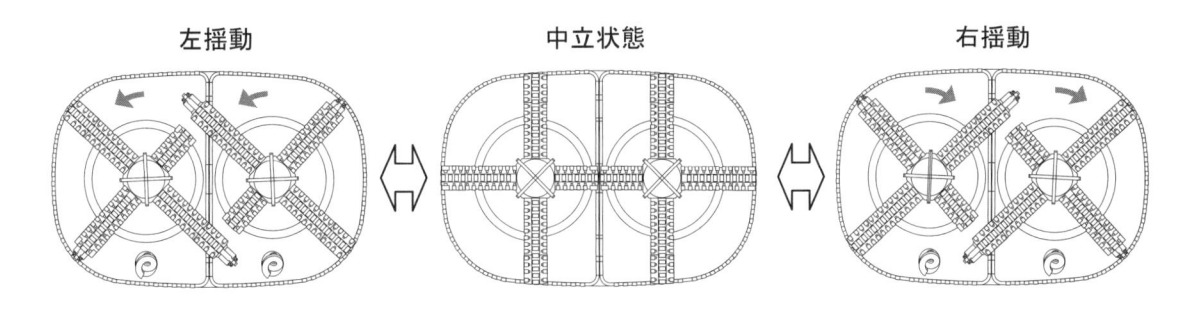

付図 3.6　矩形シールド（揺動カッター方式）の例

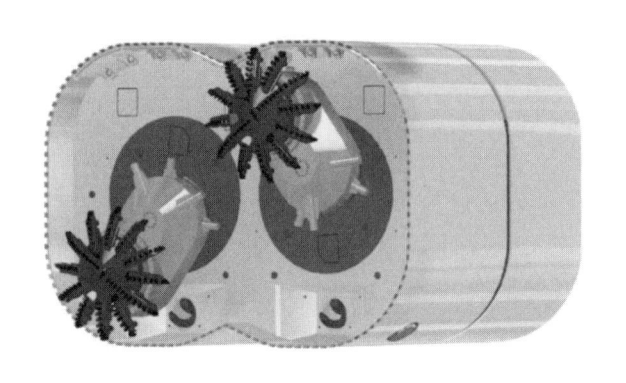

（左揺動／中立状態／右揺動）

付図 3.7　矩形シールド（ドラムカッター方式）の例

付図 3.8　矩形シールド（複合円形方式）の例

3-2　地中接合シールド工法

地中接合シールドは，接合形態により，正面接合シールドと側面接合シールドに分類される．これらの主な実績を**付表 3.3, 3.4**に示す．

付表 3.3　正面接合シールドのおもな実績

番号	シールド外径 (m)	シールド形式	土質	接合点の地下水圧 (kN/m²)	セグメント外径 (m)	施工延長 (m)	用途
1	2.48	泥水式 貫入側	礫質土, 砂質土, 粘性土	140	2.356	1 971	上水道
	2.48	泥水式 受入側	礫質土, 砂質土, 粘性土		2.356	1 417	
2	3.59	泥水式 貫入側	粘性土, 砂質土, 礫	570	3.44	9 030	電力
	3.62	泥水式 受入側	砂質土, 粘性土, 礫		3.44	9 030	
3	2.83	泥水式 貫入側	砂質土, 礫質土	390	2.7	1 411	上水道
	4.5	泥水式 受入側	礫質土, 砂質土, 粘性土		4.35	2 382	
4	5.24	泥土圧 貫入側	砂礫, 砂, シルト	200	5.1	1 614	貯留管
	5.24	泥土圧 受入側	シルト, 粘土, 砂, 砂礫		5.1	2 388	
5	7.26	泥水式 貫入側	砂質土, 礫質土, 泥岩	200	7.1	1 326	鉄道
	10.3	泥水式 受入側	砂質土, 礫質土, 泥岩		10.1	660	鉄道駅

付表 3.4 側面接合シールドのおもな実績

番号	シールド外径 (m)	シールド形式	土質	接合点の地下水圧 (kN/m^2)	セグメント外径 (m)	既設セグメント外径 (m)	施工延長 (m)	用途
1	2.84	泥水式	細砂, シルト質細砂	350	2.7	7.75	567	下水道
2	3.69	泥土圧	砂質土, 粘性土	120	3.55	6.07	1412	下水道

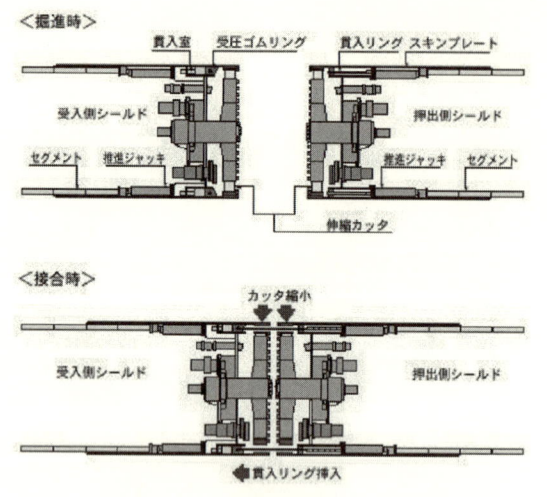

付図 3.9 正面接合シールドの例

付図 3.10 側面接合シールドの例

3-3 親子シールド工法

付表 3.5 親子シールドのおもな実績

番号	シールド外径 (m)	シールド形式	土質	地下水圧 (kN/m^2)	セグメント外径 (m)	分岐方式	施工延長 (m)	用途
1	3.91	泥水式	砂質土, 粘性土, 礫質土	70〜300	3.78	地中分岐	2154	共同溝
	3.57	泥水式	砂質土, 粘性土, 礫質土	70〜300	3.45	縮径	1722	
2	4.68	泥土圧	礫混じり砂層, 砂礫, 砂層	150	4.55	立坑分岐	1013	下水道
	3.28	泥土圧	礫混じり砂層	130	3.15	縮径	574	
3	7.10	泥土圧	シルト, 砂	430	6.95	地中分岐	705	下水道
	5.34	泥土圧	シルト, 砂	310	5.25	縮径	1364	
4	8.17	泥土圧	砂質土, 粘性土, 礫	232	8.0	立坑分岐	132	鉄道
	6.78	泥土圧	砂質土, 粘性土, 礫	332	6.6	縮径	1479	
5	7.26	泥水式	洪積シルト	77	7.1	立坑分岐	237	鉄道
	10.3	泥水式	洪積シルト	314	10.1	拡径	433	

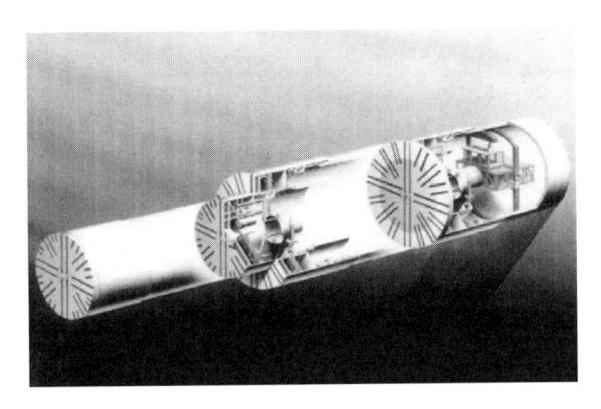

付図 3.11　大シールド（親機）を
　　　　　小シールド（子機）に縮径する例

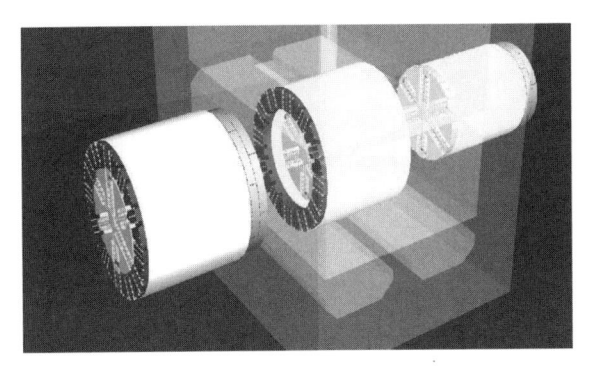

付図 3.12　小シールド（子機）を
　　　　　大シールド（親機）に拡径する例

3-4　掘進組立て同時施工シールド工法

掘進組立て同時施工シールドは，ロングジャッキ方式とダブルジャッキ方式に分類される．これらの主な実績を付表 3.6，3.7 に示す．

付表 3.6　ロングジャッキ方式のおもな実績

番号	シールド外径 (m)	シールド形式	シールド機長 (m)	土質	地下水圧 (kN/m²)	セグメント外径 (m)	施工延長 (m)	用途
1	2.35	泥水式	7 400	粘土，砂	291	2.2	4 754	ガス導管
2	7.44	泥土圧	10.71	シルト混じり砂，砂質シルト，砂礫	370	7.3	2 913	共同溝
3	8.18	泥土圧	13.8	細砂，シルト，砂混じりシルト	180	8.07	1 539	調節池
4	12.55	泥土圧	14.22	砂礫，中砂，泥岩，砂岩	500	12.3	8 030	道路

① 掘進開始、新規セグメント搬入

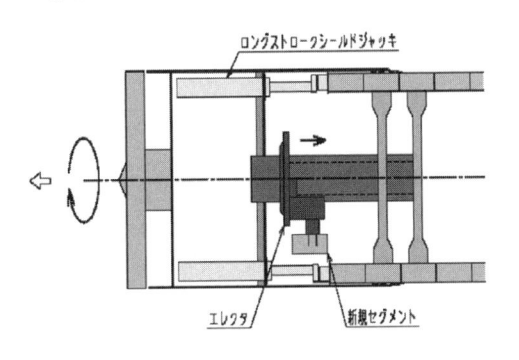

② 掘進、セグメント組立て、同時作

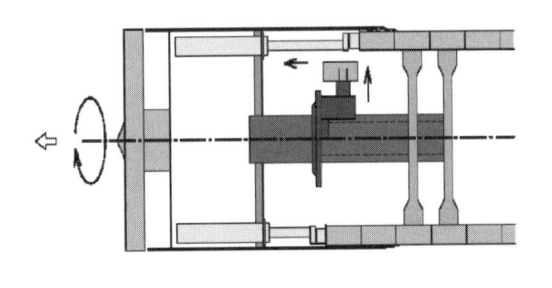

付図 3.13　ロングジャッキ方式動作手順例

付表 3.7 ダブルジャッキ方式のおもな実績

番号	シールド外径 (m)	シールド形式	シールド機長 (m)	土質	地下水圧 (kN/m²)	セグメント外径 (m)	施工延長 (m)	用途
1	2.48	泥水式	8.53	細砂, 砂質土, シルト	270	2.35	1 215	上水道

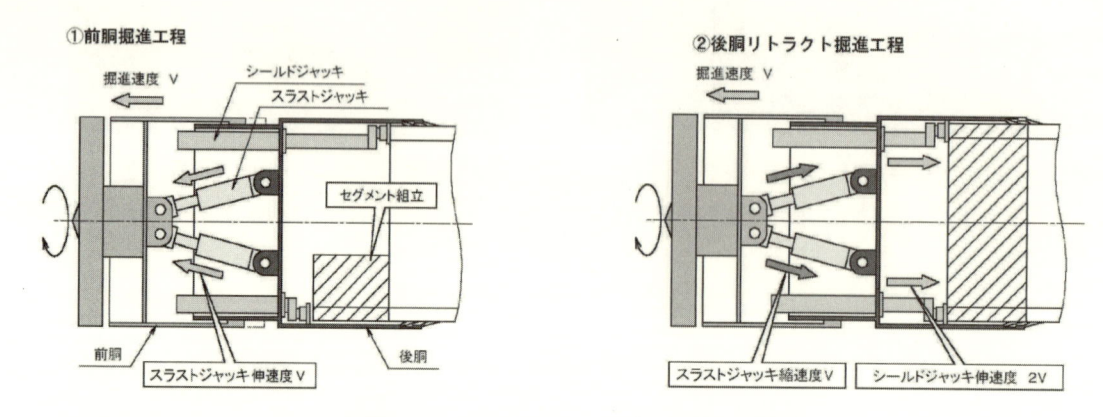

付図 3.14 ダブルジャッキ方式動作手順例

3-5 直角連続掘進シールド工法

付表 3.8 直角連続掘進シールドのおもな実績

番号	シールド外径 (m)	シールド形式	カッタートルク (kN·m)	推力 (kN)	土質	分岐点の地下水圧 (kN/m²)	セグメント外径 (m)	延長 (m)	用途
1	5.45 (縦)	泥水式	809	16 000	砂質土, 粘性土	250	5.3	32	下水道
	3.58 (横)	泥水式	809	12 000	砂質土, 粘性土		3.45	2 437	
2	3.93 (横)	泥水式	692	12 000	砂質土, 粘性土, 礫質土	80	3.8	580	下水道
	2.68 (横)	泥水式	415	5 600	砂質土, 粘性土		2.55	896	

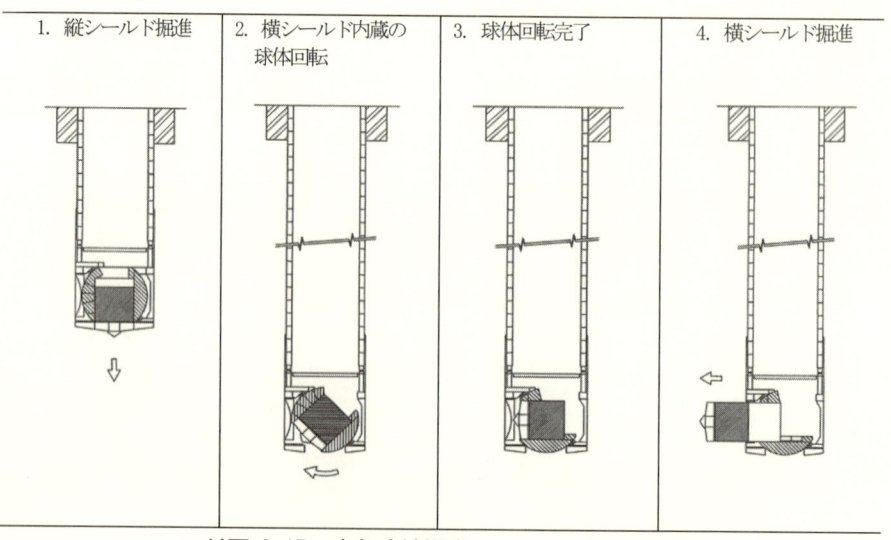

付図 3.15 直角連続掘進シールドの施工手順例

3-6 場所打ちライニングシールド工法

付表 3.9 場所打ちライニングシールドのおもな実績

番号	シールド外径 (m)	シールド形式	土質	地下水圧 (kN/m²)	環境条件	仕上り内径 (m)	一次覆工厚 (mm)	二次覆工厚 (mm)	延長 (m)	用途
1	10.46	泥土圧	砂質土, 粘性土	190	民地下	9.5	330	300	1 441	鉄道
2	11.3	泥土圧	砂礫, 砂, 砂岩	400	山岳部	10.04	330	300	6 070	鉄道

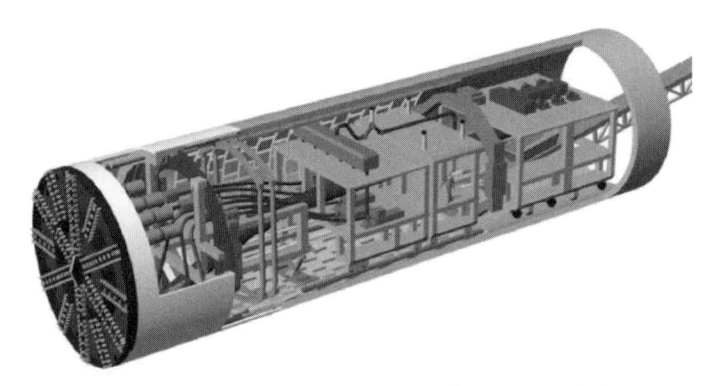

付図 3.16 場所打ちライニングシールドの概念図

3-7 部分拡径シールド工法

付表 3.10 部分拡径シールドのおもな実績

番号	シールド外径 (m)	土質	地下水圧 (kN/m²)	土被り (m)	セグメント外径 (m) 既設	セグメント外径 (m) 拡径	セグメント幅 (m) 既設	セグメント幅 (m) 拡径	セグメント材質	拡径部延長 (m)	用途	補助工法
1	7.34	砂礫	36	9	4.65	7.2	1 300	500	鋼製	18	共同溝	薬液注入
2	8.89	固結シルト	304	37〜38	6	8.7	500	500	鋼製	11	下水道	薬液注入

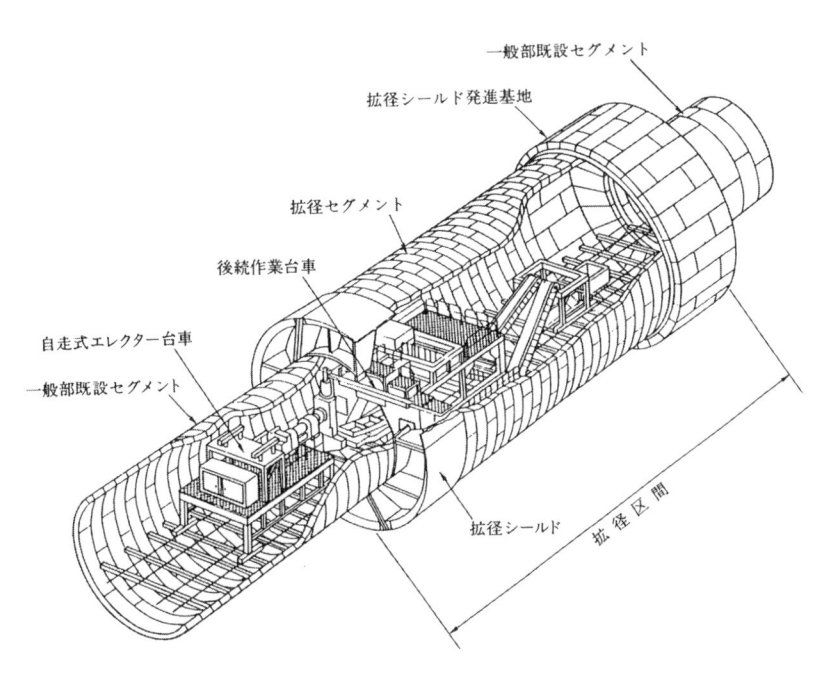

付図 3.17 部分拡径シールドの概念図

3-8 分岐シールド工法

付表 3.11 分岐シールドのおもな実績

番号	シールド外径 (m)	シールド形式	シールド機長 (m)	土質	分岐点の地下水圧 (kN/m²)	セグメント外径 (m)	分岐方式 (分岐部構造)	施工延長 (m)	用途
1	4.5	泥水式	10.69	礫質土, 砂質土, 粘性土	355	4.35	横方向分岐 (本線シールド残置部)	2 382	上水道
	2.396	泥水式	5.42	礫質土, 砂質土, 粘性土		2.256		1 017	
2	2.93	泥土圧	5.37	砂質土	150	2.8	横方向分岐 (分岐部用セグメント)	958.	下水道
3	3.7	泥土圧	4.61	砂質土, 粘性土	440	3.55	上向き方向 (分岐部用セグメント)	41	下水道
4	9	泥水式	8.81	細砂, 砂質シルト, シルト混り細砂	380	8.8	連結分岐 (スキンプレート接続部)	2323	下水道
	4.15	泥水式	8.06	細砂, 砂質シルト, シルト混り細砂		4.0		929	

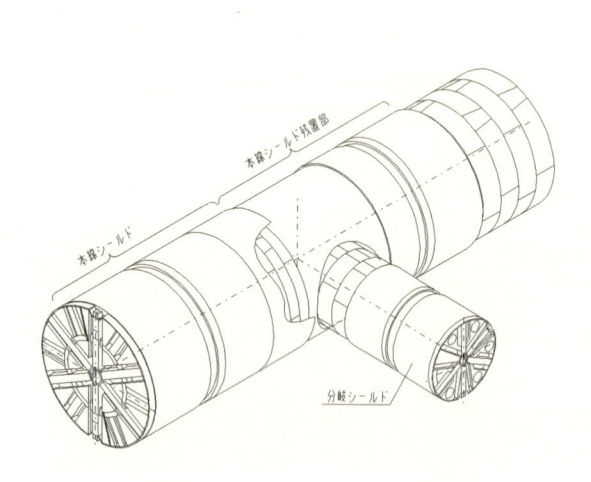

付図 3.18 分岐シールドの概念図

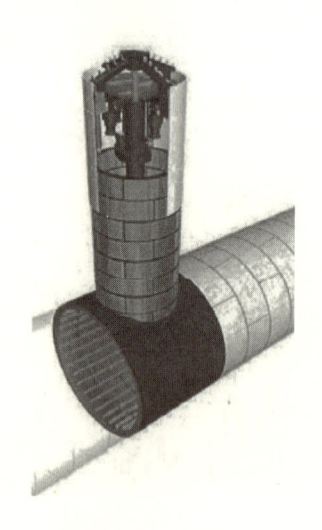

付図 3.19 分岐シールド（上向き方向分岐シールド）の概念図

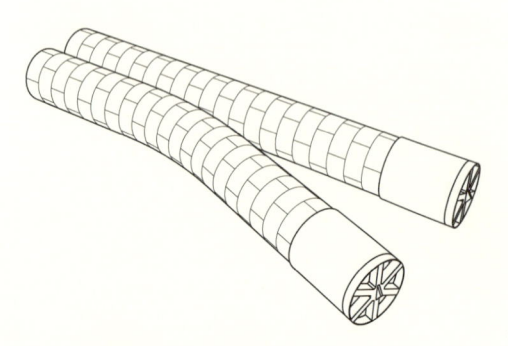

付図 3.20 分岐シールド（連結分岐シールド）の概念図

3-9 支障物切削シールド工法

付表 3.12 支障物切削シールドのおもな実績

番号	シールド外径 (m)	シールド形式	土質	地下水圧 (kN/m²)	支障物種類	支障物地盤改良	支障物切削方法	セグメント外径 (m)	施工延長 (m)	用途
1	4.24	泥土圧	シルト	199	鋼矢板Ⅳ型2面+300H型鋼4本	高圧噴射	カッタ	4.1	1 960	下水道
2	7.1	泥土圧	シルト, 砂	430	PIP杭:H300*44本+H400*4本	高圧噴射	高圧水	6.95	705	下水道
3	5.34	泥土圧	シルト, 砂	430	PIP杭:H300*44本+H400*4本	高圧噴射	高圧水	5.25	1 364	下水道

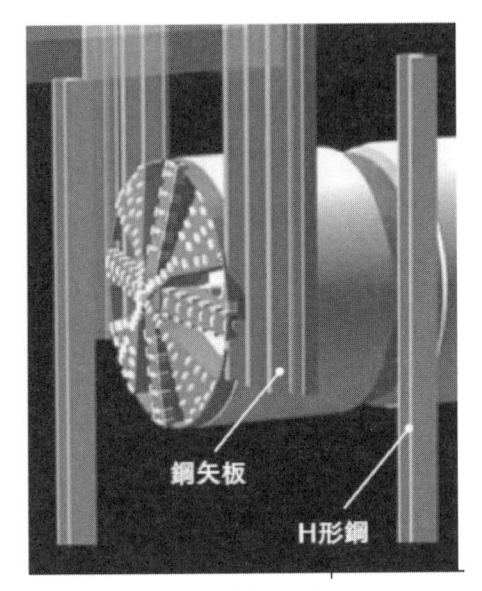

付図 3.21 支障物切削シールド（専用カッター）の例

付図 3.22 支障物切削シールド（高圧水）の例

3-10 回収シールド工法

付表 3.13 回収シールドのおもな実績

番号	シールド外径 (m)	シールド形式	土質	土被り (m)	回収地点	曲線半径 (m)	セグメント外径 (m)	施工延長 (m)	用途
1	2.23	泥土圧	シルト, 細砂, 礫混じり細砂	15.5	到達	15	2.1	604	下水道
2	2.88	泥土圧	シルト, 細砂, 砂礫	14.5	到達	20	2.75	1 631	下水道
3	3.09	泥土圧	砂質土, 砂礫, 細砂, シルト	23.5	到達	15	2.95	998	下水道
4	3.09	泥土圧	シルト, 礫混じり砂, シルト	7	到達	20	2.95	217	下水道
5	9.7	泥土圧	泥岩	20〜37	発進	759	9.5	450	道路
			砂, 粘土, 砂礫, 泥岩	5.6〜21	—	759	9.5	470	道路

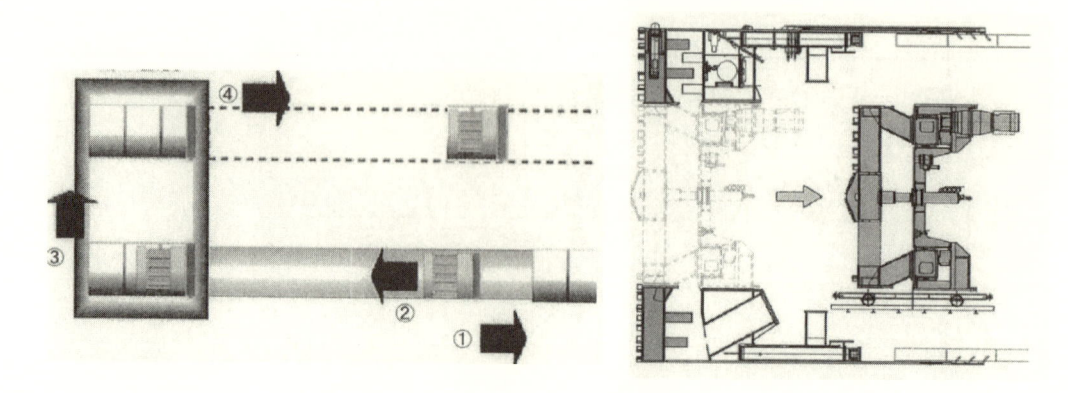

付図 3.23 回収シールド（発進立坑側での回収）の例

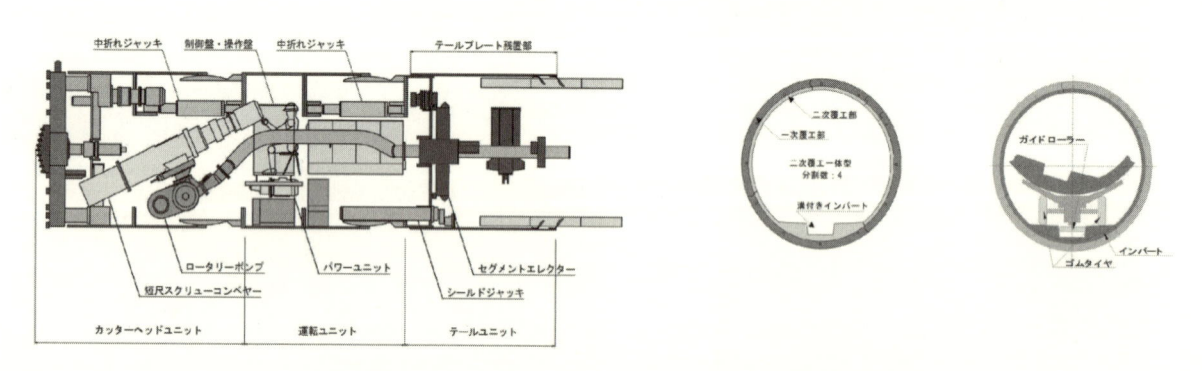

付図 3.24 回収シールド（到達立坑側での回収）の例

3-11 開放型シールド工法

付表 3.14 開放型シールドのおもな実績

番号	シールド形状 全高×全幅 (m)	シールド 形式	土質	地下水圧 (kN/m^2)	断面の種類	セグメント形状 全高×全幅 (m)	山留装置	施工延長 (m)	用途
1	φ3.26	半機械掘り	ローム,砂礫	無し	円形	φ3.15	ムーバブルフード	901	下水道
2	4.31×3.59	半機械掘り	粘性土	無し	矩形	4.05×3.37	ムーバブルフード,フェースジャッキ	42	通路
3	7.82×4.72	半機械掘り	粘土	無し	矩形	7.6×4.5	ムーバブルフード,フェースジャッキ	114	通路
4	8.24×11.96	手掘式	ローム,砂礫	無し	矩形	11.8×8.08	MHI	782	道路

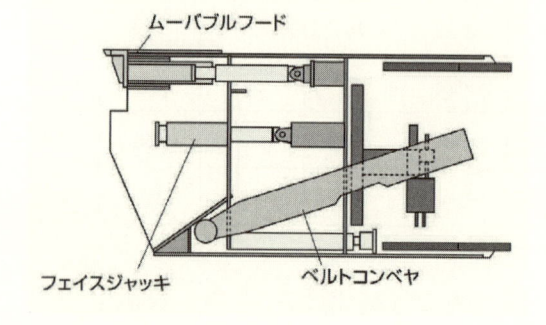

付図 3.25 手掘りシールドの例

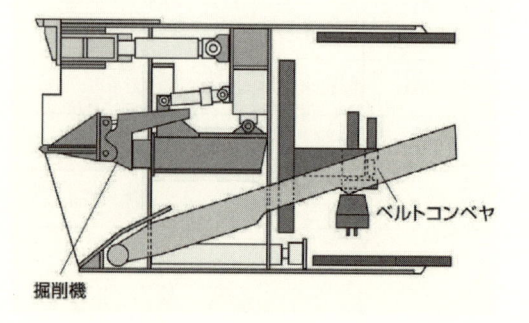

付図 3.26 半機械掘りシールドの例

【資料 4：ダクタイルセグメントの強度の特性（限界状態設計法）】

4-1　ダクタイルセグメントについて

　ダクタイルセグメントは，現在，国内調達が困難なことから，ダクタイルセグメントについては，本文で取り扱わないこととした．一方，過去にダクタイルセグメントを使用して建設されたシールドトンネルは少なくない．そこで，維持管理などに資することに配慮し，2006年版の第5編 限界状態設計法に記載されていたダクタイルセグメントの強度特性を参考資料に記載した．
　なお，ダクタイルセグメント（球状黒鉛鋳鉄）の材料特性は，継手部材として使用されていることから，本文に記載している．

4-2　ダクタイルセグメントの局部座屈に対する強度の特性値について

　ダクタイルセグメントに用いる材料（球状黒鉛鋳鉄）の強度の特性値は，第5編 **3.2**の**解説 表 5.3.6**による．座屈を考慮する場合は，**付表 4.1**による．ダクタイルセグメントの局部座屈に対する強度の特性値は，**付表 4.2**によるものとする．

付表 4.1　球状黒鉛鋳鉄の座屈を考慮する場合の強度の特性値　　（N/mm²）

強度の種別＼種類	FCD450-10	FCD500-7
軸方向圧縮降伏強度 総断面につき	$0 < \ell/r \leq 7$: f_{yk} $7 < \ell/r \leq 105$: $f'_{yk} - 2.34(\ell/r - 7)$	$0 < \ell/r \leq 7$: f_{yk} $7 < \ell/r \leq 100$: $f'_{yk} - 2.79(\ell/r - 7)$

付表 4.2　ダクタイルセグメントの局部座屈に対する強度の特性値　　（N/mm²）

種類	局部座屈の影響を受けない場合 幅厚比（板幅／板厚）	強度	局部座屈の影響を受ける場合 幅厚比（板幅／板厚）	強度
FCD450-10	$\dfrac{h}{t_r \cdot f \cdot \sqrt{K}} \leq 15.2$	320	$15.2 < \dfrac{h}{t_r \cdot f \cdot \sqrt{K}} \leq 21.7$	$75\,400 \cdot K \cdot \left(\dfrac{t_r \cdot f}{h}\right)^2$
FCD500-7	$\dfrac{h}{t_r \cdot f \cdot \sqrt{K}} \leq 14.3$	360	$14.3 < \dfrac{h}{t_r \cdot f \cdot \sqrt{K}} \leq 20.5$	$75\,400 \cdot K \cdot \left(\dfrac{t_r \cdot f}{h}\right)^2$

$$f = 0.65\phi^2 + 0.13\phi + 1.0 \qquad \phi = \dfrac{\sigma_1 - \sigma_2}{\sigma_1}$$

$$K = \dfrac{4}{\alpha^2} + \dfrac{40}{3\pi^2} + \dfrac{15\alpha^2}{\pi^4} - \dfrac{20\nu}{\pi^2} \qquad \alpha = \dfrac{\ell_r}{h} \leq 2.26$$

ここに，h　：主桁高さ（mm）
　　　　t_r　：主桁板厚（mm）
　　　　f　：応力勾配による補正値
　　　　K　：座屈係数の比
　　　　ℓ_r　：主桁の座屈長さ（mm）
　　　　σ_1, σ_2　：主桁の縁応力度（N/mm²）（$\sigma_2 \leq \sigma_1$：圧縮を正）
　　　　ν　：ポアソン比（球状黒鉛鋳鉄の場合，0.27）

　ダクタイルセグメントの局部座屈に対する強度の特性値は，一般的にセグメントの板厚が厚いこと，抜け勾配のハンチ等で補強された一体成型品であることを考慮し，座屈係数を求めるときの拘束条件として，3辺固定，1辺自由とすることとした．なお，縦リブ間隔が極端に広い場合や板厚が極端に薄い場合等については，拘束条件が適切かどうかを十分検討した上で適用することが望ましい．また，$\ell_r / h > 2.26$の場合における座屈係数Kの設定については，別途検討が必要である．

引用文献リスト一覧

示方書図表番号	転載元の情報							
図表番号	著者名	引用図書名	引用論文名	掲載ページ	写真，図表番号	出版社名	発行年月
	国土交通省鉄道局	鉄道に関する技術上の基準を定める省令等の解釈基準				国土交通省HP	2002年3月
	（社）日本道路協会	道路トンネル技術基準				（社）日本道路協会	2003年12月
解説 図1.3.11	シールド工法技術協会	シールド工法技術協会ホームページ				シールド工法技術協会HP	
解説 図1.3.12	シールド工法技術協会	シールド工法技術協会ホームページ				シールド工法技術協会HP	
解説 図1.3.14	（公社）土木学会	トンネルライブラリー第27号 シールド工事用立坑の設計		p1-16	図-1.5.1	（公社）土木学会	2015年1月
解説 図1.3.15	（公社）土木学会	トンネルライブラリー第27号 シールド工事用立坑の設計		p1-18	図-1.5.6	（公社）土木学会	2015年1月
解説 図1.3.16	（公社）土木学会	トンネルライブラリー第27号 シールド工事用立坑の設計		p1-17	図-1.5.4	（公社）土木学会	2015年1月
解説 図1.3.17	（公社）土木学会	トンネルライブラリー第27号 シールド工事用立坑の設計		p1-17	図-1.5.3	（公社）土木学会	2015年1月
解説 表1.3.7	（公社）土木学会	トンネルライブラリー第27号 シールド工事用立坑の設計		p1-17	表-1.5.1	（公社）土木学会	2015年1月
図 2.1.1	（社）土木学会	2006年制定 トンネル標準示方書 シールド工法・同解説		31	図 2.1	（社）土木学会	2006年7月
図 2.1.2	（社）土木学会	2006年制定 トンネル標準示方書 シールド工法・同解説		34	図 2.7 (a)(e)(f)	（社）土木学会	2006年7月
図 2.1.3	（社）土木学会	2006年制定 トンネル標準示方書 シールド工法・同解説		35	図 2.8	（社）土木学会	2006年7月
図 2.1.4	（社）土木学会	2006年制定 トンネル標準示方書 シールド工法・同解説		32	図 2.2	（社）土木学会	2006年7月
図 2.1.5	（社）土木学会	2006年制定 トンネル標準示方書 シールド工法・同解説		32	図 2.3	（社）土木学会	2006年7月
図 2.1.6	（社）土木学会	2006年制定 トンネル標準示方書 シールド工法・同解説		33	図 2.4	（社）土木学会	2006年7月
図 2.1.7	（社）土木学会	2006年制定 トンネル標準示方書 シールド工法・同解説		33	図 2.5	（社）土木学会	2006年7月
図 2.1.8	（社）土木学会	2006年制定 トンネル標準示方書 シールド工法・同解説		34	図 2.6	（社）土木学会	2006年7月
図 2.1.9	（社）土木学会	2006年制定 トンネル標準示方書 シールド工法・同解説		36	解説 図 2.1	（社）土木学会	2006年7月
図 2.1.10	（社）土木学会	2006年制定 トンネル標準示方書 シールド工法・同解説		35	図 2.9	（社）土木学会	2006年7月
解説 図 2.1.1	（社）土木学会	2006年制定 トンネル標準示方書 シールド工法・同解説		40	解説 図 2.2	（社）土木学会	2006年7月
解説 図 2.2.1	（社）土木学会	2006年制定 トンネル標準示方書 シールド工法・同解説		43	解説 図 2.3	（社）土木学会	2006年7月
解説 表 2.2.1	（社）土木学会	2006年制定 トンネル標準示方書 シールド工法・同解説		44	解説 表 2.1	（社）土木学会	2006年7月
解説 表 2.2.2	（社）土木学会	2006年制定 トンネル標準示方書 シールド工法・同解説		46	解説 表 2.2	（社）土木学会	2006年7月
解説 図 2.2.2	（社）土木学会	トンネルライブラリー第23号 セグメントの設計【改訂版】		23	図Ⅰ.2.3	（社）土木学会	2011年2月
解説 図 2.2.3	（社）土木学会	2006年制定 トンネル標準示方書 シールド工法・同解説		47	解説 図 2.4	（社）土木学会	2006年7月
解説 図 2.2.4	（社）土木学会	2006年制定 トンネル標準示方書 シールド工法・同解説		50	解説 図 2.5	（社）土木学会	2006年7月
表 2.3.1	（社）土木学会	2006年制定 トンネル標準示方書 シールド工法・同解説		56-57	表 2.1	（社）土木学会	2006年7月
解説 表 2.3.1	（社）土木学会	2006年制定 トンネル標準示方書 シールド工法・同解説		57	解説 表 2.3	（社）土木学会	2006年7月
解説 表 2.3.2	（社）土木学会	2006年制定 トンネル標準示方書 シールド工法・同解説		58	解説 表 2.4	（社）土木学会	2006年7月

引用文献リスト一覧

示方書図表番号		転載元の情報					
図表番号	著者名	引用図書名	引用論文名	掲載ページ	写真，図表番号	出版社名	発行年月
解説 表 2.3.3	(社)土木学会	2006年制定 トンネル標準示方書 シールド工法・同解説		58	解説 表 2.5	(社)土木学会	2006年7月
解説 表 2.3.4	(社)土木学会	2006年制定 トンネル標準示方書 シールド工法・同解説		58	解説 表 2.6	(社)土木学会	2006年7月
解説 表 2.3.5	(社)土木学会	2006年制定 トンネル標準示方書 シールド工法・同解説		58	解説 表 2.6	(社)土木学会	2006年7月
解説 表 2.3.6	(社)土木学会	2006年制定 トンネル標準示方書 シールド工法・同解説		59	解説 表 2.7	(社)土木学会	2006年7月
解説 表 2.3.7	(社)土木学会	2006年制定 トンネル標準示方書 シールド工法・同解説		59	解説 表 2.8	(社)土木学会	2006年7月
解説 表 2.3.8	(社)土木学会	2006年制定 トンネル標準示方書 シールド工法・同解説		60	解説 表 2.9	(社)土木学会	2006年7月
解説 表 2.3.9	(社)土木学会	2006年制定 トンネル標準示方書 シールド工法・同解説		60	解説 表 2.10	(社)土木学会	2006年7月
解説 表 2.3.10	(社)土木学会	2006年制定 トンネル標準示方書 シールド工法・同解説		60	解説 表 2.11	(社)土木学会	2006年7月
解説 表 2.3.11	(社)土木学会	2006年制定 トンネル標準示方書 シールド工法・同解説		60	解説 表 2.12	(社)土木学会	2006年7月
解説 図 2.3.1	(社)土木学会	2006年制定 トンネル標準示方書 シールド工法・同解説		60	解説 図 2.9	(社)土木学会	2006年7月
解説 表 2.3.12	(社)土木学会	2006年制定 トンネル標準示方書 シールド工法・同解説		61	解説 表 2.13	(社)土木学会	2006年7月
表 2.3.2	(社)土木学会	2006年制定 トンネル標準示方書 シールド工法・同解説		62	表 2.2	(社)土木学会	2006年7月
表 2.3.3	(社)土木学会	2006年制定 トンネル標準示方書 シールド工法・同解説		62	表 2.3	(社)土木学会	2006年7月
表 2.3.4	(社)土木学会	2006制定 トンネル標準示方書 シールド工法・同解説		62	表 2.4	(社)土木学会	2006年7月
解説 表 2.3.13	(社)土木学会	2006制定 トンネル標準示方書 シールド工法・同解説		62	解説 表 2.14	(社)土木学会	2006年7月
表 2.4.1	(社)土木学会	2006年制定 トンネル標準示方書 シールド工法・同解説		63	表 2.5	(社)土木学会	2006年7月
図 2.4.1	(社)土木学会	2006年制定 トンネル標準示方書 シールド工法・同解説		62	図 2.10	(社)土木学会	2006年7月
表 2.4.2	(社)土木学会	2006年制定 トンネル標準示方書 シールド工法・同解説		64	表 2.6	(社)土木学会	2006年7月
表 2.4.3	(社)土木学会	2006年制定 トンネル標準示方書 シールド工法・同解説		64	表 2.7	(社)土木学会	2006年7月
表 2.4.4	(社)土木学会	2006年制定 トンネル標準示方書 シールド工法・同解説		64	表 2.8	(社)土木学会	2006年7月
表 2.4.5	(社)土木学会	2006年制定 トンネル標準示方書 シールド工法・同解説		65	表 2.9	(社)土木学会	2006年7月
表 2.4.6	(社)土木学会	2006年制定 トンネル標準示方書 シールド工法・同解説		65	表 2.10	(社)土木学会	2006年7月
表 2.4.7	(社)土木学会	2006年制定 トンネル標準示方書 シールド工法・同解説		66	表 2.11	(社)土木学会	2006年7月
表 2.4.8	(社)土木学会	2006年制定 トンネル標準示方書 シールド工法・同解説		66	表 2.12	(社)土木学会	2006年7月
表 2.4.9	(社)土木学会	2006年制定 トンネル標準示方書 シールド工法・同解説		67	表 2.15	(社)土木学会	2006年7月
表 2.4.10	(社)土木学会	2006年制定 トンネル標準示方書 シールド工法・同解説		67	表 2.16	(社)土木学会	2006年7月
解説 図 2.5.1	(社)土木学会	2006年制定 トンネル標準示方書 シールド工法・同解説		93	解説 図 2.29	(社)土木学会	2006年7月
解説 図 2.5.2	(社)土木学会	2006年制定 トンネル標準示方書 シールド工法・同解説		93	解説 図 2.29	(社)土木学会	2006年7月
解説 図 2.5.3	(社)土木学会	2006年制定 トンネル標準示方書 シールド工法・同解説		93	解説 図 2.29	(社)土木学会	2006年7月
解説 図 2.5.4	(社)土木学会	2006年制定 トンネル標準示方書 シールド工法・同解説		70 93	解説 図 2.10 解説 図 2.30	(社)土木学会	2006年7月

引用文献リスト一覧

示方書図表番号	転載元の情報						
図表番号	著者名	引用図書名	引用論文名	掲載ページ	写真, 図表番号	出版社名	発行年月
解説 図 2.5.5	(社) 土木学会	2006年制定 トンネル標準示方書 シールド工法・同解説		70 93	解説 図 2.10 解説 図 2.30	(社) 土木学会	2006年7月
解説 図 2.5.6	(社) 土木学会	2006年制定 トンネル標準示方書 シールド工法・同解説		70 93	解説 図 2.10 解説 図 2.30	(社) 土木学会	2006年7月
解説 図 2.5.11	(社) 土木学会	2006年制定 トンネル標準示方書 シールド工法・同解説		71	解説 図 2.11	(社) 土木学会	2006年7月
解説 図 2.5.12	(社) 土木学会	2006年制定 トンネル標準示方書 シールド工法・同解説		72	解説 図 2.12	(社) 土木学会	2006年7月
解説 表 2.5.1	(社) 土木学会	2006年制定 トンネル標準示方書 シールド工法・同解説		73	解説 表 2.15	(社) 土木学会	2006年7月
解説 図 2.5.13	(社)日本下水道協会 (社)土木学会	シールド工事用標準セグメント		82	図 1-11	(社)日本下水道協会	2001年7月
解説 表 2.6.1	(社) 土木学会	2006年制定 トンネル標準示方書 シールド工法・同解説		76	解説 表 2.16	(社) 土木学会	2006年7月
解説 図 2.6.1	(社) 土木学会	2006年制定 トンネル標準示方書 シールド工法・同解説		77	解説 図 2.14	(社) 土木学会	2006年7月
解説 図 2.6.2	(社) 土木学会	2006年制定 トンネル標準示方書 シールド工法・同解説		77	解説 図 2.15	(社) 土木学会	2006年7月
解説 表 2.6.2	(社) 土木学会	2006年制定 トンネル標準示方書 シールド工法・同解説		77	解説 表 2.17	(社) 土木学会	2006年7月
解説 図 2.6.3	(社) 土木学会	2006年制定 トンネル標準示方書 シールド工法・同解説		80	解説 図 2.17	(社) 土木学会	2006年7月
解説 図 2.6.4	(社)日本水道協会	水道施設耐震工法指針・解説2009年版 Ⅰ 総論		107	図-3.3.12	(社)日本水道協会	2009年7月
解説 図 2.6.5	(社) 土木学会	2006年制定 トンネル標準示方書 シールド工法・同解説		83	解説 図 2.18	(社) 土木学会	2006年7月
解説 図 2.6.6	(社) 土木学会	2006年制定 トンネル標準示方書 シールド工法・同解説		84	解説 図 2.20	(社) 土木学会	2006年7月
解説 図 2.6.7	(社) 土木学会	2006年制定 トンネル標準示方書 シールド工法・同解説		83	解説 図 2.19	(社) 土木学会	2006年7月
解説 図 2.6.8	(社) 土木学会	2006年制定 トンネル標準示方書 シールド工法・同解説		85	解説 図 2.21	(社) 土木学会	2006年7月
解説 図 2.6.9	(社) 土木学会	2006年制定 トンネル標準示方書 シールド工法・同解説		86	解説 図 2.23 (a)	(社) 土木学会	2006年7月
解説 図 2.6.10	(社) 土木学会	2006年制定 トンネル標準示方書 シールド工法・同解説		86	解説 図 2.23 (c)(d)	(社) 土木学会	2006年7月
解説 図 2.6.13	(社) 土木学会	2006年制定 トンネル標準示方書 シールド工法・同解説		87	解説 図 2.24 (a)	(社) 土木学会	2006年7月
解説 図 2.6.16	(社) 土木学会	2006年制定 トンネル標準示方書 シールド工法・同解説		87	解説 図 2.24 (b)	(社) 土木学会	2006年7月
解説 図 2.6.18	(社) 土木学会	2006年制定 トンネル標準示方書 シールド工法・同解説		89	解説 図 2.25	(社) 土木学会	2006年7月
解説 図 2.6.19	(社) 土木学会	2006年制定 トンネル標準示方書 シールド工法・同解説		91	解説 図 2.28 (a)	(社) 土木学会	2006年7月
解説 図 2.7.1 (a)(d)	(社) 土木学会	2006年制定 トンネル標準示方書 シールド工法・同解説		94	解説 図 2.31 (c)(d)	(社) 土木学会	2006年7月
解説 表 2.7.1	(社) 土木学会	2006年制定 トンネル標準示方書 シールド工法・同解説		98	解説 表 2.19	(社) 土木学会	2006年7月
解説 表 2.7.2	(社) 土木学会	2006年制定 トンネル標準示方書 シールド工法・同解説		98	解説 表 2.20	(社) 土木学会	2006年7月
解説 図 2.7.7	(社) 土木学会	2006年制定 トンネル標準示方書 シールド工法・同解説		99	解説 図 2.32	(社) 土木学会	2006年7月
解説 図 2.7.8	(社) 土木学会	2006年制定 トンネル標準示方書 シールド工法・同解説		99	解説 図 2.33 (a)	(社) 土木学会	2006年7月
解説 表 2.7.3	(社) 土木学会	2006年制定 トンネル標準示方書 シールド工法・同解説		100	解説 表 2.21	(社) 土木学会	2006年7月
解説 表 2.7.4	(社) 土木学会	2006年制定 トンネル標準示方書 シールド工法・同解説		101	解説 表 2.22	(社) 土木学会	2006年7月
解説 図 2.7.9	(社) 土木学会	2006年制定 トンネル標準示方書 シールド工法・同解説		101	解説 図 2.34	(社) 土木学会	2006年7月

引用文献リスト一覧

示方書図表番号		転載元の情報						
図表番号	著者名	引用図書名	引用論文名	掲載ページ	写真, 図表番号	出版社名	発行年月
解説 図 2.7.10	(社)土木学会	2006年制定 トンネル標準示方書 シールド工法・同解説		102	解説 図 2.35	(社)土木学会	2006年7月
解説 図 2.7.11	(社)土木学会	2006年制定 トンネル標準示方書 シールド工法・同解説		102	解説 図 2.36	(社)土木学会	2006年7月
解説 図 2.7.12	(社)土木学会	2006年制定 トンネル標準示方書 シールド工法・同解説		103	解説 図 2.37	(社)土木学会	2006年7月
解説 図 2.7.13	(社)土木学会	2006年制定 トンネル標準示方書 シールド工法・同解説		103	解説 図 2.38	(社)土木学会	2006年7月
解説 図 2.7.14	(社)土木学会	2006年制定 トンネル標準示方書 シールド工法・同解説		103	解説 図 2.39	(社)土木学会	2006年7月
解説 表 2.8.1	(社)土木学会	2006年制定 トンネル標準示方書 シールド工法・同解説		109	解説 表 2.25	(社)土木学会	2006年7月
解説 表 2.8.2	(社)土木学会	2006年制定 トンネル標準示方書 シールド工法・同解説		109	解説 表 2.25	(社)土木学会	2006年7月
解説 図 2.8.1	(社)土木学会	2006年制定 トンネル標準示方書 シールド工法・同解説		110	解説 図 2.41 (a) (c)	(社)土木学会	2006年7月
解説 図 2.8.2	(社)土木学会	2006年制定 トンネル標準示方書 シールド工法・同解説		111	解説 図 2.42	(社)土木学会	2006年7月
解説 図 2.8.3	(社)土木学会	2006年制定 トンネル標準示方書 シールド工法・同解説		111	解説 図 2.44	(社)土木学会	2006年7月
解説 表 2.10.1	(社)日本下水道協会 (社)土木学会	シールド工事用標準セグメント		360	表 4-1	(社)日本下水道協会	2001年7月
解説 表 2.11.1	(社)土木学会	2006年制定 トンネル標準示方書 シールド工法・同解説		106	解説 表 2.23	(社)土木学会	2006年7月
解説 表 2.11.2	(社)土木学会	2006年制定 トンネル標準示方書 シールド工法・同解説		107	解説 図 2.24	(社)土木学会	2006年7月
付図 1.1	(社)土木学会	2006年制定 トンネル標準示方書 シールド工法・同解説		34	図 2.7 (b) (c)	(社)土木学会	2006年7月
付図 1.2	(社)土木学会	2006年制定 トンネル標準示方書 シールド工法・同解説		35	図 2.8	(社)土木学会	2006年7月
付図 1.3	(社)土木学会	2006年制定 トンネル標準示方書 シールド工法・同解説		32	図 2.2	(社)土木学会	2006年7月
付図 1.4	(社)土木学会	2006年制定 トンネル標準示方書 シールド工法・同解説		34	図 2.6	(社)土木学会	2006年7月
付表 1.1	(社)土木学会	2006年制定 トンネル標準示方書 シールド工法・同解説		46	解説 表 2.2	(社)土木学会	2006年7月
付表 1.2	(社)土木学会	2006年制定 トンネル標準示方書 シールド工法・同解説		66	表 2.13	(社)土木学会	2006年7月
付表 1.3	(社)土木学会	2006年制定 トンネル標準示方書 シールド工法・同解説		67	表 2.14	(社)土木学会	2006年7月
付図 1.5	(社)土木学会	2006年制定 トンネル標準示方書 シールド工法・同解説		94	解説 図 2.27	(社)土木学会	2006年7月
付図 1.6	(社)土木学会	2006年制定 トンネル標準示方書 シールド工法・同解説		94	解説 図 2.31 (a) (b)	(社)土木学会	2006年7月
付図 1.7	(社)土木学会	2006年制定 トンネル標準示方書 シールド工法・同解説		99	解説 図 2.33 (b)	(社)土木学会	2006年7月
付表 1.4	(社)土木学会	2006年制定 トンネル標準示方書 シールド工法・同解説		109	解説 表 2.25	(社)土木学会	2006年7月
付図 1.8	(社)土木学会	2006年制定 トンネル標準示方書 シールド工法・同解説		110	解説 図 2.41 (b)	(社)土木学会	2006年7月
付図 1.9	(社)土木学会	2006年制定 トンネル標準示方書 シールド工法・同解説		111	解説 図 2.43	(社)土木学会	2006年7月
付図 1.10	(社)土木学会	2006年制定 トンネル標準示方書 シールド工法・同解説		34	図 2.7 (d)	(社)土木学会	2006年7月
付図 1.11	(社)土木学会	2006年制定 トンネル標準示方書 シールド工法・同解説		35	図 2.8 (b)	(社)土木学会	2006年7月
付図 1.12	(社)土木学会	2006年制定 トンネル標準示方書 シールド工法・同解説		85	解説 図 2.22	(社)土木学会	2006年7月
付図 1.13	(社)土木学会	2006年制定 トンネル標準示方書 シールド工法・同解説		91	解説 図 2.28 (b)	(社)土木学会	2006年7月

引用文献リスト一覧

示方書図表番号	転載元の情報						
図表番号	著者名	引用図書名	引用論文名	掲載ページ	写真, 図表番号	出版社名	発行年月
付図 1.14	(社)土木学会	2006年制定 トンネル標準示方書 シールド工法・同解説		86	解説 図 2.23 (b)	(社)土木学会	2006年7月
付図 1.15	(社)土木学会	2006年制定 トンネル標準示方書 シールド工法・同解説		87	解説 図 2.24 (b)	(社)土木学会	2006年7月
付図 1.16	(社)土木学会	2006年制定 トンネル標準示方書 シールド工法・同解説		89	解説 図 2.26	(社)土木学会	2006年7月
付図 1.17	(社)土木学会	2006年制定 トンネル標準示方書 シールド工法・同解説		110	解説 図 2.41 (d)	(社)土木学会	2006年7月
付図 2.1	(社)土木学会	2006年制定 トンネル標準示方書 シールド工法・同解説		79	解説 図 2.16	(社)土木学会	2006年7月
付表 2.1	(社)土木学会	2006年制定 トンネル標準示方書 シールド工法・同解説		78	解説 表 2.18	(社)土木学会	2006年7月
解説 図 3.1.1	(社)土木学会	2006年制定 トンネル標準示方書 シールド工法・同解説	第79条 名称	120	解説 図 3.1	(社)土木学会	2006年7月
解説 図 3.1.2	(社)土木学会	2006年制定 トンネル標準示方書 シールド工法・同解説	第14条 シールド形式の選定	23	解説 図 1.13	(社)土木学会	2006年7月
解説 表 3.1.1	(社)土木学会	2006年制定 トンネル標準示方書 シールド工法・同解説	第14条 シールド形式の選定	24	解説 表 1.6	(社)土木学会	2006年7月
解説 図 3.2.1	(社)土木学会	2006年制定 トンネル標準示方書 シールド工法・同解説	第81条 荷重	123	解説 図 3.2	(社)土木学会	2006年7月
解説 図 3.2.2	(社)土木学会	2006年制定 トンネル標準示方書 シールド工法・同解説	第81条 荷重	123	解説 図 3.3	(社)土木学会	2006年7月
解説 図 3.2.3	(社)土木学会	2006年制定 トンネル標準示方書 シールド工法・同解説	第83条 シールドの質量	124	解説 図 3.4	(社)土木学会	2006年7月
解説 図 3.3.1	(社)土木学会	2006年制定 トンネル標準示方書 シールド工法・同解説	第84条 シールドの構成	125	解説 図 3.5	(社)土木学会	2006年7月
解説 図 3.3.2	(社)土木学会	2006年制定 トンネル標準示方書 シールド工法・同解説	第85条 シールドの外径	126	解説 図 3.6	(社)土木学会	2006年7月
解説 図 3.3.3	(社)土木学会	2006年制定 トンネル標準示方書 シールド工法・同解説	第85条 シールドの外径	126	解説 図 3.7	(社)土木学会	2006年7月
解説 図 3.3.5	(社)土木学会	2006年制定 トンネル標準示方書 シールド工法・同解説	第86条 シールドの長さ	127	解説 図 3.8	(社)土木学会	2006年7月
解説 図 3.3.6	(社)土木学会	2006年制定 トンネル標準示方書 シールド工法・同解説	第86条 シールドの長さ	127	解説 図 3.9(a)	(社)土木学会	2006年7月
解説 図 3.3.6	(社)土木学会	2006年制定 トンネル標準示方書 シールド工法・同解説	第86条 シールドの長さ	128	解説 図 3.9(b)	(社)土木学会	2006年7月
解説 図 3.3.7	(社)土木学会	2006年制定 トンネル標準示方書 シールド工法・同解説	第89条 テール部	129	解説 図 3.10	(社)土木学会	2006年7月
解説 図 3.3.8	(社)土木学会	2006年制定 トンネル標準示方書 シールド工法・同解説	第90条 テールシール	130	解説 図 3.11	(社)土木学会	2006年7月
解説 図 3.3.9	(社)土木学会	2006年制定 トンネル標準示方書 シールド工法・同解説	第90条 テールシール	130	解説 図 3.12	(社)土木学会	2006年7月
解説 写真 3.4.1	(社)土木学会	2006年制定 トンネル標準示方書 シールド工法・同解説	第92条 カッターヘッドの形式	131	解説 写真 3.1	(社)土木学会	2006年7月
解説 図 3.4.1	(社)土木学会	2006年制定 トンネル標準示方書 シールド工法・同解説	第92条 カッターヘッドの形式	131	解説 図 3.13	(社)土木学会	2006年7月
解説 図 3.4.2	(社)土木学会	2006年制定 トンネル標準示方書 シールド工法・同解説	第93条 カッターヘッドの支持方式	132	解説 図 3.14	(社)土木学会	2006年7月
解説 図 3.4.3	(社)土木学会	2006年制定 トンネル標準示方書 シールド工法・同解説	第94条 カッター装備能力	133	解説 図 3.15	(社)土木学会	2006年7月
解説 写真 3.4.2	(社)土木学会	2006年制定 トンネル標準示方書 シールド工法・同解説	第96条 カッタービット	135	解説 写真 3.2	(社)土木学会	2006年7月
解説 図 3.4.4	(社)土木学会	2006年制定 トンネル標準示方書 シールド工法・同解説	第96条 カッタービット	135	解説 図 3.16	(社)土木学会	2006年7月
解説 図 3.4.5	(社)土木学会	2006年制定 トンネル標準示方書 シールド工法・同解説	第96条 カッタービット	135	解説 図 3.17	(社)土木学会	2006年7月
解説 写真 3.4.3	(社)土木学会	2006年制定 トンネル標準示方書 シールド工法・同解説	第96条 カッタービット	136	解説 写真 3.3	(社)土木学会	2006年7月
解説 図 3.4.6	(社)土木学会	2006年制定 トンネル標準示方書 シールド工法・同解説	第97条 カッター駆動部	137	解説 図 3.18	(社)土木学会	2006年7月

引用文献リスト一覧

示方書図表番号		転載元の情報					
図表番号	著者名	引用図書名	引用論文名	掲載ページ	写真,図表番号	出版社名	発行年月
解説 図 3.4.7	(社)土木学会	2006年制定 トンネル標準示方書 シールド工法・同解説	第97条 カッター駆動部	137	解説 図 3.19	(社)土木学会	2006年7月
解説 写真 3.4.4	(社)土木学会	2006年制定 トンネル標準示方書 シールド工法・同解説	第98条 余堀り装置	138	解説 写真 3.4	(社)土木学会	2006年7月
解説 図 3.4.8	(社)土木学会	2006年制定 トンネル標準示方書 シールド工法・同解説	第98条 余堀り装置	138	解説 図 3.20	(社)土木学会	2006年7月
解説 図 3.5.1	(社)土木学会	2006年制定 トンネル標準示方書 シールド工法・同解説	第99条 総推力	140	解説 図 3.21	(社)土木学会	2006年7月
解説 図 3.5.2	(社)土木学会	2006年制定 トンネル標準示方書 シールド工法・同解説	第100条 シールドジャッキの選定と配置	141	解説 図 3.22	(社)土木学会	2006年7月
解説 写真 3.6.1	(社)土木学会	2006年制定 トンネル標準示方書 シールド工法・同解説	第103条 エレクターの選定	142	解説 写真 3.5	(社)土木学会	2006年7月
解説 図 3.6.2	(社)土木学会	2006年制定 トンネル標準示方書 シールド工法・同解説	第105条 セグメント組立補助機構	144	解説 図 3.24	(社)土木学会	2006年7月
解説 図 3.6.3	(社)土木学会	2006年制定 トンネル標準示方書 シールド工法・同解説	第105条 セグメント組立補助機構	144	解説 図 3.25	(社)土木学会	2006年7月
解説 図 3.6.4	(社)土木学会	2006年制定 トンネル標準示方書 シールド工法・同解説	第105条 セグメント組立補助機構	144	解説 図 3.26	(社)土木学会	2006年7月
解説 表 3.7.1	(社)土木学会	2006年制定 トンネル標準示方書 シールド工法・同解説	第108条 制御	146	解説 表 3.2	(社)土木学会	2006年7月
解説 図 3.8.2	(社)土木学会	2006年制定 トンネル標準示方書 シールド工法・同解説	第110条 中折れ装置	148	解説 図 3.28	(社)土木学会	2006年7月
解説 図 3.8.3	(社)土木学会	2006年制定 トンネル標準示方書 シールド工法・同解説	第110条 中折れ装置	148	解説 図 3.29	(社)土木学会	2006年7月
解説 図 3.8.4		地盤工学・実務シリーズ29 シールド工法	5.2.7 付属装置 (1) 同時裏込め注入装置	126	図-5.2.18	(公社)地盤工学会	2012年2月
解説 図 3.9.1	(社)土木学会	2006年制定 トンネル標準示方書 シールド工法・同解説	第116条 土圧式シールドの構造	151	解説 図 3.30	(社)土木学会	2006年7月
解説 図 3.9.2	(社)土木学会	2006年制定 トンネル標準示方書 シールド工法・同解説	第119条 混練機構	152	解説 図 3.31	(社)土木学会	2006年7月
解説 図 3.9.3		地盤工学・実務シリーズ29 シールド工法	5.4.4 スクリューコンベヤの排土機構 (3) 駆動方式	138	図-5.4.5	(公社)地盤工学会	2012年2月
解説 図 3.9.4	(社)土木学会	2006年制定 トンネル標準示方書 シールド工法・同解説	第120条 排土機構	153	解説 図 3.32	(社)土木学会	2006年7月
解説 図 3.10.1	(社)土木学会	2006年制定 トンネル標準示方書 シールド工法・同解説	第122条 泥水式シールドの構造	155	解説 図 3.33	(社)土木学会	2006年7月
解説 表 3.10.1	(社)土木学会	2006年制定 トンネル標準示方書 シールド工法・同解説	第124条 送排泥機構	156	解説 表 3.3	(社)土木学会	2006年7月
解説 表 3.12.1	(社)土木学会	2006年制定 トンネル標準示方書 シールド工法・同解説	第128条 検査	162	解説 表 3.4	(社)土木学会	2006年7月
解説 表 3.12.2	(社)土木学会	2006年制定 トンネル標準示方書 シールド工法・同解説	第128条 検査	162	解説 表 3.5	(社)土木学会	2006年7月
解説 表 3.12.3	(社)土木学会	2006年制定 トンネル標準示方書 シールド工法・同解説	第128条 検査	162	解説 表 3.6	(社)土木学会	2006年7月
解説 表 3.12.4	(社)土木学会	2006年制定 トンネル標準示方書 シールド工法・同解説	第128条 検査	162	解説 表 3.7	(社)土木学会	2006年7月
解説 表 3.12.5	(社)土木学会	2006年制定 トンネル標準示方書 シールド工法・同解説	第128条 検査	162	解説 表 3.8	(社)土木学会	2006年7月
付図 3.1	(社)土木学会	2006年制定 トンネル標準示方書 シールド工法・同解説	資料 特殊シールド	295	付図 1.1	(社)土木学会	2006年7月
付表 3.1	(社)土木学会	2006年制定 トンネル標準示方書 シールド工法・同解説	資料 特殊シールド	295	付表 1.1	(社)土木学会	2006年7月
付表 3.2	(社)土木学会	2006年制定 トンネル標準示方書 シールド工法・同解説	資料 特殊シールド	296	付表 1.2	(社)土木学会	2006年7月
付表 3.2.(6)	川崎重工業(株) 鹿島建設	7.74m×10.64m矩形泥土圧シールド掘進機全体構造図	－－	－－	－－		2008年4月
付図 3.2	(社)土木学会	2006年制定 トンネル標準示方書 シールド工法・同解説	資料 特殊シールド	296	付図 1.2	(社)土木学会	2006年7月
付図 3.3	(社)土木学会	2006年制定 トンネル標準示方書 シールド工法・同解説	資料 特殊シールド	296	付図 1.3	(社)土木学会	2006年7月

引用文献リスト一覧

示方書図表番号		転載元の情報						
図表番号	著者名	引用図書名	引用論文名	掲載ページ	写真，図表番号	出版社名	発行年月
付図 3.4	(社) 土木学会	2006年制定　トンネル標準示方書 シールド工法・同解説	資料 特殊シールド	297	付図 1.4	(社) 土木学会	2006年7月
付図 3.5	(社) 土木学会	2006年制定　トンネル標準示方書 シールド工法・同解説	資料 特殊シールド	297	付図 1.5	(社) 土木学会	2006年7月
付図 3.6	(社) 土木学会	2006年制定　トンネル標準示方書 シールド工法・同解説	資料 特殊シールド	297	付図 1.6	(社) 土木学会	2006年7月
付図 3.7	川崎重工業 (株) 鹿島建設	7.74m×10.64m矩形泥土圧シールド掘進機鳥瞰図	－－	－－	－－	－－	－－
付図 3.8	企業者：東京メトロ 施工者：鹿島建設	実機完成写真 (EX-MAC工法シールド)	－－	－－	－－	－－	－－
付表 3.3	(社) 土木学会	2006年制定　トンネル標準示方書 シールド工法・同解説	資料 特殊シールド	298	付表 2.1	(社) 土木学会	2006年7月
付表 3.4	(社) 土木学会	2006年制定　トンネル標準示方書 シールド工法・同解説	資料 特殊シールド	298	付表 2.2	(社) 土木学会	2006年7月
付図 3.9	(社) 土木学会	2006年制定　トンネル標準示方書 シールド工法・同解説	資料 特殊シールド	298	付図 2.1	(社) 土木学会	2006年7月
付図 3.10	(社) 土木学会	2006年制定　トンネル標準示方書 シールド工法・同解説	資料 特殊シールド	298	付図 2.2	(社) 土木学会	2006年7月
付表 3.5	(社) 土木学会	2006年制定　トンネル標準示方書 シールド工法・同解説	資料 特殊シールド	299	付表 3.1	(社) 土木学会	2006年7月
付図 3.11	(社) 土木学会	2006年制定　トンネル標準示方書 シールド工法・同解説	資料 特殊シールド	299	付図 3.1	(社) 土木学会	2006年7月
付図 3.12	(社) 土木学会	2006年制定　トンネル標準示方書 シールド工法・同解説	資料 特殊シールド	299	付図 3.2	(社) 土木学会	2006年7月
付表 3.6	(社) 土木学会	2006年制定　トンネル標準示方書 シールド工法・同解説	資料 特殊シールド	300	付表 4.1	(社) 土木学会	2006年7月
付図 3.13	(社) 土木学会	2006年制定　トンネル標準示方書 シールド工法・同解説	資料 特殊シールド	300	付図 4.1	(社) 土木学会	2006年7月
付表 3.7	(社) 土木学会	2006年制定　トンネル標準示方書 シールド工法・同解説	資料 特殊シールド	300	付表 4.2	(社) 土木学会	2006年7月
付図 3.14	(社) 土木学会	2006年制定　トンネル標準示方書 シールド工法・同解説	資料 特殊シールド	300	付図 4.2	(社) 土木学会	2006年7月
付表 3.8	(社) 土木学会	2006年制定　トンネル標準示方書 シールド工法・同解説	資料 特殊シールド	301	付表 5.1	(社) 土木学会	2006年7月
付図 3.15	(社) 土木学会	2006年制定　トンネル標準示方書 シールド工法・同解説	資料 特殊シールド	301	付図 5.1	(社) 土木学会	2006年7月
付表 3.9	(社) 土木学会	2006年制定　トンネル標準示方書 シールド工法・同解説	資料 特殊シールド	301	付表 6.1	(社) 土木学会	2006年7月
付表 3.10	(社) 土木学会	2006年制定　トンネル標準示方書 シールド工法・同解説	資料 特殊シールド	302	付表 7.1	(社) 土木学会	2006年7月
付図 3.17	(社) 土木学会	2006年制定　トンネル標準示方書 シールド工法・同解説	資料 特殊シールド	302	付図 7.1	(社) 土木学会	2006年7月
付表 3.11	(社) 土木学会	2006年制定　トンネル標準示方書 シールド工法・同解説	資料 特殊シールド	302	付表 8.1	(社) 土木学会	2006年7月
付図 3.18	(社) 土木学会	2006年制定　トンネル標準示方書 シールド工法・同解説	資料 特殊シールド	303	付図 8.1	(社) 土木学会	2006年7月
付図 3.19	研究会幹事： 大成建設	上向きシールド研究会パース図	－－	－－	－－	－－	－－
付図 3.20	(社) 土木学会	2006年制定　トンネル標準示方書 シールド工法・同解説	第154条 地中接合および地中分岐	197	解説 図 4.10(d)	(社) 土木学会	2006年7月
付図 3.22	Do-Jet工法協会 (支障物)	パンフレット	－－	－－	－－	－－	－－
付図 3.23	間組 川崎重工業(株)	φ9.7m泥土圧シールド掘進機 工事資料	－－	－－	－－	－－	－－
付図 3.24	コンパクトとシールド 工法協会 (回収型)	パンフレット	－－	－－	－－	－－	－－
付表 3.14	(社) 土木学会	2006年制定　トンネル標準示方書 シールド工法・同解説	資料 特殊シールド	303	付表 9.1	(社) 土木学会	2006年7月
付図 3.25	(社) 土木学会	2006年制定　トンネル標準示方書 シールド工法・同解説	資料 特殊シールド	303	付図 9.1	(社) 土木学会	2006年7月

引用文献リスト一覧

示方書図表番号	転載元の情報							
図表番号	著者名	引用図書名	引用論文名	掲載ページ	写真, 図表番号	出版社名	発行年月
付図 3.26	(社)土木学会	2006年制定 トンネル標準示方書 シールド工法・同解説	資料 特殊シールド	303	付図 9.2	(社)土木学会	2006年7月
解説 図 4.3.1	(社)土木学会	2006年制定 トンネル標準示方書 シールド工法・同解説		171	解説 図 4.1	(社)土木学会	2006年7月
解説 図 4.3.2	(社)土木学会	2006年制定 トンネル標準示方書 シールド工法・同解説		172	解説 図 4.2	(社)土木学会	2006年7月
解説 図 4.3.3	(社)土木学会	2006年制定 トンネル標準示方書 シールド工法・同解説		176	解説 図 4.3	(社)土木学会	2006年7月
解説 図 4.3.4	(社)土木学会	2006年制定 トンネル標準示方書 シールド工法・同解説		177	解説 図 4.4	(社)土木学会	2006年7月
解説 図 4.3.5	(社)土木学会	2006年制定 トンネル標準示方書 シールド工法・同解説		178	解説 図 4.5	(社)土木学会	2006年7月
解説 図 4.3.6	(社)土木学会	2006年制定 トンネル標準示方書 シールド工法・同解説		181	解説 図 4.6	(社)土木学会	2006年7月
解説 図 4.3.7	(社)土木学会	2006年制定 トンネル標準示方書 シールド工法・同解説		187	解説 図 4.7	(社)土木学会	2006年7月
解説 図 4.4.1	(社)土木学会	2006年制定 トンネル標準示方書 シールド工法・同解説		193	解説 図 4.8	(社)土木学会	2006年7月
解説 図 4.4.2	(社)土木学会	2006年制定 トンネル標準示方書 シールド工法・同解説		197	解説 図 4.9	(社)土木学会	2006年7月
解説 図 4.4.3	(社)土木学会	2006年制定 トンネル標準示方書 シールド工法・同解説		197	解説 図 4.10	(社)土木学会	2006年7月
解説 図 4.4.4	(社)土木学会	2006年制定 トンネル標準示方書 シールド工法・同解説		198	解説 図 4.11	(社)土木学会	2006年7月
解説 図 4.4.5	(社)土木学会	2006年制定 トンネル標準示方書 シールド工法・同解説		198	解説 図 4.12	(社)土木学会	2006年7月
解説 図 4.4.6	(社)土木学会	2006年制定 トンネル標準示方書 シールド工法・同解説		199	解説 図 4.13	(社)土木学会	2006年7月
解説 図 4.4.7	(社)土木学会	2006年制定 トンネル標準示方書 シールド工法・同解説		201	解説 図 4.14	(社)土木学会	2006年7月
解説 図 4.4.8	(社)日本トンネル技術協会	地中構造物の建設に伴う近接施工指針		6	解説図1-4-1	(社)日本トンネル技術協会	1999年2月
解説 図 4.4.9	(財)鉄道総合技術研究所	都市部構造物の近接施工対策マニュアル		156	図3.11.4	(財)鉄道総合技術研究所	2007年1月
解説 図 4.4.10	(社)土木学会	2006年制定 トンネル標準示方書 シールド工法・同解説		203	解説 図 4.17	(社)土木学会	2006年7月
解説 図 4.4.11	(社)土木学会	2006年制定 トンネル標準示方書 シールド工法・同解説		204	解説 図 4.18	(社)土木学会	2006年7月
解説 図 4.4.12	(社)土木学会	2006年制定 トンネル標準示方書 シールド工法・同解説		205	解説 図 4.19	(社)土木学会	2006年7月
解説 図 4.5.1	(社)土木学会	2006年制定 トンネル標準示方書 シールド工法・同解説	(左記を修正)	207	解説 図 4.20	(社)土木学会	2006年7月
解説 図 4.5.2	(社)土木学会	2006年制定 トンネル標準示方書 シールド工法・同解説	(左記を修正)	208	解説 図 4.21	(社)土木学会	2006年7月
解説 表 4.5.1	(社)土木学会	2006年制定 トンネル標準示方書 シールド工法・同解説	(左記を修正)	215	解説 表 4.2	(社)土木学会	2006年7月
解説 図 4.5.3	(社)土木学会	2006年制定 トンネル標準示方書 シールド工法・同解説	(左記を修正)	216	解説 図 4.26	(社)土木学会	2006年7月
解説 図 4.5.5	(社)土木学会	2006年制定 トンネル標準示方書 シールド工法・同解説	(左記を修正)	220	解説 図 4.29	(社)土木学会	2006年7月
解説 表 4.5.3	(社)土木学会	2006年制定 トンネル標準示方書 シールド工法・同解説	(左記を修正)	221	解説 表 4.3	(社)土木学会	2006年7月
解説 図 4.5.6	(社)土木学会	2006年制定 トンネル標準示方書 シールド工法・同解説	(左記を修正)	222	解説 図 4.30	(社)土木学会	2006年7月
解説 図 4.5.7	(社)土木学会	2006年制定 トンネル標準示方書 シールド工法・同解説	(左記を修正)	223	解説 図 4.31	(社)土木学会	2006年7月
解説 図 4.5.8	(社)土木学会	2006年制定 トンネル標準示方書 シールド工法・同解説		224	解説 図 4.32	(社)土木学会	2006年7月
解説 図 4.6.1.a	(社)土木学会	2006年制定 トンネル標準示方書 シールド工法・同解説		225	解説 図 4.33	(社)土木学会	2006年7月

引用文献リスト一覧

| 示方書図表番号 | 転載元の情報 |||||||
図表番号	著者名	引用図書名	引用論文名	掲載ページ	写真, 図表番号	出版社名	発行年月
解説 図 4.6.2	(社)土木学会	2006年制定 トンネル標準示方書 シールド工法・同解説		228	解説 図 4.34	(社)土木学会	2006年7月
解説 表 4.7.1	(社)土木学会	2006年制定 トンネル標準示方書 シールド工法・同解説	(左記を修正)	230	解説 表 4.4	(社)土木学会	2006年7月
解説 表 4.7.2	(社)土木学会	2006年制定 トンネル標準示方書 シールド工法・同解説	(左記を修正)	231	解説 表 4.5	(社)土木学会	2006年7月
解説 表 4.7.3	(社)土木学会	2006年制定 トンネル標準示方書 シールド工法・同解説	(左記を修正)	231	解説 表 4.6	(社)土木学会	2006年7月
解説 表 4.7.4	(社)土木学会	2006年制定 トンネル標準示方書 シールド工法・同解説	(左記を修正)	233	解説 表 4.7	(社)土木学会	2006年7月
解説 図 4.8.1	(社)土木学会	2006年制定 トンネル標準示方書 シールド工法・同解説		243	解説 図 4.35	(社)土木学会	2006年7月
解説 図 4.8.2	(社)土木学会	2006年制定 トンネル標準示方書 シールド工法・同解説		244	解説 図 4.36	(社)土木学会	2006年7月
解説 図 4.8.3	(社)土木学会	2006年制定 トンネル標準示方書 シールド工法・同解説		245	解説 図 4.37	(社)土木学会	2006年7月
解説 図 4.8.4	環境省	土壌汚染対策法に基づく調査および措置に関するガイドライン（改定第2版）		2 15	図1.1.1-1 図1.5-1		2012年8月
解説 図 4.8.5	環境省	汚染土壌の運搬に関するガイドライン	独自作成				
解説 図 5.1.1	(社)土木学会	2006年制定 トンネル標準示方書 シールド工法・同解説		248	解説 図 5.1	(社)土木学会	2006年7月
解説 表 5.2.1	(社)土木学会	2006年制定 トンネル標準示方書 シールド工法・同解説		250	解説 表 5.1	(社)土木学会	2006年7月
解説 表5.2.2	(社)土木学会	2006年制定 トンネル標準示方書 シールド工法・同解説		250	解説 表 5.2	(社)土木学会	2006年7月
解説 図 5.2.1	(社)土木学会	2006年制定 トンネル標準示方書 シールド工法・同解説		252	解説 図5.2	(社)土木学会	2006年7月
解説 図 5.2.2	(社)土木学会	2006年制定 トンネル標準示方書 シールド工法・同解説		252	解説 図5.3	(社)土木学会	2006年7月
解説 図 5.3.1	(社)土木学会	2006年制定 トンネル標準示方書 シールド工法・同解説		253	解説 図 5.4	(社)土木学会	2006年7月
表 5.3.1	(社)土木学会	2006年制定 トンネル標準示方書 シールド工法・同解説		253	表 5.1	(社)土木学会	2006年7月
図 5.3.1	(社)土木学会	2006年制定 トンネル標準示方書 シールド工法・同解説		254	図 5.1	(社)土木学会	2006年7月
表 5.3.2	(社)土木学会	2006年制定 トンネル標準示方書 シールド工法・同解説		255	表 5.3	(社)土木学会	2006年7月
表 5.3.3	(社)土木学会	2006年制定 トンネル標準示方書 シールド工法・同解説		255	表 5.4	(社)土木学会	2006年7月
表 5.3.4	(社)土木学会	2006年制定 トンネル標準示方書 シールド工法・同解説		256	表 5.5	(社)土木学会	2006年7月
表 5.3.5	(社)土木学会	2006年制定 トンネル標準示方書 シールド工法・同解説		256	表 5.6	(社)土木学会	2006年7月
表 5.3.6	(社)土木学会	2006年制定 トンネル標準示方書 シールド工法・同解説		257	表 5.7	(社)土木学会	2006年7月
表 5.3.7	(社)土木学会	2006年制定 トンネル標準示方書 シールド工法・同解説		258	表 5.10	(社)土木学会	2006年7月
表 5.3.8	(社)土木学会	2006年制定 トンネル標準示方書 シールド工法・同解説		258	表 5.11	(社)土木学会	2006年7月
解説 表 5.3.1	(社)土木学会	2006年制定 トンネル標準示方書 シールド工法・同解説		254	表 5.2	(社)土木学会	2006年7月
解説 図 5.3.2	(社)土木学会	2006年制定 トンネル標準示方書 シールド工法・同解説		259	解説 図 5.5	(社)土木学会	2006年7月
図 5.3.2	(社)土木学会	2006年制定 トンネル標準示方書 シールド工法・同解説		260	図 5.2	(社)土木学会	2006年7月
解説 図 5.3.3	(社)土木学会	2006年制定 トンネル標準示方書 シールド工法・同解説		259	解説 図 5.6	(社)土木学会	2006年7月
表 5.3.9	(社)土木学会	2006年制定 トンネル標準示方書 シールド工法・同解説		261	表 5.12	(社)土木学会	2006年7月

引用文献リスト一覧

| 示方書図表番号 | 転載元の情報 |||||||
図表番号	著者名	引用図書名	引用論文名	掲載ページ	写真,図表番号	出版社名	発行年月
表 5.3.10	(社)土木学会	2006年制定 トンネル標準示方書 シールド工法・同解説		261	表 5.13	(社)土木学会	2006年7月
解説 表 5.3.3	(社)土木学会	2006年制定 トンネル標準示方書 シールド工法・同解説		261	表5.14	(社)土木学会	2006年7月
表 5.3.11	(社)土木学会	2006年制定 トンネル標準示方書 シールド工法・同解説		262	表5.15	(社)土木学会	2006年7月
表 5.3.12	(社)土木学会	2006年制定 トンネル標準示方書 シールド工法・同解説		262	表5.16	(社)土木学会	2006年7月
解説 表 5.5.1	(社)土木学会	2006年制定トンネル標準示方書 シールド工法・同解説		265	解説 表 5.3	(社)土木学会	2006年7月
解説 表 5.5.2	(社)土木学会	2006年制定トンネル標準示方書 シールド工法・同解説		266	解説 表 5.4	(社)土木学会	2006年7月
解説 表 5.5.3	(社)土木学会	2006年制定トンネル標準示方書 シールド工法・同解説		266	解説 表 5.5	(社)土木学会	2006年7月
解説 表 5.5.4	(社)土木学会	2006年制定トンネル標準示方書 シールド工法・同解説		267	解説 表 5.6	(社)土木学会	2006年7月
解説 表 5.5.5	(社)土木学会	2006年制定トンネル標準示方書 シールド工法・同解説		267	解説 表 5.7	(社)土木学会	2006年7月
解説 表 5.5.6	(社)土木学会	2006年制定トンネル標準示方書 シールド工法・同解説		268	解説 表 5.8	(社)土木学会	2006年7月
解説 図 5.6.1	(社)土木学会	2006年制定 トンネル標準示方書 シールド工法・同解説		270	解説 図 5.7	(社)土木学会	2006年7月
解説 図 5.6.2	(社)土木学会	2006年制定 トンネル標準示方書 シールド工法・同解説		271	解説 図 5.9	(社)土木学会	2006年7月
解説 図 5.6.3	(社)土木学会	2006年制定 トンネル標準示方書 シールド工法・同解説		272	解説 図 5.10	(社)土木学会	2006年7月
解説 図 5.6.4	(社)土木学会	2006年制定 トンネル標準示方書 シールド工法・同解説		273	解説 図 5.11	(社)土木学会	2006年7月
解説 図 5.6.5	(社)土木学会	2006年制定 トンネル標準示方書 シールド工法・同解説		274	解説 図 5.12	(社)土木学会	2006年7月
解説 図 5.6.6	(社)土木学会	2006年制定 トンネル標準示方書 シールド工法・同解説		274	解説 図 5.14	(社)土木学会	2006年7月
解説 図 5.7.1	(社)土木学会	2006年制定 トンネル標準示方書 シールド工法・同解説		276	解説 図5.15	(社)土木学会	2006年7月
解説 表 5.7.1	(社)土木学会	2006年制定 トンネル標準示方書 シールド工法・同解説		277	解説 表5.9	(社)土木学会	2006年7月
解説 図 5.7.3	(社)土木学会	2006年制定 トンネル標準示方書 シールド工法・同解説		278	解説 図5.17	(社)土木学会	2006年7月
解説 図 5.7.4	(社)土木学会	2006年制定 トンネル標準示方書 シールド工法・同解説		279	解説 図5.18	(社)土木学会	2006年7月
解説 図 5.7.7	(社)日本道路協会	シールドトンネル設計・施工指針		72	解説図-3.2.1	(社)日本道路協会	2009年2月
解説 図 5.8.1	(社)土木学会	2006年制定 トンネル標準示方書 シールド工法・同解説		284	解説図5.21	(社)土木学会	2006年7月
解説 表 5.8.1	(社)土木学会	2006年制定 トンネル標準示方書 シールド工法・同解説		284	解説表5.10	(社)土木学会	2006年7月
解説 図 5.8.2	(社)土木学会	2006年制定 トンネル標準示方書 シールド工法・同解説		285	解説図5.22	(社)土木学会	2006年7月
解説 図 5.8.3	(社)土木学会	2006年制定 トンネル標準示方書 シールド工法・同解説		286	解説図5.23	(社)土木学会	2006年7月
解説 図 5.8.4	(社)土木学会	2006年制定 トンネル標準示方書 シールド工法・同解説		287	解説図5.24	(社)土木学会	2006年7月
解説 表 5.8.2	(社)土木学会	2006年制定 トンネル標準示方書 シールド工法・同解説		289	解説 表 5.11	(社)土木学会	2006年7月
解説 表 5.8.3	(社)土木学会	2006年制定 トンネル標準示方書 シールド工法・同解説		289	解説 表 5.12	(社)土木学会	2006年7月
解説 表 5.9.1	(社)土木学会	2006年制定 トンネル標準示方書 シールド工法・同解説		290	解説 表5.13	(社)土木学会	2006年7月
解説 表 5.9.3	(社)土木学会	トンネルライブラリー第19号 シールドトンネルの耐震検討		166	表-6.1.2	(社)土木学会	2007年12月

引用文献リスト一覧

示方書図表番号		転載元の情報						
図表番号	著者名	引用図書名	引用論文名	掲載ページ	写真, 図表番号	出版社名	発行年月
解説 図 5.9.1	(社)土木学会	トンネルライブラリー第19号 シールドトンネルの耐震検討		63	図-2.8.2	(社)土木学会	2007年12月
解説 図 5.9.2	(社)土木学会	実務の先輩たちが書いた 土木構造物の耐震設計入門		34	図-3.2.5	(社)土木学会	1997年7月
解説 図 5.9.3	(社)土木学会	2006年制定 トンネル標準示方書 シールド工法・同解説		51	解説 図2.7	(社)土木学会	2006年7月
解説 図 5.9.4	(社)土木学会	トンネルライブラリー第19号 シールドトンネルの耐震検討		136 142	図-5.2.4 図-5.2.9	(社)土木学会	2007年12月
解説 図 5.9.5	(社)土木学会	トンネルライブラリー第20号 シールドトンネルの耐震検討		144	図-5.2.11	(社)土木学会	2007年12月
解説 図 5.9.6	(社)土木学会	トンネルライブラリー第21号 シールドトンネルの耐震検討		144	図-5.2.12	(社)土木学会	2007年12月
解説 図 5.9.7	(社)土木学会	2006年制定 トンネル標準示方書 シールド工法・同解説		52	解説 図2.8	(社)土木学会	2006年7月
解説 図 5.9.8	(社)土木学会	2006年制定 トンネル標準示方書 シールド工法・同解説		84	解説 図2.20	(社)土木学会	2006年7月
解説 図 5.9.9	(社)土木学会	トンネルライブラリー第21号 シールドトンネルの耐震検討		163	図-5.4.5	(社)土木学会	2007年12月
解説 図 5.9.10	(社)土木学会	トンネルライブラリー第21号 シールドトンネルの耐震検討		163	図-5.4.6	(社)土木学会	2007年12月
解説 図 5.9.11	(社)土木学会	トンネルライブラリー第21号 シールドトンネルの耐震検討		164	図-5.4.7	(社)土木学会	2007年12月
解説 図 5.9.12	(社)土木学会	トンネルライブラリー第21号 シールドトンネルの耐震検討		53	図-2.6.2	(社)土木学会	2007年12月
解説 図 5.9.13	(社)土木学会	トンネルライブラリー第21号 シールドトンネルの耐震検討		151	図-5.3.5	(社)土木学会	2007年12月
解説 図 5.9.14	(社)土木学会	トンネルライブラリー第21号 シールドトンネルの耐震検討		123	図-4.2.3	(社)土木学会	2007年12月
解説 図 5.9.15	(社)土木学会	2006年制定 トンネル標準示方書 開削工法・同解説		73	解説 図2.21	(社)土木学会	2006年7月
解説 図 5.9.16	(社)土木学会	2006年制定 トンネル標準示方書 シールド工法・同解説		294	解説 図5.26	(社)土木学会	2006年7月
解説 図 5.9.17	(社)土木学会	2006年制定 トンネル標準示方書 シールド工法・同解説		294	解説 図5.26	(社)土木学会	2006年7月
解説 表 5.9.5	(社)土木学会	トンネルライブラリー第19号 シールドトンネルの耐震検討		167	表-6.1.4	(社)土木学会	2007年12月
解説 表 5.9.6	(社)土木学会	トンネルライブラリー第19号 シールドトンネルの耐震検討		167	表-6.1.5	(社)土木学会	2007年12月
解説 表 5.9.7	(社)土木学会	トンネルライブラリー第19号 シールドトンネルの耐震検討		167	表-6.1.6	(社)土木学会	2007年12月
解説 表 5.9.8	(社)土木学会	トンネルライブラリー第19号 シールドトンネルの耐震検討		167	表-6.1.4	(社)土木学会	2007年12月
解説 表 5.9.9	(社)土木学会	トンネルライブラリー第19号 シールドトンネルの耐震検討		167	表-6.1.5	(社)土木学会	2007年12月
解説 表 5.9.10	(社)土木学会	トンネルライブラリー第19号 シールドトンネルの耐震検討		167	表-6.1.6	(社)土木学会	2007年12月
解説 図 5.9.18	(社)土木学会	2006年制定 トンネル標準示方書 シールド工法・同解説		50	解説 図2.5	(社)土木学会	2006年7月
解説 図 5.9.19	(社)土木学会	トンネルライブラリー第23号 セグメントの設計【改訂版】		34	図Ⅰ.2.13	(社)土木学会	2010年2月
付表 4.1	(社)土木学会	2006年制定 トンネル標準示方書 シールド工法・同解説		257	表 5.8	(社)土木学会	2006年7月
付表 4.2	(社)土木学会	2006年制定 トンネル標準示方書 シールド工法・同解説		257	表 5.9	(社)土木学会	2006年7月

トンネル標準示方書一覧および今後の改訂予定（2016年8月時点）

書名	判型	ページ数	定価	会員特価	現在の最新版	次回改訂予定年
2016年制定　トンネル標準示方書 ［共通編］・同解説　［山岳工法編］・同解説	A4判	419	4,320円 （本体4,000円＋税）	3,890円	2016年制定	2026年度
2016年制定　トンネル標準示方書 ［共通編］・同解説　［シールド工法編］・同解説	A4判	365	4,320円 （本体4,000円＋税）	3,890円	2016年制定	2026年度
2016年制定　トンネル標準示方書 ［共通編］・同解説　［開削工法編］・同解説	A4判	362	4,320円 （本体4,000円＋税）	3,890円	2016年制定	2026年度

トンネル・ライブラリー一覧

	号数	書名	発行年月	版型：頁数	本体価格
	1	開削トンネル指針に基づいた開削トンネル設計計算例	昭和57年8月	B5：83	
	2	ロックボルト・吹付けコンクリートトンネル工法（NATM）の手引書	昭和59年12月	B5：167	
	3	トンネル用語辞典	昭和62年3月	B5：208	
	4	トンネル標準示方書（開削編）に基づいた仮設構造物の設計計算例	平成5年6月	B5：152	
	5	山岳トンネルの補助工法	平成6年3月	B5：218	
	6	セグメントの設計	平成6年6月	B5：130	
	7	山岳トンネルの立坑と斜坑	平成6年8月	B5：274	
	8	都市NATMとシールド工法との境界領域－設計法の現状と課題	平成8年1月	B5：274	
※	9	開削トンネルの耐震設計（オンデマンド販売）	平成10年10月	B5：303	6,500
	10	プレライニング工法	平成12年6月	B5：279	
	11	トンネルへの限界状態設計法の適用	平成13年8月	A4：262	
	12	山岳トンネル覆工の現状と対策	平成14年9月	A4：189	
	13	都市NATMとシールド工法との境界領域－荷重評価の現状と課題－	平成15年10月	A4：244	
※	14	トンネルの維持管理	平成17年7月	A4：219	2,200
	15	都市部山岳工法トンネルの覆工設計－性能照査型設計への試み－	平成18年1月	A4：215	
	16	山岳トンネルにおける模型実験と数値解析の実務	平成18年2月	A4：248	
	17	シールドトンネルの施工時荷重	平成18年10月	A4：302	
	18	より良い山岳トンネルの事前調査・事前設計に向けて	平成19年5月	A4：224	
	19	シールドトンネルの耐震検討	平成19年12月	A4：289	
※	20	山岳トンネルの補助工法 －2009年版－	平成21年9月	A4：364	3,300
	21	性能規定に基づくトンネルの設計とマネジメント	平成21年10月	A4：217	
	22	目から鱗のトンネル技術史－先達が語る最先端技術への歩み－	平成21年11月	A4：275	
※	23	セグメントの設計【改訂版】〜許容応力度設計法から限界状態設計法まで〜	平成22年2月	A4：406	4,200
	24	実務者のための山岳トンネルにおける地表面沈下の予測評価と合理的対策工の選定	平成24年7月	A4：339	
※	25	山岳トンネルのインバート－設計・施工から維持管理まで－	平成25年11月	A4：325	3,600
	26	トンネル用語辞典　2013年版	平成25年11月	CD-ROM	
	27	シールド工事用立坑の設計	平成27年1月	A4：480	
※	28	シールドトンネルにおける切拡げ技術	平成27年10月	A4：208	3,000
※	29	山岳トンネル工事の周辺環境対策	平成28年10月	A4：211	2,600
※	30	トンネルの維持管理の実態と課題	平成31年1月	A4：388	3,500
※	31	特殊トンネル工法－道路や鉄道との立体交差トンネル－	平成31年1月	A4：238	3,900
※	32	実務者のための山岳トンネルのリスク低減対策	令和元年6月	A4：392	4,000

※は、土木学会および丸善出版にて販売中です。価格には別途消費税が加算されます。

定価 4,400 円（本体 4,000 円 + 税 10％）

2016年制定

トンネル標準示方書 ［共通編］・同解説　［シールド工法編］・同解説

昭和44年11月20日	第1版	・第1刷発行	平成28年8月20日	2016年制定・第1刷発行
昭和52年1月1日	昭和52年制定	・第1刷発行	平成29年7月21日	2016年制定・第2刷発行
昭和61年11月5日	昭和61年制定	・第1刷発行	令和元年9月30日	2016年制定・第3刷発行
平成8年7月10日	平成8年版	・第1刷発行	令和3年7月1日	2016年制定・第4刷発行
平成18年7月20日	2006年制定	・第1刷発行	令和4年9月16日	2016年制定・第5刷発行

● 編集者……土木学会　トンネル工学委員会
　　　　　　委員長　木村　宏

● 発行者……公益社団法人　土木学会　専務理事　塚田　幸広

● 発行所……公益社団法人　土木学会
　　　　　　〒160-0004　東京都新宿区四谷1丁目外濠公園内
　　　　　　TEL：03-3355-3444　FAX：03-5379-2769
　　　　　　http://www.jsce.or.jp/

● 発売所……丸善出版（株）
　　　　　　〒101-0051　東京都千代田区神田神保町2-17　神田神保町ビル
　　　　　　TEL：03-3512-3256／FAX：03-3512-3270

©JSCE 2016/Committee on Tunnel Engineering
印刷・製本：昭和情報プロセス（株）　用紙：京橋紙業（株）
ISBN978-4-8106-0580-8

・本書の内容を複写したり，他の出版物へ転載する場合には，
　必ず土木学会の許可を得てください．
・本書の内容に関するご質問は，下記の E-mail へご連絡ください．
　E-mail：pub@jsce.or.jp